广联达工程造价软件应用丛书

广联达 GGJ2009 钢筋算量软件应用问答

富 强 主编

中国建筑工业出版社

图书在版编目（CIP）数据

广联达GGJ2009钢筋算量软件应用问答/富强主编. —北京：中国建筑工业出版社，2014.7
（广联达工程造价软件应用丛书）
ISBN 978-7-112-16901-6

Ⅰ.①广… Ⅱ.①富… Ⅲ.①钢筋混凝土结构-结构计算-应用软件-问题解答 Ⅳ.①TU375.01-39

中国版本图书馆CIP数据核字（2014）第110865号

本书是广联达工程造价软件应用丛书之一。全书总结整理了广联达钢筋算量软件GGJ2009应用与提高过程中千余个经典问题和解决方法，对钢筋算量软件的应用给予清晰全面的解析和释疑。在本套丛书陆续编写出版过程中，对广大造价工作人员、高等院校土建专业师生最为关心的问题给予详尽解决方式的同时，继续延续了本丛书的阶梯性、实用性和全面性。

* * *

责任编辑：刘瑞霞
责任设计：李志立
责任校对：张 颖 关 健

广联达工程造价软件应用丛书
广联达**GGJ2009**钢筋算量软件应用问答
富 强 主编
*
中国建筑工业出版社出版、发行（北京西郊百万庄）
各地新华书店、建筑书店经销
霸州市顺浩图文科技发展有限公司制版
北京天来印务有限公司印刷
*
开本：787×1092毫米 1/16 印张：24¾ 字数：600千字
2014年11月第一版 2014年11月第一次印刷
定价：**58.00**元
ISBN 978-7-112-16901-6
（25693）

本书编委会

主　　审： 吴佐民

主　　编： 富　强　马镱心

副 主 编： 朴　龙

参编人员： 陈纪发　万燕平　蒋亚军　金　云　钱　鹏　严　蜜　周家菁　党叙忠　刘晓强　赵小梁　李爱玲

序　一

最近，我收到了华春建设工程项目管理公司王勇董事长和“华春杯”全国广联达算量大赛第五届算量大赛辽宁区总冠军富强先生的邀请，邀请我为其策划的《广联达工程造价软件应用丛书》作序。当时还以为是一本企业宣传的书籍，便放在了案头。几天后，又接到富强先生的电话，带回了家，翻阅了一遍，顾虑释然。原来这是一套介绍算量的工具书，可贵的是编写得具体、精细、准确，尤其针对问题和技巧进行了剖析。因感到作者的勤奋，以及对细节的把握，相对于市面过多的东拼西凑的书籍，我认为非常值得鼓励与推荐，所以令我欣然命笔，答应了作者的请求。

2011年住房和城乡建设部发布了“工程造价行业发展‘十二五’规划”。规划提出的战略目标之一是：“要构建以工程造价管理法律、法规为制度依据，以工程造价标准规范和工程计价定额为核心内容，以工程造价信息为服务手段的工程造价法律、法规、标准规范、计价定额和信息服务体系”。这说明工程造价信息体系不仅是工程造价管理体系的重要组成部分，也是提高工程造价管理和服务水平的重要手段。

我本人认为：工程造价信息化就是在传统的建设工程造价管理知识的基础上，应用IT技术为工程造价管理，包括以工程造价管理为核心的多目标项目管理、工程造价咨询、承包商的成本管理等提供服务的过程。工程造价信息化管理任务就是通过现代信息技术在工程造价管理领域的应用，提高工程造价管理工作的效率，使工程造价管理工作更趋科学化、标准化，使工程计价更具高效性。工程造价信息服务的内容应包括：工程计量、计价工具软件（包括：服务于业主项目管理的费用控制、工程咨询业工程计价、承包商成本控制）服务，各类工程造价管理软件（如：全过程造价管理软件、具体项目管理软件等）服务，以及各阶段工程计价定额、各类工程计价信息和以往或典型工程数据库等信息服务。希望广大的造价工作者，在以国家法律、法规为执业前提，在满足工程造价管理的国家标准、行业标准具体要求下，充分应用好自身收集和市场服务的大量的工程计价定额及工程计价信息，先进的工程计量与计价工具软件，以及各类管理软件，高效地完成工程的计价和全方位的工程造价管理工作。

富强先生的书不是什么工程造价信息化的理论专著，但就工程计量而言精细、具体，有针对性。其本人能在大赛的众多赛手中拔得头筹自有其过人之处，更可贵的是其善于总结，并能写出来与大家分享，令我欣慰。我真心地希望广大的造价工作者，从点滴做起，在各自的岗位善于总结，并与大家交流与分享，那样的话，我们的工程造价管理的专业基础、行业标准就会很快建设起来，我们第六届理事会提出的“夯实技术基础”就不会空谈。

在此也感谢华春建设工程项目管理公司王勇董事长对本书的策划与支持！也愿广大工程造价专业人员从中获益。

中国建设工程造价管理协会
秘书长：吴佐民
2014年6月

序　二

这几天，在我的案头，堆放着即将出版的《广联达工程造价软件应用丛书》的清样稿。

看着这内容丰富详实，具有实战、实效、实操作用的专业书籍，作为连续三次冠名的华春公司董事长，作为亲身操持了三次大赛的负责人，作为四十多年来长期在建设工程行业摸爬滚打的老造价工作者，不免突生太多感慨、感悟和感叹。

不计工本、不辞辛劳连续三年冠名第五届、第六届、第七届广联达“华春杯”全国算量软件应用大赛、造价软件全能擂台赛、安装算量应用大赛，其中付出的精力、花费的财力、投入的人力，都彰显了华春人要“为中国建设工程贡献全部力量”的使命和追求。

倾注热情，奉献关怀，动员、感召、鼓劲、支持包括华春公司员工在内的全国各地一切有志于从事建设工程造价工作者，让他们站在当代科学技术崭新的平台上，学习新知识，操练新技能，从基础和整体上提高工程量计算电算化水平，更显示了华春人胸怀高远、不计私利、为中华复兴而努力的坚定决心。

今天，在三届“华春杯”全国广联达造价大赛成果汇集成册即将付梓出版之际，大赛中，一幕幕充满激情与感动的场面，一张张追求新知识渴望的眼神，仍然常常不经意地浮现在我的眼前，激动着我的心。

我衷心感谢所有为此书奉献了智慧和精力的同行们，我更想和他们一起，把这本书献给一切有志于为中国建设工程造价奉献青春和毕生精力的年轻朋友们，愿这本书能成为你们前进道路上的铺路石。

华春建设工程项目管理有限责任公司

董事长：

2014 年 6 月

序　三

收到第五届算量大赛全国亚军、辽宁赛区总冠军富强先生的邀请为《广联达工程造价软件应用丛书》作序，深感荣幸。通读此套丛书，不禁让我回想起第五届、第六届、第七届“华春杯”全国广联达算量大赛颁奖大会上，一幕幕充满激情与感动的画面。这套沉甸甸的书，是大家通过比赛获得认可和成长的升华，更是这样一群专注于造价行业的精英们智慧和经验的结晶。

这些，与广联达连续六年面向全国造价从业人员每年举办软件应用大赛的宗旨不谋而合——通过为从业人员搭建一个展示软件应用技能的平台，帮助大家提高业务技能和综合素质，从而推动整个行业工程量计算电算化水平的发展进程。不仅如此，广联达自2007年起还针对全国高职高专、高等院校开展一年一度的算量软件应用大赛，促进了高校实践教学的深化，并进一步提升在校学生的软件操作能力。

广联达之所以如此重视造价系列软件（特别是算量软件）的深入应用，源于我们十余年来对建筑行业信息化的研究和积累，无数成功与失败的例子，让我们领悟到行业信息化“以应用为本”的解决之道——唯有将信息化产品和服务真正应用起来，方能提高从业人员的工作效率、帮助业内企业赢得时间和利润。

如今，我们非常高兴地看到来自国内特级总承包施工单位、知名地产公司、造价事务所等单位的一线造价精英们，结合多年的实践经验，为大家呈现这样一套集基础知识、应用技能和实际案例为一体的专业书籍。我们相信，在本套丛书的专业引导下，您将更加熟悉和了解广联达系列造价软件的应用，从而更好地解决在招投标预算、施工过程预算以及完工结算阶段中的算量、提量、对量、组价、计价等业务问题，使广大造价工作者从繁杂的手工算量工作中解放出来，有效提高算量工作效率和精度。

本套丛书付梓之际，全国的各类建设工程项目又将进入新一轮的建设中，我们真心希望本套丛书能够成为您从事算量工作的良师益友，为您解决更多工作中的实际问题。同时，也衷心感谢各位读者对本书以及广联达公司的支持与关注。感谢富强先生和各位作者坚持不懈的努力，谢谢你们!

未来，作为建设工程领域信息化介入程度最深、用户量最多、具备行业独特优势的广联达，将继续秉承“引领建设工程领域信息化服务产业的发展，为推动社会的进步与繁荣做出杰出贡献”的企业使命，依托完整的产品链，围绕建设工程领域的核心业务——工程项目的全生命周期管理，深入拓展行业需求与潜在客户，推动行业整体工程项目管理水平的提升，与广大同仁共同创造和分享中国建设领域的辉煌未来!

广联达软件股份有限公司

总裁：贾晓平

2014年6月

前　言

2011年7月经过全体编写人员2年多的辛苦努力，“广联达工程造价软件应用丛书”的第一本《GCL 2008图形算量软件应用及答疑解惑》终于在中国建筑工业出版社正式出版发行了。在当当网、京东商城、亚马逊、淘宝网、建筑伙伴网（原七星造价网）上本书获得无数好评后，更加坚定了我们努力总结编写一套整体应用水平较高的造价软件学习和使用的工具书的信心和决心。我们夜以继日地总结，将多年的软件应用技巧与实际的大型工程项目中的应用经验相结合，并将典型的问题给予详尽的答疑解惑。

2012年8月在中国建设工程造价协会秘书长吴佐民先生的鼓励下，在第五届“华春杯”全国算量大赛主办单位“华春建设工程项目管理公司”、“广联达股份有限公司”的支持下，本套丛书的第二本《广联达 GBQ4.0计价软件应用及答疑解惑》和第三本《广联达 GBQ4.0计价软件热点功能与造价文件汇编》陆续出版。

在本套丛书的出版过程中，由于编写人员全部是历届广联达全国大赛的各地获奖选手和广联达的资深研发和应用人员。所以每本书的编写和出版时间都为广大读者所关注。为了更好地为本套丛书服务，我们将专业交流答疑网站七星造价网升级为建筑伙伴网 www.buildparter.com。

建筑伙伴网上齐聚了全国建筑行业的300多位专家，为同行们提供实时的在线回答，并可以更准确地向专家提问。能让国内造价同行的精英们相互交流，提高共进。

在本套丛书第一本出版三周年之际，我们感谢全国造价工作同行的支持、鼓励和帮助，我们也继续为提高造价软件应用人员的软件使用水平，不断地提高工作精准度和工作效率，来回答软件应用者所提出的各种问题。我们同时希望这样一个交流共进的平台能成为大家学习、应用、成长的好帮手。

我们诚挚地向所有“华春杯”全国广联达算量大赛的参赛与获奖选手表示感谢。同时在本书的写作过程中，感谢所有对本书的编写提供帮助的同行们、同事们、朋友们，你们辛苦了。随着造价信息化行业中选价软件的不断升级与发展，更新更好的应用方法也将层出不穷，欢迎广大造价工作者提出宝贵意见和建议，专业交流答疑网址：www.buildparter.com，在此感谢建筑伙伴网的大力支持。大赛为我们提供了竞赛、学习、交流、提高的平台，我们谨以此书献给全国所有的造价工作者！

富强

2014年6月　于北京

目　录

目录

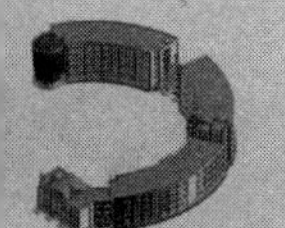

目录

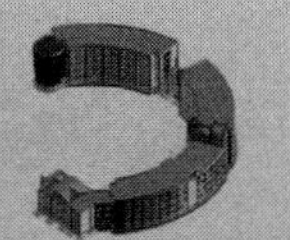

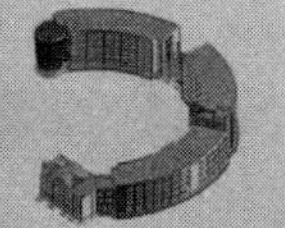

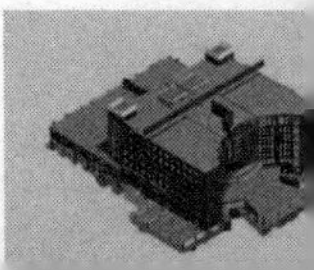

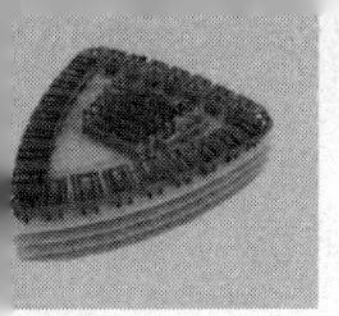

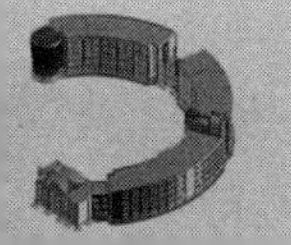

第 1 章

工程设置

1. 问：在楼层设置中为什么五层以上的楼层都变成负层了？

答：在楼层设置里，在标题栏首层一行目标的“首层”点上对勾，就可以设置相应的首层。另外如果需要插入地上层应该在首层以上插入。

编码	楼层名称	层高(m)	首层	底标高(m)	相同层
3	第3层	4.5	☐	13.95	1
2	第2层	6	☐	7.95	1
1	首层	7.95	☑	0	1
0	基础层	1.8	☐	-1.8	1

2. 问：关于钢筋比重的设置是否要将直径为 6mm 的钢筋改为直径为 6.5mm 的？

答：根据实际需要，可以调整。

3. 问：如何在软件中设置搭接长度和混凝土强度等级？

答：在楼层设置里，如图设置相应搭接长度和混凝土强度等级。

	编码	楼层名称	层高(m)	首层	底标高(m)	相同层数	板厚(mm)	建筑面积(m2)	备注
1	7	第7层	3	☐	17.95	1	120		
2	6	第6层	3	☐	14.95	1	120		
3	5	第5层	3	☐	11.95	1	120		
4	4	第4层	3	☐	8.95	1	120		
5	3	第3层	3	☐	5.95	1	120		
6	2	第2层	3	☐	2.95	1	120		
7	1	首层	3	☑	-0.05	1	120		
8	-1	第-1层	3	☐	-3.05	1	120		
9	-2	第-2层	3	☐	-6.05	1	120		
10	-3	第-3层	3	☐	-9.05	1	120		
11	-4	第-4层	3	☐	-12.05	1	120		
12	0	基础层	3	☐	-15.05	1	500		

楼层缺省钢筋设置(第7层, 17.95m~20.95m)

	抗震等级	砼标号	锚固					搭接					保护层厚(mm)
			一级钢	二级钢	三级钢	冷轧带肋	冷轧扭	一级钢	二级钢	三级钢	冷轧带肋	冷轧扭	
基础	(一级抗震)	C30	(27)	(34/38)	(41/45)	(35)	(35)	(33)	(41/46)	(50/54)	(42)	(42)	40
基础梁	(一级抗震)	C30	(27)	(34/38)	(41/45)	(35)	(35)	(33)	(41/46)	(50/54)	(42)	(42)	40
框架梁	(一级抗震)	C30	(27)	(34/38)	(41/45)	(35)	(35)	(33)	(41/46)	(50/54)	(42)	(42)	25
非框架梁	(非抗震)	C30	(24)	(30/33)	(36/39)	(30)	(35)	(29)	(36/40)	(44/47)	(36)	(42)	25
柱	(一级抗震)	C35	(25)	(31/34)	(37/41)	(33)	(35)	(35)	(44/48)	(52/58)	(47)	(49)	30
现浇板	(非抗震)	C30	(24)	(30/33)	(36/39)	(30)	(35)	(29)	(36/40)	(44/47)	(36)	(42)	15
剪力墙	(一级抗震)	C35	(25)	(31/34)	(37/41)	(33)	(35)	(30)	(38/41)	(45/50)	(40)	(42)	15
人防门框墙	(一级抗震)	C30	(27)	(34/38)	(41/45)	(35)	(35)	(38)	(48/54)	(58/63)	(49)	(49)	20
墙梁	(一级抗震)	C35	(25)	(31/34)	(37/41)	(33)	(35)	(30)	(38/41)	(45/50)	(40)	(42)	25
墙柱	(一级抗震)	C35	(25)	(31/34)	(37/41)	(33)	(35)	(35)	(44/48)	(52/58)	(47)	(49)	30
圈梁	(一级抗震)	C25	(31)	(38/42)	(46/51)	(41)	(40)	(44)	(54/59)	(65/72)	(58)	(56)	15
构造柱	(一级抗震)	C25	(31)	(38/42)	(46/51)	(41)	(40)	(44)	(54/59)	(65/72)	(58)	(56)	15
其它	(非抗震)	C15	(37)	(47/52)	(47/52)	(40)	(45)	(45)	(57/63)	(57/63)	(48)	(54)	15

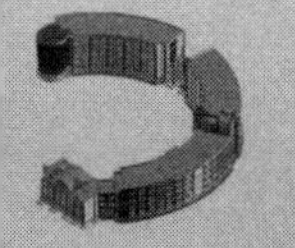

4. 问：在工程设置里檐高是取到哪里？如果有女儿墙，高度应加上女儿墙吗？

答：高度由设计室外地坪取到檐口高度，有女儿墙时要加上女儿墙的高度，如果女儿墙下还有挑檐就按挑檐高度计算。平屋顶带挑檐，无组织排水，算至屋顶结构板上。平层带女儿墙，有组织排水，算至屋顶结构板上，坡屋面或其他曲屋面屋顶均算至墙的中心线与屋面交点的高度。阶梯式建筑按高层的建筑物计算檐高。突出屋面的水箱间、电梯间、亭台阁楼等均不计算檐高。

5. 问：如何在软件中修改设置？

答：在图层选中—右键—构件属性编辑器—修改。

6. 问：钢筋的连接方式如何设置？

答：主筋的连接在搭接设置里选择即可，如下图所示。楼层间钢筋软件是按照每层搭接考虑的，水平方向的钢筋软件按照默认的 8m、10m 两种。

模块导航栏 工程设置

工程信息 比重设置 弯钩设置 损耗设置 计算设置 楼层设置

计算设置 节点设置 箍筋设置 搭接设置 箍筋公式

	钢筋直径范围	连接形式								墙柱垂直筋定尺	其余钢筋定尺
		基础	框架梁	非框架梁	柱	板	墙水平筋	墙垂直筋	其它		
1	一级钢筋										
2	3~10	绑扎	绑扎	绑扎	绑扎	绑扎	绑扎	绑扎	绑扎	8000	8000
3	12~14	绑扎	绑扎	绑扎	绑扎	绑扎	绑扎	绑扎	绑扎	8000	8000
4	16~22	绑扎	绑扎	绑扎	电渣压力焊	绑扎	绑扎	绑扎	绑扎	8000	8000
5	25~32	套管挤压	套管挤压	套管挤压	套管挤压	套管挤压	套管挤压	套管挤压	套管挤压	8000	8000
6	二级钢筋　可以在这里选修改										
7	3~11.5	绑扎	绑扎	绑扎	绑扎	绑扎	绑扎	绑扎	绑扎	8000	8000
8	12~14	绑扎	绑扎	绑扎	绑扎	绑扎	绑扎	绑扎	绑扎	8000	8000
9	16~25	绑扎	绑扎	绑扎	电渣压力焊	绑扎	绑扎	绑扎	绑扎	8000	8000
10	28~50	套管挤压	套管挤压	套管挤压	套管挤压	套管挤压	套管挤压	套管挤压	套管挤压	8000	8000
11	三级钢筋										
12	3~10	绑扎	绑扎	绑扎	绑扎	绑扎	绑扎	绑扎	绑扎	8000	8000
13	12~14	绑扎	绑扎	绑扎	绑扎	绑扎	绑扎	绑扎	绑扎	8000	8000
14	16~25	绑扎	绑扎	绑扎	电渣压力焊	绑扎	绑扎	绑扎	绑扎	8000	8000
15	28~50	套管挤压	套管挤压	套管挤压	套管挤压	套管挤压	套管挤压	套管挤压	套管挤压	8000	8000
16	冷轧带肋钢筋										
17	4~12	绑扎	绑扎	绑扎	绑扎	绑扎	绑扎	绑扎	绑扎	8000	8000
18	冷轧扭钢筋										
19	6.5~14	绑扎	绑扎	绑扎	绑扎	绑扎	绑扎	绑扎	绑扎	8000	8000

7. 问：钢筋软件中层高不同时如何设置？

答：按层高最高的设置层高，然后根据地面不同的标高定义不同的地面分别绘制即可，地面以首层结构地面的标高为准，低于结构地面的为负值，高于的为正值，一般结构标高与建筑标高相差 0.03，建筑为正负 0.00，结构为−0.03。

8. 问：如何理解软件中纵筋搭接接头错开百分率与 11G101 中的钢筋纵筋搭接百分率？

答：一个是说搭接错开百分率，一个是说搭接百分率，也就是说一根梁如果有四个受力纵筋在同一截面中有三个接头的，错开百分率就只有 25%，搭接百分率就是 75%。

9. 问：如何在软件中设置工程的抗震等级？

答：如图所示在楼层设置中，选择设置楼层，然后选择相应的抗震等级。

模块导航栏

工程设置

- 工程信息
- 比重设置
- 弯钩设置
- 损耗设置
- 计算设置
- 楼层设置

插入楼层 删除楼层 上移 下移

	编码	楼层名称	层高(m)	首层	底标高(m)	相同层数
1	7	第7层	3	☐	17.95	1
2	6	第6层	3	☐	14.95	1
3	5	第5层	3	☐	11.95	1
4	4	第4层	3	☐	8.95	1
5	3	第3层	3	☐	5.95	1
6	2	第2层	3	☐	2.95	1
7	1	首层	3	☑	-0.05	1
8	-1	第-1层	3	☐	-3.05	1
9	-2	第-2层	3	☐	-6.05	1
10	-3	第-3层	3	☐	-9.05	1
11	-4	第-4层	3	☐	-12.05	1
12	0	基础层	3	☐	-15.05	1

楼层缺省钢筋设置(第4层, 8.95m~11.95m)

	抗震等级	砼标号	锚固				
			一级钢	二级钢	三级钢	冷轧带肋	冷轧扭
基础	(一级抗震)	C30	(27)	(34/38)	(41/45)	(35)	(35)
基础梁	(一级抗震)	C30	(27)	(34/38)	(41/45)	(35)	(35)
框架梁	(一级抗震)	C30	(27)	(34/38)	(41/45)	(35)	(35)
非框架梁	(非抗震)	C30	(24)	(30/33)	(36/39)	(30)	(35)
柱	(一级抗震)	C35	(25)	(31/34)	(37/41)	(33)	(35)
现浇板	(非抗震)	C30	(24)	(30/33)	(36/39)	(30)	(35)
剪力墙	非抗震	C35	(25)	(31/34)	(37/41)	(33)	(35)
人防门框墙	一级抗震 二级抗震	C30	(27)	(34/38)	(41/45)	(35)	(35)
墙梁	三级抗震 四级抗震	C35	(25)	(31/34)	(37/41)	(33)	(35)
墙柱	(一级抗震)	C35	(25)	(31/34)	(37/41)	(33)	(35)
圈梁	(一级抗震)	C25	(31)	(38/42)	(46/51)	(41)	(40)
构造柱	(一级抗震)	C25	(31)	(38/42)	(46/51)	(41)	(40)
其它	(非抗震)	C15	(37)	(47/52)	(47/52)	(40)	(45)

10. 问：在软件的计算设置里，搭接设置中的单（双）面焊统计搭接长度，是否勾选计算结果有何不同？

答：如果勾选，焊接在算接头的基础上，再另外算 5d 的长度，钢筋接头汇总表中不统计个数，只在报表中体现搭接量。当搭接形式为单面焊或者双面焊时，打勾后在编辑钢筋中可以体现搭接的长度，但不会在钢筋接头汇总表中显示接头个数，不过会在报表中把搭接长度的量合计到总的钢筋量里。

11. 问：在钢筋软件中，如果直接进行绘图，然后在绘图过程中修改部分构件属性中混凝土强度等级，工程完成后在楼层设置里改变混凝土强度等级，计算结果有影响吗？

答：如图所示，在更改完楼层设置里的混凝土强度等级后，软件中未修改的构件的混凝土强度等级会相应地随着改变，钢筋量也会改变，但是已经在属性里修改过混凝土强度等级的构件的混凝土强度等级是不会跟着变化的，钢筋量相应地也不会改变。

非框架梁	(非抗震)	C30	(30)	(29/32
柱	(一级抗震)	C25	(40)	(38/42
现浇板	(非抗震)	C30	(30)	(29/32

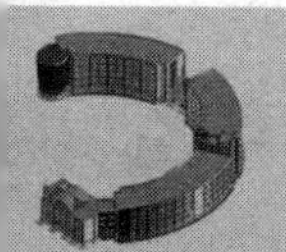

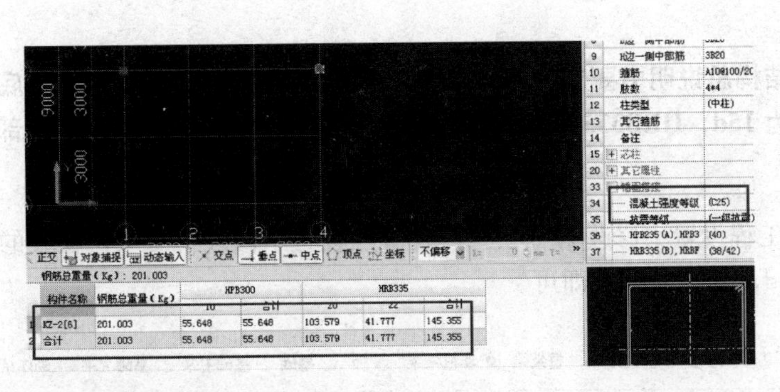

12. 问：钢筋抽样的计算设置都包括什么？

答：按照结构图纸中结构总说明修改相应计算设置与节点设置。

13. 问：在钢筋计算过程中，向上取整和向下取整什么时候用？

答：（1）钢筋计算按规范要求是向上取整加 1。这是施工质量验收规范中的要求，详见 GB 50204—2002 中的第 16～17 页中有关要求。（2）钢筋的根数计算一般都是向上取整＋1 来设置计算，只有在计算砌体加固筋和负筋的分布筋时采用向下取整＋1 计算。

14. 问：在图形算量导入钢筋算量过程中，软件提示钢筋算量设置了标准层不能导入如何操作？

答：点击绘图界面—楼层—自动拆分标准楼层即可。

15. 问：如何对所示图纸的构件进行偏移？

答：这样的工程最好应用导入法进行柱子的建模，定位准确而且简便。就上图的问题，先在 CAD 图上求出旋转角度，然后在钢筋软件中点击 Shift＋左键，然后输入所求角度，点击确定即可。

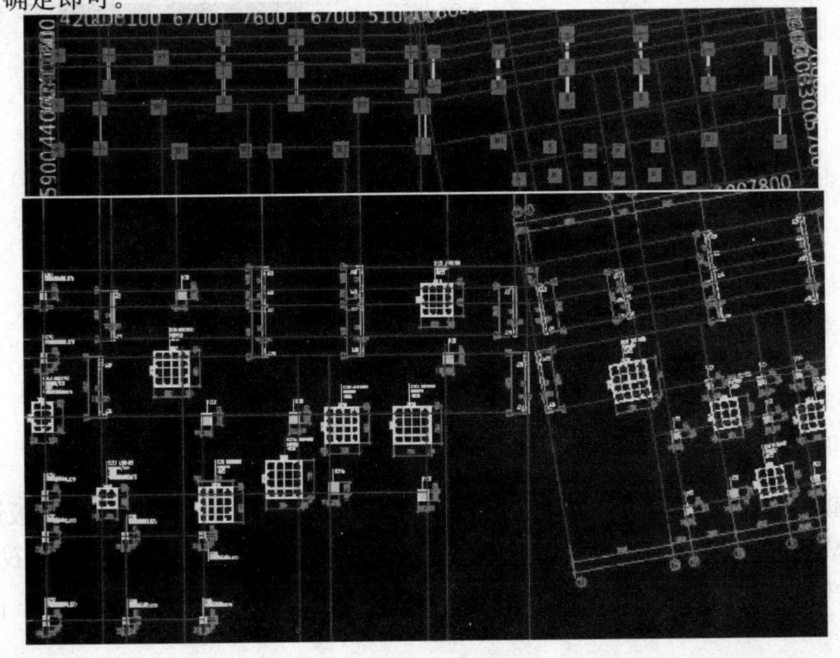

16. 问：图纸结构总说明中要求：非框架梁主筋伸入支座锚固长度：（1）底部 HPB300 级钢筋为 15d，HRB335 级钢筋为 12d；（2）且应伸至支座外缘上部为 35d，如何操作？

答：先在工程设置中修改第一项。再在节点设置中修改第二项，在梁的节点设置中软件默认的是 15d，修改为 35d 即可。

○柱/墙柱 ○剪力墙 ○框架梁 ◉非框架梁 ○板 ○基础 ○基础主梁 ○基础次梁 ○砌体结

	类型名称	
1	⊟ 公共部分	
2	纵筋搭接接头错开百分率（不考虑架立筋）	≤25%
3	宽高均相等的非框架梁L型、十字相交互为支座	否
4	截面小的非框架梁是否以截面大的非框架梁为支座	是
5	⊟ 上部钢筋	
6	非通长筋与架立钢筋的搭接长度	150
7	上部中间支座第一排非通长筋伸入跨内的长度	Ln/3
8	上部第二排非通长筋伸入跨内的长度	Ln/4
9	上部第三排非通长筋伸入跨内的长度	Ln/5
10	当左右跨不等时，伸入小跨内负筋的L取值	取左右最大跨计算
11	直形非框架梁上部端支座负筋伸入跨内的长度	Ln/5
12	⊟ 下部钢筋	
13	不伸入支座的下部钢筋距支座边的距离	0.1*L
14	下部纵筋遇加腋做法	锚入加腋
15	下部通长筋遇支座做法	遇支座连续通过
16	直形非框架梁下部钢筋锚入支座的长度	按规范计算
17	下部原位标注钢筋做法	遇支座断开

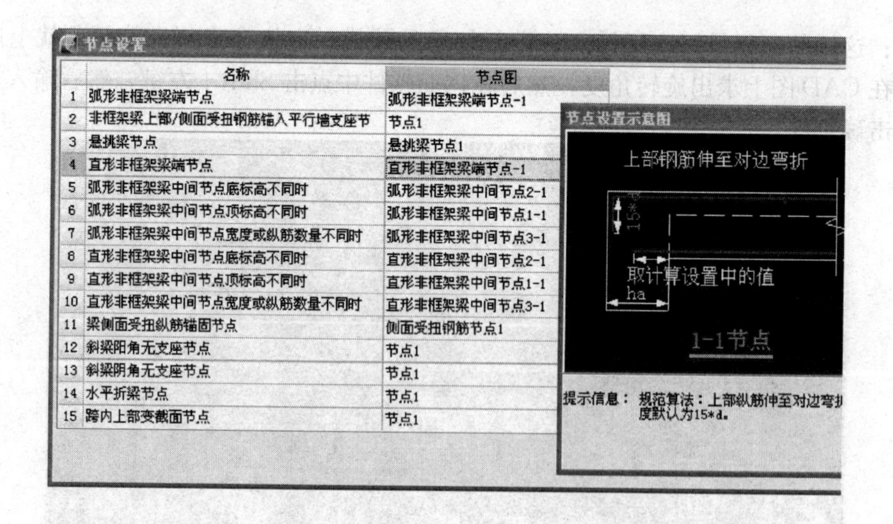

17. 问：如图所示的承台钢筋如何设置？

答：截图中基础可以采用“棱台型下柱墩”代替定义布置，属性中设置筏板钢筋是否通过“柱墩”。截图中基础梁可以按底部梁宽分隔筏板，然后修改分隔那部分筏板名称、厚度及属性标高，再“设置筏板变截面”即可。

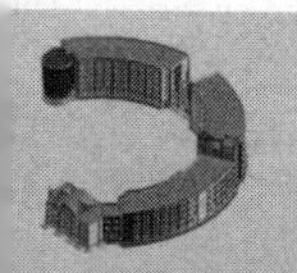

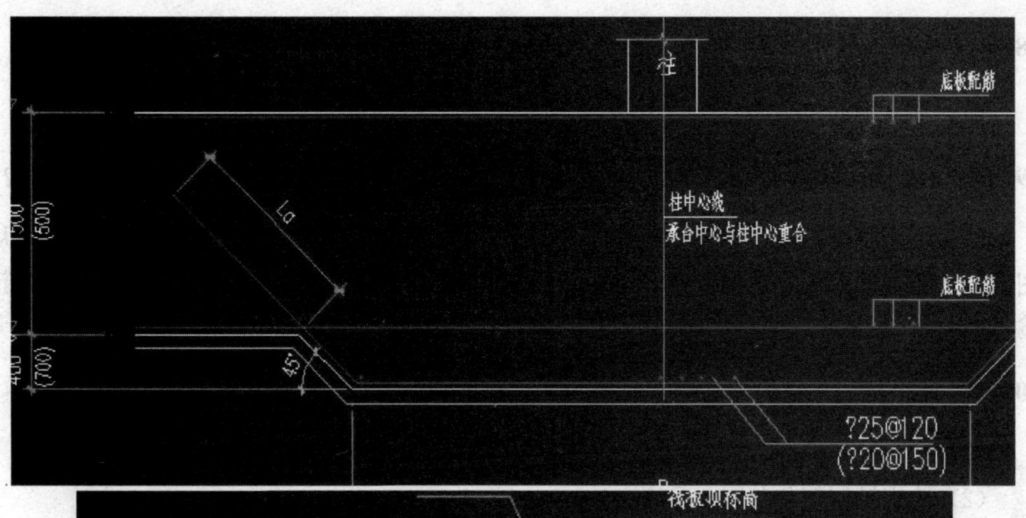

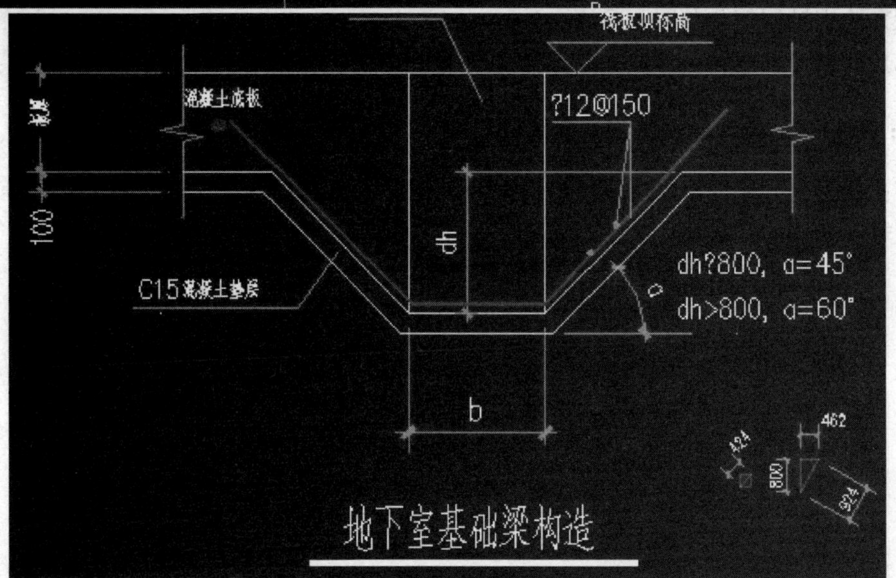

搜索构件...

柱墩
ZD-1

属性编辑

	属性名称	属性值
1	名称	ZD-1
2	类型	棱台形下柱墩
3	柱墩截长1(X)(mm)	2000
4	柱墩截宽1(Y)(mm)	2000
5	柱墩截长2(X)(mm)	800
6	柱墩截宽2(Y)(mm)	800
7	柱墩高度(mm)	800
8	X向纵筋	A10@150
9	Y向纵筋	A10@150
10	是否按板边切割	是
11	其它钢筋	
12	备注	
13	− 其它属性	
14	汇总信息	柱墩
15	保护层厚度(mm)	(40)
16	扣减板/筏板面筋	是
17	扣减板/筏板底筋	是
18	计算设置	按默认计算设置计算
19	搭接设置	按默认搭接设置计算
20	顶标高(m)	筏板底标高
21	+ 锚固搭接	

18. 问：在钢筋软件中，钢筋搭接设置中的墙垂直筋是否仅指墙身的钢筋？

答：垂直钢筋包括墙、柱的钢筋。

19. 问：在钢筋算量里面工程信息中，计算规则选为 11G101 系列，能否转换为 03G101？

答：不能直接转换，如果实在是做了很多要转换，可以将钢筋导到图形里面去，再从图形导入到钢筋中去，这样就可以实现一个工程有两个规则，但是钢筋信息都需要重新输入。

20. 问：两个相同工程的钢筋合并时提示工程数据有误为什么？

答：（1）楼层设置可能不一样，导致不能正确合并，提示错误。

（2）检查轴网等公共图元是否一致。

（3）计算设置要一致，比如 03G101 和 11G101，则不能合并。

21. 问：在用钢筋软件做完工程后修改抗震等级对钢筋量是否有影响？

答：作为公共属性，如果更改抗震等级，钢筋量也会有变化，这是因为抗震等级会影响钢筋节点的锚固和搭接。如下图所示。

	工程名称	201-11营职住宅1段(主楼)
3	项目代号	
4	工程类别	
5	*结构类型	剪力墙结构
6	基础形式	满堂红基础
7	建筑特征	
8	地下层数(层)	3
9	地上层数(层)	
10	*设防烈度	8
11	*檐高(m)	35
12	*抗震等级	二级抗震

22. 问：软件的计算设置可以导出并打开看吗？

答：计算设置可以导入和导出，但不能导出后打开，因为压缩文件一般是“RAR”或“ZIP”格式的，但是导出的计算规则扩展名是“GZ”，无法打开。

23. 问：在工程信息设置时，如果遇到工程首层为框架结构，二层以上为砖混，如何填写工程信息？

答：由于工程以砖混结构为主，工程信息中应该选砖混，在首层的构件的属性设置中修改框架结构的相应设置。

24. 问：次梁上部钢筋最小锚固长度为 La，次梁下部钢筋伸入支座长度应大于或等于：带肋钢筋 12d，光圆钢筋 15d，如何设置？

答：在计算设置中选择节点设置里修改，如下图所示。

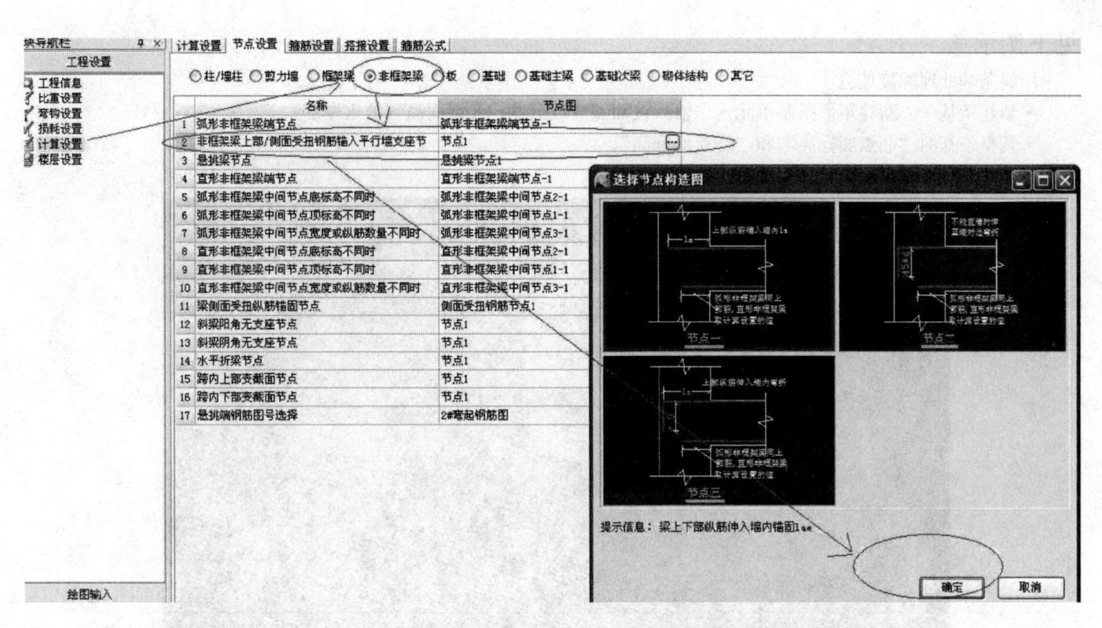

25. 问：抗震等级为三级，抗震构造等级为二级；砌体施工质量控制等级 B 级，如何设置？

答：抗震等级为三级，构造二级是构造做法，可咨询设计单位，加以确认。

26. 问：地下部分，墙、板内侧、外侧的保护层厚度不一样如何处理？

答：如下图进行设置。

	属性名称	属性值	附加
1	名称	JLQ-1	
2	厚度(mm)	200	☐
3	轴线距左墙皮距离(mm)	(100)	☐
4	水平分布钢筋	(2)B12@200	☐
5	垂直分布钢筋	(2)B12@200	☐
6	拉筋	A6@600*600	☐
7	备注		☐
8	其它属性		
9	其它钢筋		
10	汇总信息	剪力墙	☐
11	保护层厚度(mm)	30/20	☐
12	压墙筋		☐
13	纵筋构造	设置插筋	☐
14	插筋信息		☐
15	水平钢筋拐角增加搭接	否	
16	计算设置	按默认计算设置计算	
17	节点设置	按默认节点设置计算	
18	搭接设置	按默认搭接设置计算	
19	起点顶标高(m)	层顶标高	☐
20	终点顶标高(m)	层顶标高	☐
21	起点底标高(m)	层底标高	☐
22	终点底标高(m)	层底标高	☐
23	锚固搭接		

杠前为外侧/杠后为内侧

27. 问：用 GGJ2009 计算地下车库时，坡形车道带转弯，在转弯部位，使用三点定义设置斜板，转弯处无法设置，设置出来后，与图纸设计要求不符，角度斜度也不符，此处该怎样设置？

答：可以用螺旋板与平板定义斜板组合实现，如果是坡道地面用斜条基处理即可，参

见下图示意。

用斜条基处理螺旋坡道

• 新建条基——新建矩形条基单元——输入截面宽（坡道宽）及截面高（坡道厚度）。

• 调整条基的“起点底标高”和“终点底标高”。

• 用画弧的方式画出条基。如下图所示：

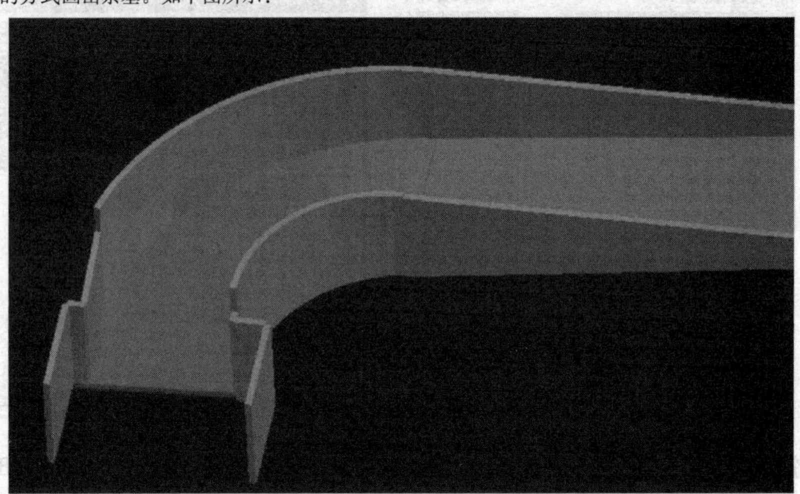

28. 问：如果结构总说明中未明确基础梁的混凝土强度等级，基础梁的混凝土强度等级按基础还是按梁？

答：基础梁作为重要的基础结构中的构件，其混凝土强度等级应按基础。

29. 问：钢筋算量软件中如果多跨梁合并为一根梁画和分跨画有什么区别？

答：首先如果一条梁分跨绘图时，就产生了跨与跨之间的搭接和锚固，钢筋量有所增大，为了精准应该将完整的一条多跨梁合并。

30. 问：广联达楼层钢筋缺省设置含义是什么？还有三级钢（41/45）表达了什么含义？

答：广联达楼层钢筋缺省设置就是钢筋算量软件 GGJ2009 的默认设置。三级钢（41/45）表示直径 25 以内锚固长度/直径 25 以上锚固长度，加括号表示软件默认设置。

31. 问：某工程地下室外墙外侧钢筋保护层是 50mm，内侧钢筋保护层是 25mm，如何在软件中进行操作？

答：在保护层一栏输入：50/25，即可。

32. 问：在钢筋算量软件 GGJ2009 中，钢筋软件导入图形算量软件应注意什么？

答：钢筋抽样软件是抽钢筋工程量，图形算量软件是计算结构、装饰工程量。在钢筋抽样时几乎所有的结构构件已经画了图（墙、柱、梁、板等）导入到图形算量就可以套用清单或定额，导图减少了重复工作量，使效率大大提高。注意事项如下：

（1）新建图形算量工程，先不要定义层高等信息，按默认确定后导入钢筋工程，导入后，选择按照钢筋层高导入，将楼层全选或根据需要选择，注意要将轴网和辅助轴线也选中，不要选暗柱。

（2）钢筋抽样中楼梯是在单构件中计算的钢筋，是无法导入到图形算量中的，要想在

图形算量中进行三维显示必须在图形算量中对楼梯进行重新定义并进行绘制。

（3）修改混凝土强度等级和砂浆强度等级。

（4）基础层根据实际情况设置垫层，因为钢筋算量时是不设置基础垫层的。

（5）需要补画钢筋抽样软件中未画入的构件，如A完善首层的相应构件：室外台阶、坡道、散水（也可以在单构件输入中计算），B三小间防水设置，完成其他零星构件的工程量计算并根据实际需要套取做法（定额或者清单）。

（6）钢筋抽样导入到图形算量之中要进行一下合法性检查。比如导入到图形算量之后软件默认的内、外墙是不是正确的。

（7）根据工程实际情况查遗补漏。

33. 问：钢筋软件中如何把钢筋搭接设置为零？

答：在工程设置中的搭接设置里把相应位置的相应钢筋型号的钢筋搭接设置为对焊，钢筋搭接就为零。

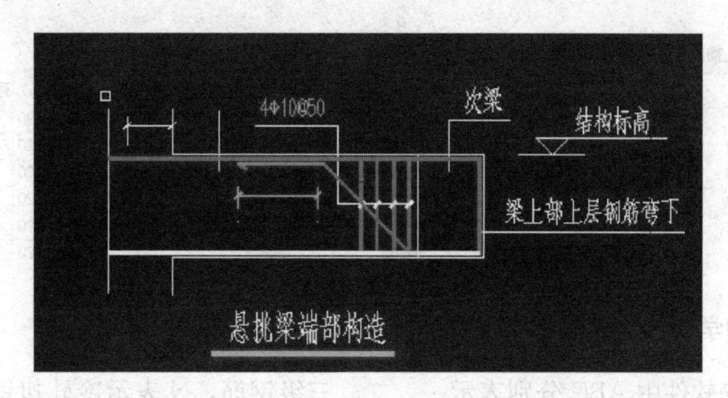

34. 问：在钢筋抽样软件设置里，在哪里能找到悬挑梁上层钢筋全部弯下这个节点？

答：在上部筋前输入悬挑梁臂端的代码，例如“3-3C22”。

35. 问：钢筋软件中提取CAD图，如果屋面高度不一样，楼层表中该怎么填写标高、层高？

答：在楼层设置里，按照建筑立面图或剖面图输入；也可以先导入楼层表。如果屋面高度不一致，先调整到一致。

36. 问：定额中“短钢筋接长所需的工料”，其中“短钢筋接长”是指钢筋搭接吗？

答：短钢筋接长指的是搭接、焊接或机械连接等。

37. 问：钢筋软件中次梁加筋如何进行设置？

答：（1）利用【自动生成吊筋】功能；（2）在原位标注表格中次梁加筋一栏直接输入即可；如果一跨有多道次梁（≥2道时），那么还需要输入次梁宽度，例如150/150/150。

38. 问：如何设置同一楼层同一结构的不同的钢筋保护层厚度？

答：同一构件的钢筋保护层厚度不同时使用“/”分隔符。

39. 问：在楼层设置时标高按结构标高还是建筑标高？

答：（1）在钢筋中用结构标高，图形中用建筑标高，这是针对图纸的标识来确定的。

（2）在钢筋中，我们主要是应用结构图，图纸标识的是结构标高，这时按结构标高进行设置，可以不用标高的换算，也比较容易检查，不容易出错。

（3）在图形中，主要是用建筑图，图纸标识的是建筑标高，这时按建筑标高进行设置，可以不用标高的换算。

（4）实际上，现在在 GCL2008 和 GGJ2009 中，均可以在楼层设置中，设置首层底标高，通过这个功能，可以对建筑标高和结构标高进行切换。也就是说只要修改首层底标高就可以了（见下图），不麻烦。

（5）其实不管是建筑标高也好，结构标高也好，都不会影响计算，因为层高都是一样的。

插入楼层　删除楼层　上移　下移

	编码	名称	层高(m)	首层	底标高(m)	相同层数	现浇板厚(mm)	建筑面积
1	5	第5层	3.000	☐	12.120	1	120	
2	4	第4层	3.000	☐	9.120	1	120	
3	3	第3层	3.000	☐	6.120	1	120	
4	2	第2层	3.000	☐	3.120	1	120	
5	1	首层	3.000	☑	0.120	1	120	125
6	0	基础层	3.000	☐	-2.880	1	120	

40. 问：对于初学者钢筋代码都有什么？

答：在钢筋软件中 ABC 分别表示一、二、三级钢筋，N 表示冷轧扭钢筋；L 表示冷轧带肋钢筋，D 表示新三级钢筋。

41. 问：这两种柱墩应该怎么设置构件的定义及计算规则？

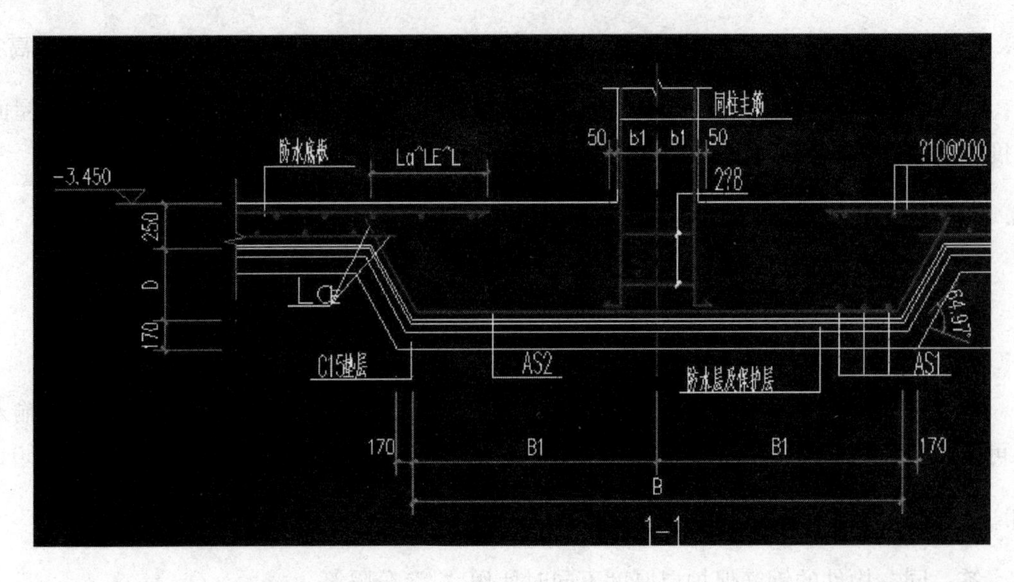

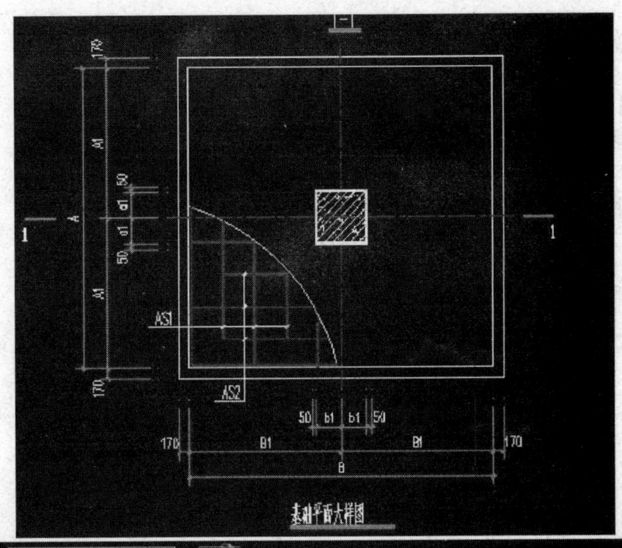

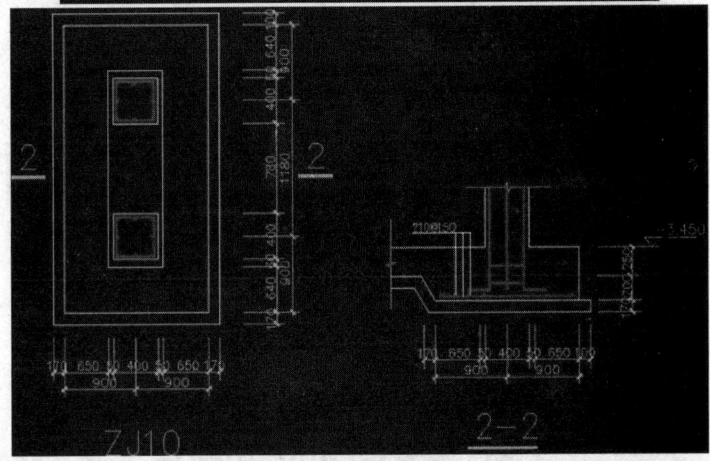

答：按相应位置，用不同的筏板布置，然后对独立基础的筏设置好边坡。如下图所示。

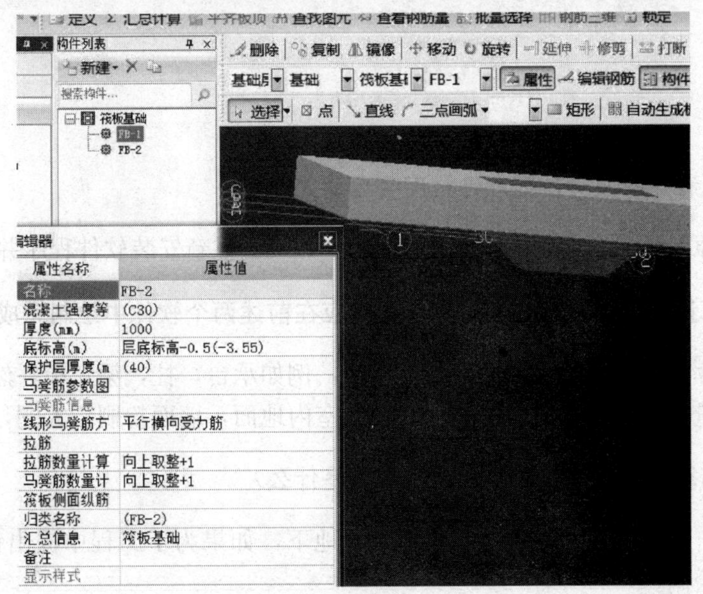

42. 问：钢筋算量软件中的快捷键有哪些?

答：按下图操作。

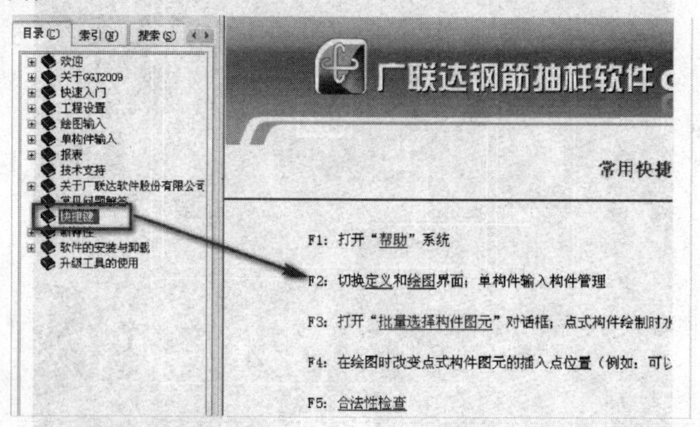

43. 问：钢筋抽样中的快捷键有哪些?

答：快捷键如下图所示。

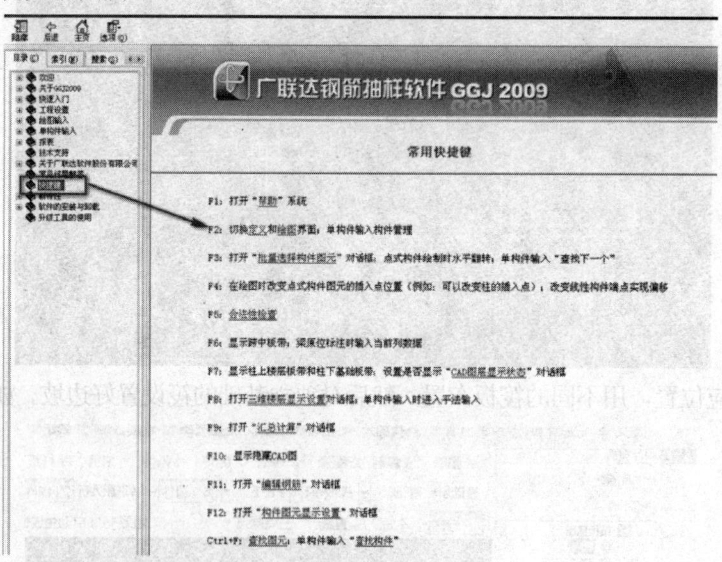

44. 问：为什么在选择某一层时软件程序会自动关闭?

答：不同原因可考虑将硬件加速器调整为0，或者重新安装软件程序并重新启动。

45. 问：钢筋算量与图形算量中哪些构件是对应在前述两个软件中绘制完成的?

答：钢筋算量里面可以输入框架结构主体，例如承台，柱，梁，板，然后导入图形算量，在图形算量里面可以砌筑墙及装修，例如室内地面，墙面粉刷，天棚，外墙面等。

46. 问：在钢筋算量软件中，绘制楼层的顺序是什么?

答：根据自己的习惯，一般考虑从地上至地下，如果为了工程中提出钢筋使用计划，就按施工顺序绘制。

47. 问：如何进行标准层的设置？如何进行标准层拆分？

答：在楼层设置中选相同楼层一列，如果标准层为 8 层就输入 8；在图形楼层设置中选择拆分标准层命令。

48. 问：钢筋抽样无法选定最新规则 11G101？

答：11G101 图集是另外交费购买的，联系客服查询您的购买记录。

属性编辑

	属性名称	属性值	附加
1	名称	GYZ3	
2	类别	暗柱	☐
3	截面编辑	是	
4	截面形状	T-a形	☐
5	截面宽(B边)(mm)	800	☐
6	截面高(H边)(mm)	500	☐
7	全部纵筋	16B14	☐
8	其它箍筋		
9	备注		☐
10	+ 其它属性		
22	+ 锚固搭接		

截面编辑

布置纵筋 4B25

49. 问：在截面编辑否的状态下箍筋和拉筋输入栏里填写的是 A10@100，然后切换到截面编辑是的状态下查看，箍筋和拉筋则是 A8@150，那么在这里需不需要把 A8@150 改成 A10@100？

答：截面编辑的是与否之间的切换，有联系的只是截面的宽和高，钢筋信息是不会跟着切换的，所以，切换到截面编辑后，钢筋信息必须重新调。要把 A8@150 改成 A10@100。

50. 问：选择 03G101 所做的工程是否能够转换成 11G101 呢？

答：软件不支持 11G101 与 03G101 的互相转换，可以将 03G101 所做工程导入图形算量 GCL2008，然后选择 11G101 图集，重新输入钢筋信息。

51. 问：建立墙的节点构造时，除了软件里提供的四种，是否还有其他的方法？

答：如果没有合适的节点供选择，就利用编辑钢筋按钮进行编辑，然后选择锁定。

52. 问：按结构标高画图导入图形以后需要注意什么？图纸结构标高和建筑标高高差 0.11，按结构标高画图，门窗都把高差给加上了可是导入图形以后该如何计算呢？因为高差问题首层底标高为－0.11。

答：（1）实际施工时的标高都是按结构标高，门窗按照实际高度＝设计离地高度＋与建筑标高的高差，地面的 50 线也是 500＋与建筑标高的高差，一般屋面无装饰做法，建筑与结构高差就会增加在顶层。

（2）图纸结构标高和建筑标高高差 0.11，按结构标高画图，门窗都把高差给加上了，是对的。

（3）导入图形以后按结构标高直接计算工程量即可，不用理会高差问题。

53. 问：如何设置钢筋的三维显示？

答：绘图并计算后，框选需要显示钢筋三维的构件图元，如梁或板或柱，然后点选“钢筋三维”按钮即可。钢筋三维显示只能一次显示一种构件图元，多种构件不能同时显示。

54. 问：在 GGJ2009 中楼层设置后面的建筑面积是否要填写，对钢筋计算有影响吗？

答：如果对每平方米钢筋用量指标没有需求就可以不填写。如果不填写，在预览报表时（工程技术经济指标表），软件就不能计算出每平方米钢筋用量指标。

55. 问：钢筋损耗的百分数计算基数包括措施筋吗？

答：钢筋损耗的百分数计算基数包括措施筋。

56. 问：如果遇到工程中间为五层两边为四层的建筑，钢筋软件中檐高设置应该是四层还是五层？

答：按照五层设置，如果中间为电梯间、水箱间应设置四层顶板标高为檐高，在软件中檐高的设置高低不影响钢筋的计算。

57：问：两边主梁均为同一属性梁，已标注了原位标注，但左边可以自动生成吊筋，右边的为什么无法标注？

答：无法识别，需要手工在原位标记处补充一下。

58. 问：钢筋按结构图设置，画完钢筋后导入到图形时，是否需要将图形中的标高修改成与建筑图一致？

答：基本不会影响，有时会有少量变化，可以先按钢筋的标高导入，然后在工程设置中再作调整即可。

59. 问：如下图所示的箍筋根数是17道，但在计算中是18道箍筋，为什么？

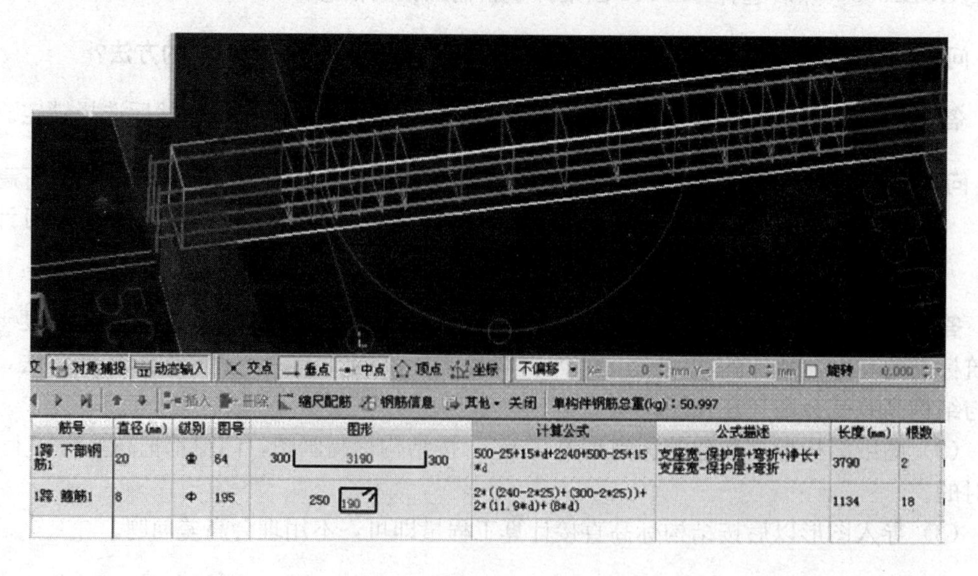

答：图中没有显示取整加一的箍筋，在计算设置中计算结果会进行取整+1。

60. 问：如何在工程设置中将定额模式改为清单模式？

答：定额模式是不能直接转成清单模式的，清单可以向定额模式直接转换。在新建工程时按下图进行相应设置。

计价方式：
○清单计价　⊙定额计价 (工料机法)　○定额计价 (仿清单法/综合单价法)

按向导新建　按模板新建

定 额 库：全国统一建筑工程基础定额河北省消耗量　定额专业：土建工程
模板类别：通性地区
工程名称：预算书1

	名称	内容
1	建筑面积	
2	工程类别	三类工程
3	纳税地点	市区
4	规费类别	非房地产开发项目

计价方式：
⊙清单计价　○定额计价 (工料机法)　○定额计价 (仿清单法/综合单价

按向导新建　按模板新建

清 单 库：工程量清单项目设置规则 (2008-河北)　清单专业：建筑工程
定 额 库：全国统一建筑工程基础定额河北省消耗量　定额专业：土建工程
模板类别：通性地区
工程名称：预算书1

	名称	内容
1	建筑面积	
2	工程类别	三类工程
3	纳税地区	市区

61. 问：钢筋量的汇总是按中轴线长度还是按外皮长度计算？

答：二者差别在于计算被弯曲的钢筋长度时，是按照外皮度量（下图中的“量度尺寸”）还是按照中轴线度量（下图中的“下料尺寸”），二者的差值被称为“弯曲调整值”。

软件给出的就是开放设置，是可以由使用者选择的，如何计算取决于甲乙双方在合同中约定的计算规则。外皮度量是传统计算方法，全国大部分地区都在使用，中轴线度量比较接近现场实际，从预算规则来看，全国只有重庆定额明确了计算公式，其余均为预算员自行编辑整理，定额规则只有“按设计图示钢筋长度乘以单位理论质量计算”，选择哪项并无明确规定。

钢筋弯曲调整值

钢筋弯曲角度	30°	45°	60°	90°	135°
钢筋弯曲调整值	$0.35d$	$0.5d$	$0.85d$	$2d$	$2.5d$

注：d 为钢筋直径。

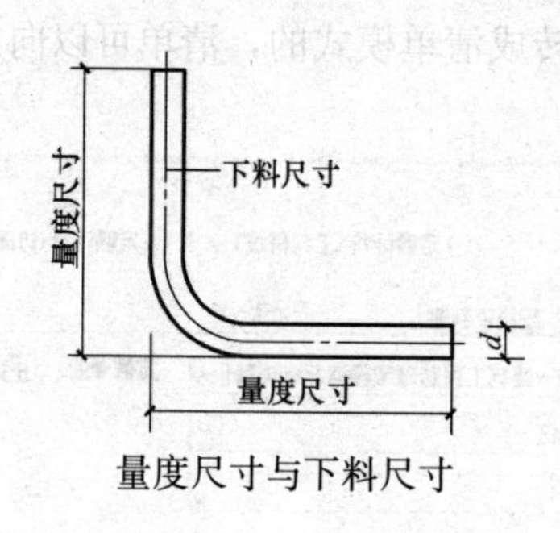

量度尺寸与下料尺寸

62. 问：板内设置了马凳筋，为什么计算时钢筋量内为零？钢筋间距 1000 * 1000。

答：马凳筋不出量的情况有：（1）定义的板筋不是双层双向或者负筋长度比马凳筋间距小。（2）马凳筋的参数是画好板图元之后重新回到定义的界面，在属性里面改的，因为马凳筋为私有属性，此时计算就不会有马凳筋的量。（3）板筋为负筋时，在定义的负筋属性里，把“马凳筋排数”改为了 0/0，此时表示这个负筋范围不计算马凳筋，也就不会有马凳筋的量了。（4）马凳筋是在板位置布置，查看量的时候也是选中板图元查看，查看位置错误也不会有马凳筋的量的。

63. 问：导航栏中绘图输入里门窗洞中没有“飘窗”选项，如何进行飘窗的计算？

答：钢筋软件中没有飘窗的构件，可以将飘窗拆开，分顶板、底板、栏板、带形窗或窗洞等构件分别计算。

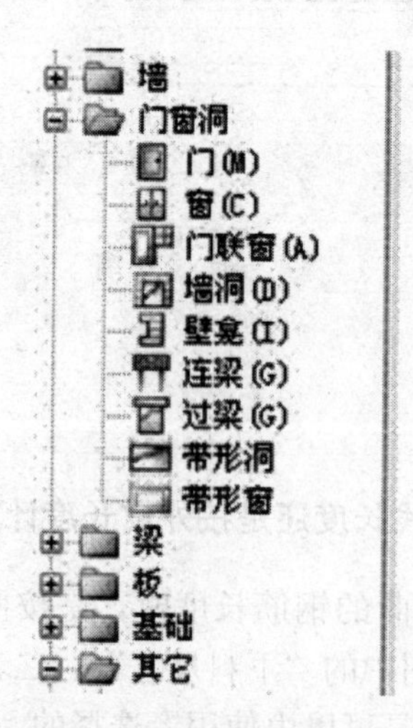

64. 问：如何在合并完工程后找回备份的分项文件？

答：点击工具—选项，打开备份文件夹。在备份文件夹里可以找到，一般工程每保存一次都有一个备份，将备份文件重命名，就是将备份文件的工程的后缀名“bak”删除，就可以打开了。

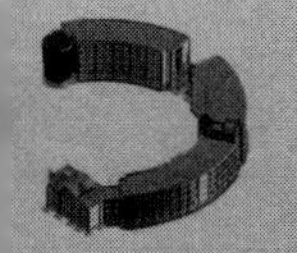

65. 问：砌体加筋采用植筋时怎么设置?

答：在砌体加筋形式中选植筋的节点就可以了。

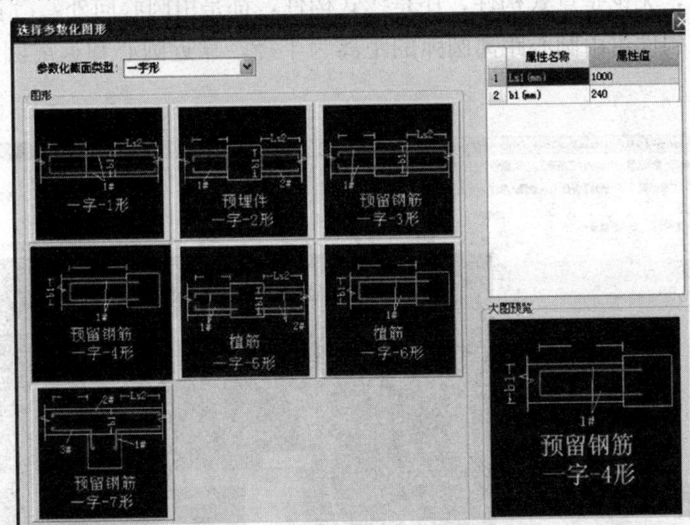

66. 问：暗柱旁边的 Lc 是什么意思?

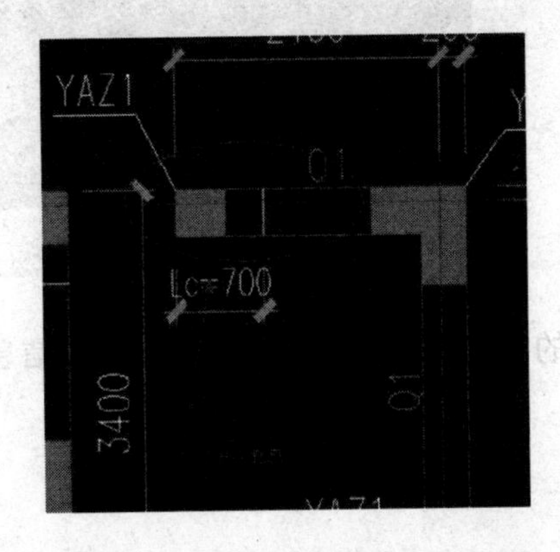

答：Lc在03G101-1第49页，指的是约束边缘构件沿墙肢的长度。

67. 问：（1）主梁和次梁同时加筋不能同时生成，软件默认是相同截面的梁才能都生成。

（2）对一些特殊基础，如基础顶面标高不同的基础如何定义？

（3）独立基础有多个基础单元，如何做到基础单元的偏移？虽然将基础单元分开定义成基础能解决这个问题，是否有更好的办法。

（4）弧形轴网的基础定位，如何能沿圆心轴线布置和偏移，软件好像只能沿弧形轴线偏移。

答：（1）GGJ2009中，【自动生成吊筋】功能，确实只能在主梁上，相同类型相同截面的梁上才能生成附加箍筋。当遇到主次梁都同时加筋的情况时，建议使用原位标注的方法直接录入，以保证钢筋计算的准确性。

（2）软件中，遇到这样的基础，建议直接将工程量统计在“表格输入”中，因为想办法绘制所花费的时间远远多于手工统计的时间。我们使用软件的目的就是提高工作效率，有时间可以琢磨一下这些特殊情况的处理方法，正常情况下，还是讲究效率。

（3）这个问题，在软件中处理的话，还是将独立基础单元分开定义绘制来处理。

（4）软件中，无论是点式构件，还是线式构件，都是由圆心向外，沿着弧形轴线进行布置的。而线式构件可由圆心距离圆弧的距离为半径，靠近圆心和远离圆心来进行偏移，如下图所示。

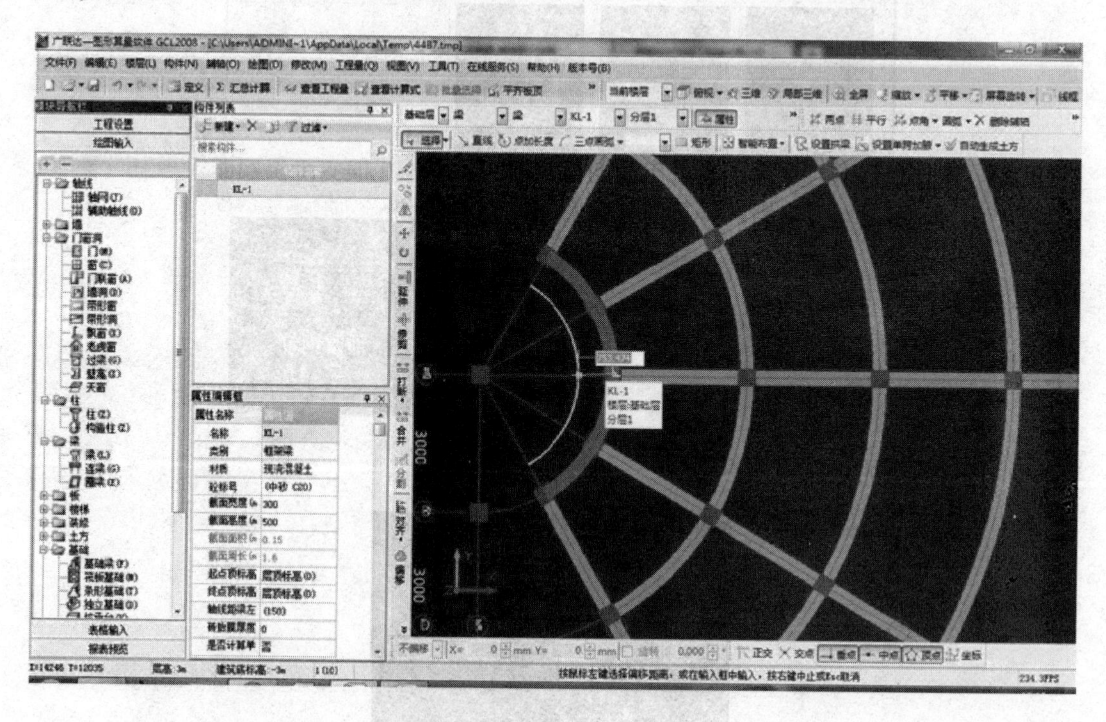

68. 问：钢筋算量画图显示的字体大，影响原位标注和钢筋信息修改？

答：如下图所示。

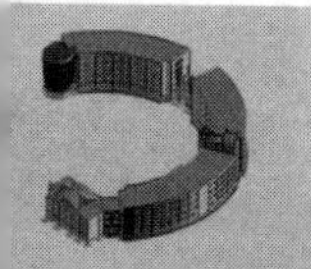

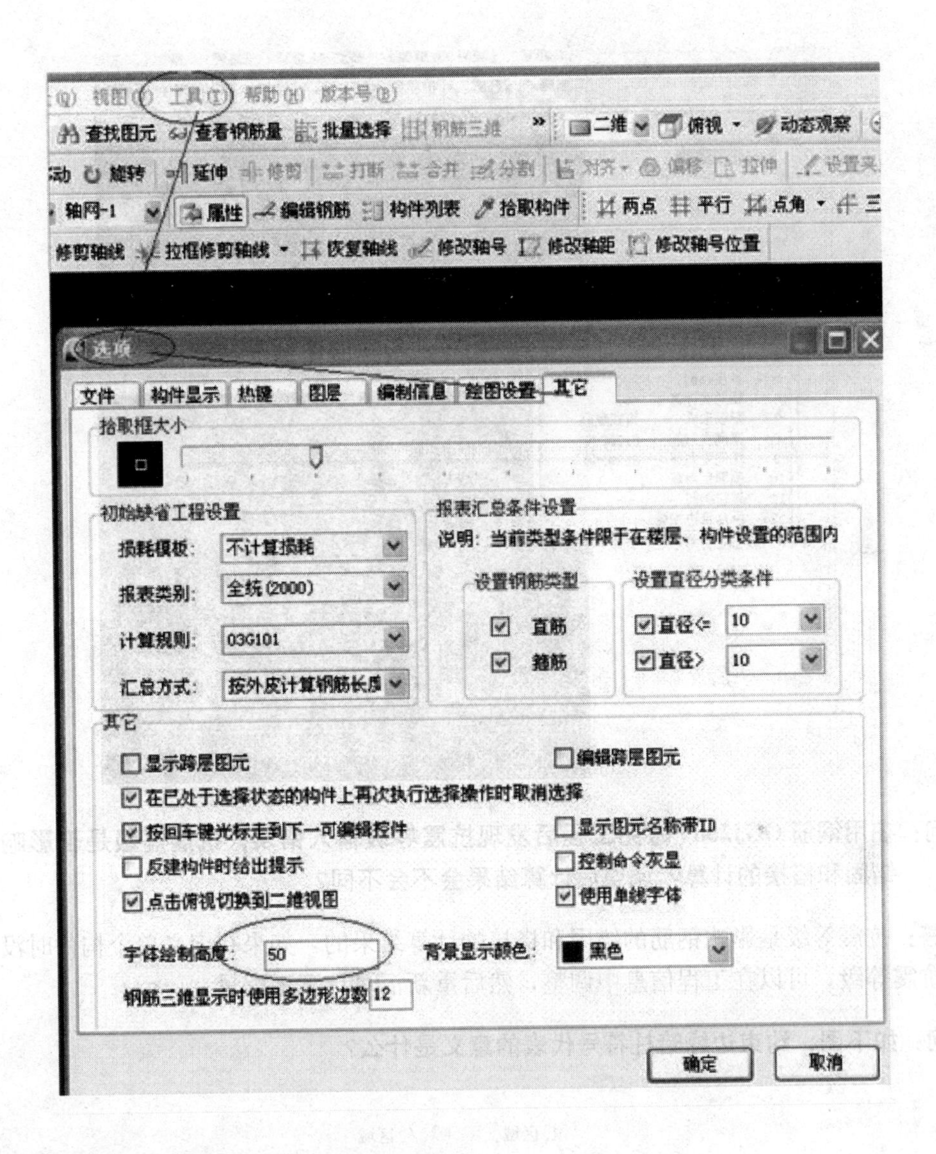

69. 问：下图所示三桩承台的钢筋怎么绘制？

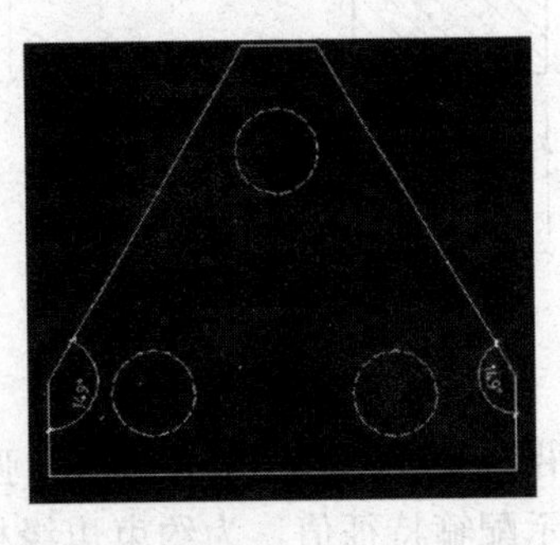

答：如下图所示“新建异形桩承台单元”。

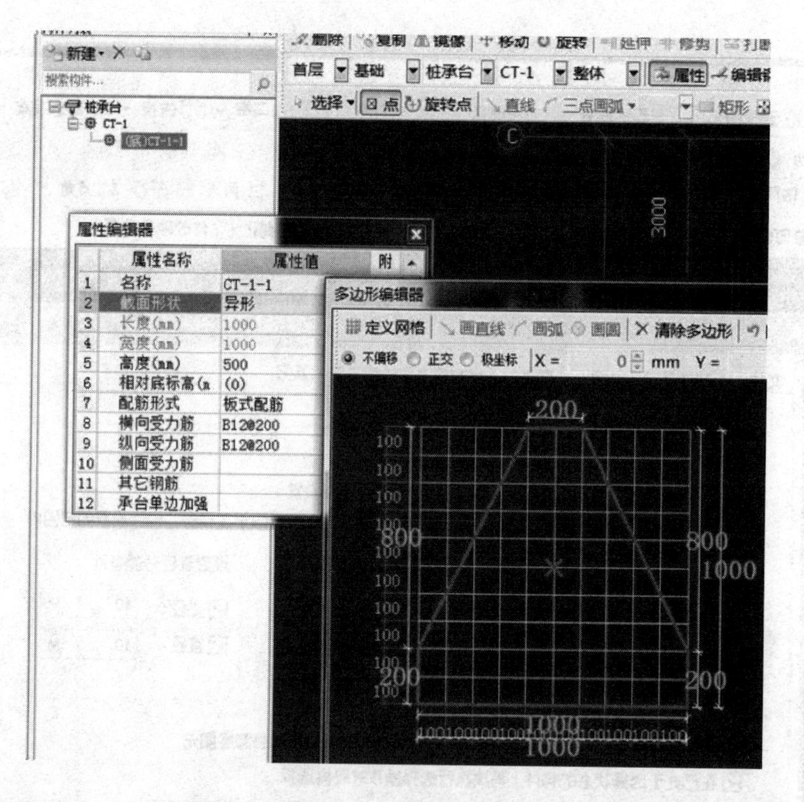

70. 问：在用钢筋 GGJ2009 做完工程后发现抗震等级输入错误，抗震等级是否影响钢筋锚固和搭接的计算？调整后计算结果会不会不同？

答：抗震等级是影响钢筋的锚固和搭接的计算结果的，如果在定义单个构件时没有修改过抗震等级，可以在工程信息中调整，然后重新汇总计算工程量。

71. 问：如下图，约束边缘暗柱符号代表的意义是什么？

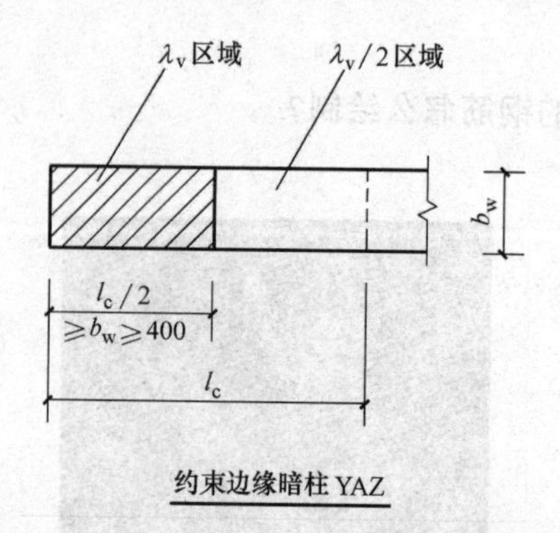

约束边缘暗柱 YAZ

答：l_c 表示约束边缘构件沿墙肢的长度，即剪力墙加强层所用箍筋的范围；b_w 表示暗柱所在剪力墙的厚度；λ_v 表示配箍特征值，为约束边缘构件的核心区域，$\lambda_v/2$ 为扩展区域。λ_v 区域的钢筋构造都是箍筋，$\lambda_v/2$ 区域的钢筋构造是箍筋与拉筋。

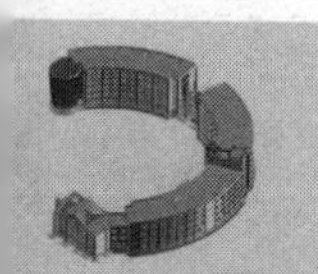

72. 问：关于新 11G101 图集涉及的软件安装和升级问题。

答：11G101 图集是新的计算规则，钢筋软件已经出了新的更新版本，加载了这个计算规则，需要付费写入注册信息，加密锁是可以继续使用的，计算规则要购买。

73. 问：钢筋 GGJ2009 是否可以建立标准层，为什么？

答：最好不要建立标准层。(1) 梁、板、柱、墙一般会在不同层发生变化，因此标准层建立后不利于准确计算。(2) 层与层之间是搭接的关系。对量时不便于修改。如果不设置标准层，相同图元可以利用复制选定图元到其他层。

74. 问：钢筋 GGJ2009 建完工程后导入到图形 GCL2008 建筑标高是否要修改？

答：不要修改标高，注意要层高一致，首层底标高也要一致。

75. 问：地下室外墙保护层厚度两侧不同，迎水面 40mm，背水面 25mm，在钢筋 GGJ2009 中应如何设置呢？

答：可以把不同的保护层用斜杠隔开，前边为外侧保护层，斜杠后面为内侧保护层，在其他属性中的保护层栏内输入 50/25（沿绘图方向）。

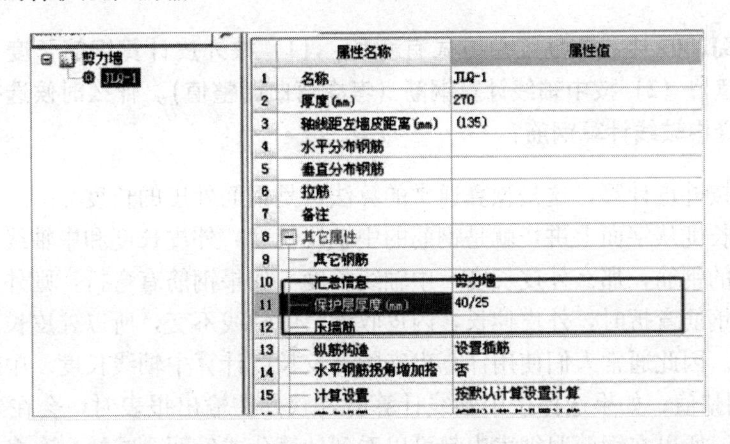

76. 问：在施工厂房项目时，单层厂房层高不同，在楼层设置里首层层高如何设置？

答：以面积较大的高度设置首层标高，其他标高再参照实际调整。

77. 问：钢筋 GGJ2009 中：墙柱垂直筋定尺和其余钢筋定尺都为 10000mm，如果改成 9000mm，有什么区别？

答：墙柱垂直筋与钢筋定尺长度没关系，定额里规定是每个自然层算一个接头，定尺长度的多少与水平向的接头个数有直接的关系。改成 9000mm 后接头数量会增加。具体定尺如果为了准确应与进场钢筋型号对应。

78. 问：为什么 CAD 图纸导入广联达软件后，轴线不能重合？

答：在《GCL2008 图形算量软件应用及答疑解惑》一书中解释了大部分导入图纸的

问题，包含此问题。需要组合后删除外部参照或是导入后测量角度，然后依照角度进行旋转。

79. 问：工程设置中，钢筋定尺长度怎么确定？

答：钢筋的定尺长度如果是为了计算钢筋接头，在计算钢筋时的定尺长度是按工程所在地的定额里规定的长度要求来定义，一般现场钢筋原材的定尺长度是 9m 或 12m，定额里是综合考虑了施工损耗、具体的接头位置来考虑的。例如河北定额中，直径 25mm 以内的按 8m 一个接头，25mm 以上的按 6m 一个接头计算。

80. 问：砌体加强筋根数如何确定？

答：砌体加强筋根数，根据高度和间距确定。

81. 问：如果在结构施工图中仅 HPB300 级钢筋有弯钩，HRB400 级钢筋无弯钩，该怎么设置？

答：施工规范规定，HPB300 级钢筋端头要设置 180°弯钩，而 HRB335 级钢筋和 HRB400 级钢筋则不用设弯钩，按软件默认设置自动计算出 HPB300 级钢筋有弯钩，HRB335、HPB400 级不带弯钩。

82. 问：在 GGJ2009 中，钢筋汇总方式有两种：（1）按外皮计算钢筋长度（不考虑弯曲调整值）；（2）按中轴线计算钢筋（考虑弯曲调整值）。什么时候选择外皮什么时候选择中轴线计算钢筋？

答：钢筋按外皮计算，这是预算通常的算法，是钢筋外皮的长度。

而中轴线长度从字面上讲，就是钢筋的中轴线长度。外皮长度和中轴线长度区别在于如果是一根直的钢筋，那么外皮长度＝中轴线长度。如果钢筋有弯折，则外皮长度＞中轴线长度。因为钢筋弯折时，外皮伸长，内皮收缩，中轴线不变，所以外皮长度肯定大于等于中轴线长度。因此通常人们使用计算出来的外皮长度计算中轴线长度。中轴线长度＝外皮长度-弯曲调整值；如果选择按中轴线计算时，软件在输出报表时，会在外皮长度上减掉弯曲调整值。所以在钢筋明细表中都可以看到计算公式后面会减掉一个多少倍的 d。

附：钢筋弯曲调整值的计算

（1）弯曲调整值的概念

对于单根预算长度和下料长度是不同的，预算长度是按照钢筋的外皮计算，下料长度是按照钢筋的中轴线计算。例如一根预算长度为 1m 长的钢筋，其下料长度不需要 1m，是小于 1m 的，因为钢筋在弯曲的过程中会变长，如果按照 1m 下料，肯定会长出一些。预算长度和下料长度的差值也就是钢筋的弯曲调整值，也称为量度差值。它实际上是由两方面造成的，一是由于量度的不同，例如下面这根钢筋，预算的长度是 100＋300＝400mm，而实际上在下料时只需要截取 100－d/2＋300－d/2 长的一段钢筋即可弯制成下面的形式，二是由于钢筋在弯曲的过程中长度会变化：外皮伸长，内皮缩短，中轴线不变。

（2）弯曲调整值的计算

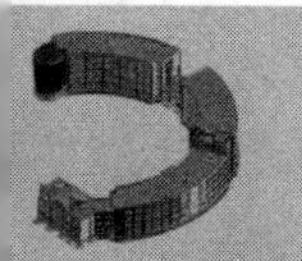

在这里用到一个弧度和角度的换算公式：1rad＝3.14＊r＊2/360，即一度角对应的弧长是0.01745r。另外《混凝土结构工程施工质量验收规范》GB 500204—2002规定180°弯钩的弯曲直径不得小于2.5d，在下面的推导中D取2.5d。

① 180°弯钩的计算

钢筋的直径为d，弯曲直径为D。

按照外皮计算钢筋的长度：L1＝AE水平段的长度＋CD水平段长度＝300＋3d

按照中轴线计算钢筋的长度：L2＝AB水平段长度＋BC段弧长＋CD段水平长度＝300－D/2－d＋0.01745＊(D/2＋d/2)＊180＋3d＝300＋6.25d，弯曲调整值＝L1－L2＝3.25d

② 90°弯钩的计算

钢筋的直径为d，弯曲直径为D。

按照外皮计算钢筋的长度：L1＝300＋100

按照中轴线计算钢筋的长度：L2＝AB水平段长度＋BC段弧长＋CD段竖直长度＝300－D/2－d＋0.01745＊(D/2＋d/2)＊90＋100－D/2－d＝300＋100－1.75d，弯曲调整值＝L1－L2＝1.75d

③ 135°弯钩的计算

钢筋的直径为d，弯曲直径为D。

按照外皮计算钢筋的长度：L1＝300＋10d

按照中轴线计算钢筋的长度：L2＝AB水平段长度＋BD段弧长＋DE段长度＝300－D/2－d＋0.01745＊(D/2＋d/2)＊135＋10d＝300＋10d＋1.9d，弯曲调整值＝L1－L2＝1.9d

（3）弯钩长度的计算

① 计算弯钩时的原则是无论下料长度还是预算长度都按照中轴线计算。可以想一下，我们做预算时直钢筋180°弯钩时取的长度是6.25d，历来我们都是这么做的，没有人问为什么，而实际上6.25d取的是钢筋的中轴线长度。其实箍筋、拉筋末端135°弯钩的长度计算也是这个道理，规范规定的长度是10d，而我们计算时取11.9d，同样也是遵循上面的原则。

② 需要指出的是，无论箍筋弯钩还是拉筋弯钩，弯折角度都是135°，这在03G101-1第35页有明确的说明。因此如果在计算拉筋弯钩长度时取12.5d是错误的。

（4）弯曲调整值的应用

① 尽管我们对这个名词可能不了解，但实际上我们在不知不觉中就在应用它。例如上面所说的180°的弯钩平直段长度本来是3d，而计算时取6.25d；135°弯钩平直段长度是10d，而计算时取11.9d。

② 当我们知道了90°弯钩的弯曲调整值以后就可以根据预算长度计算下料长度了：

梁截面尺寸a＝300，b＝500

计算箍筋的预算长度（按外皮计算）：

$$L1=(a-25*2+b-25*2)*2+(2*11.9+8)d$$

这里对于8d可能会有疑问，实际上这涉及保护层的概念。钢筋的保护层指的是主筋外皮到构件外边缘的尺寸，而我们要计算箍筋的外皮长度，因此，上式中每“－25”就多减了一个箍筋的直径，因此在后面要加上8d。

计算箍筋的下料长度（按中轴线计算）：

$$L2=(a-25*2+b-25*2)*2+(2*11.9+8)d-3*1.75d$$

这里就利用了90°弯钩的弯曲调整值，箍筋有三个180°弯钩，应该减去“3＊1.75d”。在施工中有个计算箍筋长度的公式是“2A+2B+26.8d”就是这样推导出来的，当然，这里A、B都是指箍筋的内皮长度。

83. 问：电子版图纸导入广联达钢筋软件后，定位轴线坐标，但图纸轴线和在软件中建立的轴线不能重合，如何解决？

答： 一般通过旋转确实不好定位准确，第一种方法，可以先把CAD图纸导入进去，然后通过尺寸标注，测量角度，然后把CAD图纸选中后，点击右键，旋转，输入角度即可。第二种方法就是调整电子版的CAD图纸，调整好后就可以导入并正常定位。参见《GCL2008图形算量软件应用及答疑解惑》一书中电子导图章节。

84. 问：工程设置中HPB300级钢6.5的理论重量是0.2606825还是0.2604881呢？

答： 正确的计算式为：0.00325＊0.00325＊3.1416＊7850=0.2604881。

85. 问：在钢筋GGJ2009里，计算设置中墙柱垂直筋定尺一列中怎么调整？

答： 在“工程设置—计算设置— 搭接设置”中，根据设计要求的钢筋进行设置。

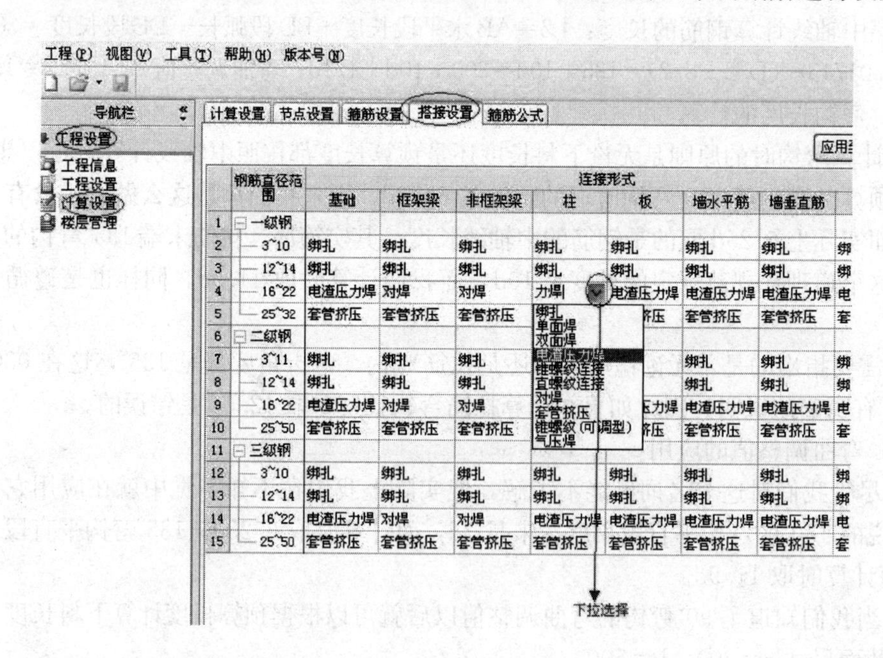

86：问：新三级钢和四级钢与原来的有什么区别？

答： 新三级钢筋是热轧HRB335，新四级钢筋（老三级钢筋）是热轧HRB400。中华人民共和国国家质量监督检验检疫总局和中国国家标准化管理委员会联合发布，从2008年3月1日起执行《热轧带肋钢筋》新标准GB 1499.2—2007，原标准GB 1499—1998同时废止。这在钢材流通领域引起一定的反响，尤其是经营建筑钢材的贸易商对此十分重视

和关注。将新旧标准进行对比，有几个变化：

一是新的国家标准为强制性标准，不设过渡期，3月1日起正式实施，同时废除旧标准，而在以往一般有两年的过渡期，这次没有了。

二是新标准在内容方面变化较大，在适用范围、牌号、尺寸要求、力学性能、表面质量、标志、检测及判定方法等方面都有了不同的要求。如新标准在分类、牌号上增加了细晶粒热轧钢筋：HRBF335、HRBF500；在订货合同上增加了“标准编号、产品名称、钢筋牌号、钢筋公称直径、长度及重量、特殊要求。”在螺纹钢长度规定上，也有新的变化。旧标准规定“允许偏差不得大于＋50mm”，而新标准则规定“正常交货时偏差为±50mm，当要求最大长度时，其偏差为-50mm，当要求最小长度时，其偏差为＋50mm。”这就意味着，现在9m定尺的螺纹钢，可以短25mm，也可以长出25mm，都是符合标准的。这样一来，钢厂就可以节省一些材料。

三是新标准在钢筋的标志识别上作了改变，钢筋贸易商必须掌握。一些业内人士认为，“对贸易商来说，最重要的要数螺纹钢的标志了。”标志就是刻在钢筋上的标记，旧标准HRB335用“2”表示；HRB400用“3”表示；HRB500用“4”表示。而新标准的标志作了变动：HRB335用“3”表示；HRB400用“4”表示；HRB500用“5”表示；HRBF335用“C3”表示；HRBF400用“C4”表示；HRBF500用“C5”表示。牌号带F的抗震钢筋在标牌和“质保书”上要明示。今后看到钢筋表面刻着“4”，就是HRB400，也就是现在说的Ⅲ级螺纹钢，今后不再叫Ⅲ级螺纹钢，而是叫HRB400钢筋。

四是新标准对钢筋性能的一些指标进行调整。比如新标准对钢筋的抗拉强度降低了，旧标准（HRB335、HRBF335）为490MPa，新标准改为≥455MPa；旧标准（HRB400. HRBF400）为570MPa，新标准则下降到≥540MPa。

新标准对表面质量的规定：“只要经由钢丝刷子刷过的试样的重量、尺寸、横截面积和拉伸性能不低于本标准的要求，锈皮、表面不平整或氧化铁皮不作为拒收的理由。”这就是说，按照新标准，生锈的螺纹钢不能算作质量问题，不算有害的表面缺陷，客户不能要求退货。这些对经营螺纹钢的贸易商来说确实相当重要，要运用新的标准保护用户和自己的合法利益。

五是新标准与国际接轨，有利于钢筋的出口。这次新颁布的《热轧带肋钢筋》新标准GB 1499.2—2007，是对应国际标准ISO 6935—2：1991，同时参照国际标准ISO/DIS 6935—2（2005），所以新标准有较大的变动。这样，新标准与国际标准基本接轨了，也就是说根据新标准生产的钢筋符合国际标准，这有利于国产钢筋直接打入国际市场。

87. 问：图纸上HPB300钢筋用E43型，HRB335钢筋用E50型，在工程设置里是双面焊还是单面焊或对焊？

答：一般根据钢筋的材质选择相应牌号的焊条，保证焊条的钢号要略高于母材。这两种焊条均可以单面焊和双面焊。实际的焊接方式根据施工方案确定或咨询设计单位，一般采用双面焊接居多。

88. 问：约束边缘构件沿墙肢的长度Lc如何取值？bw、bf、hc、bc分别代表什么？

答：bw是约束边缘暗柱即一字形暗柱的水平方向的宽度；bf是约束边缘翼墙（柱1）

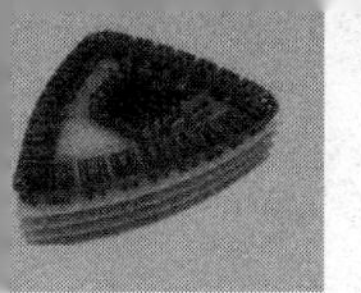

或约束边缘转角墙（柱）即丁字形或L形暗柱的垂直方向的宽度；hc、bc分别是约束边缘端柱的长度和宽度。Lc根据抗震烈度分为三级。如：约束边缘暗柱YAZ，当为一级时，Lc是0.25倍墙肢长度、1.5倍暗柱水平宽度和450mm中取最大值。

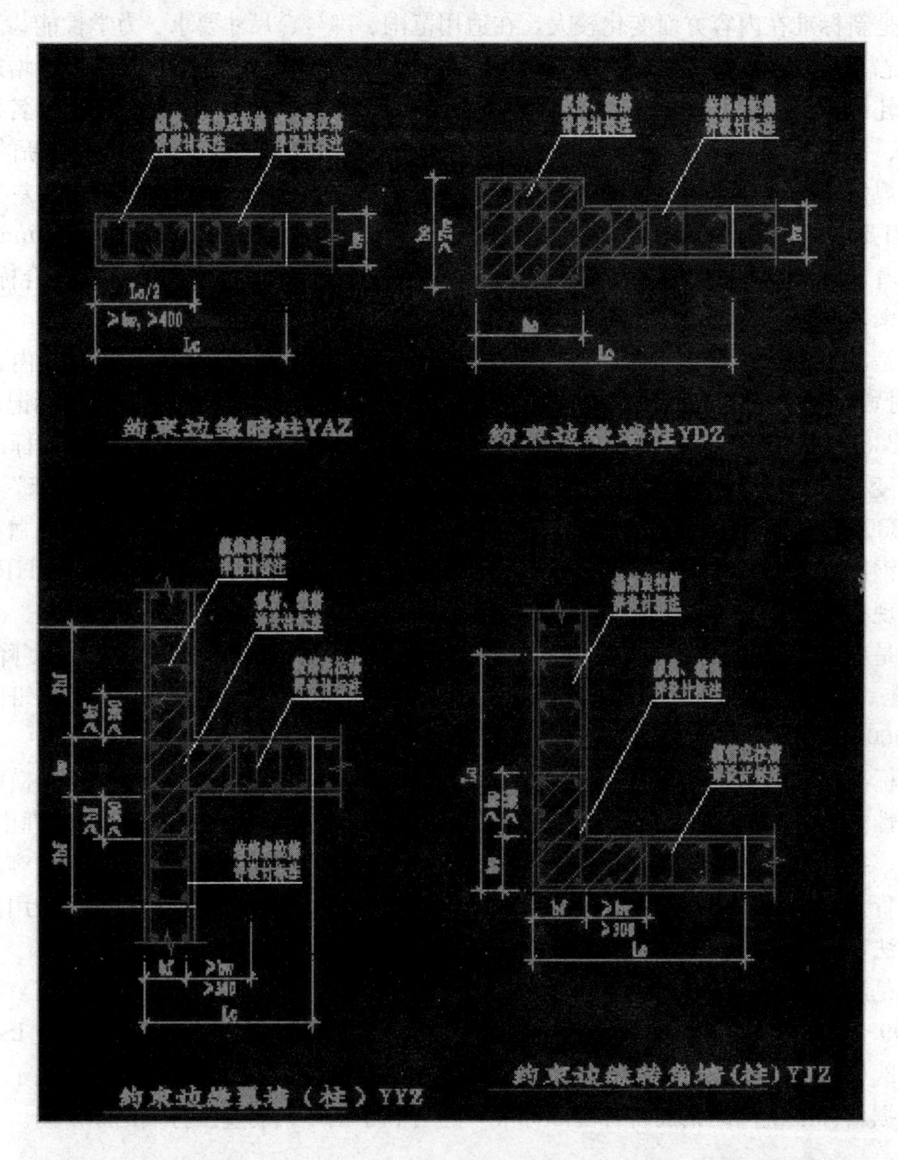

约束边缘构件沿墙肢的长度Lc				
抗震等级（设防烈度）		一级（9度）	一级（7、8度）	二级
Lc (mm)	YAZ	0.25hw、1.5bw、450中的最大值	0.2hw、1.5bw、450中的最大值	0.2hw、1.5bw、450中的最大值
	YDZ、YYZ、YJZ	0.2hw、1.5bw、450中的最大值	0.15hw、1.5bw、450中的最大值	0.15hw、1.5bw、450中的最大值

89. 问：关于框架梁底部受力筋在支座处断开并锚固的问题 。根据 03G101 平法图集，框架梁连续梁下部受力筋在支座处要断开并在支座处锚固，可是在软件 GGJ2009 的设置中虽然按图集这样设置，但汇总计算后，在编辑钢筋里看到下部钢筋仍然是按“端支座锚固＋钢筋净长＋支座宽＋搭接＋端支座锚固”计算，而只有在钢筋表格输入中在每跨梁的下部钢筋里分别输入下部钢筋，软件才能按 03G101 的要求计算，这岂不大大降低效率，特别是采用 CAD 电子版时，有没有更高效率的办法呢?

答：图集中的做法是每跨一锚固，软件中可以一跨一锚固，相同主筋时也可以连续通过，现实中大多数也是一跨一锚固的，设计注明通长的除外。通长的底筋施工起来不方便，操作难度相对来说要大一点。软件里是在平法表格中输入每跨的底筋，就会按一跨一锚固计算，在集中标注中输入底筋就会按拉通计算。

90. 问：关于广联达钢筋抽样软件的前期设置问题。在刚进入广联达钢筋软件的时候有模板损耗，报表类别，计算规则，汇总方式，计算节点，还有檐高，哪些是需要设置的哪些是不用管的？河南的施工企业，上述信息从哪里可以知道？是从标书还是哪张图纸？

答：首先应该明白软件为什么要进行工程设置。不同地区损耗模板不一样，钢筋定额编码不一样，这就要求要设置损耗模板和报表类别；同一地区，不同的结构类型、抗震等级等，又影响了软件默认的锚固搭接值，所以要设置抗震等级（包括影响抗震等级的檐高、结构类型、设防烈度 3 个参数）。其他数据不影响钢筋量，可以不必输入。

当然，第二张截图的抗震等级等数据，理论上讲，不管也可以，后续在软件界面还要调整的。它的本质意义是输入正确后，软件就按照这个要求来取锚固和搭接的默认值，避免进入工程的楼层设置后再调整很多的数据（这里输入正确后，楼层设置里面的锚固搭接值就基本不用改了）。所以建议在设置工程信息的时候就照实输入。这些数据大都来自图纸的结施说明。必须输入的看截图，剩下的步骤都可以不用管。

只要输入设防烈度及檐高，然后会自动出来抗震等级。如果檐高不确定，可以输入大概的，抗震等级按照图纸说明输入正确即可。

新建工程：第一步，工程名称
工程名称
工程信息
编制信息
比重设置
弯钩设置
完成
工程名称：工程1
损耗模板：河南2002定额钢筋损耗
报表类别：河南（2002）
计算规则：03G101
汇总方式：按外皮计算钢筋长度（不考虑弯曲调整值）
提示：工程保存时会以这里所输入的工程名称作为默认的文件名。
修改损耗数据
计算及节点设置
Glodon广联达
因为了解 创造更多
<上一步（P）
下一步（N）>
取消

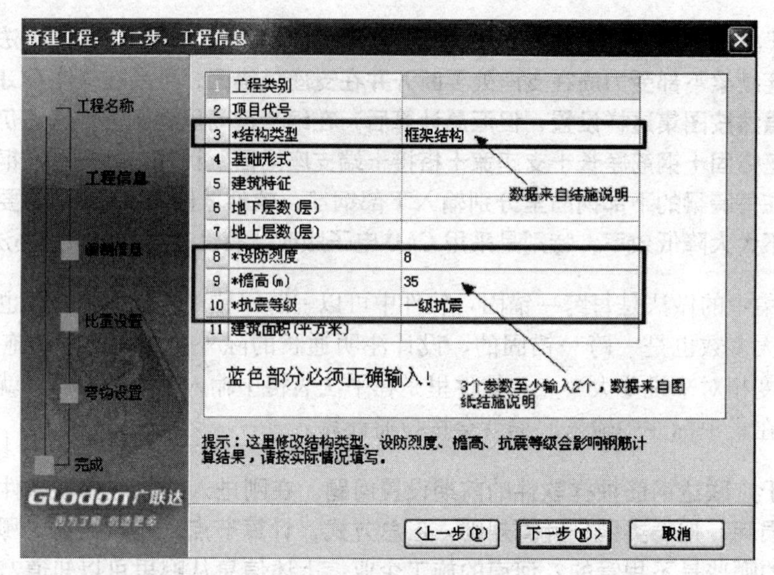

刚进入广联达钢筋软件的时候按提示第一步输入工程名称，第二步根据设计输入结构类型、设防烈度、檐高，第三～五步可以不输入。

报表设置，点报表预览，点上面设置报表范围，在出现的对话框中，在直径小于等于与直径大于后面输入10按确定即可。如图所示。

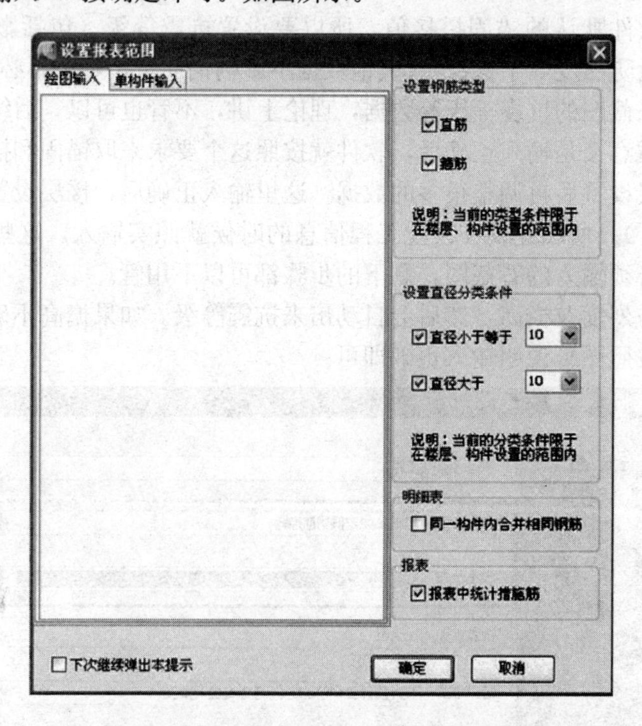

91. 问：在定义楼层时，屋面到女儿墙部分要另设置一层层高吗？

答：屋面到女儿墙部分是要另设置一层，如果屋面没有其他构件，层高可以设定为女儿墙的高度。

92. 问：钢筋算量中，报表类别全统 2000 与河北 2008 有什么区别？

答：只是在套取定额时的区别，选择河北 2008，在报表里面就显示河北定额。凡是有定额报表都影响，但是不影响钢筋量。如下两张图，第一个图是全统 2000 的，第二个是河北 2008 的。

钢筋定额表(包含措

工程名称：工程1　　　　编制日期：2010-

定额号	定额项目
5-294	现浇构件圆钢筋直径为6.5
5-295	现浇构件圆钢筋直径为8
5-296	现浇构件圆钢筋直径为10
5-297	现浇构件圆钢筋直径为12
5-298	现浇构件圆钢筋直径为14
5-299	现浇构件圆钢筋直径为16
5-300	现浇构件圆钢筋直径为18
5-301	现浇构件圆钢筋直径为20
5-302	现浇构件圆钢筋直径为22
5-303	现浇构件圆钢筋直径为25
5-304	现浇构件圆钢筋直径为28
5-305	现浇构件圆钢筋直径为30
5-306	现浇构件圆钢筋直径为32
5-307	现浇构件螺纹钢直径为10
5-308	现浇构件螺纹钢直径为12
5-309	现浇构件螺纹钢直径为14
5-310	现浇构件螺纹钢直径为16
5-311	现浇构件螺纹钢直径为18
5-312	现浇构件螺纹钢直径为20
5-313	现浇构件螺纹钢直径为22
5-314	现浇构件螺纹钢直径为25

钢筋定额表(包含措施筋

工程名称：工程1　　　　编制日期：2010-11-11

定额号	定额项目
A4-329	钢筋制作、安装 现浇构件钢筋直径(mm) 10以内
A4-330	钢筋制作、安装 现浇构件钢筋直径(mm) 20以内
A4-331	钢筋制作、安装 现浇构件钢筋直径(mm) 20以外
A4-332	钢筋制作、安装 预制构件钢筋直径(mm) 10以内
A4-333	钢筋制作、安装 现浇构件钢筋直径(mm) 20以内
A4-334	钢筋制作、安装 现浇构件钢筋直径(mm) 20以外
A4-335	钢筋制作、安装 冷拔钢丝
A4-338	钢筋制作、安装 冷轧带肋钢筋

93. 问：楼层标高不同的钢筋文件，是否可以合并在一起？

答：层高不同是不可以合并的，可以用【块存盘】和【块提取】来变通处理。

94. 问：提示“access violation at address 005F4A34 in module GGJ. exe. read of address 48676E69”是软件出现什么问题了？

答：软件不兼容或者杀毒软件影响，需要重新安装文件。

95. 问：有一个辽宁的工程，用辽宁的广联达软件计算的钢筋，用北京的加密锁打开会有影响吗？

答：计算钢筋全国都是采用的 11G101（或 03G101）系列平法图集，所以没有影响，

不同于 GCL2008 不同地区的定额或清单计算规则不同。

96. 问：板的分布筋在屋面用 A8-200，楼面用 A8-250。在 GGJ2009 中，如何设置？

答：直接调整间距就可以。不可以在计算设置中统一设置，是在定义构件时的属性中输入分布筋的间距。

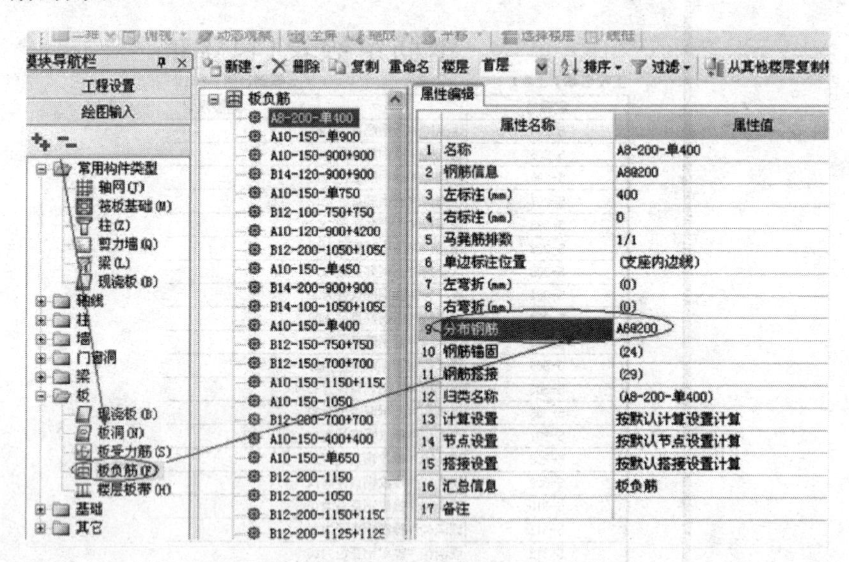

97. 问：图纸是二层图，是不是要切换到首层，在首层上画？

答：看标高，算量经常会碰到这种问题，梁板有时是错层的，比如我们现在这个工程，首层梁图，梁板的顶标高是正负零。如果在首层画那么标高就错了，用笔画一下，如果二层的图是首层顶的标高，那就要画到一层去。一般墙柱不受标高问题的影响。

第2章

轴网

1. 问：修剪轴网时，如何做到修剪掉中间而剩下两端的线段呢？

答：使用软件中的拉框修剪和折线修剪都可以，如图所示。

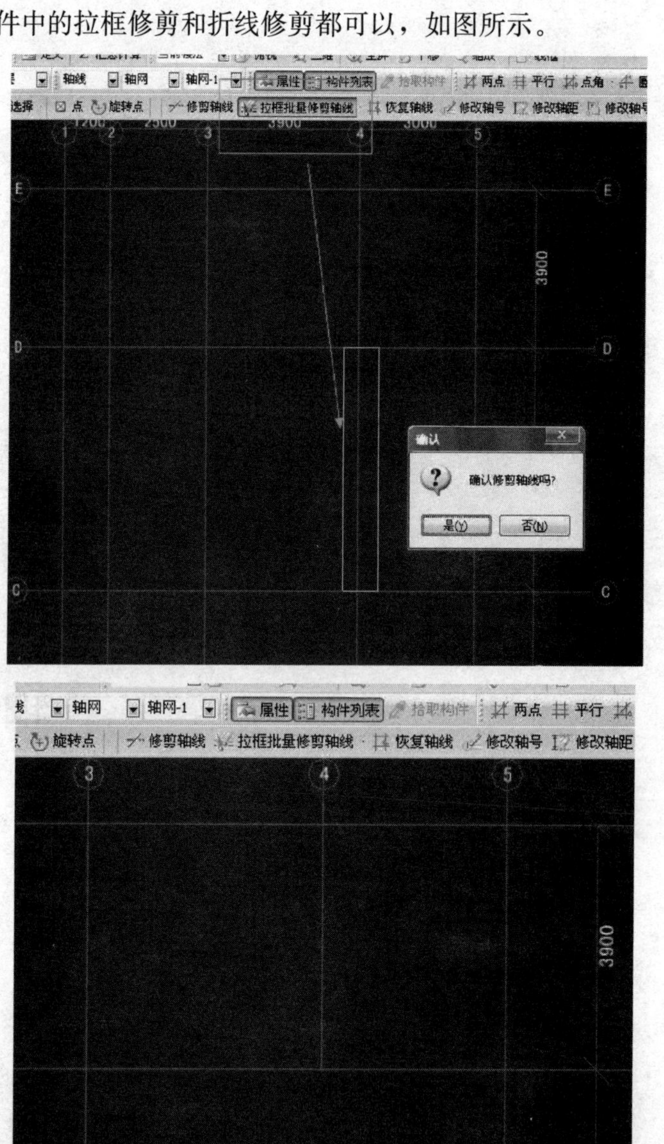

2. 问：钢筋 GGJ2009 中轴线怎样才能延伸？

答： 钢筋 GGJ2009 中轴线延伸与 GGJ10.0 相同，只是快捷方式都在绘图界面的上方，如图所示。

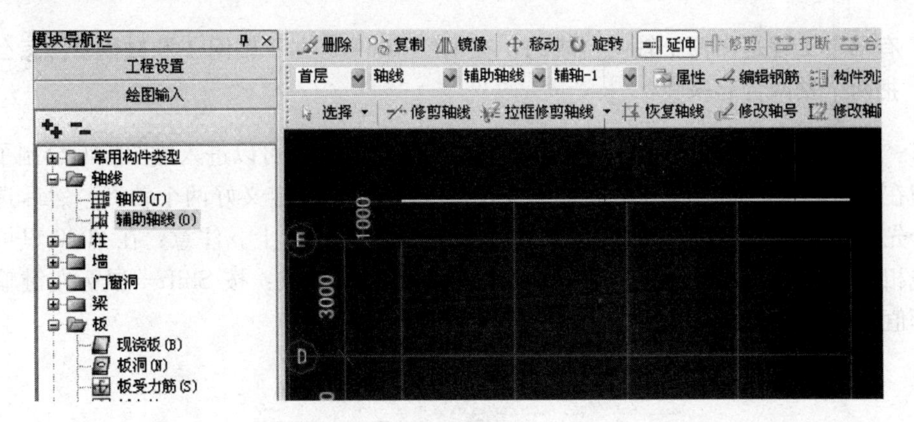

3. 问：在钢筋 GGJ2009 里，如何建立两个轴网？

答： 在定义界面分别建立两个不同的轴网，然后进入绘图界面，将轴网当成构件画上去，有两种方法"点"和"旋转点"，看图纸选其中一种画上去就行了，如图所示。插入点不同时可以设置插入点，工具栏上有这个按钮。

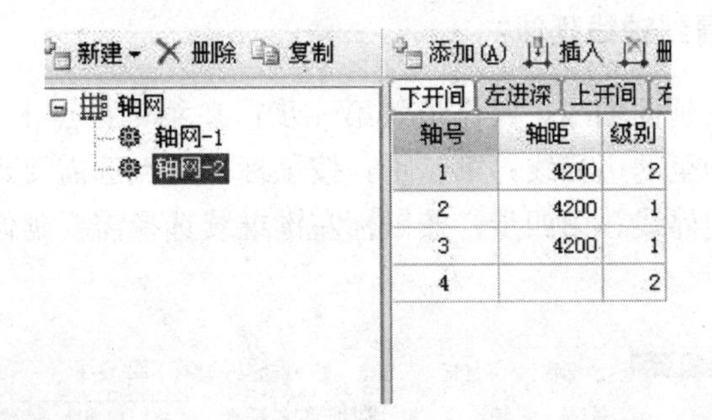

4. 问：如何测量两点间弧线长度？

答： 在工具下有测量两点间弧线长度这个功能，如图所示。

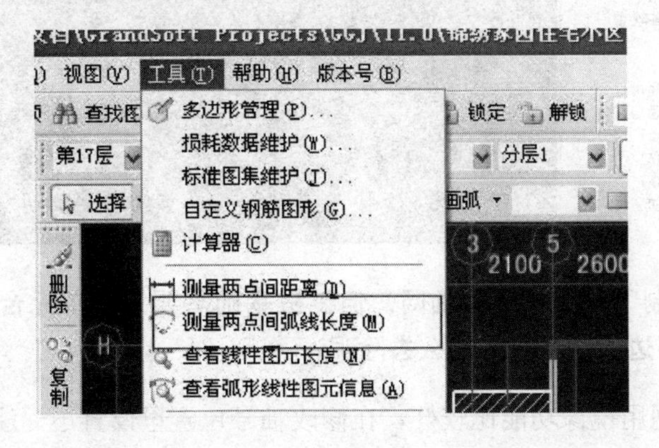

5. 问：工程的轴线画法顺序是什么？

答：如果工程的轴线需要拼接时，可以划分为几大块，依次建立轴网，然后利用绘制中的移动、旋转等功能修改轴网。

6. 问：有一个工程是由两个轴网合成的，在钢筋 2009 建立了轴网-1 和轴网-2，怎么才能把两个轴网合起来呢？

答：轴网绘制：轴网定义好后点击最上面的【绘图】就可以进入绘图界面绘制了，这个按钮在电脑屏幕的最上方（见下图）。轴网拼接：先分别定义好两个轴网，然后选择其中一个先布置到绘图区中，再选择另一个插入到前一个轴网上。注意：在 2009 里可以选择轴线相交的地方设置插入点；也可以在任意点设置插入点：按 Shift＋鼠标左键输入偏移坐标值即可。

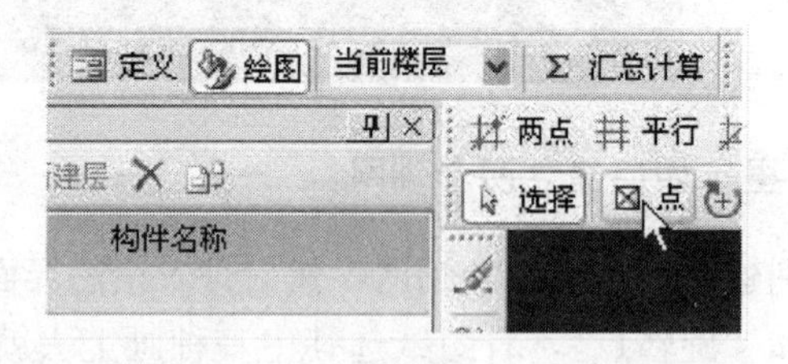

7. 问：GGJ2009 钢筋算量中，在辅助轴线情况下画轴线延伸时，为什么看不到延伸呢？要怎么画才能看到轴线延伸？

答：用延伸功能去延伸轴线，操作步骤第一步：在菜单栏点击“延伸”；第二步：按鼠标左键选择需要延伸至的边界线；第三步：按鼠标左键点选需要延伸的构件图元，则所选构件图元被延伸至边界线；第四步：按鼠标左键继续选择需要延伸的构件图元，右键结束操作。

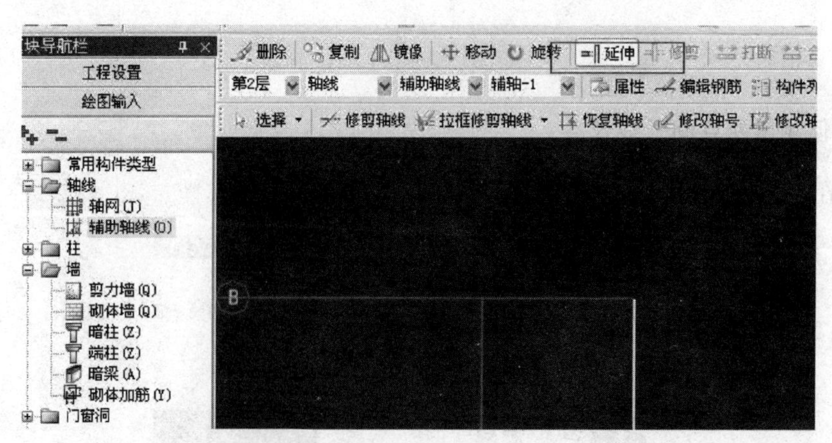

8. 问：绘图时只绘制了一个单元的轴网，但筏板基础需要三个单元合并到一起，从 1 轴到 45 轴，旁边的轴号标注怎么去除呢？

答：对称的轴网用镜像功能比较好，在修改轴号位置里设置不标注，如下图所示。

9. 问：GGJ2009 等分弧线辅助轴怎么分？

答：用辅助轴线中的点角或轴角来绘制或直接按圆弧轴网来建立。

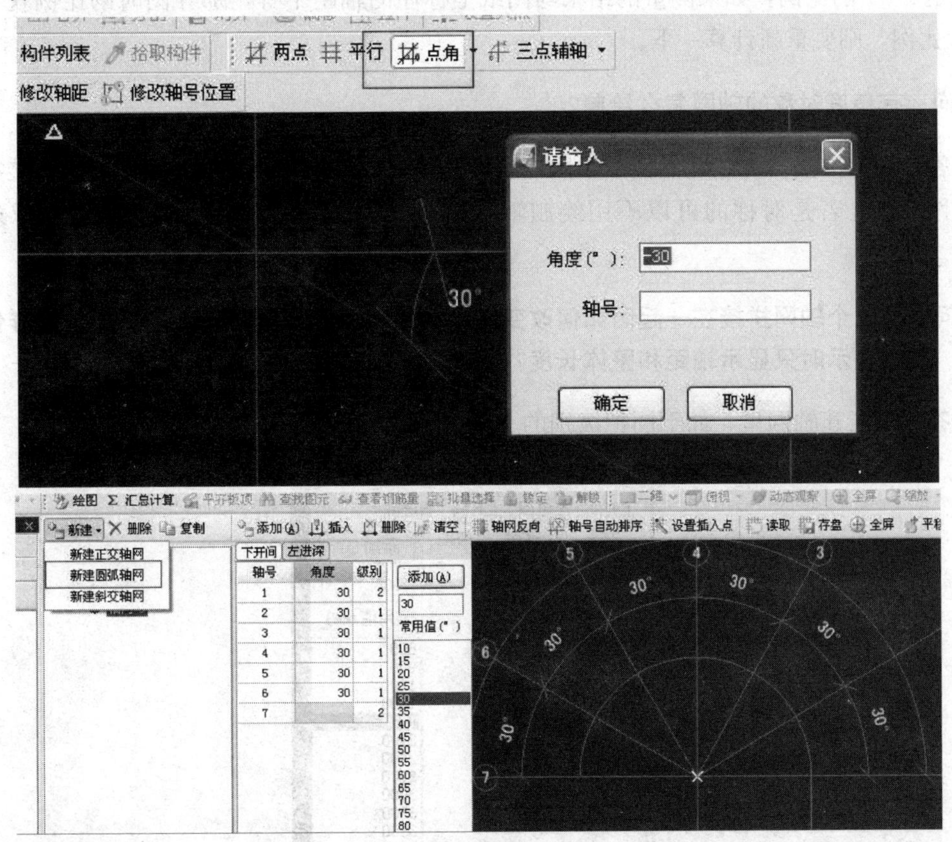

10. 问：在 GGJ2009 钢筋算量软件中，建立弧形轴网的时候，应该如何让轴号反向？

答：画好轴网插入后，用修改轴号位置解决，可以在建轴网栏内一个个修改，即轴号栏。

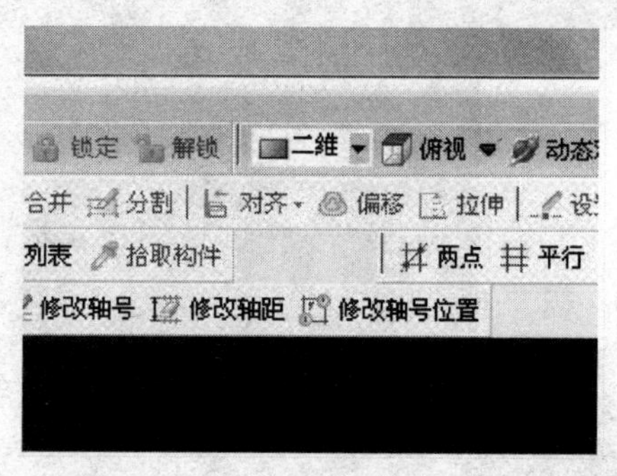

11. 问：从 CAD 图中将轴线提取出来后，轴线的比例如何缩放呢？

答：在软件中"导入 CAD 图"时会提示输入比例，软件默认 1∶1。也可以当 CAD 图在软件中打开后先不要导图，用工具菜单中"测量两点间距离"功能量一下 CAD 图中两轴线间的距离，比如两轴线间距离测量结果是 3000，而 CAD 图中轴距写的也是 3000，那就是 1∶1 的比例，如果测量的结果与图纸上标注的轴距不等，那导图时的比例就不是 1∶1 比例，则要重新计算一下。

12. 问：有角度对称的轴网怎么绘制？

答：两种方法，可以建立两个轴网，通过旋转点输入角度，找插入点来进行拼接第二个轴网即可。若是对称的可以不用绘制轴网，通过块镜像功能将一边的构件镜像过来即可。

13. 问：当多个轴网拼接在一起时如何改变轴号级别，待把全部轴网绘制完后，怎样使其在显示时只显示轴距和整体长度？

答：在新建轴网里，如下图把级别的 2 改成 1 即可。

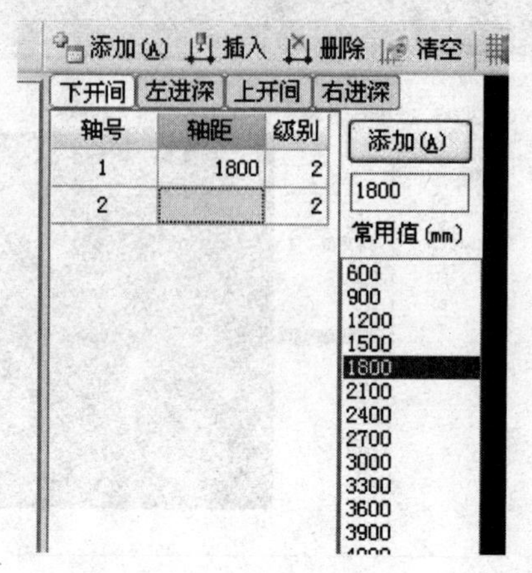

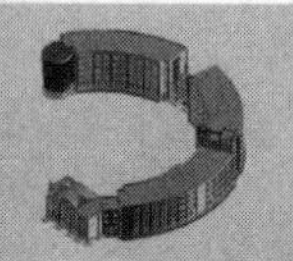

14. 问：如何自定义图形的颜色？

答：直接在工具选项中去修改即可，修改一次后，其他工程也按修改后的显示。

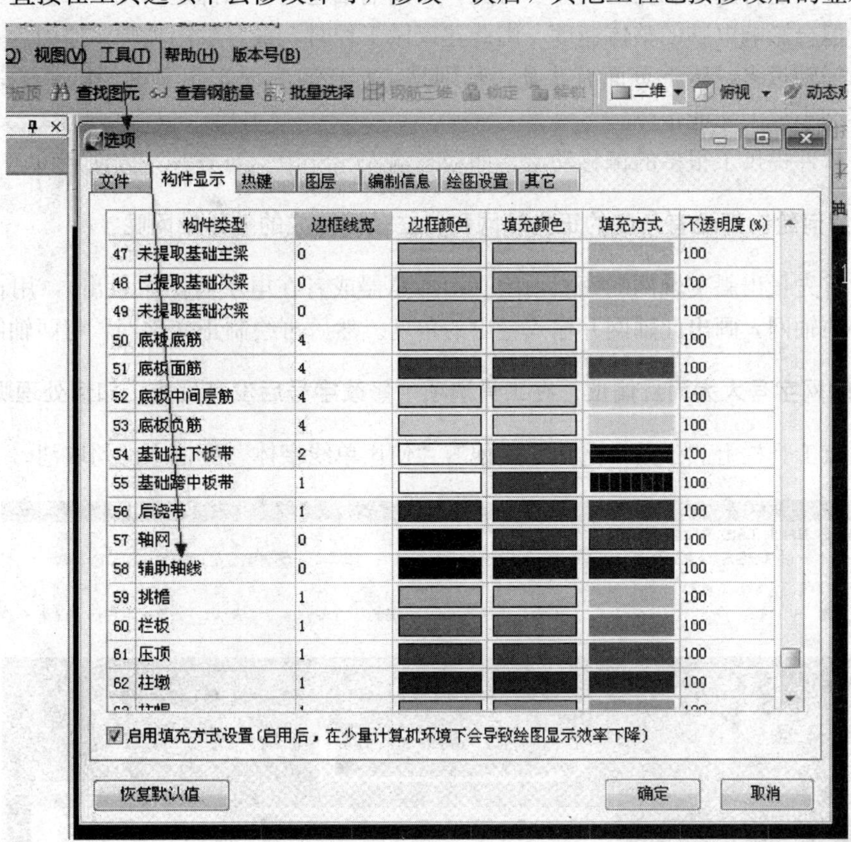

15. 问：如何把建好的多个轴网合并在一起？

答：在第一个的基础上，点“旋转点”，把第二个插入，插入时输入角度。

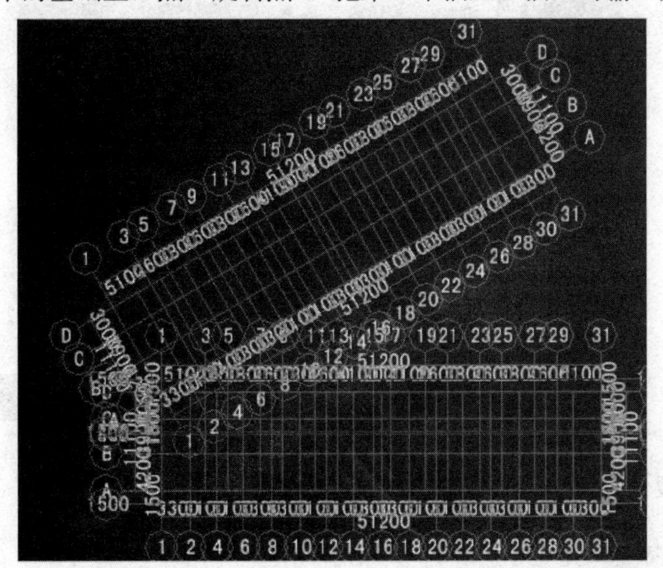

16. 问：多用辅轴会影响整个工程的计算速度吗？为什么？

答：软件运行速度和图元的多少有关，无论辅轴还是主轴都是图元，计算时不运行这些辅轴，但会影响电脑的整体速度，因此建议做工程时，最好少用辅轴。原因为：

（1）辅轴过多，感觉页面有些乱，特别是工程比较大时，定义的辅轴多了，画构件时，需要缩小放大才能定位。

（2）软件提供了很多的偏移功能，如动态输入、Shift、对齐等，方便定位。

17. 问：如何绘制都没有角度的正交轴网和斜交轴网构成的整体轴网呢？

答：首先量出斜交轴网的倾斜角度（用量角器或者在电子版图中量出），用正交轴网定义倾斜的轴网，画出此轴网并输入量出的角度。然后再绘制正交轴网，将两轴网组合。

18. 问：轴网字号太大而且偏位，在工具选项中修改字号后没有反应，如何处理呢？

答：点工具栏上“工具—选项—其他”，“使用单线字体”方框中的勾取消。

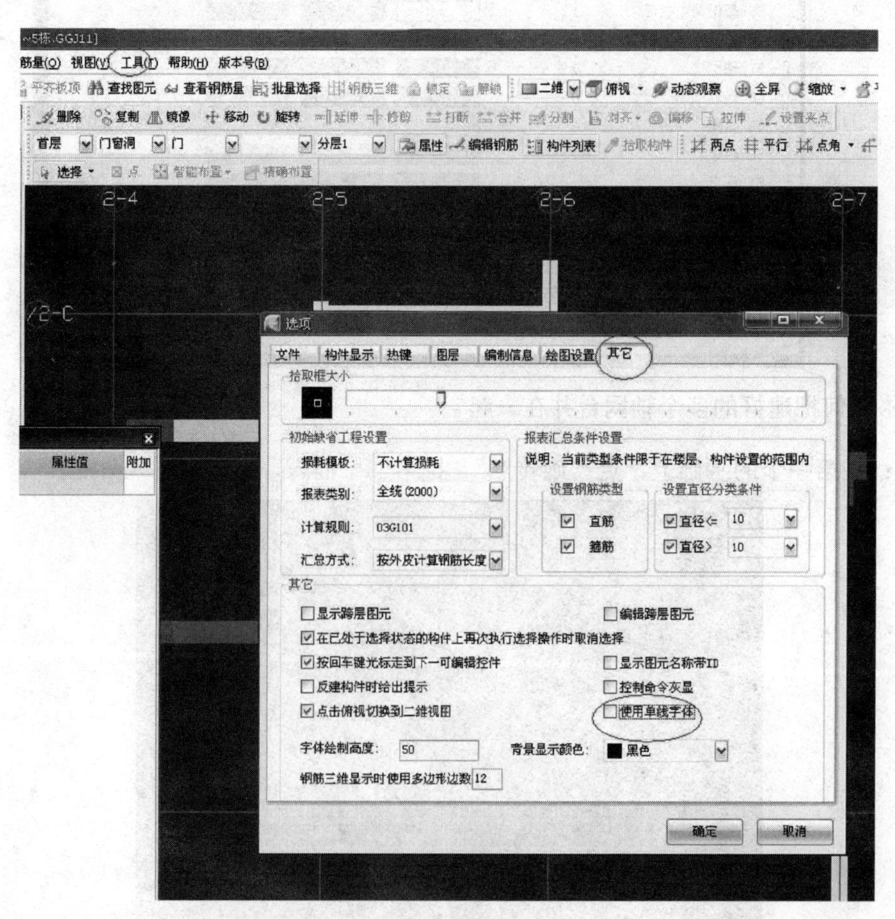

19. 问：剪力墙要偏移且平行斜轴线，该如何定位？

答：用“Shift＋左键”的方法，在上面选择极坐标偏移。

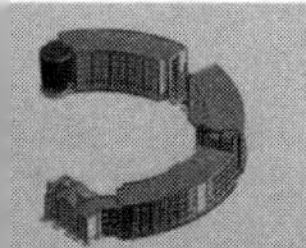

20. 问：如何在轴线外部添加的辅助轴线上添加柱梁？

答：设置捕捉方式，或用 Shift＋左键来输入绘制图元的起点的 X、Y 值。

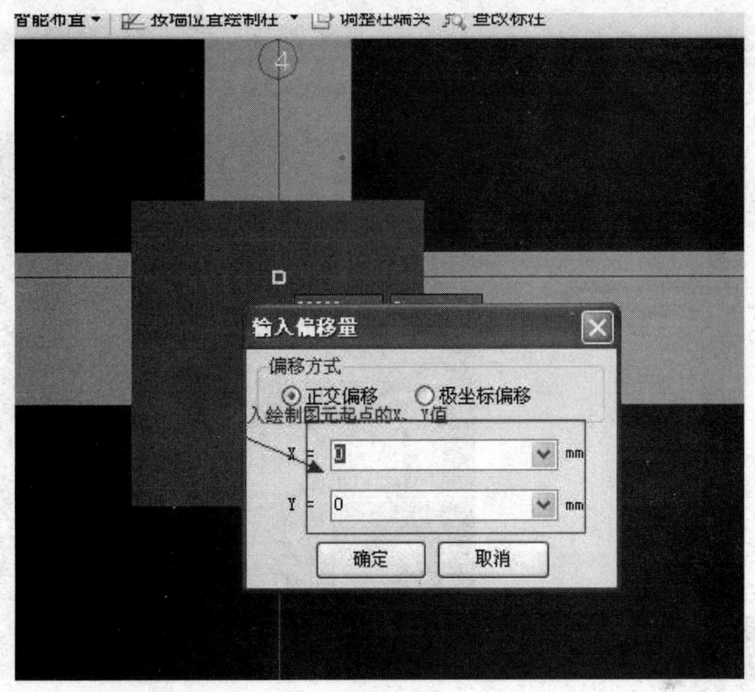

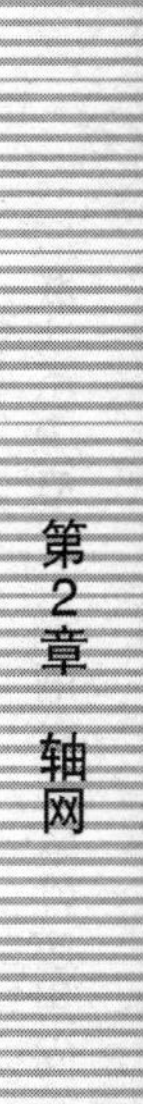

21. 问：同一文件中可以同时建立两个单独的轴网吗？

答：同一文件中可以同时建立两个单独的轴网，而且两个轴网可以任意拼接。

22. 问：CAD 图导入软件后，有部分图元丢失怎么办？

答：将 CAD 图导入 GCL2008 软件后，如发现有部分图元丢失没有导入到软件中，可能有以下几种情况：

（1）没有导入图元已被锁定或冻结。解决方法为：用 CAD 软件打开该文件，在图层下拉框中查找，发现如图 1 所示图层的一些符号显示颜色与其他图层的不一样，表示该图层被锁定或冻结。这个时候我们用鼠标点开相应符号，然后保存此文件，再重新导入到软件中就可以了。

（2）此文件为利用天正软件所创建的。解决方法为：在天正 7.0 或 7.5 以上版本中，打开此文件，运用“文件布图”－“图形导出”的命令，如图 2 所示，此时会将 dwg 文件转成 TArch3 的文件，该软件会自动在指定的路径中生成“办公楼建筑电气图 _ t3. dwg”的文件，这时我们在 GCL2008 软件中再导入文件名带有 _ t3. dwg 字样的文件就可以了。

（3）CAD 文件使用了“外部参照”，也就是引用别的 CAD 文件上的图块。解决方法：通过 AutoCAD“插入”菜单下的“外部参照管理器”来寻找它引用了哪些 CAD 文件的图块，被引用的 CAD 文件才是真正的可以读取的文件。找到之后，选择绑定然后保存就可以识别了。如图 3 所示详细操作步骤：一将图 A、图 B 置于一个文件夹内，使用 CAD 打开图 A；二在命令提示栏内输入 XR，按回车键；三在弹出的界面中，选择参照名，再

选择绑定，如果是英文版的，选择命令 BIND；四在弹出的对话框内选择绑定，再点击确定；五最后点击确定，退出外部参照管理器。经过这样处理的 CAD 图纸保存后，就可以直接导入软件中了。

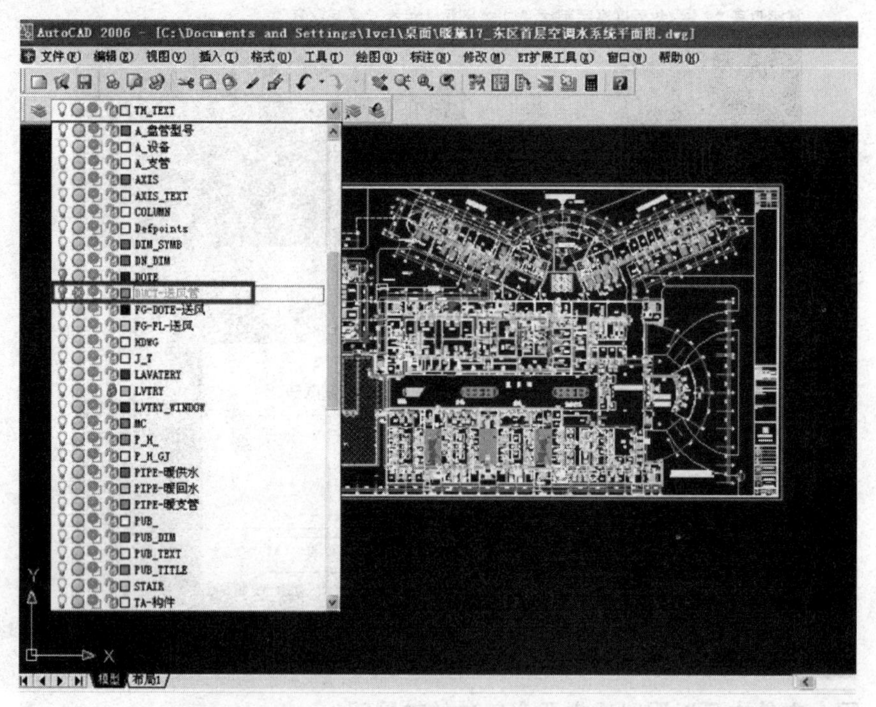

图 1

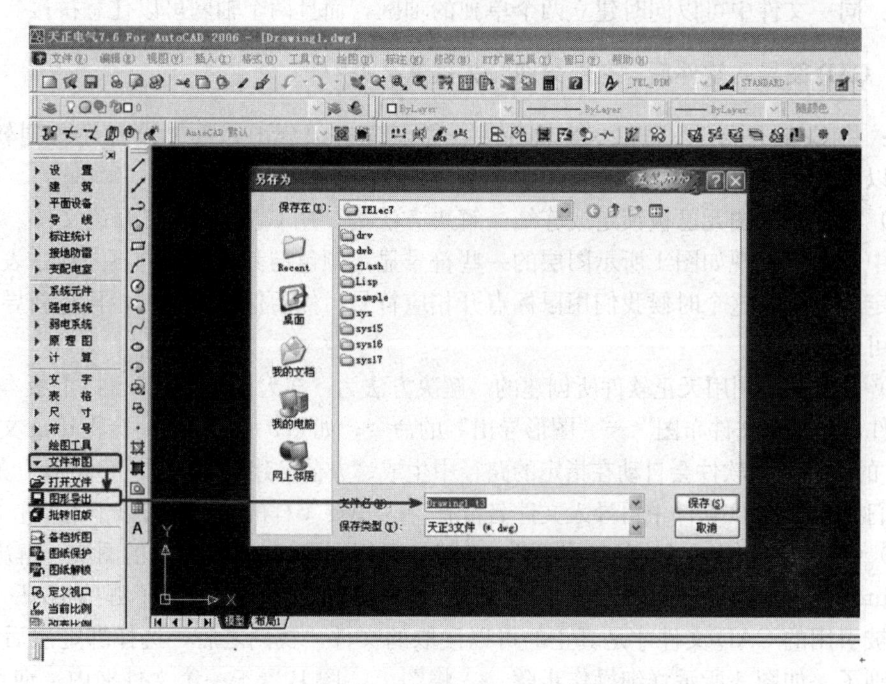

图 2

一、　将图A，图B置于一个文件夹内，使用CAD打开图A

二、　在命令提示栏内输入XR，按回车键

三、　在弹出的界面中，选择参照名，再选择绑定，如果是英文版的，选择命令BIND

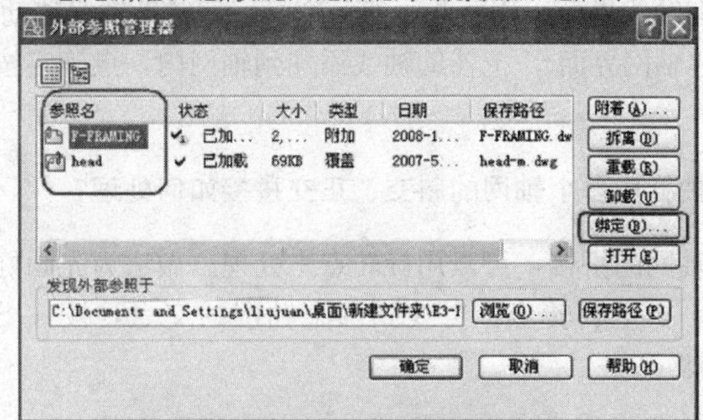

四、　在弹出的对话框内选择绑定，再点击确定

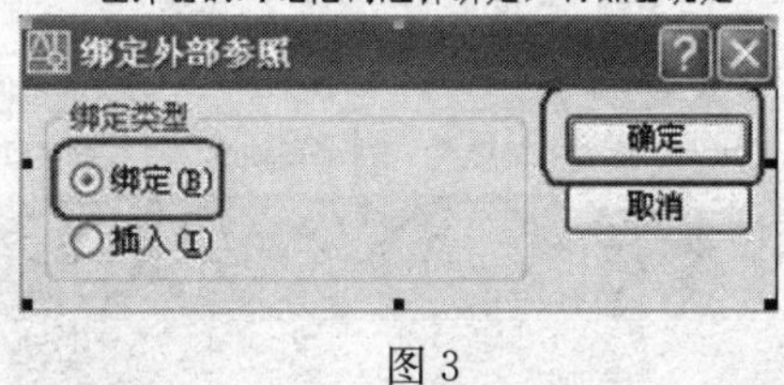

图3

23. 问：斜交轴网怎样定义？

答：点击辅助轴线，再在工具栏选择两点平行等工具实现即可。

24. 问：在建轴网的时候"轴网级别"是什么意思？

答：实际级别的效果如截图所示。

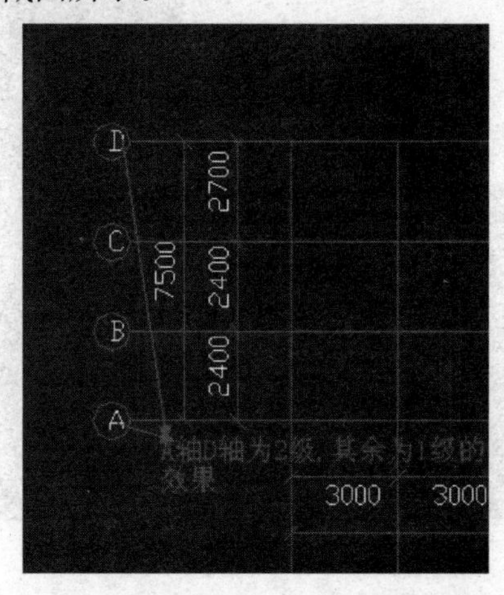

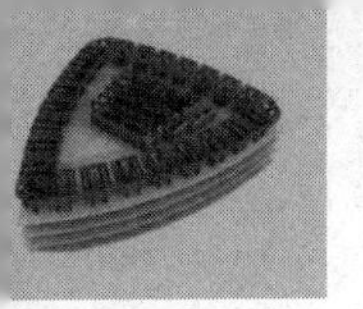

25. 问：算量软件中，在轴网的界面如何增加辅助轴线？

答：可以参考下列做法：

方法1：在辅助轴线界面，用平行线画（画出平行于原轴网的辅助轴线）。

方法2：在辅助轴线界面，用两点画线，把画好的辅助轴线移动或复制到起始点。

方法3：在新建轴网界面，把辅助轴线添加到轴网内，点确定按钮，辅助轴线变成轴线即添加成功。

26. 问：2009钢筋抽样中多个轴网的斜交、正交拼接如何处理？

答：对于多个轴网的拼接，可以用旋转点来处理。做法为先画好一个轴网，然后在列表中选中一个轴网，点击旋转点，再找到两个轴网的交点，按住Shift键，点击鼠标左键，如图旋转角度即可。

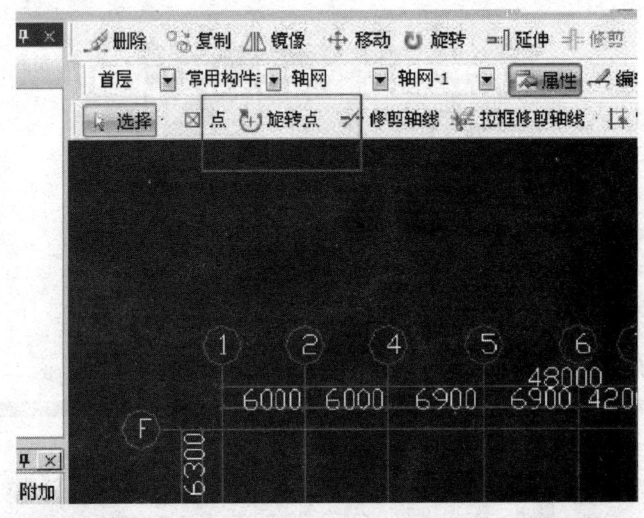

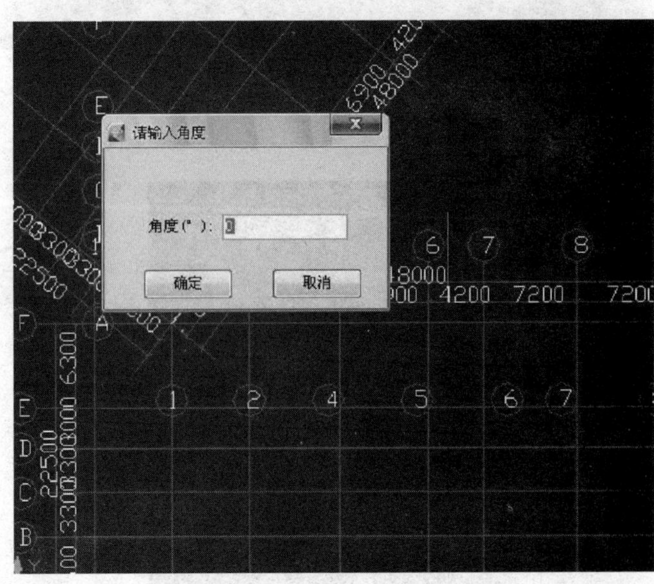

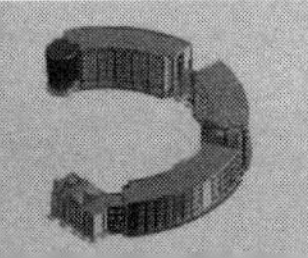

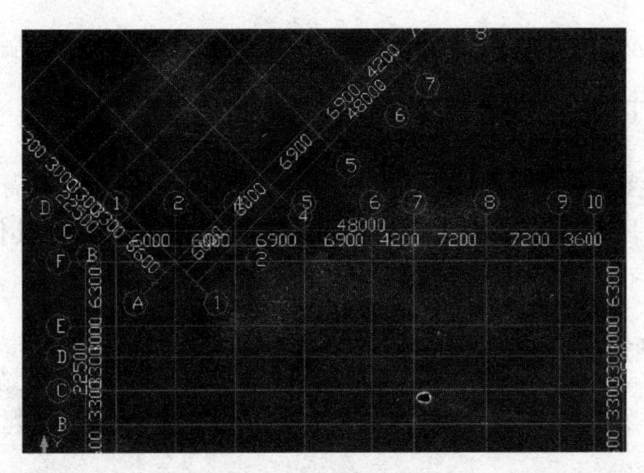

27. 问：在广联达钢筋算量中，怎样量弧形轴线的长度，以及画弧形辅助轴线？

答：操作方法为第一步：鼠标左键点击菜单“工具”—“查看弧线段长度”。

第二步：按鼠标左键选择弧形构件图元，软件自动计算弧长、角度等数据。

使用“查看弧线段长度”功能，可以完成任意弧形构件弧长、角度、弦长和半径的计算。软件的轴网管理支持三种方式的轴网：正交轴网、斜交轴网、圆弧轴网。圆弧轴网就很容易绘制，还可以利用辅助轴网里的“圆弧”按钮，里面有两个选择项“三点画弧形辅轴”、“圆心起点终点画弧形辅轴”。可根据图纸的实际情况选择。

28. 问：厂房轴线间距 X 都是相同的情况下，怎样一次建立多个同样距离的轴线？

答：可以在输入轴距的位置上输入 X＊N，这个 N 是个数，这样相对比较快，也可以从添加下面的空格内输入 X，然后在点 N 下添加按钮。

29. 问：画轴网时，上开间与下开间相同，定义出下开间，上开间如何最快捷定义呢？

答：画轴网时，上开间与下开间相同，定义出下开间，上开间不需要画，只要定义好了下开间就能在图上显示，只不过没定义上开间就没有轴号。软件可以把轴号和轴距在上开间也显示出来。

30. 问：绘制的轴网轴号位置和图纸不一致时该如何修改？

答：轴线的编辑包括以下内容：修剪轴线，拉框修剪轴线、折线修剪轴线、恢复轴线、修改轴号、修改轴距和修改轴号位置。当发现软件标注的轴号位置和图纸不一致时，可以根据实际情况进行修改。如图所示，点击该命令后，拉框或者点选轴线，点击鼠标右

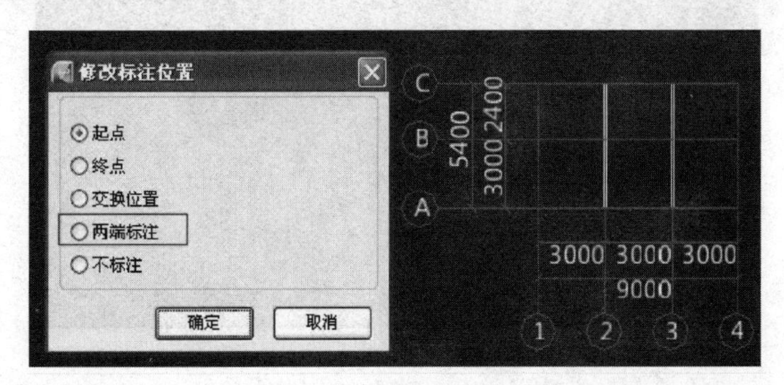

键，软件弹出“修改标注位置”界面，选择修改方式，然后选择两端标注即可。

31. 问：在基础层建了轴网，其他层也就有轴网了吗？

答：是的，只需要在基础层建立轴网，建轴网的原则是尽量画需要的部分多一点，而施工平面图建轴网能反映更多。并且轴网只能建一次的，如果有其他需要可以借助辅助轴网。

32. 问：算量中多个形状不同的轴网该如何定义？

答：可以定义多个轴网，然后采用点或者旋转点功能拼接在一起即可，见下图。

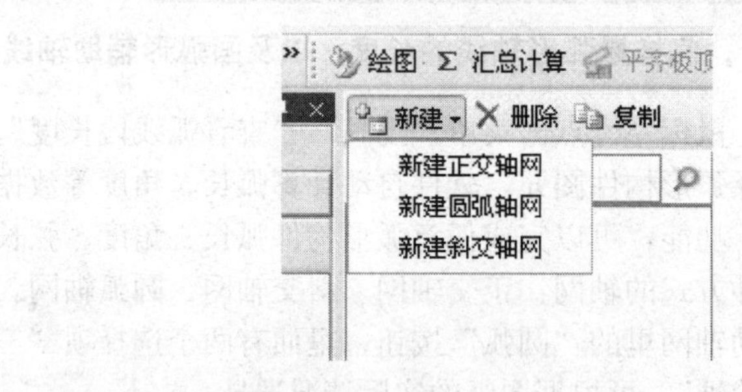

33. 问：在 GGJ2009 中，轴网如何拼接？

答：在钢筋 2009 中，轴网的拼接主要用的三个命令：第一个命令旋转点，第二个命令 Shift＋鼠标左键（实现偏移）；第三个命令 Ctrl＋鼠标左键（实现角度偏转）。

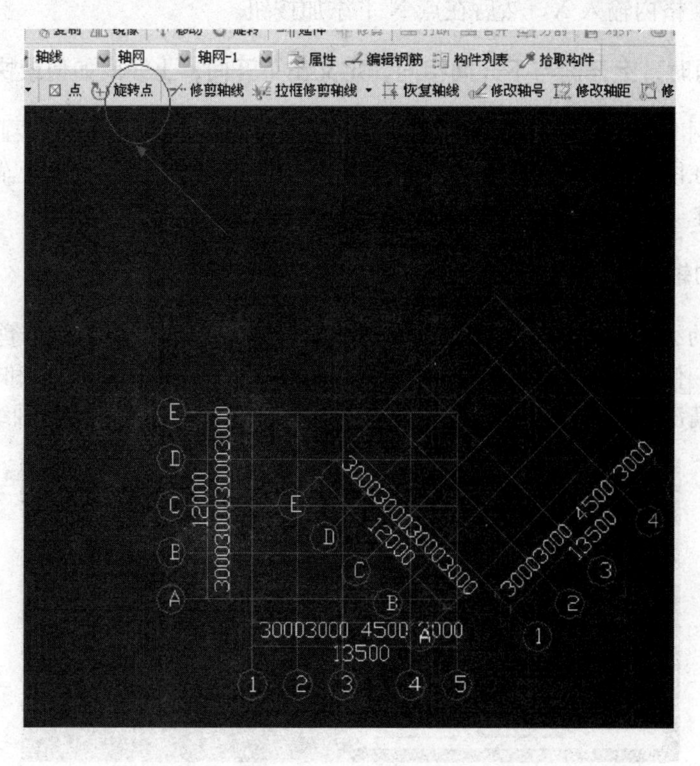

34. 问：如何从其他工程里只复制轴网合并？

答：文件下面选择合并 GCL 工程，选择轴网即可将其他工程的轴网合并过来。

35. 问：各个楼层中的定位不同，轴网该如何定义？

答：工具—设置原点，每层点一次，点在同一个位置即可。

36. 问：如何合并图元而不覆盖原有图元？

答：选择两个或多个相邻的同名称图元，点击合并按钮软件会提示合并成功，多个图元的合并可能会合并成两个或两个以上的图元。

37. 问：工程轴网的轴距变大了，为什么工程不变呢？

答：工程的轴网就像施工的放线，图绘制上后是在对应的放线点处理的。工程做好后，修改放线位置，图是不会跟着移动的，和建筑物不跟着移动的原理一样，如果想要改变需要对整个工程拉伸处理。

38. 问：在钢筋工程里修改了某一轴距，保存后为什么恢复到原来的尺寸了呢？

答：这是因为在建立轴网时，轴号没有自动排序，所以就出现轴号不对应，把轴号自动排序后即可。

39. 问：钢筋 GGJ2009 打开新建轴网后轴号的字体很大，应该怎样处理？

答：点击工具－选项－其他，把使用单线字体的勾去掉即可。

40. 问：在钢筋软件中如何显示对称轴线？

答：在绘图界面点击工具栏里面的设置轴号位置即可，设置为两端标注。如图所示。

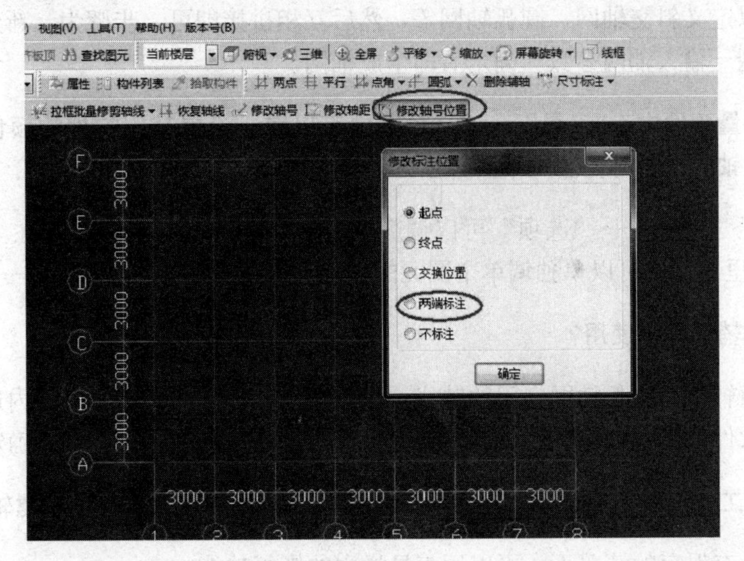

41. 问：将钢筋软件中的图形及轴网导入图形算量软件中的具体方法是什么？

答：具体方法为打开图形算量工程—建立工程信息—文件—导入钢筋算量工程。

42. 问：将钢筋软件中的组合轴网（CAD组合轴网识别）画好后，导入图形算量中为什么会是单个的，没有组合在一起，该怎样处理？

答：需要再向图形算量中导入一遍轴网，然后导入钢筋工程即可。

43. 问：出现两层轴线，如图所示，怎样删除一个呢？

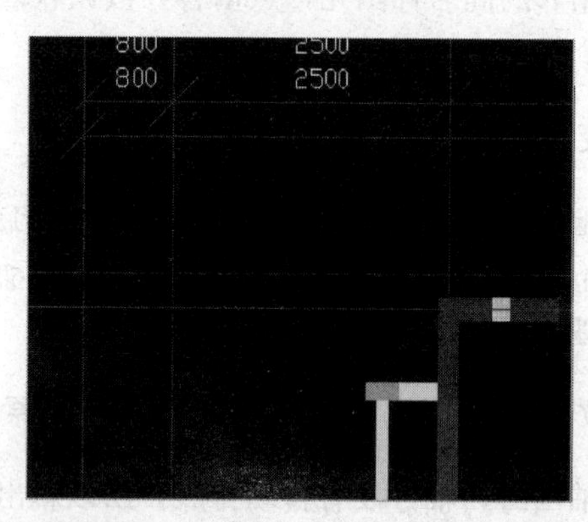

答：这种情况是不小心复制了一个轴网。不能在辅轴里删除，应该在轴网中选择一个轴线（这时实际选择的是一个整轴网），右键删除即可。

44. 问：基础层把轴线布置好，一层与基础层轴线不一致该怎么办？

答：定义轴线时一般选择比较全面的轴网来画，否则就要在不同的地方布置辅轴。

45. 问：在GGJ2009中，不是矩形的轴网该如何定义？

答：可以定义斜交轴网、圆弧轴网等，然后互相拼接即可。步骤为：新建一选择要建立的轴网类型一输入轴网参数一确定后即生成轴网。

46. 问：在算量软件中，“工具”—“选项”中可以统一设置某一构件的颜色，但是当图纸上轴网很多时，想用不同颜色区分该怎么办？

答：除了“工具”—“选项”可以调颜色外，在选中某一构件时，在“属性”中的“显示设置”里面，也可以单独调单个图元的颜色。

47. 问：转角辅轴怎样使用？

答：转角辅轴是圆弧轴网专用的轴线，点“转角辅轴”后，在绘图区内选一条轴线作为基准线，软件弹出“请输入”界面，在此界面中输入角度和轴号，点击确定按钮。

48. 问：所有工作已经完成，不小心删除了轴网，怎样才能快速准确地重建轴网？

答：在没有保存的情况下，可以用工具栏中的恢复功能。

49. 问：如图所示两个轴网拼接在一起，如何删除绿色的标注？（遮挡住了原来的轴网了）

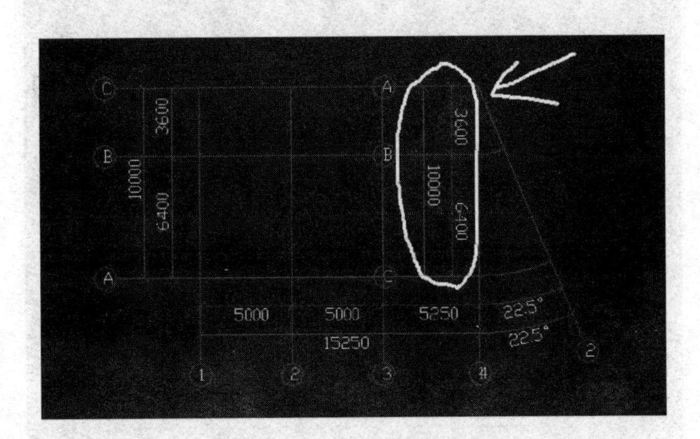

答：选中轴网单击“修改轴号位置”在弹出的对话框内选择“不标注”即可。

50. 问：怎么把已有轴线应用到另一个工程？

答：另建立一个工程，合并其他工程，即可导入轴线。

51. 问：板布置双网双向的时候参照轴网为什么是灰显的？

答：因为轴网是从 CAD 中导入的，在软件中表示为辅助轴网，双网双向的参照轴网找不到，因此是灰显的。

52. 问：不同圆心同角度的轴网怎样合并？

答：轴网不好合并，只能定义多个轴网进行拼接，绘图中可以用移动、旋转等功能。

53. 问：CAD 导图后，尺寸线为什么不显示？

答：可以用天正软件打开，在命令行输入 LCJB 另存一下即可。

54. 问：轴网合并后为什么只显示一层的轴网？（在一层有合并后的轴网，二层就没有合并的那个轴网了）

答：把二层的轴网删掉，把一层的轴网复制到二层和其他层即可。

55. 问：两个轴网怎么隐藏掉一个？

答：不能只隐藏一个，要隐藏就都没了。

56. 问：当梁柱等构件都绘制完后发现轴网错误该如何修改？

答：轴网的间距错误可以用工具条上的“修改轴网距”命令先修改轴距，修改后的构

件还在原来的位置上，然后使用楼层菜单中“块拉伸功能”命令把构件拉伸到正确的位置即可。

57. 问：如图所示，轴网里为什么会出现一些奇怪的东西，选不中，也删不掉？

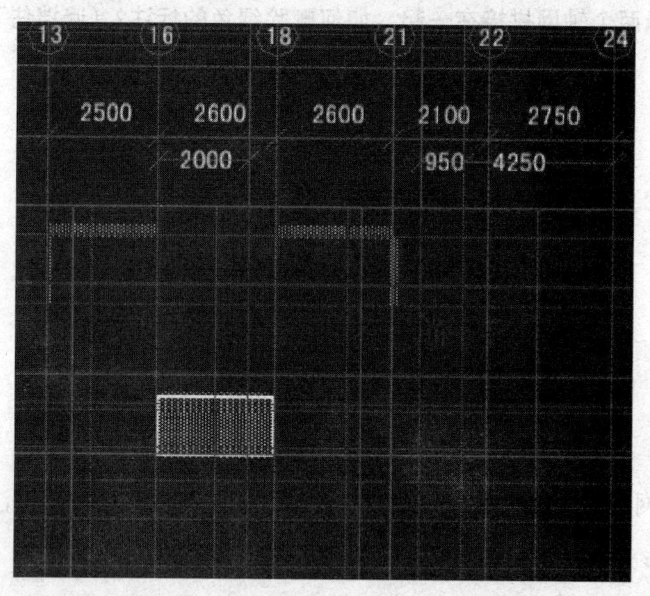

答：从截图上看应该是跨层图元，需要切换到图元相应楼层就可以删除了。

58. 问：图纸旋转移动后怎样操作才能回到原位与上下层衔接？

答：遇到以下问题时，可以使用“设置原点”功能。

通过CAD导入工程时忘记重新定位而导致各层轴网、构件上下不对应。操作步骤：点击“工具”—“设置原点”，在绘图区域内选择一点作为坐标原点。

说明：(1) 设置原点后，软件将按照新的原点重新计算当前楼层所有构件图元的坐标；(2) 当各层均设置相同位置为原点，即可使上下层对应。

59. 问：为什么用镜像过来的对称轴线改轴线编号的时候，镜像的一边也跟着改动？

答：镜像过来的轴网号，就是这样跟随着一起变动。

解决办法：(1) 直接定义的时候输进去轴网间距即可。

(2) 用复制的方法，然后修改轴号。

(3) 不用自己定义轴网，用CAD直接导进来轴网。

60. 问：在同一绘图区如何建立与原构件不同的轴网？(由于机房层和其他层的轴网不一样，把它删除后重新识别了轴网，其他层的轴网也就没了，如何再在构件上建立轴网？)

答：可以按图纸新建轴网，在绘图区点确定，如果与原有构件不在一起的话，可以选中轴网，右键移动，拖至与原构件一致即可。如图所示。

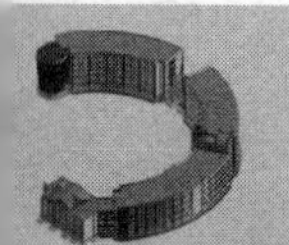

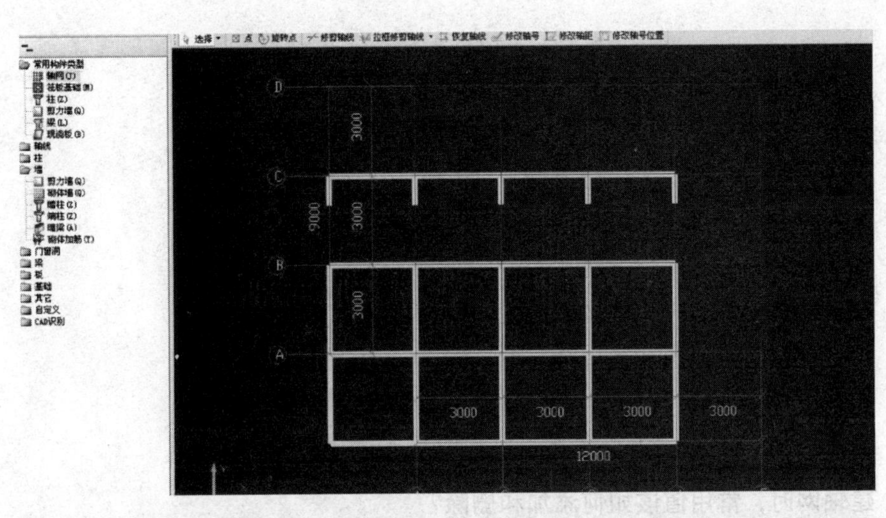

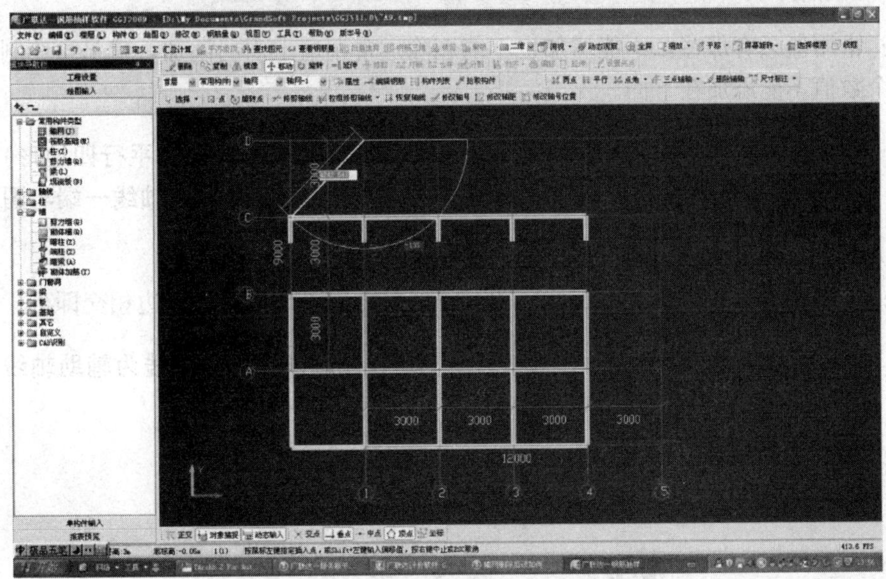

61. 问：钢筋 GGJ2009 辅助轴线为什么看不见呢？

答：打开“工具”按钮，点选“选项”，选择构件显示，调整辅助轴线的颜色即可见。

62. 问：在钢筋算量软件中，在所有轴线的下方怎么设置一条辅助轴线？

答：以平行绘制方式绘制辅轴为例：(1) 在画完轴网之后点击“平行”。(2) 选择一条轴线。(3) 弹出窗体。(4) 在窗体中输入“偏移距离”和“轴号”。(5) 点击“确定”即可。

63. 问：提取完轴网之后，再导入下一张柱大样图，怎样把上一次导入的轴网隐藏起来？(不是删除，删除之后在轴网里就不存在了)

答：方法 (1) 在显示状态下按 J 隐藏轴网，按 O 隐藏辅轴，当隐藏状态下再按一下即可显示。方法 (2) 按 F12（或视图菜单下“构件图元显示设置”）勾选要显示的构件

即可。

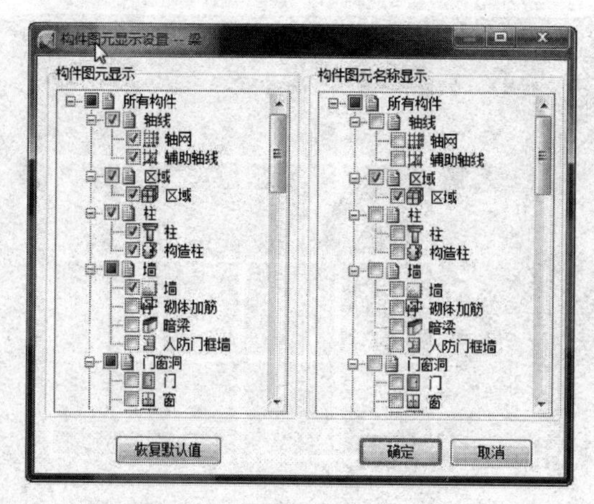

64. 问：建轴网时，常用值该如何添加和删除？

答：常用值只有那些，不能增加也不能删除。常用值上面的添加，就是再绘制的时候用，这个数值不能添加在下面。

65. 问：在辅助轴网中按柱子中心用两点绘制了斜的辅助轴线（是个平行四边形），又用平行的方式绘制了平行四边形里的其他辅助轴线，绘图时当轴线一端与图形的一边无交点时，如何添加梁？

答：可以利用工具栏中的“延伸”功能将那条短轴线延伸到另一边相交即可。

66. 问：斜交辅助轴线怎样转换为主轴线？（CAD导图后发现部分轴线为辅助轴线，在画受力筋的时候不能和轴线平行）

答：点工具栏上“其他方式”选择“平行边布置受力筋”。

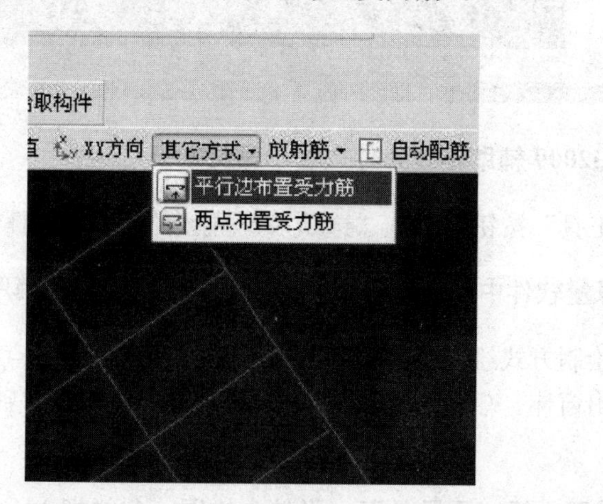

67. 问：基础层的轴网为什么在半腰显示？条形基础和独立基础的底标高一样，为什么显示的位置不一样？

答：轴网是在基础层设置的标高处，只要独立基础和条形基础的属性定义正确，不影

响计算结果。如果已经绘制完毕，可以按图纸要求修改一下各基础的标高，修改时注意要点中后再修改，因为标高为私有属性，每个同名基础都可以有不同的标高。

68. 问：图画好后发现可视轴线加宽了，是不是所有图元比如独立基础、筏板等都要移动？

答：如果只是图纸轴线之间的尺寸增加，而构件位置无变化时或者因为增加其他构件而修改轴线尺寸的情况是不需要修改的。如果是构件位置跟着轴线之间的尺寸增加而同步移动的情况，是需要修改的。可以使用移动或拉伸功能完成修改。

69. 问：只有角度没有半径的弧形轴网如何定义？

答：如果有CAD图纸可以直接导入，也可以按照比例尺测量出圆弧的半径用三点画弧绘制轴网。

70. 问：在识别轴网的时候，轴线标识和板钢筋标识在一个图层怎么办？

答：按相同颜色的CAD识别，先识别轴网，然后清除CAD，再导入CAD，再识别其他构件即可。

71. 问：镀锌钢管套管可否套如图所示定额？

B2-126	刚性防水套管制安公称直径200mm以内

答：首先要确定镀锌钢管的规格大小，然后再看是什么地方什么专业敷设的镀锌钢管，镀锌钢管不是在每个地方敷设都需要安装套管的，只有在给水排水专业里面钢管穿楼板、钢管穿墙、钢管穿越建筑物和钢管穿水池壁，在电气专业里钢管穿越建筑物时方可套取相应的套管安装定额。而直接套取的刚性防水套管，只有在建筑物有积水且量大处方可采取，一般情况下只需采用普通穿墙，楼板套管即可。

72. 问：如何快速建立轴网？

答：实际工程中对称轴网非常常见，下开间和上开间是一样的尺寸，或者左右进深是一样的。可以通过轴网定义中“定义数据”，快速复制粘贴来实现。

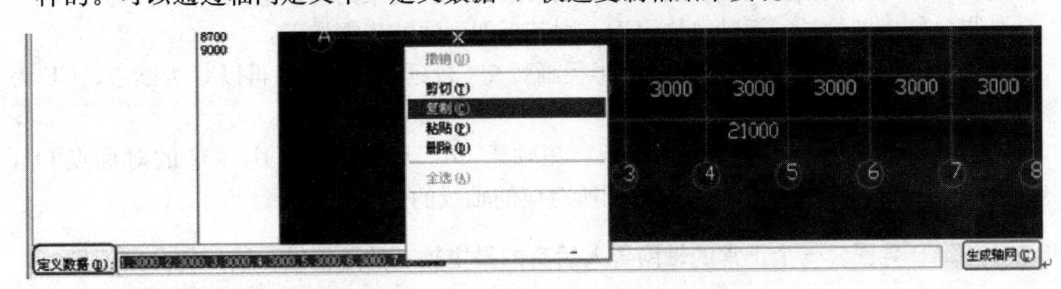

73. 问：修剪轴线后的轴线标识怎样删除？

答：（1）修改轴号功能：不输入轴号即可。（2）选中轴线，右键删除即可。（3）选中辅轴，使用删除辅轴功能即可。

74. 问：轴网上下左右都需要显示轴号，该如何操作？

答：点修改轴号位置，选中轴网，点两端标注，确定即可。

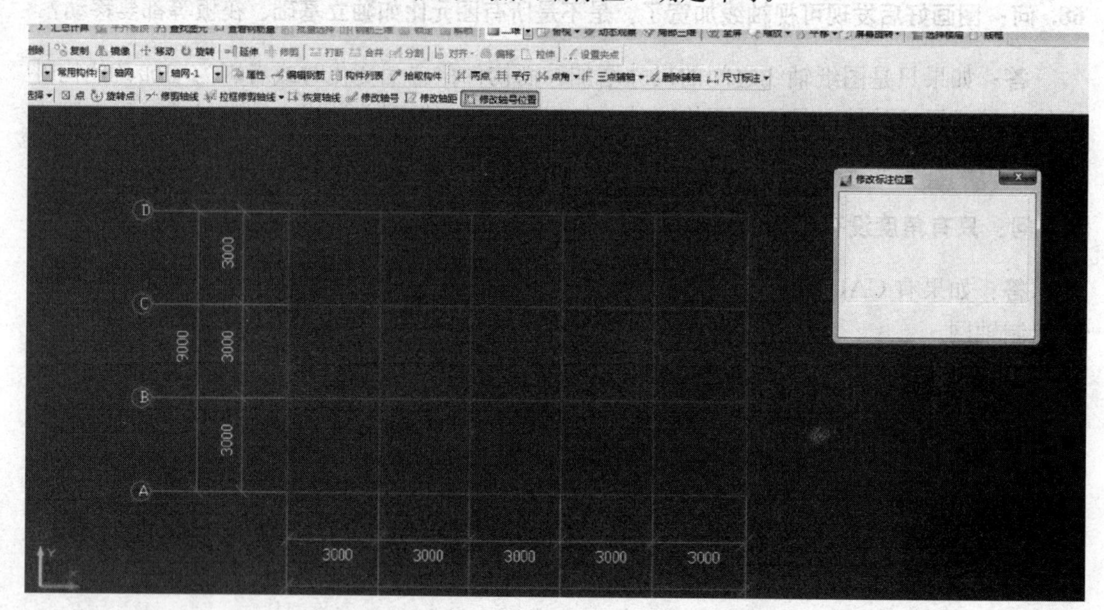

75. 问：辅轴想延长该如何操作？

答：切换到辅助轴线，找到边线延伸即可。

76. 问：一个弧形轴网建立好后，怎样在不改变坐标系方向的前提下，按一定角度旋转整个轴网？

答：框选这个建立好的轴网，然后点击旋转钮，选择需要旋转的插入点，然后按Shift键点左键输入角度确定即可。

77. 问：椭圆形轴网如何定义？

答：椭圆近似画法为四圆弧法，即用四段圆弧连接起来的图形近似代替椭圆。

如果已知椭圆的长、短轴AB、CD，则其近似画法的步骤如下：

（1）连AC，以O为圆心，OA为半径画弧交CD延长线于E，再以C为圆心，CE为半径画弧交AC于F。

（2）作AF线段的中垂线分别交长、短轴于O1、O2，并作O1、O2的对称点O3、O4，即求出四段圆弧的圆心，以圆心到所对应的轴线的交点为半径。

78. 问：CAD导图，一个正常的轴网导入后有的是主轴有的是辅轴，该如何分别识别？

答：使用选择轴网组合识别即可。

79. 问：烟囱水塔怎么定义？

答：用极坐标建立轴网即可。

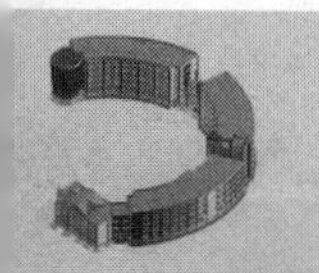

80. 问：怎样才能将CAD图形导入广联达钢筋或图形？

答：通过导入CAD文件则可以实现快速绘图并配筋，大大提高我们的工作效率，导入CAD文件的前提条件是电子文件的数据格式为：*.dwg，否则不能导入。

（1）导入CAD文件

新建工程后（设置好计算规则、计算设置以及节点设置、楼层及各层混凝土强度等级），我们在绘图输入界面当中，通过构件导航栏中打开“CAD识图”导航栏，按照导航栏的顺序进行操作即可。

点击“CAD草图”，在工具栏中点击“导入CAD图”，然后找到存放CAD图文件的路径并打开，导入过程当中，还需要根据CAD图纸比例的大小，设置并调整，软件默认是1∶1。

在“CAD草图”状态下，还可以转换钢筋级别符号、识别柱表、剪力墙连梁表、门窗表等。

温馨提示：由于现在大部分的CAD图有多个CAD图单元组成，在导入前，可以在CAD软件中或者CAD图形调整工具中把CAD分割开来，然后再进行导入，这样可以提高CAD导入的速度。

（2）导入轴网

在导航栏中选择“识别轴网”，然后选择提取轴线（Ctrl＋左键选择，右键确认），提取轴标识（Ctrl＋左键选择，右键确定），最后点击“识别轴线”，这样就可以把轴线识别过来了。

温馨提示：通过CAD识别过来的轴线是辅助轴线；选择导入轴线的CAD图尽量是轴网最完整的。

（3）导入柱

提取柱的操作步骤：

第一步：在“CAD草图”中导入CAD图，CAD图中需包括可用于识别的柱；（如果已经导入了CAD图则此步可省略）

第二步：在“CAD草图”中转换钢筋级别符号，识别柱表并重新定位CAD图；

第三步：点击导航栏“CAD识别”中的“识别柱”；

第四步：点击工具条“提取柱边线”；

第五步：利用“选择相同图层的CAD图元”（Ctrl＋左键）或“选择相同颜色的CAD图元”（Alt＋左键）的功能选中需要提取的柱CAD图元，此过程中也可以点选或框选需要提取的CAD图元，点击鼠标右键确认选择，则选择的CAD图元自动消失，并存放在“已提取的CAD图层”中；

第六步：点击绘图工具条“提取柱标识”；

第七步：选择需要提取的柱标识CAD图元，点击鼠标右键确认选择；

第八步：检查提取的柱边线和柱标识是否准确，如果有误还可以使用“画CAD线”和“还原错误提取的CAD图元”功能对已经提取的柱边线和柱标识进行修改；

第九步：点击工具条“自动识别柱”下的“自动识别柱”，则提取的柱边线和柱标识被识别为软件的柱构件，并弹出识别成功的提示。

温馨提示：如果不重新定位CAD图，导入的构件图元有可能就会与轴线偏离；门窗表通常情况下在建筑施工图总说明部分，柱表通常在柱平面图中，连梁表在剪力墙平面图中。

（4）导入墙

① 提取墙边线

第一步：导入CAD图，CAD图中需包括可用于识别的墙；（如果已经导入了CAD图则此步可省略）

第二步：点击导航栏“CAD识别”下的“识别墙”；

第三步：点击工具条“提取墙边线”；

第四步：利用“选择相同图层的CAD图元”或“选择相同颜色的CAD图元”的功能选中需要提取的墙边线CAD图元，点击鼠标右键确认选择。

② 读取墙厚

第一步：点击绘图工具条“读取墙厚”，此时绘图区域之显示刚刚提取的墙边线；

第二步：按鼠标左键选择墙的两条边线，然后点击右键将弹出“创建墙构件”窗口，窗口中已经识别了墙的厚度，并默认了钢筋信息，只需要输入墙的名称，并修改钢筋信息等参数，点击确认则墙构件建立完毕；

第三步：重复第二步操作，读取其他厚度的墙构件。

③ 识别墙

第一步：点击工具条中的“识别”按钮，软件弹出确认窗口，提示“建议识别墙前先画好柱，此时识别出的墙的端头会自动延伸到柱内，是否继续”，点击“是”即可；

第二步：点击“退出”退出自动识别命令。

（5）导入门窗

① 提取门窗标识

第一步：在CAD草图中导入CAD图，CAD图中需包括可用于识别的门窗，识别门窗表；（如果已经导入了CAD图则此步可省略）

第二步：点击导航栏“CAD识别”下的“识别门窗洞”；

第三步：点击工具条中的“提取门窗标识”；

第四步：利用“选择相同图层的CAD图元”或“选择相同颜色的CAD图元”的功能选中需要提取的门窗标识CAD图元，点击鼠标右键确认选择。

② 提取墙边线

第一步：点击绘图工具条“提取墙边线”；

第二步：利用“选择相同图层的CAD图元”或“选择相同颜色的CAD图元”的功能选中需要提取的墙边线CAD图元，点击鼠标右键确认选择。

③ 自动识别门窗

第一步：点击“设置CAD图层显示状态”或按“F7”键打开“设置CAD图层显示状态”窗口，将已提取的CAD图层中门窗标识、墙边线显示，将CAD原始图层隐藏；

第二步：检查提取的门窗标识和墙边线是否准确，如果有误还可以使用“画CAD线”和“还原错误提取的CAD图元”功能对已经提取的门窗标识和墙边线进行修改；

第三步：点击工具条“自动识别门窗”下的“自动识别门窗”，则提取的门窗标识和

墙边线被识别为软件的门窗构件，并弹出识别成功的提示。

温馨提示：在识别门窗之前一定要确认已经绘制了墙并建立了门窗构件（提取CAD图中的门窗表）。

（6）导入梁

① 提取梁边线

第一步：在CAD草图中导入CAD图，CAD图中需包括可用于识别的梁；（如果已经导入了CAD图则此步可省略）

第二步：点击导航栏中的“CAD识别”下的“识别梁”；

第三步：点击工具条“提取梁边线”；

第四步：利用“选择相同图层的CAD图元”或“选择相同颜色的CAD图元”的功能选中需要提取的梁边线CAD图元。

② 自动提取梁标注

第一步：点击工具条中的“提取梁标注”下的“自动提取梁标注”；

第二步：利用“选择相同图层的CAD图元”或“选择相同颜色的CAD图元”的功能选中需要提取的梁标注CAD图元，包括集中标注和原位标注；也可以利用“提取梁集中标注”和“提取梁原位标注”分别进行提取。

③ 自动识别梁

点击工具条中的“识别梁”按钮选择“自动识别梁”即可自动识别梁构件（建议识别梁之前先画好柱构件，这样识别梁跨更为准确）。

④ 识别原位标注

第一步：点击工具条中的“识别原位标注”按钮选择“单构件识别梁原位标注”；

第二步：鼠标左键选择需要识别的梁，右键确认即可识别梁的原位标注信息，依次类推则可以识别其他梁的原位标注信息。

（7）导入板受力筋

① 提取钢筋线

第一步：点击导航栏“CAD识别”下的“识别受力筋”；

第二步：点击工具条“提取钢筋线”；

第三步：利用“选择相同图层的CAD图元”或“选择相同颜色的CAD图元”的功能选中需要提取的钢筋线CAD图元，点击鼠标右键确认选择。

② 提取钢筋标注

第一步：点击工具条“提取钢筋标注”；

第二步：利用“选择相同图层的CAD图元”或“选择相同颜色的CAD图元”的功能选中需要提取的钢筋标注CAD图元，点击鼠标右键确认选择。

③ 识别受力钢筋

“识别受力筋”功能可以将提取的钢筋线和钢筋标注识别为受力筋，其操作前提是已经提取了钢筋线和钢筋标注，并完成了绘制板的操作。

操作方法：

点击工具条上的“识别受力筋”按钮，打开“受力筋信息”窗口，输入钢筋名称即可，依次可识别其他的受力筋。

（8）识别板负筋

提取钢筋线

第一步：在CAD草图中导入CAD图，CAD图中需包括可用于识别的板负筋；（如果已经导入了CAD图则此步可省略）

第二步：点击导航栏“CAD识别”下的“识别负筋”；

第三步：点击工具条中的“提取钢筋线”；

第四步：利用“选择相同图层的CAD图元”或“选择相同颜色的CAD图元”的功能选中需要提取的钢筋；

第五步：点击工具条中的“提取钢筋标注”；

第六步：选择需要提取的钢筋标注CAD图元，右键确认；

第七步：点击工具条上的“识别负筋”按钮，打开“负筋信息”窗口，输入负筋名称即可，依次可识别其他的受力筋。

81. 问：广联达图形算量轴网怎么非零角度插入，插入以后旋转该如何操作？

答：插入后可以点旋转，旋转轴网，再选取角度的相对边，输入旋转角度即可。

82. 问：梁加腋怎么输入定额？

答：03G101在平法表格里面，11G101可以原位标注。

83. 问：暗柱与端柱钢筋量有什么差别？

答：位置不同，规范没有明确说明，但是在软件操作时边缘的不能被剪力墙完全包含住的一定是端柱，就算图纸上给的是暗柱，也是属性里面是端柱，否则钢筋量会有差别。

84. 问：怎么把正交轴网和一个斜交轴网构成一个整体？

答：设置插入点，然后绘制到一起即可。

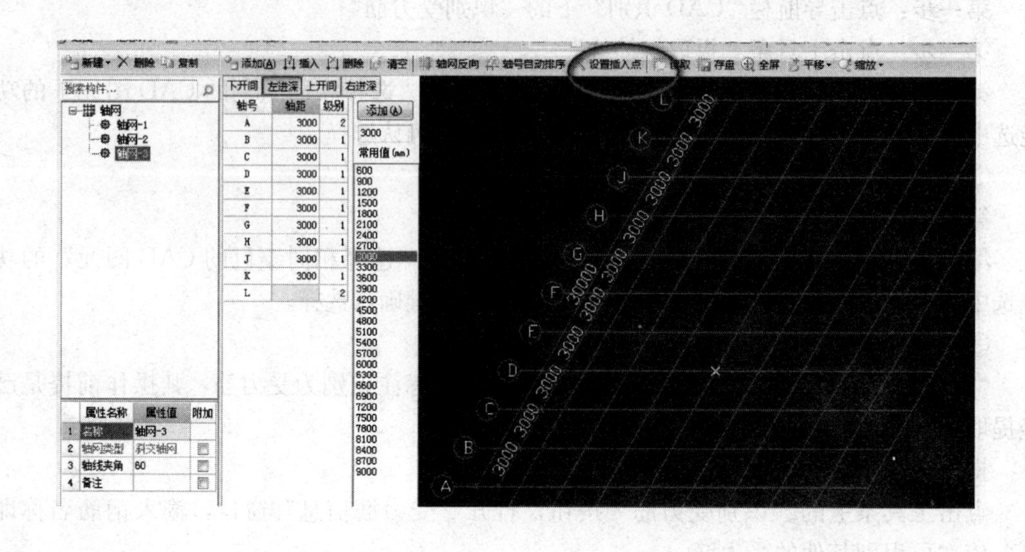

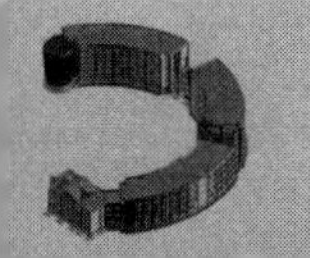

85. 问：如何在斜交轴网里定义垂直轴线？

答：需要垂直轴线时，可以定义辅轴。

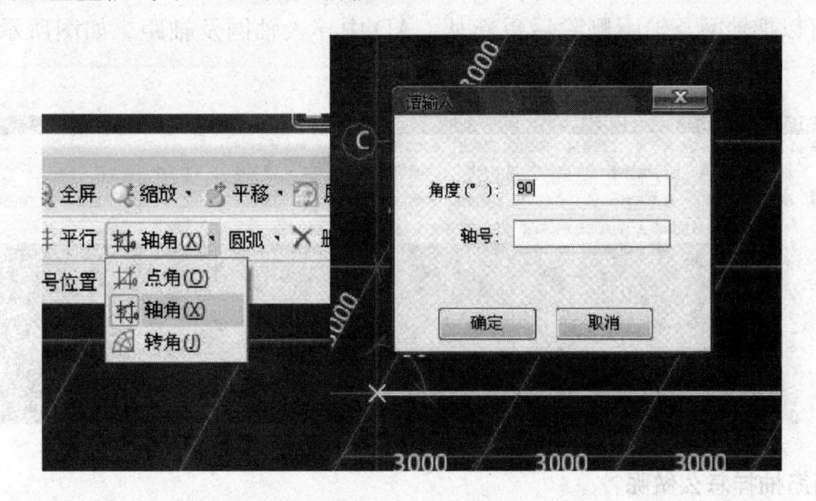

86. 问：柱子的 AB 轴间距错了该如何修改？（没有 CAD 图）

答：在构件列表里选中要修改的轴网，点击定义，在轴距中修改即可。

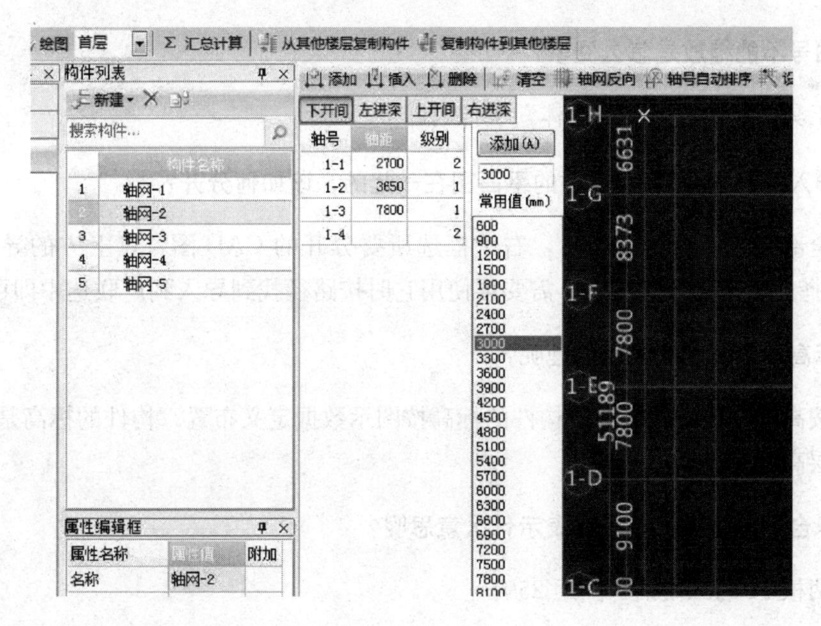

87. 问：广联达软件如何计算大型池子的钢筋量？

答：池底用筏板基础定义，池壁用剪力墙定义，池盖用板构件定义，如果水池里还有柱梁就用框架柱和框架梁来定义计算。

88. 问：提取轴线和轴线标识，自动识别之后，轴网没有了是怎么回事？

答：测量一下两点间的距离，与实际尺寸对比。在导入 CAD 图纸的时候设置比例，

例如 1：10 即可。

89. 问：怎样修补识别轴网时未识别过来的轴线距离数据？

答：可以把轴网及轴距删除后重新从 CAD 中导入轴网及轴距。如图所示点击轴线交点。

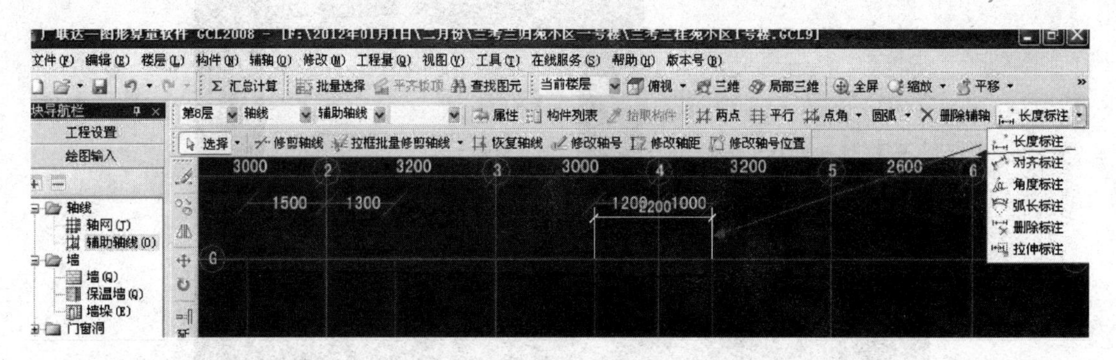

90. 问：钢筋抽样怎么做呢？

答：先地上后地下，按照柱、剪力墙、梁板楼梯、填充墙、构造柱、圈梁等步骤即可。

91. 问：轴号不能缩放是怎么回事？

答：工具—选项—“单线字体”去掉勾即可。

92. 问：导入的 CAD 图是几栋楼的平面图在一起的，该如何分开？

答：全部导入到广联达中后，右键框选所要分开的 CAD 图，点上方的导出选中的 CAD 图选择另存路径保存即可。需要再使用它时按路径找到导入到广联达中即可。

93. 问：标高不同的楼层如何处理呢？

答：按高的设置楼层层高，构件的标高按图示数据定义布置，构件的标高是完全放开的，不受层高约束。

94. 问：承台配筋中 2b14@250 表示什么意思呢？

答：两根 14 的二级钢，间距 250。

95. 问：不在轴线上的筏板基础如何绘制？

答：可以先绘制在轴线上，然后再偏移，或者直接按 Shift 键在原来轴线上偏移相应数值。

96. 问：怎样将圆弧轴线划分为几段？

答：添加夹点或者用辅轴来分割即可。

97. 问：CAD 中筏板基础和 3 个单元的轴线不符，可以合并为一个工程吗？

答： 可以合并，点击“文件”下面的“合并其他工程”，选择需要合并的工程即可。具体数值可以根据提示来调整。

98. 问：剪力墙约束边缘构件阴影部分和非阴影部分钢筋在软件中如何处理？

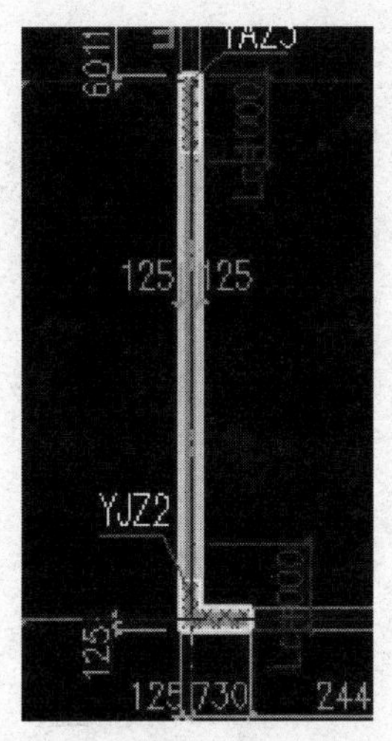

答： 它们需要合并在一起定义，非阴影区全是拉筋时，可以直接用参数化暗柱来定义，如果箍筋是套住一个纵筋间距的，要用异形截面编辑来完成，如图所示。

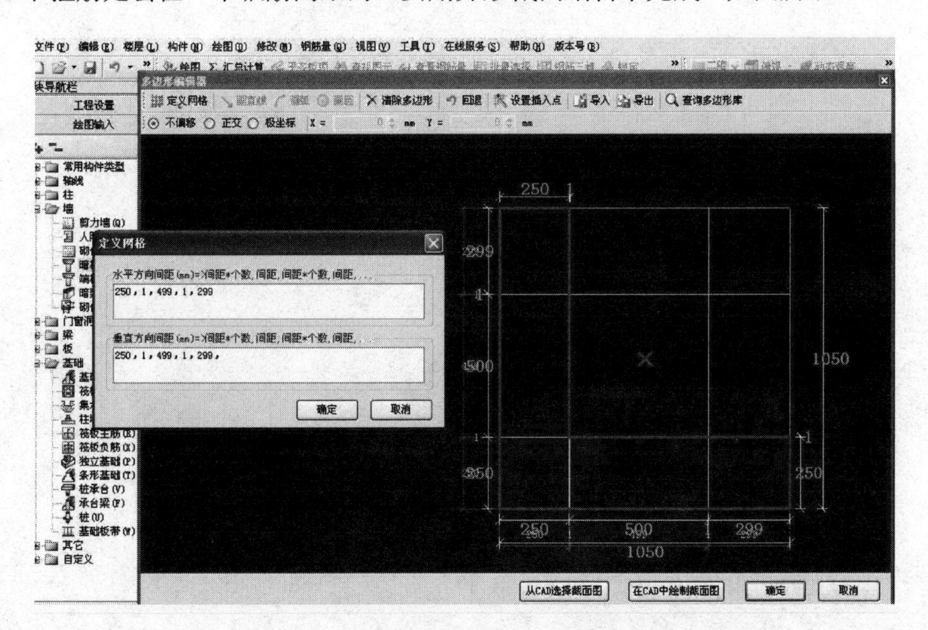

99. 问：用 GGJ2009 把图导入进去，轴网提取不了是怎么回事？

答： 可以用天正 CAD 批量转成 t3 格式。在天正 CAD 命令行输入 PLZJ 然后选择 t3 即可。

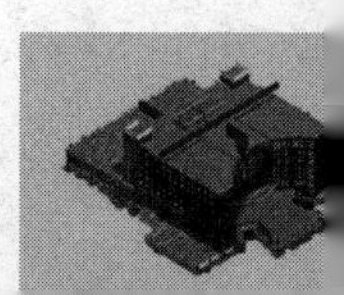

第3章

柱

1. 问：钢筋 GGJ2009 中柱表定义好后该如何应用？

答：定义好后点生成构件，每层的柱子构件列表里就有了柱子信息，便可以在绘图区直接布置柱子了。

2. 问：用异形编辑器绘制了一个异形柱，纵筋的属性为什么是灰色的无法输入呢？

答：在 GGJ2009-528 的版本中，异形构件增加了截面编辑功能，因此对于异形构件，把截面编辑默认为“是”，会导致全部纵筋是灰色，把截面编辑修改为“否”即可。

3. 问：不让柱子在绑扎长度 2.3L_{aE} 范围内按加密区计算如何处理？

答：一般情况，柱子搭接形式是绑扎时，都会在绑扎范围内箍筋加密，如果不按照加密区计算，可以将柱子的计算设置的第 8 条调整为“否”即可。

7	柱/墙柱纵筋搭接接头错开百分率	50%
8	柱/墙柱搭接部位箍筋加密	否
9	柱/墙柱箍筋加密范围包含错开距离	是

4. 问：柱怎样才能快速地布置在没有交点的轴线上？

答：一是可利用“Shift＋鼠标左键”，在弹出的对话框中输入 X=?，Y=? 相应的偏移距离，单击“确定”。

二是单击“不偏移”按钮，在弹出来的对话框中输入 X=?，Y=? 相应的偏移距离，单击“确定”。

三是单击“对齐”按钮，根据图纸标注的位置，选择“柱靠墙边”或“柱靠梁边”。

这三种方法可根据施工图纸的标注情况灵活运用，达到快速布置偏移的柱。

5. 问：变截面柱在新建柱时该如何处理？

答：建立两个构件即可，注意两个构件的标高建立要连续。

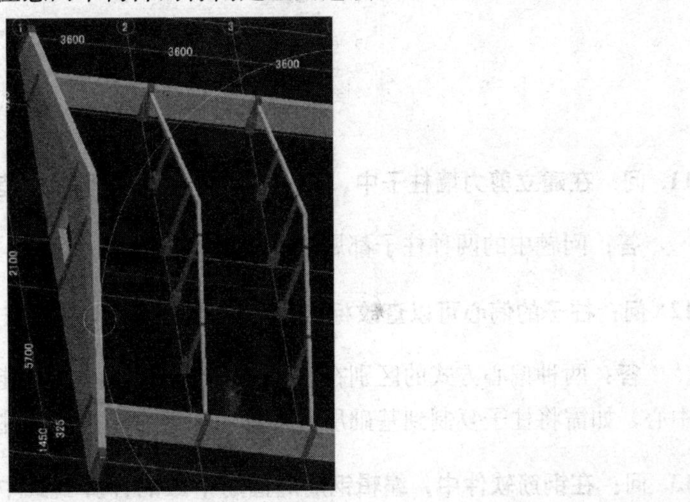

6. 问：钢筋软件中如何区分角柱、中柱和边柱？

答：在属性中有一列数据为“柱类型”，软件默认的是中柱，用户可手工调整，也可

在画入构件后利用自动判断柱类型功能，让软件自动判断不同位置的柱构件，结果会以不同的颜色进行区分。在顶层锚固时，角柱、中柱和边柱计算外侧钢筋计算的根数会不一样。

7. 问：钢筋 GGJ2009 中柱的节点标高是什么意思？

答：柱与梁相交的高度，如果左右两边梁的高度不一致，按照最大梁高计取。

8. 问：在 GGJ2009 中，柱上的牛腿怎样定义？

答：GGJ2009 中，柱上的牛腿在单构件输入。

9. 问：调整柱子端头方向中，L 形柱子调整上下方向的是哪个键？

答：上下调整用 Shift＋F3，F4 是柱子的插入点的切换。

10. 问：框架柱的属性设置，是否对称配筋？

答：在框架柱设置中，如果是输入角筋（4C18），那么在 B 边输入 2C16（B 边一侧钢筋），在 H 边输入 2C16（H 边一侧钢筋）。因为 B、H 边为对称配置，四边合计为 8C16。

	属性名称	属性值
1	名称	KZ-a
2	类别	框架柱
3	截面编辑	否
4	截面宽(B边)(mm)	600
5	截面高(H边)(mm)	600
6	全部纵筋	
7	角筋	4C18
8	B边一侧中部筋	2C16
9	H边一侧中部筋	2C16
10	箍筋	A8@100/200
11	肢数	4*4
12	柱类型	(中柱)
13	其它箍筋	
14	备注	
15	+ 芯柱	
20	+ 其它属性	
33	+ 锚固搭接	

11. 问：在建立剪力墙柱子中，YYZ 柱子、YJZ 柱子和构造边缘柱子属于暗柱还是端柱？

答：问题中的两种柱子都属于暗柱类型。

12. 问：柱子的偏心可以查改标注与可以属性偏心两种方法有什么区别？

答：两种偏心方式的区别在于使用属性里面偏心则不能在智能布置基础时自动找柱子中心，如需将柱子复制到基础层时推荐用户最好用查改标注，以免布置基础的时候麻烦。

13. 问：在钢筋软件中，编辑钢筋时箍筋个数的计算公式中有“ceil. round. floor”代码是什么意思？

答：“ceil”表示向上取整；“round”表示四舍五入；“floor”表示向下取整。出现这些

是因为在个数计算设置中选择了相应的“向上取整+1”，“四舍五入+1”、“向下取整+1”。

14. 问：马牙槎在哪里定义和设置？

答：马牙槎在图形算量构造柱属性中选取即可，钢筋算量中不计算混凝土和模板，所以不考虑设置马牙槎。参考以下图示。

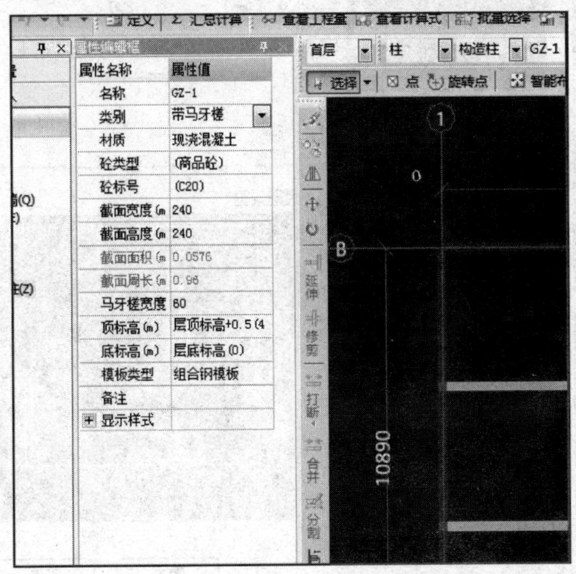

15. 问：砖混结构中柱（Z）钢筋按什么柱定义？

答：砖混结构中柱（Z）钢筋只要不是构造柱，就按照按框架柱定义。因为钢筋锚固是一样的。

16. 问：柱脚手架遇到外墙时该如何处理？

答：柱脚手架的计算，是指独立柱构件计算相应的脚手架，对于非独立柱构件与墙构件相连接时，不计算脚手架。

17. 问：框架柱和构造柱的区别是什么？

答：框架柱是框架结构内的柱，起承重作用，截面尺寸较大。构造柱是混合结构中的柱，不起承重作用，只是为抗震增强刚度，截面较小。框架的填充墙，也有设置构造柱的。

18. 问：抗震框架柱箍筋必须都做135°弯钩吗？

答：03G101图集根据抗震要求，抗震框架柱箍筋必须都做135°弯钩。

19. 问：怎么定义约束边缘的暗柱及约束处的钢筋？

答：Lc是约束边缘构件的长度，实际暗柱长度假设为450。

定义的时候定义暗柱450，但是要把所有的钢筋定义进去，包括主筋和箍筋，有些箍筋和拉钩必须在其他箍筋里定义，其余剩下的450定义剪力墙就可以，Lc包括暗柱和剪力墙两部分，按照图纸的尺寸去定义暗柱，软件会自动考虑墙体和暗柱钢筋的关系。

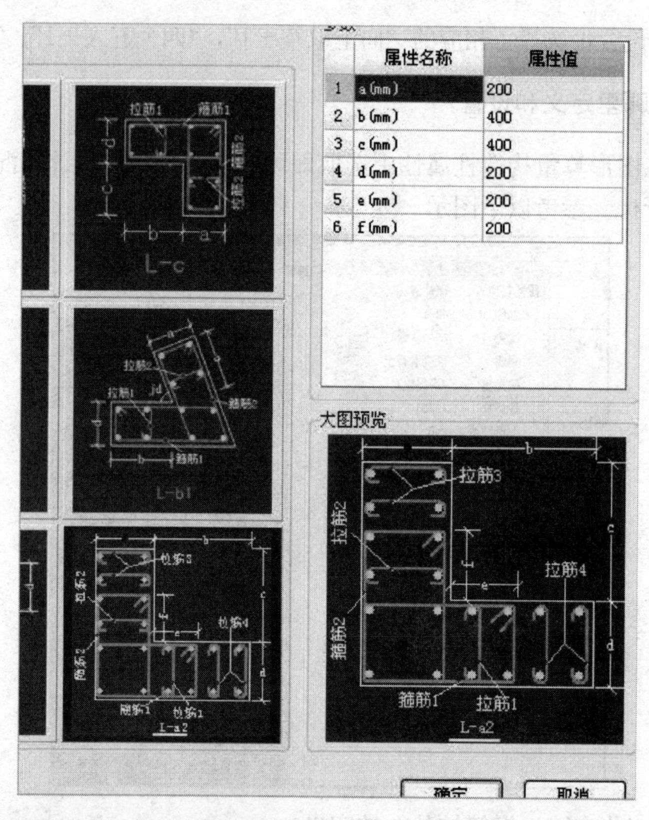

20. 问：柱子箍筋型号大小不一样怎么输入？

答：在输入箍筋信息时用“＋”号连接，“＋”号前面的为型号大的箍筋信息，“＋”号后的为型号小的箍筋信息。

21. 问：用钢筋 GGJ2009 画的构造柱，从本楼层复制到其他楼层，为什么复制不了呢？

答：选中需要复制的构造柱，点击楼层—复制选定图元到其他楼层—选择要复制到的楼层即可。

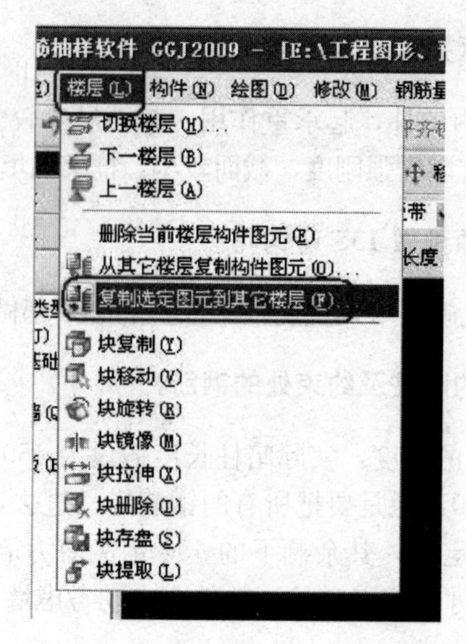

22. 问：框架柱内外箍直径不一致时怎么设置？核心区柱箍筋怎么设置？

答：两种不同规格的钢筋用“＋”连接 A10@100/200＋A8@100/200，“＋”前表示外侧大箍筋套子，“＋”后表示内侧箍筋套子。核心区的箍筋套子在属性芯柱中输入箍筋信息，参见下图示意。

属性编辑

	属性名称	属性值	附加
1	名称	KZ-1	
2	类别	框架柱	□
3	截面编辑	否	
4	截面宽(B边)(mm)	800	□
5	截面高(H边)(mm)	800	□
6	全部纵筋	16C25	□
7	角筋		□
8	B边一侧中部筋		□
9	H边一侧中部筋		□
10	箍筋	C12@100	□
11	肢数	5*5	
12	柱类型	(中柱)	□
13	其它箍筋		
14	备注		□
15	− 芯柱		
16	— 截面宽(mm)		□
17	— 截面高(mm)		□
18	— 箍筋		□
19	— 纵筋		□
20	+ 其它属性		
33	+ 锚固搭接		

23. 问：螺旋箍筋的计算中，在手抽钢筋时两个弯钩是多少？

答：应该和普通的箍筋一样也是 11.9d。

24. 问：柱上牛腿钢筋采用的是单构件输入，在汇总计算退出后总是显示柱内箍筋不计算是怎么回事？导入图形算量后，牛腿的混凝土量怎样绘图？

答：箍筋如果不需要计算可以不输入箍筋信息参数。图形中牛腿可以用异形梁代替绘制求其体积即可。

25. 问：在柱“截面编辑”界面，如果布置的纵筋信息输入错误，是不是需要删除之后再重新布置？

答：可以通过“标注”功能，来对纵筋进行标注，显示钢筋信息，然后在标注上直接修改钢筋信息即可。

26. 问：柱帽如何定义？

答：直接根据柱帽形式选择参数化图形计算即可。

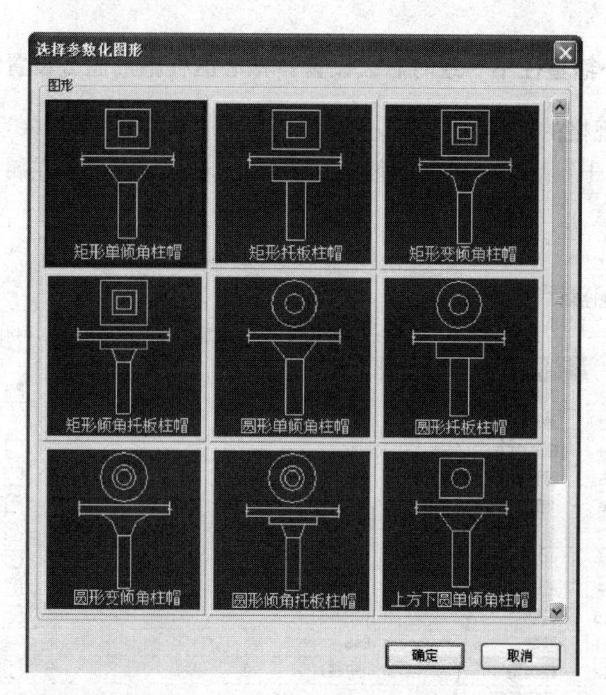

27. 问：汇总计算的时候柱报错“List index out of bounds（0）”是怎么回事？

答：如果查看后发现报错信息在基础层和－1层，则是基础层柱子过短的原因造成的，可以把-1层出错的柱子删掉，在基础层通过调整标高的方法伸到-1层，再重新汇总即可。

28. 问：门樘柱的相关图集是什么？

答：02J611-1钢木大门，02J611-2轻质推拉钢大门，02J611-3压型钢板及夹心板大门，02J611-4铝合金、彩钢以及不锈钢夹芯板大门。

29. 问：端柱旋转该怎么操作？

答：操作步骤：点选端柱—鼠标点旋转点绘制命令—选择剪力墙的另外一个端点—找到端点后左键单击选中—根据旋转的方向选择另一个点单击即可。

30. 问：怎样移动柱？

答：点移动—选中需要移动的构件—点在原点上按Shift键—鼠标左键输入偏移数值即可。

31. 问：图元注表怎么使用？

答：建立好柱子后可以批量修改柱子的信息，例如有十层，同一名称的柱子的截面及钢筋信息都不一样，可以点到图元注表，分解楼层，一次性修改每一层的柱的信息，便不用切换楼层后再修改了。

32. 问：在钢筋GGJ2009中，怎样定义异形柱？

答：如图所示。

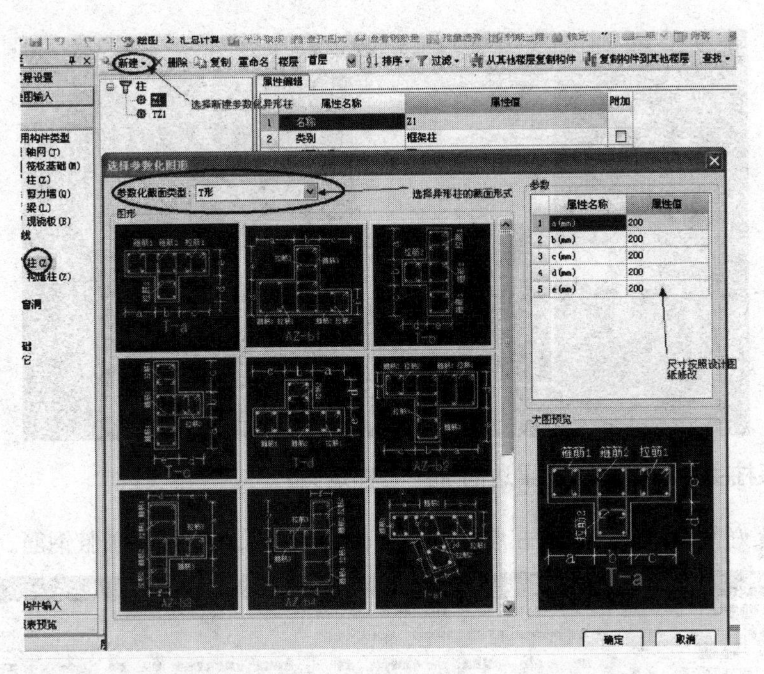

33. 问：框架柱在同层中纵筋出现变径，如何用钢筋 GGJ2009 处理？

答：如图所示操作即可。

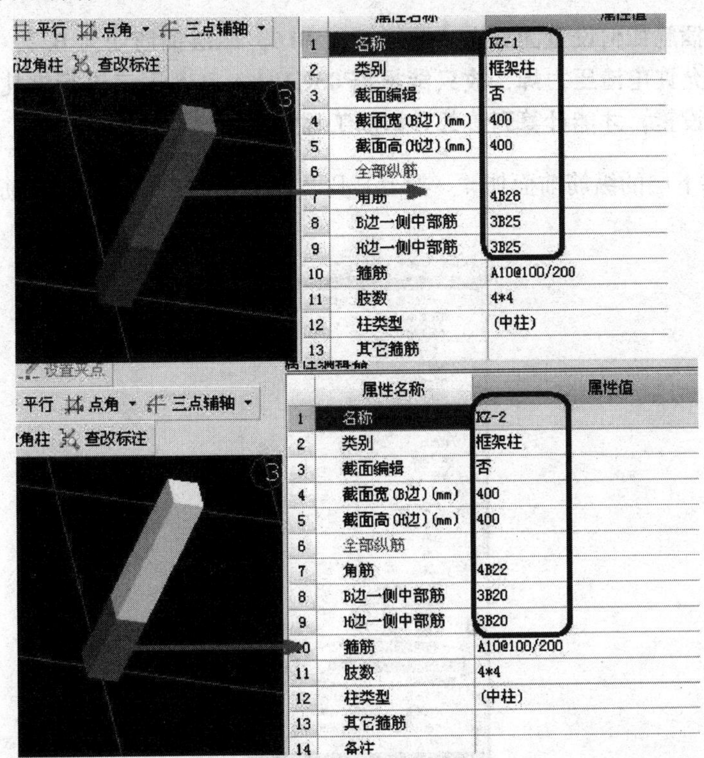

34. 问：怎么修改同一型号的柱子中个别不同的钢筋？

答：点击所需要修改的柱子，在属性中直接修改钢筋的大小，重新命名保存即可。

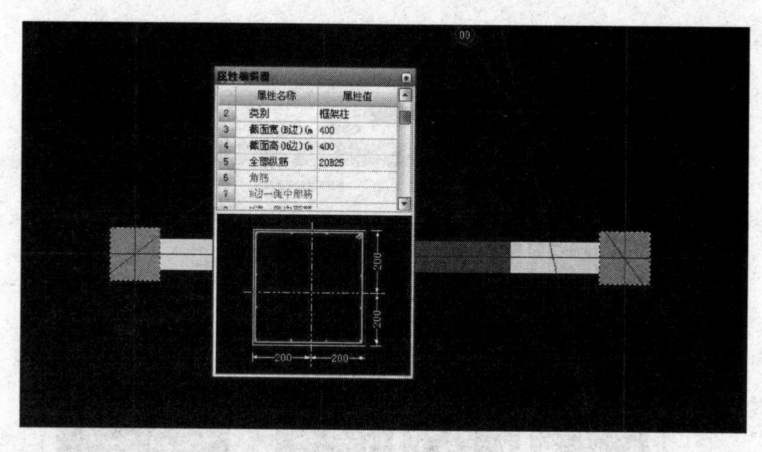

35. 问：框架柱生根时，与基础梁边的加腋怎样定义？

答：定义好基础梁后，可以在原位标注里面填入腋长、腋高和加腋钢筋。

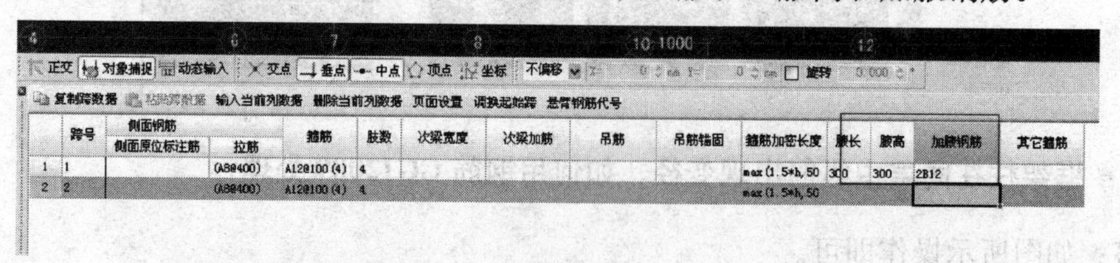

36. 问：钢筋倒插筋如何设置图纸中一层钢筋为 B16，二层钢筋变为 B22，由于钢筋截面太大不允许电渣压力焊，故只能根据 03G101-1. P36 图二进行绑扎搭接，在软件中如何设置，才能计算到该部分钢筋工程量？

答：可以将下层的纵筋前面加＃，按＃12B22 的格式输入。下层的纵筋构造，设置为纵筋锚固。

37. 问：梁上起柱，在软件上如何处理？

答：软件里有梁上起柱的节点，可以自动计算。

38. 问：不在端点或节点的构造柱该如何定义？

答：用 Ctrl＋鼠标左键或者 Shift＋鼠标左键即可。

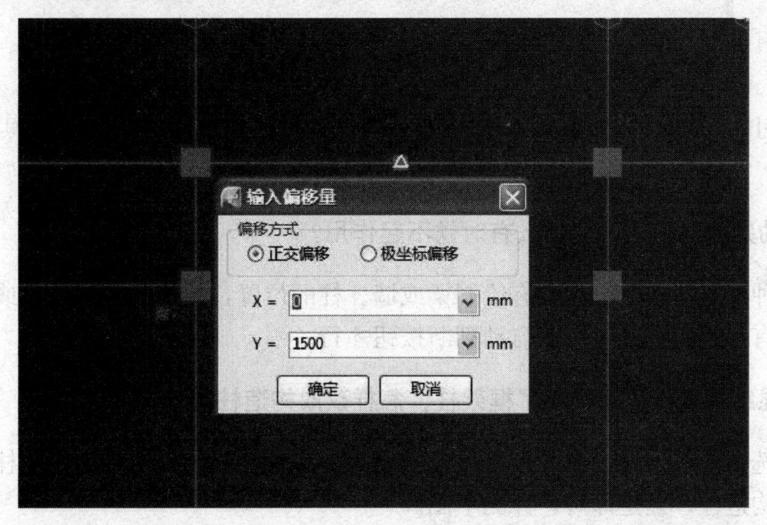

39. 问：识别柱表后发现柱箍筋未按照柱表生成，当修改柱箍筋后出现以下出错提示，软件不能关闭，如何处理？

答：此原因是由于生成柱表和识别柱时 CAD 识别不正确或手动修改柱标高导致。汇总计算可发现软件提示出错，检查标高发现错误，调整标高后即可修改柱箍筋信息。

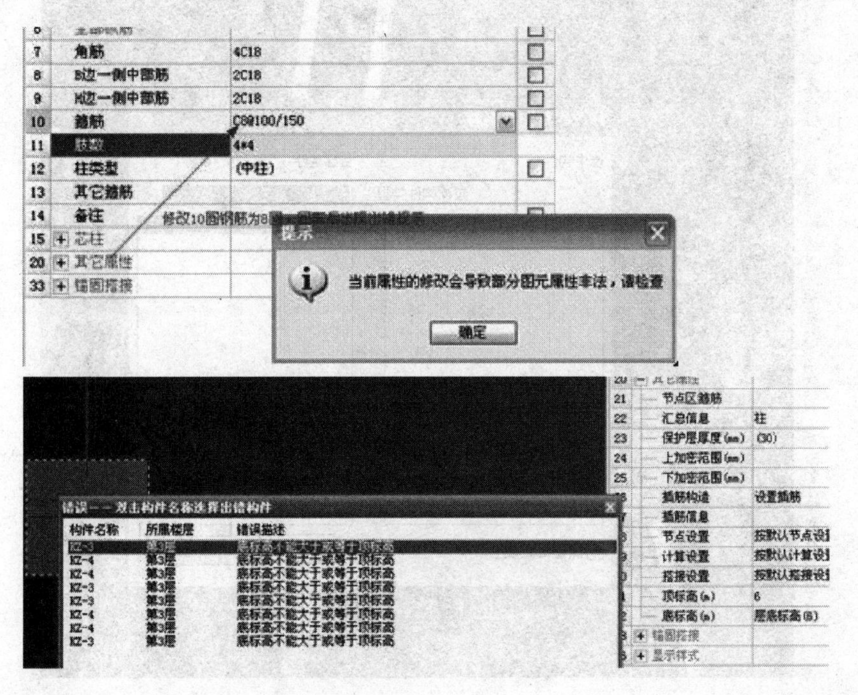

40. 问：六边形柱箍筋柱表定义中，其他箍筋类型设置中箍筋信息怎么填充？

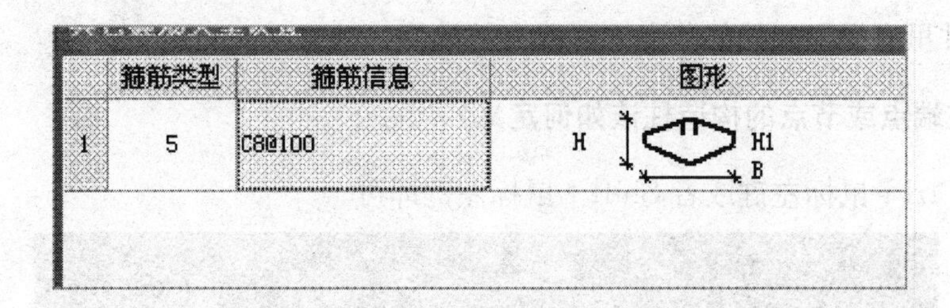

答：GGJ2009 中，如果不会计算参数，可以用截面编辑箍筋（纵筋和其他箍筋需另行定义）。

41. 问：自动判断边角柱，为什么有时候不起作用？

答：这种情况一般是由于没有绘制梁或墙。柱的位置，软件是通过与梁或墙的关联来判断的，只有先绘制好梁后点击自动判断按钮才行。

42. 问：砖混结构中柱子定义到了框架柱，怎样改成构造柱？

答：先选中该框架柱，右键点修改构件图元名称，在目标构件中选构造柱，选择需要修改成哪种构造柱，确定即可，详见下图。

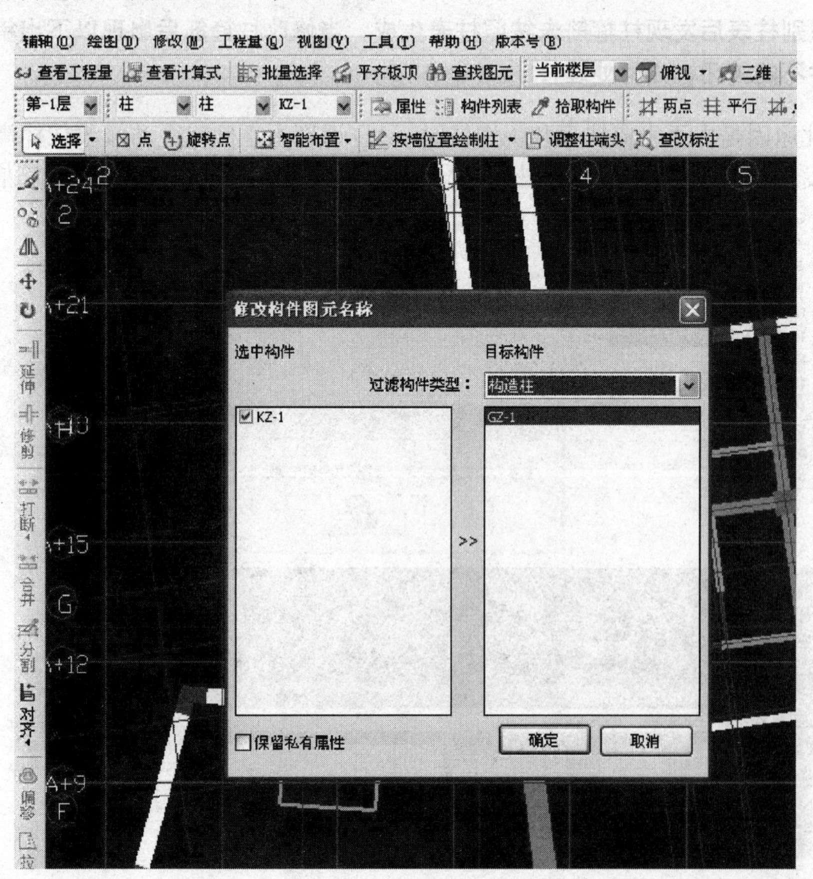

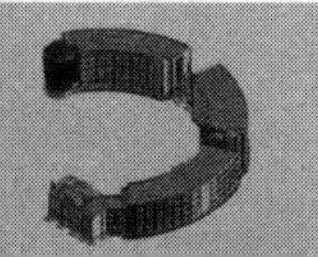

43. 问：在 GGJ2009 里，独立基础和承台都是可以分单元建立的，但是基础上面的柱子，在计算插筋的时候，如果基础有两阶，为什么只计算到基础顶上的那一阶？

答：这种情况和柱子在基础里面的标高有关系，柱子标高如果设置在基础的上表面，计算的时候就只是到第一阶基础，只有标高深入到基础底部时才能计算到基础底部。注：软件自动默认柱子的底标高就是基础的底标高，不需要改动。

44. 问：为什么在钢筋软件的定义界面修改柱子的截面信息后，柱子尺寸不发生变化？

答：柱子的截面信息是私有属性，修改后只能影响之后再画的新构件，对于之前已经画好的构件，必须首先选中，在右键里点属性编辑，修改该构件的属性后尺寸才会发生变化。

45. 问：在偏轴的墙上绘暗柱或端柱时怎样调整柱位置与墙重合？

答：可以用批量对齐的方法。

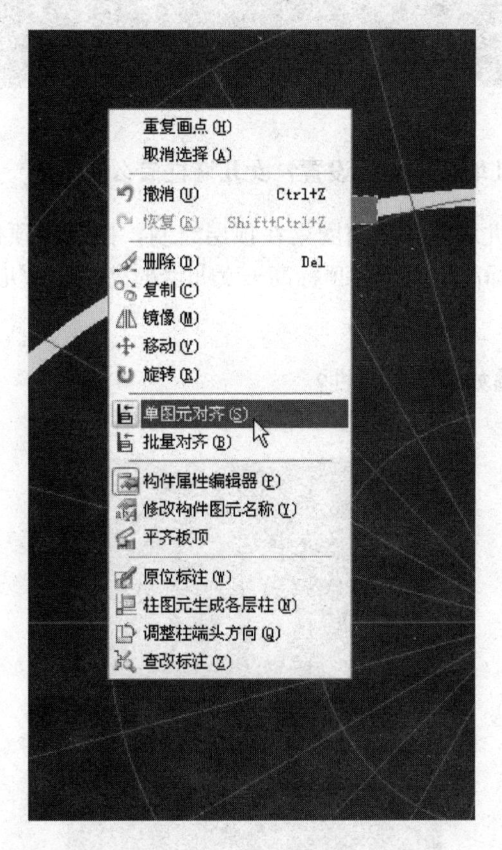

46. 问：梁板配筋图上的构造柱应该绘制在上一层吗？

答：平面是指某一层的中间位置的剖解，所以是俯视的这一层，那么布置要到上一层，比如 4.45 层有 GZ 布置图，那么就应该到上一层布置，也就是说 4.45 是底标高。

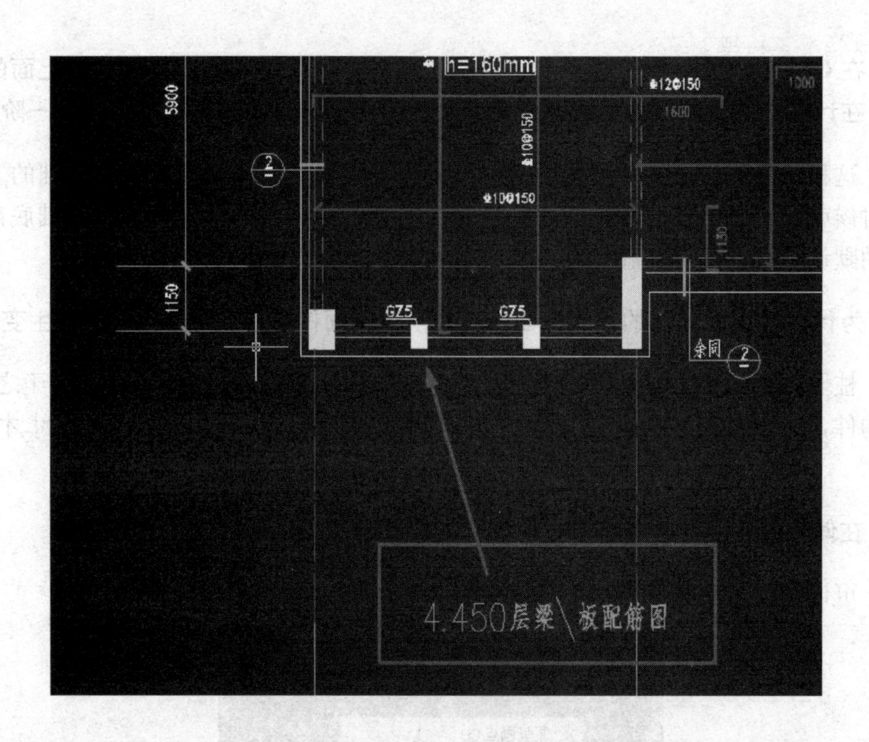

47. 问：GGJ2009 中女儿墙压顶怎么设置？女儿墙柱怎么定义？

答：GGJ2009 中女儿墙压顶，用圈梁在顶层绘制，把终点顶标高定义为层顶标高＋女儿墙的高度，起点顶标高定义为层顶标高＋女儿墙的高度。女儿墙柱，用构造柱画，注意确定标高。

48. 问：下图钢筋的箍筋如何设置属性？

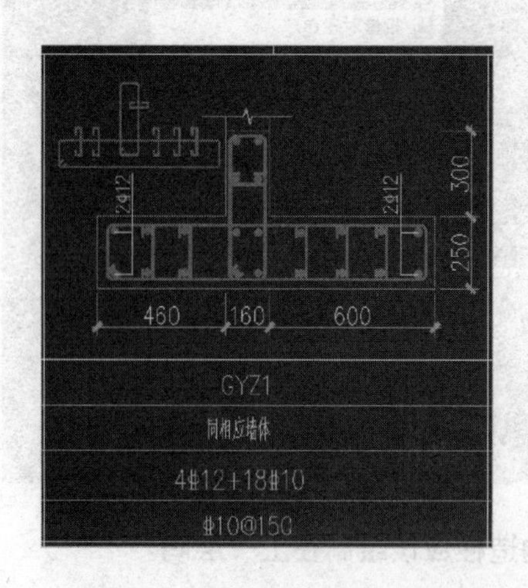

答：在建立构件时选择参数化柱里面的 T 型柱，输入柱子的截面尺寸信息。然后将构件属性框里“截面编辑器”后面的“否”修改为“是”，然后在属性框的下端按照图纸编辑钢筋的信息即可。

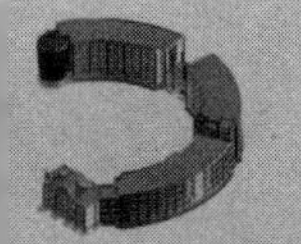

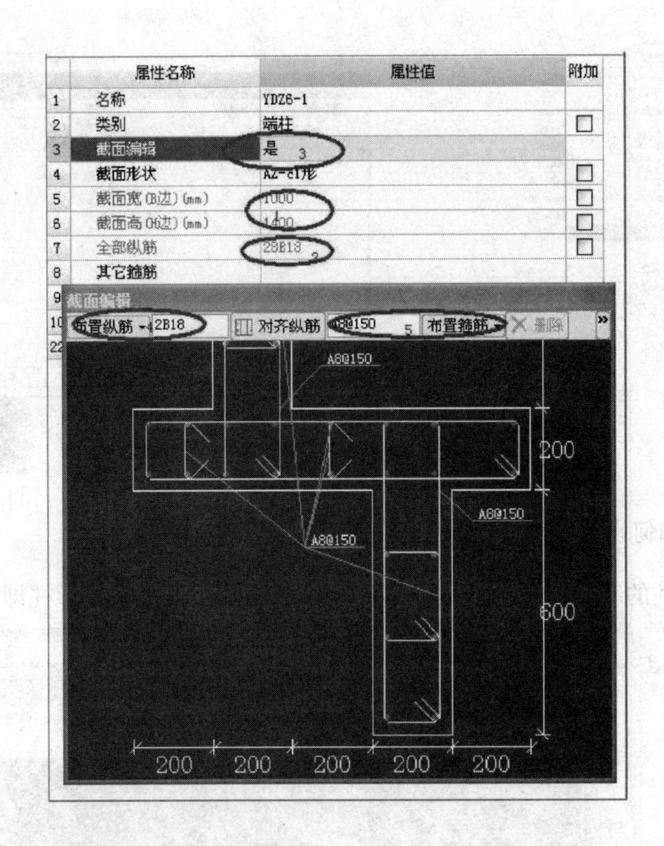

49. 问：在柱子的其他属性中“纵筋锚固”和“设置插筋”有什么区别？

答：一般是在基础层的柱子层间变截面顶层柱子的情况下使用。如果采用纵筋锚固，柱子按柱实际高度＋基础厚度－保护层＋计算设置设定的弯折-保护层＋变截面柱顶弯折计算，如果采用设置插筋，柱子首先计算层高－本层的露出长度－保护层＋变截面柱顶弯折，然后计算本层露出长度＋基础厚度－保护层＋计算设置设定的弯折。

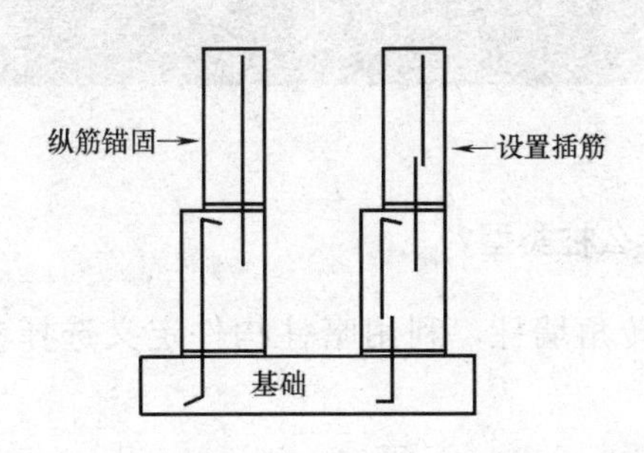

50. 问：异形柱纵筋的布置中，它的纵筋在钢筋属性的全部纵筋里输入，各种不同形状的箍筋在截面的编辑栏点“否”后手动画出箍筋，但是纵筋所在的位置与图纸上的位置不相符，有些箍筋无法绘制，这种情况该怎么解决？

答：如果与图纸不符，可以把它删掉，在其他箍筋中手动输入，添加钢筋信息，图形输入参数即可。

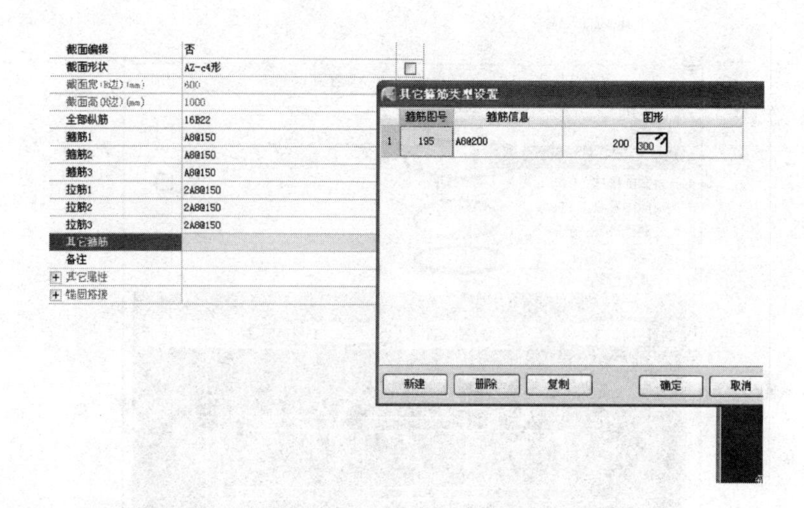

51. 问：异形柱如何设置？

答：在新建柱的时候，选择新建异形柱，然后在网格里定义异形柱即可。

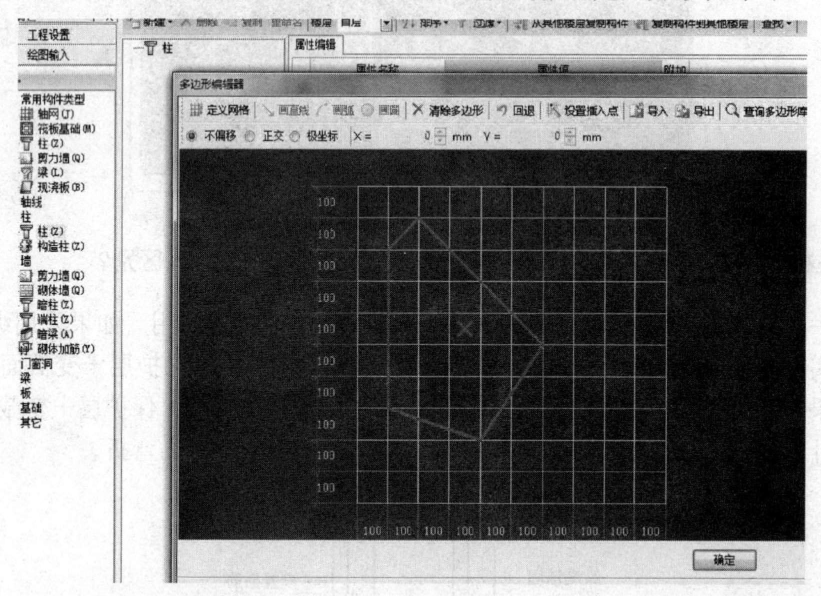

52. 问：GJZ 应该定义成什么柱类型？

答：GJZ 为构造边缘转角墙柱，利用暗柱构件定义选择参数化暗柱编辑尺寸设置即可。

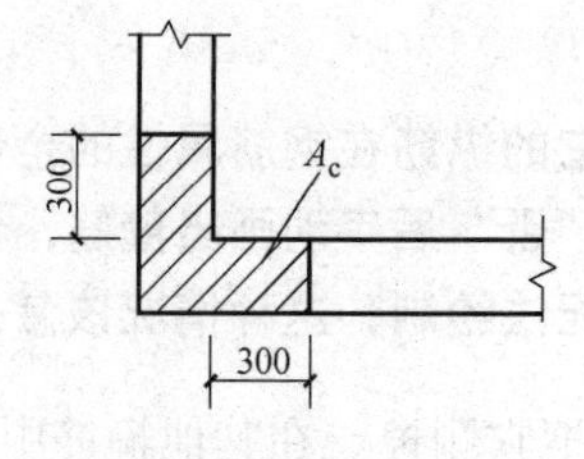

构造边缘转角墙(柱)GJZ

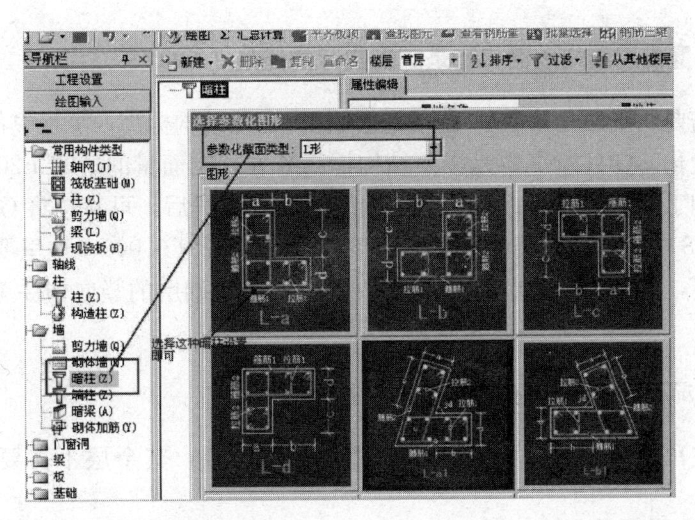

53. 问：构造柱是上下层连通的吗？

答：可以连通也可以不连通。

54. 问：（1）基础柱（地面以下基础以上柱子）箍筋是否全高加密？101 图集中是否有说明？（2）角柱和边柱箍筋是否需要加密？101 图集中是否有说明？

答：（1）底层柱一般 H/3 范围内加密，03G101-1 上有说明，如图所示。

（2）角柱和边柱箍筋是否全加密得看设计要求，101 图集上没有要求

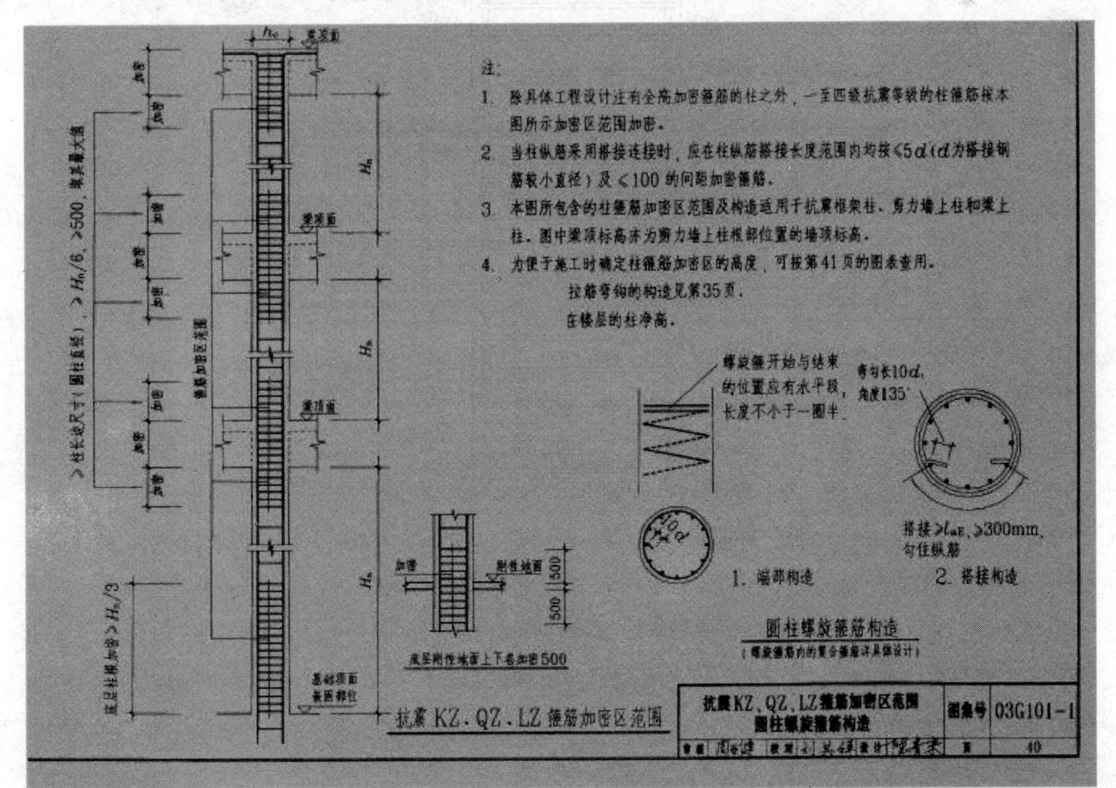

第3章 柱

55. 问：钢筋算量首层结构地面标高是定义实际的还是0.000?

答： 首先需要明确的是工程中无论按建筑标高还是结构标高，工程中各类构件的位置及层高都不会变化。GGJ2009中是按照结构标高来处理钢筋量的，GCL2008中建议采用建筑标高来处理工程量的计算。当我们把钢筋量处理完毕后，可直接将GGJ2009的工程导入到GCL2008中，然后在楼层信息中调整首层底标高为0.000（这里要注意基础层的层高要调整一下，调整值为“层高+结构高差”，否则基础层的竖向构件工程量及土方量会少算一些)。

56. 问：什么情况下柱子需要区分中柱和角柱?

答： 只有在顶层的时候，需要“区分边角柱”命令，其余层不需要设置，软件会默认。

57. 问：柱核心箍筋及拉筋，未注明箍筋和拉筋，该怎样识别？核心箍筋在哪里输入?

答： 柱核心箍筋即节点区箍筋，也就是梁柱交界处柱子的箍筋，其他箍筋就是柱子除了节点区外其他部位的箍筋。

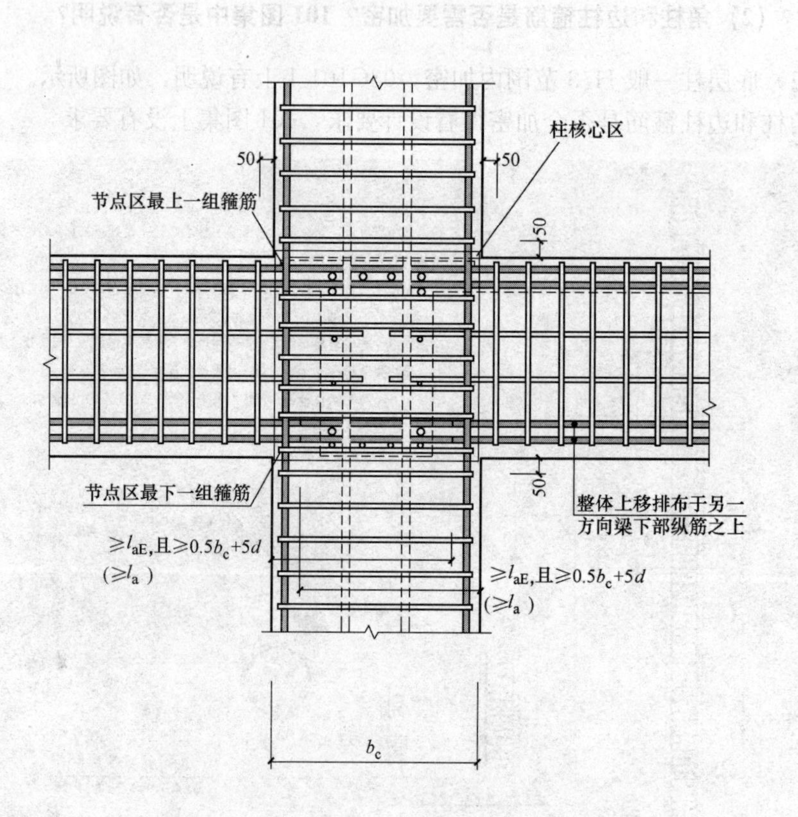

58. 问：框架柱角筋有两根怎么设置?

答： 可以先将钢筋按边布满，然后删除多余的即可。

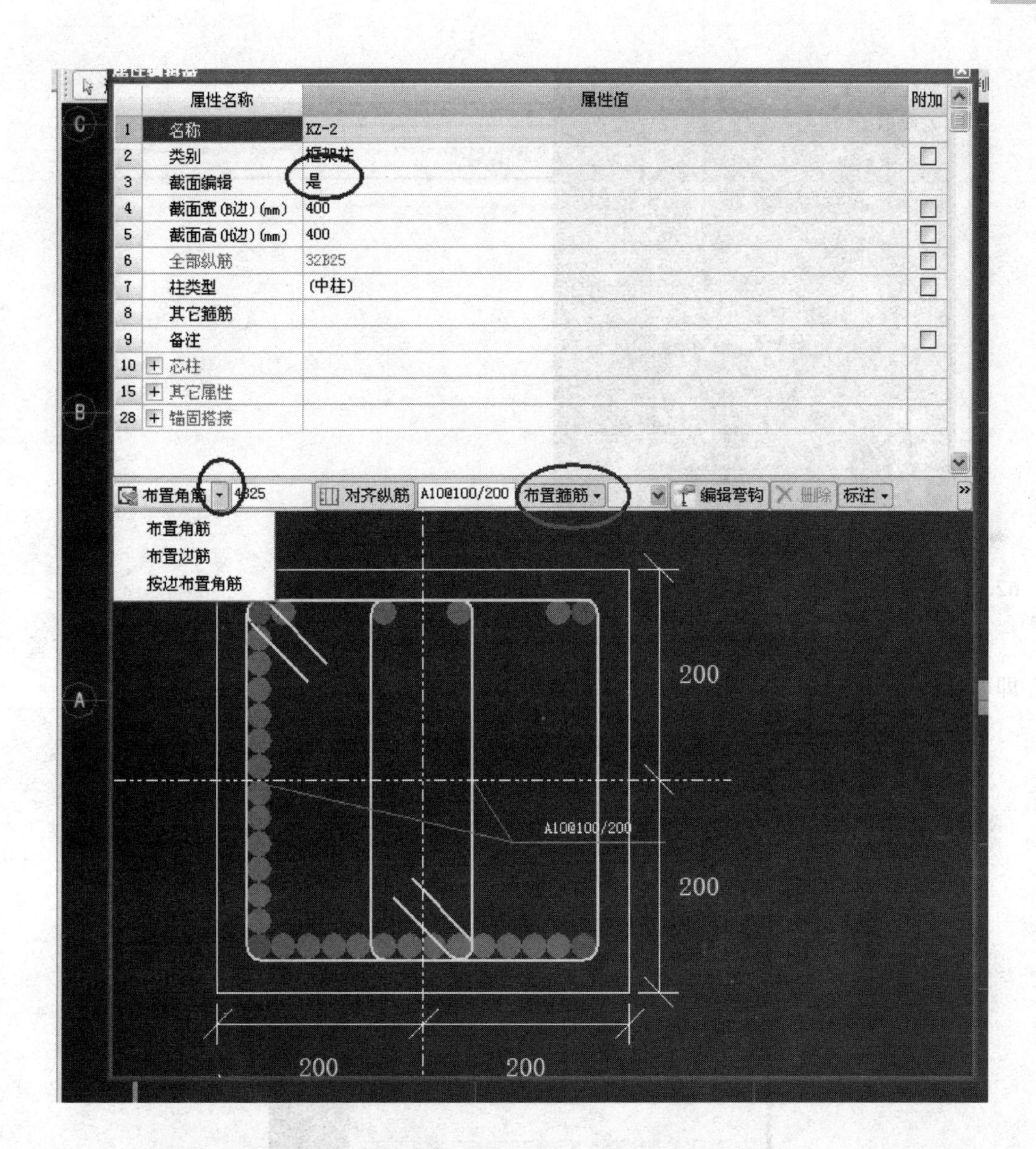

59. 问：一栋楼两个单元，标高分别为 2.4、6.9；3、6.9，建楼层时怎么设标高？计算柱钢筋时怎么调整标高？

答：按高的计算标高，调整低的楼层的构件，定义构件时计算即可。

60. 问：需要定义一个五边形异形柱，其中垂直边左边分别为 358mm、349mm，右边为 500mm，该如何定义？

答：定义异形柱，定义适合的网格，画出断面，输入钢筋信息即可。

61. 问：约束边缘暗柱如何定义？

答：定义异形柱编辑钢筋即可。详见截图。

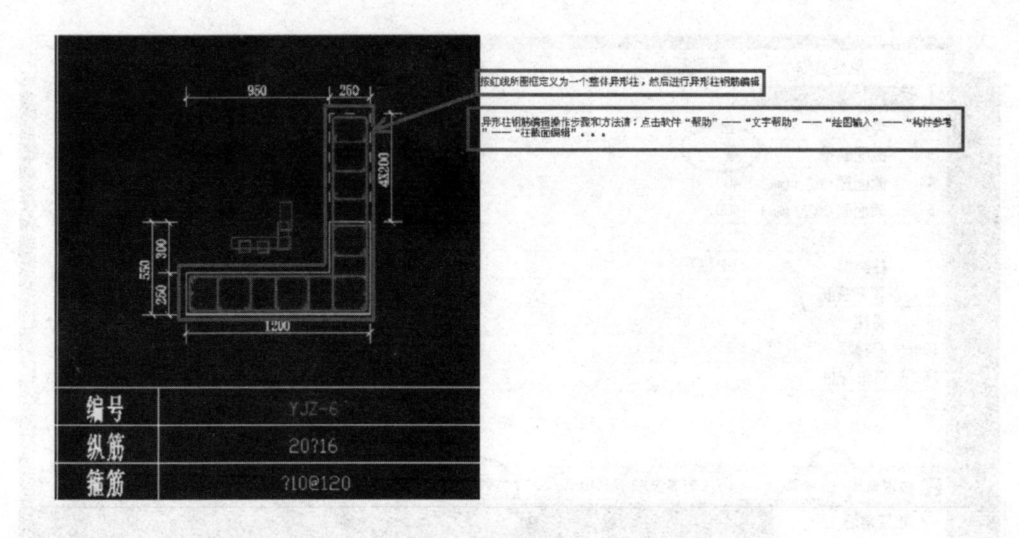

62. 问：柱子的钢筋怎么定义？

答：定义的多边形异形柱，在属性下可以用“布置纵筋”和“对齐纵筋”进行布置即可。

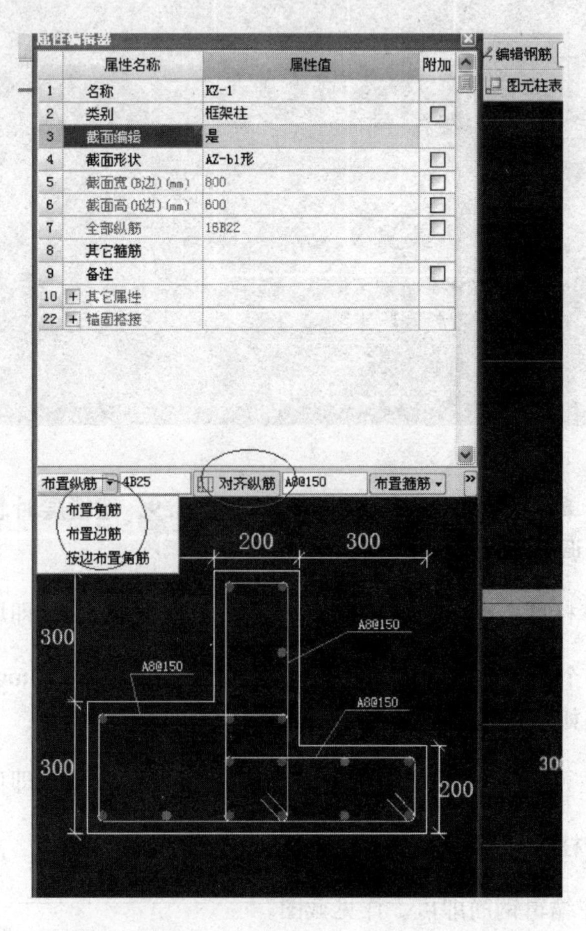

63. 问：框架-剪力墙结构中柱子怎么快速识别？

答：识别柱大样—提取柱边线—提取柱标识—提取钢筋线—自动识别柱大样即可。

64. 问：同一层中同一个柱不同位置为何钢筋量不同？

答：钢筋量是与上下楼层直接的关联构件有关的。

65. 问：柱箍筋上下加密区长度，为什么在软件三维图里面是上短下长呢？在定义时需要在属性里输入箍筋的上加密区范围或下加密区范围的长度吗？

答：图中的柱是基础顶面向上的柱，规范里基础顶面柱下部加密区长度为 1/3 柱净高，因此下部加密的箍筋要多一些。

柱属性里的上下加密范围一般情况下是不需要输入的，除非设计的柱加密区长度和规范不一样时才需要在上下加密范围内输入高度值。

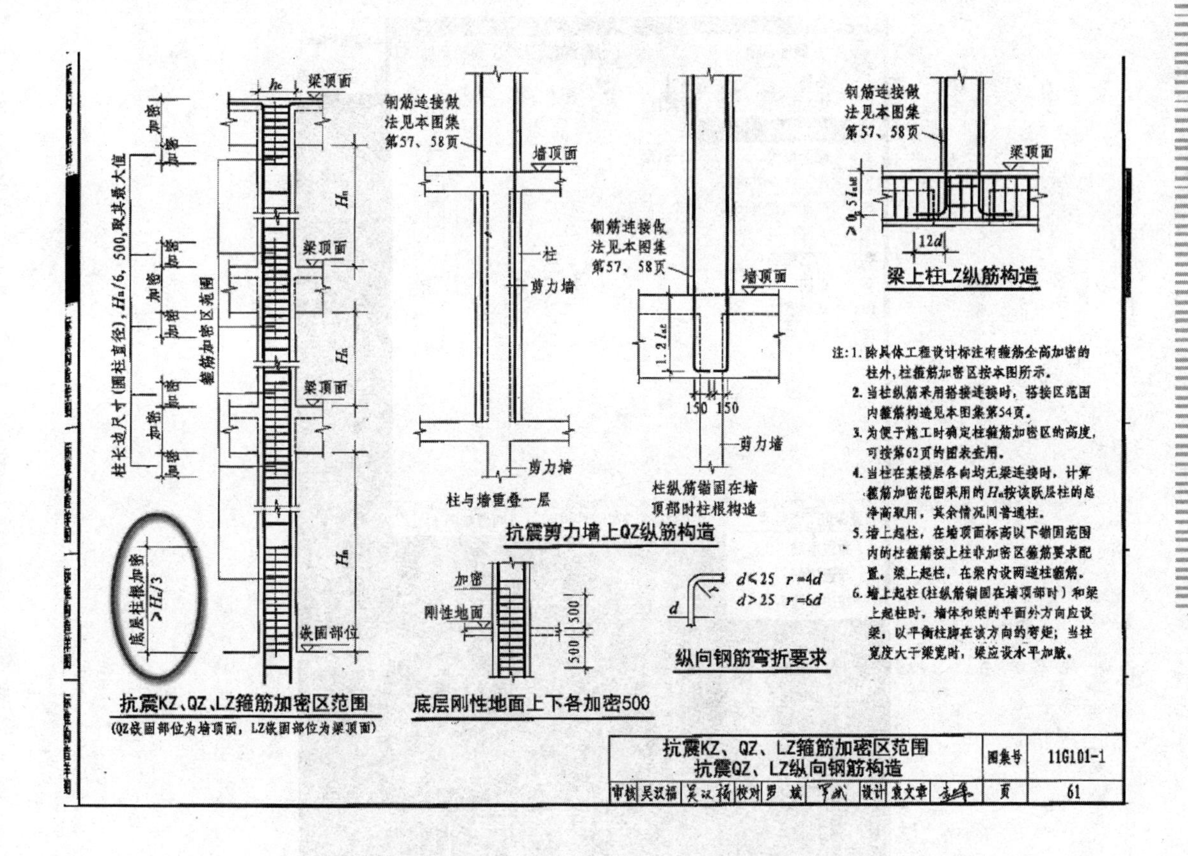

66. 问：广联达钢筋算量无法画斜柱，要怎样计算其钢筋量呢？

答：在上部没有柱时，将柱的顶标高作一下适当的调高。或者在汇总计算后，在编辑钢筋中调整纵筋长度和箍筋数量。

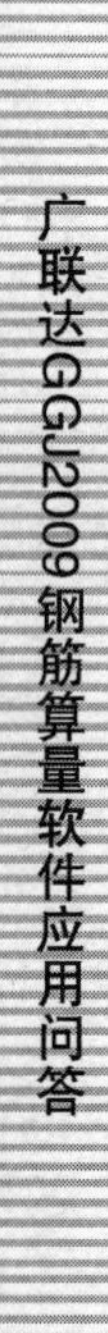

67. 问：框柱定义完后，柱箍筋默认与图纸设计不一致，该怎么调整？

答：如果是箍筋肢数不同，可以直接修改肢数，如：4＊4 改为 3＊4。如果不能调整肢数则需要进行柱编辑，手动布置箍筋。

5	截面高(H边)(mm)	400	☐
6	全部纵筋		☐
7	角筋	4B22	☐
8	B边一侧中部筋	3B20	☐
9	H边一侧中部筋	3B20	☐
10	箍筋	A10@100/200	☐
11	肢数	4*4	
12	柱类型	(中柱)	☐
13	其它箍筋		
14	备注		☐

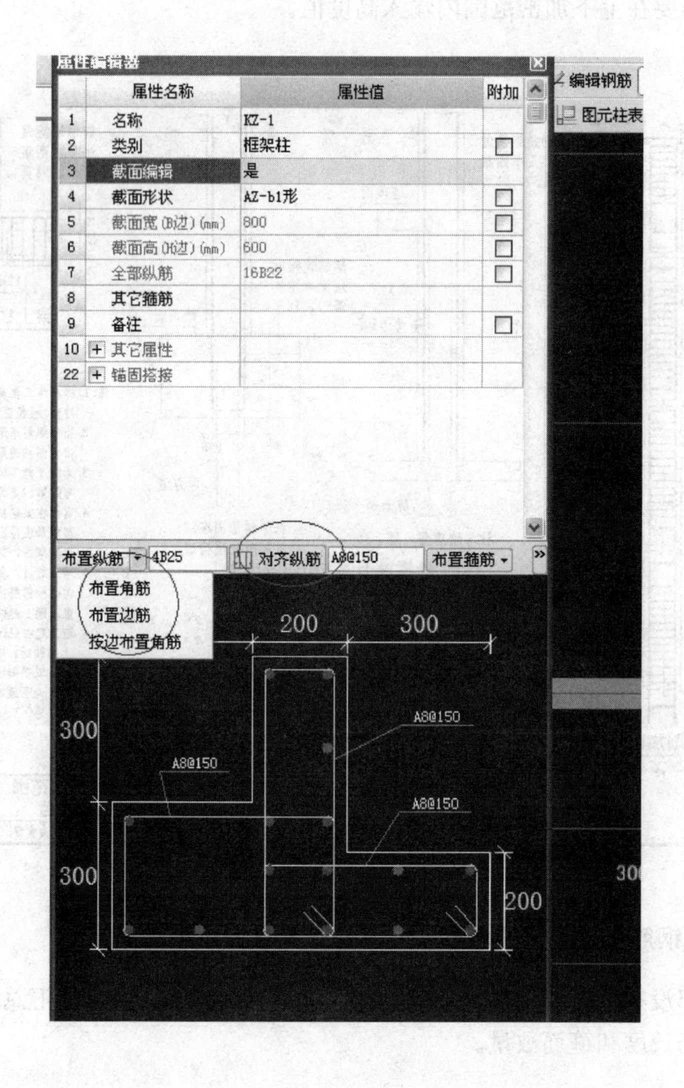

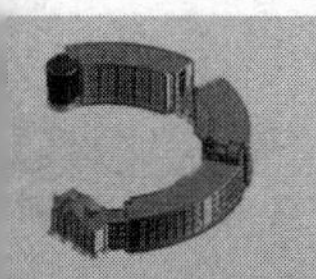

68. 问：柱核心区箍筋怎样定义？

答：柱核心区箍筋就是节点区箍筋，节点区就是梁与柱相交的部位梁高范围内。柱核心区箍筋在柱属性的其他属性里的节点区箍筋一栏输入即可。

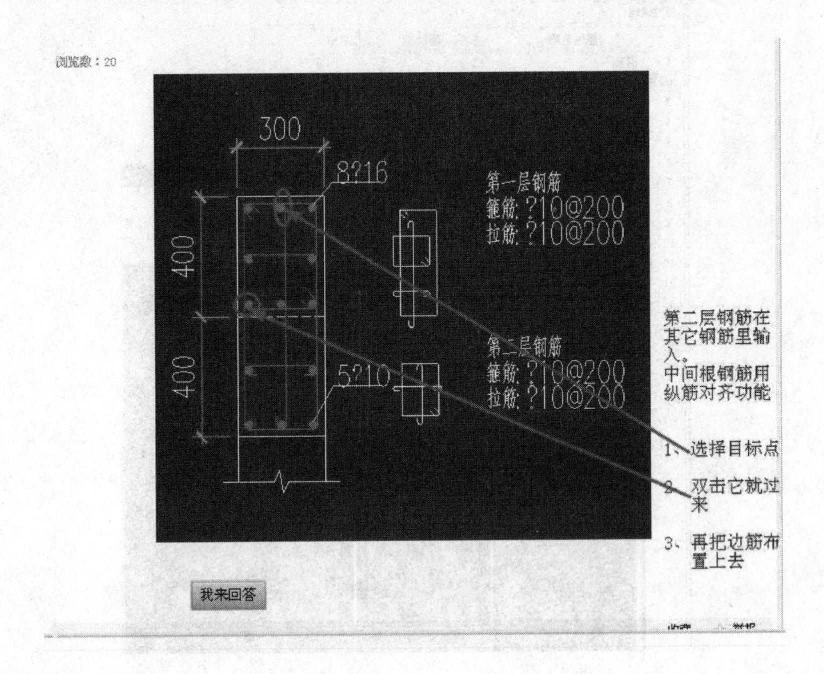

69. 问：钢筋算量软件中柱二排钢筋怎样布置？

答：钢筋算量软件中柱二排钢筋布置利用纵筋对齐功能来完成。

70. 问：对齐纵筋的功能是什么？

答：当柱子的中间有纵筋时，用布置角筋和布置边筋的功能都不能实现的情况下，则采用对齐纵筋的功能来实现，如下图所示

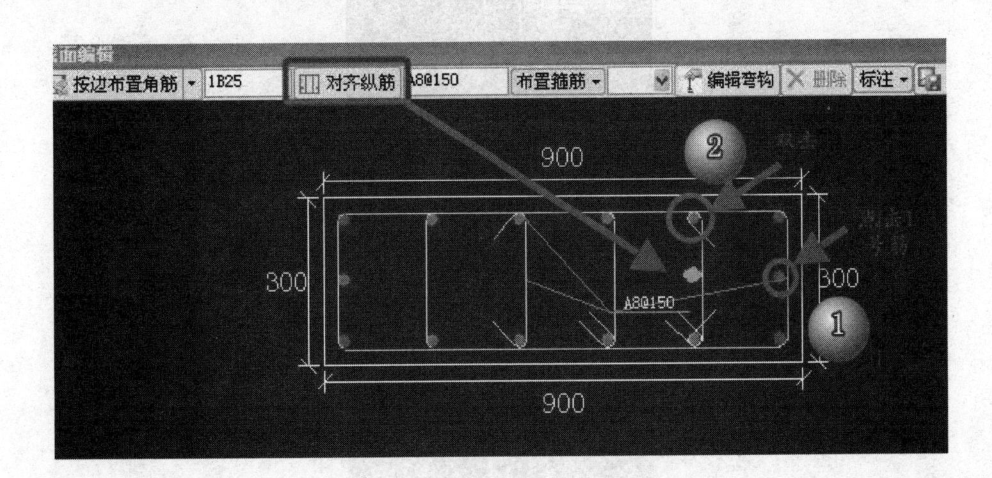

第3章 柱

71. 问：异形端柱的钢筋怎么输入？

答：可以编辑柱截面，自定义输入钢筋信息。

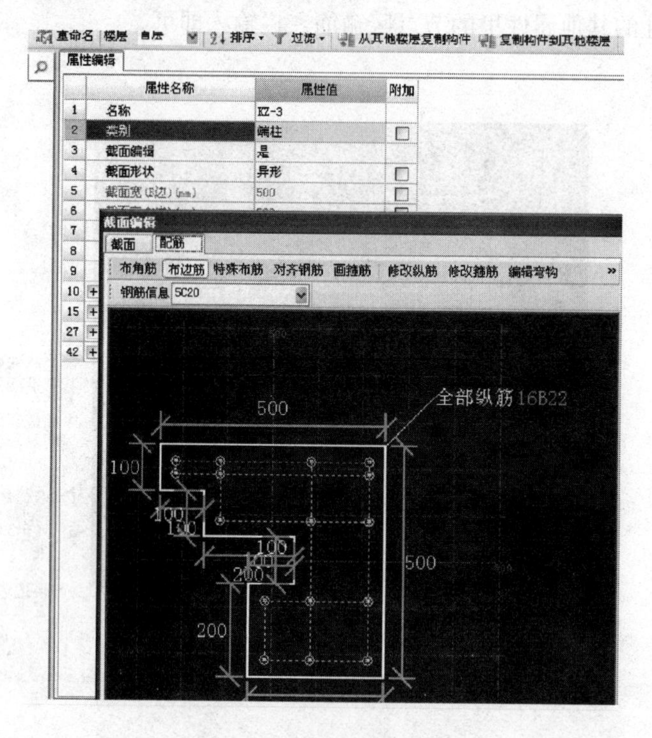

72. 问：柱纵筋的露出长度是什么意思？是指柱纵筋的哪一段？如何计算？

答：柱纵筋的露出长度如下图所示。柱纵筋的露出长度不需要计算，在计算设置里可以设置，设置好后每层的露出长度软件会根据柱的截面尺寸和层高自动计算。

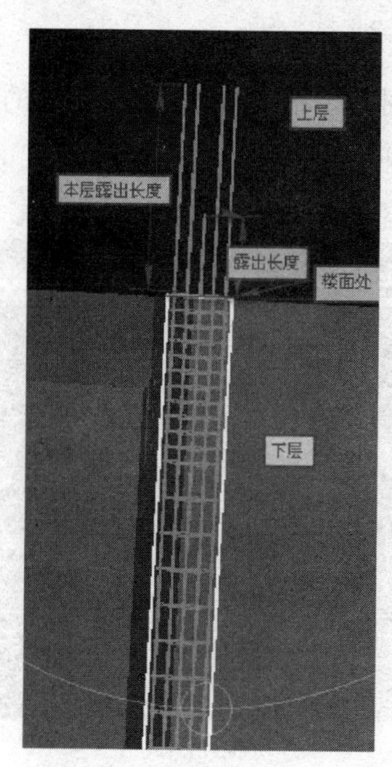

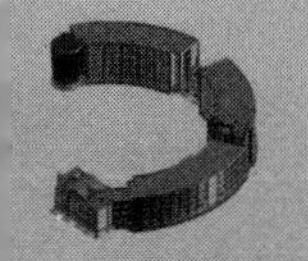

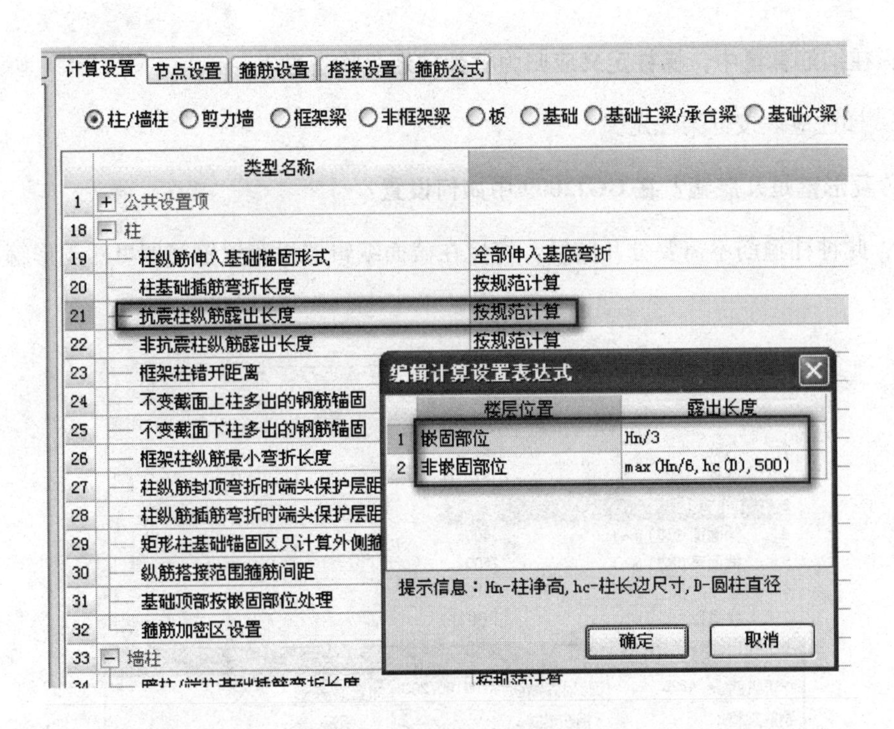

73. 问：定义好柱子纵筋后怎么继续定义箍筋？

答：定义柱时，在属性中的截面编辑下拉选择“是”，即可以布置箍筋。

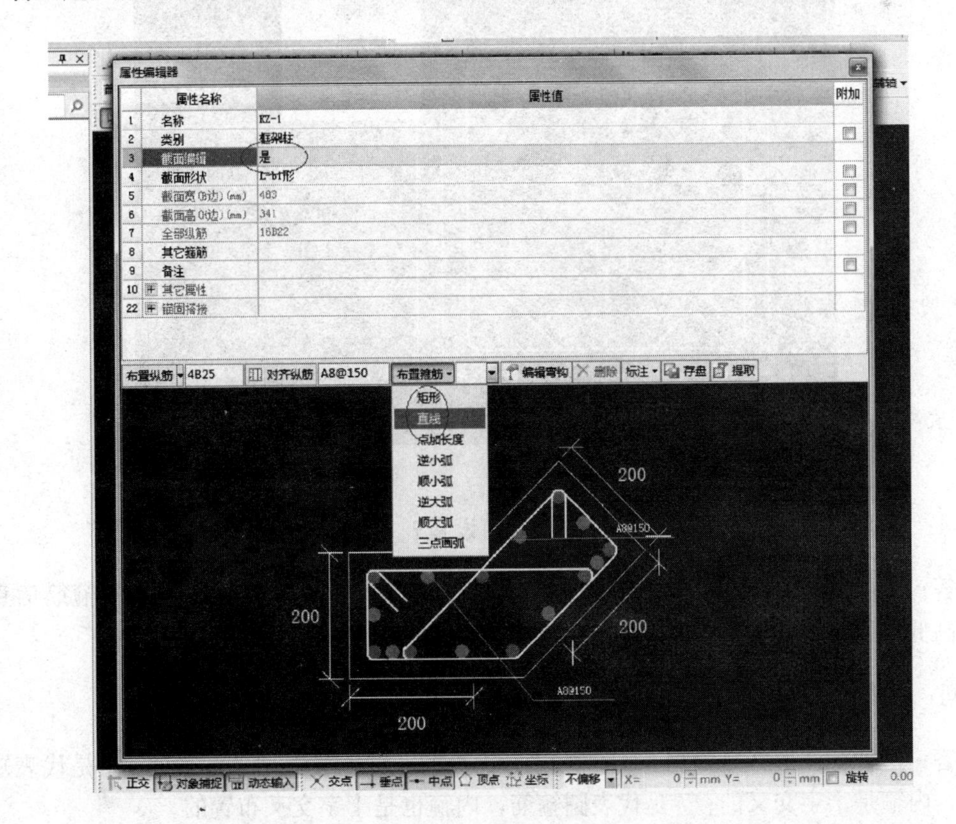

74. 问：在钢筋算量中，梯柱定义应归为框架柱还是构造柱？

答：梯柱应该按框架柱定义。

75. 问：菱形箍是几肢箍？在 GGJ2009 中如何设置？

答：此种柱箍筋不需要分几肢箍，直接在截面编辑器里布置箍筋即可。菱形箍用直线布置。

属性编辑

	属性名称	属性值	附加
1	名称	KZ-2	
2	类别	框架柱	☐
3	截面编辑	是	
4	截面宽(B边)(mm)	400	☐
5	截面高(H边)(mm)	400	☐
6	全部纵筋	4B22+8B20	☐
7	柱类型	(中柱)	☐

截面编辑

布置纵筋 4B25 对齐纵筋 A10@100/200 布置箍筋

钢筋规格： 钢筋形式：

矩形
直线
点加长度
逆小弧
顺小弧
逆大弧
顺大弧
三点画弧

A10@100/200
200 200 200 200

76. 问：地下室室内外高低跨柱箍筋加密如何设置？

答：一般有高低跨的柱都是全高加密的，如果不是全高加密，则按柱的箍筋信息输入，高低跨处增加的箍筋在其他箍筋里补加上即可。

77. 问：柱表箍筋类型号前面的数字是什么含义？

答：这种标注形式是根据 11G101-1 第 11 页的 7 种箍筋类型来编号的。1 是代表矩形箍筋，内箍是十字交叉的；7 是代表圆箍筋，内箍也是十字交叉布置的。

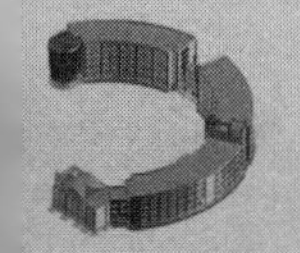

柱表

柱号	标高	bxh (圆柱直径D)	b1	b2	h1	h2	全部纵筋	角筋	b侧一边中部筋	h侧一边中部筋	箍筋类型号	箍筋	备注
KZ1	-0.100~15.500	600X600	300	300	300	300		4Φ22	4Φ20	4Φ20	1(4x4)	Φ10@100/200	
KZ2	-0.100~7.700	850					8Φ25				7(4x4)	Φ10@100/200	
KZ3	7.700~15.500	600X600	300	300	300	300		4Φ22	4Φ20	4Φ20	1(4x4)	Φ8@100/200	
KZ4	-0.100~3.800	500					8Φ20				7(4x4)	Φ8@100/200	
KZ5	-0.100~3.800	500					8Φ22				7(4x4)	Φ8@100/200	
KZ6	-0.100~19.500	600X600	300	300	300	300		4Φ22	4Φ20	4Φ20	1(4x4)	Φ10@100/200	
KZ7	-0.100~18.500	600X600	300	300	300	300		4Φ22	4Φ20	4Φ20	1(4x4)	Φ10@100/200	

这1和7的数字有什么含义呢?

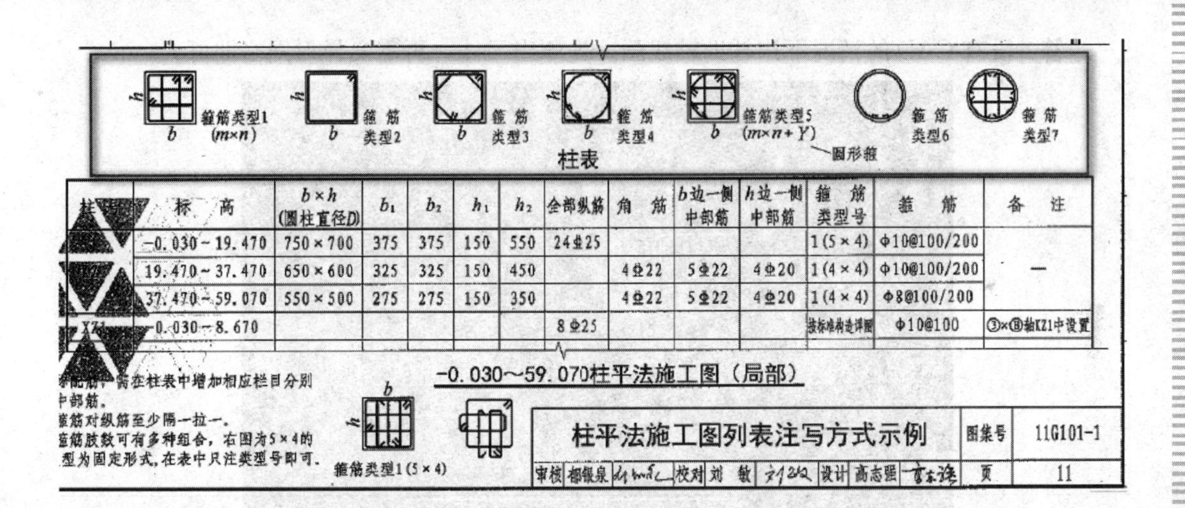

柱号	标高	b×h (圆柱直径D)	b_1	b_2	h_1	h_2	全部纵筋	角筋	b边一侧中部筋	h边一侧中部筋	箍筋类型号	箍筋	备注
[illegible]	-0.030~19.470	750×700	375	375	150	550	24Φ25				1(5×4)	Φ10@100/200	
[illegible]	19.470~37.470	650×600	325	325	150	450		4Φ22	5Φ22	4Φ20	1(4×4)	Φ10@100/200	—
[illegible]	37.470~59.070	550×500	275	275	150	350		4Φ22	5Φ22	4Φ20	1(4×4)	Φ8@100/200	
XZ1	-0.030~8.670						8Φ25				按标准构造详图	Φ10@100	③×Ⓑ轴KZ1中设置

-0.030~59.070柱平法施工图（局部）

78. 问：构造柱在主体结构中预埋的钢筋如何设置?

答：在计算设置中修改即可，搭接长度可以在属性中修改。

类型名称	设置值
构造柱箍筋弯勾角度	135°
构造柱第一个箍筋距楼板面的距离	50
构造柱纵筋搭接接头错开百分率	50%
是否属于砖混结构	否
构造柱遇圈梁时箍筋是否加密	否
构造柱遇非圈梁是否贯通	是
圆形箍筋的搭接长度	max(lae, 300)
螺旋箍筋是否连续通过	是
构造柱箍筋根数计算方式	向上取整+1
填充墙构造柱做法	上下部均预留钢筋
使用预埋件时构造柱端部纵筋弯折长度	10*d
植筋锚固深度	10*d

79. 问：构造柱筋伸入墙内的钢筋如何设置?

答：需要根据不同的墙柱节点进行选用，下图示意一字形、T形预埋做法的输入。

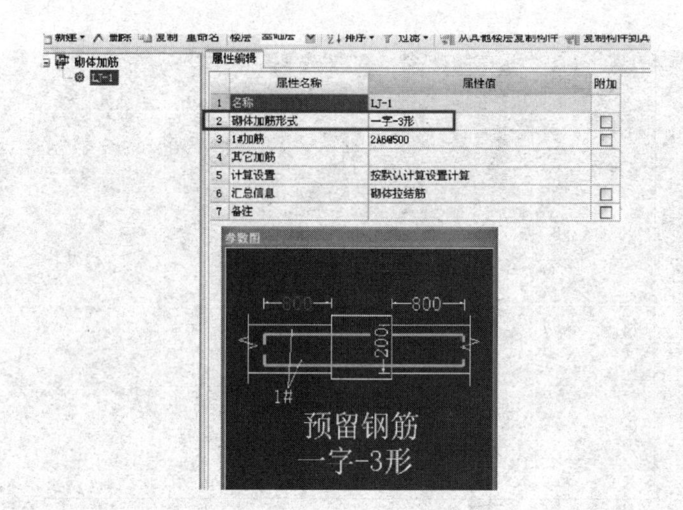

80. 问：异形柱具体定义方法是什么？

答：没有CAD的情况下用辅助轴线画，先测出尺寸，再定义异形网格即可。

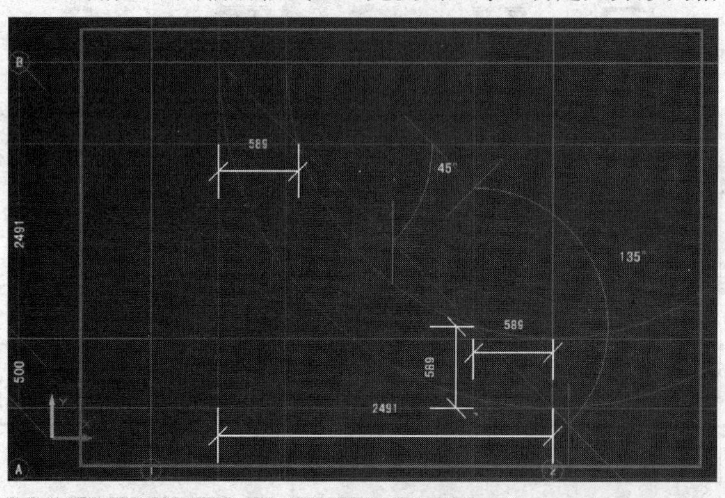

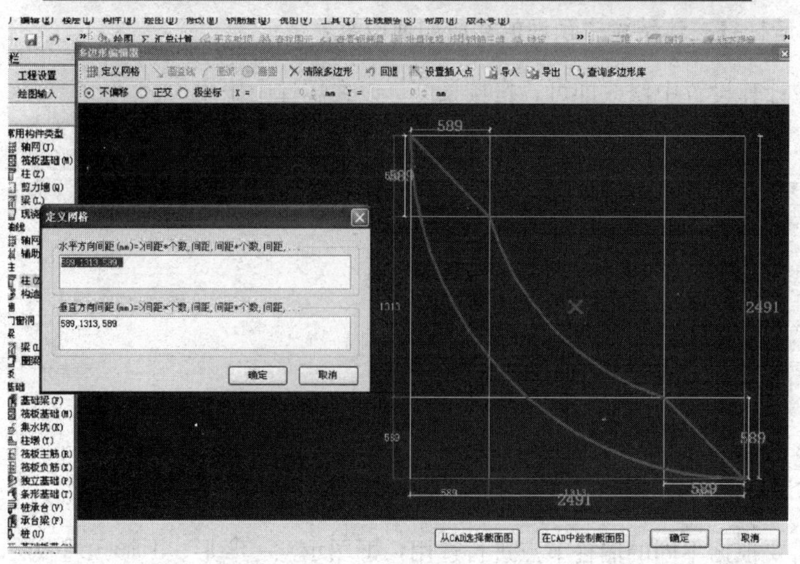

81. 问：柱子的标高该如何修改？

答：点击要改的柱图元，然后点击属性，在属性对话框里调整柱的标高即可。

82. 问：定义柱子的箍筋加密时，基础柱头部分是有加密的，但完成首层柱子之后，地下层的柱子箍筋加密就不见了，且其他层的柱子加密都无法显示是怎么回事？

答：基础范围内的箍筋以及在基础内设置的数量，软件是按图集规格计算的，它不识别加密区与否，可以直接在工程设置中输入它的数量。

83. 问：柱的斜向纵筋该怎样定义？

答：柱内斜向纵筋在属性中不能输入，只能在其他钢筋中按图纸要求编辑。

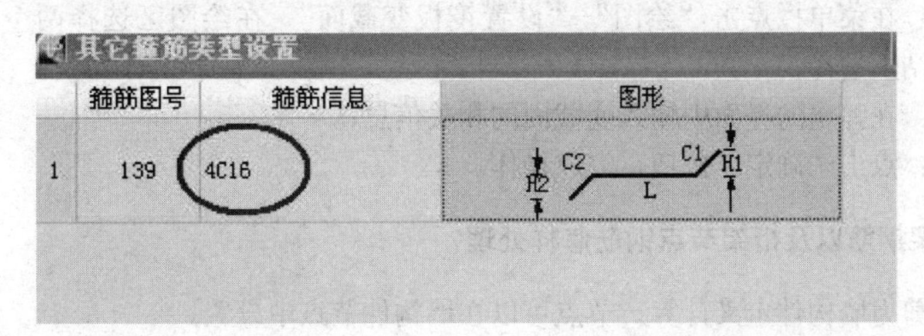

84. 问：柱子搭接怎样计算数量？

答：在搭接设置里把柱子的连接形式设置为绑扎搭接，在绘图界面把柱子布置好后汇总计算，软件会自动按绑扎搭接计算的。

85. 问：异形柱的芯柱箍筋该怎么定义？

答：定义方法如下图所示。

86. 问：带柱的那种四棱台的钢筋怎样计算？

答：可以用四棱锥台形独立基础带柱定义，短柱的钢筋在其他钢筋里输入，需要手动计算钢筋量。也可以用四棱锥台形独立基础定义，加上柱构件定义，不需要手动计算钢筋量。

87. 问：集水坑的钢筋处理方法是什么？

答：筏板基础，在钢筋中可以用两个集水坑来代替，或者直接用筏板基础，然后用筏板变截面。

当遇到以下情况时用筏板变截面：

(1) 筏板因厚度不同，导致变截面处钢筋需要特殊处理。

(2) 筏板因标高不同，导致变截面处钢筋需要特殊处理。

第一步：在菜单栏点击“绘图”—“设置筏板变截面”，在绘图区选择两个筏板图元，点击右键，结束选择；

第二步：在弹出的界面中输入变截面的相关信息；

第三步：点击“确定”按钮，完成操作。

88. 问：桁架钢筋以及桁架节点钢筋怎样处理？

答：用剪力墙构件定义计算。节点可以在墙构件节点中设置。

89. 问：如何区分柱的插筋与搭接？

答：如下图所示，上层露出长度不包括绑扎部分，二层钢筋长度如图中左侧粗线所示。

正常柱子钢筋很少用绑扎，如果是绑扎则需要另外计算数量。

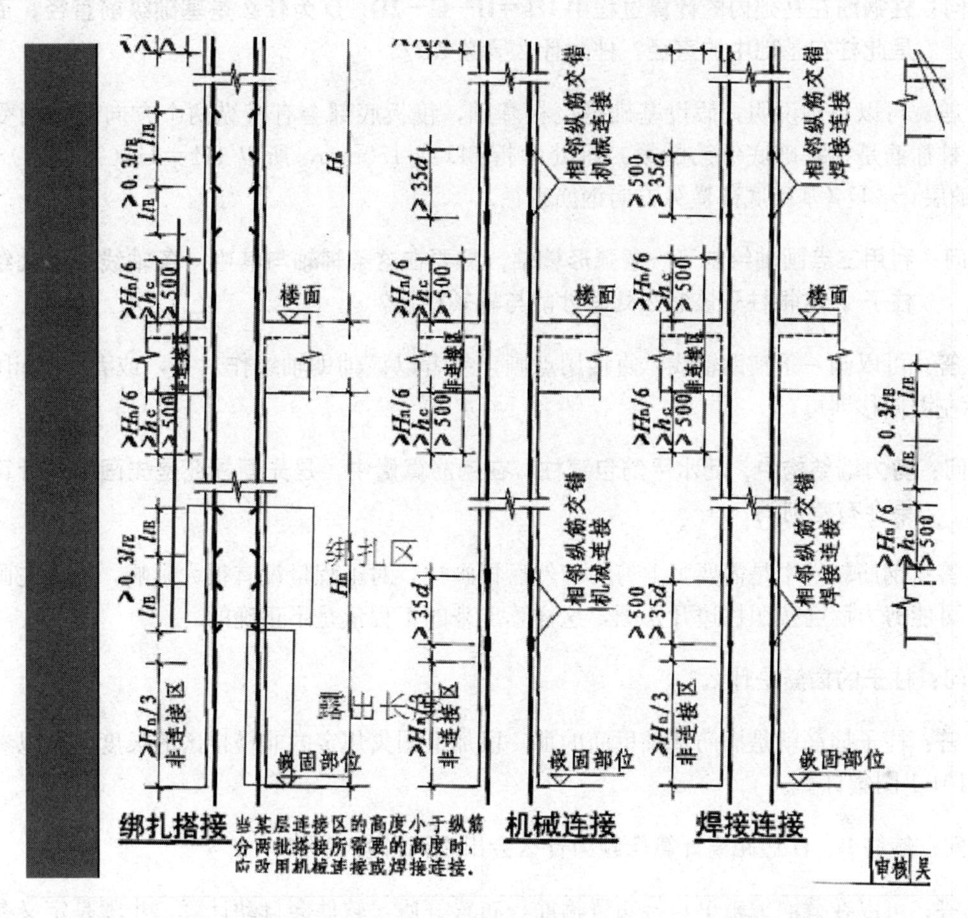

90. 问：选中女儿墙构造柱属性修改为纵筋锚固，为什么计算结果还是出现构造柱预留筋？

答：在计算设置里把“是否属于砖混结构”一项选择为“是”，然后再汇总计算，构造柱的插筋就没有了。

计算设置 | 节点设置 | 箍筋设置 | 搭接设置 | 箍筋公式

○柱/墙柱 ○剪力墙 ○框架梁 ○非框架梁 ○板 ○基础 ○基础主梁/承台梁 ○基础次梁 ◉砌体结构 ○其它

	类型名称	
1	⊟ 构造柱	
2	构造柱纵筋露出长度	按规范计算
3	基础锚固区内的构造柱箍筋数量	2
4	构造柱箍筋加密长度	按设定计算
5	构造柱箍筋弯勾角度	135°
6	构造柱第一个箍筋距楼板面的距离	50
7	拉筋弯钩形式设置	按规范计算
8	构造柱纵筋搭接接头错开百分率	50%
9	是否属于砖混结构	是
10	构造柱遇圈梁时箍筋是否加密	否
11	构造柱遇非圈梁是否贯通	是
12	圆形箍筋的搭接长度	max(lae,300)
13	螺旋箍筋是否连续通过	是
14	构造柱箍筋根数计算方式	向上取整+1
15	填充墙构造柱做法	下部预留钢筋，上部预留埋件
16	使用预埋件时构造柱端部纵筋弯折长度	10*d
17	植筋锚固深度	10*d

91. 问：柱钢筋在基础内的计算过程中 H1＝H－C－2D，D 为什么是基础纵筋直径，而不是此柱在基础中的直径？柱为什么要减 2D？

答：可以举例说明，假设基础是筏板基础，筏板底部会有横纵两个方向的贯通受力筋，柱插筋是在基础底钢筋的第二排处弯折 6D 或 150mm，所以 H1＝H（筏板厚）－C（保护层）－2D（基础底部横纵方向钢筋直径）。

92. 问：利用三点画轴绘制了一条弧形辅轴，需要在这条辅轴与其中一条轴线交点处绘制柱子，这根柱子该怎么处理才能与辅轴相切？

答：可以画一条辅助轴线，直接用点画，或者以该辅助轴线作对齐，或者用 Shift 加鼠标左键偏移即可。

93. 问：剪力墙结构中，墙水平筋包着柱，在钢筋算量中，是先画柱还是先画墙，计算结果会有差别吗？

答：钢筋软件中是需要画上剪力墙然后再画柱，对工程量没有很大影响，但是先画暗柱，可能剪力墙会按照柱边开始画，这样算出来的工程量是不正确的。

94. 问：柱子的插筋是什么？

答：柱子插筋就是插筋基础里面的那一段加上图集规定的非搭接区的长度。可以参考 11G101-1 图集计算。

95. 问：箍筋 B、H 边距离计算问题为什么会出现两种答案呢？

答：可以在截面编辑里直接布置箍筋，布置好后，软件会自动计算。步骤是定义参数化暗柱，选择 L-a 型，正确输入 a、b、c、d 的数值，然后把属性里截面编辑选择是，便可以在截面编辑里用矩形来布置箍筋，用直线布置拉筋。具体操作如下图所示。

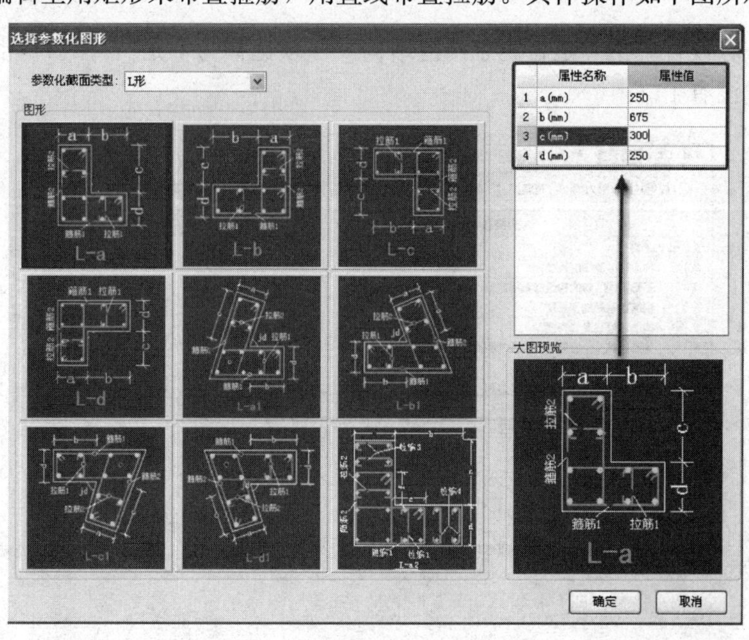

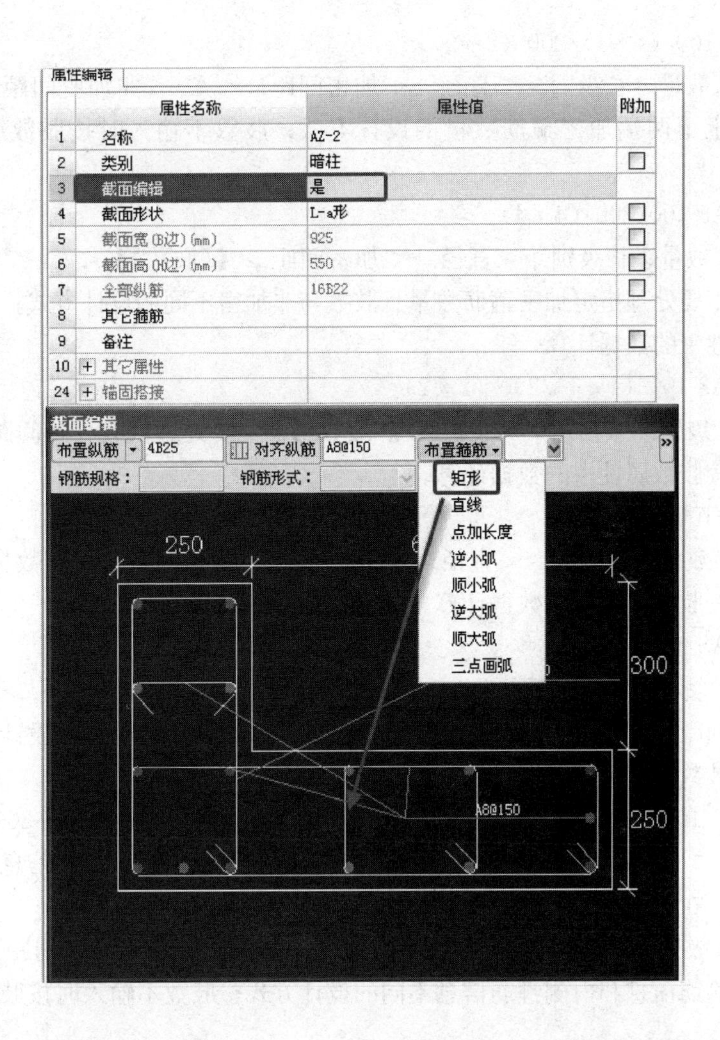

96. 问：某工程柱子箍筋设计要求 C10、C12 间隔使用，相互间距为 100mm，在钢筋软件中怎样设置？

答：柱子箍筋目前没有隔 1 布 1 的功能，支持的方式如下，在钢筋帮助里有矩形柱(圆柱)。

注：箍筋以“＋”为分隔符；当加密和非加密的肢数不同时，“＋”的前后不能同时出现箍筋的肢数信息；箍筋信息中含有两个箍筋肢数时，表示加密和非加密的箍筋肢数，出现一个且在箍筋信息的最后时，表示加密和非加密的箍筋肢数相同。例如：A10@100/A8@200＋A8@100（4＊4）/A6@200（2＊2）。

格式 1：<级别><直径><间距>【(肢数)】；加密和非加密不同时，用“/”隔开；相同时则输入一个间距即可；肢数不输入时按肢数属性中的数据计算。

例如：A8-100/200（4＊4）。

格式 2：<级别><直径><加密间距>【(肢数)】</><非加密间距><(肢数)>；主要处理加密箍筋肢数与非加密箍筋肢数不同的设计方式 ；加密肢数不输入时按肢数属性中的数据计算。

例如：A8-100（4＊4）/200（2＊2）。

格式3：＜数量＞＜级别＞＜直径＞＜加密间距＞＜/＞＜非加密间距＞【(肢数)】；主要处理指定上下两端加密箍筋数量的设计方式；肢数不输入时按肢数属性中的数据计算。

例如：13A8-100/200（4＊4）。

格式4：＜数量＞＜级别＞＜直径＞＜加密间距＞【(肢数)】＜/＞＜非加密间距＞＜(肢数)＞；主要处理指定加密箍筋数量且肢数与非加密不同的设计方式；加密肢数不输入时按肢数属性中的数据计算。

例如：13A8-100（4＊4）/200（2＊2）。

格式5：＜级别＞＜直径＞＜间距＞【(肢数)】；主要处理只有一种间距的设计方式；肢数不输入时按肢数属性中的数据计算。

例如：A8-100（4＊4）。

格式6：＜数量＞＜级别＞＜直径＞【(肢数)】；主要处理指定箍筋数量的设计方式；肢数不输入时按肢数属性中的数据计算。

例如：40A8（4＊4）。

格式7：【＜数量＞】＜级别＞＜直径＞＜加密间距＞【(肢数)】＜/＞＜级别＞＜直径＞＜非加密间距＞＜(肢数)＞；主要处理加密区与非加密不同信息的设计方式。加密肢数不输入时按肢数属性中的数据计算。

例如：A10-100（4＊4）/A8-200（2＊2）或10A10-100（4＊4）/A8-200（2＊2），该输入格式表示："/"前的为加密区箍筋信息，"/"后表示非加密区箍筋信息；当内外侧箍筋信息不同时，在"/"的前后信息可以使用"＋"连接。

格式8：＜级别＞＜直径＞＜间距＞＜＋＞＜级别＞＜直径＞＜间距＞【(肢数)】；主要处理外侧箍筋信息和内侧箍筋信息不同的设计方式；肢数不输入时按肢数属性中的数据计算。

例如：A10-100＋A8-200（4＊4），该输入格式表示："＋"前为组合箍筋时外箍筋信息，"＋"后的为组合箍筋时内箍筋信息。

97. 问：柱钢筋纵向搭接长度软件中为什么是58d？例如C30混凝土，HRB400钢筋、LabE是40d，11J101－1图集第70页绑扎搭接长度为1.2LaE，计算出来是1.2＊1.15＊40d＝55.2d，为什么广联达是按58d计算？

答：软件中都是向上取整的。

假设柱子钢筋所处的环境描述为：

混凝土强度等级：C30，钢筋种类：HRB335，抗震等级：一级抗震，基础保护层：40mm，柱子保护层：30mm，柱子直径是25mm的，那么锚固长度如何求？搭接长度如何？

（1）新规范中增加了基本锚固Lab、LabE（设计用的，预算用不到）

（2）La＝ζa（修正系数）＊Lab

（3）LaE＝ζaE（抗震锚固长度修正系数）＊La

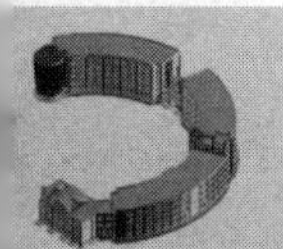

当公称直径小于等于25时，受拉钢筋锚固长度不用修正，是1，不是所有钢筋都要修正的。

Lab＝29d，La＝29d

LaE＝1.15＊La＝34d

LlE＝1.4＊LaE＝48d

从图集中查到混凝土强度等级：C30，钢筋种类：HRB335的Lab＝29d。

然后计算La，La＝ζa（修正系数）＊Lab，也就是1＊29d＝29d。

LaE＝ζaE（抗震锚固长度修正系数）＊La＝1.15（二级抗震等级）＊29d＝33.35d，也就是34d。

Ll＝ζl＊La＝1.4（如果搭接接头是50％）＊29d＝40.6d，也就是41d。

LlE＝ζl＊LaE＝1.4＊34d＝47.6d，也就是48d。

98. 问：柱的类型分中柱、边柱和角柱，边柱分b边柱和h边柱，该如何区别？

答：在大角处的是角柱，不在角处的是边柱。x轴是b边柱，y轴是h边柱。中心处的是中柱。

99. 问：自动识别后有部分柱子没有识别成角柱或者没有改变颜色，该怎样局部修改？

答：可以直接在柱属性编辑器里把柱类型一栏输入边角柱即可。

100. 问：屋顶层的角柱和边柱怎么按照图集中角柱和边柱的钢筋构造进行修改？

答：不是顶层的边角柱不需要修改，在中间楼层边角柱的锚固和中柱一样。如果中间层柱子需要封顶，就在柱纵筋信息前面加上＊号，表示在本层锚固

7、角筋：

输入格式：数量<级别>直径+数量<级别>直径……。

例如：4B25+2B22，表示纵筋由4根直径为25的二级钢和2根直径为22的二级钢组成。

*2B25+2B25，表示当前层2根25的钢筋在本层锚固，其余2根25的表示不锚固连续伸入上层。

#3B25+1B25，表示当前柱3根25的钢筋按外侧钢筋锚固计算，另外1根25表示按内侧钢筋锚固计算。

101. 问：显示暗柱识别成功，但柱构件中没有是怎么回事？

答：出现这种问题有两种情况：识别柱表时，软件识别成了框架柱。或者只是识别了暗柱构件，没有识别暗柱大样图。

102. 问：箍筋信息怎么输入才完整？比如：图纸中有4道箍筋，可是在软件里只有两个或者三个箍筋信息属性值供填写。

答：不好输入的箍筋可以在其他箍筋里编辑，或者直接采用截面编辑。在截面编辑里布置了纵筋和箍筋，属性编辑器里就不需要再输入了。

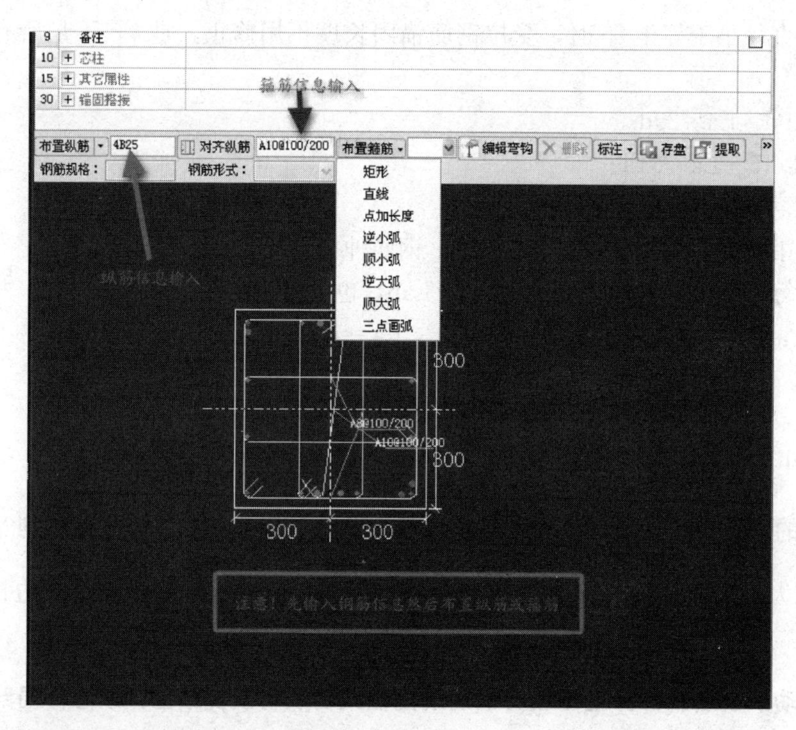

103. 问：钢筋汇总中构造柱预留筋是怎么回事？

答：构造柱预留筋是框架结构的砌体墙设置构造柱需要预先留出的构造柱钢筋，如果工程是砖混结构不需要构造柱预留筋，那就在计算设置里把“是否属于砖混结构”选择为“是”，这样计算的结果就没有构造柱预留筋了。

104. 问：如何在软件里把构造柱的竖筋设置成生根于梁底？

答：在计算设置里的节点设置里设置即可。

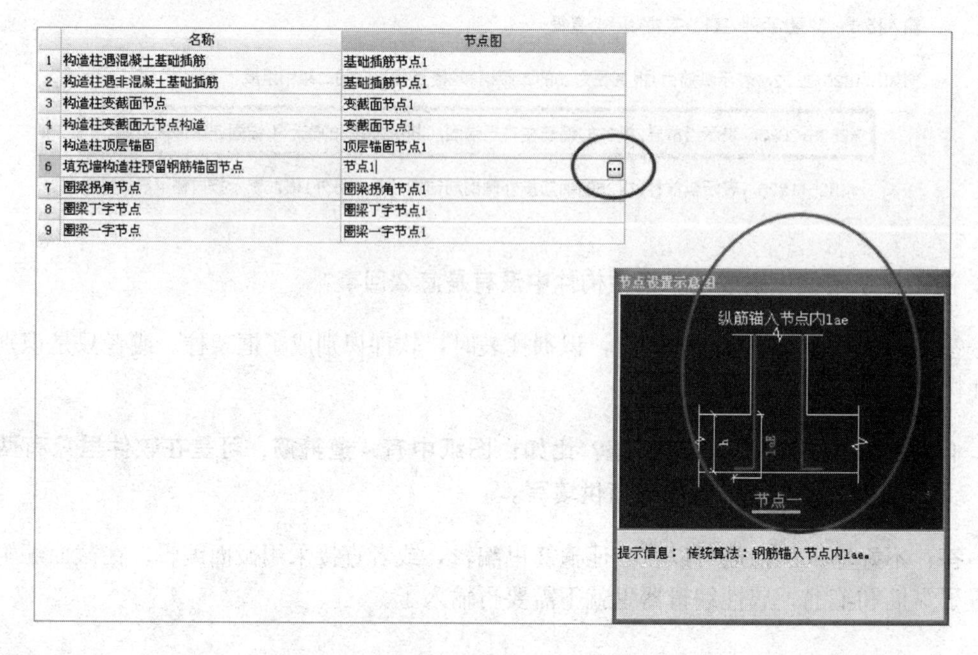

105. 问：GGJ2009 中框架柱属性中关于纵筋锚固与设置插筋如何区分？

答：纵筋锚固指柱子层间变截面或钢筋发生变化时的柱纵筋设计构造。当为设置插筋时，软件根据相应设置自动计算插筋，当选择为纵筋锚固时，则上层柱子纵筋伸入下层，不再单独设置插筋。工程在基础层不另算基础插筋，只是需要将上层竖向构件的纵筋伸到基础底部弯折，这时我们在基础层无需画此构件，可以在上层将构件属性设为“纵筋锚固”，底标高信息为基础顶标高，这时该构件就会按照上层纵筋伸到基础底部加弯折计算了。

106. 问：在 GGJ2009 中如何定义特殊异形端柱？

答：新建异形柱－定义网格－直线和画弧（三点画弧）即可。

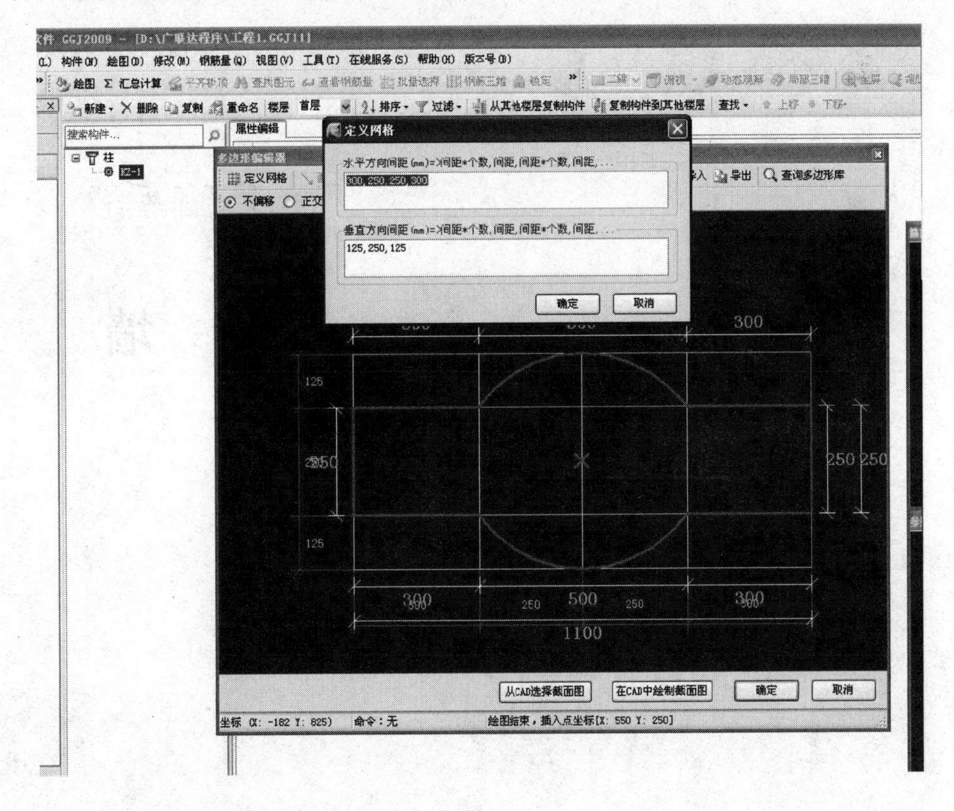

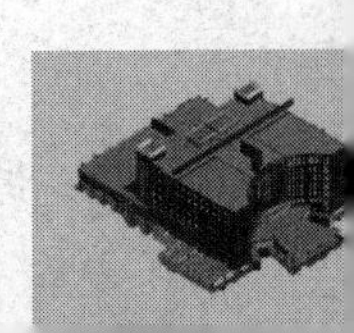

第4章

墙

1. 问：为了施工便利，会在剪力墙上预留施工洞，施工基本完毕后用砌块再填充上这部分洞，在软件中如何处理？

答：在软件中建立类别为“填充墙”的砌体墙，调整标高直接绘制到剪力墙上，软件会自动在剪力墙上形成结构洞，然后可以绘制连梁和门窗，如图所示。

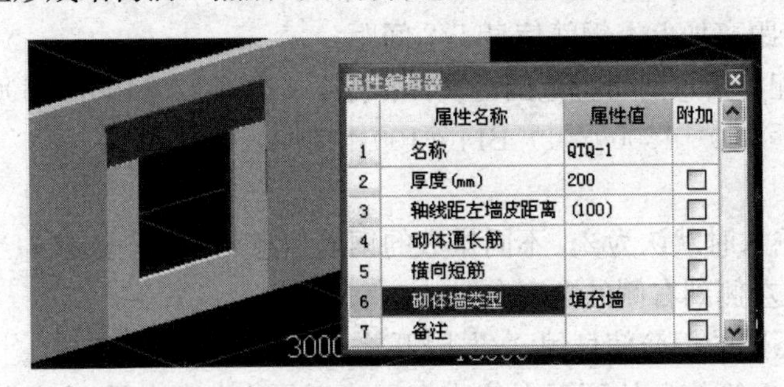

2. 问：剪力墙内外侧保护层不一样时是怎么定义的？定义的原则是什么？

答：定义方式为用斜杠表示，如15/20。定义原则为：

（1）沿墙的绘制方向，左侧为斜杠前的保护层值，右侧为斜杠后的值。

（2）当墙端头没有与别的墙相交时，则水平筋长度扣减保护层自身右侧保护层厚度鉴于上面两个原则。

3. 问：砌体墙定义起点和终点顶标高的时候需要减去上边梁的高度吗？

答：不需要，用软件默认的墙体高度为层底标高至层顶标高即可。软件遇到其他混凝土构件是进行优先级扣减的。

4. 问：剪力墙的水平钢筋与连梁的钢筋存在扣减吗？

答：剪力墙的水平钢筋与连梁的侧面钢筋存在扣减。

5. 问：砌体拉结筋在哪里设置和计算？

答：砌体拉结筋就是砌体加筋，可以通过自动生成砌体拉筋功能来快速布置。

6. 问：人防里面临空墙和门框墙有什么区别？

答：临空墙是接受人防等效的一面临空（不和土接触）的墙。墙上有人防门框的墙叫门框墙。两种墙作用不同，受到的荷载也不一样，配筋也不同。

7. 问：剪力墙特殊钢筋的画法都有哪些？

答：•剪力墙

•水平钢筋

格式1：【(排数)】〈级别〉〈直径〉〈间距〉【［布置范围］】

① 常规格式：(2) B12@100；

② 左右侧不同配筋形式：(1) B14@100+(1) B12@100；

③ 每排钢筋中有多种钢筋信息但配筋间距相同：(1) B12/(1) B14@100+(1) B12/B10@100；计算时按插空放置的方式排列，第二种钢筋信息距边的距离为起步距离加上1/2间距；

④ 每排钢筋中有多种钢筋信息且各种配筋间距不同：(1) B12@200/(1) B14@100+(1) B12@100/B10@200；计算时第一种钢筋信息距边一个起步距离，第二种钢筋信息距边的距离为起步距离加上本钢筋信息1/2间距；

⑤ 每排各种配筋信息的布置范围由设计指定：(1) B12@100 [1500]/(1) B14@100 [1300]+(1) B12@100 [1500]/(1) B14@100 [1300]。

说明：

① 排数没有输入时默认为2；不同排数的钢筋信息用“+”连接；当用“+”连接时则表示水平钢筋从左侧到右侧的顺序布置；

② 同排存在不同的钢筋信息用“/”隔开；此时当间距后面带“[]”，且括号内必须输入数值，则表示钢筋信息从下至上依次布置，括号内的数值表示该水平筋布置的范围高度；

③ 加号之间输入了不同的排数时，取第一个钢筋信息的排数信息。

• 垂直钢筋

格式1：【*】【(排数)】〈级别〉〈直径〉〈间距〉

① 常规格式：(2) B12@100；或*(1) B12@200+(1) B14@200；输入“*”时表示该排垂直筋在本层锚固计算，未输入“*”时表示该排纵筋连续伸入上层；

② 左右侧不同配筋形式：(1) B14@100+(1) B12@100；

③ 每排钢筋中有多种钢筋信息但配筋间距相同：(1) B12/(1) B14@100+(1) B12/B10@100；计算时按插空放置的方式排列，第二种钢筋信息距边的距离为起步距离加上1/2间距；

④ 每排钢筋中有多种钢筋信息且各种配筋间距不同：(1) B12@200/(1) B14@100+(1) B12@100/B10@200；计算时第一种钢筋信息距边一个起步距离，第二种钢筋信息距边的距离为起步距离加上本钢筋信息1/2间距。

说明：

排数没有输入时默认为2；不同排数的钢筋信息用“+”连接；当用“+”连接时则表示垂直钢筋从左侧到右侧的顺序布置。

• 拉筋

格式1：〈级别〉〈直径〉〈水平间距〉〈*〉〈竖向间距〉

例如：A6-600*600

格式2：〈数量〉〈级别〉〈直径〉

例如：500A6

• 压墙筋

格式1：〈数量〉〈级别〉〈直径〉

例如：2B25

• 其他钢筋

• 水平加强筋

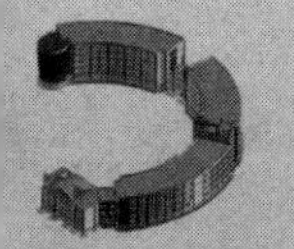

格式 1：〈数量〉〈级别〉〈直径〉

例如：28B14

格式 2：【排数】〈级别〉〈直径〉〈间距〉；数量同水平钢筋的计算。

例如：4B12@200

• 垂直加强筋

格式 1：〈数量〉〈级别〉〈直径〉

例如：28B14

格式 2：【排数】〈级别〉〈直径〉〈间距〉；数量同垂直钢筋的计算。

例如：4B12@200

• 砌体墙

• 砌体通长筋

格式 1：〈排数〉〈级别〉〈直径〉〈@〉〈间距〉

例如：2A6@500

格式 2：〈数量〉〈级别〉〈直径〉

例如：12A6

• 横向短筋

格式 1：〈级别〉〈直径〉〈间距〉

例如：A8@200

格式 2：〈数量〉〈级别〉〈直径〉

例如：48A8

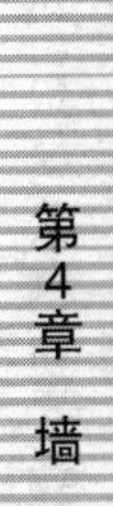

8. 问：什么是砖砌抗震墙？

答：为了达到抗震作用，在砖墙中增加拉结筋或钢丝网的墙称为砖砌抗震墙。

9. 问：带倒角的剪力墙在图形算量和钢筋算量软件中怎么绘制？

答：可以利用圆弧画法来绘制墙的圆角。

10. 问：剪力墙里的水平钢筋信息不一样或者垂直分布钢筋不一样时该如何定义？

答：在“属性定义”里定义。在水平分布钢筋或者垂直分布钢筋中输入（1）B12@200+（1）B10@200，括号中的1代表根数。

11. 问：钢筋软件中剪力墙结构里拉筋是梅花形状该怎样定义？

答：在工程设置里的“节点设置”里选择“剪力墙设置”，把“墙身拉筋布置构造”改成梅花形状。如果单一的墙可以在“剪力墙属性”里的“其他属性”里“节点设置”修改。

12. 问：LaF是指什么长度？

答：LaF在07FG人防图集中是指纵向受拉钢筋最小锚固长度。

13. 问：砌体拉结筋在软件的哪里设置和计算？

答：（1）在 GGJ－墙－砌体加筋，即可新建。

（2）第一在“砌块墙”内可以设置砌体加筋，是指像剪力墙水平钢筋一样的砌体通长筋。

第二在“砌块墙”下面还有单独的“砌体加筋”，是指在砌体墙的拐角处的加强筋，并不通长。

第三在构造柱内也有砌体加筋，问题中所指应该是构造柱，图元属性中的砌体加筋选项，也是指砌体墙的拐角处的加强筋，并不通长。

14. 问：剪力墙节点是怎样定义的？

答：顶和底部的弯折长度在计算节点里进行设置，底部及顶部 4C22 通长钢筋在压墙筋里输入。

按上述的节点设置，可计算出从钢筋到对边的长度再加上 300mm，把节点里的绿色字 a 改为实际长度即可。

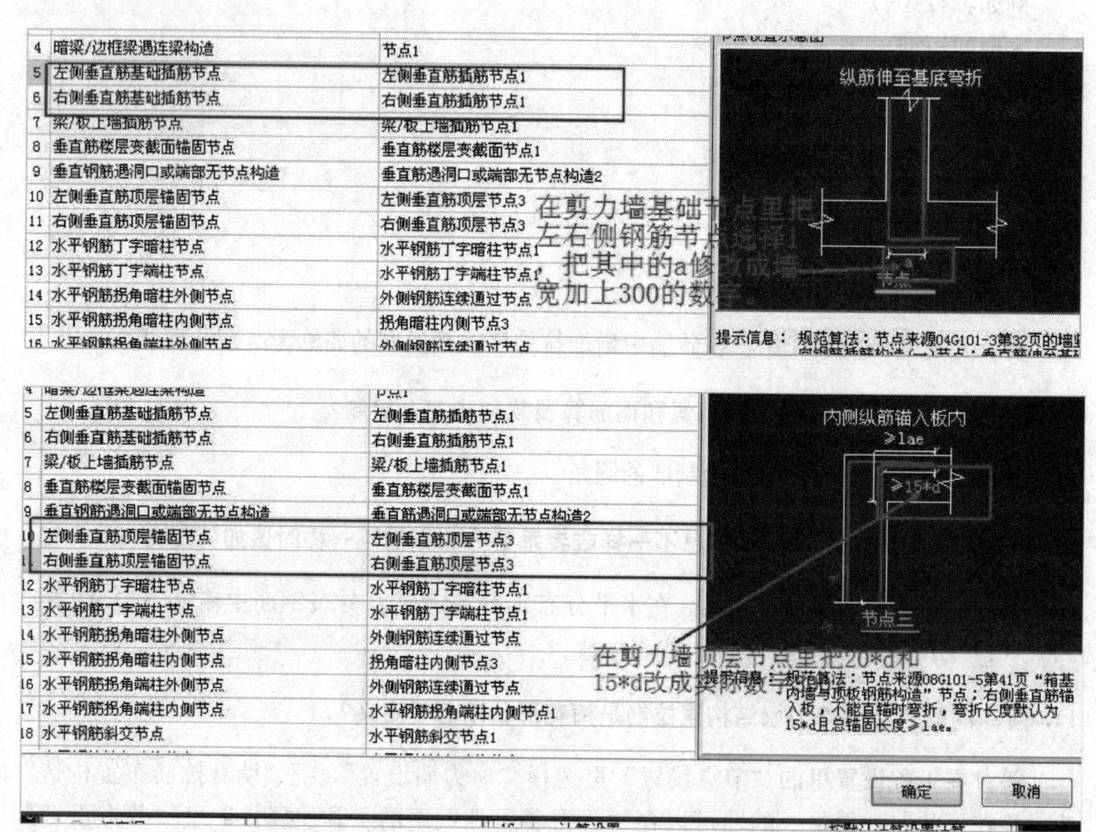

15. 问：剪力墙的拉筋在什么情况下可以不计算？

答：当剪力墙的水平筋和垂直筋为一排的时候拉筋是不计算的，因为拉筋是拉内外侧水平（垂直）筋用的，当只设置一侧钢筋时就不会计算了。

16. 问：剪力墙暗柱采用电渣压力焊时接头怎样设置？

答：剪力墙暗柱采用电渣压力焊接头可以在工程设置—计算设置—接头设置中进行设置。钢筋连接方式应有单项设计注明。

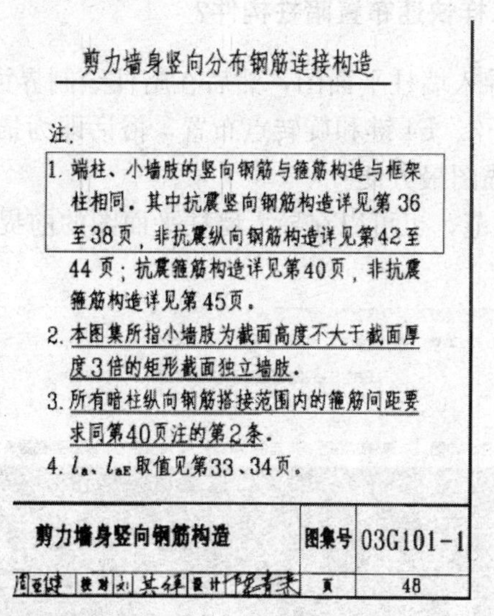

剪力墙身竖向分布钢筋连接构造

注：

1. 端柱、小墙肢的竖向钢筋与箍筋构造与框架柱相同。其中抗震竖向钢筋构造详见第36至38页，非抗震纵向钢筋构造详见第42至44页；抗震箍筋构造详见第40页，非抗震箍筋构造详见第45页。
2. 本图集所指小墙肢为截面高度不大于截面厚度3倍的矩形截面独立墙肢。
3. 所有暗柱纵向钢筋搭接范围内的箍筋间距要求同第40页注的第2条。
4. l_a、l_{aE}取值见第33、34页。

剪力墙身竖向钢筋构造	图集号	03G101-1
审核 校对 设计	页	48

17. 问：软件中悬挑梁该如何绘制？

答：截面尺寸在原位标注中间输入，悬挑钢筋根据钢筋悬挑样式输入。截图表示悬挑钢筋型号+2b25+2b25，因为图集要求2根角筋不能弯折。

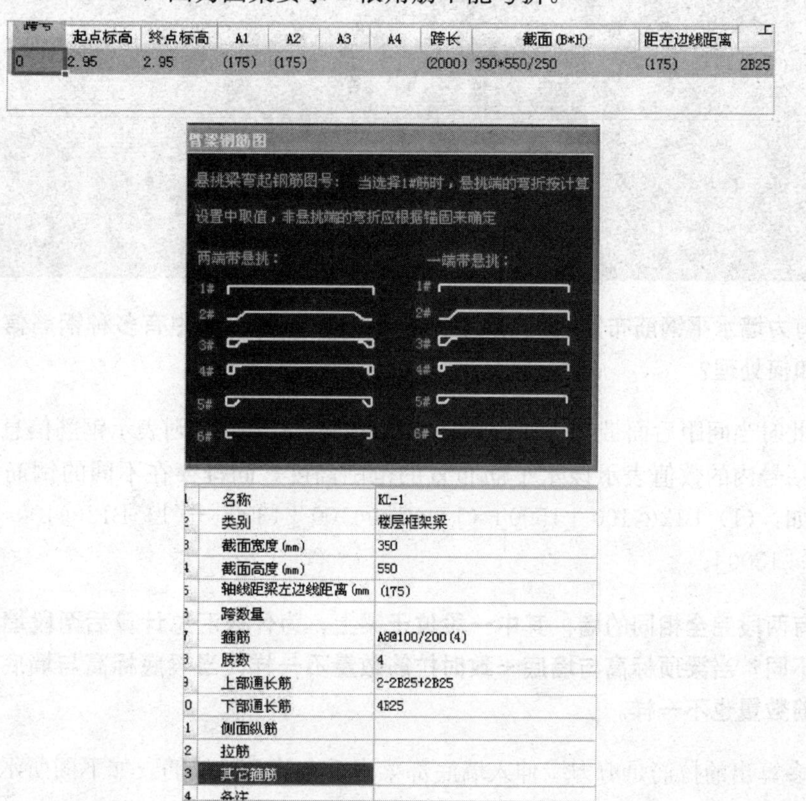

跨号	起点标高	终点标高	A1	A2	A3	A4	跨长	截面(B*H)	距左边线距离	上
0	2.95	2.95	(175)	(175)			(2000)	350*550/250	(175)	2B25

	属性名称	属性值
1	名称	KL-1
2	类别	楼层框架梁
3	截面宽度(mm)	350
4	截面高度(mm)	550
5	轴线距梁左边线距离(mm)	(175)
6	跨数量	
7	箍筋	A8@100/200(4)
8	肢数	4
9	上部通长筋	2-2B25+2B25
10	下部通长筋	4B25
11	侧面纵筋	
12	拉筋	
13	其它箍筋	
14	备注	

18. 问：阳台上的混凝土墙怎样定义？

答：可以用栏板定义。

19. 问：构件建立好后，怎样快速布置暗柱构件？

答：构件建立好之后导入墙柱平面图，然后在暗柱绘制界面按 CAD 图根据图纸上暗柱位置放即可。可以利用 F3、F4 键和旋转点布置，俗话即为描图。就像导入建筑平面图描剪力墙和砌体墙一样，描图最方便。

如果 CAD 图纸比较规范，也可以在导入墙柱平面图的前提下识别柱，不用绘制直接建立柱图元。

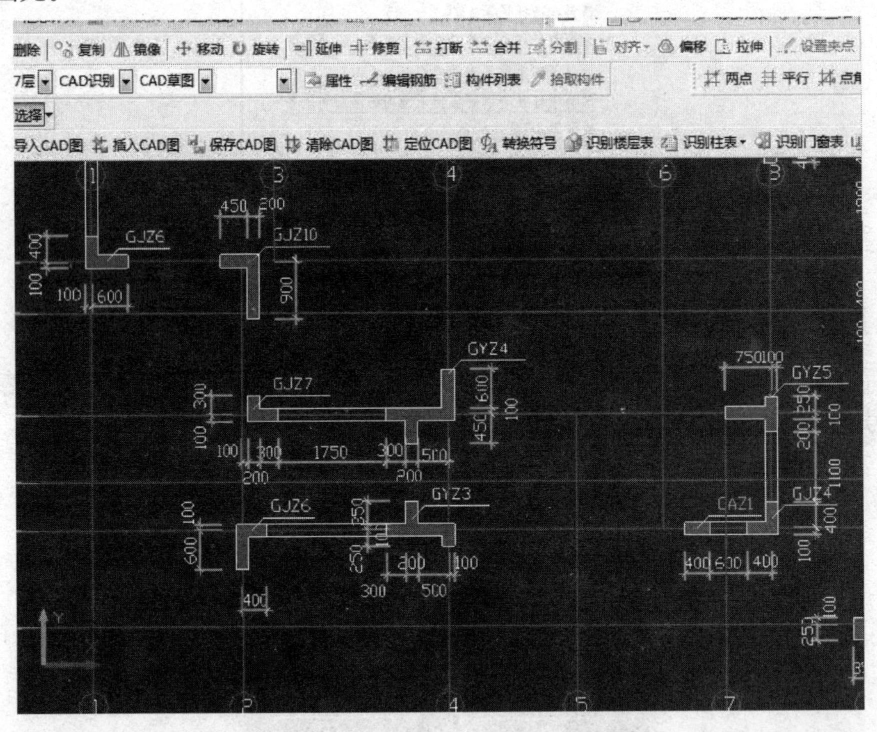

广联达GGJ2009钢筋算量软件应用问答

20. 问：剪力墙水平钢筋布置的范围给定了尺寸，且每排钢筋中有多种钢筋信息，软件该如何处理？

答：此时当间距后面带“[]”，且括号内必须输入数值，则表示钢筋信息从下至上依次布置，括号内的数值表示该水平筋布置的范围高度，同排存在不同的钢筋信息用“/”隔开。例如：(1) B12@100 [1500]/(1) B14@100 [1300]+(1) B12@100 [1500]/(1) B14@100 [1300]。

21. 问：有两段完全相同的墙，其中一段位于梁上，为什么汇总计算后两段墙的拉筋数量不同？当梁顶标高与墙底一致时拉筋数量不一样，当梁底标高与墙底相同时，拉筋数量也不一样。

答：多算出的拉筋是剪力墙伸入墙底部梁中垂直筋上的拉筋。如下图所示。

当梁底标高调到与墙体一致时，梁在墙下，软件会认为是墙伸入基础，这个数据是与工程设置—计算设置—剪力墙的第 22 项的墙在基础锚固区内水平分部钢筋排数相关联的，水平分部钢筋排数决定拉筋在基础内的根数，即（墙长/间距）+1 再乘以排数 2 所得到的数据。

例如：墙拉筋计算式 Ceil（7500000/(400 * 400))+1+0 *(Ceil（3000/400)+1)，以上是修改了计算设置中第 22 项拉筋排数为 0 后计算的结果。可以修改第 22 项的数值做简单实例计算查看计算式即可。

墙拉筋计算式为（墙身面积/拉筋间距 * 拉筋间距向上取整+1) * 2，这是梅花形拉筋，双向布置时不乘 2，(Ceil（3000/400)+1）意思就是墙伸入基础中拉筋个数，如果梁顶标高改为墙顶标高则计算式中不会出现这个式子。

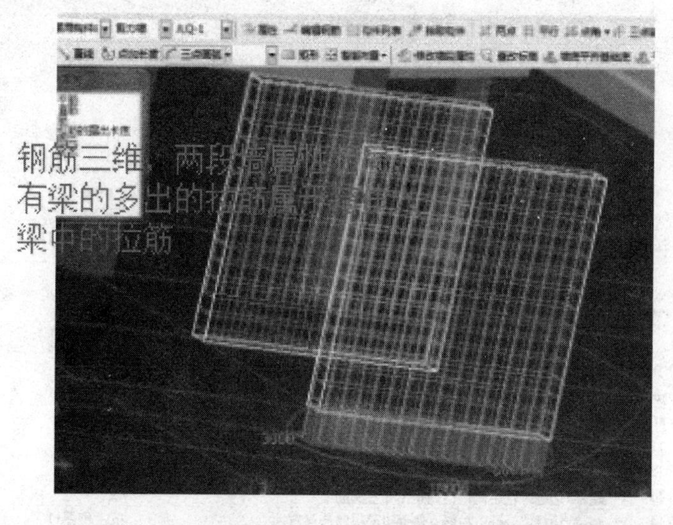

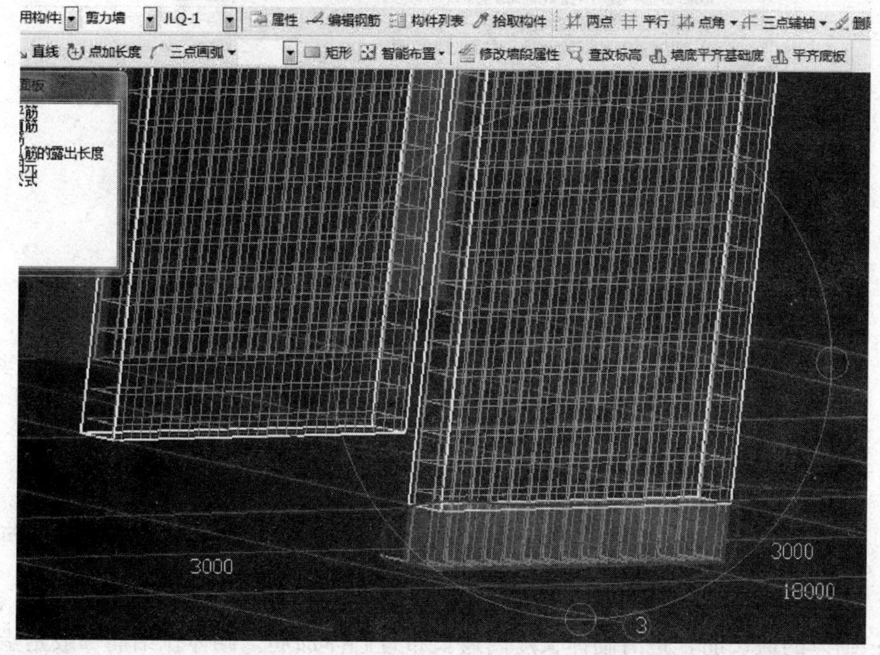

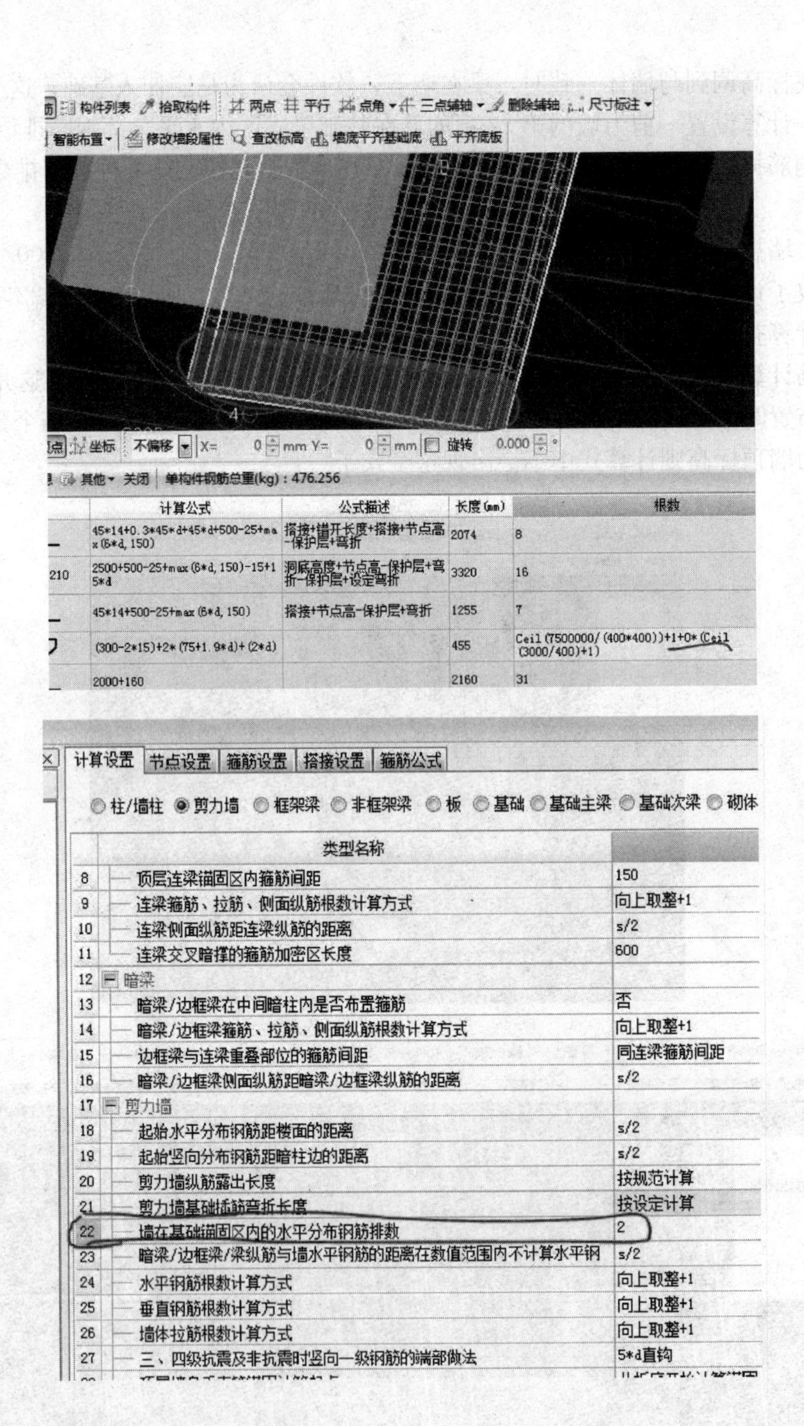

	计算公式	公式描述	长度(mm)	根数
	45*14+0.3*45*d+45*d+500-25+max(6*d,150)	搭接+错开长度+搭接+节点高-保护层+弯折	2074	8
210	2500+500-25+max(6*d,150)-15+15*d	洞底高度+节点高-保护层+弯折-保护层+设定弯折	3320	16
	45*14+500-25+max(6*d,150)	搭接+节点高-保护层+弯折	1255	7
	(300-2*15)+2*(75+1.9*d)+(2*d)		455	Ceil(7500000/(400*400))+1+0*Ceil(3000/400)+1)
	2000+160		2160	31

	类型名称	
8	顶层连梁锚固区内箍筋间距	150
9	连梁箍筋、拉筋、侧面纵筋根数计算方式	向上取整+1
10	连梁侧面纵筋距连梁纵筋的距离	s/2
11	连梁交叉暗撑的箍筋加密区长度	600
12	暗梁	
13	暗梁/边框梁在中间暗柱内是否布置箍筋	否
14	暗梁/边框梁箍筋、拉筋、侧面纵筋根数计算方式	向上取整+1
15	边框梁与连梁重叠部位的箍筋间距	同连梁箍筋间距
16	暗梁/边框梁侧面纵筋距暗梁/边框梁纵筋的距离	s/2
17	剪力墙	
18	起始水平分布钢筋距楼面的距离	s/2
19	起始竖向分布钢筋距暗柱边的距离	s/2
20	剪力墙纵筋露出长度	按规范计算
21	剪力墙基础插筋弯折长度	按设定计算
22	墙在基础锚固区内的水平分布钢筋排数	2
23	暗梁/边框梁/梁纵筋与墙水平钢筋的距离在数值范围内不计算水平钢	s/2
24	水平钢筋根数计算方式	向上取整+1
25	垂直钢筋根数计算方式	向上取整+1
26	墙体拉筋根数计算方式	向上取整+1
27	三、四级抗震及非抗震时竖向一级钢筋的端部做法	5*d直钩

22. 问：在钢筋算量软件中飘窗怎样绘制？

答：用板与带型窗组合绘制，也可以在单构件里输入。

23. 问：什么是砌体通长筋？什么是砌体拉结筋？在砌体墙的定义属性里面，横向短筋是什么意思？

答：砌体的通长筋，是沿砌体长度内通长布置砌体加筋。砌体拉结筋一般是指在砌体

墙与柱或转角处布置的砌体内的加筋，长度一般是每侧入墙长度 1m。横向短筋是指在砌体通长钢筋布置时，绑扎的网片钢筋，就像平面绑扎的平台板中主筋和分布筋，横向短筋实际上就是通长加筋的分布钢筋。

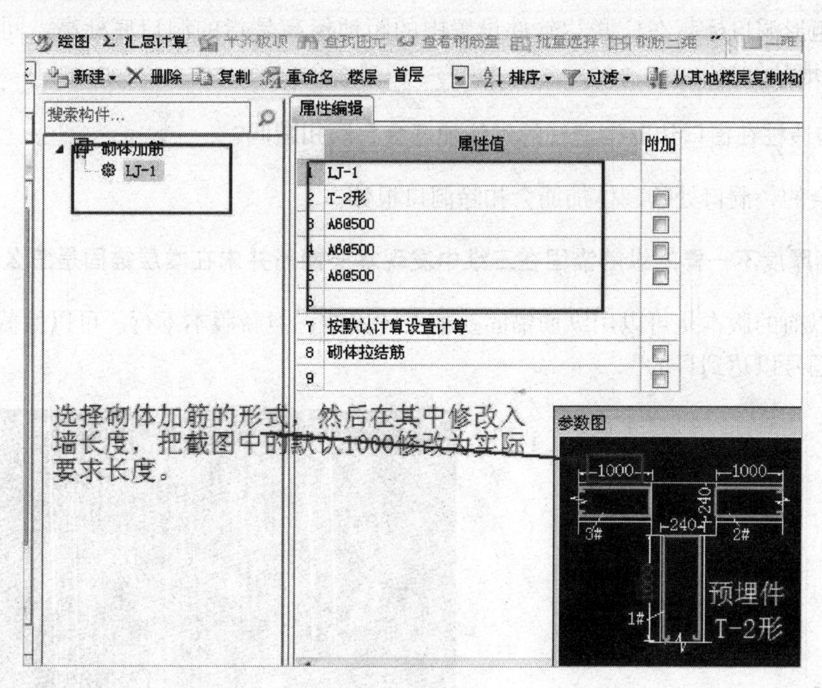

24. 问：画暗柱表时，最上面的一栏绿色标识表示什么意思？

答：最上面一栏绿色相当于此暗柱的集中标注，即是这根暗柱的总的钢筋信息和尺寸信息，和梁的集中标注原位标注意思一样，下面的表格相当于各个标高段的暗柱的原位标注信息。虽然和梁存在一些区别，这样举例比较好理解。只要各个标高段的暗柱信息填写正确，此栏可以不填写。

暗柱列表

柱名称	截面参数	标高(m)	楼层编号	纵筋	箍筋1	拉筋1	箍筋2	拉筋2	箍筋3	拉筋
AZ-1	(200) (200) (200) (200) 拉筋2 箍筋2 箍筋1 拉筋1 L-a			20B25						
		-9.05~-6.05	0	(20B25)						
		-6.05~-3.05	-2	(20B25)						
		-3.05~8.05	-1, 1, 2	(20B25)						

25. 问：地下室外墙穿过基础的部分需要单独绘制吗？

答：先画基础再画外墙，如果外墙所在位置的基础同其他基础厚度不同，基础需要单独绘制。如果相同，可以一起画，外墙外面看到的那部分实际上是基础。

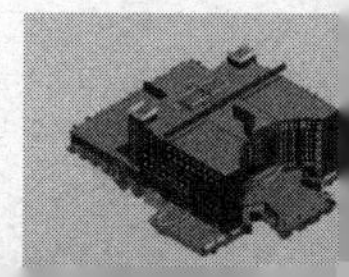

26. 问：矩形洞口标高在广联达软件设置中的距地标高是指洞口中心标高还是洞口底标高？

答：矩形洞口标高在广联达软件设置中的距地标高是指的洞口底标高，同窗的定义（指窗台距地高度）。

27. 问：构造柱在窗口边时构造柱的砌体加筋会自动扣减吗？

答：会的，洞口处的砌体加筋会扣除洞口根数。

28. 问：墙厚度不一样的纵筋锚固在三维中发现本层钢筋并未在本层锚固是怎么回事？

答：以前的版本是可以用纵筋锚固在本层锚固的，但新版本不行。可以像截图一样在纵筋前加□号以达到目的。

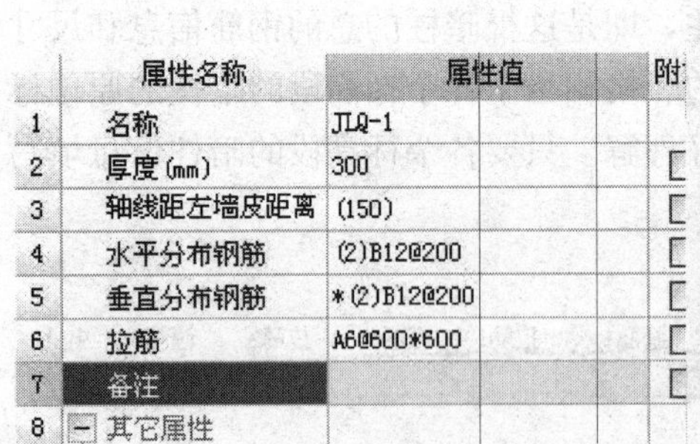

	属性名称	属性值	附
1	名称	JLQ-1	
2	厚度(mm)	300	□
3	轴线距左墙皮距离	(150)	□
4	水平分布钢筋	(2)B12@200	□
5	垂直分布钢筋	*(2)B12@200	□
6	拉筋	A6@600*600	□
7	备注		□
8	− 其它属性		

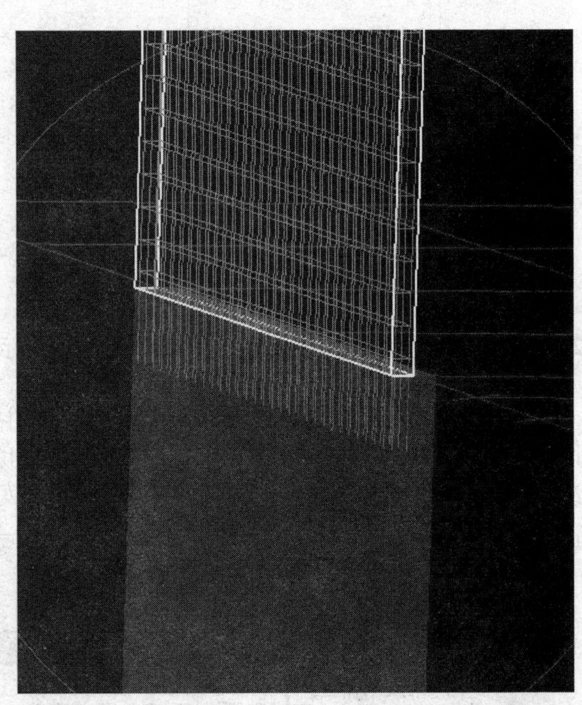

29. 问：GGJ 剪力墙上开洞，洞口满布砌体墙应该如何定义？

答：一般先定义剪力墙、洞口、连梁、砌块填充墙。连梁是属于剪力墙的一部分，只要与剪力墙相交，软件会自动把它算到剪力墙中。可以选中墙查看其计算式以及三维扣减图。二次结构需要用填充墙定义。

30. 问：剪力墙，暗柱，连梁，连梁以下开洞，洞口用砌体墙填充，这几个程序按照怎样的顺序来画才是正确的？

答：可以参考数字造价的总结——根据工程案例总结钢筋的绘图顺序如下：

绘图顺序的确定可以根据结构和类型的区分进行有次序的绘图，可以提高绘图的效

率。首先，根据楼层的顺序定义绘图顺序，一般按照从“首层—第二层—标准层—顶层—地下室—基础层”的绘图顺序进行绘图。

根据施工顺序进行绘制，“主体—基础—零星构件”，主体构件包括墙、门、窗、过梁、柱、梁、板、楼梯构件，基础包括独立基础、条形基础、满堂基础、桩基础、基础梁等。

根据结构类型进行定义绘图顺序：

砖混结构：墙体—门—窗—过梁—柱—梁—板—零星构件。

框架结构：柱—梁—板—墙体—门—窗—过梁—零星构件。

框架-剪力墙结构：剪力墙—暗柱—端柱—填序墙—门—窗—过梁—连梁—梁—板—零星构件。

31. 问：框架-剪力墙结构中两轴线间是暗柱，中间是连梁。如果画填充墙然后开洞，连梁的侧面钢筋该怎么处理？

答：一般剪力墙的连梁是在两处剪力墙之间的连接构件，底下所产生的墙洞有的是门窗洞口，可以绘制填充墙，暗柱是剪力墙的加强构件，在绘制剪力墙时必须将暗柱绘制在剪力墙内。

32. 问：孤立的拐角暗柱下绘制剪力墙和剪力墙暗梁后，为什么软件只计算暗梁钢筋？

答：独立的暗柱内是不需要计算墙的钢筋和暗梁的钢筋的。只要两暗柱之间有一点墙体都需要计算，没有墙体就不需要计算了，没有与墙体连接的暗柱就是独立的端柱，要求同框架柱一样。

33. 问：如何设置剪力墙基础插筋锚固设置？

答：如果要剪力墙底部插筋根据筏板厚度设置，需要调整剪力墙的底标高，底标高减去承台厚度即可。弯钩的方向可以不调整。计算的目的是结果正确即可，只要弯钩的设置长度正确即可。如下面第二个图中隐藏了承台基础。一般实际施工中也是根据筏板设置

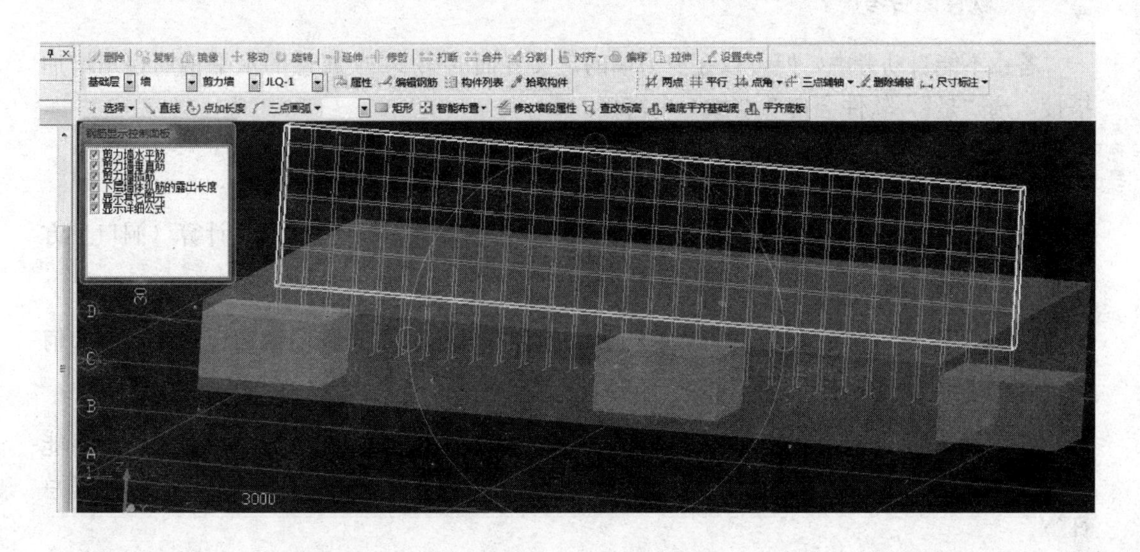

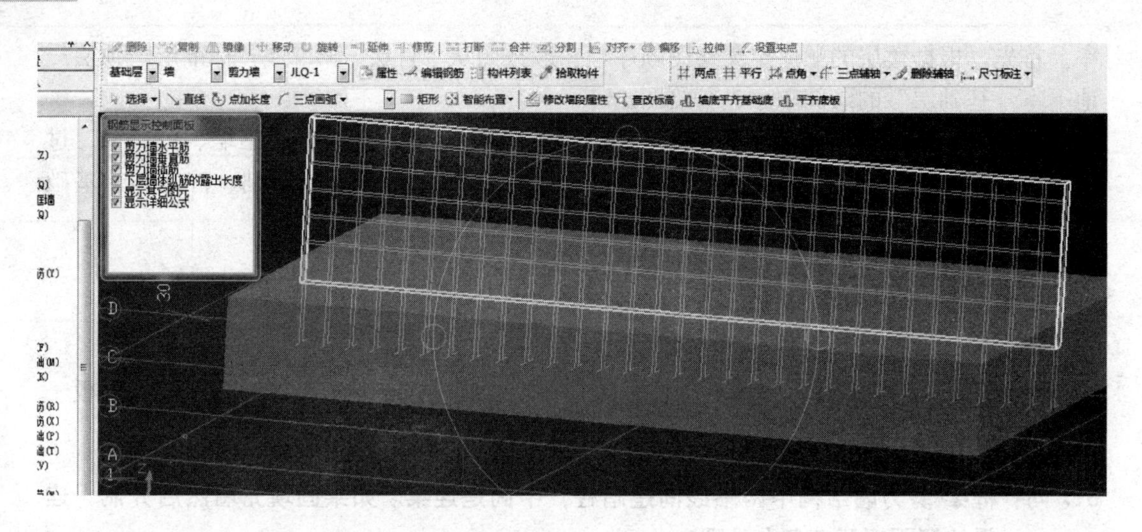

34. 问：剪力墙的墙、底板、顶板中间为空该怎样定义？

答：正常建立墙、底板、顶板，按设计尺寸绘制即可。

35. 问：中间带窗的石材幕墙怎样布置？

答：按图纸要求范围内布置一个外墙或者保温层，计算出面积，软件会自动扣减窗洞面积。

石材幕墙也用 M2 计算。

36. 问：短肢剪力墙的节点怎样定义？

答：定义成柱来绘制，箍筋在其他箍筋里输入即可。

37. 问：剪力墙水平筋，超过定尺后要增加搭接，如果两段剪力墙的垂直钢筋不同，水平钢筋相同，施工时一般水平钢筋是通长布置的，然后再去考虑定尺，增加搭接，软件能否考虑？

答：不能自动考虑，但可以在剪力墙的定义界面的第 14 项属性的水平钢筋拐角增加搭接，选"是"，软件会自动增加一个搭接。

38. 问：在 GGJ2009 软件中，剪力墙上有连梁的时候钢筋是怎样处理的？

答：在剪力墙洞口上方的连梁高度若和墙一样高，剪力墙的垂直筋不计算（洞口上方的）。

39. 问："砌体墙"中定义的"砌体通长筋"，软件在计算时不扣除门窗洞口长度，应如何设置？

答：砌体加筋和砌体的通长筋在门窗口处会自动扣减洞口的长度。如果没有扣减可能是设置的问题，可以先选择墙，然后在属性里重新输入砌体通长筋和横向短筋后再汇总计算。

40. 问：水池壁拐角怎样定义？

答：可以用异形柱定位进行绘制。水池壁（剪力墙）内侧不是垂直时按平均厚度设置。

41. 问："约束边缘构件延伸到 1～3 层"是什么意思？

答：带 Y 的剪力墙边缘构件就是约束边缘构件，比如 YAZ、YYZ、YJZ，延伸至1～3 层，即约束边缘构件一直设置到 1～3 层，3 层以上部位设置构造边缘构件 GAZ、GYZ、GJZ 等，底部加强区抗震等级应该是一、二级。

42. 问：为什么墙是错茬搭接而柱不是？

答：墙纵筋只需将一排筋按一长一短设置即可，柱纵筋分角筋、H 面筋、B 面筋，有单数也有双数，无法按一长一短设置。GGJ2009 是算量软件，不能用于施工下料，是否错茬并不影响计算结果。

43. 问：转角门窗如何定义？

答：用"带形窗"代替，当定义好它的高度后，任意地画长、转角或弧度的窗即可。

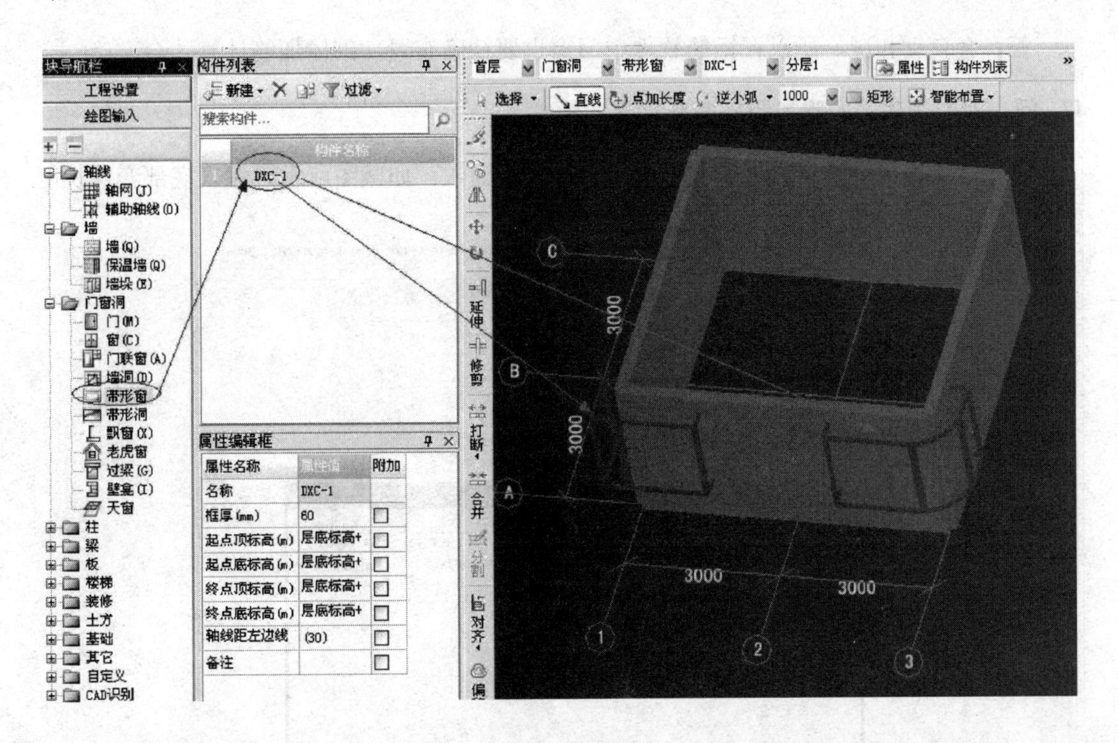

44. 问：当从钢筋 GGJ2009 导入图形算量 GCL2008 时怎样设置外墙和内墙的颜色？

答：具体方法见截图内容。

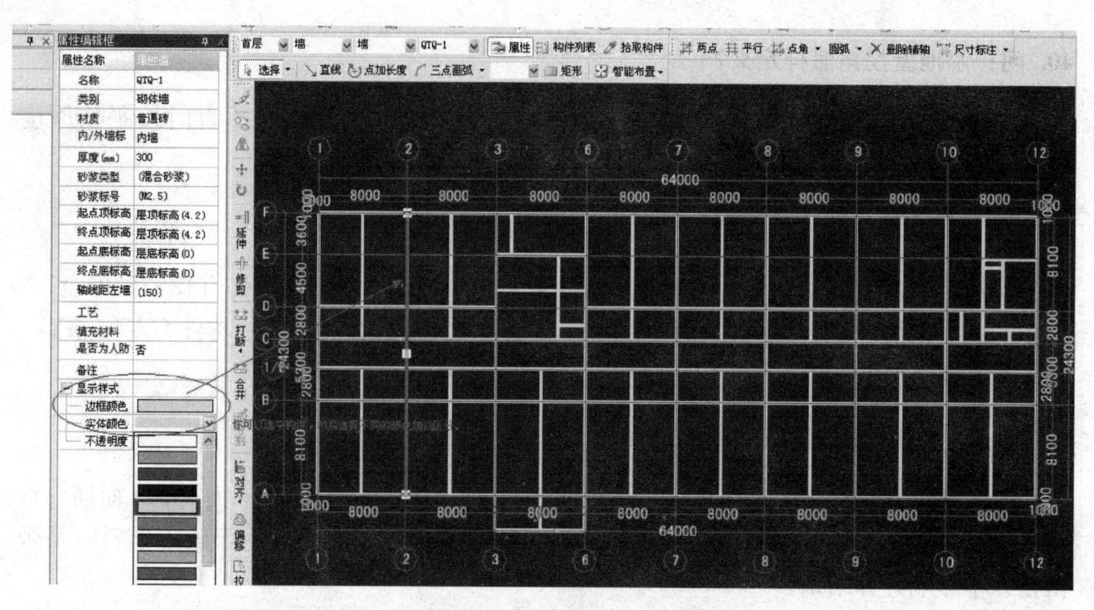

45. 问：GGJ2009 定额里混凝土墙模板对拉螺栓是如何计取的？

答：地下室挡土墙部分需要计取，其他位置不需要计取。

46. 问：砌体加筋遇门窗洞口时，系统是否会自动扣减？

答：会自动扣减。所以在钢筋软件中门窗也要精确布置，砌体加筋计算才会准确。

47. 问：剪力墙底部的附加竖筋怎样定义？

答：定义剪力墙时在其他属性里的其他钢筋里输入，如截图所示，输入底部弯钩长度和上边伸出的总长度。

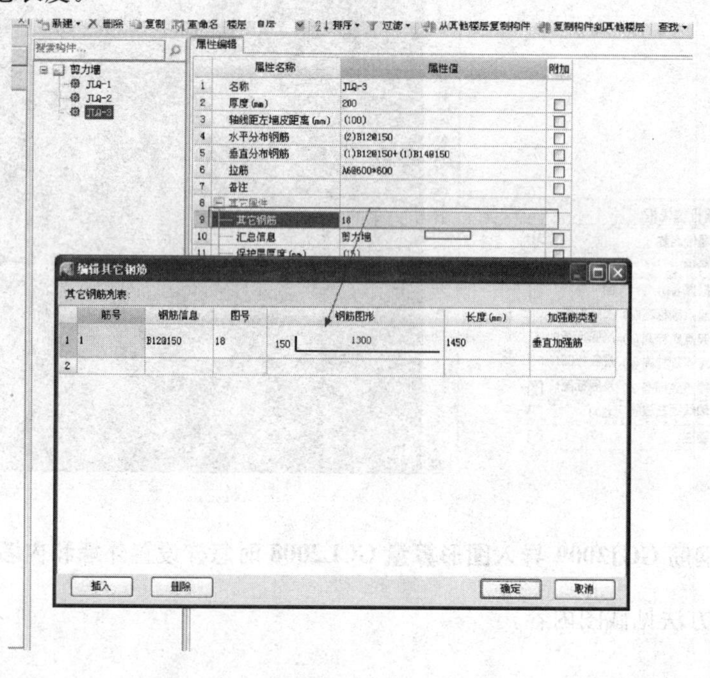

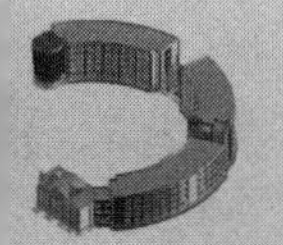

48. 问：当暗柱与柱的截面变小时，钢筋焊接接头怎么计算个数？低层多出的钢筋是弯折锚固吗？地下一层的暗柱和柱与基础进行锚固搭接，纵筋的长度是直接到顶板的吗？

答：手算是预算的基础，具体分析如下：

（1）当暗柱与柱的截面变小，焊接时直径在规范上允许相差 2 个直径（12 的可以和 16 的焊接）

（2）低层多出的钢筋应该是弯折锚固，到达封顶状态。

（3）地下一层的暗柱和柱与基础进行锚固，纵筋的长度是直接到顶板。

可以参照建筑图集加深印象，03G101-1/04G101、06G101 等。03G101-1 中有关于变截面柱筋的处理，高层的就是预留等浇筑完顶板后焊接。

49. 问：误把水池的钢筋锚固做成了剪力墙的钢筋锚固，该如何修改？

答：钢筋的锚固可以在计算设置里面修改，或计算汇总后编辑钢筋然后锁定。

50. 问：钢筋锚固时角部的加强筋怎样定义？

答：对于角部可以在剪力墙的属性的其他钢筋中输入水平或垂直加腋钢筋。

51. 问：在剪力墙拉筋的设置方法中“A8@400＊500”是什么意思？

答：A8@400＊500 意思是，拉筋是一级钢，直径 8mm，横向间距是 400mm 竖向间距是 500mm。

52. 问：有三种纵筋的剪力墙如何输入钢筋信息？

答：用加号区分，忽略内与外的区别，（1）C12-100＋（1）C16-100＋（1）C18-100，以上的设置是按三排布置的，括号中的数据表示排数。

53. 问：“人防墙体需增设墙下暗梁，当墙下已布置有基础梁时，不再增设墙下暗梁”是什么意思？

答：所提意思是人防墙中有基础梁的位置就不需要设置暗梁了，没有基础梁的地方就用暗梁补上。一般设计中暗梁的位置就是人防墙的顶部。

54. 问：砌体加筋、砌体拉结筋和砌体植筋三者之间有什么区别？

答：砌体拉结筋、砌体植筋是一个概念，都是砌体拉结筋，只不过施工方法不同而已。砌体拉结筋用于砌体与柱（构造柱、框架柱）之间的拉结，一般分为与施工同步预埋及后期施工，而植筋就属于后期施工。砌体加筋则是在墙体中配置配筋带，一般沿墙体通长设置。

一般来说砌体拉结筋设计图纸会明确，未明确的按抗震设计图集施工。

用 GGJ2009 算砌体拉结筋或加筋，应在 GGJ2009 里绘制墙体和门窗的准确位置，因墙体过短拉结筋伸出门窗洞口时，门窗可以自动扣减。

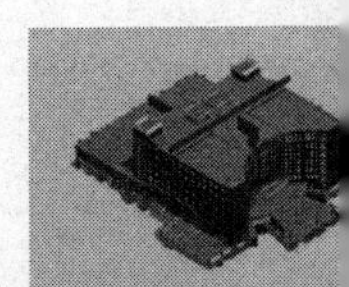

55. 问：绘制墙或者绘制完成后想要查看一下剪力墙的内外侧该如何操作？

答：具体操作参见下图。

工程中的剪力墙钢筋一般区分外侧和内侧，或者剪力墙左右钢筋信息不一致时，在绘制墙或者绘制完成后想要查看一下剪力墙的内外侧，这个时候可以通过【工具】→【显示墙左边线】来完成。

56. 问：钢筋软件 GGJ2009 中砌体墙构件中砌体墙类型都有哪些？

答：框架间填充墙：在绘制中不是板的支座，不能与墙重叠布置填充墙，可以是板的支座。

承重墙：在绘制中不是板的支座，可与剪力墙重叠布置，可用于剪力墙结构中施工洞的绘制。

57. 问：钢筋对齐操作步骤是什么？

答：按照提示操作即可，如下图所示。

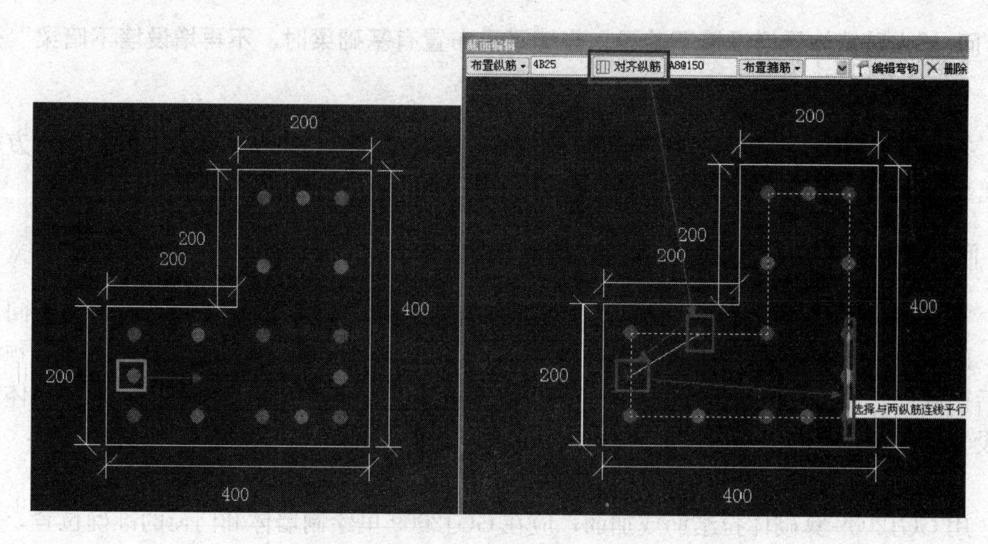

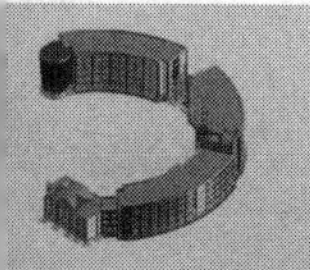

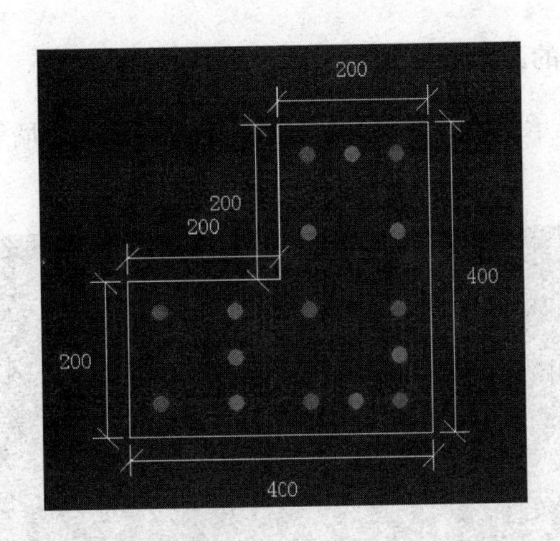

58. 问：钢筋混凝土女儿墙该怎样定义？

答：钢筋软件中没有女儿墙这个构件，女儿墙构件的钢筋排布类似于剪力墙，因此可以用剪力墙来定义。

59. 问：高砖拱是什么？

答：高砖拱指的是窗口或洞口上面用砖砌成弧形的砌体方式，古建筑由于以前没有钢筋混凝土而又要留窗和洞口而采用这种方式来解决。

60. 问：墙体水平钢筋在同一层配筋不同该怎样输入？

答：将当前层的墙体高度修改，降低高度到第一种水平筋位置，然后修改上一层的墙体底标高即可。

61. 问：剪力墙的拉筋多算了一倍左右，是怎么回事？

答：墙身拉筋布置构造有双向布置和梅花布置两种，在剪力墙节点设置第 22 项中可以选择布置，选择的布置方式不同，拉筋的根数相差一倍。

62. 问：剪力墙结构中暗柱与剪力墙之间框架梁需要画到什么位置？

答：框架梁画到暗柱（剪力墙的外边线）即可。当梁绘制到剪力墙边（与墙端点相切）时，梁则默认以墙为支座，直接锚入墙内，即使墙边有暗柱，梁默认以墙为支座，也可以手动设置以暗柱为支座。当梁不是绘制到剪力墙边，而是在剪力墙中间时，绘制到暗柱插入点，梁则默认以暗柱为支座，直接锚入暗柱中。

63. 问：钢筋导入到图形时哪些构件是不需要导入的？套取价格时暗柱和连梁套用剪力墙的定额吗？

答：钢筋导入图形，暗柱暗梁不导入，端柱需要导入。如果暗柱导入到图形，就要套剪力墙的定额，连梁也是应该属于剪力墙，也套剪力墙的定额。

64. 问：填充墙和砌体墙的区别是什么？

答：（1）填充墙是非承重墙，多数为加砌块、空心砖、轻质墙等。

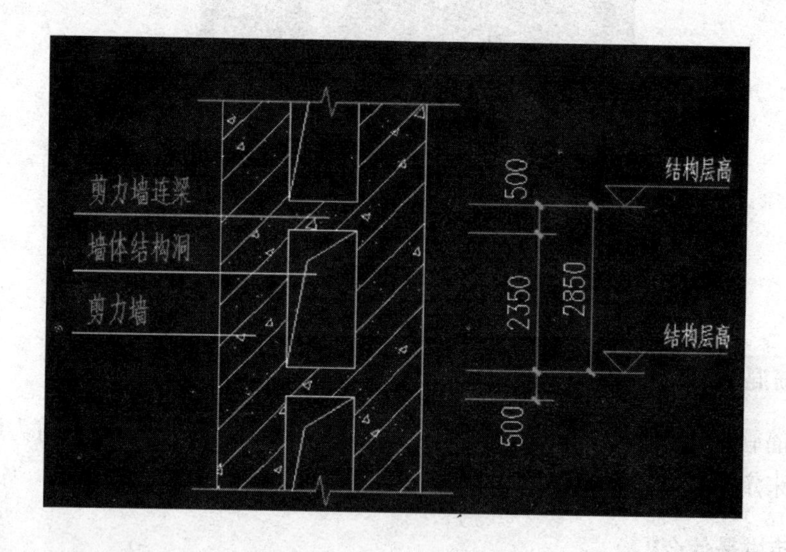

应用背景：剪力墙结构建筑在施工时，为了施工便利，会在剪力墙上预留施工洞，施工基本完毕后，用砌块填充上。

① 填充墙的材质只能为非混凝土材质；

② 填充墙可以与混凝土墙重叠绘制；

③ 俯视图下当填充墙与墙重叠时优先选中填充墙；

④ 连梁增加智能布置功能，可以按填充墙智能布置；

⑤ 俯视图下在填充墙与墙相交处绘制墙面、墙裙，优先绘制到填充墙上，填充墙墙面（墙裙）可以与混凝土墙墙面（墙裙）重叠布置。

（2）砌体墙可用于承重墙，如砖墙、石墙等。

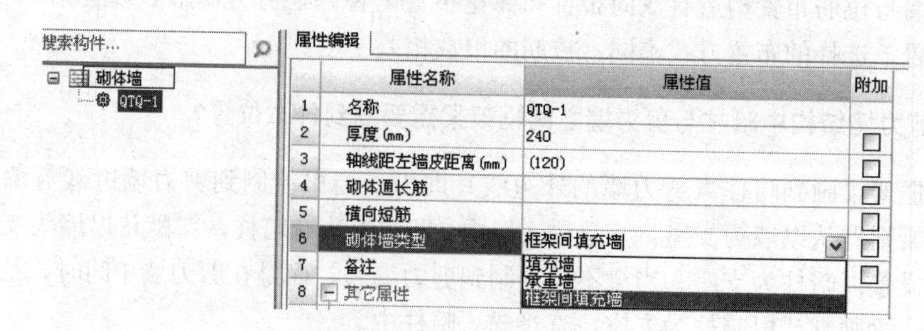

65. 问：防护密闭门的钢筋和门框钢筋怎么处理？

答：在定义门的时候，可以在“其他钢筋”里输入要增加的钢筋信息。输入筋号后选择相应的钢筋型号，然后输入相应的钢筋信息即可。

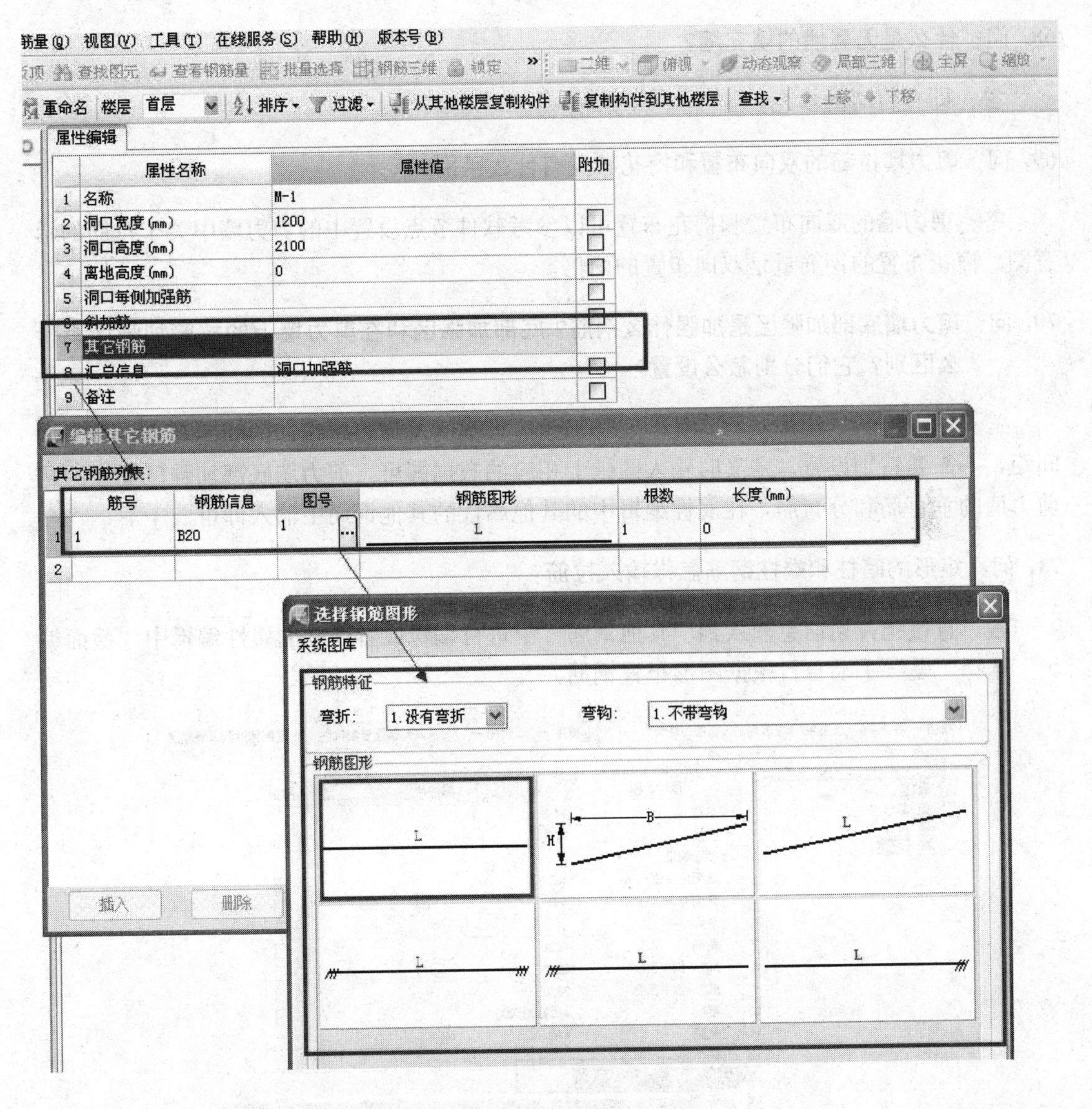

66. 问：几种不同剪力墙钢筋的输入方法是怎样的？

答： 垂直筋：①常见规格：(2) B12@200 和♯ (2) B12@200；②两排不同钢筋用“+”；③隔一步一用“/”。

水平筋：①左右不同用“+”；②隔一步一用“/”；③按照固定高度布置，布置范围用［］输入高度值， (2) B12@200 [1500]+(2) B20@200 [1500]，表示这个墙1500mm下面是12的钢筋，1500mm以上的是20的钢筋。

67. 问：分层墙在汇总计算时砌体加筋没有数量是怎么回事？

答： 砌体加筋计算找与其平行的墙高，确定的原则是，如果找到多段墙，按最小高度的墙计算根数。所以所提砌体加筋没有计算出来。目前对于分层墙，有高度很低的小墙时，将小墙移开再汇总计算，锁定砌体加筋再移回砌体墙汇总即可。

68. 问：什么是无翼墙的填充墙？

答：即直行墙的填充。

69. 问：剪力墙拉筋的双向布置和梅花布置有什么区别？

答：剪力墙的双向布置和梅花布置可以参考软件节点设置中的剪力墙中关于拉筋的示意图。梅花布置的钢筋量是双向布置的两倍。

70. 问：剪力墙底部加强区是加强什么钢筋？底部加强区和在剪力墙上的拉筋加强区有什么区别？它们分别怎么设置？

答：图纸上的结构楼层标高处的底部加强区加强的是剪力墙拉筋的间距和暗柱箍筋的间距，不需要特别设置，定义时输入图纸上相应的数据即可。剪力墙底部加强区加强的是剪力墙的垂直筋和分布筋，在属性编辑中的其他属性的其他钢筋中输入即可。

71. 问：矩形的暗柱和端柱钢筋怎样输入拉筋？

答：直接把拉筋信息输入到“其他钢筋”中进行编辑或者在柱的属性编辑中“截面编辑”选择“是”手动自行根据图形布置钢筋。

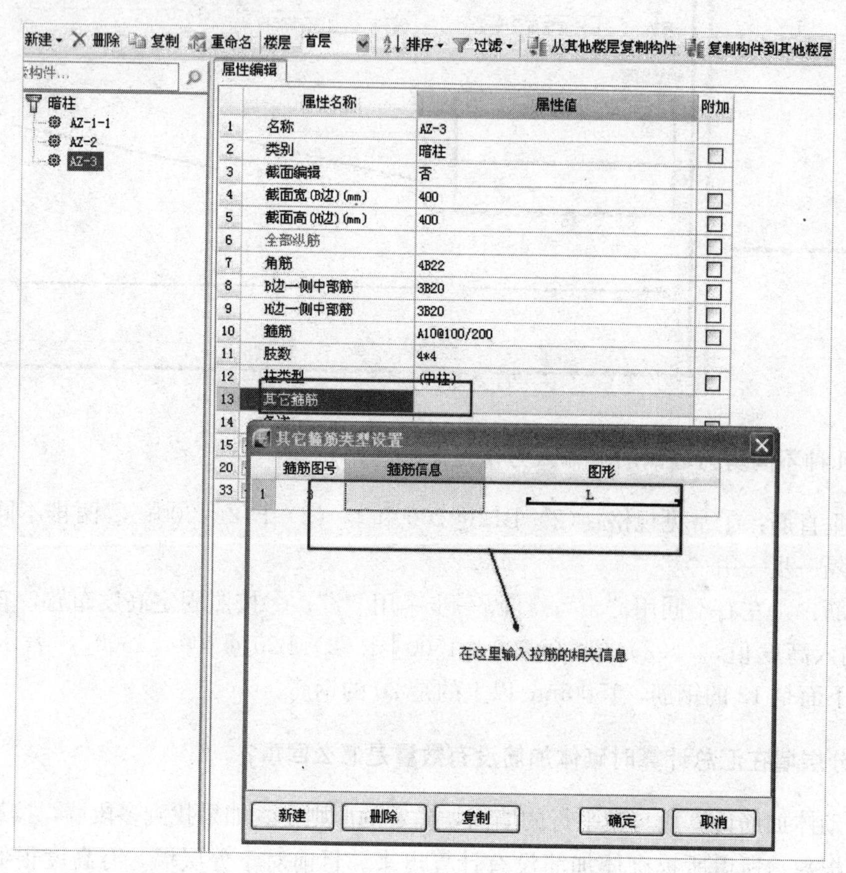

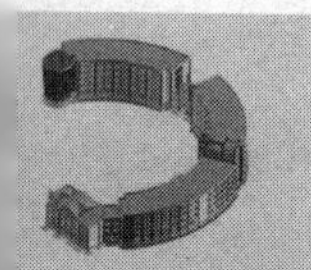

72. 问：在CAD图中常常遇到墙体的CAD线被门窗洞口线条打断，识别时墙体识别出来是一段一段的，有没有好的解决方法？

答：在959版本中新增了提取门窗线功能。在识别墙体的时候，先提取门窗线再识别墙体即可。

73. 问：将钢筋工程导入到图形软件后很多墙体的属性都变成外墙是怎么回事？

答：钢筋里不区分内外墙，导入图形后，内外墙的区分是：在外层的墙是外墙，在围城封闭区域内的墙就是内墙。问题中的情况应仔细查看判断成外墙的墙是否在外墙封闭区域内。

74. 问：转交处的剪力墙外侧钢筋原理上应该连续通过，但是实际施工的时候转交部位都会断成两根，然后将其进行搭接，怎么才能让软件考虑到这部分的搭接？

答：在剪力墙的属性里“其他属性一水平钢筋增加搭接”选项里调整为“是”即可。

75. 问：在暗柱查看钢筋计算式时，同一层公式为什么不一样？

答：假设某层是四层，可以到五层看一下，AZ-1的钢筋直径要大，在03G101-1第42页，有详细说明，上层的柱子要伸到下层。节点高一般是指梁高，因为露出长度是从梁底开始算，梁里面的钢筋是算到锚固里面。

76. 问：剪力墙根部的垂直加强筋在软件中怎样处理？

答：在剪力墙构件属性中的“其他钢筋”输入，选择“垂直加强筋”或“水平加强筋”，输入钢筋信息，软件会按照墙长或是墙高来自动计算根数。

77. 问：在GGJ2009中，剪力墙有3或4排钢筋时该如何处理？

答：软件中默认的是两排钢筋，如（2）B12@200中括号的2即为排数，如果是三排改为3即可，如果钢筋直径或间距不同时可以用加号连接，如（2）B12@200+（1）B10@200，需注意：“+”前是墙外侧钢筋，“+”后是墙内侧钢筋（前提是墙要顺时针绘制）。

78. 问：墙体内外侧的钢筋保护层厚度不一致该如何处理？

答：剪力墙保护层厚度（mm），软件自动读取楼层管理中的保护层厚度，如果当前构件需要特殊处理，则可以根据实际情况进行输入，当左右侧保护层不同时用“/”隔开，一般用于外墙。软件区分左侧和右侧，工程分为室外和室内。绘制剪力墙（一般指外墙）的时候顺时针画，则左侧为外侧（室外），右侧为内侧（室内）。

79. 问：用平齐板顶功能时，墙体的标高为什么不随板的变化而变化？

答：查看墙体的属性，看标高是否是“顶板底标高”，将其改为默认的层顶标高即可。

80. 问：女儿墙是T形时，钢筋怎样定义？

答：可以用异形梁定义，钢筋信息在其他钢筋里编辑即可。

81. 问：剪力墙上面有暗梁，下面有基础梁，剪力墙的高度如何定？

答：墙的顶标高和底标高设置为层顶标高（或图纸设计标高）和层底标高即可。

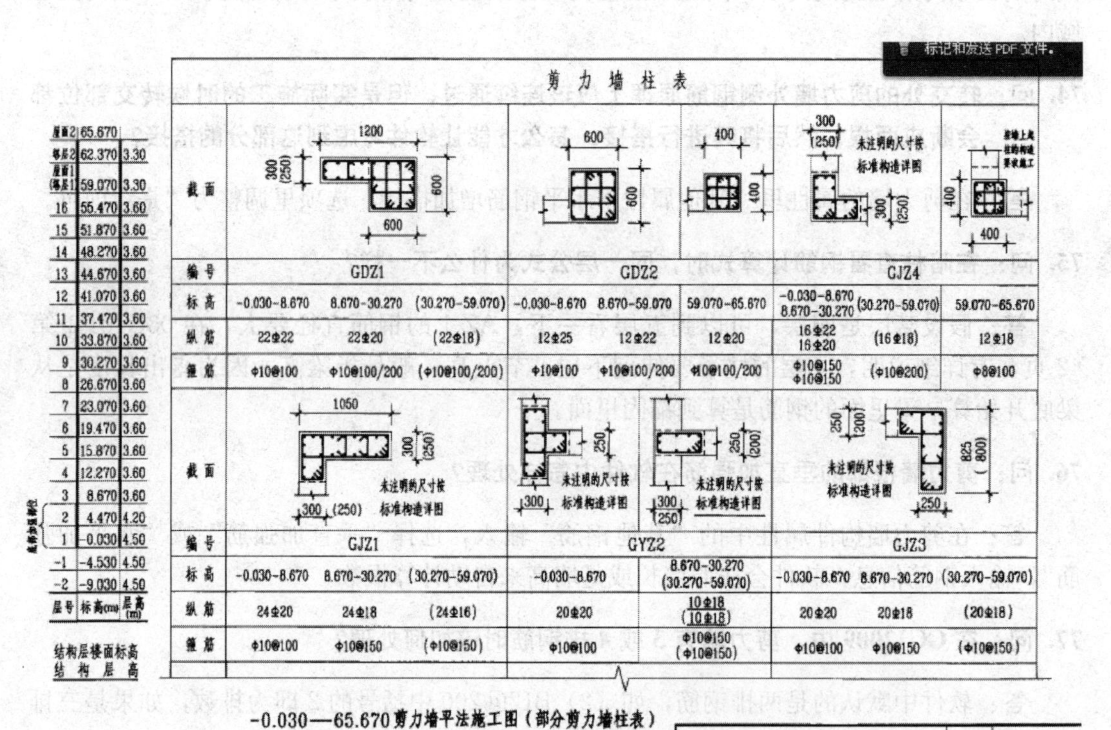

层号	标高(m)	层高(m)
屋面2	65.670	
塔层2	62.370	3.30
屋面1(塔层1)	59.070	3.30
16	55.470	3.60
15	51.870	3.60
14	48.270	3.60
13	44.670	3.60
12	41.070	3.60
11	37.470	3.60
10	33.870	3.60
9	30.270	3.60
8	26.670	3.60
7	23.070	3.60
6	19.470	3.60
5	15.870	3.60
4	12.270	3.60
3	8.670	3.60
2	4.470	4.20
1	-0.030	4.50
-1	-4.530	4.50
-2	-9.030	4.50

结构层楼面标高
结构层高

剪力墙柱表

截面	GDZ1			GDZ2			GJZ4		
编号	GDZ1			GDZ2			GJZ4		
标高	-0.030~8.670	8.670~30.270	(30.270~59.070)	-0.030~8.670	8.670~59.070	59.070~65.670	-0.030~8.670 8.670~30.270	(30.270~59.070)	59.070~65.670
纵筋	22⌀22	22⌀20	(22⌀18)	12⌀25	12⌀22	12⌀20	16⌀22 16⌀20	(16⌀18)	12⌀18
箍筋	Φ10@100	Φ10@100/200	(Φ10@100/200)	Φ10@100	Φ10@100/200	Φ10@100/200	Φ10@150 Φ10@150	(Φ10@200)	Φ8@100

截面	GJZ1			GYZ2		GJZ3		
编号	GJZ1			GYZ2		GJZ3		
标高	-0.030~8.670	8.670~30.270	(30.270~59.070)	-0.030~8.670	8.670~30.270 (30.270~59.070)	-0.030~8.670	8.670~30.270	(30.270~59.070)
纵筋	24⌀20	24⌀18	(24⌀16)	20⌀20	10⌀18 (10⌀18)	20⌀20	20⌀18	(20⌀18)
箍筋	Φ10@100	Φ10@150	(Φ10@150)	Φ10@100	Φ10@150 (Φ10@150)	Φ10@100	Φ10@150	(Φ10@150)

-0.030—65.670剪力墙平法施工图（部分剪力墙柱表）

剪力墙平法施工图列表注写方式示例	图集号	03G101-1
	页	20

图3.2.6b剪力墙平法施工图列表注写方式示例（续）

82. 问：拉结筋在哪里设置？砌体墙里面设置什么钢筋？砌体加强筋指的是什么钢筋？

答：拉结筋把墙打开，在墙体加筋构件下设置。砌体墙里面的钢筋指墙体中的通长加筋。

墙体中的通长筋是拉结筋，在墙构件中就可以直接设置。

墙体加筋设置见下图，打开后有L、T、+、一 多种形状可选择。

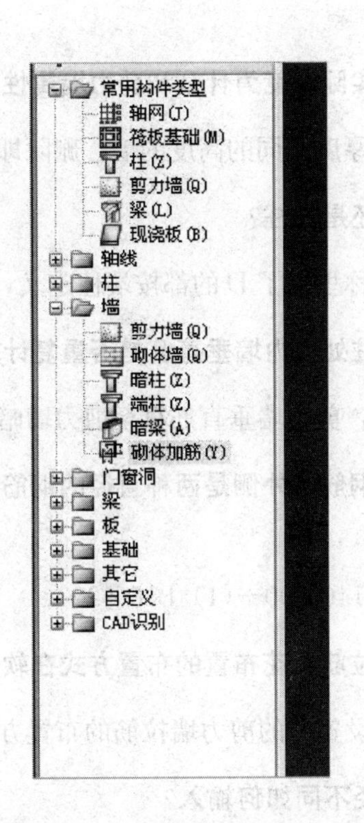

83. 问：在砖混结构中，砌体墙设置通长钢筋网片时，该如何在钢筋算量中定义？定义后怎样套价？

答：在砖混结构中，砌体墙设置通长钢筋网片在墙体中设置，钢筋软件只计算钢筋重量，套价在计价软件中套钢筋网片子目。

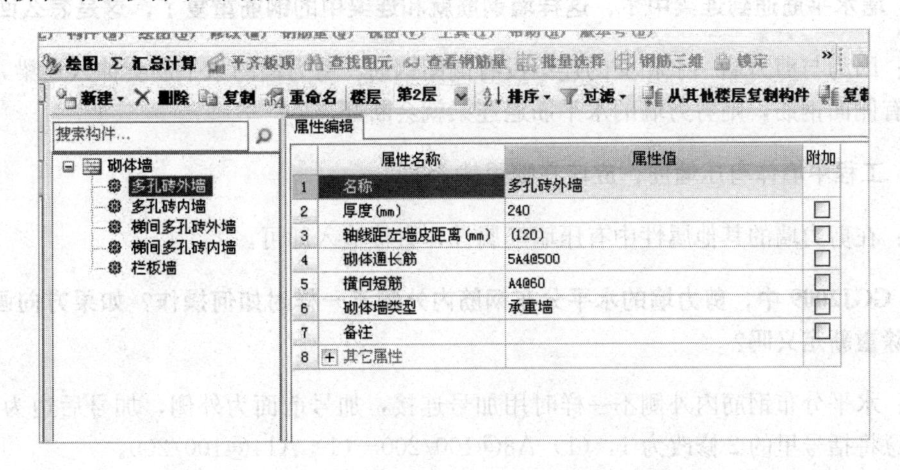

84. 问：有Y字头柱和剪力墙时，先识别柱还是先识别剪力墙？剪力墙应该从哪里开始绘制？

答：Y开头的柱子识别为暗柱即可。剪力墙先画剪力墙构件，然后把暗柱布置到剪力墙上即可。

85. 问：剪力墙垂直筋计算墙实际高度为什么和剪力墙属性高度不同？

答：基础层绘制了与基础厚度相同的高度的墙，删除即可。

86. 问：边缘翼墙柱属于暗柱还是端柱？

答：与剪力墙有关的柱名称里带了 D 的都按端柱定义，没带 D 的都按暗柱定义。

87. 问：剪力墙中有暗柱，暗柱处剪力墙垂直筋是否重复计算？

答：软件会自动考虑扣减，剪力墙垂直筋算至剪力墙暗柱边，水平筋伸入暗柱里。

88. 问：GGJ2009 中，墙水平钢筋的外侧是两种直径的钢筋，内侧是一种直径的钢筋，该如何输入？

答：(1) B12@400/(1) B14@400＋(1) B16@200。

89. 问：GGJ2009 中剪力墙中拉筋梅花布置的布置方式在软件中如何设置？

答：在计算设置中的节点设置中的剪力墙拉筋的布置方式切换为梅花形布置即可。

90. 问：剪力墙内外侧钢筋直径不同如何输入？

答：分排输入，(1) 外侧钢筋＋(1) 内侧钢筋。绘制的时候按顺时针方向，绘制方向的左边为外侧，右边为内侧。

91. 问：打开某工程，切换到首层墙构件下，点击钢筋三维和编辑钢筋，发现此处的剪力墙水平筋通到连梁中了，这样墙钢筋就和连梁中的钢筋重复了，这是怎么回事？

答：因为与剪力墙一字相交的连梁没有侧面钢筋，剪力墙的水平筋会伸入连梁，如果连梁中有侧面钢筋，则剪力墙的水平筋遇连梁就会断开。

92. 问：工程中墙体有压墙筋，应该在哪里输入？

答：在剪力墙的其他属性中有压墙筋属性，直接输入即可。

93. 问：GGJ2009 中，剪力墙的水平分布钢筋内外侧不一样时如何操作？如果方向画错了需要删除重新定义吗？

答：水平分布钢筋内外侧不一样时用加号连接，加号前面为外侧，加号后边为内侧，并且注意将括号里的 2 修改为 1，(1) A8@100/200＋(1) A14@100/200。

如果方向画错了，不需要删除，选中构件点右键菜单中有“调整线性图元方向”功能，选择调整就可以。(此功能只针对剪力墙有效)

94. 问：剪力墙钢筋一侧的直径不同该如何输入？

答：“(1) B12/(1) B14@100＋(1) B12/B10@100”，主要处理每排钢筋中有多种钢筋信息但配筋间距相同，计算时按插空放置的方式排列，第二种钢筋信息距边的距离为起

步距离加上 1/2 间距。

95. 问：剪力墙底部加强，多了一排水平筋和垂直筋，底部 1000 范围内为三排，到上边 2000 范围内为两排钢筋，软件中怎么处理？

答：步骤（1）水平筋的输入方式为：（1）b12-200＋（1）b14-200［1000］＋（1）b12-200，如果不输入范围，软件默认剪力墙的全高。

步骤（2）垂直筋的输入方式：在垂直筋中输入内侧和外侧两排，剩下的一排在其他钢筋中输入，因为底部加强的这个钢筋长度一般是固定的，很容易计算。

注意尽量不要断开两道墙绘制，因为断开了，垂直筋会多一个搭接或者多一个接头。

96. 问：剪力墙的竖向钢筋有加强钢筋时如何处理？

答：在其他钢筋中新建一个钢筋种类，把钢筋类型改为竖直钢筋即可。

97. 问：剪力墙的端头有暗柱，框架梁与之平行相交时要以剪力墙为支座，梁需要画到什么位置？

答：若以剪力墙为支座，画到剪力墙端头，若以暗柱为支座，梁画到暗柱的中心。

98. 问：当门的三面有加强筋，钢筋信息一样，每边 4b25 时该如何设置？

答：要在洞口每侧加强筋属性值处输入 2b25/4b25，因为软件默认计算的是每侧的根数，如果输入 4b25 会默认计算四侧，每侧 4 根计算，所以可以用“/”隔开，“/”前代表的是水平方向的，“/”后代表的是垂直方向的，所以“/”前可以按照实际根数的一半进行输入。

99. 问：框架梁、非框架梁、连梁与短肢剪力墙连接时应画到什么位置？

答：首先需要确定框架梁、非框架梁、连梁与短肢剪力墙连接时应该怎么计算，是以墙为支座还是要以暗柱为支座。在软件中，默认以下原则：当梁绘制到剪力墙边（与墙端点相切）时，则梁默认以墙为支座，直接锚入墙内，即使墙边有暗柱，梁默认以墙为支座，但也可以手动设置以暗柱为支座。当梁不是绘制到剪力墙边，而是在建立墙中间，绘制到暗柱插入点，则梁默认以暗柱为支座，直接锚入暗柱中也可以手动设置以墙为支座。

100. 问：剪力墙钢筋隔一布一的布置时该如何输入？例如 B12/B10@150，软件默认的是以同种钢筋之间的间距是 150mm 还是不同种钢筋的间距 150mm？

答：软件遵循抄图原则，即可处理钢筋隔一布一的布置情况。软件默认是不同种钢筋之间的间距为 150mm，如果用户想按照同种钢筋之间的间距为 150mm 时，只需要将“计算设置”－“剪力墙”－“剪力墙钢筋同间距隔一布一布置时”，间距表示（在软件最后一行）调整为同种钢筋之间的间距即可。

101. 问：下图中为什么剪力墙没有算墙体拉筋？

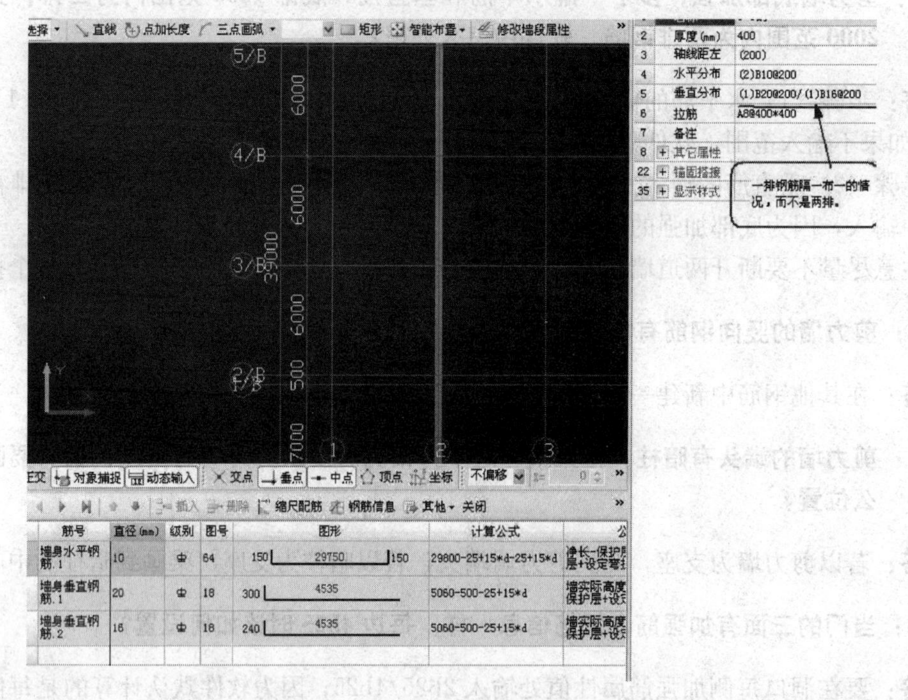

答：是因为输如剪力墙钢筋的时候软件选择错了，(1) B20@200/(1) B16@200，这种输入方式只有一排钢筋隔一布一的情况，要是内外侧钢筋不一样，正确输入是 (1) B20@200+(1) B16@200，只有内外侧都有钢筋软件才会计算拉筋。

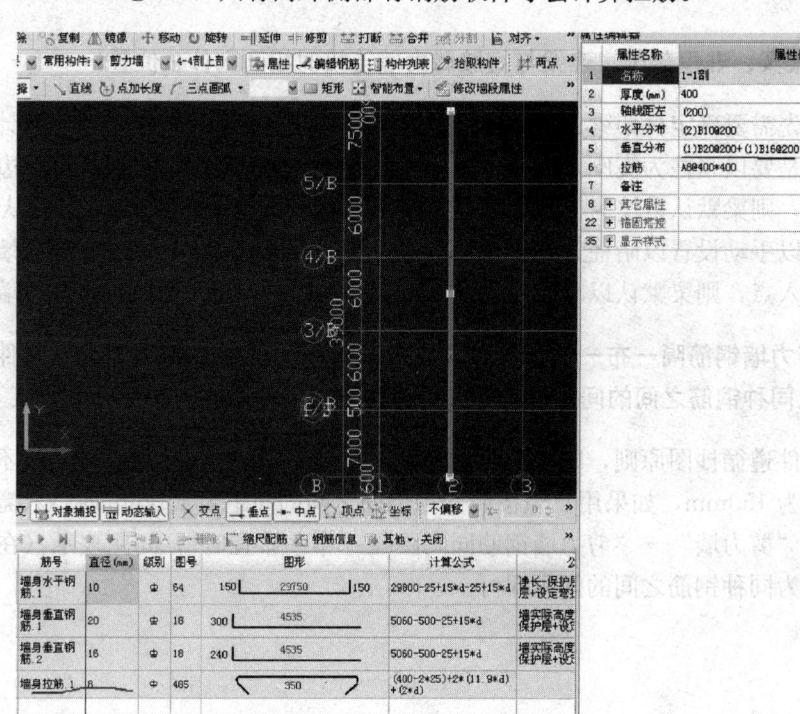

102. 问：两个工程剪力墙的属性、计算设置和节点设置完全相同，暗梁连梁也完全相同，上下层钢筋也完全相同，为什么水平钢筋的根数两个不一样，一个为 19 根，一个为 18 根?

答：这是由于剪力墙上面的暗梁没有完全覆盖墙，导致一个工程多算了 1 根，删掉重新布置暗梁就可以，不要手画，用智能布置和点来画即可。

第5章 梁

1. 问：一端悬挑和两端悬挑的梁如何分别正确绘制？

答：可以利用点加长度，做辅助轴线，正交偏移利用 Shift＋左键即可。不论是一端悬挑还是两端悬挑在最开始不设置支座即可。

2. 问：构件列表里没有预制过梁，图集的钢筋样式选择了在其他箍筋中输入，这样预制过梁和现浇过梁套项有区别吗？该怎样处理这种问题？

答：可以用“门窗洞”界面下‘过梁’定义。另外，在套取定额时套取预制过梁，因为现浇过梁与预制过梁价格不一样。

在预制过梁编号后边加上后缀名，如 GL-1（预制），可以区分现浇过梁与预制过梁。

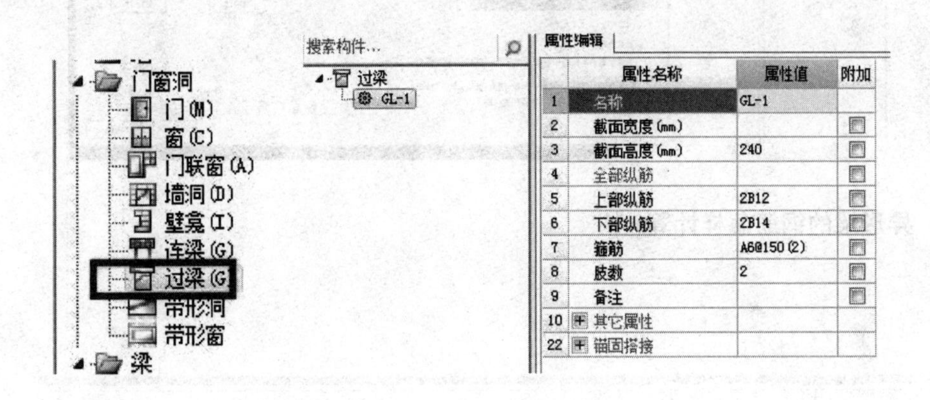

3. 问：圈梁是沿建筑物外墙四周及部分或全部内墙设置的水平、连续、封闭的梁，为什么有的图纸出现断开、不连续的圈梁呢？

答：圈梁有可能被门窗洞口截断。钢筋混凝土圈梁的高度不小于 120mm，宽度与墙厚相同。当圈梁被门窗洞口截断时，应在洞口上部增设相同截面的附加圈梁，其配筋和混凝土强度等级均不变，附加圈梁就是一字圈梁。

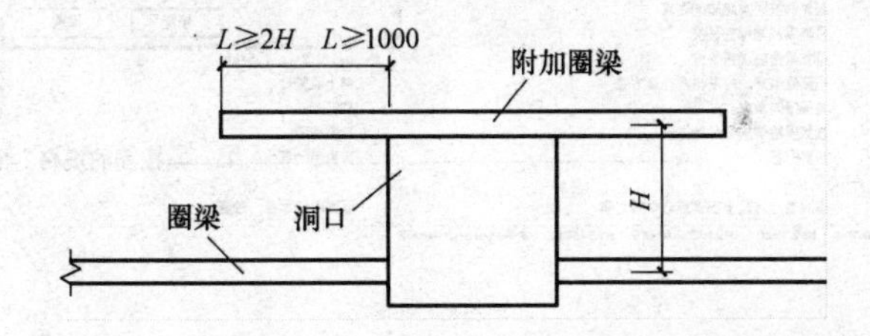

4. 问：软件中生成侧面钢筋的设置方法是什么？梁腹板高与梁高应该怎样设置？

答：如图所示。

5. 问：异形梁的钢筋怎样计算？

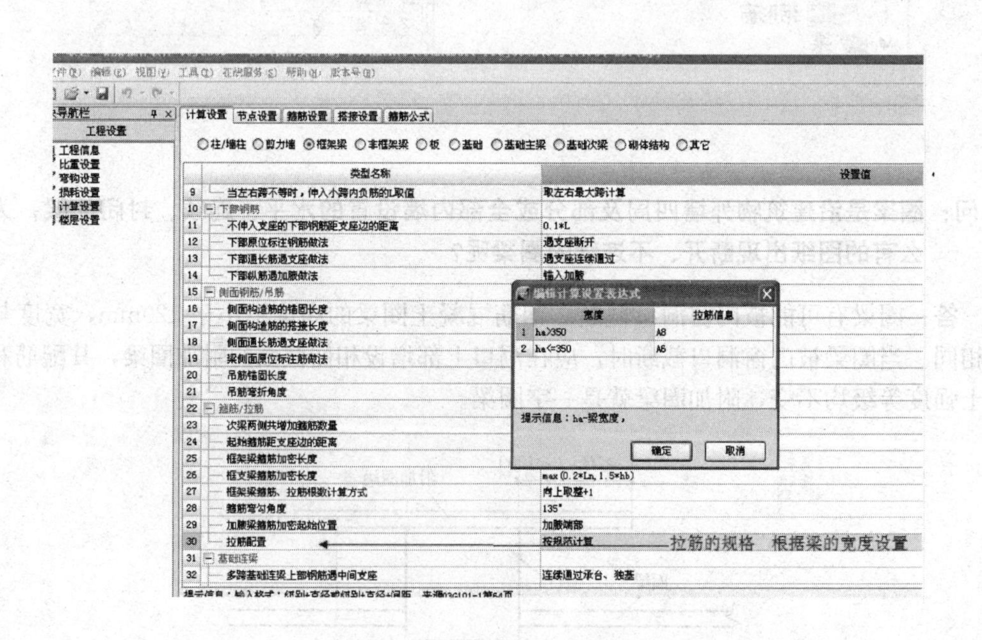

答：新建异形梁，画好梁后只配上部钢筋和下部钢筋，c8-200 的箍筋在其他钢筋里处理即可。

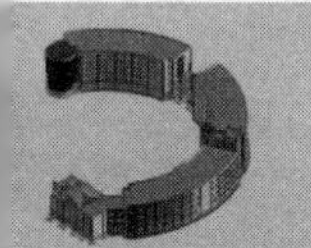

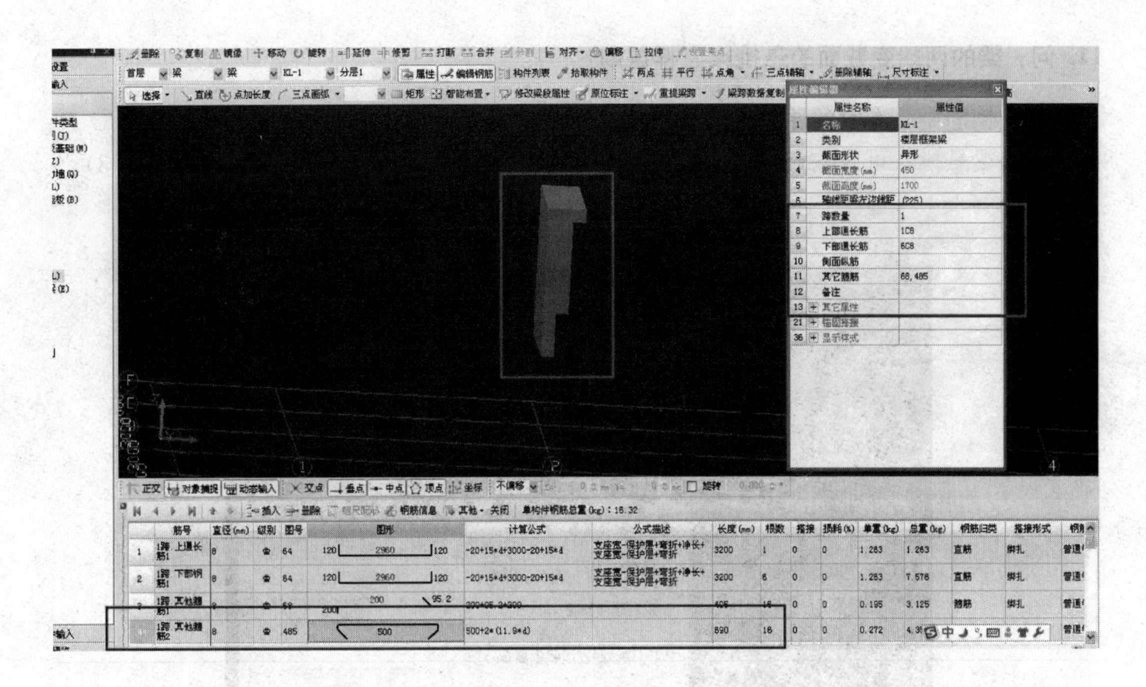

6. 问：在同一梁中有不同截面，在变截面处有钢筋加强信息，这种情况下加强的钢筋应该怎样布置?

答：在梁中不同截面处，软件根据计算节点自动计算该截面处的钢筋，对于另加强的钢筋，可以通过“原位标注”中的“其他钢筋”进行输入计算，或通过编辑钢筋输入计算。

7. 问：在钢筋软件中连梁应该画到门窗、洞两边的暗柱的什么位置?

答：连梁中钢筋的锚固设置是在楼层设置中的“楼层缺省钢筋的设置”中修改的，其计算长度是：净长＋左锚固＋右锚固，它的锚固值与暗柱的位置没有关系，所以，连梁设置在暗柱的内边缘和中心都是可以的。

8. 问：连梁为什么一定要绘制在剪力墙上?

答：连梁是在剪力墙结构和框架-剪力墙结构中 ，连接墙肢与墙肢、墙肢与框架柱的梁。通常布置在门窗、洞口上，是一种钢筋加强部件。它依附于剪力墙，是剪力墙的一部分，起连系作用，不抗震。所以连梁必须绘制在剪力墙上。

9. 问：为什么有些梁相交却无法自动生成吊筋和次梁加筋?

答：这是梁属性的问题。如果设置主次梁相交布置，那么次梁跟次梁就不存在加密了。如果设置次梁跟次梁相交，那么主次梁可能就忽略了。

10. 问：梁的节点标注在柱的中心与边线上，是否对钢筋数量有影响?

答：梁的节点标注在柱的中心与边线上，不会对钢筋量有影响，梁的支座钢筋不论标注在何位置，只要输入梁的左、右支座钢筋或中间支座钢筋即可。

11. 问：梁的两端变截面的悬挑梁怎样绘制？

答：钢筋中，在梁的原位标注中，输入梁变截面尺寸，用“/”分隔。

一跨梁悬挑，可以按点加长布置（见图1），变截面（见图2）；三维效果（见图3）。

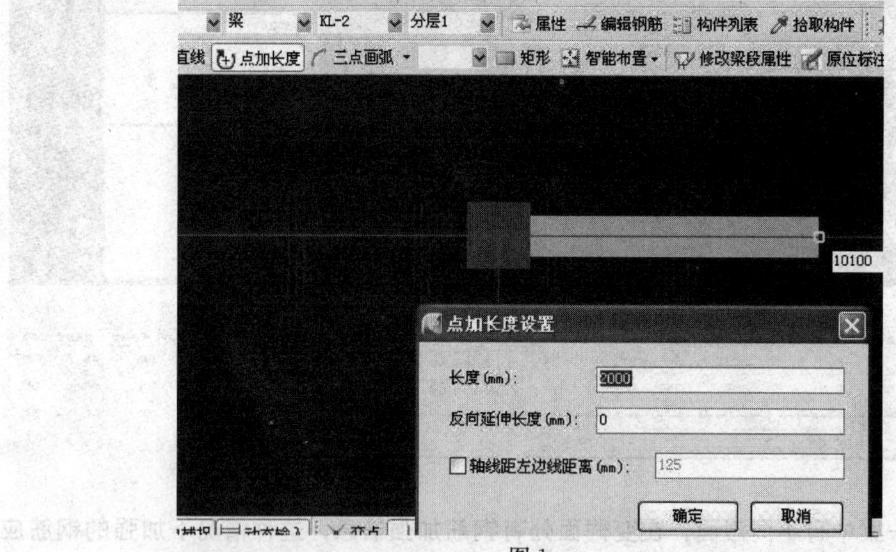

图1

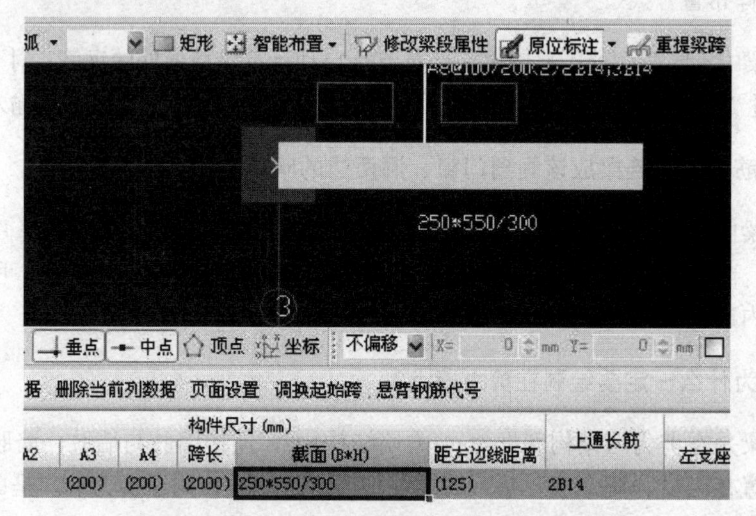

图2

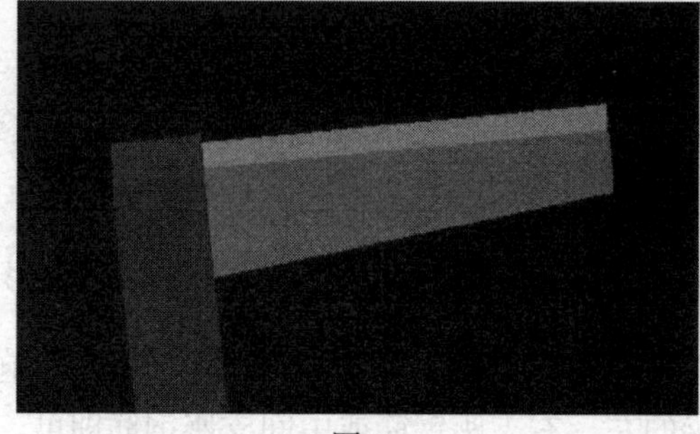

图3

广联达GGJ2009钢筋算量软件应用问答

12. 问：梁里面有弯起的钢筋吗？如果有应该怎样绘制？

答：梁里面是有弯起钢筋，以前用得较多，现在很少有设计再用它。它与悬挑梁里的某种弯起钢筋有点相似，但悬挑梁的弯起钢筋软件已经设置好了，只要选择即可。梁跨中部位的弯起钢筋，则需要自己输入，既可以在“其他箍筋”中编辑，也可在“编辑钢筋”里增补。

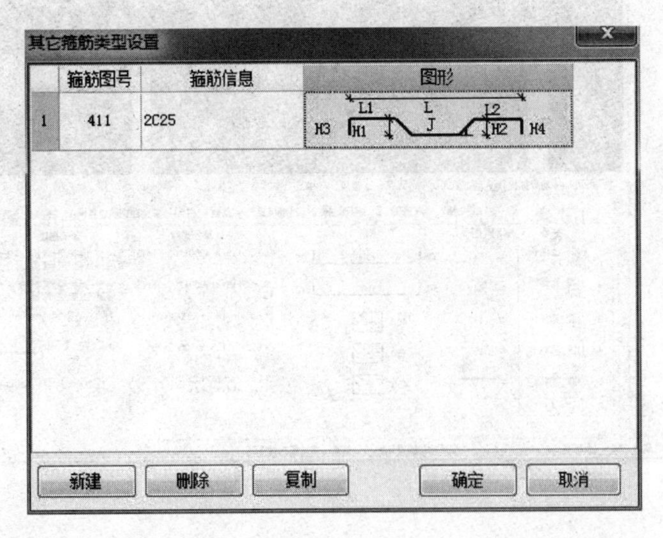

13. 问：某条梁的箍筋只在某一跨的某段范围内加密，该如何处理？

答：在集中标注时输入（属性编辑）或者在原位标注的表格箍筋栏输入。

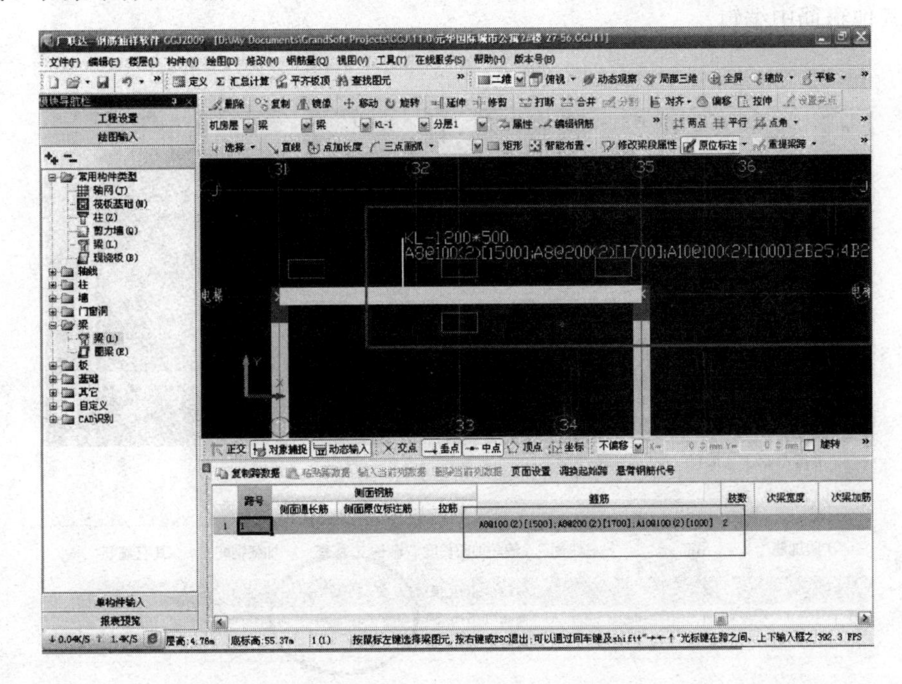

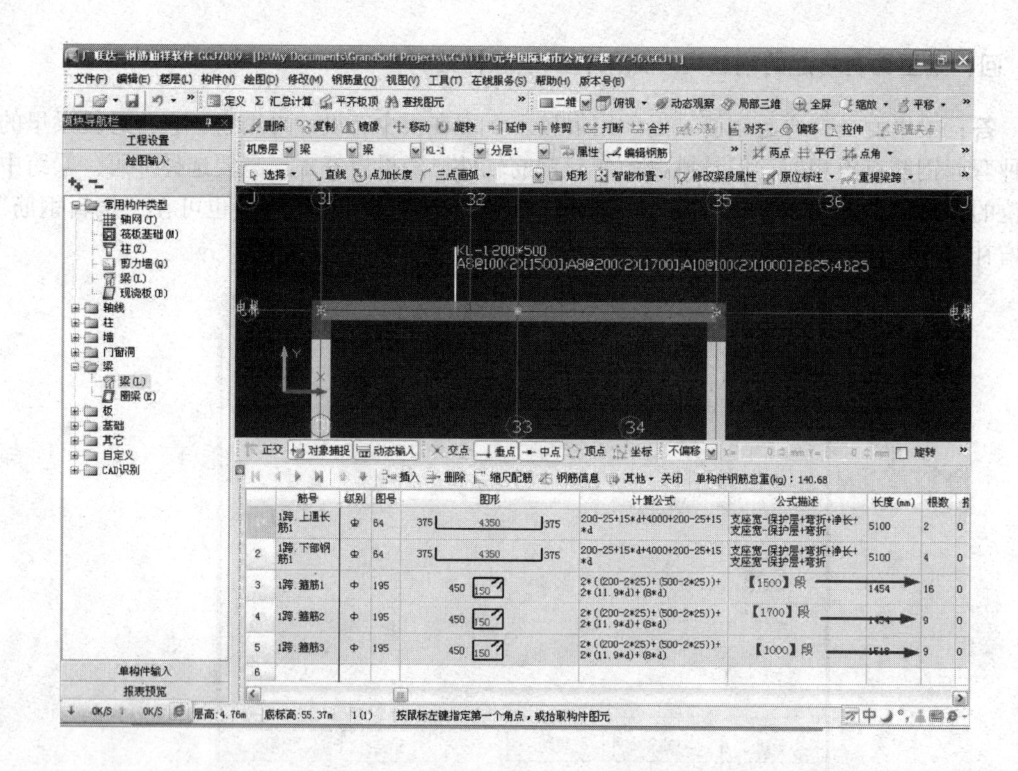

14. 问：框支梁在同一支座既有平面加腋部分，又有竖向加腋部分，应如何定义？

答： 梁底的加腋，可以在原位标注的识别表格中输入，平面的加腋钢筋，只能是在梁属性的其他箍筋中编辑。

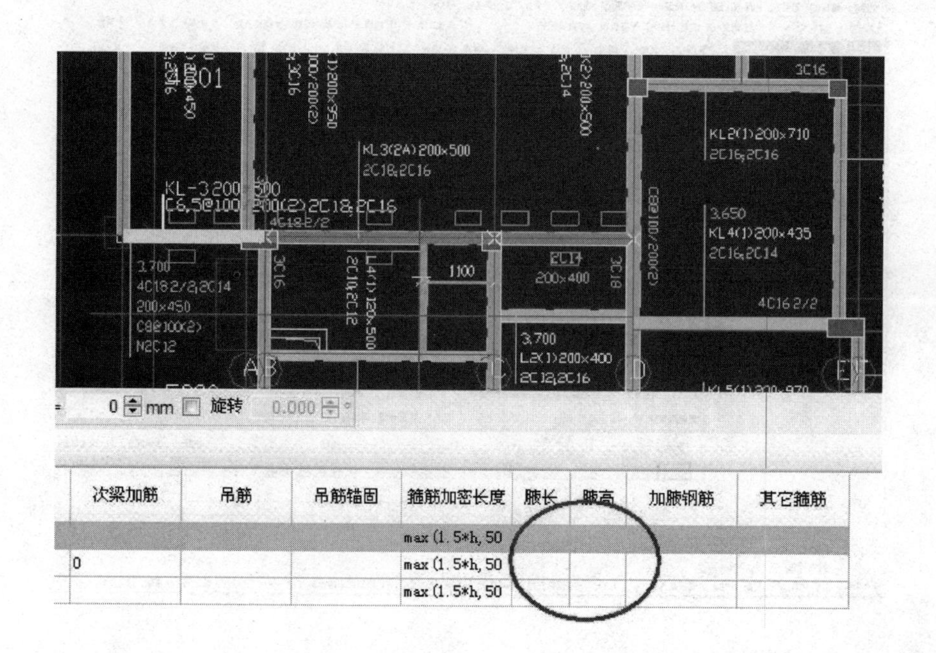

15. 问：钢筋混凝土过梁图集 L03G303 中，混凝土加气块墙上过梁应选用 A、B、C 哪类墙体材料？

答：混凝土加气块墙上过梁应选用 A，依据是 A 材料图集要求之一是粉煤灰砖和加气块都属于轻质墙体（详见图集）。

16. 问：连梁指的是什么梁？

答：连梁是指两端与剪力墙相连且跨高比小于 5 的梁，框架梁是指两端与框架柱相连的梁，或者两端与剪力墙相连但跨高比不小于 5 的梁。

17. 问：钢筋算量中梁应该绘制到剪力墙暗柱边还是柱中心线上，两者的钢筋数量有区别吗？

答：这个问题涉及短肢剪力墙结构中剪力墙、暗柱和梁的绘制顺序：

（1）暗柱、连梁、暗梁都是墙构件，一般绘制顺序是先剪力墙（有连梁的需要断开，有暗柱的地方也要有墙）其次暗柱、连梁、暗梁（这三者无先后）。

（2）框架梁和其他梁一定要在前面的基础上绘制，这就涉及支座和锚固的问题：

① 如果连梁画到暗柱中心，则以暗柱为支座，且锚固通长筋＝2（支座宽＋弯折-保护层）＋净长（不含支座部分）。

② 如果画到暗柱边或墙边，则没有支座，这时是直锚，通长筋＝直锚＋净长＋直锚。

③ 如果画到墙内部（无暗柱），则以墙为支座，且弯锚，通长筋＝2（支座宽＋弯折－保护层）＋净长。这个看似和①相同，其实不然，即使扣除保护层并弯锚，但此时软件识别梁画到哪里对计算结果会有影响的，如果想和现场做法一样，只要画满洞口范围就行了，这样软件是按洞口宽度加上两个直锚长度计算的。如果画到暗柱的中心线就是按弯锚计算的。建议用第一种方法比较合理。因为暗柱也是墙的一部分，梁的支座应该是墙。支座宽为 0。

18. 问：如何删除已提取的 CAD 图层？

答：先切换到 CAD 界面，选择“CAD 草图”，点击“清除 CAD”，弹出“确认”对话框，点击确认即可。

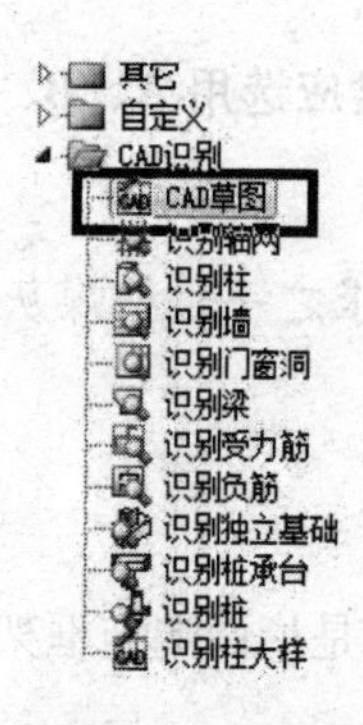

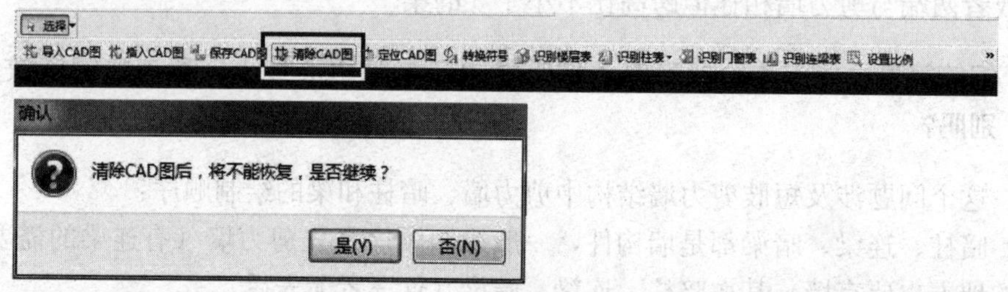

19. 问：梁以暗柱为支座，暗柱有剪力墙，应该是直锚固，但软件中默认为弯锚固，怎样才能把锚固设置为直锚固？

答：绘图时把梁和墙相接触设置墙为支座即可。软件中有“线框”选项。截图所示是在“动态观察”下，找到图中“线框”选择即可。计算后选择“编辑钢筋”即可看到。

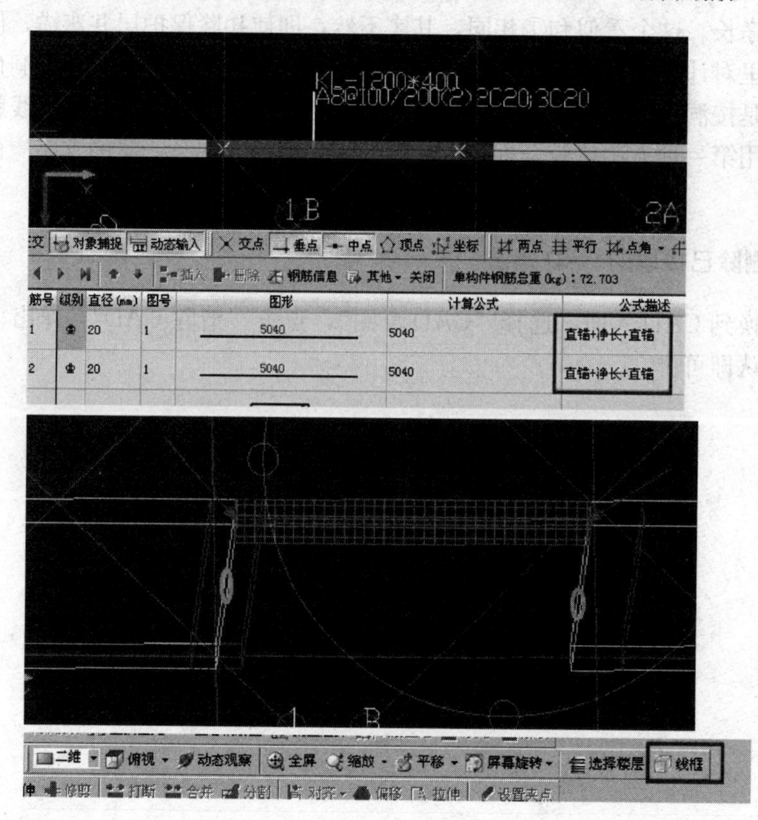

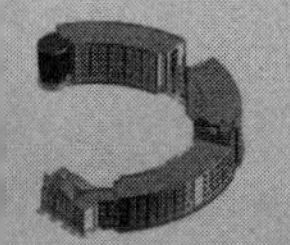

20. 问：广联达软件中连梁的侧面纵筋会多出一个间距，现有两个异形柱中间的梁，要怎样输入才合适？

答：和普通梁一样，在侧面纵筋栏内输入侧面纵筋的根数，不用输入间距，图纸中给出了间距，可以根据梁的截面高度除以间距得出侧面纵筋的根数，然后直接在侧面纵筋栏输入总根数即可。

21. 问：卫生间止水带用圈梁定义绘制后门洞口和剪力墙、暗柱等会自动扣除吗？

答：会的，圈梁与墙、柱有扣减关系。

22. 问：圈梁的箍筋设置为什么没有选项？

答：软件默认的一肢箍只有竖向，但遇到圈梁时，可以将箍筋输入到其他箍筋中，长度取 b 边长减去两个保护层厚度，水平钢筋照常输入即可。

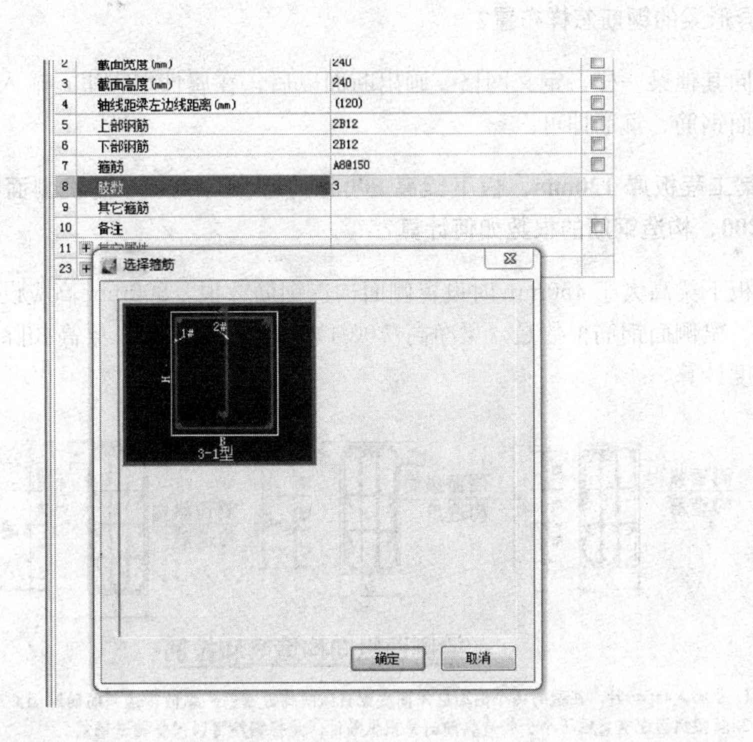

23. 问：女儿墙里面的 La、Lc 应该怎样绘制？

答：La 两种可以按暗梁定义布置（定义暗梁标高）。Lc 用梁定义（用暗梁定义也行，就是上面墙下面没有锚固）布置，上面再用墙和压顶定义布置即可。

24. 问：梁加腋怎样绘制？

答：原位标注表格当中输入即可。

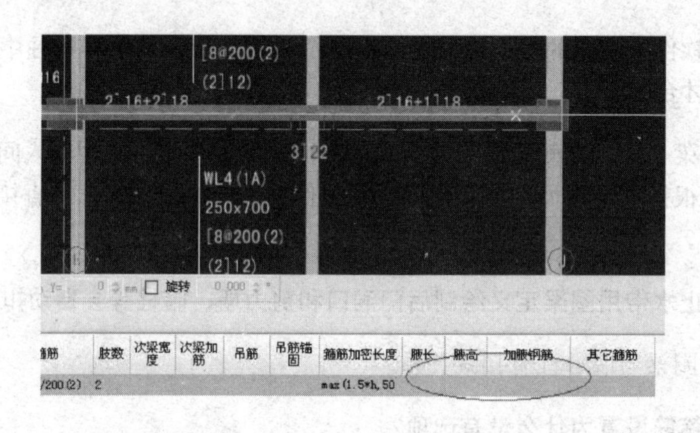

25. 问：异形梁的钢筋怎样布置？

答：同其他梁一样，定义网格，画出断面以后，在属性编辑里，输入上部钢筋、下部钢筋、侧面钢筋、箍筋即可。

26. 问：某工程板厚 120mm，板下梁高 800mm，大于 400mm 需设侧面构造钢筋 B12@200，构造钢筋的根数如何计算？

答：板下梁高大于 450mm 时设置侧面构造钢筋 2 根，800mm 高应设置 6 根侧面钢筋对称布置。梁侧面钢筋根数是（梁净高/200-1）＊2，有板的梁，梁高扣除板厚，无板的梁按设计高度计算。

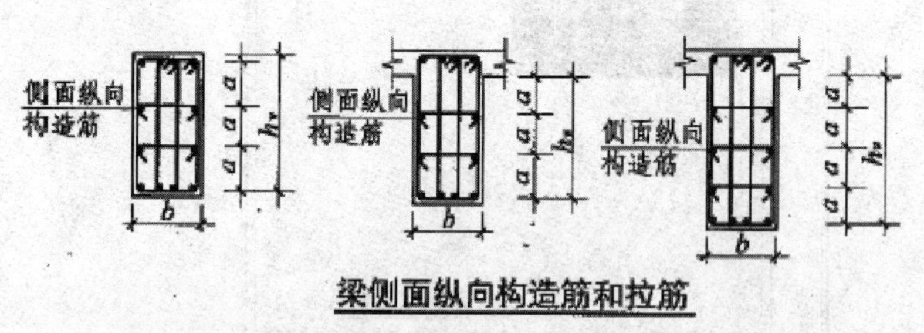

梁侧面纵向构造筋和拉筋

注：1. 当h_w≥450mm时，在梁的两个侧面应沿高度配置纵向构造钢筋；纵向构造钢筋间距 a≤200mm。
2. 当梁侧面配有直径不小于构造纵筋的受扭纵筋时，受扭钢筋可以代替构造钢筋。
3. 梁侧面构造纵筋的搭接与锚固长度可取15d。梁侧面受扭纵筋的搭接长度为l_{lE}或l_l，其锚固长度为l_{aE}或l_a，锚固方式同框架梁下部纵筋。
4. 当梁宽≤350mm时，拉筋直径为6mm；梁宽>350mm时，拉筋直径为8mm。拉筋间距为非加密区箍筋间距的2倍。当设有多排拉筋时，上下两排拉筋竖向错开设置。

不伸入支座的梁下部纵向钢筋断点位置 附加箍筋范围　附加吊筋构造　梁侧面纵向构造筋和拉筋								图集号	11G101-1
审核	吴汉福	吴汉福	校对	罗　斌	罗斌	设计	袁文章	页	87

标准构造详图

27. 问：怎样使用三维钢筋功能？

答：在汇总计算之后才可以利用“钢筋三维功能”看到构件中的钢筋。但不是所有的构件都可以看到的（砖混结构），操作的时候下方会有相应的提示。

28. 问：挑梁端部加筋软件如何设置？

答：在节点设置里面选择悬挑端的钢筋方式，本梁端肯定有次梁，附加箍筋在次梁加筋里面输入即可。

29. 问：异形梁使用原位标注后，方向发生改变是怎么回事？

答：可以在原位标注中点调整起始跨，如果是其他类别的梁，不用原位标注的可以用镜像功能。

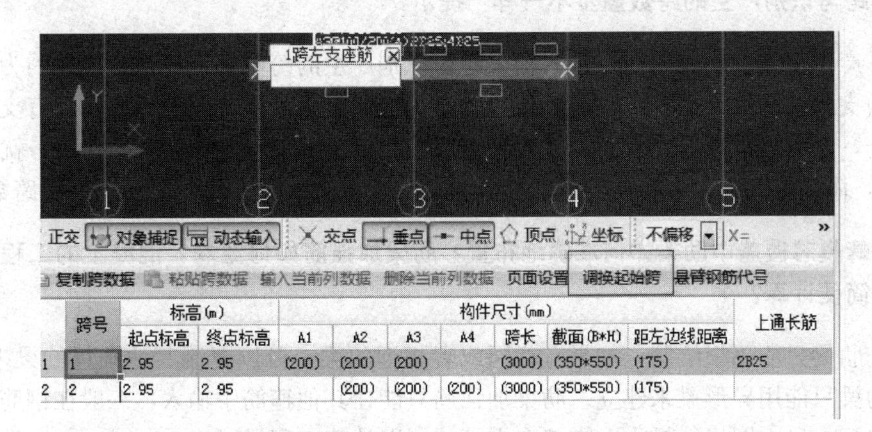

	跨号	标高(m)		构件尺寸(mm)							上通长筋
		起点标高	终点标高	A1	A2	A3	A4	跨长	截面(B*H)	距左边线距离	
1	1	2.95	2.95	(200)	(200)	(200)		(3000)	(350*550)	(175)	2B25
2	2	2.95	2.95		(200)	(200)	(200)	(3000)	(350*550)	(175)	

30. 问：两端都有暗柱的剪力墙与框架梁连接时，框架梁应该绘制到什么位置？

答：平行与剪力墙的梁在画图时只要布满洞口范围即可，目前这种方法比较好，计算的结果与施工现场一样，都是按直接锚入墙内一个锚固长度计算的，即剪力墙边。

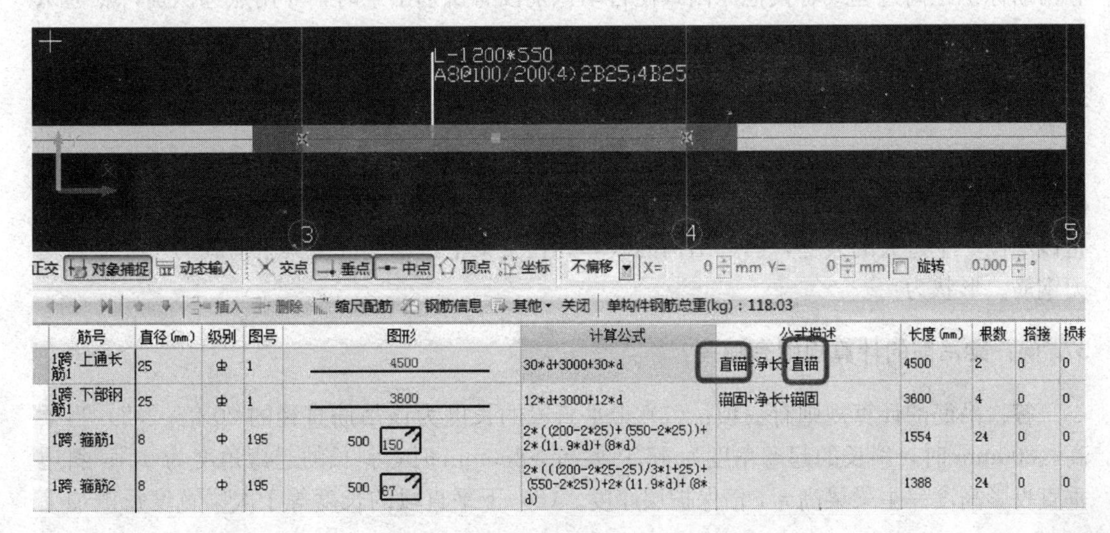

筋号	直径(mm)	级别	图号	图形	计算公式	公式描述	长度(mm)	根数	搭接	损耗
1跨.上通长筋1	25	⊈	1	4500	30*d+3000+30*d	直锚+净长+直锚	4500	2	0	0
1跨.下部钢筋1	25	⊈	1	3600	12*d+3000+12*d	锚固+净长+锚固	3600	4	0	0
1跨.箍筋1	8	⌀	195	500 150	2*((200-2*25)+(550-2*25))+2*(11.9*d)+(8*d)		1554	24	0	0
1跨.箍筋2	8	⌀	195	500 87	2*(((200-2*25-25)/3*1+25)+(550-2*25))+2*(11.9*d)+(8*d)		1388	24	0	0

31. 问：坡屋面屋脊折板处暗梁怎样绘制？

答：用屋面框架梁定义即可，屋脊折板利用三点定义斜板，将梁平齐。板顶软件会自动计算折板处的钢筋。

32. 问：软件怎么绘制悬挑梁？

答：当只画悬臂部分时：选择点加长度，先点悬臂支座处的插入点，再用 Shift＋左键（其数值可以任意填写，只要保证方向正确即可），在弹出的对话框内输入悬臂梁的长度。当和框架梁一起绘制时：用 Shift＋左键，先找到悬臂的端点，再找框架梁的另一端点。

33. 问：用广联达钢筋算量时梁都绘制好后重新提梁跨时，为什么会出现“当前输入的梁跨与识别产生的跨数量步不一样”提示？

答：产生这个问题的原因是输入的梁跨与识别产生的跨数不一样，可能是因为梁下面有可以为支座的构件，而实际没有默认为支座，比如点击一下支座处，有的没有支座的小叉号标记，这时可以选择在支座处“设置支座”，如果显示跨数多于实际跨数，就要“删除支座”，而重提两跨是一个快速的功能，可以快速处理，需要检查是否与实际跨数相符。

34. 问：蜂巢芯楼盖中肋梁如何准确地布置？肋梁加强筋如何绘制？混凝土的工程量如何简便计算？

答：肋梁只能逐根绘制，如果有相同或者相近的梁，可以复制其他画过的梁来修改，不规则的梁只能用异形梁来建立。肋梁加强筋只能在其他箍筋中输入，一般在钢筋中把构件画出来了，导入图形算量中，直接套定额就可以计算工程量了。

35. 问：自动识别吊筋和点选识别吊筋分别在什么情况下使用？

答：先用自动识别吊筋，自动识别时软件会自动匹配吊筋线和吊筋标识。如果吊筋线和吊筋标识距离过远或者其他原因致使自动识别没有识别出来时，才用点选识别，点选识别可以自己指定吊筋线和标识。

36. 问：梁吊筋的概念是什么？在软件中是怎么布置的？

答：吊筋的作用是由于梁的某部受到大的集中荷载作用，为了使梁体不产生局部严重破坏，同时使梁体的材料发挥各自的作用而设置的，主要布置在剪力有大幅突变部位，防止该部位产生过大的裂缝，引起结构的破坏。在主梁中，承受次梁集中荷载的一种纵向受力钢筋。形状为：＼ ／。

37. 问：梁吊筋的计算规则有哪些？

答：吊筋的计算规则有三项：(1) 上平直段的长度为该吊筋直径的 20 倍。(2) 当梁高≤800mm 时，斜长的起弯角度为 45°；梁高＞800mm 时，斜长的起弯角度为 60°；斜边垂直投影高度＝主梁梁高－1 倍保护层厚度。(3) 下平直段的长度等于次梁宽度每侧加上

50mm。计算公式：吊筋长度=2＊锚固（20d）+2＊斜段长度+次梁宽度+2＊50，并且所有抗震等级，从一级、二级、三级、四级以及非抗震等级的构造是一样的。

38. 问：梁的吊筋、侧面构造筋和拉筋的构造在施工时怎样布置?

答：在钢筋软件中，可以直接在工程设置的计算设置梁类型中的第12项次梁两侧共增加箍筋数量里直接输入根数。也可以用软件的自动生成吊筋功能，可以在软件帮助菜单的新特性里找到此功能的介绍，里面有吊筋方面的知识和具体软件的操作步骤，还可以在梁下方的表格中输入吊筋的信息。

39. 问：在GGJ2009中基础层的主梁跟次梁交接处，怎样绘制吊筋?

答：基础梁的吊筋只能在梁平法表格中进行输入，如下图所示。

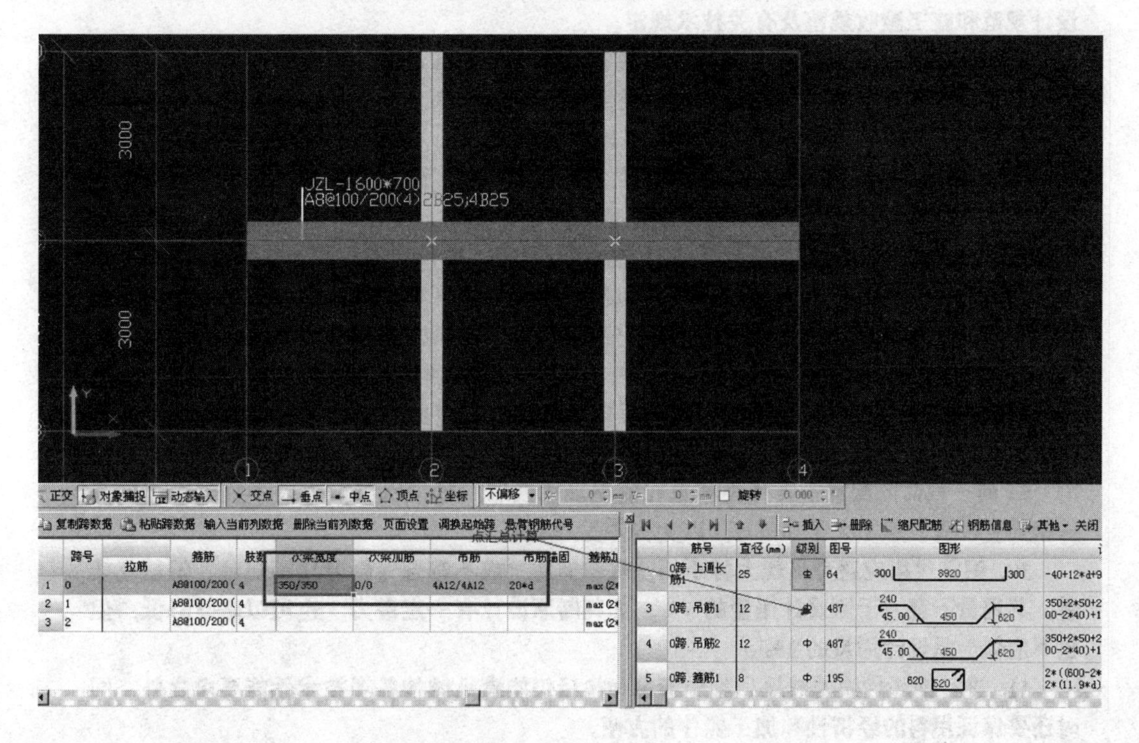

40. 问：在钢筋10.0中，如果梁的箍筋是A10@100/200，侧面纵筋是G2@12，它的拉筋就会默认成A6，在什么情况下需要修改?

答：设计图没有标注时不用去修改。如果设计图标注的拉筋不是A6的，便需要修改。软件会按截面来判断拉筋的信息，判断条件可以在计算设置里面进行设置。

41. 问：钢筋代换的原则是什么?

答：（1）钢筋代换最重要的原则，就是需要征得设计人的同意。而设计如何考虑承载力、损失值、疲劳验算等参数外人是不知道的，因此代换人实际相当于“无法参与结构计算”。

（2）钢筋代换一般需要考虑以下几点：

① 代换后的钢筋的“钢筋抗力”不小于施工图纸上原设计配筋的“钢筋抗力”；

② 构件内配有不同种类的钢筋时，每种钢筋均应采用各自的强度设计值；

③ 当钢筋代换需要增加排数时，会使构件截面的有效高度 h_0 相应减小，此时应进行强度复核，并保证与原设计抗弯强度相当；

④ 当构件按裂缝宽度或挠度控制时，钢筋代换后需要进行抗裂度、挠度验算。以上内容一般通过软件计算完成，现在已很少有手算操作的。

9.1.1 钢筋代换基本原则

1. 在施工中，已确认工地不可能供应设计图要求的钢筋品种和规格时，才允许根据库存条件进行钢筋代换。

2. 代换前，必须充分了解设计意图、构件特征和代换钢筋性能，严格遵守国家现行设计规范和施工验收规范及有关技术规定。

3. 代换后，仍能满足各类极限状态的有关计算要求以及必要的配筋构造规定（如受力钢筋和箍筋的最小直筋、间距、锚固长度、配筋百分率、以及混凝土保护层厚度等）；在一般情况下，代换钢筋还必须满足截面对称的要求。

4. 对抗裂性要求高的构件（如吊车梁，薄腹梁、屋架下弦等），不宜用Ⅰ级光面钢筋代换Ⅱ、Ⅲ级变形钢筋，以免裂缝开展过宽。

5. 梁内纵向受力钢筋与弯起钢筋应分别进行代换，以保证正截面与斜截面强度。

6. 偏心受压构件或偏心受拉构件（如框架柱、承受吊车荷载的柱、屋架上弦等）钢筋代换时，应按受力方面（受压或受拉）分别代换，不得取整个截面配筋量计算。

7. 吊车梁等承受反复荷载作用的构件，必要时，应在钢筋代换后进行疲劳验算。

8. 当构件受裂缝宽度控制时，代换后应进行裂缝宽度验算。如代换后裂缝宽度有一定增大（但不超过允许的最大裂缝宽度，被认为代换有效），还应对构件作挠度验算。

9. 同一截面内配置不同种类和直径的钢筋代换时，每根钢筋拉力差不宜过大（同品种钢筋直径差一般不大于5mm），以免构件受力不匀。

10. 钢筋代用应避免出现大材小用，优材劣用，或不符合专料专用等现象。钢筋代换后，其用量不宜大于原设计用量的5%，如判断原设计有一定潜力，也可以略微降低，但也不应低于原设计用量的2%。

11. 进行钢筋代换的效果，除应考虑代换后仍能满足结构各项技术性能要求之外，同时还要保证用料的经济性和加工操作的方便。

12. 重要结构和预应力混凝土钢筋的代换应征得设计单位同意。

42. 问： 在砖混结构中，圈梁在窗洞口上时代替过梁，截面加高，钢筋有加筋，箍筋变高，在钢筋算量时如何处理?

答： 分别把过梁和圈梁绘制上去即可，软件可以自动计算箍筋的数量。

43. 问： 57°的折梁应该如何绘制?

答： 可以把梁分成两段去绘制，分别修改两段梁的起点标高与终点标高，然后选择两段梁合并，再汇总即可。

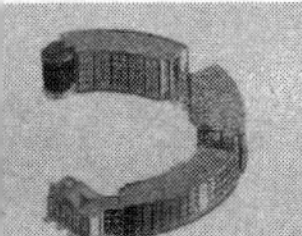

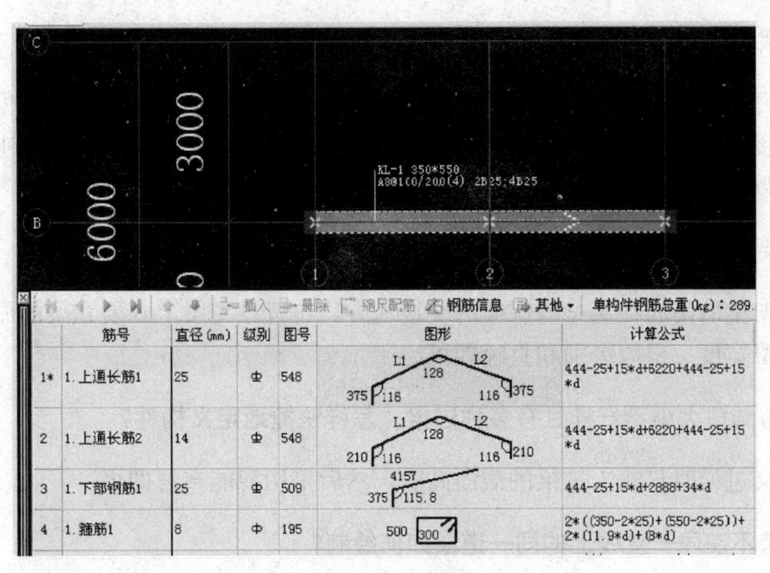

	筋号	直径(mm)	级别	图号	图形	计算公式
1*	1.上通长筋1	25	⌀	548	L1 128 L2 375 116 116 375	444-25+15*d+6220+444-25+15*d
2	1.上通长筋2	14	⌀	548	L1 128 L2 210 116 116 210	444-25+15*d+6220+444-25+15*d
3	1.下部钢筋1	25	⌀	509	4157 375 115.8	444-25+15*d+2888+34*d
4	1.箍筋1	8	⌀	195	500 300	2*((350-2*25)+(550-2*25))+2*(11.9*d)+(8*d)

44. 问：某工程地下室顶标高为－0.05m，独基顶标高也为－0.05m，梁顶标高为－0.85m，在类别中，这层梁应该归为哪类梁？

答：所提梁应该是楼层框架梁，地框梁的新建也是用楼层框架梁来处理的。主要依据以下几点：(1) 查看梁编码，框架梁为KL＊＊，基础梁为JZL＊＊；(2) 查看所处位置，位于基底一般为基础梁，如距基底有一定距离或者靠近±0.00一般为框架梁；(3) 基础梁和框架梁配筋是相反的，框架梁支座加筋在上部，基础梁支座加筋在下部，基础梁的受力弯矩和框架梁刚好相反；(4) 在GGJ2009钢筋算量中，基础梁在基础里面新建，而框架梁是在梁里面新建。

45. 问：梁的钢筋的原位标注和平法表格填完后钢筋计算汇总时为什么会提示"楼层中有未提取跨的梁"呢？

答：汇总计算，提示没有提出的梁构件名称，点击就会找到没有提取的梁，做原位标注即可。

46. 问：钢筋汇总计算时，提示多处梁梁跨未识别，应该怎样修改？

答：双击错误构件列表，错误构件的名称，会自动找到这个梁，重新提取梁跨，进行重新识别即可。如果未识别，会影响钢筋工程量的计算，如下图所示。

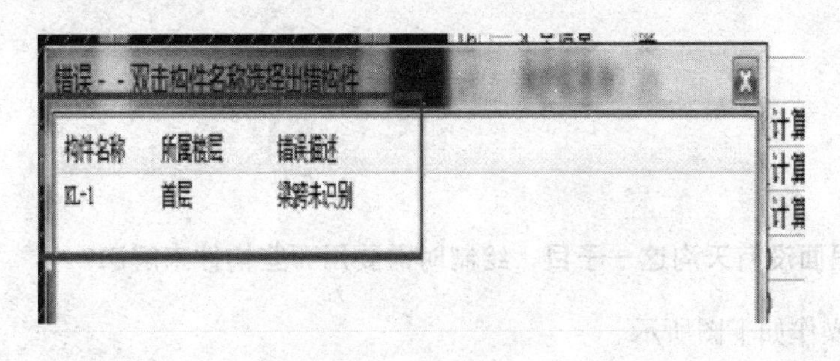

47. 问：框架梁中钢筋允许的搭接范围，计算钢筋接头个数时需要考虑吗？

答：计算主筋时可以不用考虑接头的位置，按总的长度计算接头即可。但在计算箍筋时，因为在接头区域箍筋有加密的要求，需要按规范的要求，按接头在梁跨中位置的方案计算箍筋的数量，即两个分开考虑计算。

48. 问：框架梁的吊筋怎样绘制呢？

答：框架梁的吊筋在主梁与次梁的交接地方，布置在主梁上，要在梁的原位标注中标注，输入次梁宽度、根数级别和直径即可。

49. 问：门窗洞口大小不一样且有多种过梁，怎样快捷地定义构件？

答：定义过梁时只输入过梁的截面高度，然后采用智能布置即可。

50. 问：两跨不在同一直线上的同一道梁如何绘制？

答：直接在原位标注中调整“距左边线距离”即可，如附图。

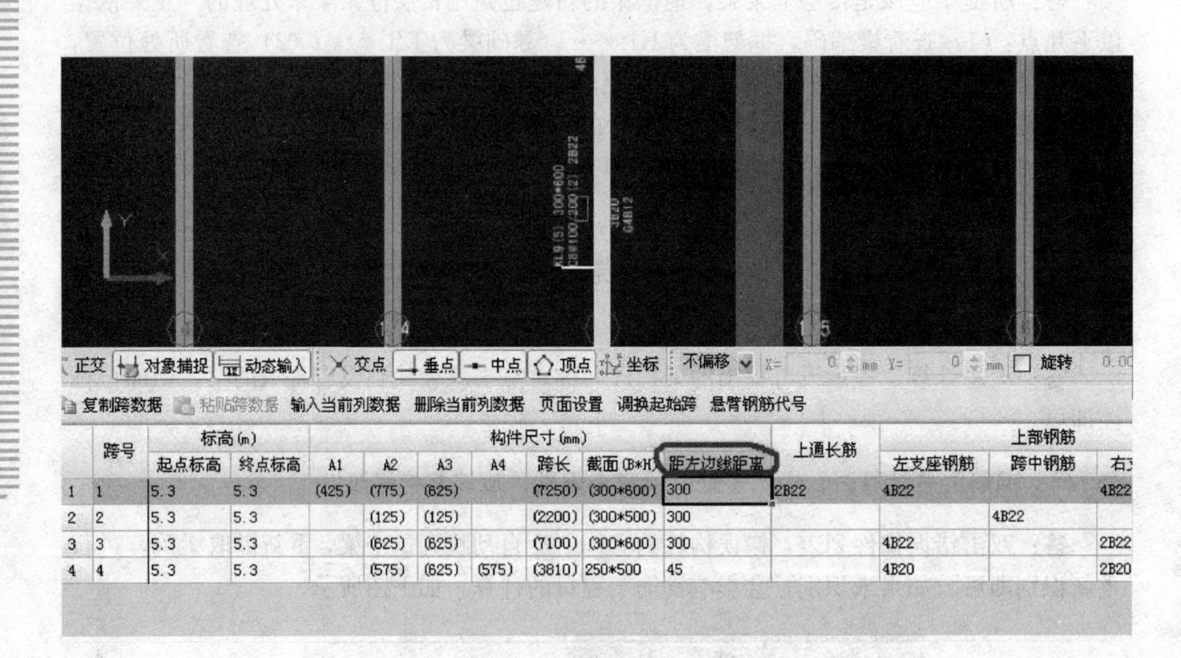

51. 问：钢筋里面没有天沟这一子目，绘制时需要用哪些构件来解决？

答：具体操作如下图所示。

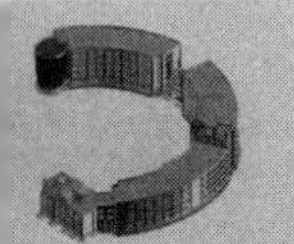

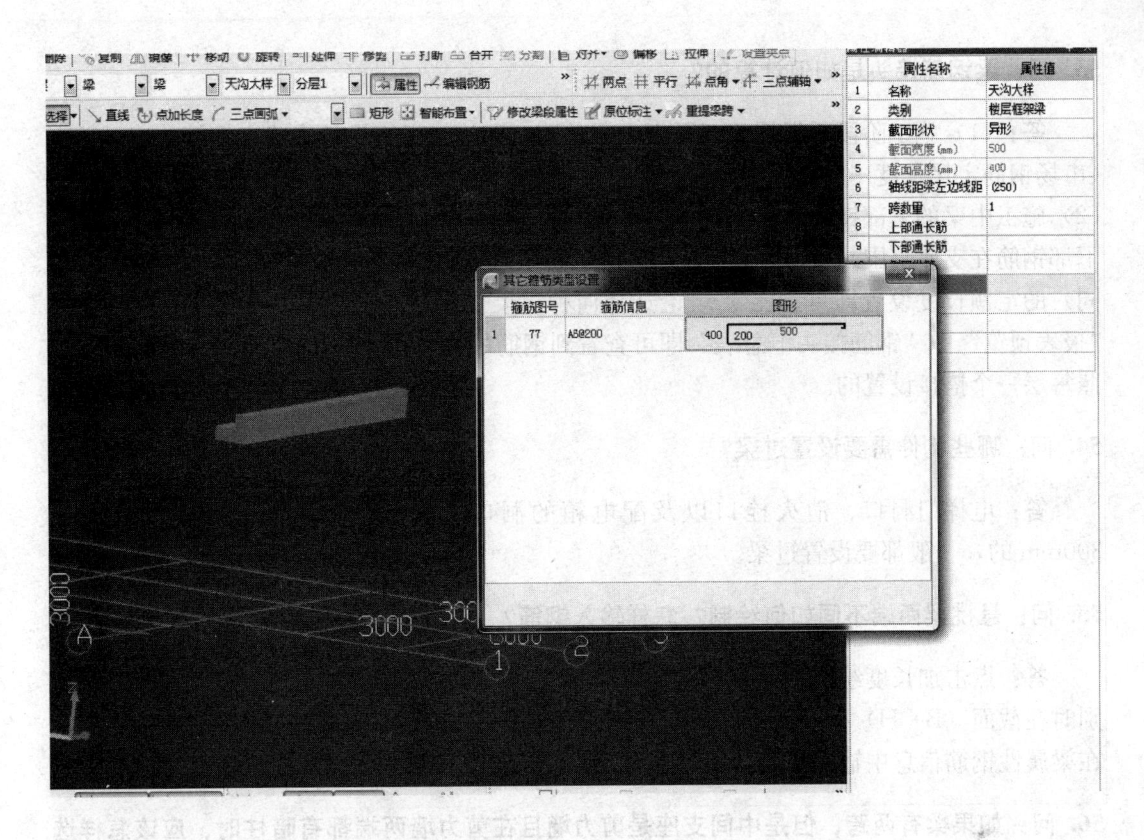

52. 问：建立钢筋属性中有两种类型的箍筋时，应该怎样处理？

答：如果有两种不同的箍筋信息可以采用加号连接，箍筋以“+”为分隔符，当加密和非加密的肢数不同时，“+”的前后不能同时出现箍筋的肢数信息。箍筋信息中含有两个箍筋肢数时，表示加密和非加密的箍筋肢数，出现一个且在箍筋信息的最后时，表示加密和非加密的箍筋肢数相同。例如：A10@100/A8@200+A8@100（4*4）/A6@200（2*2）。

在软件的帮助中有关于每个构件不同箍筋的输入方法。

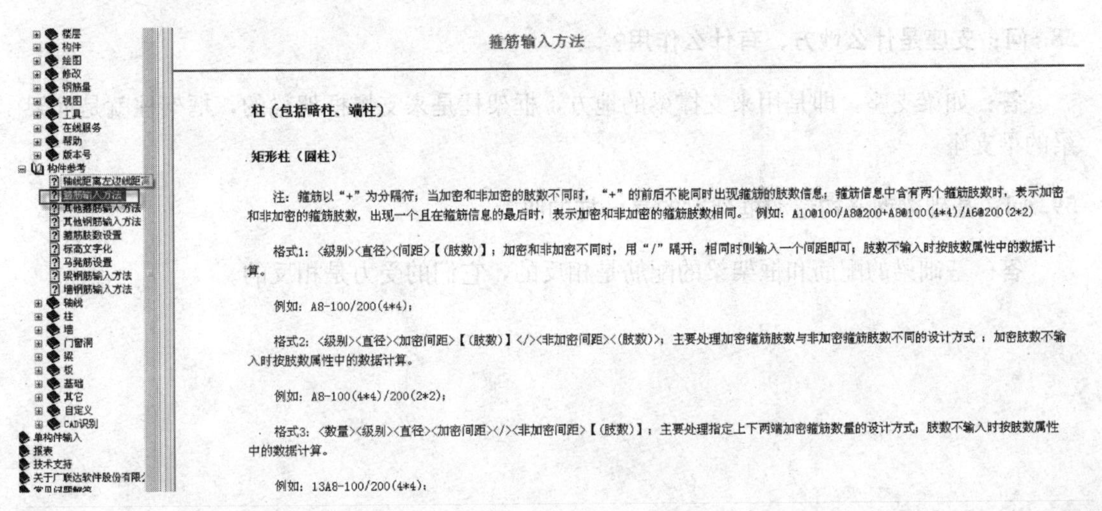
箍筋输入方法

柱（包括暗柱、端柱）

矩形柱（圆柱）

注：箍筋以“+”为分隔符；当加密和非加密的肢数不同时，“+”的前后不能同时出现箍筋的肢数信息；箍筋信息中含有两个箍筋肢数时，表示加密和非加密的箍筋肢数，出现一个且在箍筋信息的最后时，表示加密和非加密的箍筋肢数相同。 例如：A10@100/A8@200+A8@100(4*4)/A6@200(2*2)

格式1：<级别><直径><间距>【(肢数)】；加密和非加密不同时，用“/”隔开；相同时则输入一个间距即可；肢数不输入时按肢数属性中的数据计算。

例如：A8-100/200(4*4)；

格式2：<级别><直径><加密间距>【(肢数)】</><非加密间距><(肢数)>；主要处理加密箍筋肢数与非加密箍筋肢数不同的设计方式 ；加密肢数不输入时按肢数属性中的数据计算。

例如：A8-100(4*4)/200(2*2)；

格式3：<数量><级别><直径><加密间距></><非加密间距>【(肢数)】；主要处理指定上下两端加密箍筋数量的设计方式；肢数不输入时按肢数属性中的数据计算。

例如：13A8-100/200(4*4)；

53. 问：梁钢筋接头是如何计算的？

答：（1）施工阶段要根据施工图纸中梁的跨度和施工组织设计来确定钢筋的定尺长度（市场钢筋定尺长度一般为9000mm和12000mm），做到最大限度地节约钢筋和少用搭接。（2）施工中梁的上部钢筋和下部钢筋的搭接位置是有严格要求的（上部钢筋在跨中范围，下部钢筋在支座范围）。（3）做施工预算时，不考虑梁的搭接部位，按照当地（各地区不同）的定额长度设置即可。（4）不论选择何种定尺长度，点击“汇总计算”后，再选择“报表预览”中“钢筋接头汇总表”即可查看到钢筋的接头数量。（5）墙、柱的钢筋是按照每层一个搭接设置的。

54. 问：哪些构件需要设置过梁？

答：电梯门洞口、消火栓口以及配电箱的洞口上一般需要布置过梁。洞口大于300mm的，一般都要设置过梁。

55. 问：悬挑梁两端不同如何绘制？怎样输入钢筋？

答：点击加长度绘制，两端信息在原位标注时输入悬挑梁跨是上部通长筋2C25，识别时在截面（B＊H）框输入200＊500/300，上通长筋框输入3-2C25，下部筋和箍筋分别在梁属性钢筋信息中输入即可。

56. 问：如果梁有两跨，但是中间支座是剪力墙且在剪力墙两端都有暗柱时，应该怎样选支座点？

答：如果暗柱不与梁相交，选墙为支座点；如果在此位置，梁、暗柱、墙都相交在一起，应该以较宽的截面为支座点，因为在梁支座计算的时候会判断是弯锚还是直锚。

57. 问：折梁有多跨时怎么处理不影响钢筋量呢？

答：可以绘制完这段折梁之后，进行合并，然后重提梁跨。软件对折梁是有特殊处理的。

58. 问：支座是什么地方，有什么作用？

答：如梁支座，即是用来支撑梁的地方，框架柱是来支撑框架梁的，框架柱就是框架梁的梁支座。

59. 问：基础梁钢筋构造和框架梁的是一样的吗？

答：基础梁的配筋和框架梁的配筋是相反的，它们的受力是相反的。

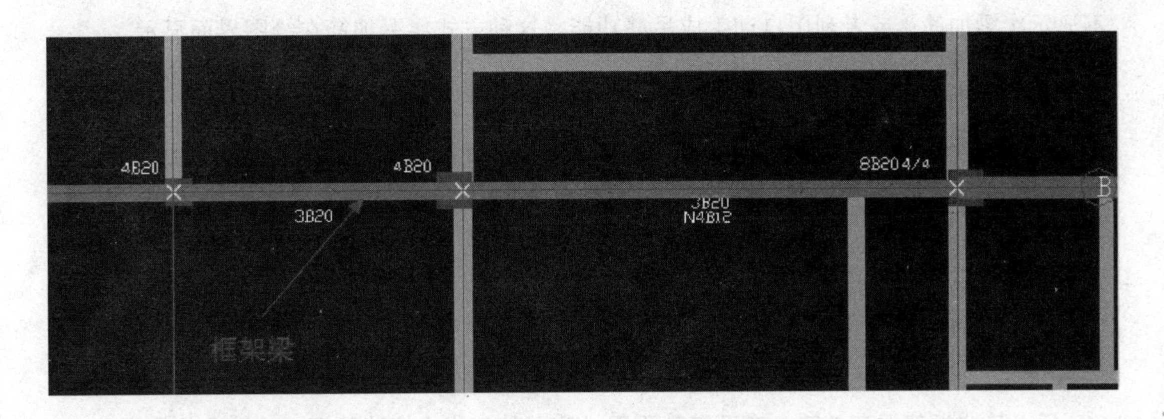

60. 问：连梁在哪里新建?

答：在门窗洞中选项里新建连梁，如下图所示。

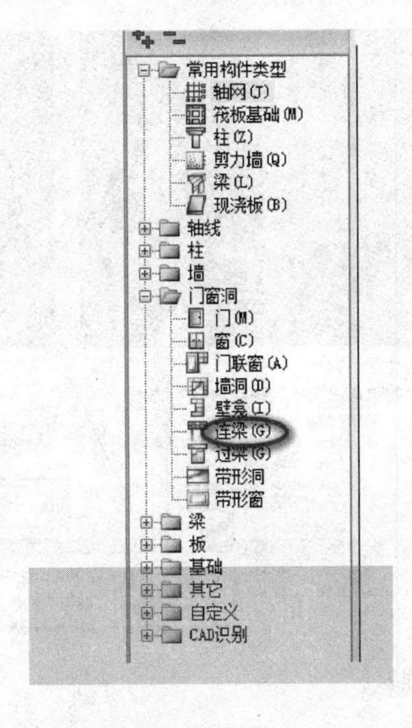

61. 问：在广联达软件中有悬挑梁的梁按几跨计算?

答：图集规范中悬挑端不计算跨数，但是在广联达钢筋抽样软件中，为了方便输入悬挑端参数，悬挑端是计算跨数的，在悬挑端不设置支座即可。

62. 问：钢筋软件中，计算汇总，出现“跨长输入不正确”是什么原因?

答：是由于梁跨度太短或者梁支座不正确造成的。

63. 问：次梁加筋怎样绘制?

答：次梁加筋有两种方法：在原位标注表格次梁加筋一栏输入，这种方式在绘图界面

不显示次梁加筋；或者利用自动生成吊筋功能，这种方式次梁加筋在绘图界面显示。

64. 问：梁有预应力钢筋时怎样布置和计算?

答：软件里目前不能处理预应力钢筋，只能手工计算后在导出的报表里添加上去。

65. 问：井子梁两侧都附加钢筋时应该怎样设置?

答：可以分别在两根梁中，点击原位标注，在梁的平法表格中输入次梁的宽度，然后输入次梁加筋根数便可以计算了。也可以两根梁都不以对方为支座，然后使用自动生成吊筋的功能，同时选中这两根梁，点右键后软件会自动生成附加箍筋。

66. 问：某非框架梁有7跨，有两跨截面尺寸和配筋与集中标注不同，应该怎样定义?

答：当梁的原位标注与集中标注不同时，不需要单独定义，只需要在梁原位标注中对应的跨中修改钢筋信息即可，如下图所示。

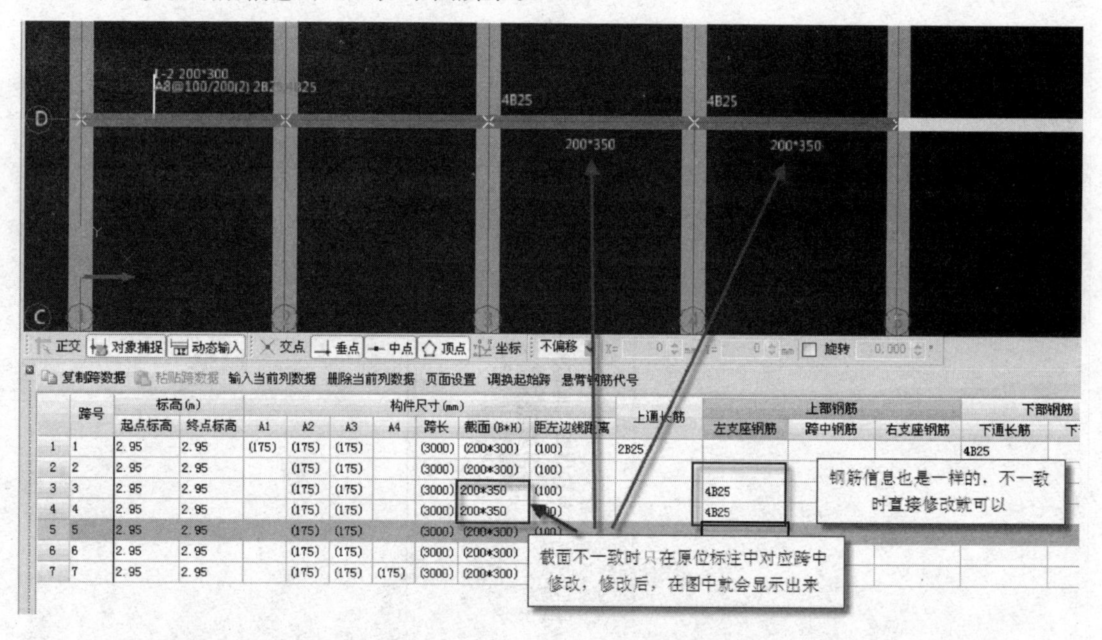

	跨号	标高(m)		构件尺寸(mm)							上通长筋	上部钢筋			下部钢筋
		起点标高	终点标高	A1	A2	A3	A4	跨长	截面(B*H)	距左边线距离		左支座钢筋	跨中钢筋	右支座钢筋	下通长筋
1	1	2.95	2.95	(175)	(175)	(175)		(3000)	(200*300)	(100)	2B25				4B25
2	2	2.95	2.95		(175)	(175)		(3000)	(200*300)	(100)					
3	3	2.95	2.95		(175)	(175)		(3000)	200*350	(100)		4B25			
4	4	2.95	2.95		(175)	(175)		(3000)	200*350	(100)		4B25			
5	5	2.95	2.95		(175)	(175)		(3000)	(200*300)	(100)					
6	6	2.95	2.95		(175)	(175)		(3000)	(200*300)						
7	7	2.95	2.95		(175)	(175)	(175)	(3000)	(200*300)						

67. 问：钢筋里折梁怎么处理?

答：平面的折梁，布置好后，选择合并，这样计算的钢筋就是通长计算。立面上的折梁，通过设置起点标高和终点标高的形式布置，选择合并即可。

68. 问：什么是双梁?

答：双梁，一般指的是同一个位置，有不同标高的梁。

69. 问：某梁在梁跨中，向一边支座变截面时，宽度不变，高度逐步缩小，应该怎样绘制?

答：在当前跨的截面输入如：300/500 * 400，基中300是梁高度最小处的高度值，

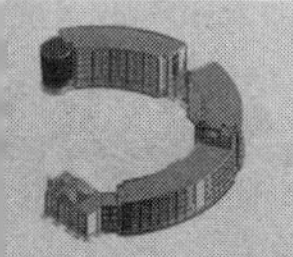

500 为截面最大处的高度值，400 为截面宽度。

70. 问：梁中有两种不同间距的箍筋，如外侧箍筋为 A8@500，内侧箍筋为 A8@200，在梁箍筋属性中该怎样定义？

答：梁中有两种不同间距的输入法：A8-200（4）［1500］；A8-500（4）［1500］；有很多种箍筋输入方法，具体如图所示。

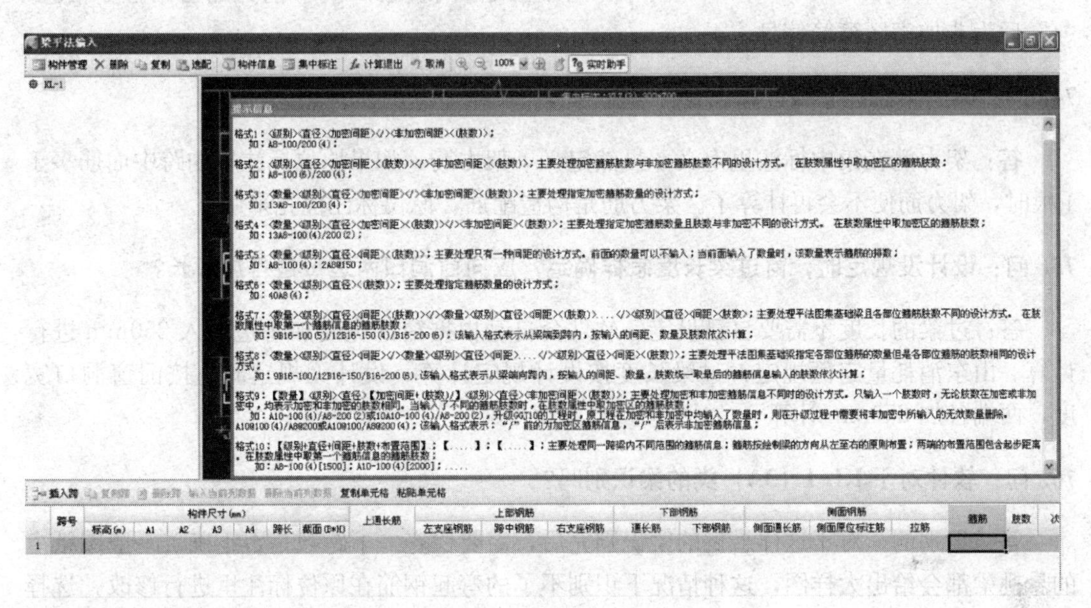

71. 问：楼梯板在单构件里计算完后，楼梯梁在哪里设置？

答：梯梁最好也在绘图输入里面做，方便以后导入图形软件。踏步可以用软件里面的单构件输入做。

72. 问：怎样绘制弧形梁？

答：正常定义梁，然后用"三点画弧"或者"顺小弧，逆小弧"的绘制即可。"三点画弧"，找到起点、中点和终点即可绘制。"顺小弧，逆小弧和大弧"都是需要输入半径的，在"顺小弧"按钮附近有输入半径的空格即可。

73. 问：车库梁一跨间距 8100mm，此跨被次梁分为三段，其原位标注有三种不同型号和间距的箍筋，在钢筋 GGJ2009 中怎样处理？

答：格式 7：〈数量〉〈级别〉〈直径〉〈间距〉〈（肢数)〉〈数量〉〈级别〉〈直径〉〈间距〉〈(肢数)〉....〈级别〉〈直径〉〈间距〉〈肢数＞；主要处理平法图集基础梁且各部位箍筋肢数不同的设计方式。

例如：9B16-100(6)/12B16-150(6)/B16-200(6)；该输入格式表示从梁端到跨内，按输入的间距、数量及肢数依次计算。

格式 8：〈数量〉〈级别〉〈直径〉〈间距〉〈数量〉〈级别〉〈直径〉〈间距〉....〈级别〉〈直径〉〈间距〉〈(肢数)〉；主要处理平法图集基础梁指定部位数量不同但是肢数相同的设

计方式。

例如：9B16-100/12B16-150/B16-200（6），该输入格式表示从梁端向跨内，按输入的间距、数量、肢数统一取最后的箍筋信息输入的肢数依次计算。

格式 9：【数量】〈级别〉〈直径〉〈加密间距〉（肢数）/〈级别〉〈直径〉〈非加密间距〉〈（肢数）〉；主要处理加密和非加密箍筋信息不同时的设计方式。

例如：10A10-100（4）/A8-200（2），该输入格式表示："/" 前为加密区箍筋信息，"/" 后为非加密区箍筋信息。

74. 问：梁上架立筋怎么计算设置？

答：架力筋在集中标注里定义，虽然定义了架力筋，如果原位标注里的跨中面筋多于 4 根时，架力筋便不会再计算了。架力筋是构造配筋，原位标注优先采用。

75. 问：设计没规定时，窗过梁长度怎样确定？应向窗洞口两边每边各加多长？

答：过梁的长度不需要自己设定，软件会自动根据窗的宽度加每边伸入 250mm 进行计算。山东消耗量定额规定：过梁长度按设计规定计算，设计无规定时，按门窗洞口宽度，两端各加 250mm 计算。

76. 问：软件对于 KL-1（3A）类的梁识别吗？

答：识别的。对于这样悬挑的梁识别完后，需要检查一下跨数是否正确。一般图纸上的悬挑梁都会给出大样图，这种情况下识别不了的弯起钢筋在原位标注里进行修改，选择悬挑类型便可识别 。

77. 问：框架梁以断肢剪力墙为支座时，框架梁绘制时应该画到剪力墙的什么位置？

答：不同画法对应不同结果：（1）梁画至暗柱外皮（二者刚刚擦边接触，同时剪力墙墙身也画到这个位置），软件会按照梁钢筋伸入剪力墙一个锚固长度计算；（2）梁画至暗柱中点，则软件会按照梁以暗柱为支座计算。

78. 问：井字梁，主次梁要求附加箍筋，在平法表中怎么输入间距 50mm 的箍筋？

答：附加箍筋不能像箍筋一样输入间距来自己计算根数，是因为附加的箍筋本身就不是在梁上通长布置的，只是在两梁相交位置增加几道，防止相交位置受力过大。一般是每边 3 根。需要在平法表格中直接输入根数和直径，根数是两边一起的合计数。

如：梁相交处每边增加 3 根 A6，在输入时就直接输入 6A6 即可。

正交 对象捕捉 动态输入 交点 垂点 中点 顶点 坐标 不偏移 X= 0 mm Y= 0 mm 旋转

复制跨数据 粘贴跨数据 输入当前列数据 删除当前列数据 页面设置 调换起始跨 悬臂钢筋代号

	跨号	侧面钢筋		箍筋	肢数	次梁宽度	次梁加筋	吊筋	吊筋锚固	箍筋加密长度	腋长
		侧面原位标注筋	拉筋								
1	1			A8@100/200 (	4		6A6			max (2*h, 500)	
2	2			A8@100/200 (	4					max (2*h, 500)	
3	3			A8@100/200 (	4					max (2*h, 500)	
4	4			A8@100/200 (	4					max (2*h, 500)	

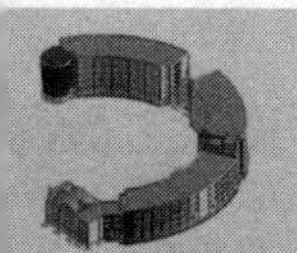

79. 问：梁的标注怎样实现？箍筋是用原位标注还是纳入集中标注里呢？

答：梁的标注，不需要补画，点击原位标注就可以实现。箍筋可以用原位标注，也可以用集中标注。或者将一些标注复制到你想补充的位置再修改CAD标注也可以。

80. 问：地梁中如果按基础梁设置，它的拉筋怎样设置？地梁长400mm、高600mm，宽度部分有两根拉筋，高度部分有两根拉筋时该如何设置？

答：只要正确定义了【侧面纵筋】，再把拉筋的型号输入，软件会自动计算的。

81. 问：楼梯的下挂梁怎样才能表现在钢筋图形上？

答：直接绘制到钢筋图形中，输入钢筋信息，按照设计图标注的钢筋信息，和其他梁一样的输入方法即可。也可以在单构件里面参数图进行建立。

82. 问：地梁在基础里时怎样绘制？

答：基础层的梁掌握几个原则：在条基里或者筏板里的梁，定义为基础梁；仅在基础层里，但位于0.00附近的不与基础构件相交的，定义框架梁；在承台与承台之间，且下面没有垫层的，定义非框架梁，也就是基础连梁。不同类型的梁算法各不相同，软件会根据类型自动计算。

83. 问：在梁的原位标注中，中间某段左支座筋图纸中标明其长度且非L/3长，在输入该段精确长度时如何标注？

答：在软件里可以直接输入负筋的规格、数量及伸出的长度值。

支座负筋<左右>

格式1：〈数量〉〈级别〉〈直径〉

例如：4B25

格式2：〈数量〉〈级别〉〈直径〉〈数字/数字〉

例如：6B25 4/2；4B25+2B20 4/2或4B25/2b20；

格式3：〈数量〉〈级别〉〈直径〉〈-〉〈长度〉；

例如：4B25-3500；

格式4：〈数量〉〈级别〉〈直径〉〈数字/数字-长度/长度〉；长度可以输入表达式：表达式!
固)、li(搭接)、hb(梁高)、ha(梁宽)的代码，可以使用“+”“*”连接符和max、min函数

84. 问：4架悬臂梁上有一架3跨的梁，自动识别时只有1跨，是什么原因？

答：可以用识别后的梁，单击“重新提取梁跨”选择上这一根梁后，选择“增加或删除梁支座”，按软件提示去操作达到这根梁的支座与图纸上所标注的梁跨一致即可。

85. 问：在钢筋算量软件中，门子箍怎样设置和绘图？

答：可以在需要此箍筋的构件里的其他箍筋里面输入，选择 2 个弯折、2 个弯钩的形状即可。门子箍也可以在单构件输入。

86. 问：悬挑梁怎样在软件里设置？

答：在 959 以上的版本，可以在工程设置—计算设置—节点设置—梁—第 22 项中设置。软件中直接输入钢筋形式，软件会自动判断钢筋的弯起数量和形式。

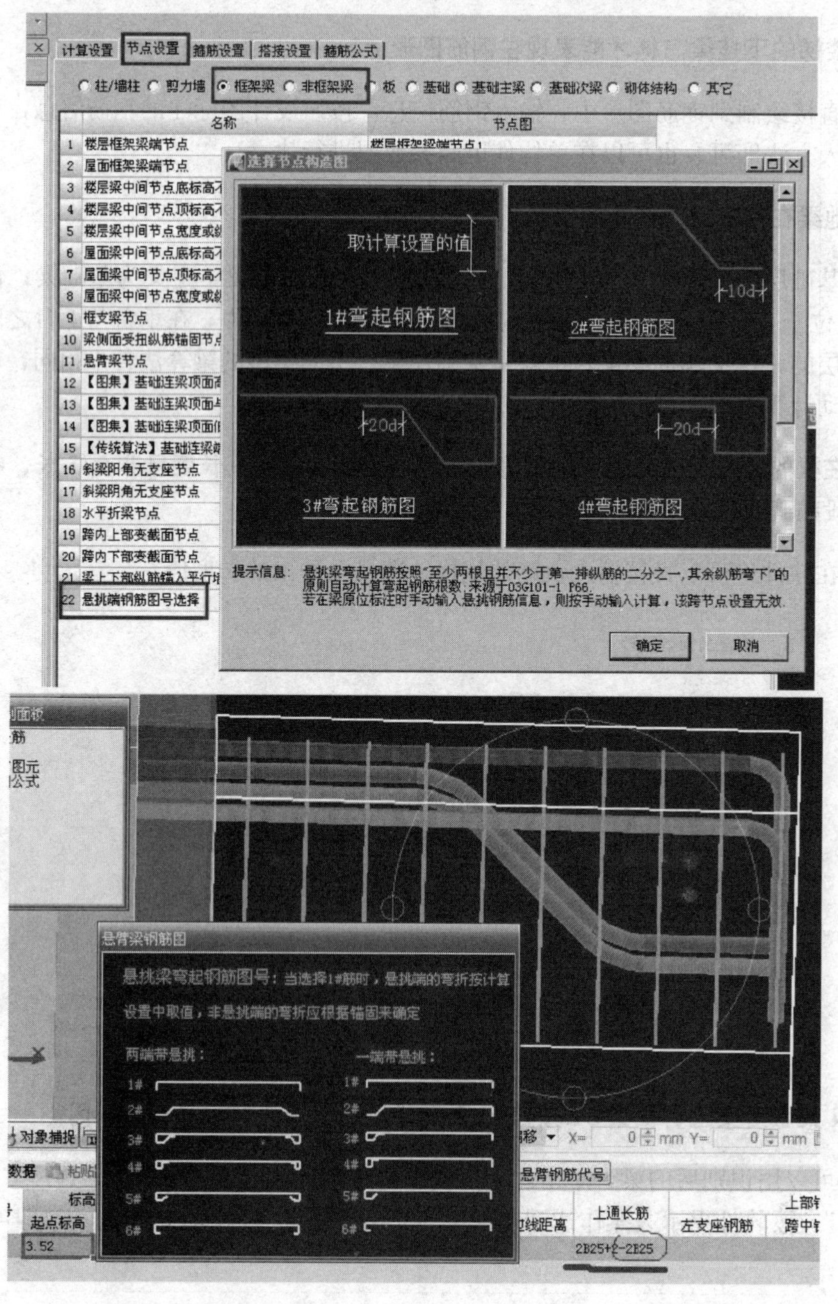

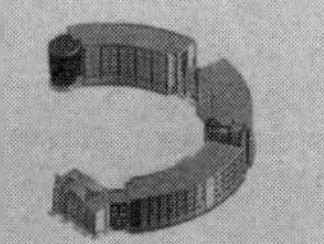

87. 问：悬挑梁原位标注应如何标注?

答：在原位标处修改即可，如下截图。

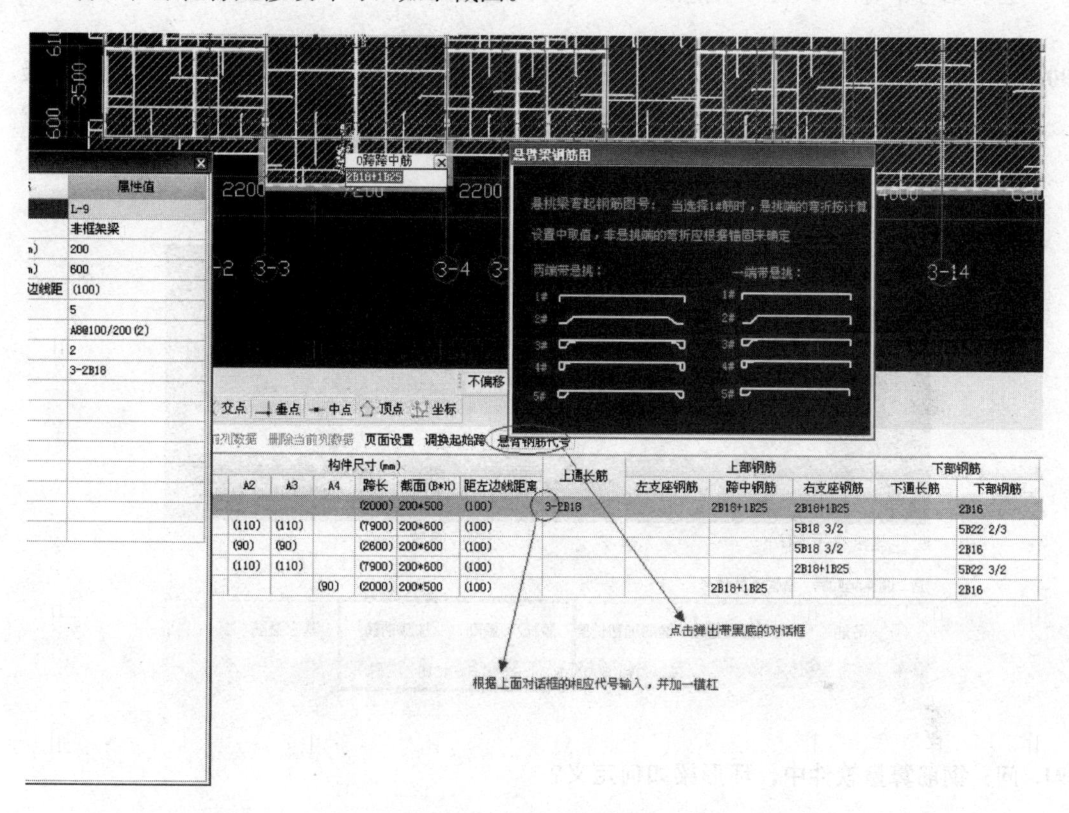

88. 问：钢筋算量软件中，如何做到选中梁后能显示吊筋与附加箍筋?

答：软件里选择栏中有“显示/隐藏吊筋”的命令，可以修改或者添加，在原位标注表格里，次梁宽度影响吊筋长度。先画好梁，点自动生成吊筋会出现一个对话框，在里面输入钢筋信息及生成位置点确定会出现显示红色的吊筋。需要注意的是在原位标注里面输入的吊筋，是不能显示出来的，通过CAD识别或者自动生成等都可以查看。

89. 问：软件中如何区分一端悬挑和两端悬挑的悬挑梁？

答：括号中有“A”是一端悬挑，“B”为两端悬挑。

90. 问：某跨梁标注为：JZL25，600 * 800Y1300 * 350 * 250，C8@200（4）C 代表三级钢，B4Φ20；T4Φ20 Y：C10@200，Φ8@250，这其中的加腋梁的钢筋怎样输入？

答：在原位标注的平法表格里面输入。

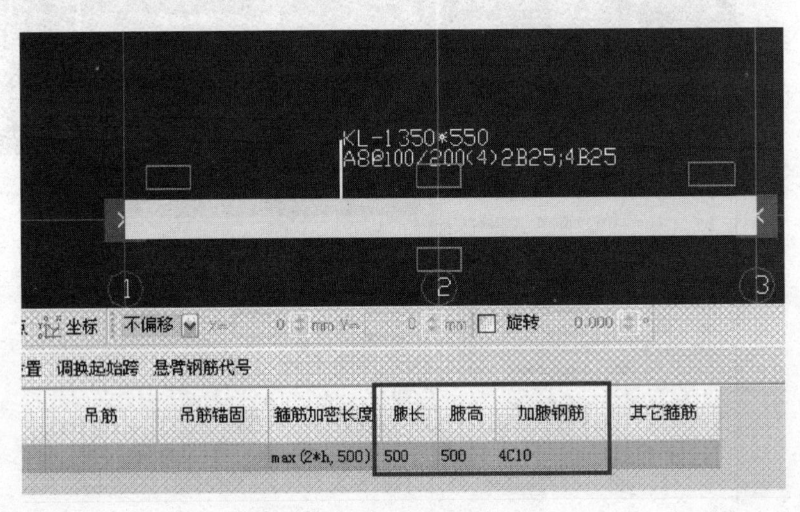

91. 问：钢筋算量软件中，环形梁如何定义？

答：先新建一个异形梁，如图1按设计图中尺寸绘制出梯形截面，再在绘图中用圆形来绘制梁，如图2定义截面的时候把梁按图纸截面尺寸绘制，需要绘制辅助轴线，直接在辅轴里面运用三点画弧或者圆按照软件下方的提示来绘制。

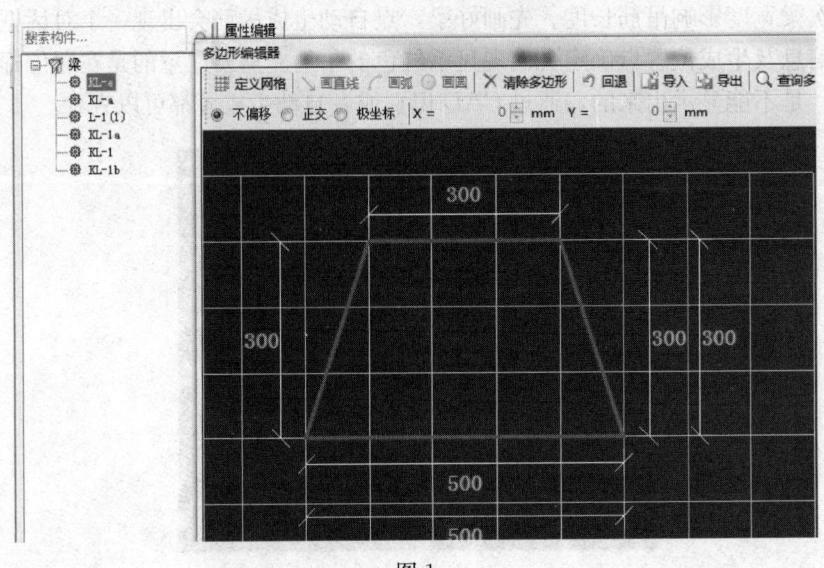

图1

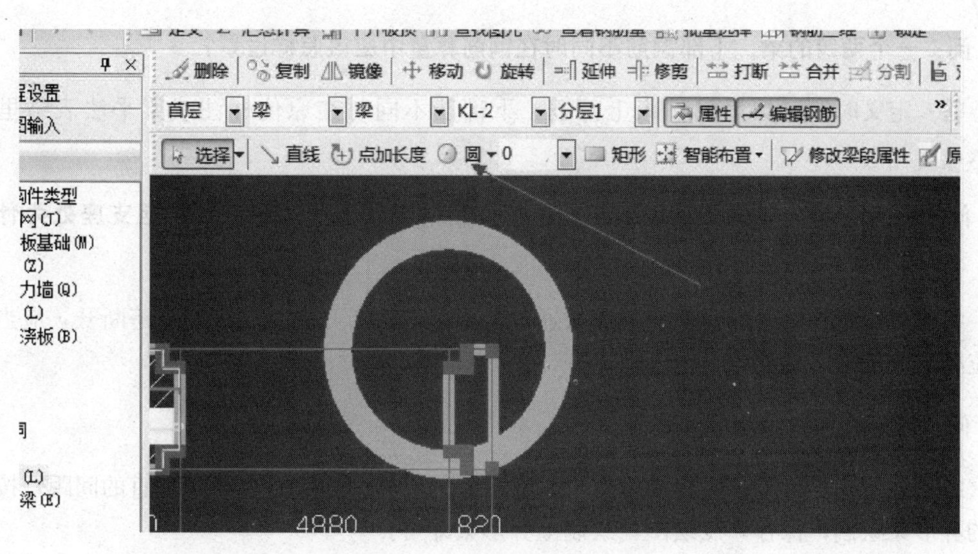

图 2

92. 问：楼层框架梁绘制到了分层 2 里，怎么调整到分层 1 的位置？

答：可以选择分层 2 中的梁，点右键复制图元到其他分层，选择到分层 1 即可，如图所示。

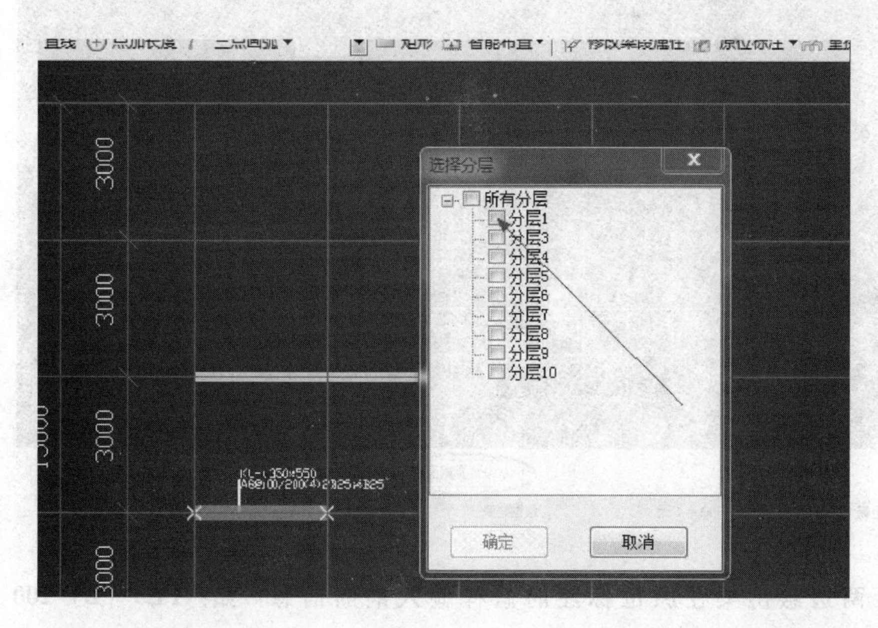

93. 问：为什么有些梁边线是实线，有些是虚线呢？分别代表什么意思？

答：在平面图上虚线的梁是梁顶有板，实线的梁是梁突出板的上面，或者是在洞口处的梁是实线。

94. 问：一个两跨的梁，下部钢筋不同时在钢筋算量中应该怎样设置？

答：定义时在属性里只输入上部筋，下部筋不同时在原位标注或梁平法表格里面输入。

95. 问：在 GGJ2009 输入梁钢筋时，集中标注里的下部通长筋输入后，遇支座处为什么没有断开？

答：集中标注输入的通长筋是通长通过，不是单跨断开的，如需要单跨断开，应当在原位标注的各跨下部筋位置输入。

96. 问：异形梁如何绘制？

答：先定义异形梁，会自动弹出定义异形梁的画格，定义好水平和垂直的间距，按图纸的异形梁绘制，保存，点绘图，绘制上异形梁即可。

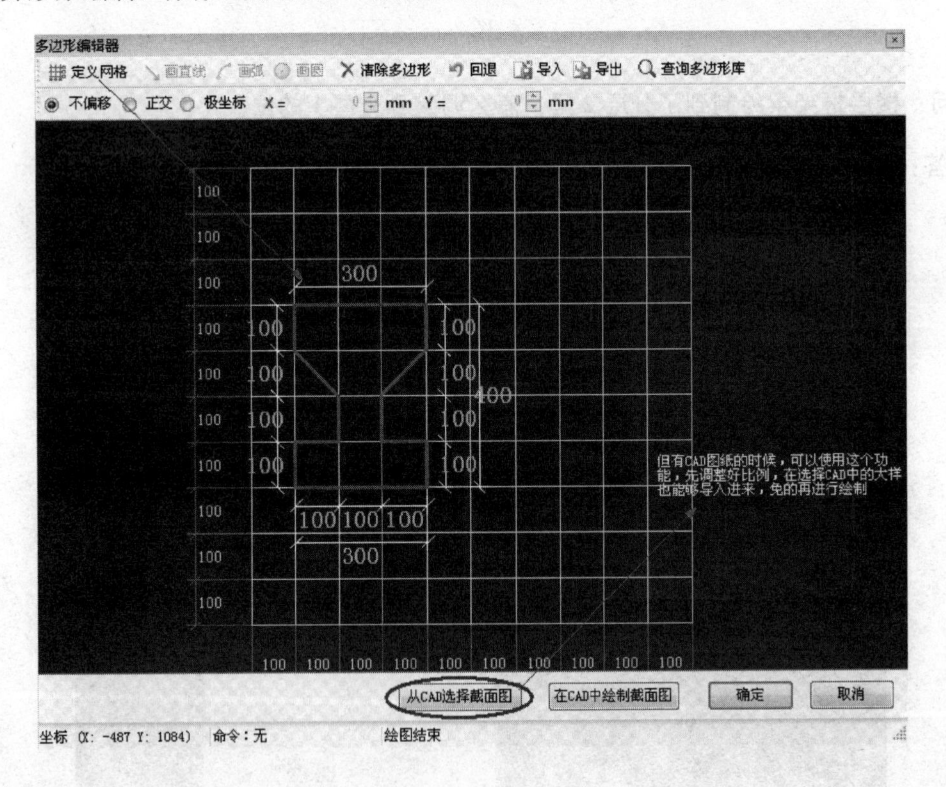

97. 问：两边悬挑梁在原位标注时怎样输入钢筋信息？如：PL3（B）200 * 600，2C22，2C14。

答：PL3（B），代表此梁是两端悬挑，不需要单独处理，建立 PL3，200 * 600de 的属性，绘制在相应位置即可。只要支座正确，绘制以后，进行原位标注，软件会自动判别此梁为两跨，悬挑跨是不计入跨数量的。

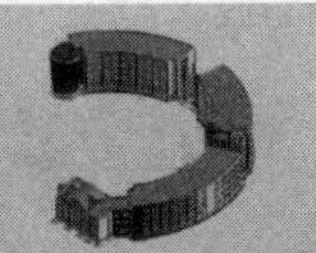

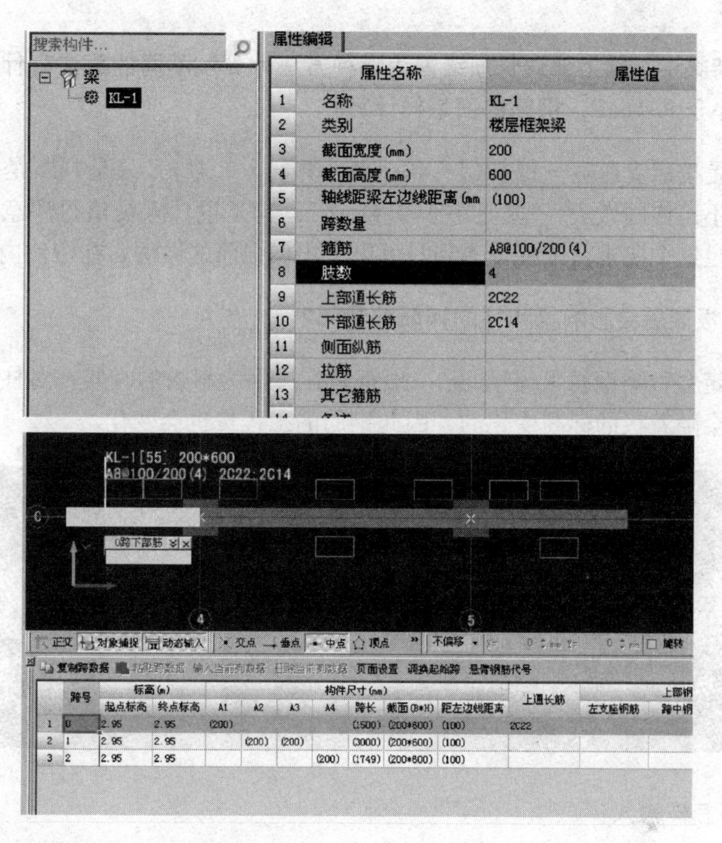

98. 问：怎样统一设置多个梁侧面构造筋？

答：959 版本可以用整个楼层来生成，在梁的界面有一个自动生成侧面钢筋。弹出下图的对话框，在表格内输入，再选择整楼生成即可。

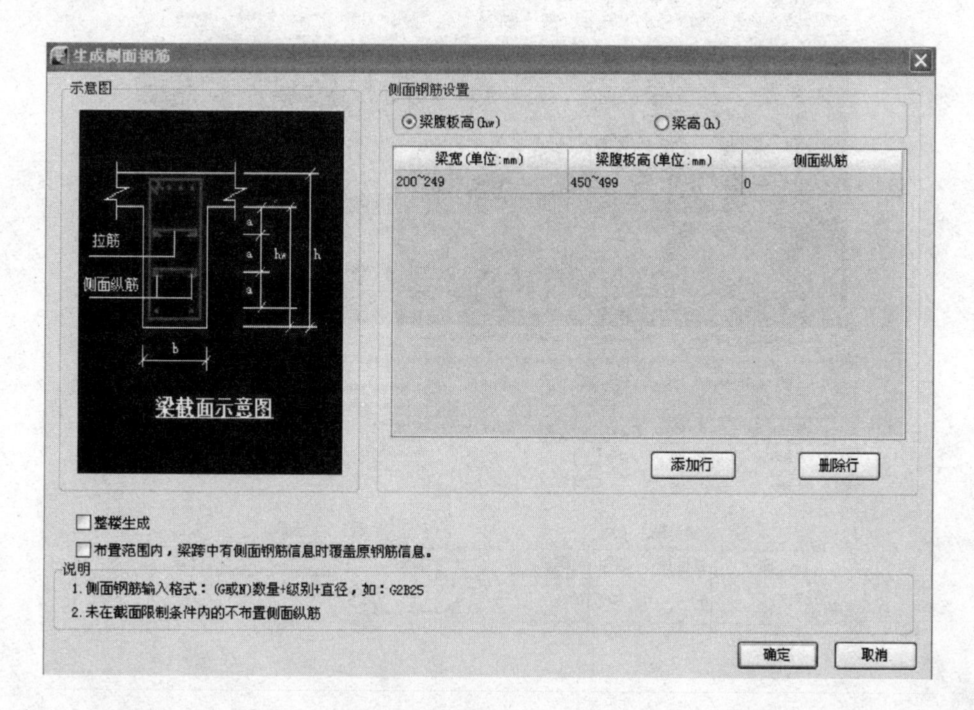

99. 问：在框架梁中，梁上部通长筋锚固用哪种方法计算？不同的算法有什么不同？如果支座小于 0.4LaE，钢筋锚固怎样计算？

答：软件是按照支座宽－保护层＋15d 来计算的，0.4LaE 只是判断是否满足直锚的条件要求，并不是锚固做法。“支座小于 0.4LaE”，这是设计人员值得注意的问题，设计时应该考虑满足这个要求，工程中遇到时可以采用加强筋的做法，在弯钩内加一短钢筋。

100. 问：平齐板顶后会影响梁和柱的钢筋数量吗？

答：是一定会影响钢筋工程量的。一般都是在屋面为斜板的时候，对柱和梁等利用此功能的。它们会随着板的标高变化的，因此钢筋的工程量也会变化。

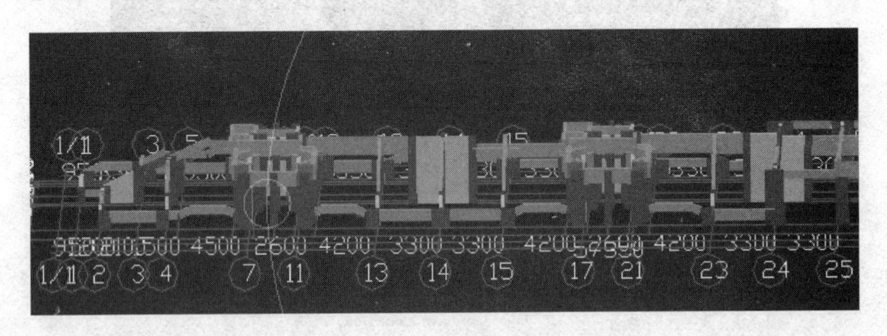

101. 问：鸭筋怎样输入？

答：可以在梁的表格输入里面的“吊筋”位置输入变通处理即可。也可以在单构件中输入，选择相应的图形，修改参数即可。

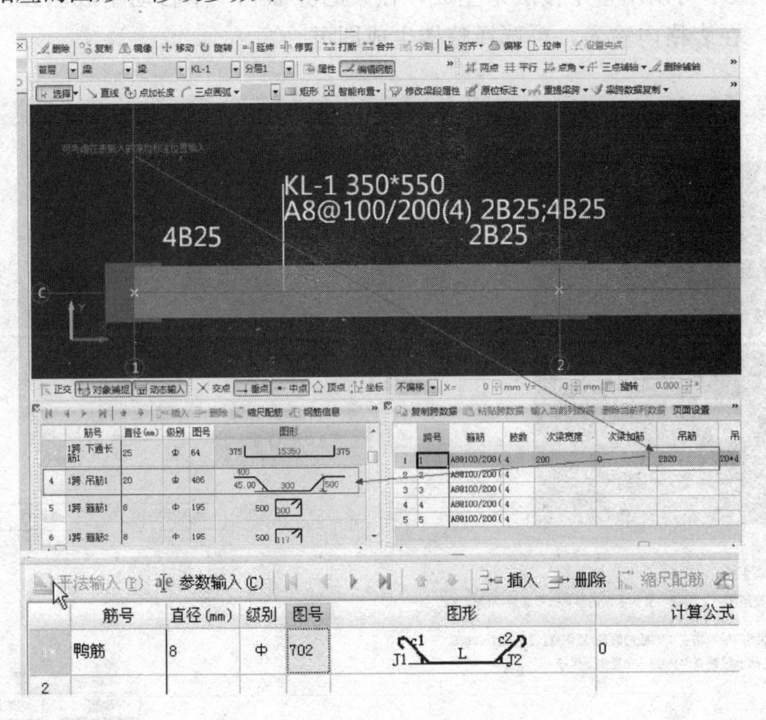

第6章

板

1. 问：板受力筋怎样绘制？

答：受力筋间距不同的板分别定义板的底筋和面筋。

2. 问：门厅现浇板上的放射筋该怎样绘制？

答：可用单构件输入设置。

3. 问：不同的定义方式绘制出来的负筋钢筋数量有什么不同吗？什么时候用单板定义，什么时候用多板定义呢？

答：板的标高和板的厚度相同时，用多板布置，标高或者板厚不同时分开布置即可。两种布置方法对计算的结果会有影响——多板布置会多计算一些搭接，单板布置时会多计算一些锚固。只要图纸要求是双层双向通长的配筋都按多块板布置。

4. 问：Ⅰ形马凳筋怎样确定长度？L1、L2、L3 根据什么输入？

答：设计或施工组织方案没有时，L1 和 L3 按 150～200mm，L2 按板厚减去两个板的保护层设置。

5. 问：板的受力筋与板的负筋如何布置？负筋下面的分布筋如何布置？所有的板都存在受力筋与负筋同时存在的情况吗？

答：板的负筋和受力筋一样，在板的受力筋界面定义好，切换到绘图界面，选择按梁布置或者按板边布置等。负筋的分布筋是在属性里定义好的，不需要单独布置。所有的板受力筋和负筋是否同时存在，要看设计图纸怎么标注或是说明。

6. 问：局部降板怎样定义？

答：先把局部降标高的板分割，选择该板，属性编辑器里修改该板标高即可。

7. 问：厚度不同时怎样批量定义斜板？

答：批量设置斜板功能和板的厚度没有关系，只需要顶标高是平齐即可。

8. 问：有了负筋和板底筋的板还会有马凳筋吗？

答：会的。马凳筋就是用来支撑负筋的，是措施筋，是必须有的。马凳筋的钢筋信息在施工组织里。

9. 问：跨板受力筋是按受力筋还是按负筋识别？受力筋识别时可以确定长度吗？

答：分布筋在定义负筋的时候即有，受力筋的长度是可以确定的。

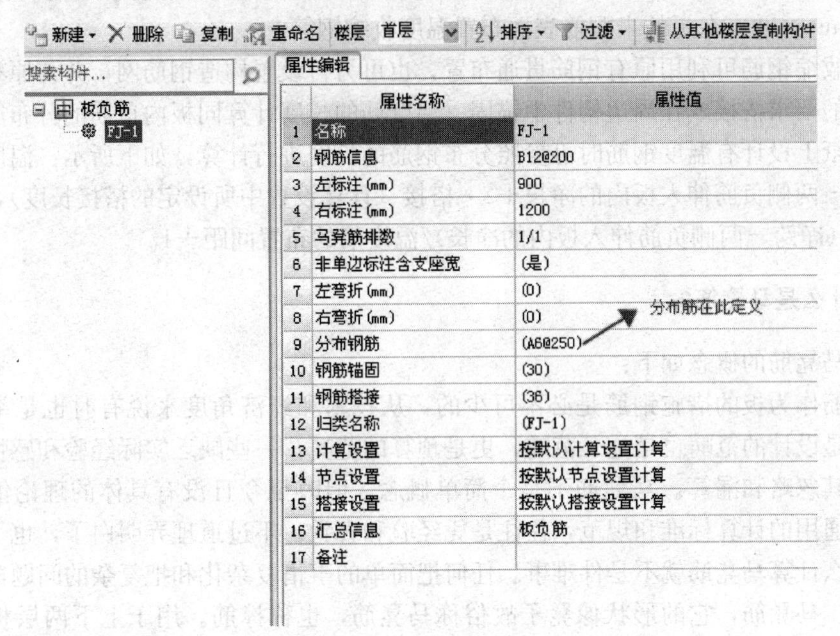

10. 问：板筋和分布筋有什么区别？分别在哪里定义？

答：可以依据以下两条来判断：钢筋直径大的间距小的为板筋，也就是受力筋，其次为分布筋。

或者按照板的长宽来看，短方向的钢筋为受力板筋，长方向的钢筋为分布筋。板筋与分布筋均在板的受力筋里定义并在现浇板上按照图纸要求布置。

11. 问：怎样才能让板洞在二维状态下显示出来？

答：定义好板洞后按照图纸的相应位置绘制即可，软件会自动显示。在墙的指令下，利用 F12，然后把板和板洞打上对勾，点确定便会显示板洞，即可在板洞的边上绘制墙。

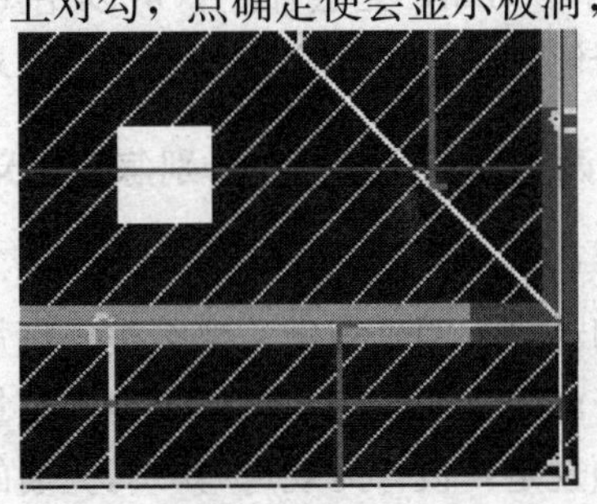

12. 问：在板中如果是双排双向布置钢筋，还需要布置分布筋吗？

答：如果板上有与负筋方向垂直的面筋，软件会自动处理，不计取分布筋。

13. 问：什么是温度筋？

答：具体的温度筋如下：

依据 GB 50010—2002，在温度，收缩应力较大的现浇板区域内，钢筋间距宜取为 150～200mm，并应在板的未配筋表面布置温度收缩钢筋。

温度收缩钢筋可利用原有钢筋贯通布置，也可另行设置构造钢筋网，并与原有钢筋按受拉钢筋的要求搭接或在周边构件中锚固。温度筋的长度计算同板内负筋的分布筋计算一样。如图纸上设计有温度钢筋时可参照分布钢筋的长度进行计算，如下所示：温度筋的长度＝净跨－两侧负筋伸入板内的净长＋2＊搭接（计算设置中所设定的搭接长度），温度筋的根数＝（净跨－两侧负筋伸入板内的净长）/温度筋的布置间距＋1。

14. 问：什么是马凳筋？

答：马凳筋的概念如下：

马凳筋作为板的措施钢筋是必不可少的，从技术和经济角度来说有时也是举足轻重的，它既是设计的范畴也是施工范畴，更是预算的范畴。一些缺乏实际经验和感性认识的人往往对其忽略和漏算。马凳筋不是个简单概念，但时至今日没有具体的理论依据和数据，没有通用的计算标准和规范，往往是凭经验和直觉。不过道理弄明白了，也了解实际施工，那么计算马凳筋就不是件难事。任何把简单的事情复杂化和把复杂的问题简单化都是有害的。马凳筋，它的形状像凳子故俗称马凳筋，也称撑筋。用于上下两层板钢筋中间，起固定上层板钢筋的作用。当基础厚度较大时（大于 800mm）不宜用马凳筋，而是用支架更稳定和牢固。马凳钢筋一般图纸上不注，只有个别设计者设计马凳筋，大都由项目工程师在施工组织设计中详细标明其规格、长度和间距，通常马凳筋的规格比板受力筋小一个级别，如板筋直径 $\phi12$ 可用直径为 $\phi10$ 的钢筋做马凳，当然也可与板筋相同。纵向和横向的间距一般为 1m。不过具体问题还得具体对待，如果是双层双向的板筋为 $\phi8$，钢筋刚度较低，需要缩小马凳筋之间的距离，如间距为@800＊800，如果是双层双向的板筋为 $\phi6$，马凳筋间距则为@500＊500。有的板钢筋规格较大，如采用直径 $\phi14$，那么马凳筋间距可适当放大。总之马凳筋设置的原则是固定牢上层钢筋网，能承受各种施工活动荷载筋，确保上层钢筋的保护层在规范规定的范围内。板厚很小时可不配置马凳筋，如小于 100mm 的板马凳筋的高度小于 50mm，无法加工，可以用短钢筋头或其他材料代替。总而言之，马凳筋的设置要符合够用适度的原则，既能满足要求又要节约资源。

15. 问：马凳筋有三种参数化设置时，钢筋尺寸分别怎样定义？

答：定额对马凳筋的规定如下：

有些地方定额对马凳筋的计算有明确规定，那么按定额规则计算，但这个计算结果只能用于预算和结算，不能用于施工下料，因为它仅仅是个重量，而不是从它本身的功能和受力特征来计算，如浙江定额规定：设计无规定时，马凳筋的材料应比底板钢筋降低一个

规格，长度按底板厚 2 倍加 0.2m 计算，每平方米 1 个，计算钢筋总量。山西省的定额规定按照 1 根/m^2 计算，直径按照 ϕ12 计算，很显然它不适用于施工。

16. 问：马凳筋的根数如何计算？

答：可按面积计算根数，马凳筋个数＝板面积/马凳筋横向间距 * 纵向间距，如果板筋设计成底筋加支座负筋的形式，且没有温度筋时那么马凳筋个数必须扣除中空部分。梁可以起到马凳筋作用，所以马凳筋个数须扣梁。电梯井、楼梯间和板洞部位无需马凳筋不应计算，楼梯马凳筋另行计算。

17. 问：马凳筋的长度如何计算？

答：马凳筋高度＝板厚－2 * 保护层－Σ（上部板筋与板最下排钢筋直径之和）。

上平直段为板筋间距＋50 mm（也可以是 80mm，马凳上放一根上部钢筋），下左平直段为板筋间距＋50 mm，下右平直段为 100，这样马凳的上部能放置二根钢筋，下部三点平稳地支承在板的下部钢筋上。马凳筋不能接触模板，防止马凳筋返锈。

18. 问：马凳筋都有哪些规格？

答：当板厚≤140mm，板受力筋和分布筋≤10 时，马凳筋直径可采用 ϕ8；当 140mm＜h≤200mm，板受力筋≤12 时，马凳筋直径可采用 ϕ10；当 200mm＜h≤300mm 时，马凳筋直径可采用 ϕ12；当 300mm＜h≤500mm 时，马凳筋直径可采用 ϕ14；当 500mm＜h≤700mm 时，马凳筋直径可采用 ϕ16；厚度大于 800mm 时最好采用钢筋支架或角钢支架。

19. 问：筏板基础中措施钢筋有什么作用？

答：大型筏板基础中措施钢筋不一定采用马凳钢筋而往往采用钢支架形式，支架必须经过计算才能确定它的规格和间距，才能确保支架的稳定性和承载力。在确定支架的荷载时除计算上部钢筋荷载外还要考虑施工荷载。支架立柱间距一般为 1500mm，在立柱上只需设置一个方向的通长角铁，这个方向应该是与上部钢筋最下一皮钢筋垂直，间距一般为 2000mm。除此之外还要用斜撑焊接。支架的设计应该要有计算式，经过审批才能施工，不能只凭经验、支架规格、间距过小造成浪费、支架规格、间距过大可能造成基础钢筋整体塌陷严重后果。所以支架设计不能掉以轻心。

20. 问：架立筋怎样定义？

答：架立筋即是在钢筋混凝土梁中使主筋与箍筋保持正确位置的钢筋，在输入时加括号如 2c25＋(2c12)，2c25 表示上部通长筋，加号后带括号的表示的是架立筋。

21. 问：温度筋的作用是什么？

答：依据 GB 50010—2010，在温度收缩应力较大的现浇板区域内，应在板表面双向配置防裂构造钢筋，配筋率不小于 0.10%，间距也不宜大于 200mm。防裂构造钢筋可利用原有钢筋贯通配置，也可另行设置钢筋并与原有钢筋按受拉钢筋的要求搭接或在周边构

件中锚固。同时一般在双柱或者多柱之间表面时也设置，温度筋是为了防止温差较大而设置的防裂措施。

22. 问：两柱帽间的底筋如何定义？柱帽上的负筋如何定义？

答：两柱帽之间的底筋用受力筋定义，用自定义范围来绘制。柱帽上的负筋用负筋定义，用画线布置的方法来控制布筋的范围。

23. 问：为什么在选择 XY 房间布置单板钢筋的时候，钢筋无法布置？

答：有可能因为轴网间距过大，在定义完单板以及 XY 钢筋信息后，需要选择基准轴线。

24. 问：柱帽的加强筋在哪里输入？

答：可以直接在柱帽属性中输入，如果有特殊的可以在属性中的“其他钢筋”中输入。

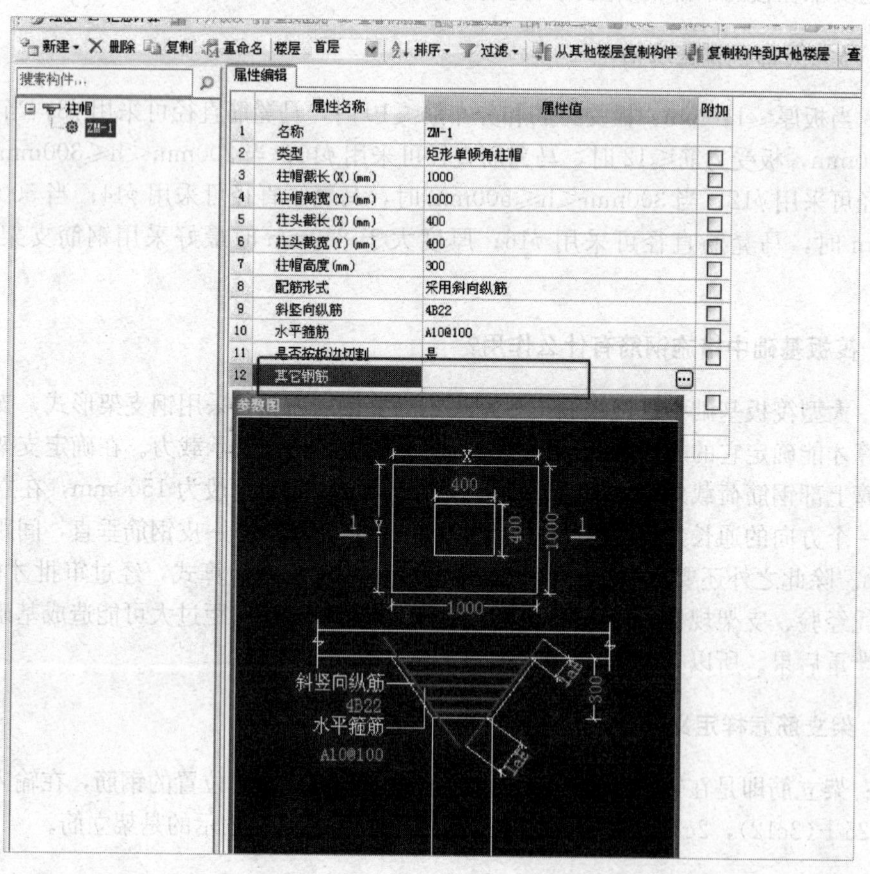

25. 问：板角加强筋怎样输入？

答：使用单构件输入，或者在其他钢筋里面定义。

26. 问：有两个圆弧、一个长方形和一个扇形组成的现浇板，板绘制好后如何布置其组合板上面通长的水平筋和竖向筋？

答：采用“多板”布置钢筋即可。把所有块板都选上，右键确认，布置水平或垂直方向受力筋即可。

27. 问：软件如何查看板面积？

答：在钢筋软件中只能查看钢筋量。要想查看面积体积只能待导入图形软件后，汇总计算才能查看到。

28. 问：板与板的高差，梁边与柱边齐平时的构造做法和板与梁高差处理构造加筋，应该在哪里输入？

答：一般情况下在单构件中处理比较方便，也可以用异形梁或自定义线变通处理，原则上只要不影响到其他构件的量都可以采用。

29. 问：板带的加筋可以用板受力筋代替直接布置在板上，而后套板带的定额吗？

答：不可以。板带有单独的混凝土，问题中的操作方法只能算出钢筋，而不能把板和板带的混凝土区分开，所以只能定义板带单独布置。

30. 问：悬挑梁钢筋该如何绘制？

答：悬挑梁钢筋图纸一般都会有大样图来表示弯起类型，找到梁的节点设置，结合设计图纸的大样图，可以选择悬挑钢筋代号，软件就会自动判断悬挑梁的弯起钢筋。

31. 问：挑檐和檐口板如何区分？

答：挑檐是伸入梁外或墙外的板，檐口是伸入梁外或墙外的布局结构。

32. 问：温度筋该如何定义？

答：温度筋是在受力筋里定义的，定义时把受力筋选择为温度筋即可，画图时按单板一个方向一个方向的方式去布置，布好后看上去是通长的两端带有180°的弯钩，计算后是与负筋默认每边150mm的搭接。

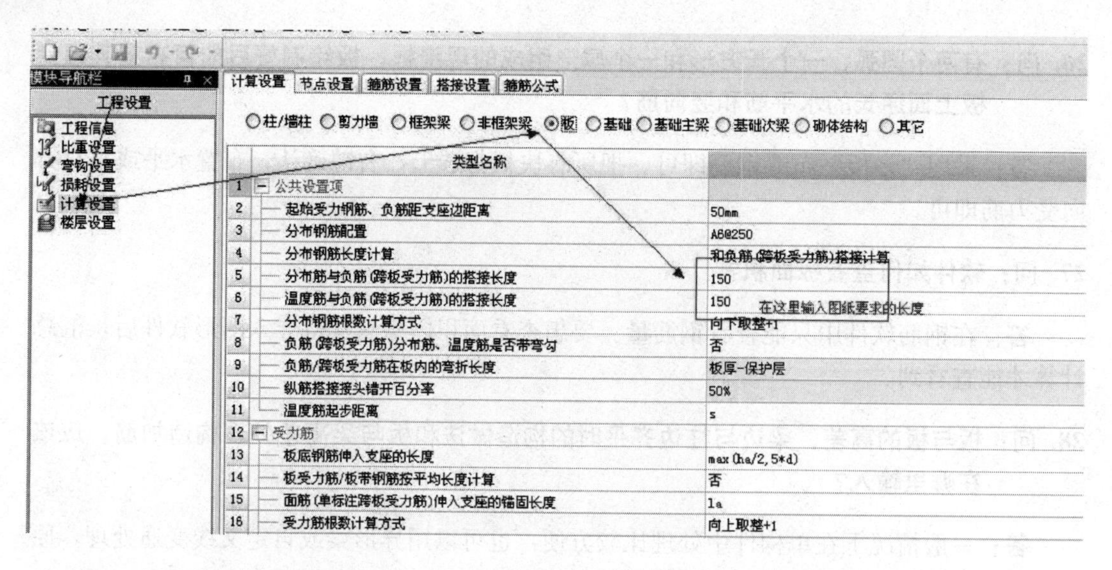

33. 问：当遇到比较复杂的斜板时，如何能快速地将平板修改为斜板？

答：钢筋最新版软件提供了批量定义斜板的功能，不用对板进行分割，可通过“按标高批量定义斜板”以及“按坡度批量定义斜板”两个功能，快速根据图纸实际特点按标高或是坡度来生成斜板，方便算量。

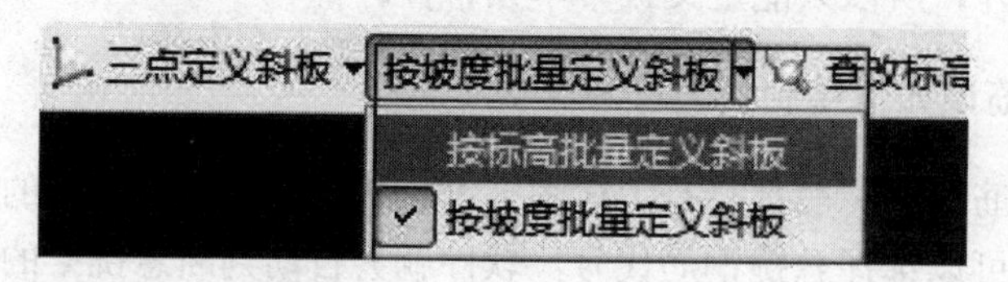

34. 问：温度筋为什么计算后没有数量？

答：混凝土规范中说明，有面筋的情况下温度筋是不需要计算的，软件自动扣减掉了。如用户的工程中间布置了一根很长的面筋，范围很大，包括了温度筋的这个范围，温度筋不区分水平筋和垂直筋，只要有面筋的情况下，就不需要计算温度筋，一般是没有受力筋时才需要布置温度筋抵抗温度应力。

35. 问：在什么情况下钢筋中负筋下的分布钢筋不需要计算？

答：板上同时布置了面筋，所以不计算分布筋。分布筋只起构造作用，当有面筋时就用面筋替代分布筋的作用，所以在软件中不需要计算。

36. 问：板角加筋怎样输入？

答：在单构件里输入钢筋长度，计算出根数即可。

37. 问：跨板受力筋在什么情况下设置？它与板受力筋的计算规则有什么不同？

答：板受力筋只能布置在板上而不能在板外，跨板受力筋可以跨出板布置钢筋，跨板受力筋的计算同负筋相同。板受力筋不会计算分布筋，而跨板受力筋会计算分布筋，如果

只把外面多出的那块布置上负筋，中间板上布置为受力筋，就会少计算分布筋的数量。

38. 问：在屋面模板图中出现支墩，该如何布置？

答：在软件里可以用柱墩来处理，选择好支墩的类型，定义上钢筋即可。

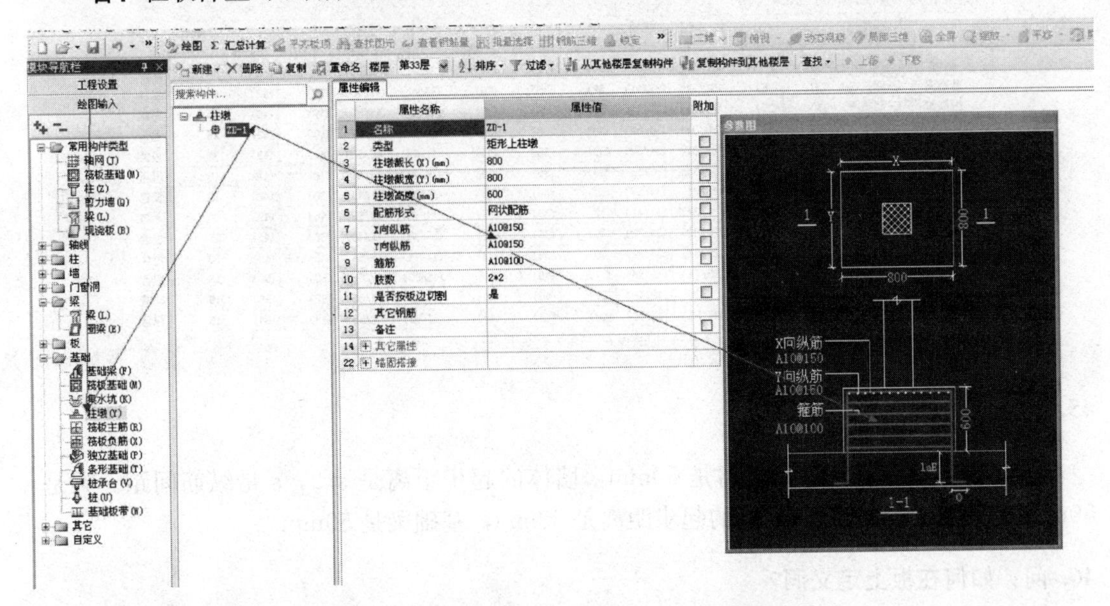

39. 问：在板中输入马凳筋信息汇总计算后，为什么无法计算马凳筋？

答：可能是该板没有面筋，自然不需要计算马凳筋，或者先布置好了板，然后才进入构件管理界面去添加马凳筋信息，便会产生这种情况。

40. 问：某现浇板，局部下沉该如何操作？

答：把板分割开，再降板即可。

41. 问：某现浇板，一半布置 A8-150 的受力筋，另一半布置 A10-150 的受力筋，如何操作？

答：先分割板，再各自布上相应的钢筋，或者自定义范围布筋？

42. 问：后浇带遇板配筋是双层双向时，如何定义？

答：首先，后浇带处板配筋不断开，其次，后浇带属性中的配筋只是加强筋，是垂直于后浇带布置的，如果要求后浇带加强筋为双层双向的，那么另一个方向的配筋只能单构件或编辑钢筋中添加（楼层板带的配筋也只有一个方向的），选中要分割的板，右键-分割-找点画线（最少得两个点）即可。

43. 问：在 GGJ2009 中，板的负筋计算后没有分布钢筋的工程量是什么原因？

答：当板有底面钢筋和面筋的时候是不存在分布钢筋的。

44. 问：板的保护层厚度是多少？

答：板的保护层厚度一般是15mm，具体情况需要看设计图纸的要求。

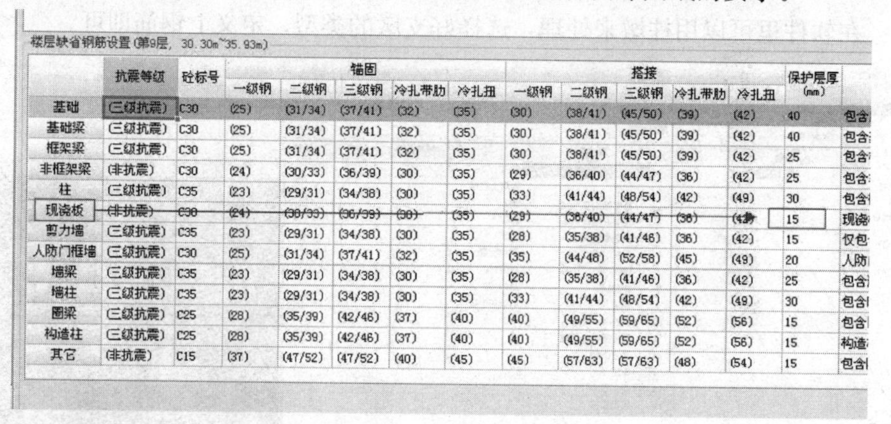

楼层缺省钢筋设置(第9层, 30.30m~35.93m)

	抗震等级	砼标号	锚固					搭接					保护层厚(mm)	
			一级钢	二级钢	三级钢	冷扎带肋	冷扎扭	一级钢	二级钢	三级钢	冷扎带肋	冷扎扭		
基础	(三级抗震)	C30	(25)	(31/34)	(37/41)	(32)	(35)	(30)	(38/41)	(45/50)	(39)	(42)	40	包含
基础梁	(三级抗震)	C30	(25)	(31/34)	(37/41)	(32)	(35)	(30)	(38/41)	(45/50)	(39)	(42)	40	包含
框架梁	(三级抗震)	C30	(25)	(31/34)	(37/41)	(32)	(35)	(30)	(38/41)	(45/50)	(39)	(42)	25	包含
非框架梁	(非抗震)	C30	(24)	(30/33)	(36/39)	(30)	(35)	(29)	(36/40)	(44/47)	(36)	(42)	25	包含
柱	(三级抗震)	C35	(23)	(29/31)	(34/38)	(30)	(35)	(33)	(41/44)	(48/54)	(42)	(49)	30	包含
现浇板	(非抗震)	C30	(24)	(30/33)	(36/39)	(30)	(35)	(29)	(36/40)	(44/47)	(36)	(42)	15	现浇
剪力墙	(三级抗震)	C35	(23)	(29/31)	(34/38)	(30)	(35)	(28)	(35/38)	(41/46)	(36)	(42)	15	仅包
人防门框墙	(三级抗震)	C30	(25)	(31/34)	(37/41)	(32)	(35)	(35)	(44/48)	(52/58)	(45)	(49)	20	人防
墙梁	(三级抗震)	C35	(23)	(29/31)	(34/38)	(30)	(35)	(28)	(35/38)	(41/46)	(36)	(42)	25	包含
墙柱	(三级抗震)	C35	(23)	(29/31)	(34/38)	(30)	(35)	(33)	(41/44)	(48/54)	(42)	(49)	30	包含
圈梁	(三级抗震)	C25	(28)	(35/39)	(42/46)	(37)	(40)	(40)	(49/55)	(59/65)	(52)	(56)	15	包含
构造柱	(三级抗震)	C25	(28)	(35/39)	(42/46)	(37)	(40)	(40)	(49/55)	(59/65)	(52)	(56)	15	构造
其它	(非抗震)	C15	(37)	(47/52)	(47/52)	(40)	(45)	(45)	(57/63)	(57/63)	(48)	(54)	15	包含

45. 问：钢筋起步距离是多少？

答：柱（墙柱）的起步距离是50mm，墙体的起步距离是s/2，s是纵筋间距。梁是50mm，板钢筋是50mm，基础的起步距离是50mm，基础梁是50mm。

46. 问：如何在板上定义洞？

答：如果凿的话就不需要图形定义，直接用表格输入，因为凿的前提是工程量已经完成，如果用板洞布置的话会扣减钢筋或混凝土工程量。如果用图形可以定义板洞，列入混凝土的浇筑、地面装饰、天棚装饰等做法，这样便补回了被扣减的量，然后套凿除混凝土的做法，这种方式定义需要注意套取做法时，要把所有因为设置了板洞被扣减的工程量计算上。

47. 问：在布置受力筋时怎样应用多板？

答：新建受力筋以后，选择水平或者竖直，然后选择多板，点选想要的多板的布置，右击即可。

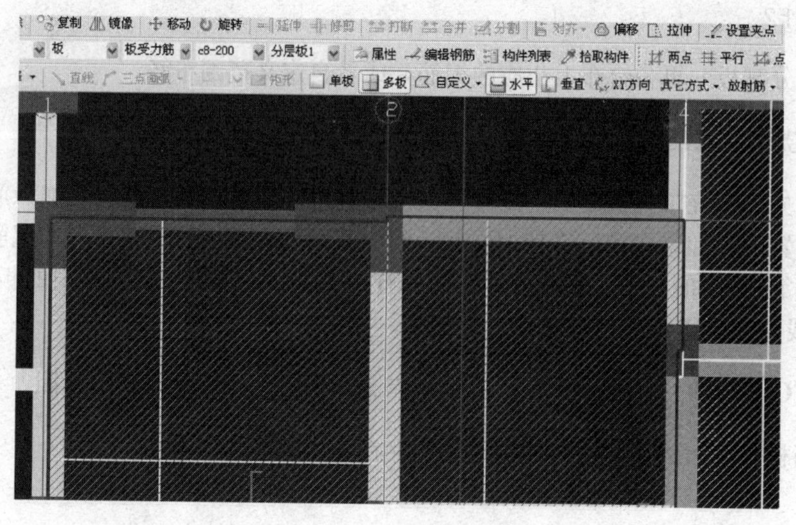

48. 问：飘窗板及阳台板钢筋怎样计算？

答：飘窗板和阳台板及侧板分别可以用板和剪力墙来定义绘制，钢筋按受力筋布置后，可以在钢筋调整值里调整数值。这些构件也可以在单构件中输入，找不到合适的参数图时需要自己手工输入。

49. 问：软件中跨板受力筋和负筋的区别是什么？跨板的钢筋应该用什么来定义和绘制？

答：在软件中，跨板受力筋和负筋的布置范围不同，其次是马凳筋的计算方法不同。负筋位置的马凳筋按照负筋属性中的排数计算，输入几排就计算几排。跨板受力筋的马凳筋，除了计算左标注和右标注范围的排数外，所跨过的板的位置，会按照受力筋的马凳筋计算方法计算马凳筋的个数。所以，跨板钢筋应该按照跨板受力筋来定义，这样马凳筋的计算才和实际情况相符。

50. 问：怎样在斜板上布置钢筋？

答：和平板的钢筋布置方法是一样的，可以用两种方法来布置：

绘制平板－设置斜板－然后布置钢筋，或者绘制平板－布置钢筋－然后设置斜板。

这两种方法计算出的钢筋量是一样的。

51. 问：挑板和挑板里面的钢筋怎样设置？

答：如果挑板的钢筋是和梁内的板连在一起的，这个挑板就用板来布置，布置钢筋的时候一起布置。如果挑板的筋是单独锚入梁内的，那么钢筋在单构件里输入，挑板要待导入图形时用挑檐布置来计算混凝土的量。

52. 问：钢丝网在哪里设置？

答：在工程设置的计算规则里面的梁、圈梁、柱、构造柱、剪力墙以及压顶等构件中设置计算钢丝网片长度，汇总计算后查看构件钢丝网片长度工程量，用该工程量乘以200mm宽即得钢丝网片面积。

53. 问：某生化池，圆柱形墙身，顶板是锥形板，钢筋该如何定义？

答：可以用异形梁画圆锥屋顶，钢筋可以在单构件中输入。建完异形梁（画圆锥）后，点“三点画弧”下拉菜单的“圆”，定义完圆心后按Shift＋鼠标左键来定义半径。此半径是指圆锥体的中间至圆心的半径，输入的数据必须大于半径0.01mm即可。半径取3000mm，异形梁宽150mm，高600mm。

54. 问：板负筋一端是固定值，一端是随弧度变化，这种钢筋该如何布置？

答：用跨板受力筋定义即可。定义时输入一侧的伸出长度，布置时可以选择单板或者多板布置。计算出来的结果即是所需。

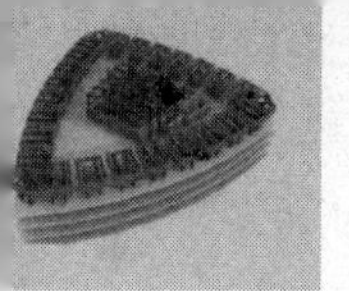

55. 问：坡屋面的板该怎样绘制？

答：用三点定义斜板，输入不同标高，使斜板倾斜，然后用“平齐板顶”功能，选中这个屋面相关的柱、梁、墙，单击鼠标右键，确定即可。

56. 问：斜屋面板上折角处需设置暗梁，该如何绘制？

答：可以参考坡屋面图集，图集中在屋脊处有加强筋暗梁，绘制时和梁一样，只是需要在暗梁的子目下新建梁，然后再绘制即可新建异形暗梁。

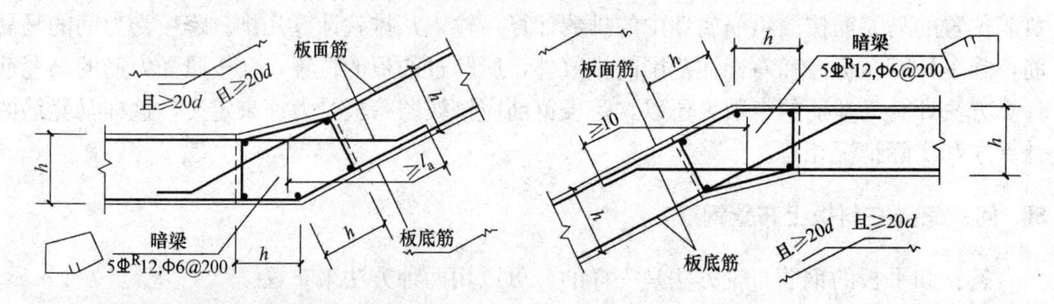

57. 问：抽钢筋时板洞加筋该怎样处理？

答：在软件的板洞构件中，可以定义几种板洞加强筋，如下图所示。或者在单构件中输入，因为一般加强筋相对来说较好计算。

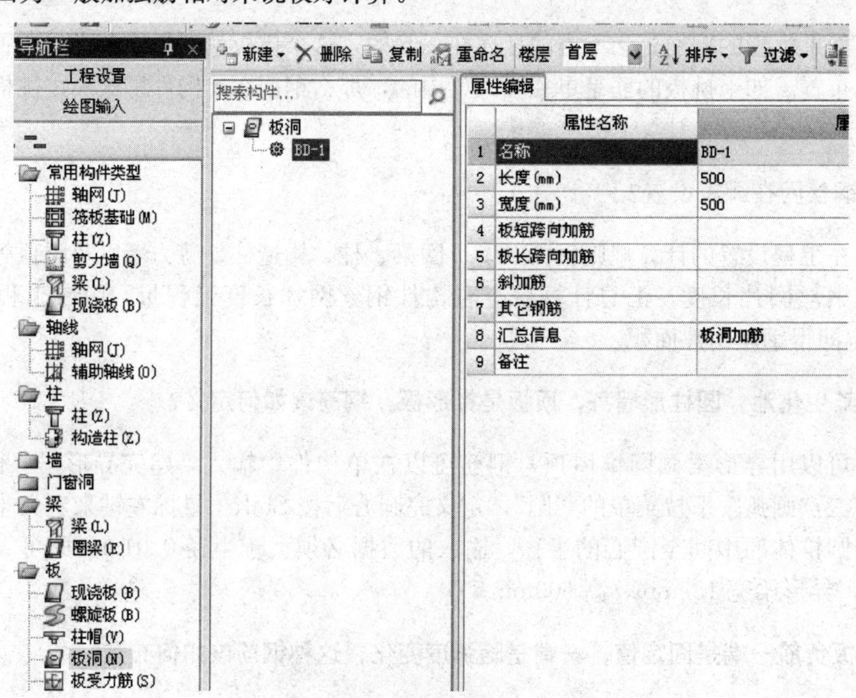

	属性名称	属
1	名称	BD-1
2	长度(mm)	500
3	宽度(mm)	500
4	板短跨向加筋	
5	板长跨向加筋	
6	斜加筋	
7	其它钢筋	
8	汇总信息	板洞加筋
9	备注	

58. 问：板在什么情况下会影响混凝土的数量？

答：（1）在施工中影响混凝土造价的因素

① 模板的选择，在框剪结构的高层建筑中，根据施工方案合理地选择模板的材料、

周转次数，是决定模板价格的前提。

② 控制模板的安装质量，在框剪结构的高层建筑中，模板就好比一个人的脸或者说是衣，模板的质量好坏不单是影响外观质量，而且还影响其他的工程造价。如：混凝土、砌筑、抹灰等后续工作。

③ 混凝土的浇筑过程的控制也是关键环节，这个环节中最主要的就是要做到不浪费。

④ 现场的管理：A. 模板材料的管理，支撑架料的管理。B. 混凝土材料的堆放、保管。

（2）在预算中影响混凝土造价的因素

① 正确地采用定额子目，比如正确地划分悬挑板与有梁板，矩形梁与异形梁，墙与薄壁柱，预制与现浇，自拌与商品混凝土之区别。

② 正确地区分各种混凝土强度等级，在一幢房屋中，所用的混凝土肯定是不止一种强度等级的混凝土。

③ 认真对待混凝土材料价格的审批工作，混凝土材料价格变化较大时，应及时跟业主代表、现场监理等联系，在友好的协商之下解决材料价格变化问题。

④ 认真阅读图纸，结合现场准确地计算工程量也是影响造价的一个关键因素。

59. 问：输入板钢筋时，冷轧扭钢筋与冷轧带肋钢筋分别用什么符号来表示？

答：冷轧扭钢筋用“N”表示，冷轧带肋钢筋用“L”表示。

60. 问：圆形板钢筋布置方法是什么？

答：中间圆的钢筋采用单板—水平—垂直布置。

外圆的环向配筋，利用按板边布置放射筋，布置步骤：

（1）按照弧线布置放射筋

第一步：选择一种布筋范围后，在菜单栏点击“绘图”—“放射筋”—“按照弧线布置放射筋”，在绘图区选择板图元，选中的板显示为紫色；

第二步：选择板的一条弧形边，选中的边显示黄色，可以使用“Shift＋左键”输入偏移值，来确定一条与所选弧线边有一定距离的弧线；

第三步：在板内点击一点，绘制出受力筋，受力筋的一段指向弧线边的圆心位置，另一端与弧线边垂直。

（2）按照圆心布置放射筋

第一步：选择一种布筋范围后，在菜单栏点击“绘图”—“放射筋”—“按照圆心布置放射筋”，在绘图区选择板图元，选中的板显示为紫色；

第二步：在绘图区域内点击一点作为放射筋的圆点，软件弹出“请输入半径”界面；

第三步：输入半径后，点击“确定”按钮，在板图元内点击一点，绘制出受力筋，完成操作。

61. 问：什么是双层钢筋和双层双向钢筋？

答：双层就是底筋和面筋。双层双向就是底筋、面筋的纵横方向配筋。

62. 问：当外墙比梁宽时布置板的钢筋参照梁还是参照墙？

答：板底筋是伸到支座中心线且大于 5D，面筋从支座内皮锚入一个锚固长度且大于 250mm。只要板和支座有接触，软件就会从支座边考虑锚固。如果外墙比梁宽，说明支座即是墙，所以按墙布置。

63. 问：在钢筋算量中，板负筋怎样快速设置？

答：在钢筋算量中，板负筋可以使用“画线布置”、“按梁布置”以及“按墙布置”等智能布置方法。

64. 问：板负筋钢筋型号不同，左右支座长度也不同，该如何定义？

答：板负筋钢筋型号不同，左右支座长度也不同，定义时可以定义几种类型的钢筋的板负筋，布置板负筋后，修改其属性，反建构件即可。

65. 问：如何在绘制板负筋时切换钢筋型号？

答：如果忘记钢筋类型的切换，布置板负筋后，在绘图输入点击工具栏上的“属性”，在“名称”中下拉选择已经定义的板负筋即可。

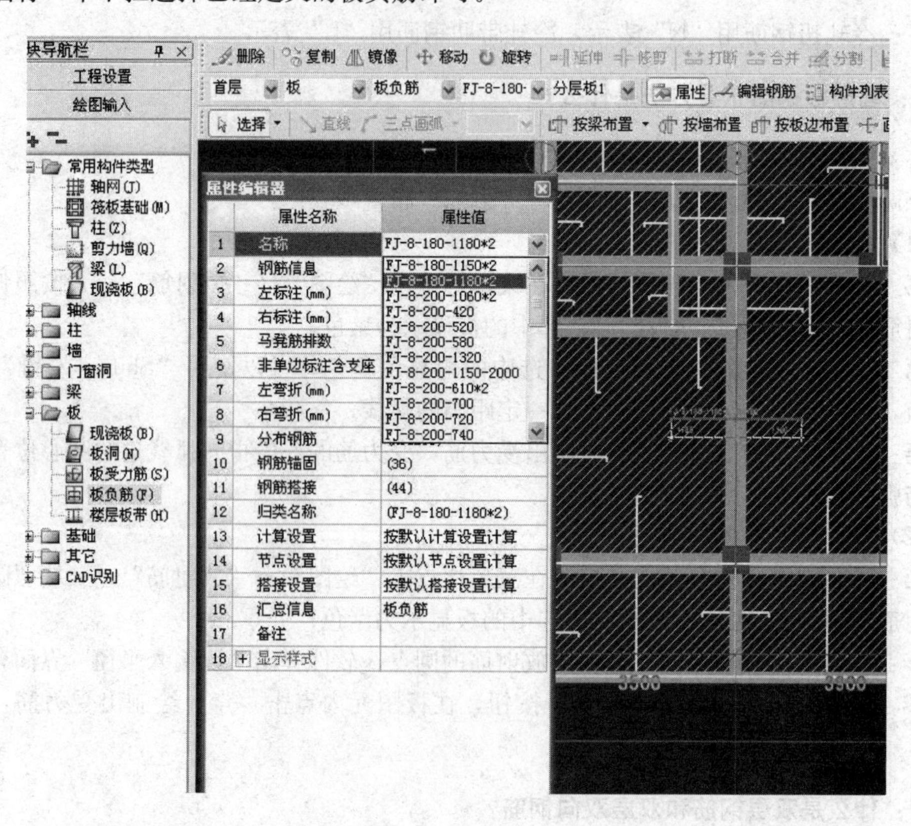

66. 问：钢筋算量中预应力空心板怎样定义与绘制？

答：预应力空心板在钢筋算量中不用定义构件并画图布置，直接在算量软件里增加一

项预应力钢丝，工程量输入从图集中查出的钢筋数即可。也可以直接手工计算出各种预应力空心板数量，乘以图集中的每块空心板钢筋数量计算。

67. 问：现浇板中，双层双向的受力筋的温度筋在哪里设置？

答：根据设计要求，找出哪根钢筋是温度筋，然后设置即可。

- SLJ-1
- SLJ-2
- SLJ-3
- SLJ-4
- SLJ-5
- SLJ-6
- SLJ-7
- SLJ-8

1	名称	SLJ-2	
2	钢筋信息	A8@150	□
3	类别	温度筋	□
4	左弯折(mm)	(0)	□
5	右弯折(mm)	(0)	□
6	钢筋锚固	(24)	
7	钢筋搭接	(29)	
8	归类名称	(SLJ-2)	□
9	汇总信息	板受力筋	□
10	计算设置	按默认计算设置计算	

68. 问：在布置坡道板钢筋时，钢筋布置到了坡道上，坡道有斜度而钢筋是水平的，这种情况该如何解决？

答：这是三维的显示，不会影响计算结果。一般坡道板在平面布置，正常设置钢筋无论是筏板主筋还是楼层板主筋，它们在斜板内实际都是斜的。如下图所示。

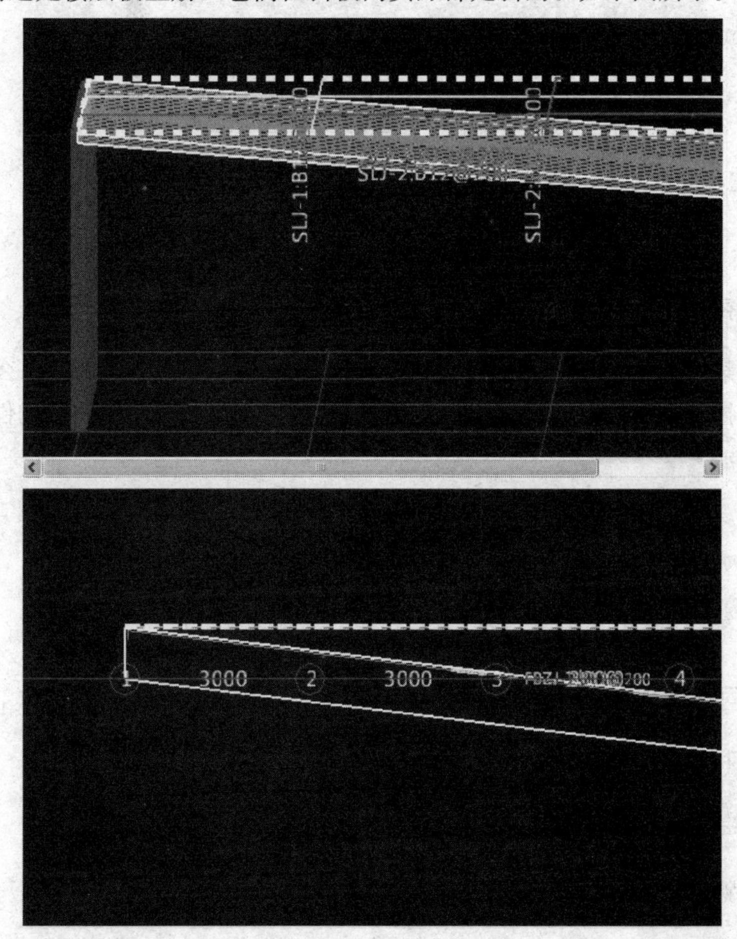

69. 问：什么是跨板受力筋？它和受力筋在设置上有什么不同？

答：在图纸上与负筋表示形式是一样的，都是两端有 90°弯折，跨一个板，在两个板上都有标注。

70. 问：在几个相同板内有跨板底筋和跨板面筋，且跨板面筋有左右标注，该如何分别布置？如何在软件里设置区分底筋和面筋呢？

答：有左右标注时可以在属性中定义，或者选择后进行新的输入。跨板面筋可用跨板受力筋布置。跨板受力筋底筋是面筋。底筋和面筋在属性"类别"中做相应的设置即可。

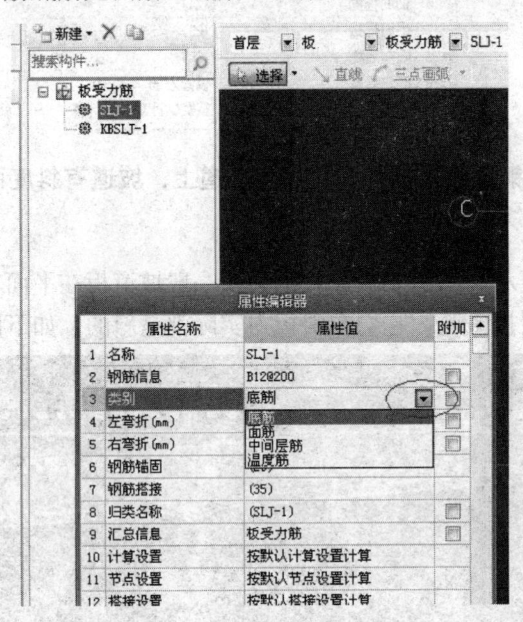

71. 问：坡度系数是什么？

答：例如某屋面表述 30%，那么坡度系数是 0.3，表述 1∶20，那么坡度系数是 0.05，坡度是指在水平投影的长度方向上高度增加值（高度增加值 H/板构件长度 B）。

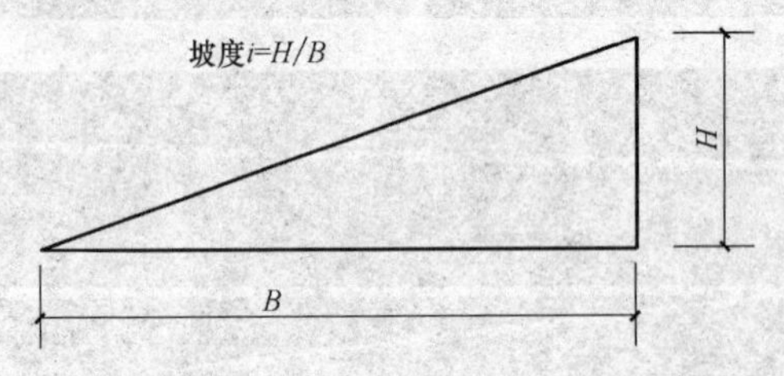

72. 问：不在同一标高位置的两块混凝土现浇板为何不能交叉布置？

答：可以利用"分层"功能，修改标高即可。

73. 问：怎样绘制弧形板的钢筋信息？

答：对于弧形板，可以利用异形梁进行定义处理。

广联达GGJ2009钢筋算量软件应用问答

操作步骤：

（1）可以双击“梁”构件，在构件管理中点击“新建”异形梁，在弹出异形编辑对话框中，定义网格，分别输入水平方向和垂直方向，水平方向表示弧形板的跨度，垂直方向表示弧形板的高度，在定义网格后，可以利用绘图工具中提供的画弧功能即三点画弧和顺

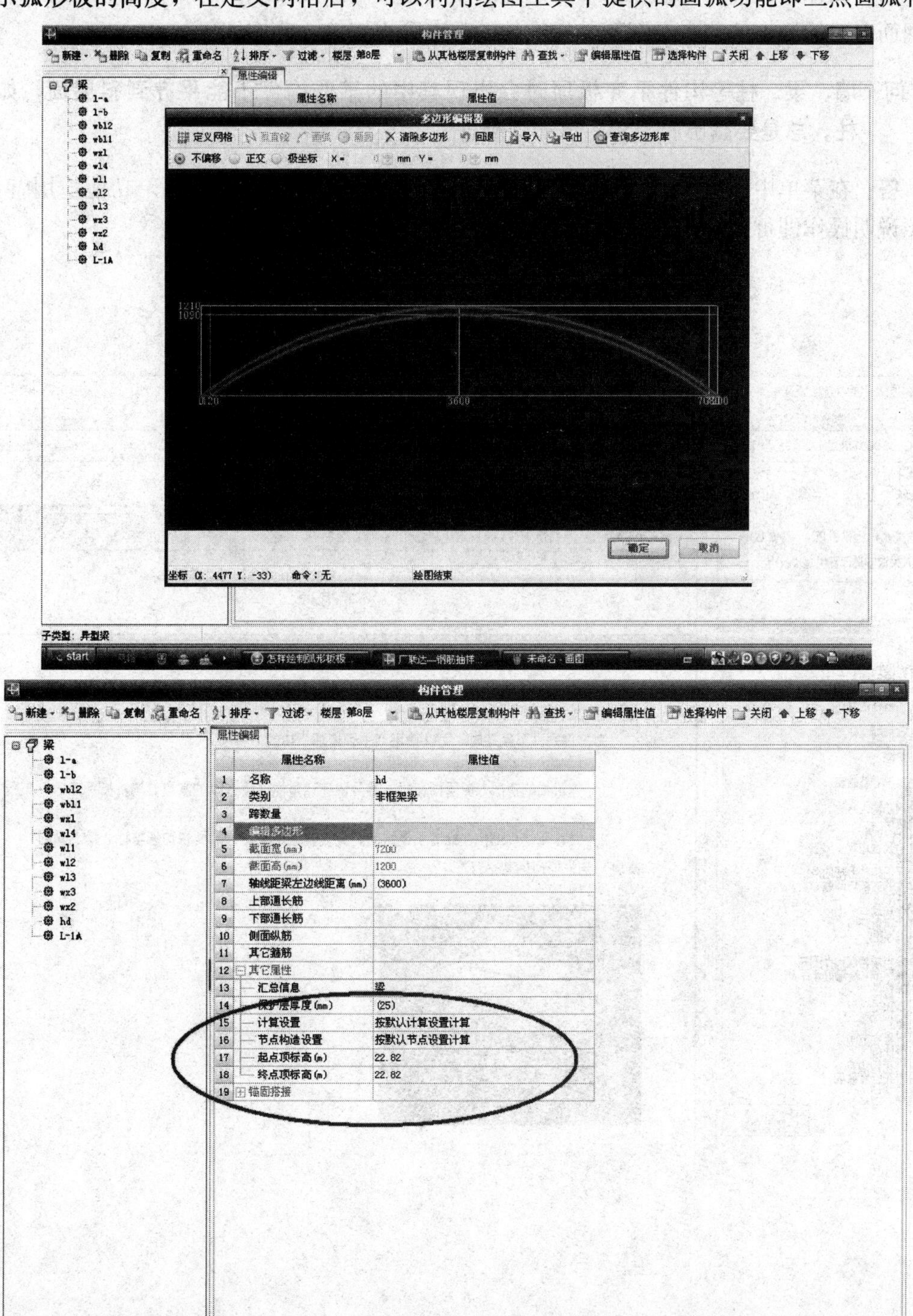

小弧、逆小弧绘制，如下图所示。

（2）在属性中把弧形板构件的顶标高设置正确，点击选择构件入绘图界面，根据图纸的位置进行绘制弧形板构件的位置，如下图所示。

（3）保存后，查看三维显示，如果绘图没有错误时，可以利用“其他钢筋”计算相应的钢筋，包括板构件的水平钢筋及板构件的垂直受力钢筋，确定即可。

74. 问：墙、梁、柱等构件平齐板顶时会出现其中的某些构件不能平齐到斜屋面，如中柱，总是要露出四个角，该如何处理？

答：在菜单中—选择帮助—文字搜索—平齐板顶会出现“平齐板顶”功能应用背景，按照说明操作即可。如下图所示。

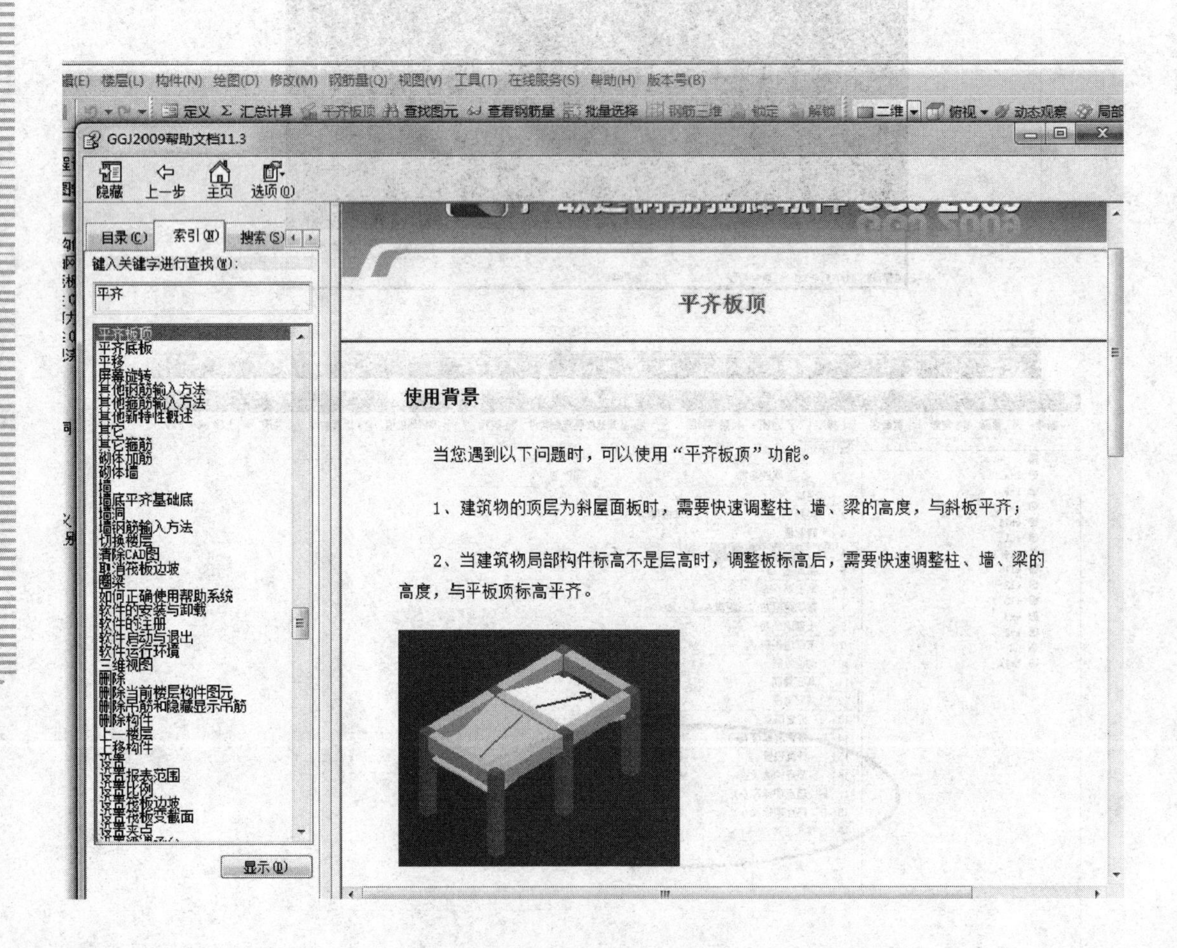

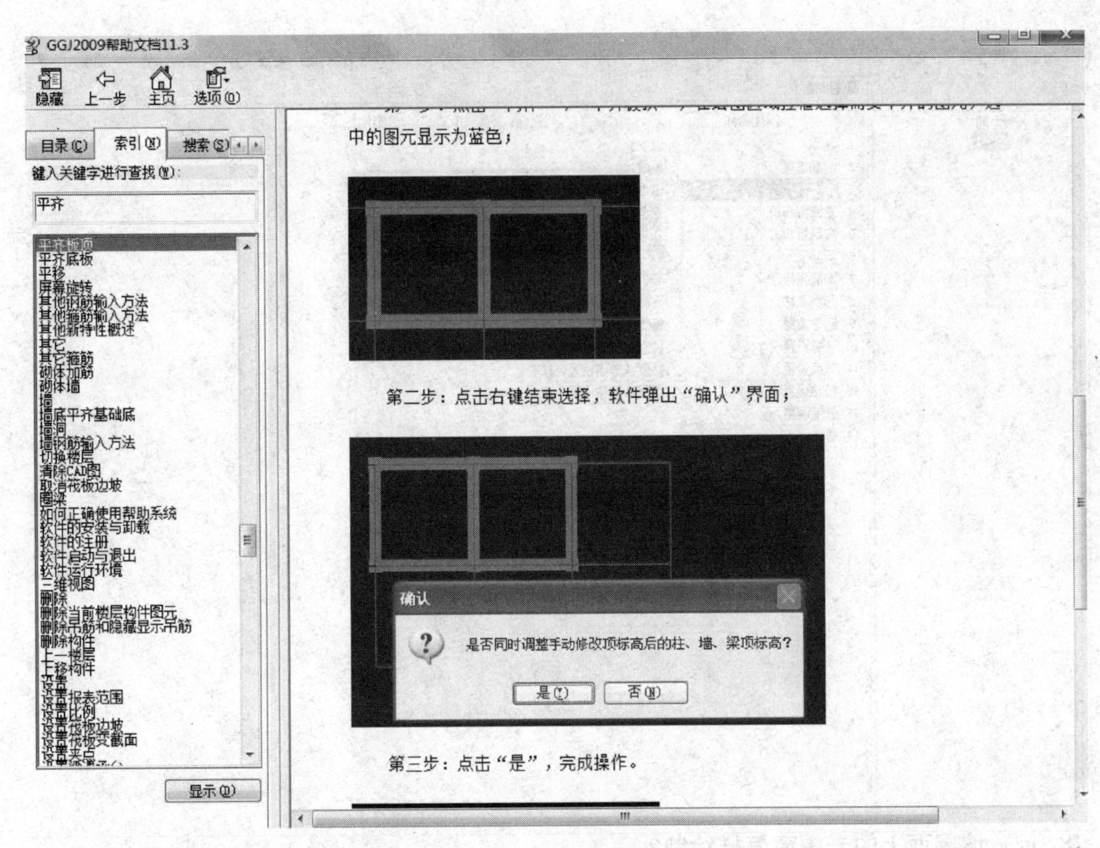

75. 问：怎么判断何时用单板布置钢筋何时用多板布置钢筋？

答：需要根据设计要求，该多板布置的就多板，该单板布置就单板布置。单板布置一般是由于相邻的两块和多块现浇板的厚度、板顶标高和板底标高不在同一个标高上，致使受力筋无法通长布置，才采用单板布置钢筋。除上述情况外，均可以采用多板布置钢筋。单板布置钢筋的底筋工程量，主要多在板与板交接处光圆钢筋的两个 6.25d；面筋工程量，主要多在板与板交接处钢筋的两个锚固。

76. 问：板带定义时只能选择上部受力筋和下部受力筋，那么分布筋和马凳筋在哪里布置？

答：板带布置类似板中暗梁。问题中提到的情况需要用后浇带定义，后浇带的钢筋一般是宽度方向的加强钢筋，长度方向的加强筋用板受力筋在合适的位置重复布置即可。另外后浇带不需要马凳钢筋，因为它是与板同时进行钢筋的安装，相应的板已经有设置。

77. 问：在钢筋算量软件中屋面温度抗裂钢筋怎样计算？

答：可以直接在受力钢筋里面新建受力筋，在属性里面的类别改为“温度筋”，像受力筋一样布置即可，如图所示。

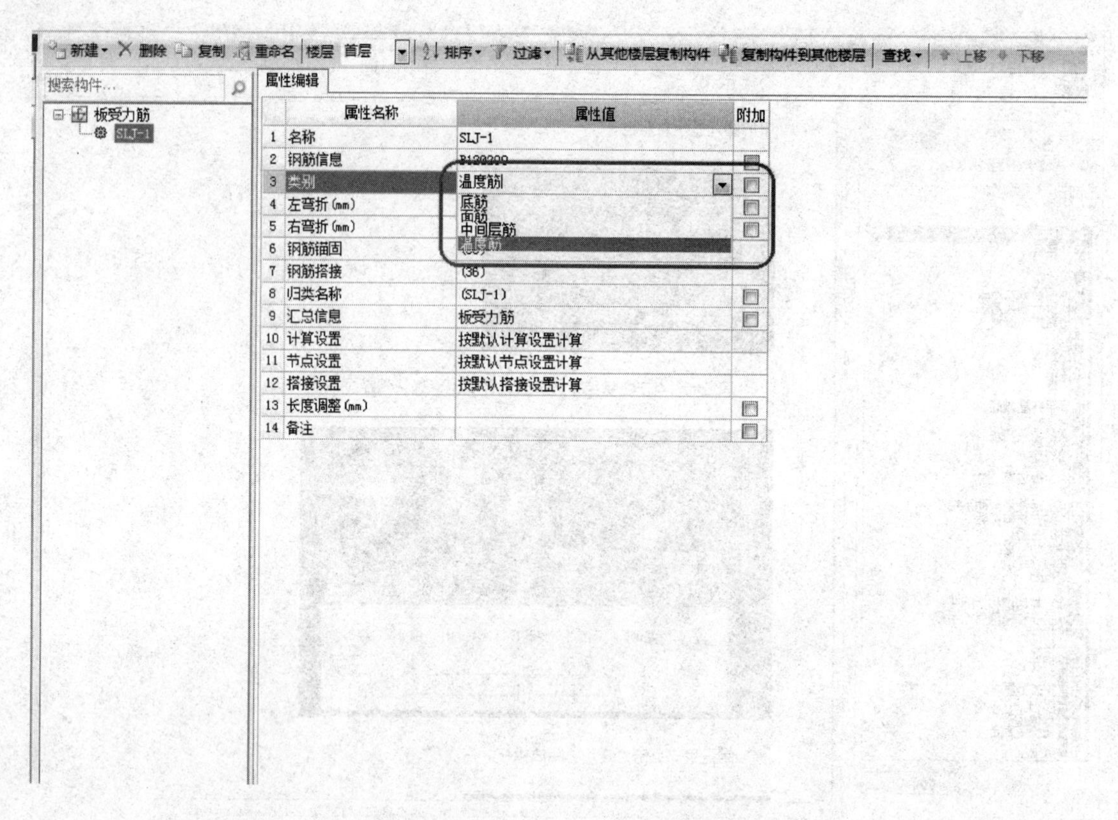

78. 问：坡屋面上的老虎窗怎样绘制？

答：用剪力墙与板来定义，定义好老虎窗的墙，再绘制好板然后分割板，三点定义斜板，然后再选择墙，平齐板顶，少量的复杂形状的钢筋用单构件输入，板只是算的窗顶板钢筋，剪力墙算的侧面钢筋，计算完成后若有部分不符合大样图尺寸的，还要在编辑钢筋中修改再锁定修改后的构件。没计算的部分钢筋在单构件中补充进去即可。

79. 问：用三点定义斜板，输完三个标高后，软件会自动更改标高，是怎么回事？

答：在算量软件中，板为面式构件，修改板面标高的方法有多种，如果要修改板面的整体标高，如平板，直接用查改标高功能即可；如果要修改斜面板标高，如坡屋面板标高，则要使用三点定义斜板功能；如果是矩形板，在修改标高的时候则比较方便，直接输入标高即可；如果是异形板或者多边板则要考虑所输入的标高值的插入点，按照下图的方法输入即可。

80. 问：楼板的阳角处配筋怎样输入?

答：在“单构件输入”里输入即可。一般都是手动输入自己计算出来的钢筋的长度及根数，这样做汇总钢筋量很方便。按照设计图纸大样图中板的长跨、短跨的边长尺寸，两个边长的平方相加再开根号。每根钢筋长度都不一样，平均算一下根数及长度即可。如图示楼板的两个阳角，一般楼板阴阳角都有放射性配筋图。阳角和阴角正好是相对的，一个外凸 ，一个内凹。建议手算，在单构件输入根数及长度，便于钢筋汇总。

81. 问：在定义楼板和筏板的时候，马凳筋的各个尺寸怎样确定?

答：马凳筋一般不在图纸中设计，需要看施工组织设计。马凳筋的根数可按面积计算，马凳筋个数＝板面积/马凳筋横向间距＊纵向间距，如果板筋设计成底筋加支座负筋

的形式，且没有温度筋时那么马凳个数必须扣除中空部分。梁可以起到马凳筋作用，所以马凳筋个数须扣梁。电梯井、楼梯间和板洞部位无需马凳筋不应计算，楼梯马凳筋另行计算。马凳筋高度＝板厚－2＊保护层－Σ（上部板筋与板最下排钢筋直径之和）。上平直段为板筋间距＋50mm（也可以是80mm，马凳上放一根上部钢筋），下左平直段为板筋间距＋50mm，下右平直段为100mm，这样马凳的上部能放置二根钢筋，下部三点平稳地支承在板的下部钢筋上。马凳筋不能接触模板，防止马凳筋返锈。马凳筋的规格：当板厚≤140mm，板受力筋和分布筋≤10时，马凳筋直径可采用$\phi 8$；当140mm＜h≤200mm，板受力筋≤12时，马凳筋直径可采用$\phi 10$；当200mm＜h≤300mm时，马凳筋直径可采用$\phi 12$；当300mm＜h≤500mm时，马凳筋直径可采用$\phi 14$；当500mm＜h≤700mm时，马凳直径可采用$\phi 16$；厚度大于800mm时最好采用钢筋支架或角钢支架。

82. 问：受力筋中的底筋、面筋怎样区分？

答：受力筋中的底筋是在板底铺设的横向及纵向两个方向的钢筋。在GGJ2009中用受力筋来布置。面筋是在板面配置的横向及纵向两个方向的钢筋，在板受力筋中定义来布置。

83. 问：温度筋和负筋以及负筋的分布筋如何区分？

答：负筋是配筋在板内梁上或墙上的负弯矩筋也叫负筋，GGJ 2009中在负筋中定额负筋的分布筋也在其内定义时统一定义，在布置负筋时包含该分布筋。温度筋是在板内的上面的钢筋，是布置在负筋之间没有钢筋的位置，防止板面上没有钢筋板受温度影响而开裂的钢筋。用受力筋来定义。底筋、面筋、温度筋都在受力筋里定义，类别不同。

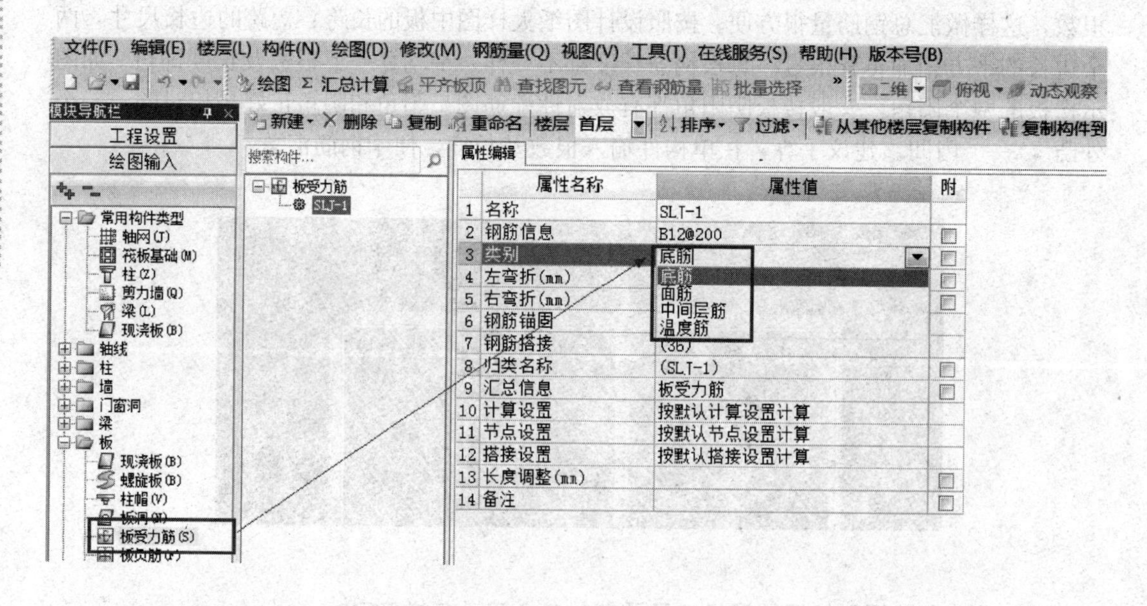

84. 问：两块板的分布筋不同时该怎样设置？

答：两块板分别定义，分别根据图纸要求进行设置即可。

85. 问：在现浇板中“LB1，h=100，B：X&Yϕ8@150，T：X&Yϕ8@150”代表什么意思？

答：以上标注的含义为：1号楼面板，板厚100mm，板下部配置贯通纵筋，X和Y方向均为ϕ8@150，板顶部配贯通纵筋，X和Y方向均为ϕ8@150。

86. 问：通过CAD导图绘制板时，发现所有的负筋和受力筋都没有标注钢筋信息，只在说明中体现，提取板钢筋线后如何提取板钢筋标注呢？

答：没有标注也没有关系，按照正常的操作步骤点击提取钢筋标注按钮后，直接右键，再点击自动识别板受力筋的提取支座线，最后自动识别板受力筋。在弹出的框内输入未注明钢筋的钢筋信息（参考说明里的信息），软件就会自动将没有标注钢筋信息的钢筋识别上。

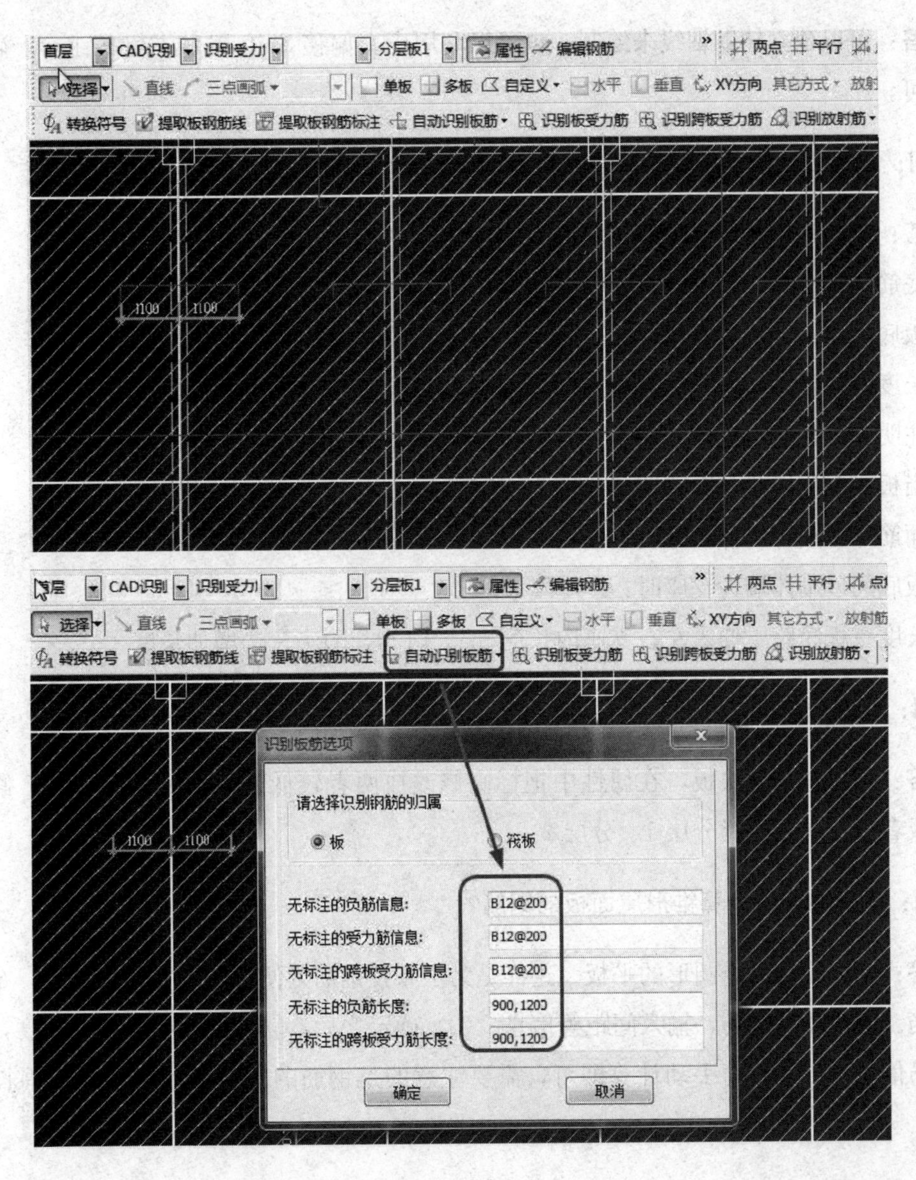

87. 问：现浇板的钢筋怎么布置？双向布置、双网双向以及 XY 向布置，该怎样区分？

答：双网就是两层的钢筋是一样的，双向就是一层钢筋是一样的。分开 XY 的就是可以分开设置的 。

88. 问：在导入板钢筋前怎样布置板？

答：按照板配筋图标注的厚度，定义不同的板分别绘制即可。

89. 问：悬挑板怎样绘制？

答：可以建立辅助轴线来绘制，也可以利用正交偏移 Shift 键和左键的组合，输入数值即可。

90. 问：双层双向板面筋是跟底筋一样算至梁中心＋5D 吗？

答：当板底钢筋以梁、圈梁、剪力墙为支座时：

底筋长度＝板净跨＋伸入左右支座内长度 max（hc/2，5d)＋弯钩增加长度

板底筋以砌体墙为支座时：

长度＝板净跨＋伸入左右支座内长度 max（120，h)＋弯钩增加长度

注明：当板底钢筋为非圆钢筋时，弯钩增加长度取消。

当板底钢筋以梁、圈梁、剪力墙为支座时：

面筋＝板净跨＋伸入左右支座内长度（hc－c)＋弯钩增加长度

板底筋以砌体墙为支座时：

长度＝板净跨＋伸入左右支座内长度 max（120，h)＋弯钩增加长度

91. 问：双层板怎样绘制？

答：可以先画一块板，在属性中把标高修改成两者较低的，再画另一块板，修改标高。或者分层画，选择分层 1、分层 2。

92. 问：钢筋中如何计算锥形屋面板的钢筋？

答：(1) 绘制一个圆形的平板。这样是为了布置钢筋方便。(2) 在单构件中，布置圆形钢筋。使用缩尺配筋，输入间距等信息。(3) 确定之后，软件会自动计算出长度，再修改钢筋信息即可。斜筋手动计算即可，需要注意的是钢筋的间距一般是以板的周长为基准的。

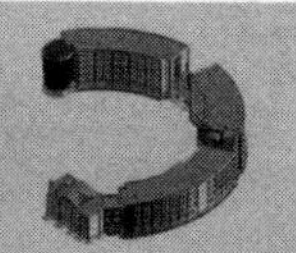

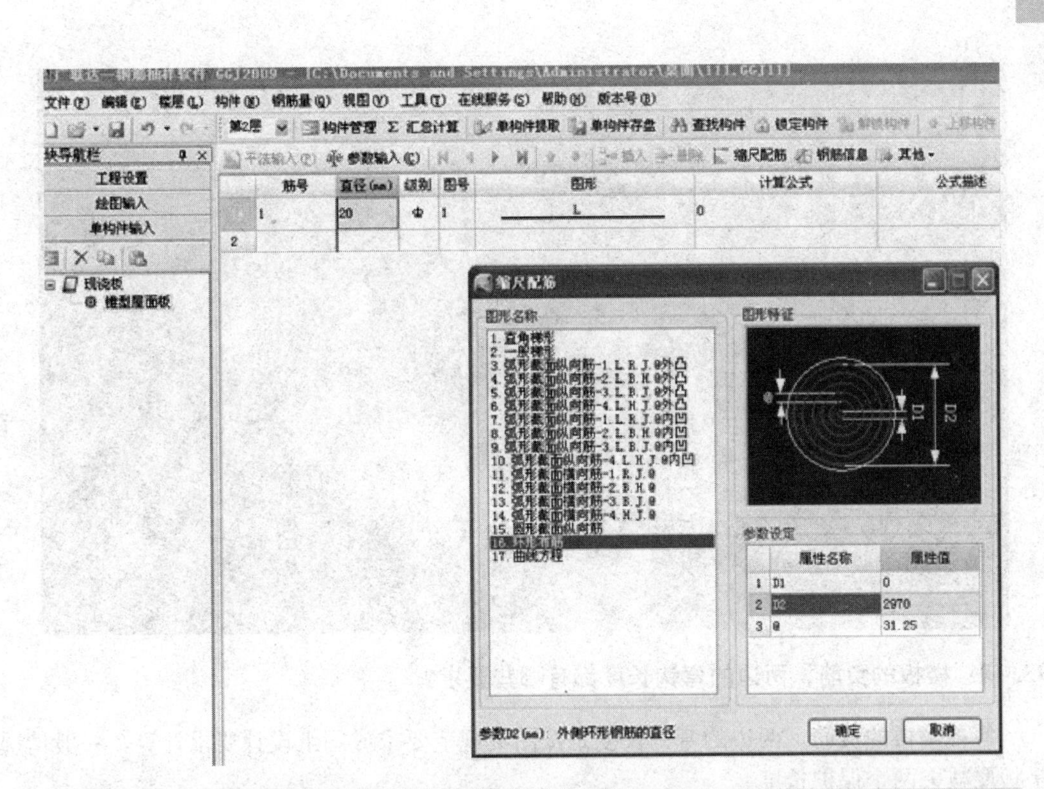

文件(F) 编辑(E) 楼层(L) 构件(N) 钢筋量(Q) 视图(V) 工具(T) 在线服务(S) 帮助(H) 版本号(B)
第2层 构件管理 汇总计算 单构件提取 单构件存盘 查找构件 锁定构件
平法输入 参数输入 插入 删除 缩尺配筋 钢筋信息 其他
工程设置
绘图输入
单构件输入
现浇板
锥型屋面板
筋号 直径(mm) 级别 图号 图形 计算公式 公式描述
1 20 1 L 0
2
缩尺配筋
图形名称
1. 直角梯形
2. 一般梯形
3. 弧形截面纵向筋-1.L.R.J.θ外凸
4. 弧形截面纵向筋-2.L.B.H.θ外凸
5. 弧形截面纵向筋-3.L.B.J.θ外凸
6. 弧形截面纵向筋-4.L.H.J.θ外凸
7. 弧形截面纵向筋-1.L.R.J.θ内凹
8. 弧形截面纵向筋-2.L.B.H.θ内凹
9. 弧形截面纵向筋-3.L.B.J.θ内凹
10. 弧形截面纵向筋-4.L.H.J.θ内凹
11. 弧形截面横向筋-1.R.J.θ
12. 弧形截面横向筋-2.B.H.θ
13. 弧形截面横向筋-3.B.J.θ
14. 弧形截面横向筋-4.H.J.θ
15. 圆形截面纵向筋
16. 环形箍筋
17. 曲线方程
图形特征
D1
D2
参数设定
属性名称 属性值
1 D1 0
2 D2 2970
3 θ 31.25
参数D2(mm): 外侧环形钢筋的直径
确定
取消

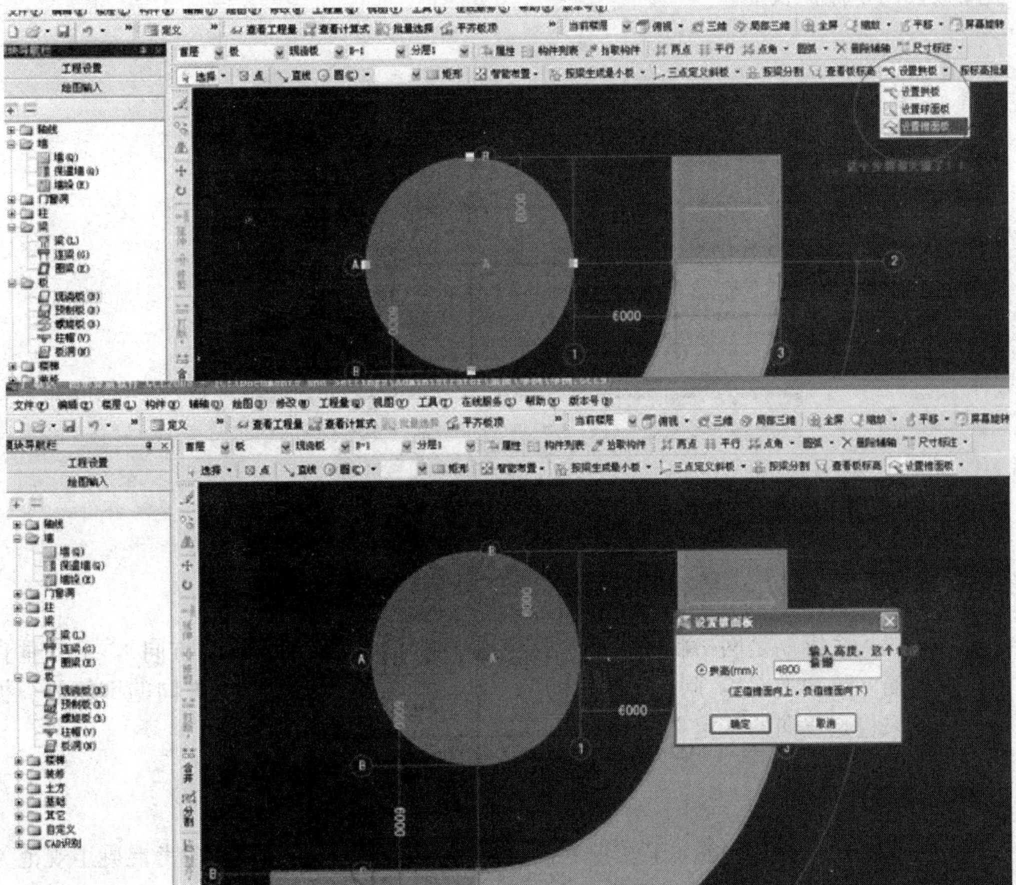

工程设置
绘图输入
设置拱板
设置球面板
设置锥面板
6000
设置锥面板
输入高度，这个
拱高(mm): 4800
(正值锥面向上，负值锥面向下)
确定
取消

第6章 板

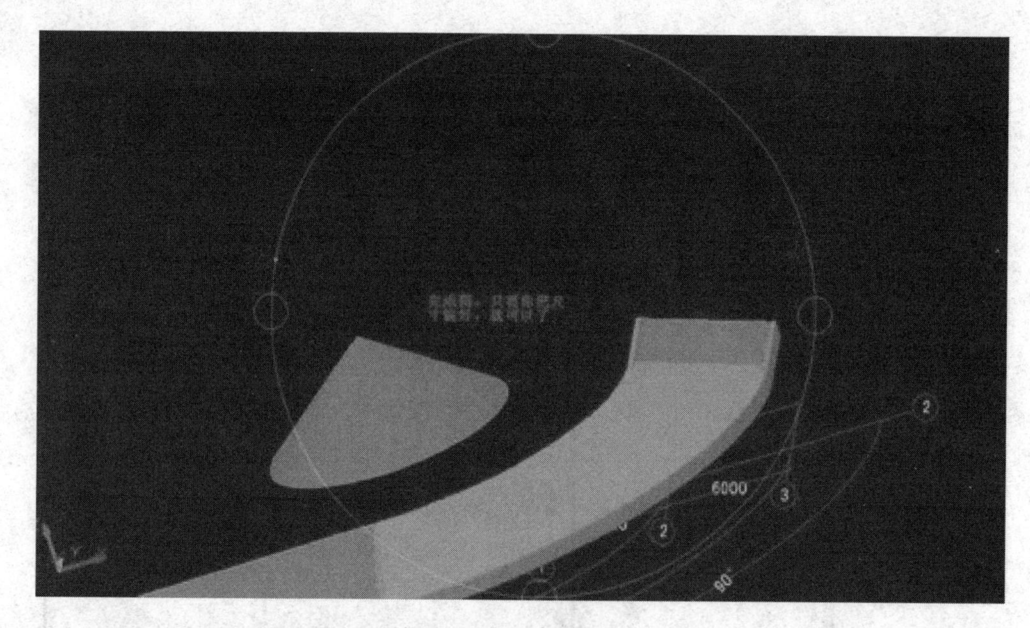

93. 问：楼板的负筋，两边的弯钩长度都有哪些要求？

答：楼板的负筋，两边的弯钩长度是按图集规范要求或图纸设计要求计算，一般情况是板厚减去两个保护长度。

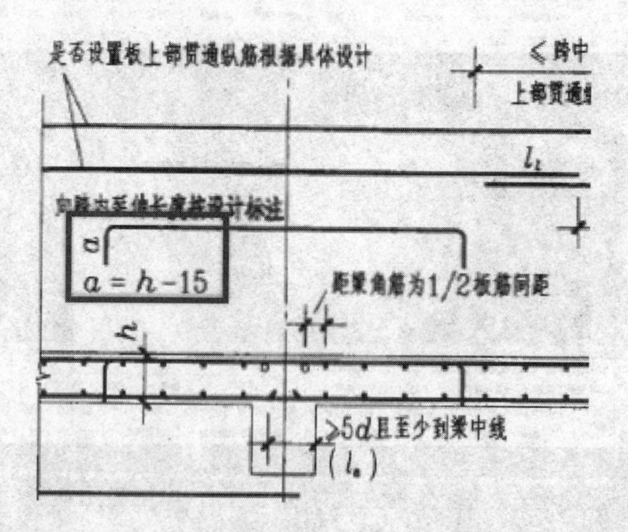

94. 问：板受力筋布置方式里的“水平，垂直”是什么意思？

答：一般板底钢筋是网格状的，表示既有水平方向的受力筋（X 轴方向），又有垂直方向的受力筋（Y 轴方向），问题中所提的两个功能是方便布置这两个方向的钢筋的。板顶受力筋如果也是双向的（定义好以后），布置方法是一样的。

95. 问：什么是分布筋？

答：分布筋就是构造钢筋，其主要起抗裂作用。分布筋的设置数量参考混凝土规范关于板的章节。

96. 问：如果一个双向板的面筋只有 X 方向的钢筋，此面筋需要布置分布筋吗？

答：这样的板 X 方向就不需要布置分布筋了，受力筋兼了负筋的作用，但是 Y 方向需要布置分布筋。

97. 问：在绘制板钢筋的时候，某工程注明“本层板顶通长钢筋为 c8@150”，那么定义受力筋的时候需要定义成面筋吗？

答：本层板顶通长钢筋为 c8@150，画受力筋的时候要定义成面筋。如果说明上说本层板底通长钢筋为 c8@150，画受力筋的时候就要定义成底筋。

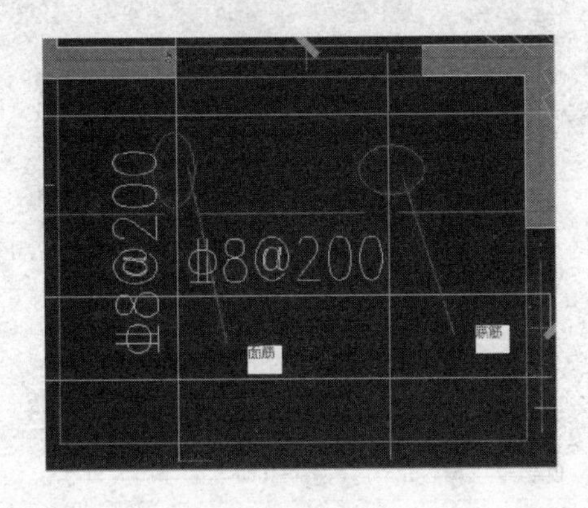

98. 问：在软件中，板钢筋的定义步骤是怎样的？

答：先定义板，在导航栏的板中展开下的受力筋和负筋对其进行定义。

钢筋布置：有两种布置方式，第一是选用单板与水平和单板与垂直布置，第二是采用单板与其他布置中的 XY 方向布置。可以边操作边看操作界面底边与任务栏间的提示操作。

99. 问：按一般的筏板主筋布置，筏板钢筋不能布置成和板一样的坡度，这种情况该如何处理？

答：所提只是显示问题，可以通过钢筋三维确认。

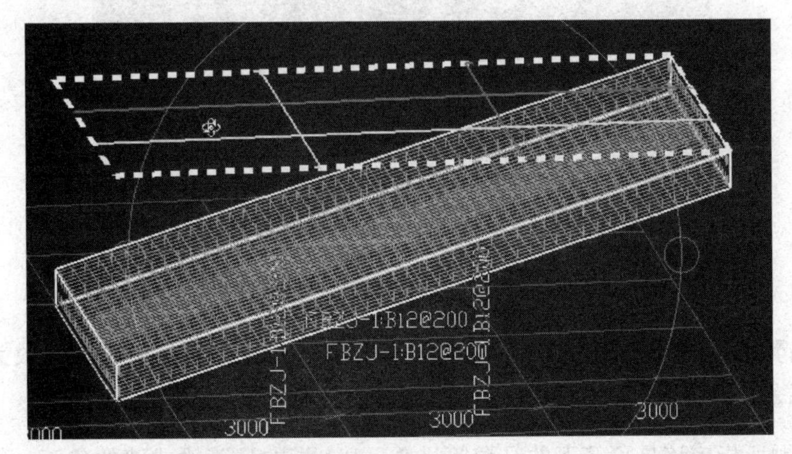

100. 问：冷轧带肋钢筋怎样输入？

答：用强度等级 L＋钢筋直径来表示。

101. 问：如何绘制四坡屋面的板？

答：可以按屋脊线布置板，然后定义“三点斜板”。利用图片上的白线，用正交偏移的方法布置定位屋脊线的尺寸。

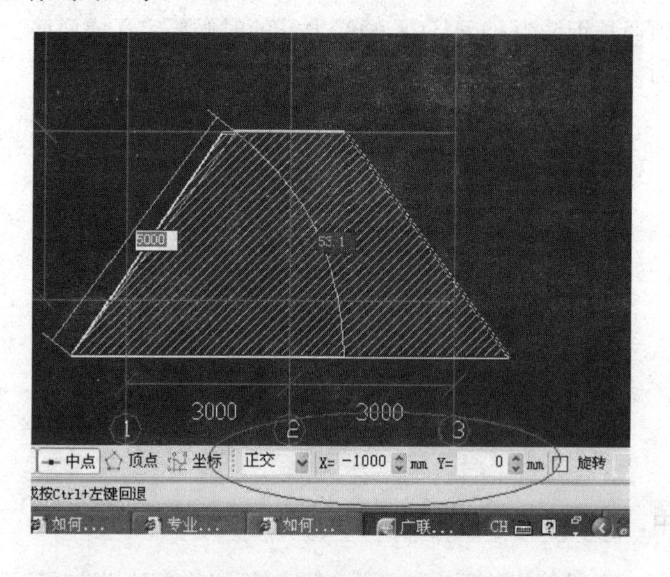

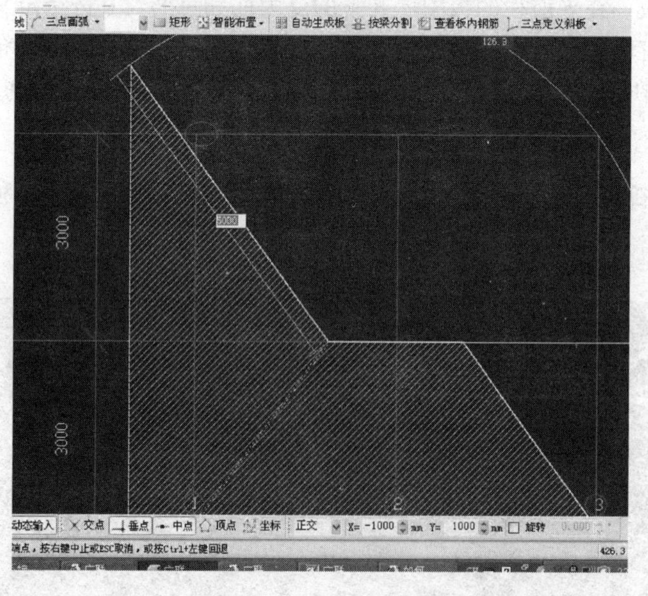

102. 问：马凳筋排数为 1/1 是什么意思？如果要求不计算马凳筋而把它修改为零，软件还会计算吗？

答：问题所指应该是负筋下的马凳筋排数，1/1 指的是跨梁或墙的负筋，每一边伸出

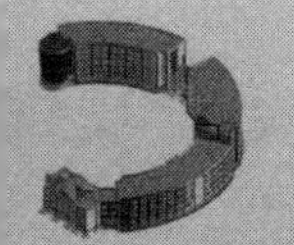

长度下放的马凳筋排数。如果不想计算马凳筋，那就在板的属性中不输入马凳筋信息即可，与排数没有关系。

103. 问：跨板受力筋属于面筋还是底筋?

答：基础内跨板受力筋是在底部，属于底筋，楼层板跨板受力筋属于面筋，这是因为基础内跨板楼与层板跨板的受力不同，底筋一般都是贯通的。如果有跨板的底筋，可以自定义范围布置。

104. 问：阳角和阴角钢筋有什么区别？钢筋应该怎么计算?

答：来源 04G101-4 第 37 页，钢筋长度和根数图纸一般都会给，所以在单构件直接输入长度和根数即可。

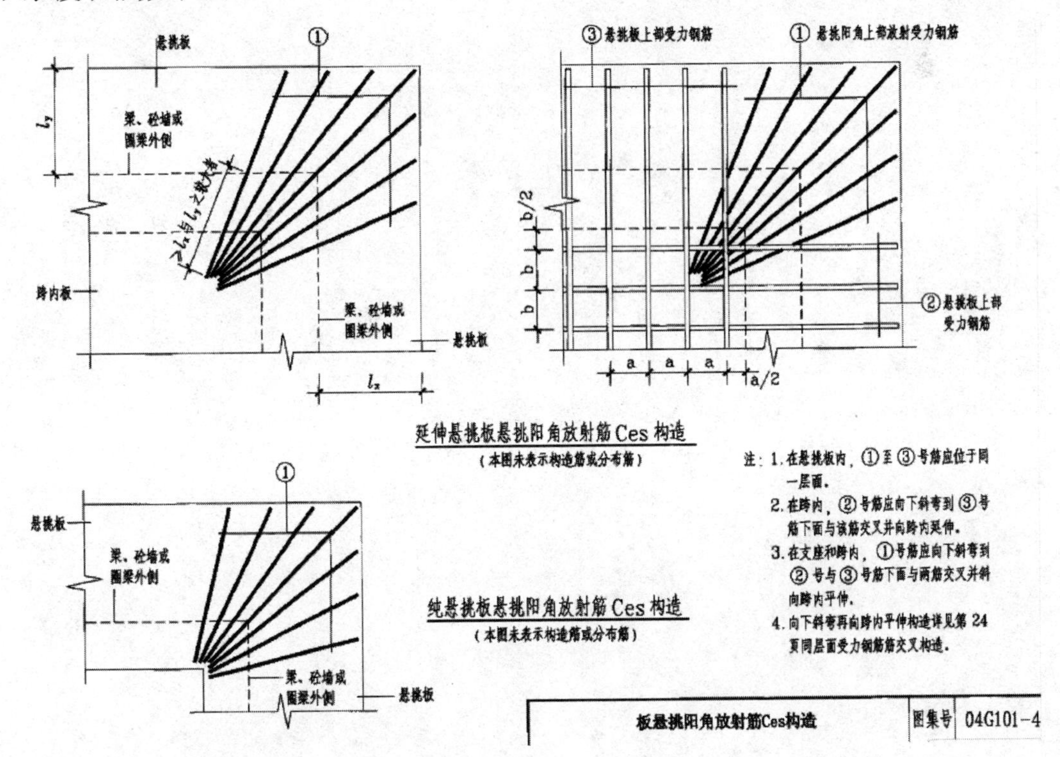

105. 问：雨篷板钢筋如何设置?

答：雨篷可以用板进行绘制，钢筋可以用板受力筋（属性类别选择为面筋）进行绘制，X 方向的钢筋锚入梁里面的 250 可以选中绘制之后的面筋，点击属性选择计算设置把“面筋伸入支座的锚固长度”改为 250 即可。

106. 问：软件里板负筋的左右弯折是否需要输入?

答：一般情况下不要输入，软件默认根据板厚会扣减保护层，只有设计图纸有特殊要求时才要输入。

107. 问：怎样快捷画屋脊线？

答：可以在屋面的绘制界面，布置完屋面后，点击“设置屋脊线”可以直接定义。

设置屋脊线
自动设置屋脊线
手动设置屋脊线
删除屋脊线

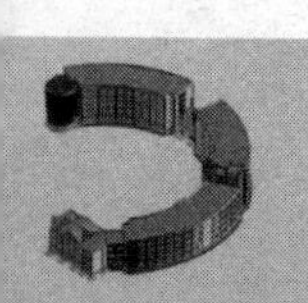

第7章

基础

1. 问：承台与承台之间是用基础梁还是用承台梁？梁需要绘制到承台中心吗？承台梁与基础梁有什么区别？

答：承台与承台之间是用基础梁连接的，梁必须要画到承台中心。承台梁是布置在桩基础中灌注桩之上的，而基础梁是在承台梁下连接的。

2. 问：在地下车库的梁和顶板配筋图上，柱下板带和跨中板带怎样绘制？

答：软件里有柱上板带和跨中板带的定义，可参考下图。

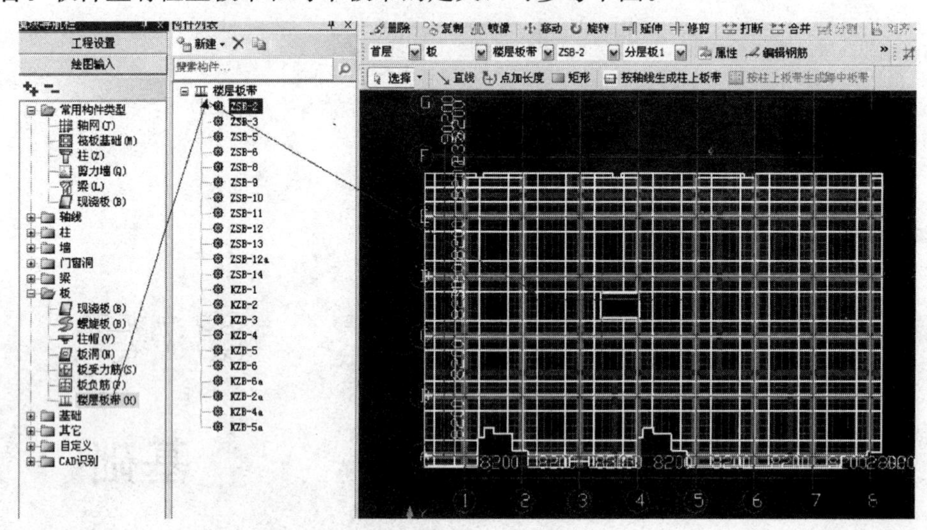

3. 问：基础筏板，筏板侧面加筋如何设置？

答：筏板底部和面部钢筋的弯折值，要在工程设置中调整与设计要求吻合，侧面的水平钢筋，可以在筏板的属性中输入。

4. 问：承台识别后，识别基础梁（不管用点选识别还是框选识别）的时候，承台不显示，是怎么回事？

答：在英文输入选择状态下，按键盘上的V键，承台图元就会显示出来。

5. 问：地下两层的满堂基础平面中的双基坑钢筋怎样处理？（两基坑中间是连通的，一低一高）

答：分别定义和布置两个不同底标高的集水坑，正确输入各自的放坡角度，软件会自

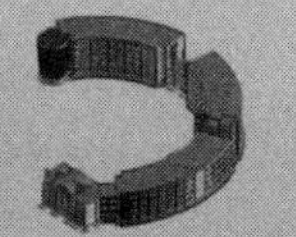

动计算集水坑相交处的钢筋。

6. 问：筏板基础的马凳连接筋如何布置？

答：筏板基础的马凳筋有常用的三种形式，是选用参数图来设置的。

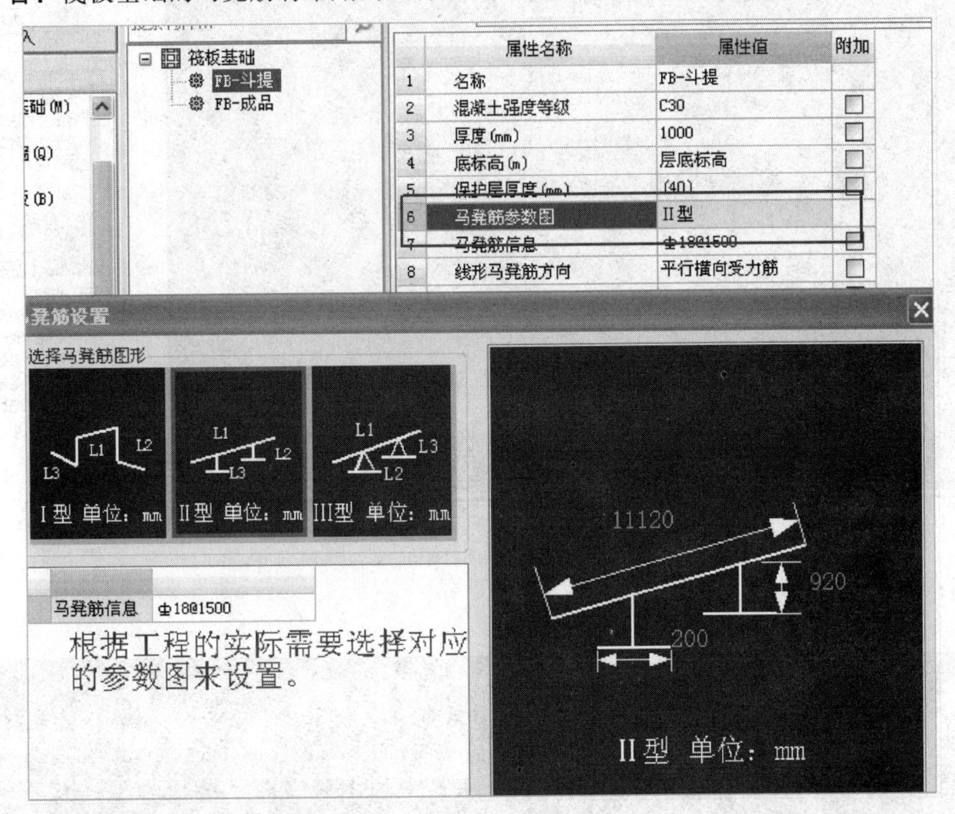

7. 问：钢筋算量中的条基怎样定义？

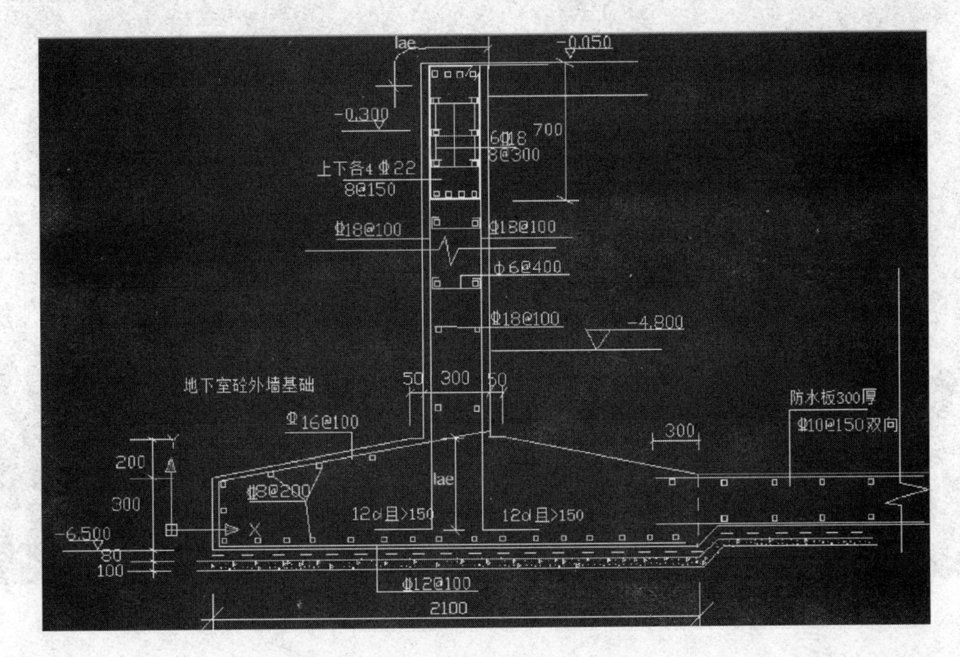

答：这种基础，从条基和筏板交界处分开，分别用两块筏板来定义，然后底部用筏板变截面处理，左侧筏板上边的斜坡用筏板边坡来处理，在筏板中分别用筏板主筋来处理上部和下部钢筋，用侧面钢筋处理侧面钢筋。

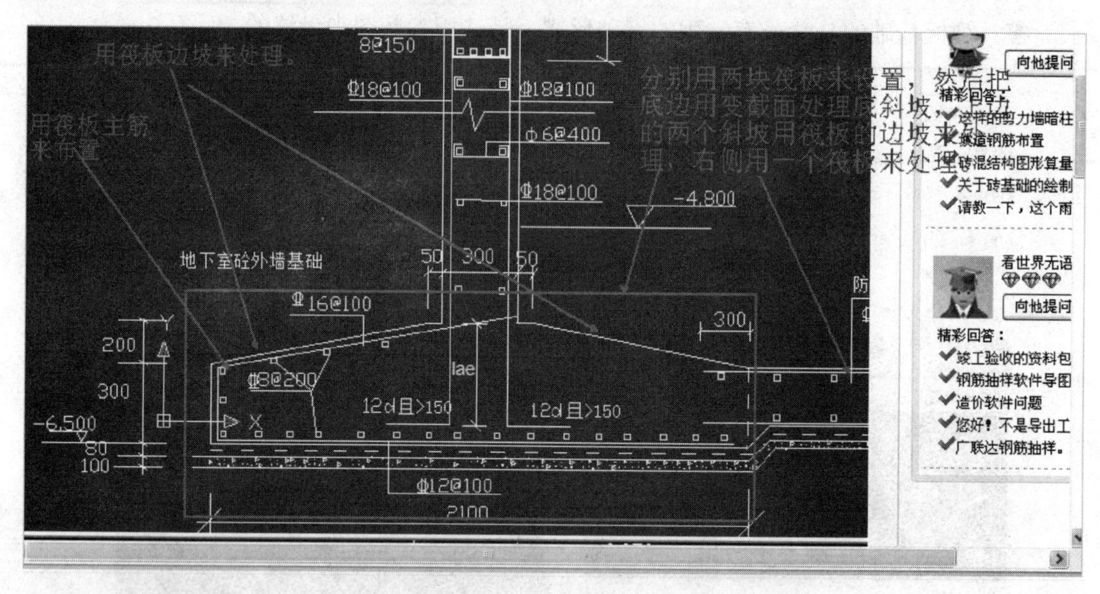

8. 问：下图的集水坑钢筋如何定义？

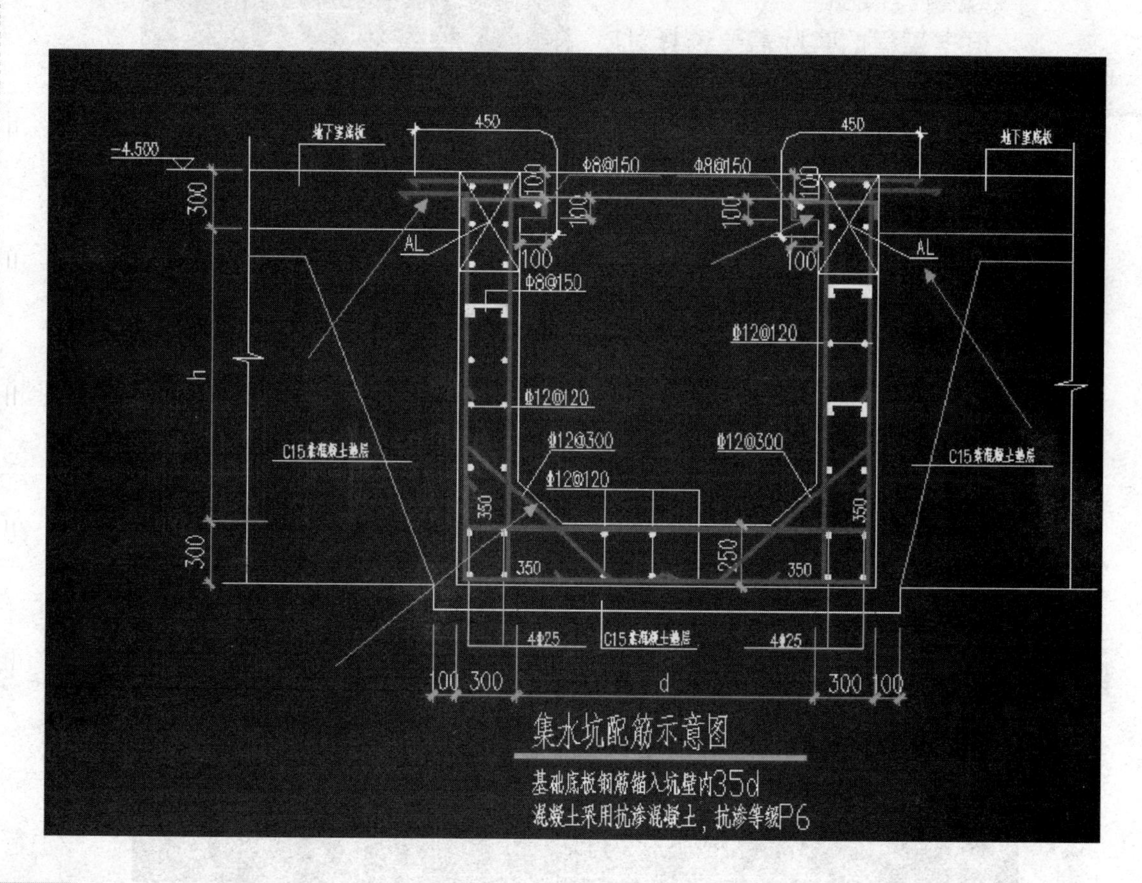

答：遇到上述问题时要学会变通，只有变通才能更快捷地完成绘图算量。图示集水坑变通一下利用筏板基础和剪力墙构件再配以暗梁和其他钢筋来定义输入就比较简单一些。各构件或钢筋变通参见截图示意。

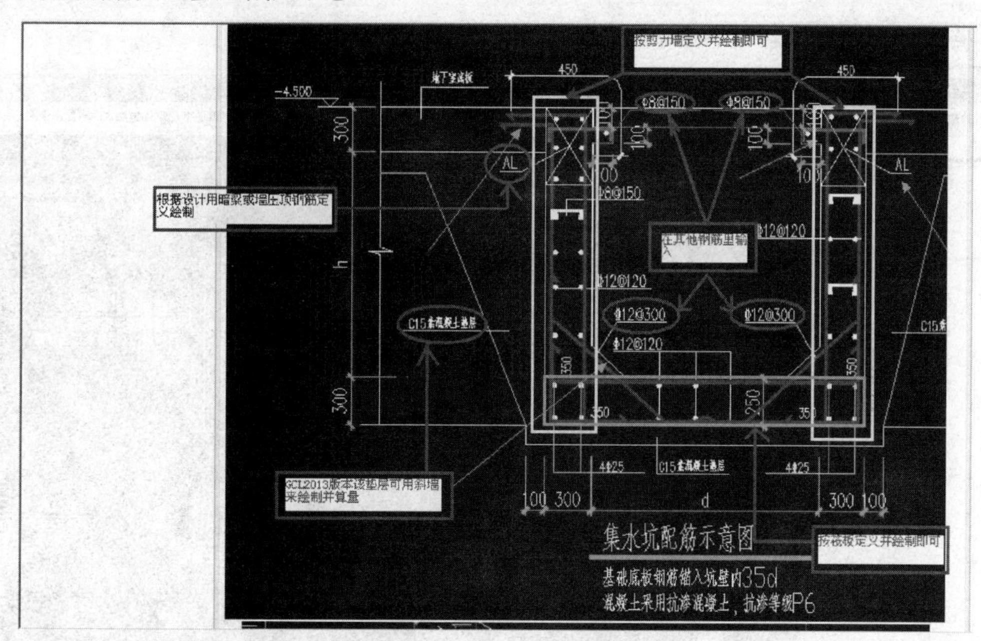

9. 问：独立基础基础顶指的是什么？

答：下图框线区即为独立基础基础顶。

10. 问：钢筋算量中，筏板基础中集水井怎样绘制？软件会自动扣减吗？

答：钢筋算量里，筏板基础中集水井正常定义集水坑构件画图即可，筏板集水井处的钢筋正常绘图即可，软件会自动扣减的。

11. 问：集水坑是抗震构件还是非抗震构件？筏板基础呢？

答：集水坑是基础筏板构件，不存在抗震的说法，至于软件默认是整个工程的抗震类

别，可以在定义集水坑的时候，修改集水坑的抗震类别的。

12. 问：桩基础在哪里定义？

答：如下图示意。

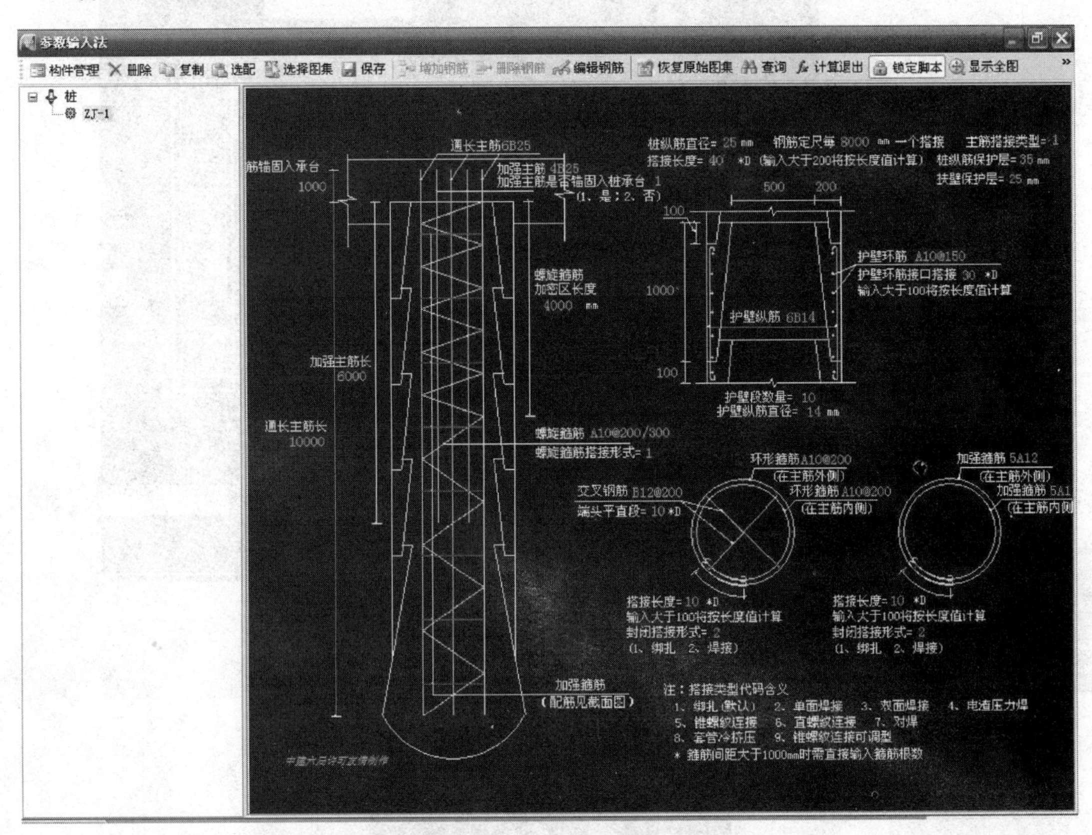

13. 问：基础底标高不一样怎么用 GGJ2009 定义？

答：首先定义好标高不同的两块基础筏板（属性中修改筏板标高），选中两块标高不同的筏板，点击设置筏板变截面按钮，在界面属性中修改信息即可。

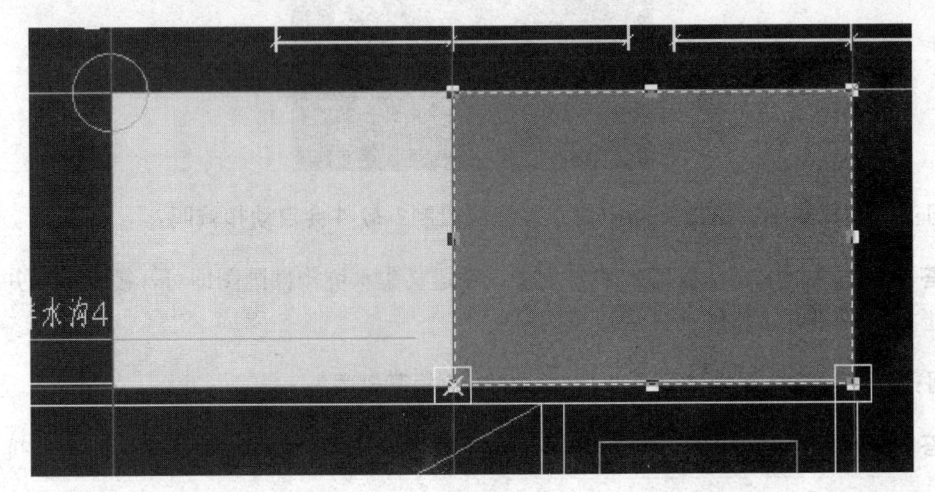

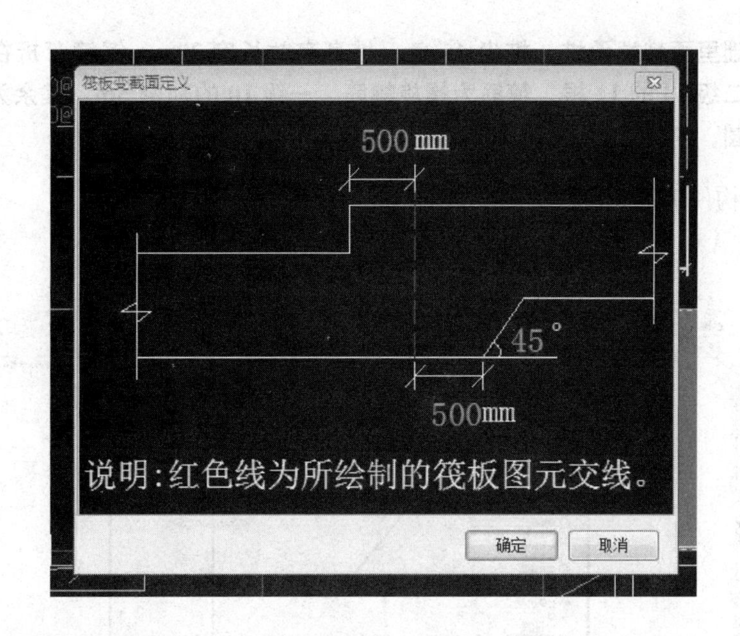

14. 问：用筏板绘制两棱锥的独立基础时钢筋应该怎样配置？

答：用筏板画两棱锥的独立基础，钢筋用筏板主筋来定义并绘制，在节点设置里把端部的弯折设置为零（根据实际进行设置，如果有弯折时可以按软件默认或修改弯折长度，如果有上部钢筋时，仍用筏板主筋来布置上部钢筋）。

15. 问：如何把四棱锥台形独立基础变成两棱锥的只有相邻的两个面且有斜坡？

答：用独立基础没有办法变成两棱锥基础，用筏板基础来设置并画图，然后利用设置筏板边坡的办法来处理，分别在边坡的提示中输入每个边的长度和高度确定即可。

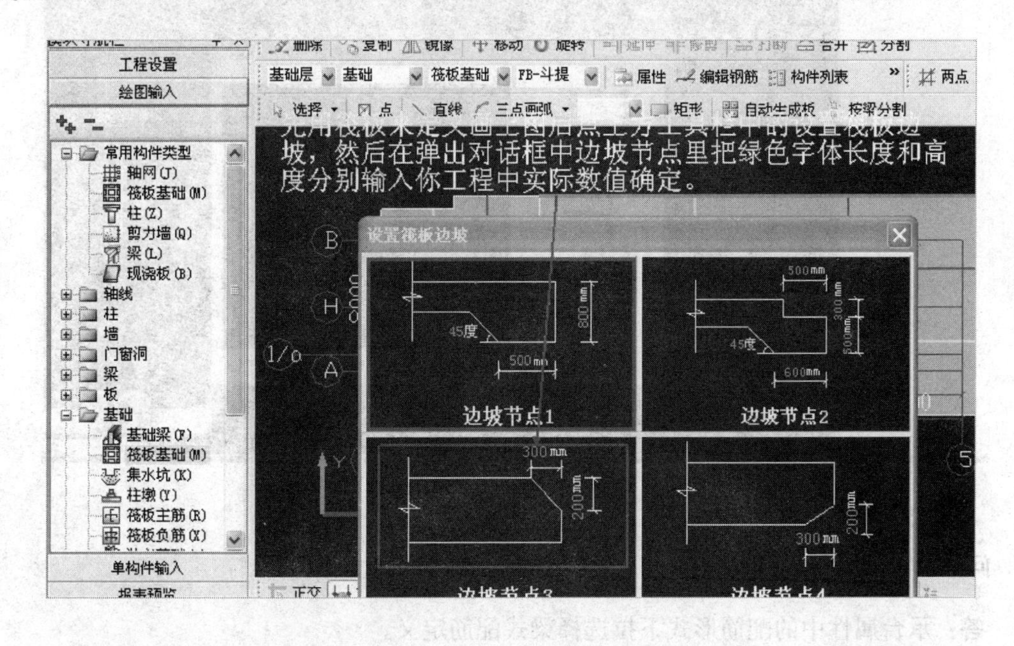

16. 问：桩基础里面某端承桩，桩尖 45°角，桩身有效长度 20m，钢筋弯折在距桩尖 1m，主筋二级 14 的 12 根，箍筋为螺旋箍筋，一级 10 的加密 5m，其余为非加密一级的 8 圆，内箍二级 14 的 2m 的间距，二级抗震，该如何定义？

答：在单构件里定义输入桩以及钢筋信息即可。

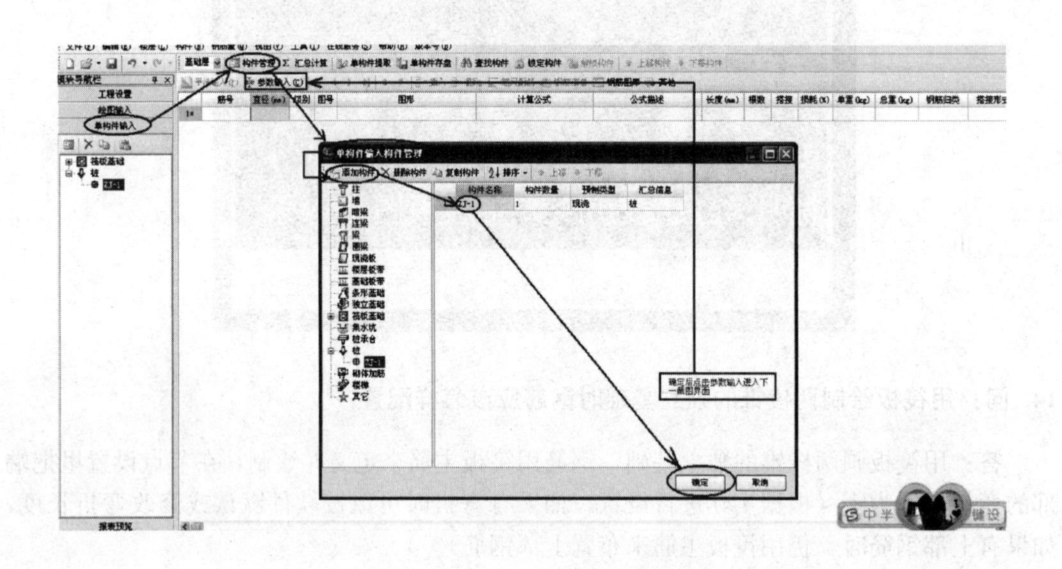

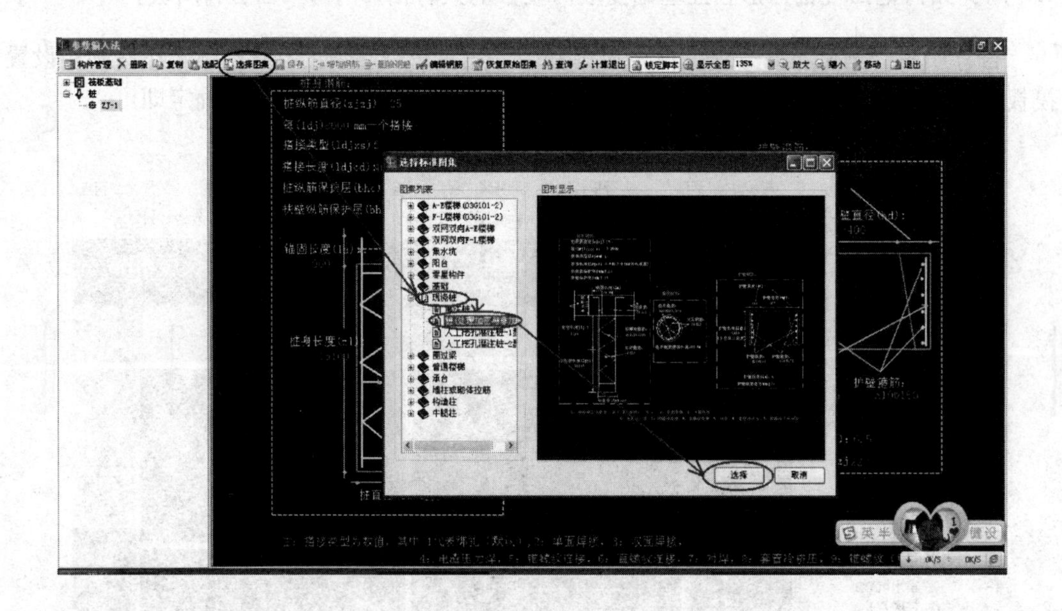

17. 问：承台梁如何设置？

答：承台属性中的配筋形式下拉选择梁式配筋定义。

	属性名称	属性值	附加
1	名称	CT-1-1	
2	长度(mm)	1000	□
3	宽度(mm)	1000	□
4	高度(mm)	500	□
5	相对底标高(m)	(0)	□
6	配筋形式	梁式配筋	□
7	侧面受力筋		□
8	其它钢筋		
9	上部受力筋	8⌀28	□
10	下部受力筋	16⌀32	□
11	箍筋	⌀12@100(6)	□
12	肢数	6	
13	拉筋		□
14	承台单边加强筋		□
15	加强筋起步(mm)	40	□
16	备注		□
17	+ 锚固搭接		

18. 问：筏板变截面时钢筋怎样绘制？

答：布置好筏板，点工具栏上“筏板边坡”，再选择相应的筏板，在弹出的对话框进行合适的设置。

19. 问：在钢筋算量里，筏板基础一侧是弧形段时该怎样绘制？

答：这个不影响绘制，按照设计给出的尺寸，绘制到指定的位置就可以，利用三点画弧即可。

20. 问：阶式三桩台的钢筋怎样配置？它们属于受力筋吗？

答：属于承台的受力筋，用单边加强筋处理即可。

	属性名称	属性值
1	名称	CT-3-1
2	截面形状	阶式三桩台
3	长度(mm)	2887
4	宽度(mm)	2500
5	高度(mm)	1000
6	相对底标高(m)	(0)
7	横向受力筋	
8	纵向受力筋	
9	侧面受力筋	
10	其它钢筋	1
11	承台单边加强筋	8C22@125
12	加强筋起步(mm)	40
13	备注	
14	+ 锚固搭接	

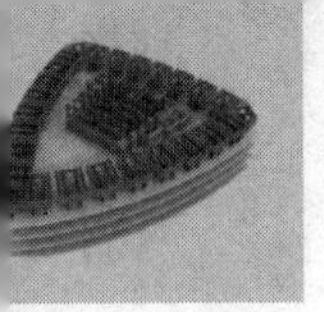

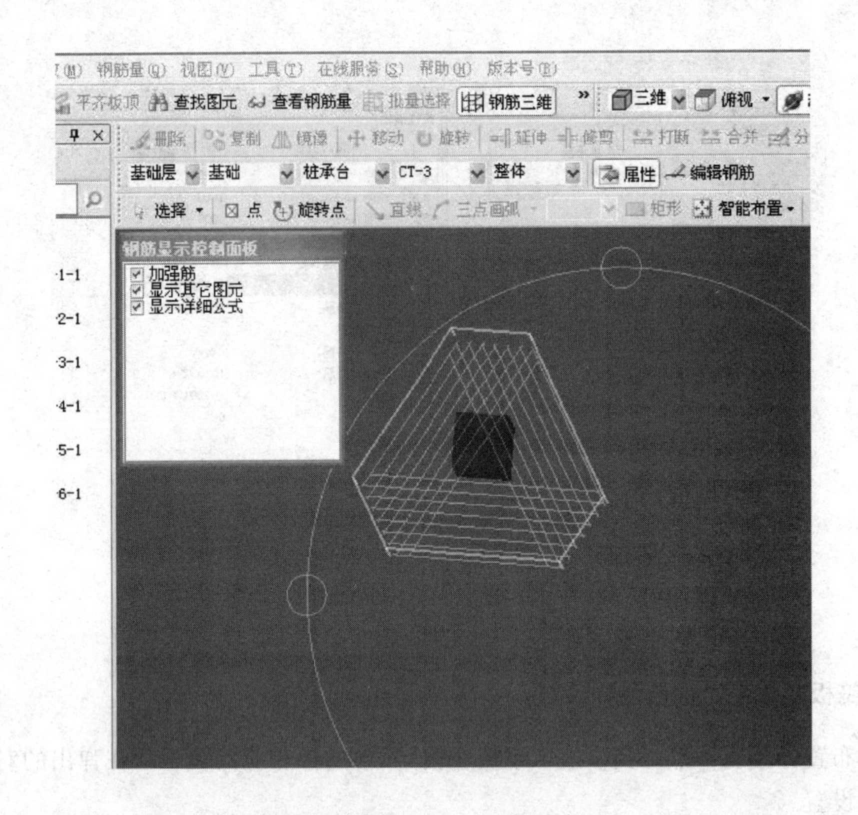

21. 问：基础梁遇筏板时如何将其梁的支座设置为墙？

答：选中梁后点击设置支座，再点击需要设置为支座的墙即可。

22. 问：钢筋算量中多层底部钢筋独立基础如何定义？

答：在定义独基的时候，设置扣除筏板底筋不扣除筏板面筋，并在计算设置中进行设置钢筋上下部钢筋的弯折长度，独基的上下部钢筋用斜线隔开输入。独基底部剩下的两排钢筋手动计算出根数，在独基的其他钢筋中输入即可。

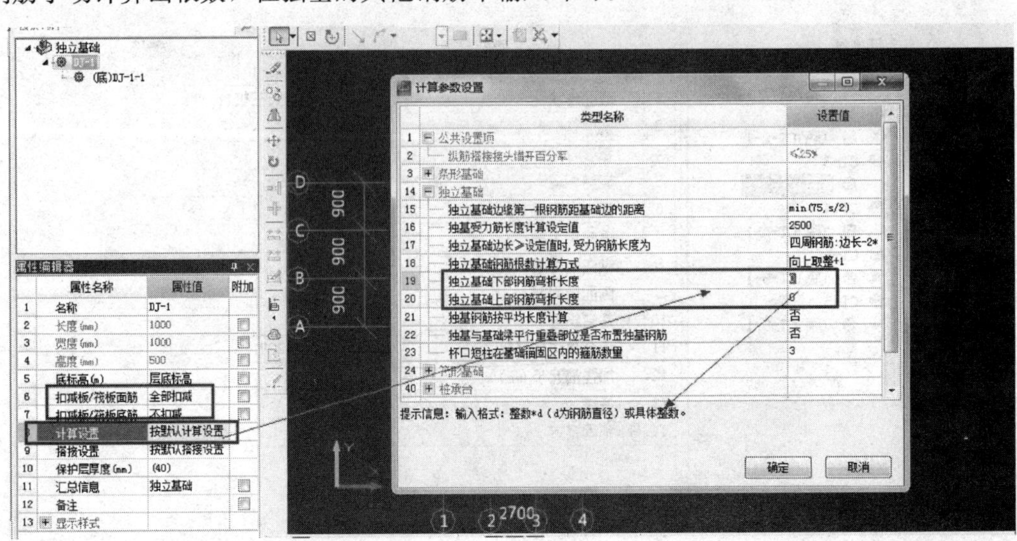

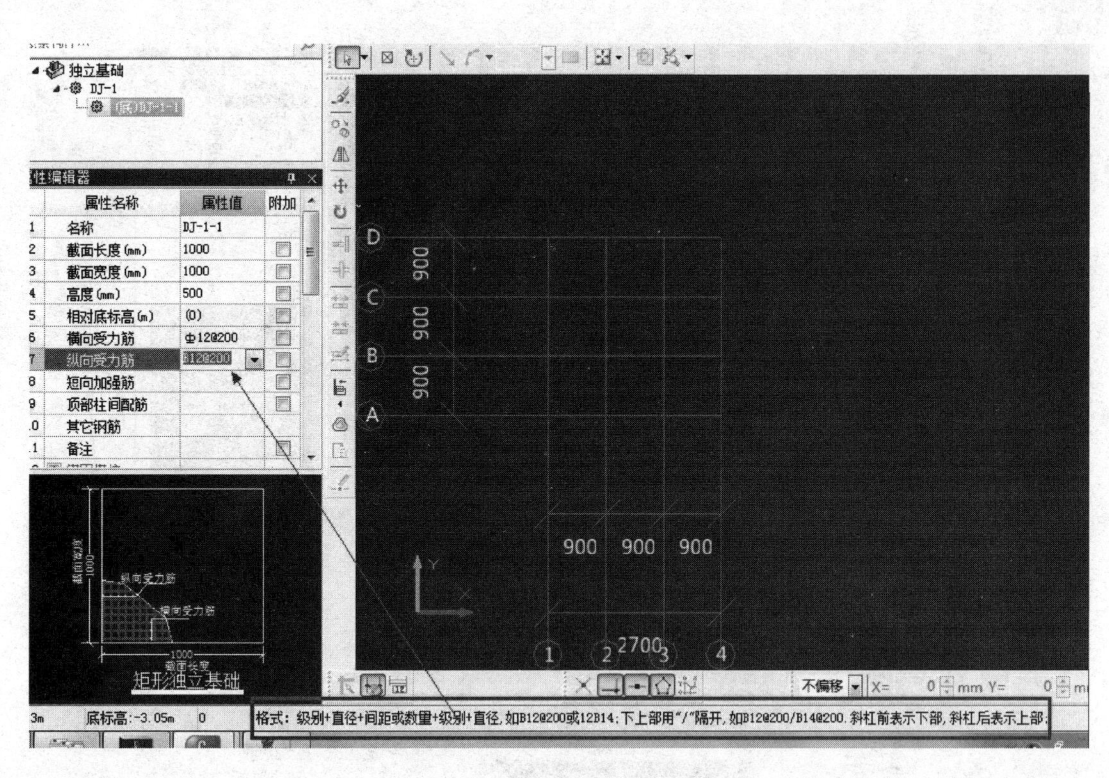

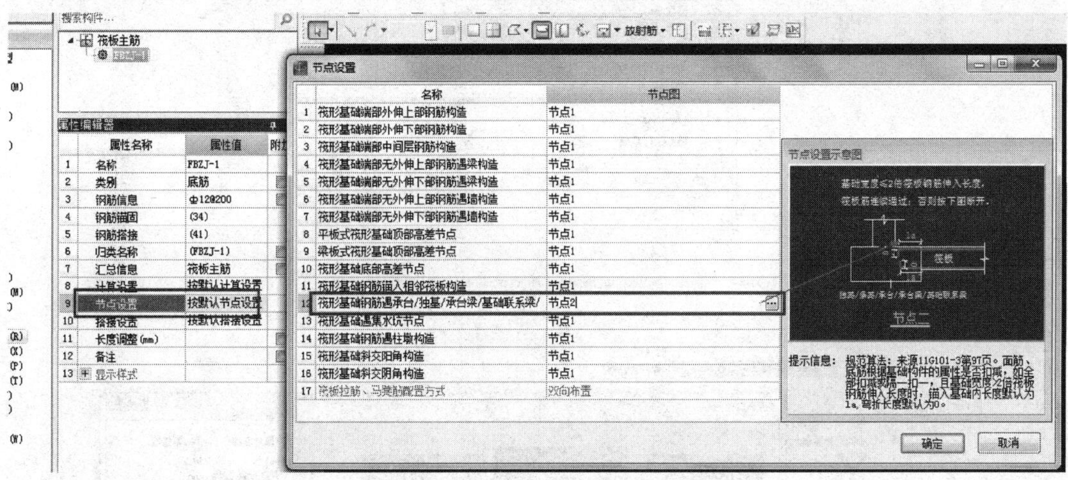

23. 问：在绘制地下室基础时，对于有筏板、抗水板、积水坑、柱下扩展基础等的基础时，绘图顺序是怎样的？

答：在画地下室基础时，一般都是先主后次，先大后小。对于有筏板、抗水板、积水坑、柱下扩展基础等的基础时，绘图顺序一般是：筏板—柱下扩展基础—抗水板—集水坑。

24. 问：双杯口基础如何绘制？

答：软件中还没有内置双杯口基础参数图，可以使用单杯口参数图来定义，没有计算的钢筋再手工计算，再其他钢筋中录入。

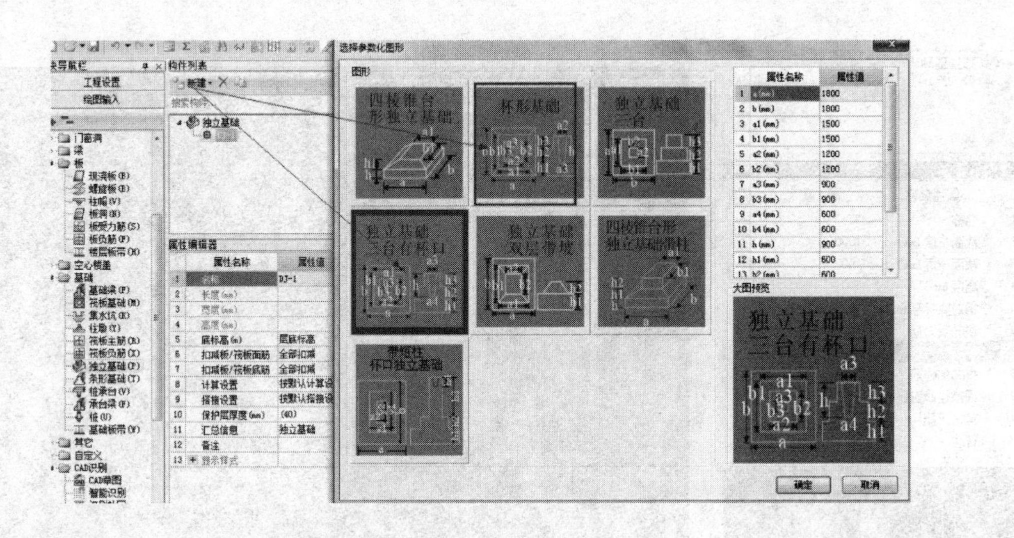

25. 问：阶梯状，带圈梁的条形基础如何完整定义？

答：如图示意，设置好标高。

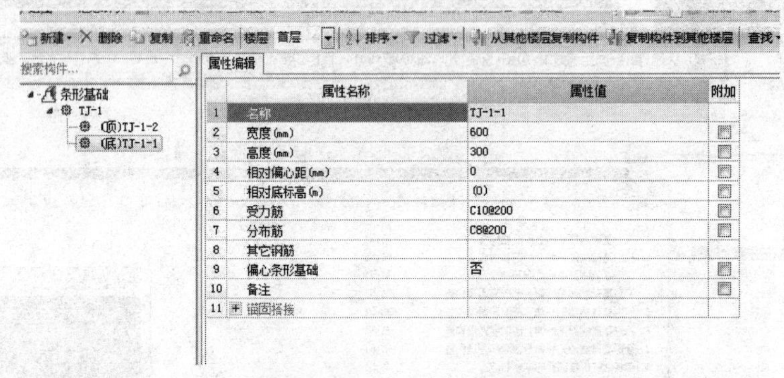

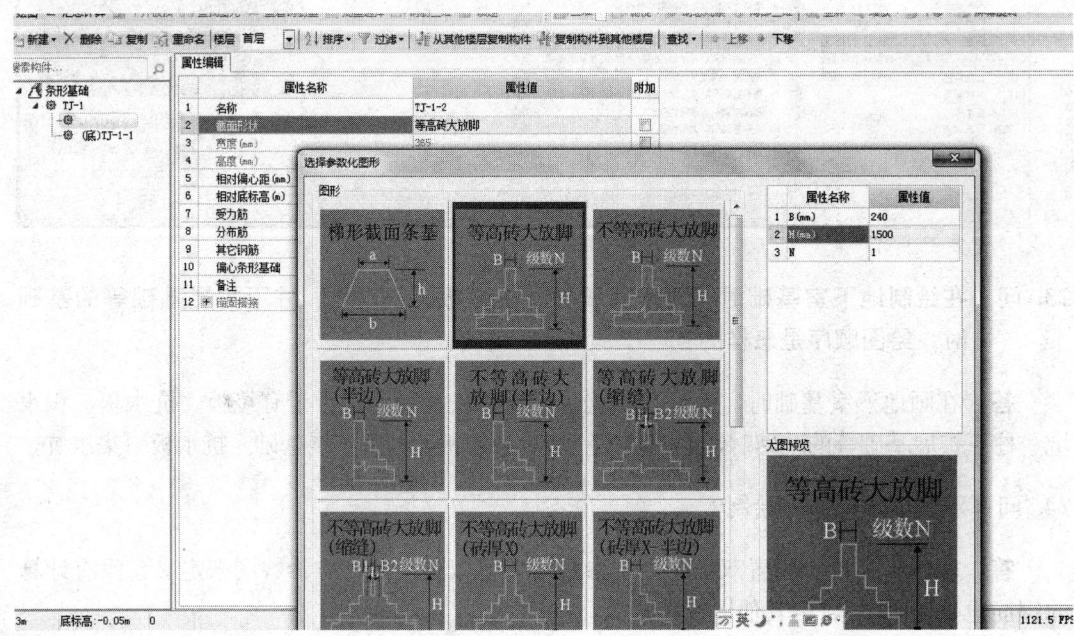

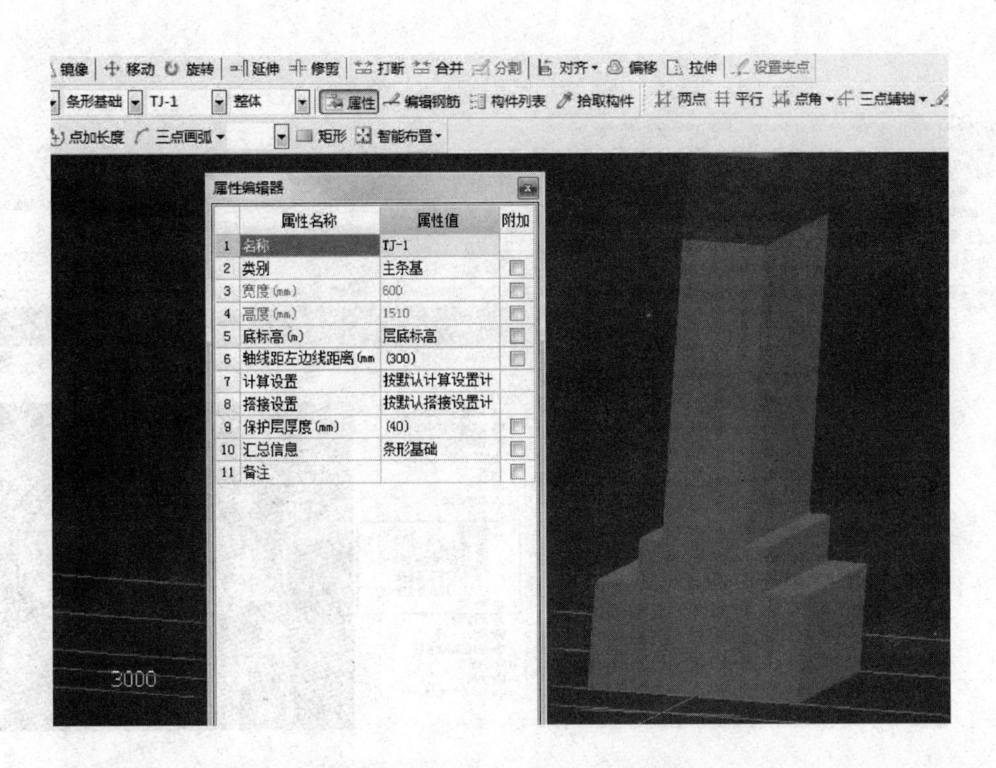

26. 问：桩基础上仅有梁时在软件中应当设置成什么基础类型？

答：桩基础上仅有梁，在软件中应当设置成带形基础类型。

27. 问：混凝土预应力管桩、桩锚筋（锚桩承台）、桩芯钢筋及桩芯混凝土（2m）怎样设置？

答：可以在单构件中进行输入桩锚筋（锚桩承台）、桩芯钢筋及桩芯混凝土（2m）的计算，如图示。图纸上没有的钢筋可以不输入。

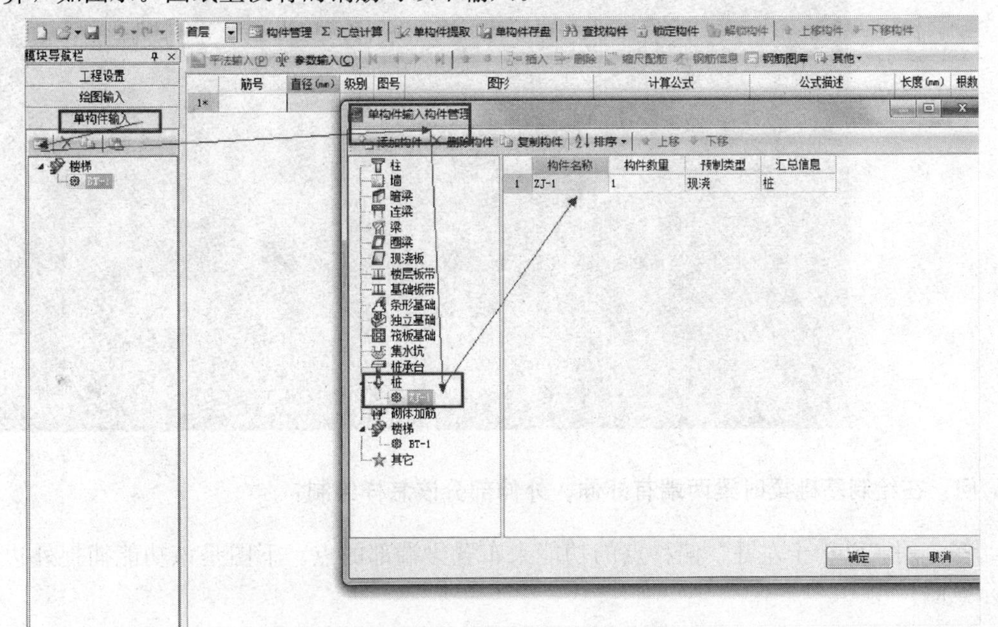

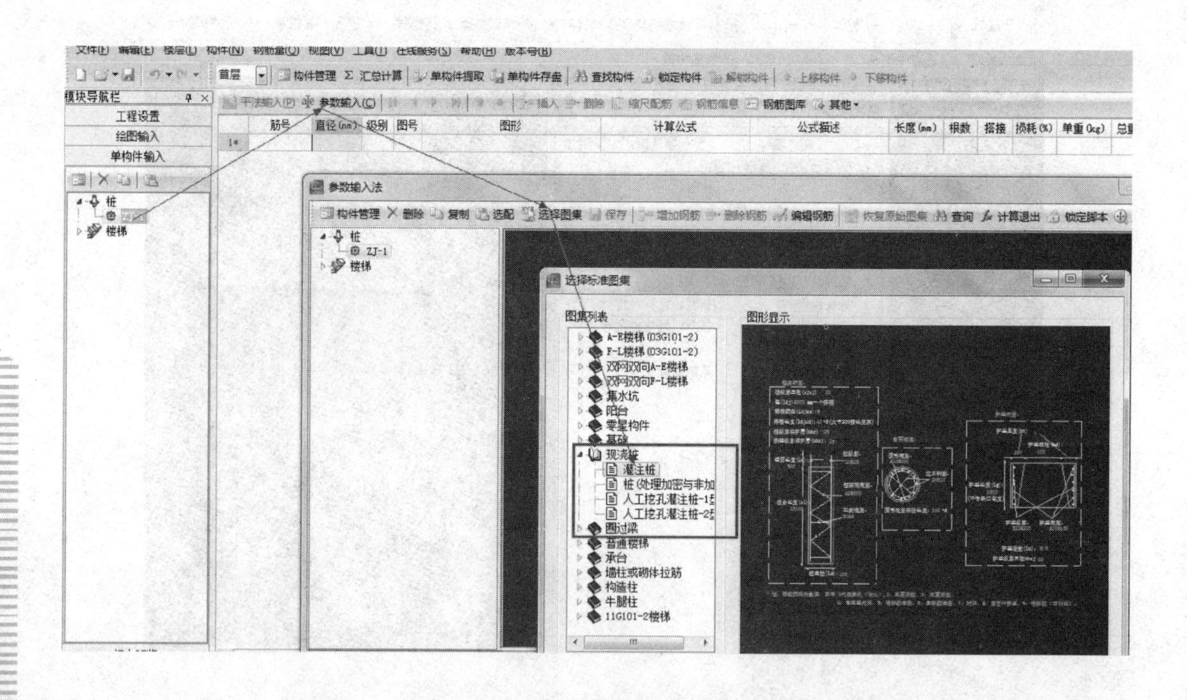

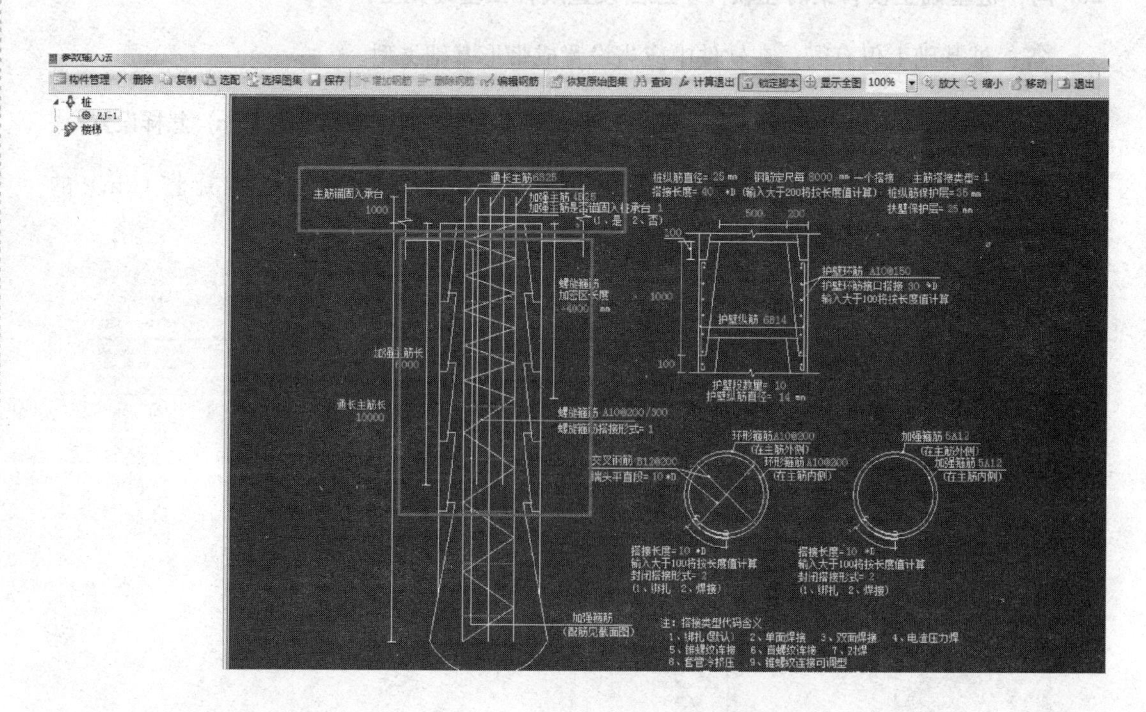

28. 问：在绘制基础梁时梁两端有外伸，外伸部分该怎样绘制？

答：用“Shift＋左键”偏移点的功能来布置梁端部的点。下图是该功能捕捉外边点的示意图。

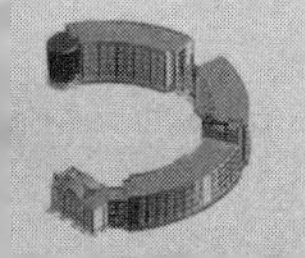

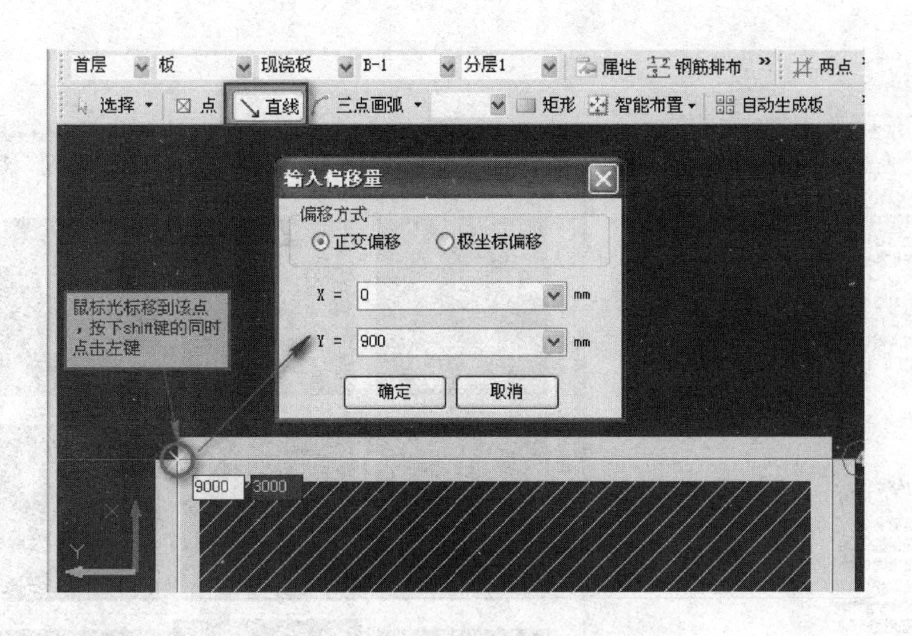

29. 问：基础筏板钢筋或柱下板带钢筋需要同过桩承台怎样定义?

答：如图示意，把它设置为否即可。

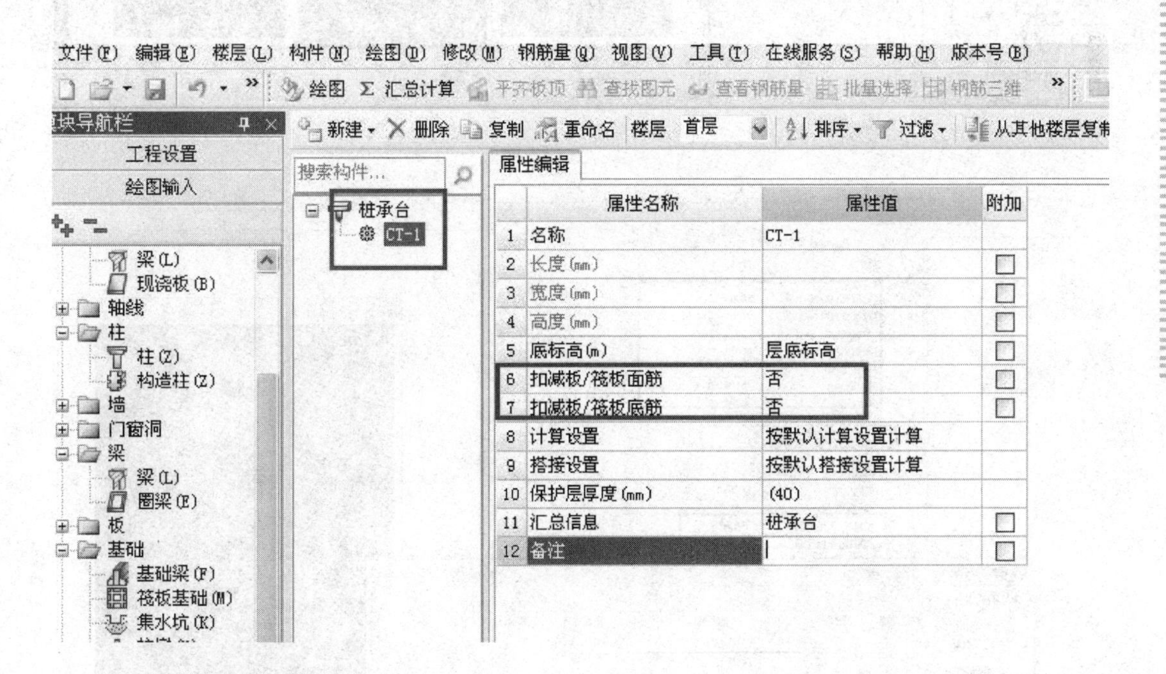

30. 问：倒锥体承台如何建模?

答：可以使用下柱墩进行计算，但是下柱墩构件不能计算中层钢筋网片，中层网片需要在其他钢筋中进行输入，并不扣减板面筋，如图所示。

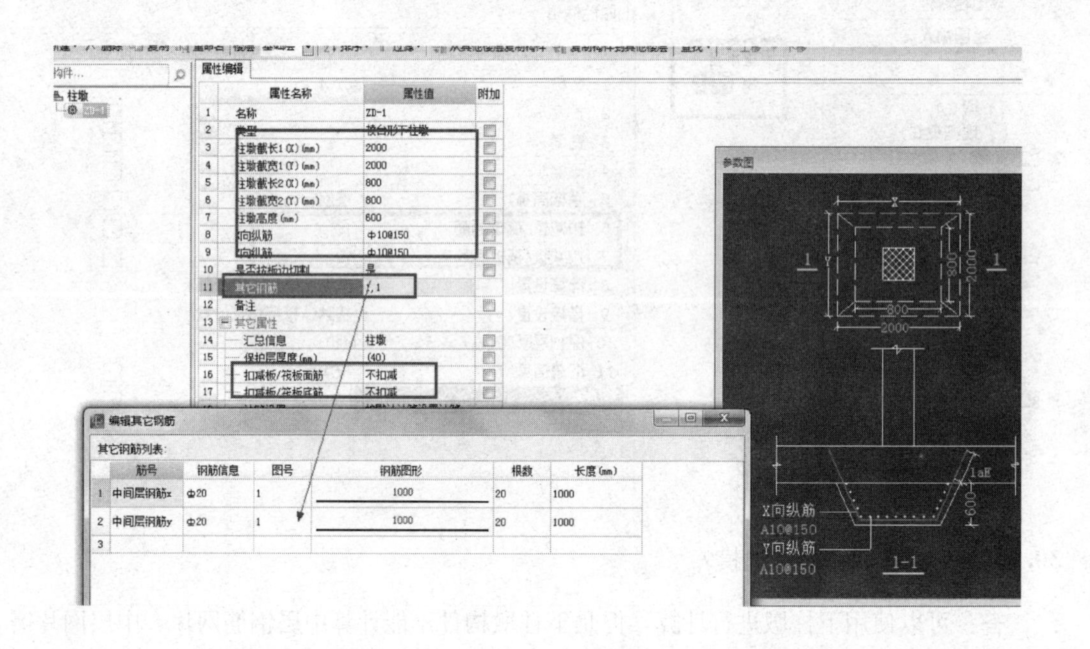
属性编辑
属性名称
属性值
附加
名称
ZD-1
类型
棱台形下柱墩
柱墩截长1(X)(mm)
2000
柱墩截宽1(Y)(mm)
2000
柱墩截长2(X)(mm)
800
柱墩截宽2(Y)(mm)
800
柱墩高度(mm)
600
X向纵筋
ф10@150
Y向纵筋
ф10@150
是否按板边切割
是
其它钢筋
备注
其它属性
汇总信息
柱墩
保护层厚度(mm)
(40)
扣减板/筏板面筋
不扣减
扣减板/筏板底筋
不扣减
编辑其它钢筋
其它钢筋列表:
筋号
钢筋信息
图号
钢筋图形
根数
长度(mm)
中间层钢筋x
ф20
1
1000
20
1000
中间层钢筋y
ф20
1
1000
20
1000
参数图
1-1
X向纵筋
A10@150
Y向纵筋
A10@150

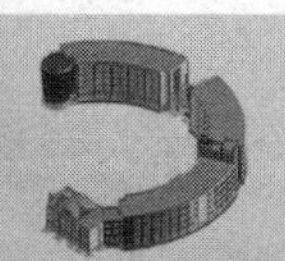

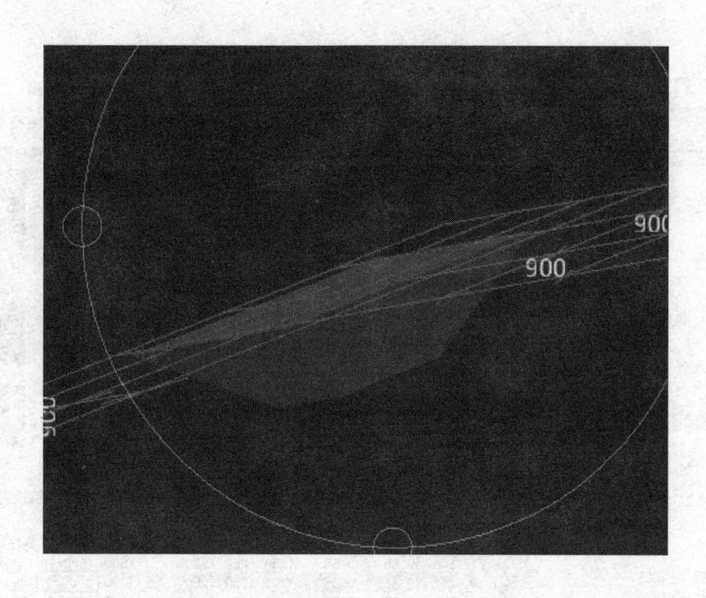

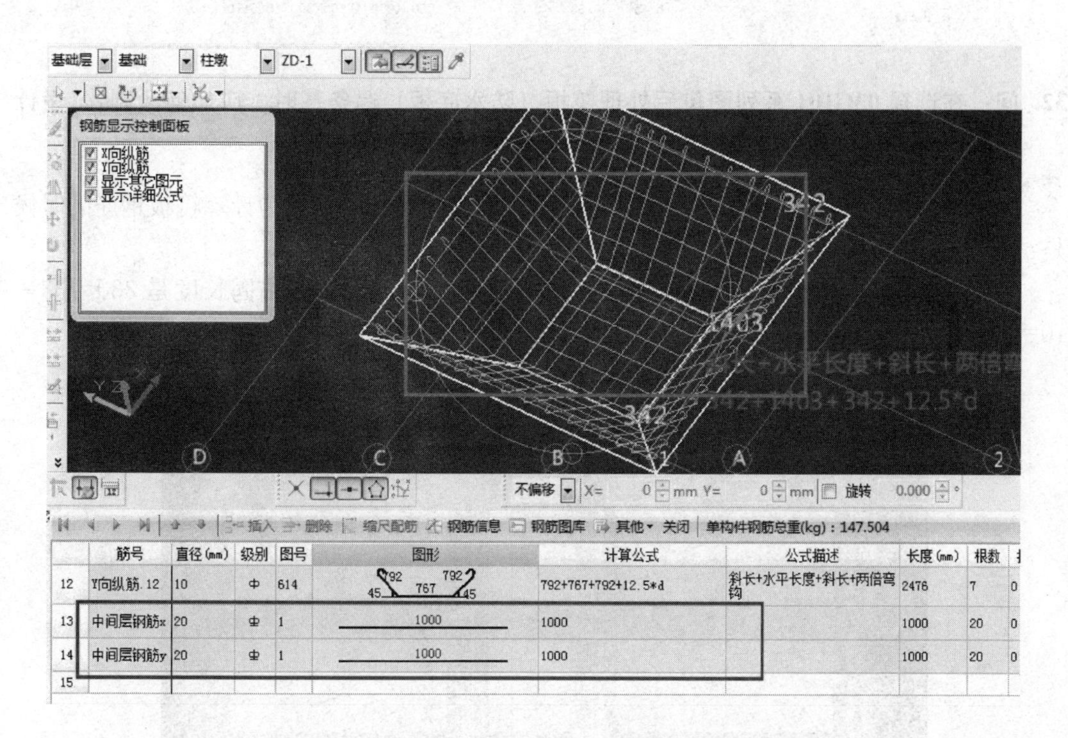

31. 问：基础梁有一跨加宽，在相邻一跨的一端有类似加腋的加宽，此种情况应该如何绘制？

答：基础梁有一跨加宽，只要在原位标注（梁平法标格）里面修改加宽的那段尺寸即可，不需要单独绘制。至于斜角的部分，在钢筋里面可以忽略，在图形里将斜角作为独立柱加上，工程量相应的不减少即可。

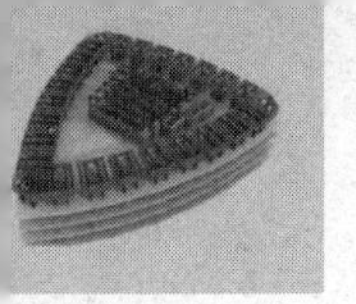

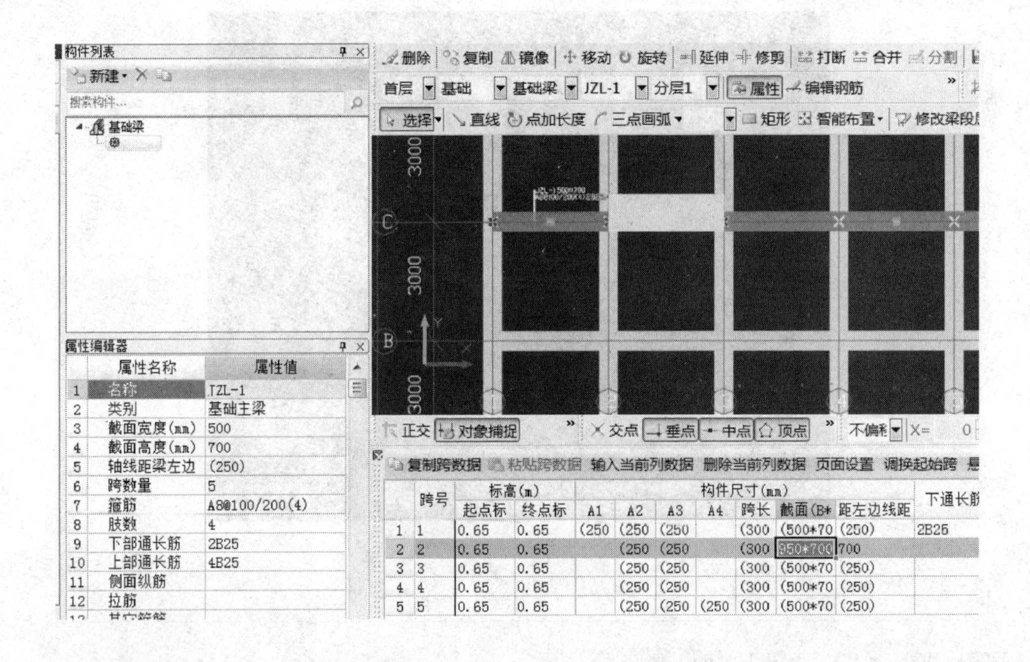

32. 问：在选择03G101系列图集后处理筏板（防水底板）遇条基时，应如何绘制？（设计要求是筏板钢筋在条基里边有个锚固长度）

答：分块布置筏板，伸入条基的长度为LaE＋保护层厚度（因为计算筏板钢筋的时候是：总尺寸减去保护层厚度再加上弯折长度）即可。

比如：条基宽度1000mm，防水底板保护层厚度40mm，钢筋锚固长度是33d＝33＊10＝330mm，那么伸入条基就是330＋40＝370mm。

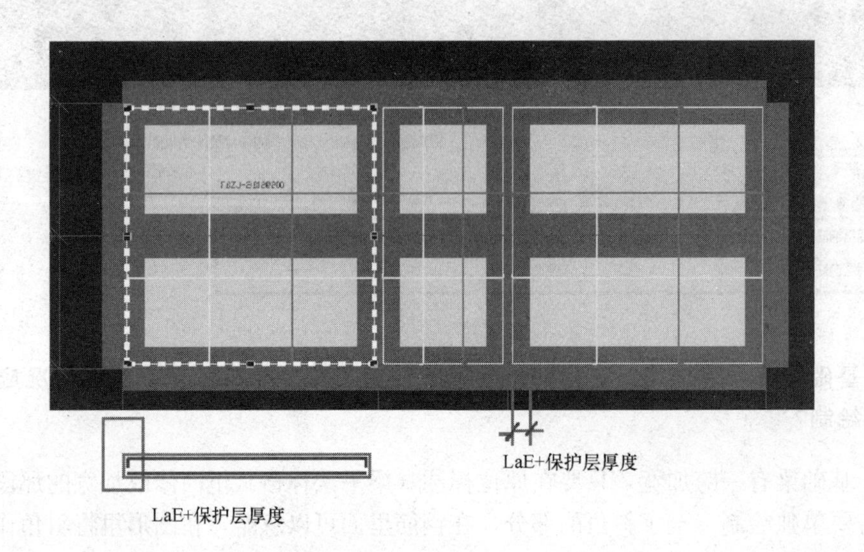

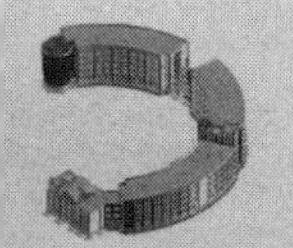

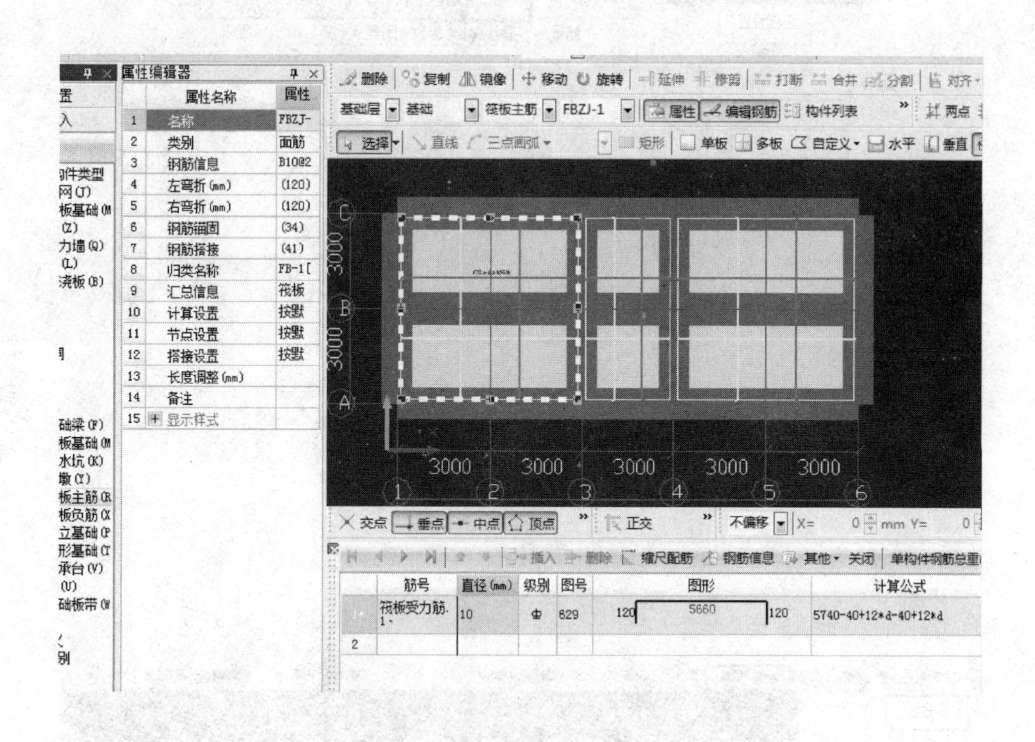

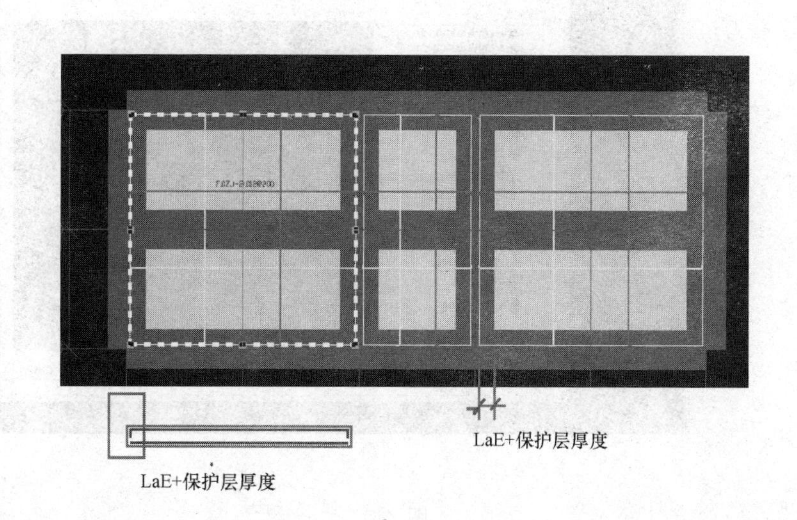

33. 问：人工挖孔扩底墩基础怎样绘制？

答：图形软件中新建一个参数化的桩如图 1 所示，算钢筋就使用单构件进行计算如图 2 所示。

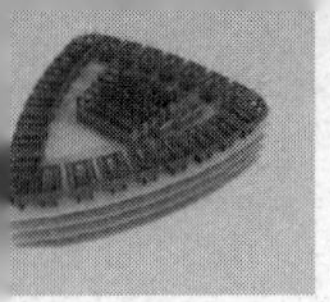

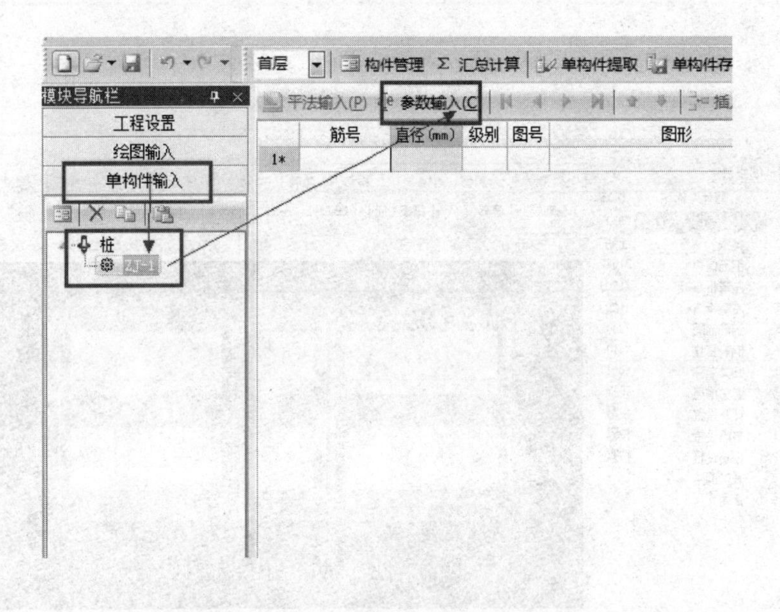

图 1

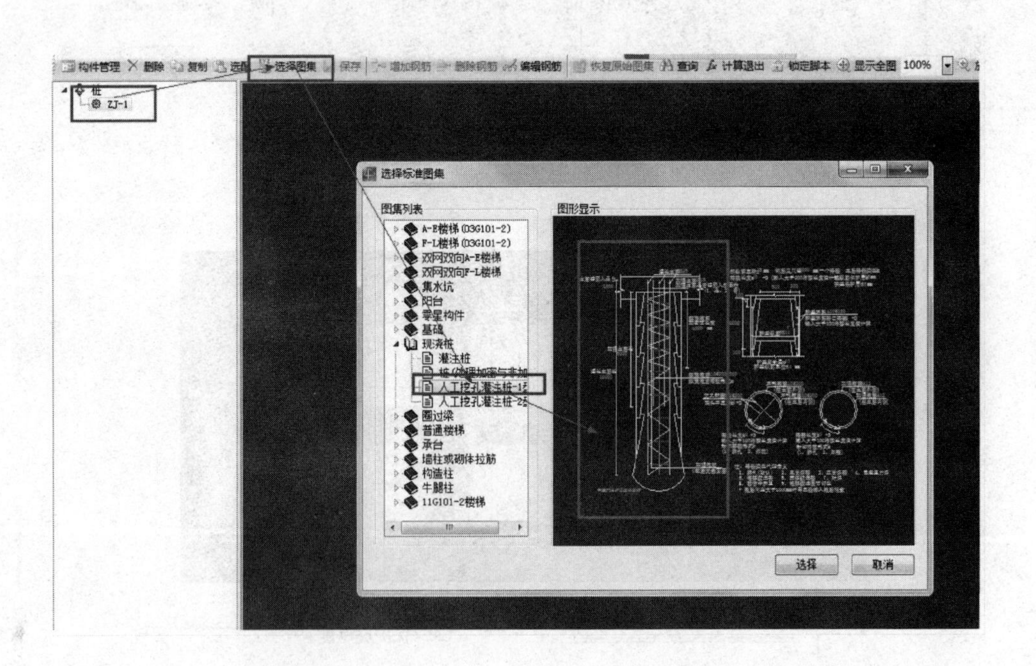

图 2

34. 问：承台钢筋三维红圈范围的钢筋在软件中显示没有弯折，图纸上是有个弯折 300 锚入底板的，该如何调整呢？

答：可以用桩承台来完成，汇总计算之后修改弯折。或者用柱墩来完成。

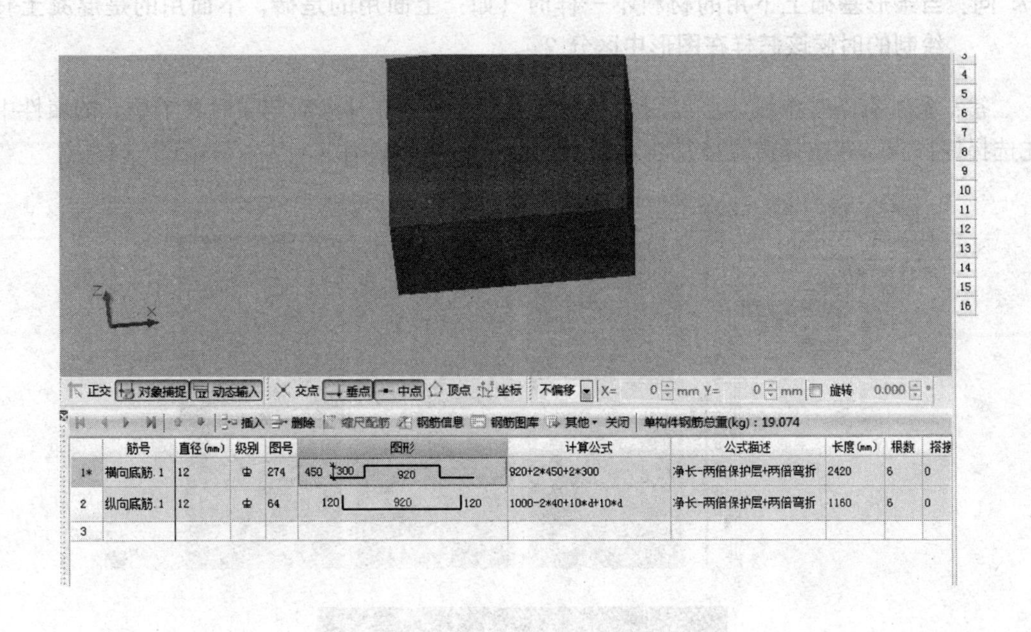

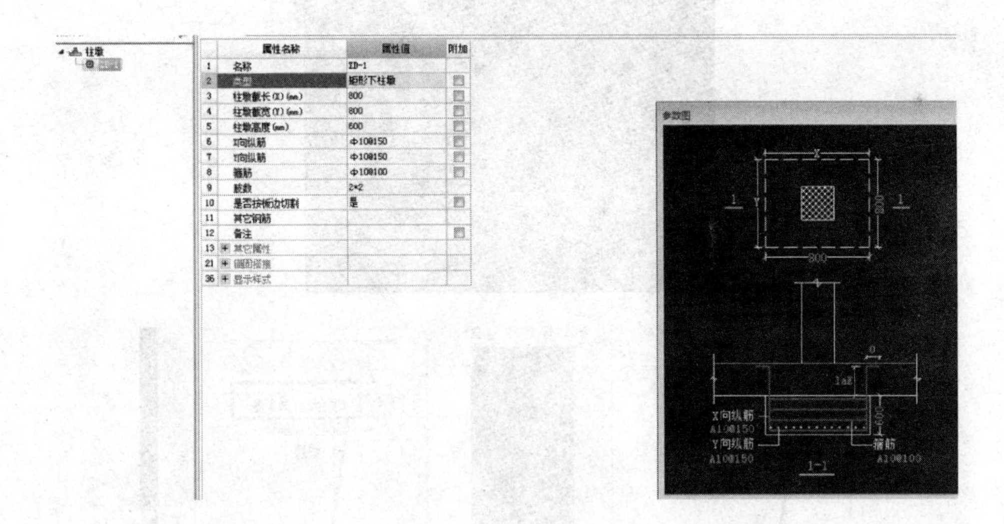

35. 问：框架柱与独立基础的构造柱怎样才能重叠？

答：同类构件是不能重叠布置的。同层内的构件如果是标高衔接而不是重叠的柱子、墙，可以定义好标高后，在同一位置两次布置，但并不等于构件重叠布置。

36. 问：钢筋算量软件中绘制底标高一样的独立基础，完成后发现三维图中独立基础底标高出现不一致，是怎么回事呢？

答：在绘图界面，属性里查看，定义的标高是否一致，有可能是构件的标高调整了，有可能是层底标高，或者是基础顶标高。

37. 问：当条形基础上下用的材料不一样时（如：上面用的是砖，下面用的是混凝土），绘制的时候该怎样在图形中区分？

答：条基有条基单元，可以用多个条基单元处理。在导入后定义时各个单元的属性中先选择好材质，砖选择砖砌体结构，混凝土选择混凝土结构。

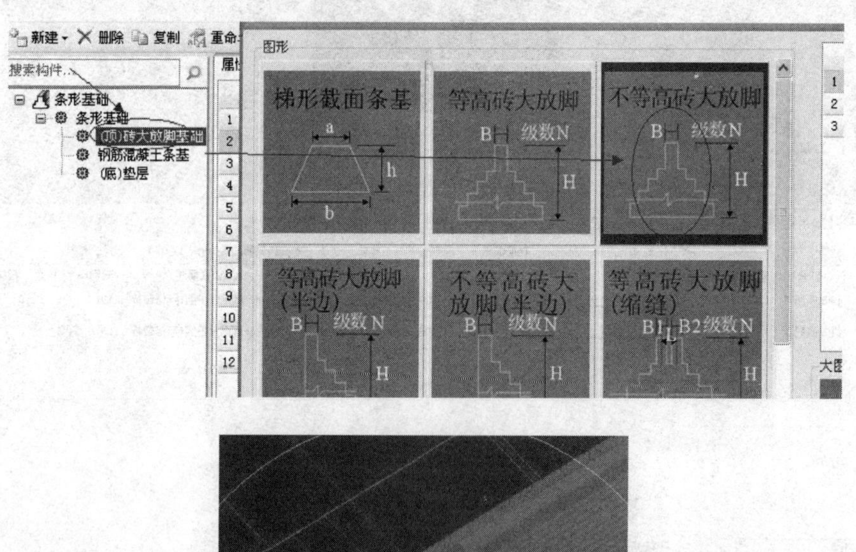

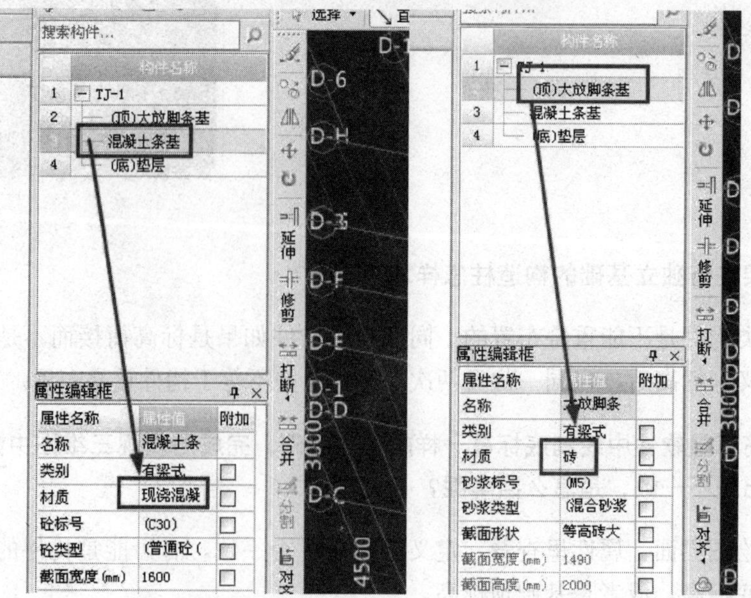

38. 问：基础连系梁与承台梁有什么区别？

答：连系梁就是连系结构构件之间的系梁，作用是增加结构的整体性。连系梁主要起连接单榀框架的作用，以增大建筑物的横向或纵向刚度；连系梁除承受自身重力荷载及上部的隔墙荷载作用外，不再承受其他荷载作用。

连系梁是结构受力构件之间连接的一种形式，它一般不参与结构计算，往往是根据规定或经验设定的。

基础连系梁就是连系基础结构构件之间的系梁，作用是增加基础结构的整体性。如独立基础或单向柱下条基，为了增加基础整体刚度以及减小不均匀沉降，基础之间增设基础连系梁，将其连接为一体。

在11G101新平法中，取消了基础连梁及地下框架梁，统一为基础连系梁，根据所连系的构件来决定自身钢筋的构造及所连系构件的钢筋构造，软件同样统一为基础连系梁，并且将新平法中所有的基础连系梁构造内置，满足新平法的需要。

所谓承台梁也就是基础梁，顾名思义，承受上面重大荷载的梁。而承台梁便是在承台为桩的时候，在桩口起的地梁，一般比承重梁配比高，结构要求高。它的作用是为了承受上面巨大的荷载，加强基础的整体性，承台一般应用于高层建筑的基础结构中。承台板便是在地梁之上的板，和周围的地面一体，上面素灰抹平。

承台梁分为柱下条形承台梁和砌体墙下条形承台梁。

39. 问：悬臂式（二）混凝土挡土墙如何用广联达软件计算？

答：绘制好混凝土挡土墙后修改墙的底标高即可。

40. 问：如何在GGJ2009中修改独立基础下的独立基础单元属性？

答：把“整体”切换为“单元1”，选中独立基础单元，然后在属性里即可修改属性。

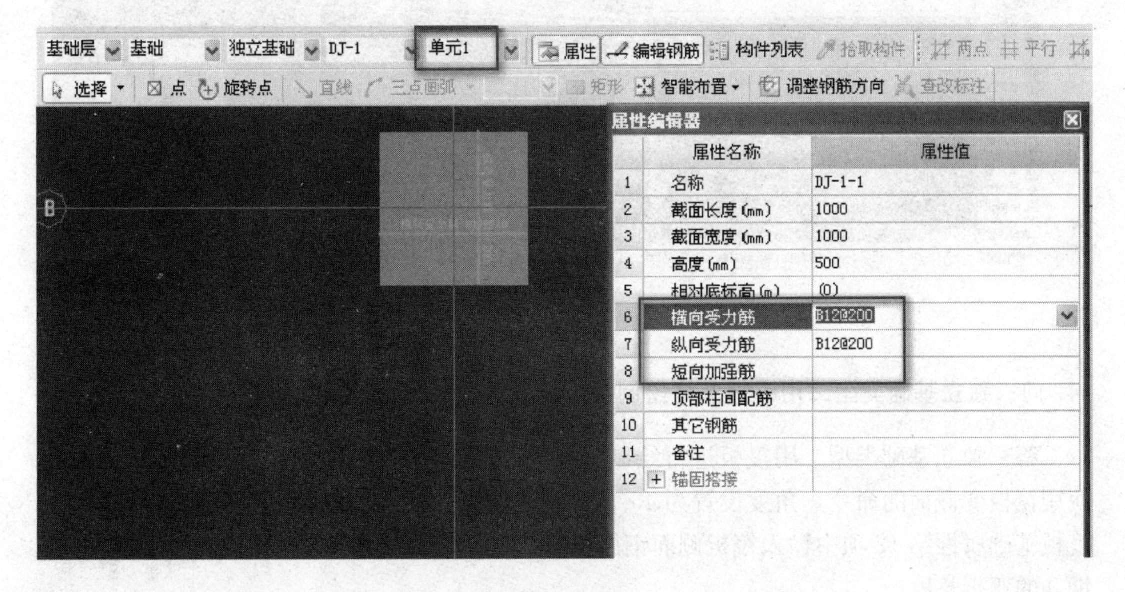

41. 问：地梁上部钢筋有三根，其中两个角筋为通长，中间的一根仅用于支座两侧 1/3 处的范围，这样的钢筋应该怎样定义？

答：从边境钢筋里面把中间的一根仅用于支座两侧 1/3 处的范围的钢筋单独加上，锁定构件即可。

42. 问：基础层与地下室层如何区分？

答：地下室底板面标高以下为基础层，以上为地下室层。

43. 问：柱墩怎样绘制和定义？

答：因为它有斜面钢筋，用集水坑来定义比较好。

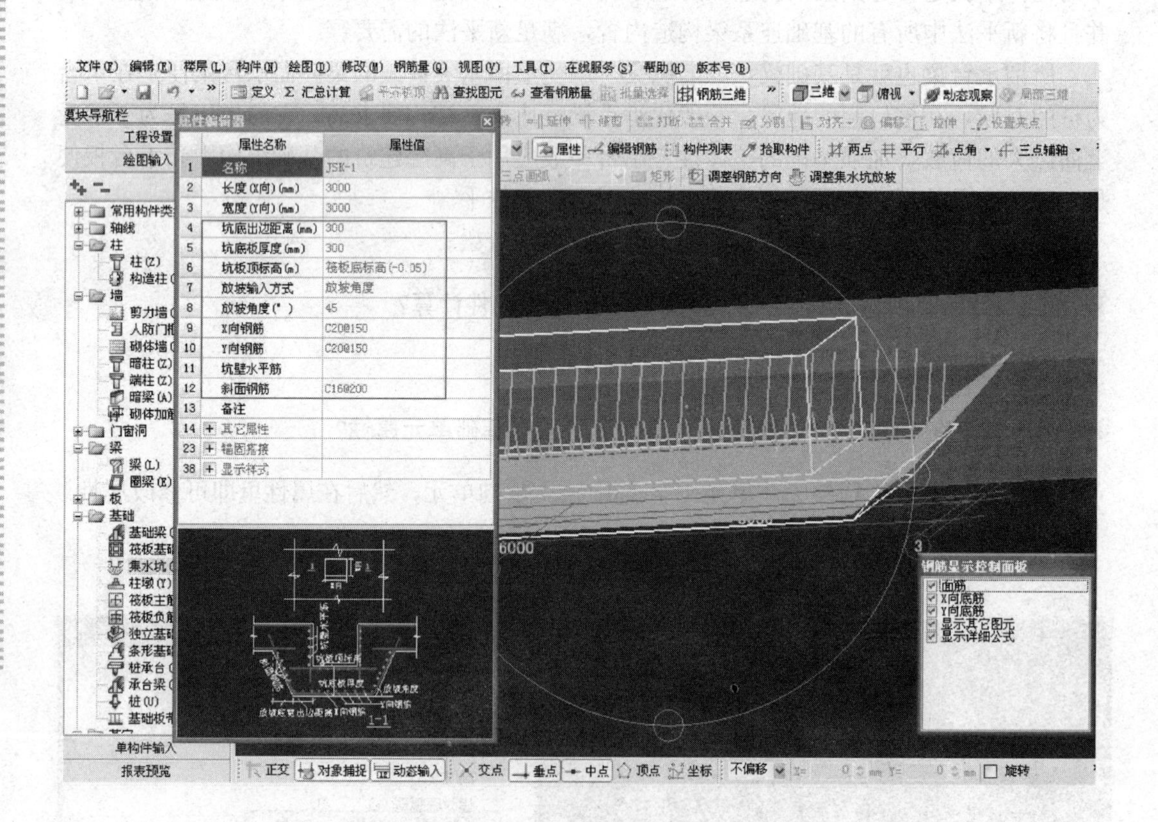

44. 问：独立基础类型二用筏板怎样绘制？

答：独立基础类型二用筏板进行绘制，筏板厚度为图示上 H 的厚度，绘制好筏板后使用筏板变截面的命令，角度设置为 45°，分别绘制两块筏板的钢筋，注意封边构造，在筏板基础属性第 12 项中输入筏板侧面钢筋配筋，在计算设置中输入钢筋修改计算设置中钢筋的弯折长度。

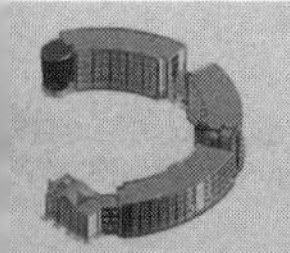

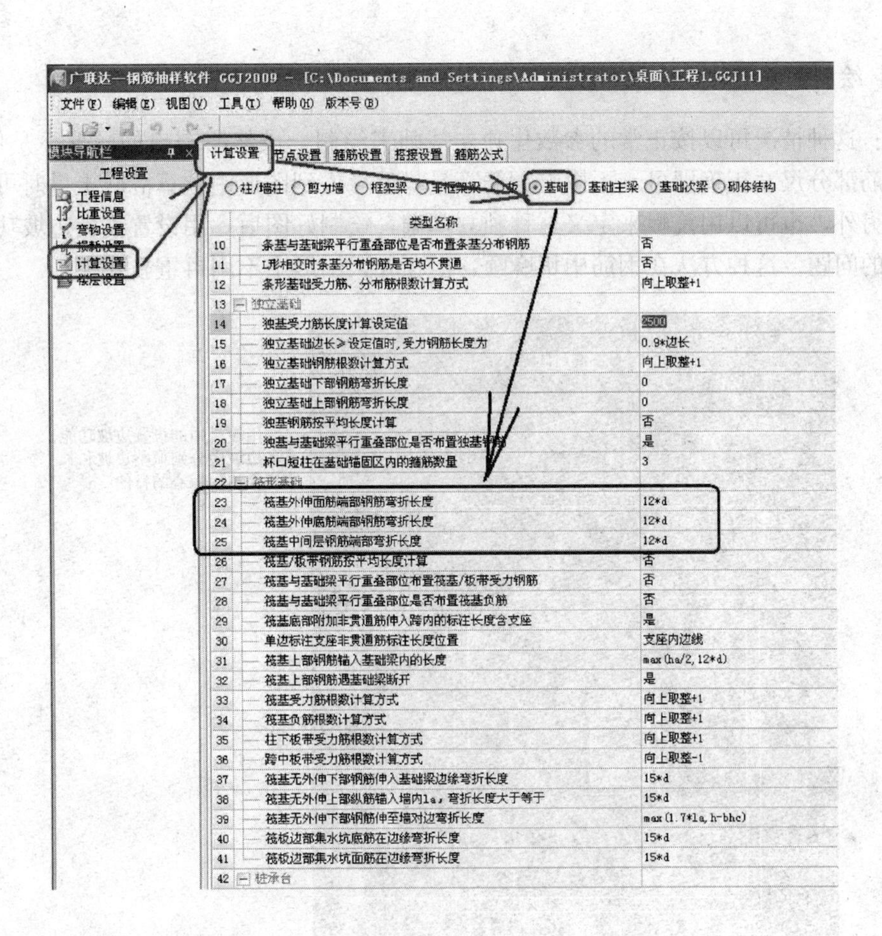

	类型名称	
10	条基与基础梁平行重叠部位是否布置条基分布钢筋	否
11	L形相交时条基分布钢筋是否均不贯通	否
12	条形基础受力筋、分布筋根数计算方式	向上取整+1
13	独立基础	
14	独基受力筋长度计算设定值	2500
15	独立基础边长≥设定值时，受力钢筋长度为	0.9*边长
16	独立基础钢筋根数计算方式	向上取整+1
17	独立基础下部钢筋弯折长度	0
18	独立基础上部钢筋弯折长度	0
19	独基钢筋按平均长度计算	否
20	独基与基础梁平行重叠部位是否布置独基钢筋	是
21	杯口短柱在基础锚固区内的箍筋数量	3
22	筏形基础	
23	筏基外伸面筋端部钢筋弯折长度	12*d
24	筏基外伸底筋端部钢筋弯折长度	12*d
25	筏基中间层钢筋端部弯折长度	12*d
26	筏基/板带钢筋按平均长度计算	否
27	筏基与基础梁平行重叠部位布置筏基/板带受力钢筋	否
28	筏基与基础梁平行重叠部位是否布置筏基负筋	否
29	筏基底部附加非贯通筋伸入跨内的标注长度含支座	是
30	单边标注支座非贯通筋标注长度位置	支座内边线
31	筏基上部钢筋锚入基础梁内的长度	max(ha/2,12*d)
32	筏基上部钢筋遇基础梁断开	是
33	筏基受力筋根数计算方式	向上取整+1
34	筏基负筋根数计算方式	向上取整+1
35	柱下板带受力筋根数计算方式	向上取整+1
36	跨中板带受力筋根数计算方式	向上取整-1
37	筏基无外伸下部钢筋伸入基础梁边缘弯折长度	15*d
38	筏基无外伸上部纵筋锚入墙内la，弯折长度大于等于	15*d
39	筏基无外伸下部钢筋伸至墙对边弯折长度	max(1.7*la,h-bhc)
40	筏板边部集水坑底筋在边缘弯折长度	15*d
41	筏板边部集水坑面筋在边缘弯折长度	15*d
42	桩承台	

45. 问：独立基础二台带杯口，该如何绘制？

答：独立基础二台，带杯口，可以用三台的把中间台的高度设为 0 来绘制，杯口内壁的钢筋可以在其他钢筋中输入。也可以选择带柱的杯口基础来处理。定义一个构件后，先用一个名称定义绘制好图，把不同的独立基础在属性中修改，只需改动不一样的部分，再重新按所需基础名称改名确定即可。

搜索构件...

独立基础
- J-1
  - (顶)1-2
  - (底)1-1
- J-3
  - (顶)J-3-2
  - (底)J-3-1
- J-4
  - (顶)J-4-2
  - (底)J-4-1
- J-2
  - (顶)J-2-2
  - (底)J-2-1
- DJ-1
  - (底)DJ-1-1

属性编辑

	属性名称	属性值	附加
1	名称	DJ-1-1	
2	截面形状	带短柱杯口基础	☐
3	截面长度(mm)	4000	☐
4	截面宽度(mm)	6000	☐
5	高度(mm)	3000	☐
6	相对底标高(m)	(0)	☐
7	横向受力筋	⌀12@200	☐
8	纵向受力筋	⌀12@200	☐
9	其它钢筋		
10	备注		☐
11	短柱属性		
12	角筋		☐
13	长边一侧中部筋		☐
14	短边一侧中部筋		☐
15	箍筋/拉筋		☐
16	短柱纵筋顶部弯折(mm)		☐
17	短柱纵筋插筋弯折(mm)	max(6*d,150)	☐
18	锚固搭接		
19	抗震等级	(三级抗震)	☐
20	混凝土强度等级	(C30)	☐

在新建独立基础中选择带短柱杯口基础，然后把柱筋部分在短柱属性里输入。杯口内壁有配筋在其它钢筋中输入。

46. 问：绘制钢筋时软件上没有相关的偏心基础该如何处理？

答：这种情况可以按正常的参数化独立基础来绘制，虽然绘制出的图形不是偏心的，只要钢筋部分尺寸正确即可，不影响钢筋算量，但导入到图形中计算混凝土量时可能会有偏差。另外，也可以用筏板来定义这种独立基础，绘制好图后，用设置筏板边坡功能来处理偏心的问题。这种方法在钢筋中稍麻烦，但在导入图形中不用再重新建模了。

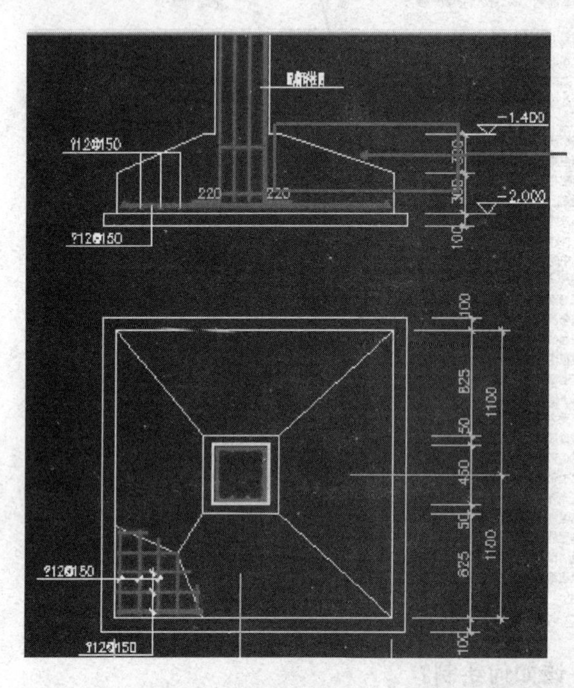

利用筏板中的设置边坡功能，在边坡中分别调整边坡和长度来达到偏心的目的。

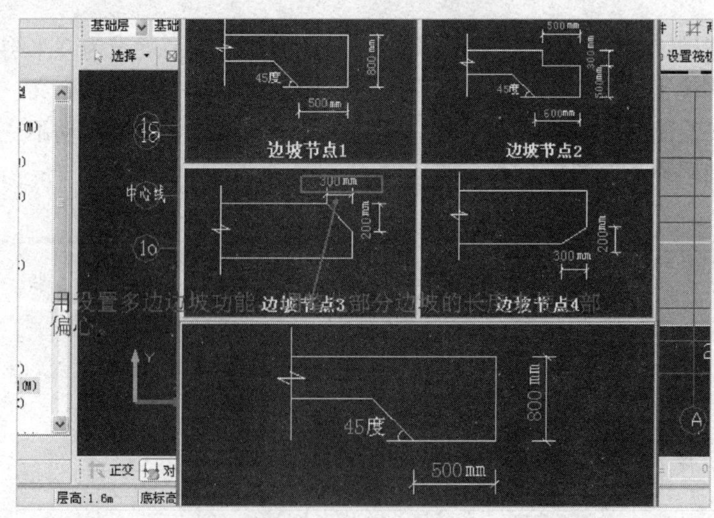

47. 问：筏板基础板面附加筋长度计算中是只计算其画出的净长，无锚固长度吗？定义时将锚固设成了0，弯折也改成0，为什么计算出来还是两边各加了250的锚固？

答：目前软件没有板面附加受力筋的设置，但可以在属性的长度调整里来实现正确计

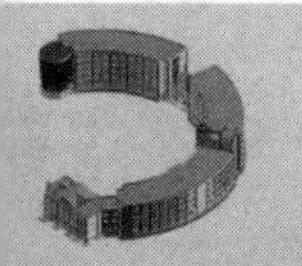

算工程量。

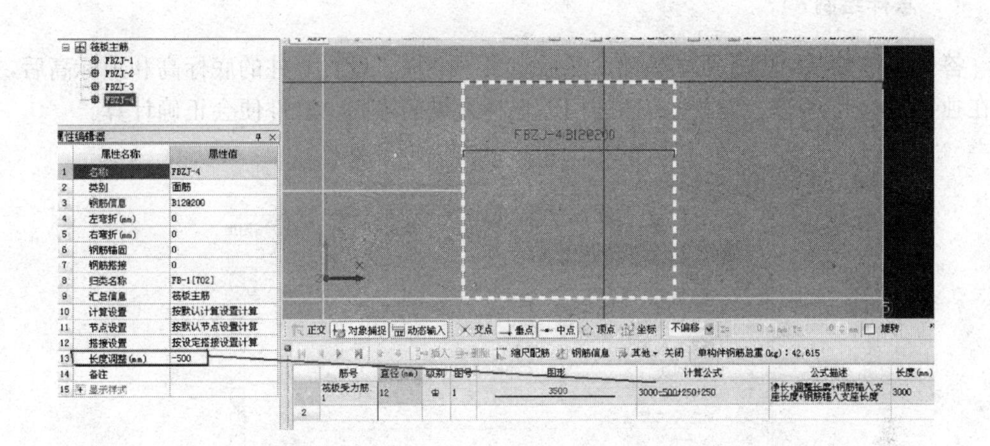

48. 问：放射筋的划线布筋怎样操作？

答：按键盘上“F1 键” — “文字帮助” — “绘图输入” — “构件参考” — “板” — “受力布筋范围和方式”看“按照弧线布置放射筋”即可。如图所示。

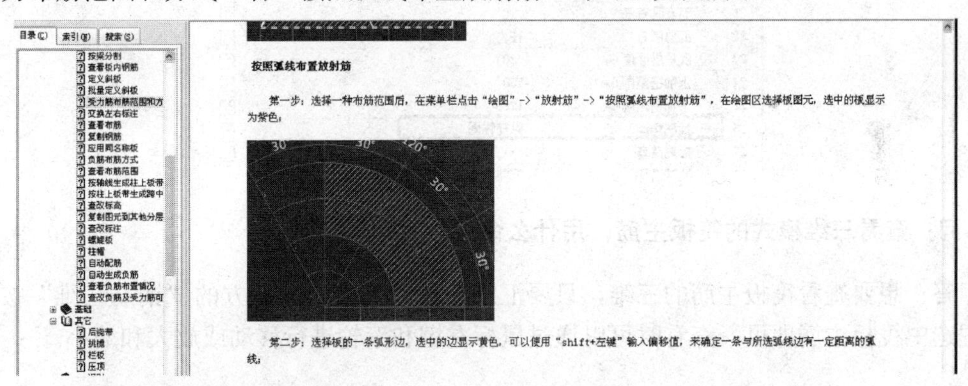

第二步：选择板的一条弧形边，选中的边显示黄色，可以使用“shift+左键”输入偏移值，来确定一条与所选弧线边有一定距离的弧线；

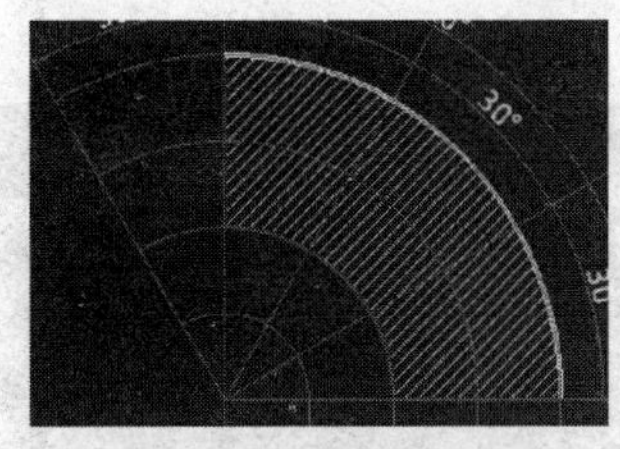

第三步：在板内点击一点，绘制出受力筋，受力筋的一段指向弧线边的圆心位置，另一端与弧线边垂直。

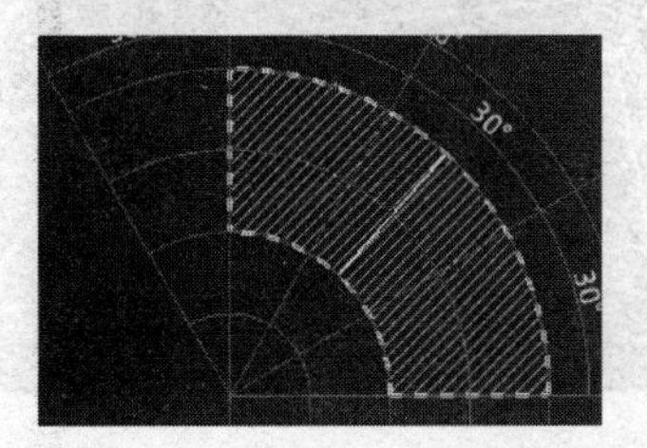

49. 问：截面形状是上面一个短柱，下面一个矩形的独立基础，在钢筋算量 GGJ 2009 中怎样绘制？

答：先布置一个矩形独立基础，然后定义一个柱，设置好柱的底标高和顶标高后，布置在独立基础上，把柱属性里的插筋构造选择为纵筋锚固，软件便会正确计算。

属性编辑

	属性名称	属性值	附加
1	名称	KZ-1	
2	类别	框架柱	☐
3	截面编辑	否	
4	截面宽(B边)(mm)	600	☐
5	截面高(H边)(mm)	600	☐
6	全部纵筋	4C20+8B25+8B16	☐
7	角筋		☐
8	B边一侧中部筋		☐
9	H边一侧中部筋		☐
10	箍筋	A8@100/200	☐
11	肢数	4*4	
12	柱类型	(中柱)	☐
13	其它箍筋		
14	备注		☐
15	+ 芯柱		
20	− 其它属性		
21	节点区箍筋		☐
22	汇总信息	柱	☐
23	保护层厚度(mm)	(20)	☐
24	上加密范围(mm)	750	☐
25	下加密范围(mm)	1250	☐
26	插筋构造	纵筋锚固	☐
27	插筋信息		☐

50. 问：查看三维模式的筏板主筋，用什么命令？

答：想要查看筏板主筋的三维，只要汇总计算后点击界面上方的“钢筋三维”按钮，左键选中筏板主筋即可。查看时可以通过鼠标左键和滚轮进行移动或放大和缩小。

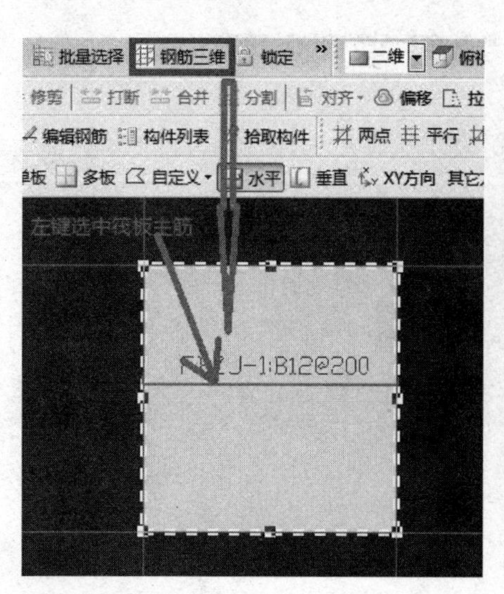

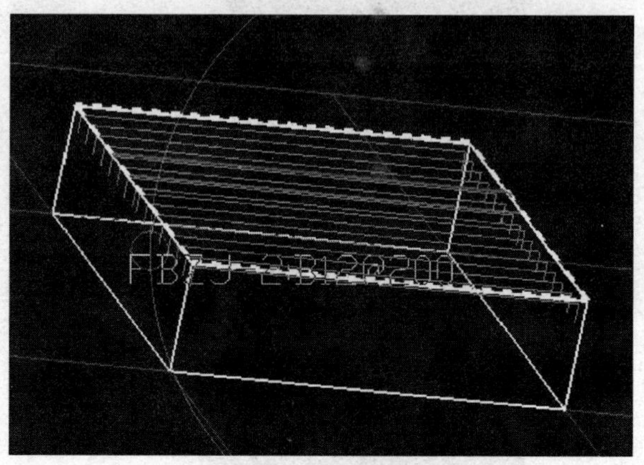

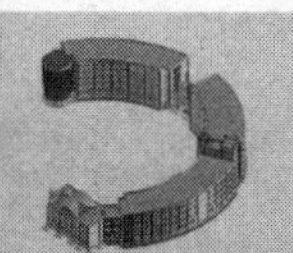

51. 问：桩承台属性修改为筏板面筋时未扣减，汇总计算后为什么筏板主钢筋量不增加呢?

答：独基承台，桩承台在设置扣减筏板筋后，软件会进行扣减计算。承台的宽度，如果小于两侧面筋或底筋锚固的总和，软件就会默认贯通计算，不会产生断开。下图 1 示意承台设置扣减。图 2 示意承台未设置扣减。

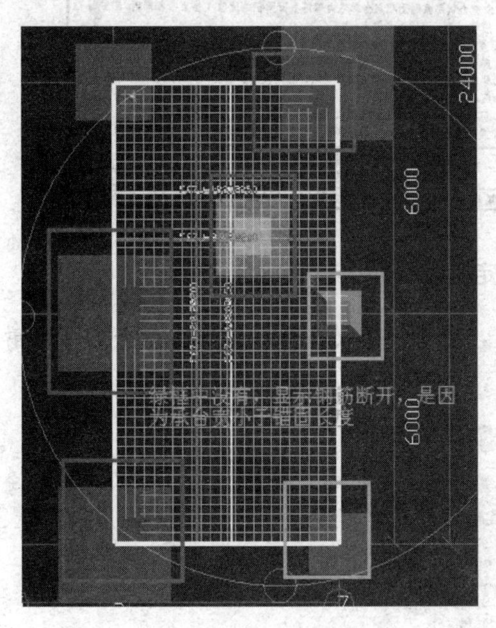

图 1

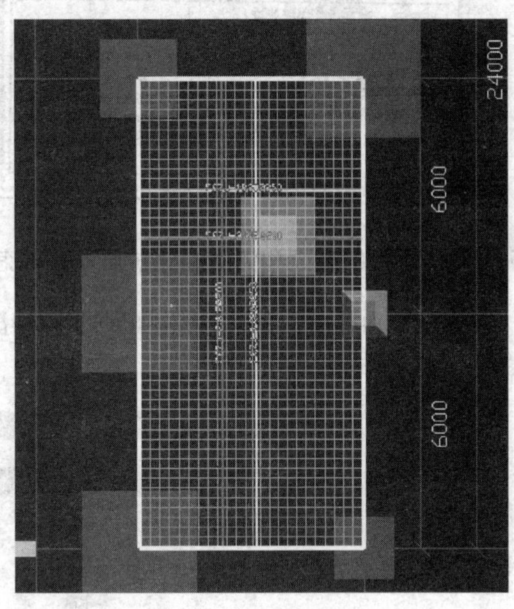

图 2

52. 问：锥式桩承台侧面钢筋如何定义?

答：可以用筏板基础来绘制，再用边坡设置来处理即可。绘制筏板，什么形状的也能绘制出来，然后再设置边坡即可。

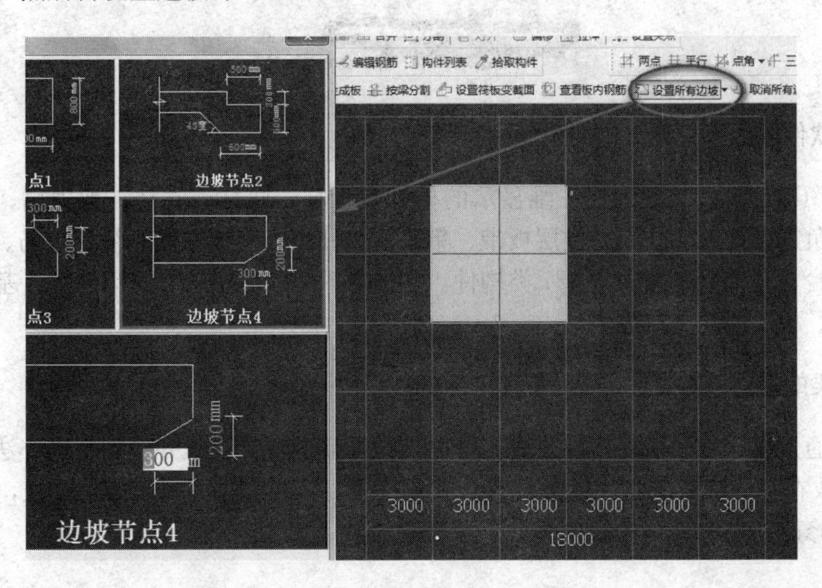

53. 问：桩纵筋搭接长度是多少？

答：桩纵筋的搭接要错开，搭接接头百分率为50%，搭接长度取纵筋锚固长度的1.4倍，这是根据11G101-1第55页的规定来的。桩不考虑抗震，按非抗震锚固长度考虑即可。

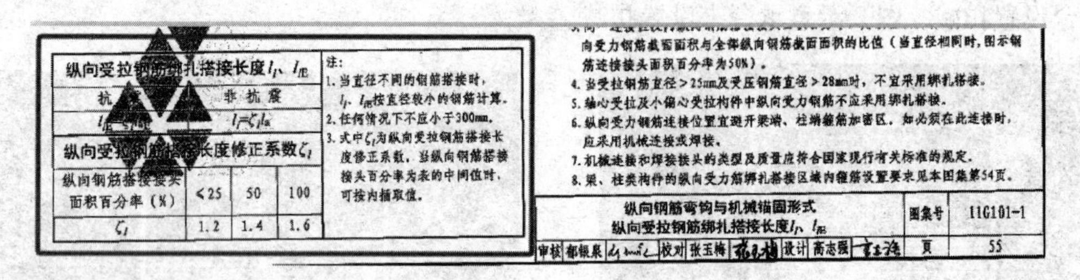

纵向受拉钢筋绑扎搭接长度 l_l、l_{lE}			
抗震		非抗震	
$l_{lE}=\zeta_l l_{aE}$		$l_l=\zeta_l l_a$	
纵向受拉钢筋搭接长度修正系数 ζ_l			
纵向钢筋搭接接头面积百分率（%）	≤25	50	100
ζ_l	1.2	1.4	1.6

注：
1. 当直径不同的钢筋搭接时，l_l、l_{lE}按直径较小的钢筋计算。
2. 任何情况下不应小于300mm。
3. 式中ζ_l为纵向受拉钢筋搭接长度修正系数，当纵向钢筋搭接接头百分率为表的中间值时，可按内插取值。

……向受力钢筋截面面积与全部纵向钢筋截面面积的比值（当直径相同时，图示钢筋连接接头面积百分率为50%）。
4. 当受拉钢筋直径＞25mm及受压钢筋直径＞28mm时，不宜采用绑扎搭接。
5. 轴心受拉及小偏心受拉构件中纵向受力钢筋不应采用绑扎搭接。
6. 纵向受力钢筋连接位置宜避开梁端、柱端箍筋加密区。如必须在此连接时，应采用机械连接或焊接。
7. 机械连接和焊接接头的类型及质量应符合国家现行有关标准的规定。
8. 梁、柱类构件的纵向受力筋绑扎搭接区域内箍筋设置要求见本图集第54页。

纵向钢筋弯钩与机械锚固形式 纵向受拉钢筋绑扎搭接长度 l_l、l_{lE}								图集号	11G101-1
审核	郁银泉	[签名]	校对	张玉梅	[签名]	设计	高志强	[签名] 页	55

54. 问：承台的底面和侧面的保护层不同时怎样定义？

答：分别定义，在保护层栏根据实际情况改，或者只定义一个，画好后点击构件在属性里改保护层厚度。如图所示。

55. 问：软件里能够实现三维的构件都有哪些？

答：GGJ2009已实现钢筋三维显示的构件包括柱、暗柱、端柱、剪力墙、梁、板受力筋、板负筋、螺板、柱帽、楼层板带、集水坑、柱墩、筏板主筋、筏板负筋、独基、条基、桩承台、基础板带共18种21类构件。暂时还不支持钢筋三维的构件有：基础梁、连梁、暗梁、板负筋的分布筋。

56. 问：梁的箍筋肢数是12时，该怎样绘制？

答：通过设置中的箍筋计算公式，可以推出纵筋的计算公式并找到解决办法。可以把2号箍筋放在其他箍筋里面。具体设置公式见下图，实际的顶排纵筋为20根，根据这个公式可以修改2号箍筋B边长度为：

(B－2＊bhc－2＊gd－d)/19＊2＋d＋2＊gd，那么2号箍筋总长度为2＊(b＋h)＋2＊Lw＋L，2号箍筋为5C14@150，1号箍筋在定义界面为C14@150（2支箍）见附图。（注：本计算中保护层暂定为35mm）

	属性名称	属性值	附加
1	名称	DL-2	
2	类别	基础主梁	☐
3	截面宽度(mm)	2500	☐
4	截面高度(mm)	1500	☐
5	轴线距梁左边线距离(mm)	(1250)	☐
6	跨数量		☐
7	箍筋	C14@150(2)	☐
8	肢数	2	
9	下部通长筋	20C25	☐
10	上部通长筋	20C25	☐
11	侧面纵筋	G10C25	☐
12	拉筋	(A8)	☐
13	其它箍筋	195	
14	备注		☐
15	+ 其它属性		
24	+ 锚固搭接		

计算设置 | 节点设置 | 箍筋设置 | 搭接设置 | 箍筋公式

箍筋肢数：10肢箍

	箍筋编号	纵筋数量	b边长度计算	h边长度计算	箍筋总长计算	是否输出
1	外侧箍筋(1#)		B-2*bhc	H-2*bhc	2*(b+h)+2*Lw+L	☑
2	2#	10	(B-2*bhc-2*gd-d)/9*1+d+2*gd	H-2*bhc	2*(b+h)+2*Lw+L	☑
3		11	(B-2*bhc-2*gd-d)/10*1+d+2*gd	H-2*bhc	2*(b+h)+2*Lw+L	
4		12	(B-2*bhc-2*gd-d)/11*1+d+2*gd	H-2*bhc	2*(b+h)+2*Lw+L	
5		13	(B-2*bhc-2*gd-d)/12*1+d+2*gd	H-2*bhc	2*(b+h)+2*Lw+L	
6		14	(B-2*bhc-2*gd-d)/13*2+d+2*gd	H-2*bhc	2*(b+h)+2*Lw+L	
7		15	(B-2*bhc-2*gd-d)/14*2+d+2*gd	H-2*bhc	2*(b+h)+2*Lw+L	
8		16	(B-2*bhc-2*gd-d)/15*2+d+2*gd	H-2*bhc	2*(b+h)+2*Lw+L	
9		17	(B-2*bhc-2*gd-d)/16*2+d+2*gd	H-2*bhc	2*(b+h)+2*Lw+L	
10		18	(B-2*bhc-2*gd-d)/17*2+d+2*gd	H-2*bhc	2*(b+h)+2*Lw+L	
11		19	(B-2*bhc-2*gd-d)/18*2+d+2*gd	H-2*bhc	2*(b+h)+2*Lw+L	

57. 问：基础梁加腋钢筋怎样输入？

答：一般情况，基础梁分水平加腋和竖向加腋，水平加腋建议根据11G101系图集要求在单构件输入。

竖向加腋可以在基础梁原位标注表格腋长、腋高以及加腋钢筋三栏输入即可。

58. 问：独立基础上有两根下部有梁连接的柱子，该如何绘制？

答：全部分开绘制，连系梁在地梁中定义，然后再绘制柱子，新版钢筋可以查看钢筋三维。在基础中选择基础梁（如图所示），新建基础梁或者新建参数化基础梁，然后定义信息（如图所示），根据图纸定义标高，全部定义完后根据图纸绘制，标高一定要调整正确。

	属性名称	属性值	附加
1	名称	JZL-1	
2	类别	基础主梁	☐
3	截面宽度(mm)	350	☐
4	截面高度(mm)	550	☐
5	轴线距梁左边线距离(mm	(175)	☐
6	跨数量		☐
7	箍筋	A8@100/200(4)	☐
8	肢数	4	
9	下部通长筋	2B25	☐
10	上部通长筋	4B25	☐
11	侧面纵筋		☐
12	拉筋		☐
13	其它箍筋		
14	备注		☐
15	− 其它属性		
16	汇总信息	基础梁	☐
17	保护层厚度(mm)	(40)	☐
18	箍筋贯通布置	是	
19	计算设置	按默认计算设置计算	
20	节点设置	按默认节点设置计算	
21	搭接设置	按默认搭接设置计算	
22	起点顶标高(m)	层底标高加梁高	☐
23	终点顶标高(m)	层底标高加梁高	☐
24	+ 锚固搭接		

59. 问：基础平板下柱墩的上层附加钢筋怎样设置？

答：可以选择的有以下几种办法：(1) 筏板负筋；(2) 自定义范围布置受力筋；(3) 单构件输入。

60. 问：基础筏板上有剪力墙，说明上注明了剪力墙下无梁时增加暗梁，尺寸高同板厚，宽同墙宽，基础筏板上的剪力墙有一部分在基础梁上，有一部分在筏板上，这种情况该如何定义？

答：有基础梁的地方不用再设置暗梁了，暗梁在墙的构件里设置。

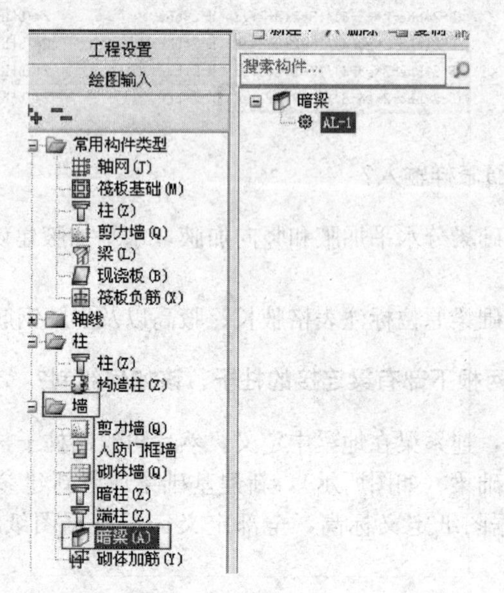

61. 问：缩尺配筋功能在三桩承台里的钢筋配置里怎么使用？

答：用单构件输入时，它是按平均值计算。选择“缩尺配筋”时，图片中方框位置需要输入相应的信息。

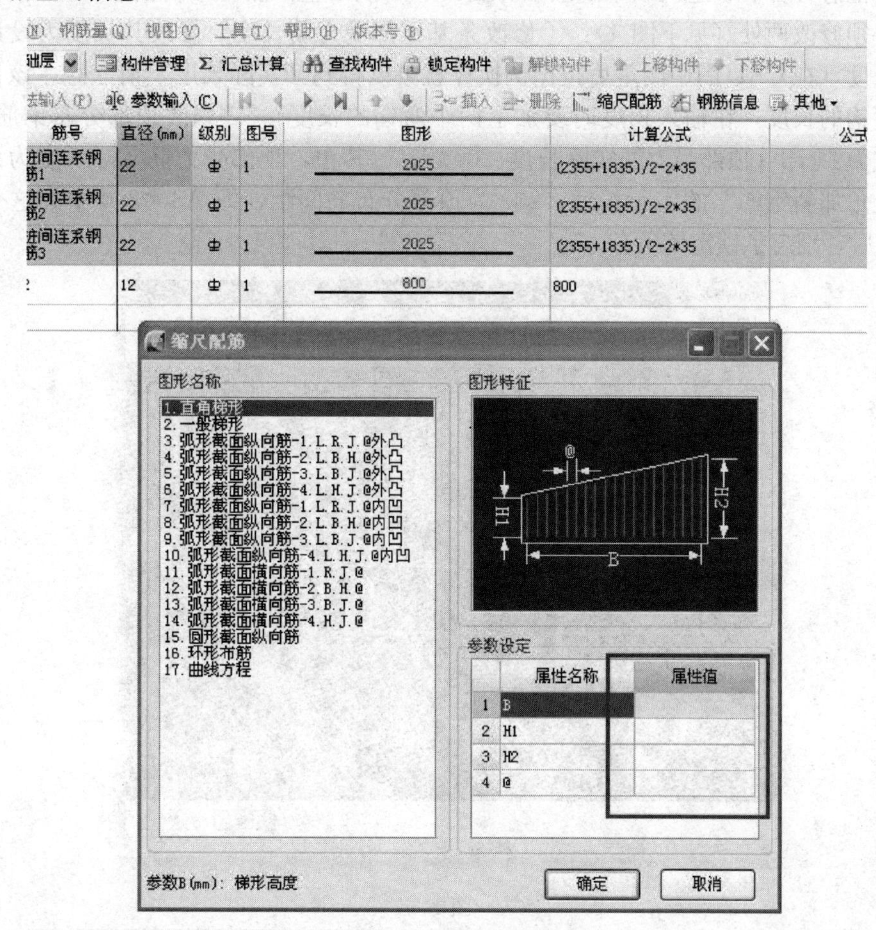

62. 问：加腋基础梁怎样建构件？例如：JZL *(3)800 *1000Y400 *250，建构件时怎样输入尺寸？

答：(1) 基础梁当左右端加腋高度和长度信息不同时用“；”隔开，分号前面表示左端信息，分号后面表示右端信息；例：300；500。

(2) 加腋梁信息和加腋钢筋的信息输入格式详见文字帮助中—绘图输入—构件参考—梁钢筋输入方法。如下：

加腋钢筋格式：〈数量〉〈级别〉〈直径〉；不同直径用“＋”连接；多排时用“/”隔开，最多支持五个“/”。当左右端加腋钢筋信息不同时用“；”隔开。没有分号隔开时表示左右端配筋相同。例如：4B25 2B25＋2B20 6B25 2/4 4B25；4B22 2B20/4B22。

63. 问：有梁式条基钢筋怎样设置？

答：(1) 条基的定义，先“新建条形基础”(以下简称为条基整体)，再“新建异形条

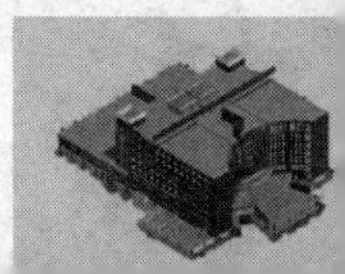

形基础单元”（以下简称为条基单元），见下图 1。

（2）条基单元的钢筋输入，见下图 2，“/”前为下部钢筋，“/”后为上部钢筋。

（3）条基整体的计算设置修改，见下图 3。这很重要。

（4）汇总计算后，进入条基的绘图界面，选中该条基，点“编辑钢筋”，在编辑钢筋表格中必须修改两处（见下图 4）：①修改条基顶部受力筋长度，修改其长度为设计图中的实际长度（在 CAD 图中测量后按比例换算就可以得到其实际长度，请注意，该长度不包括两弯钩的长度，在输入长度时要加上两个弯钩的长度）。②修改顶部分布钢筋根数，计算公式为：ceil（顶部受力筋实际长度/200）+1，其中，顶部受力筋实际长度为设计图中“右上角那斜钢筋”的实际长度，200 为顶部分布筋间距，即 A8@200 中的这个数值 200 。最后，别忘了锁定该条基。

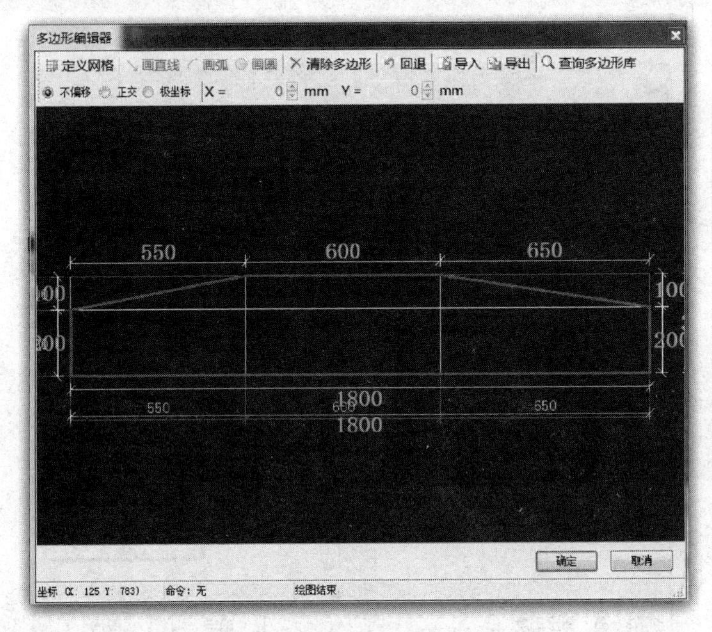

图 1

属性编辑器

	属性名称	属性值	附
1	名称	TJ-1-1	
2	截面形状	异形	☐
3	宽度(mm)	1800	☐
4	高度(mm)	300	☐
5	相对偏心距(m	0	☐
6	相对底标高(m	(0)	☐
7	受力筋	A12@150/A14@100	☐
8	分布筋	A8@200/A8@200	☐
9	其它钢筋		
10	偏心条形基础	否	☐
11	备注		☐
12	⊞ 锚固搭接		

图 2

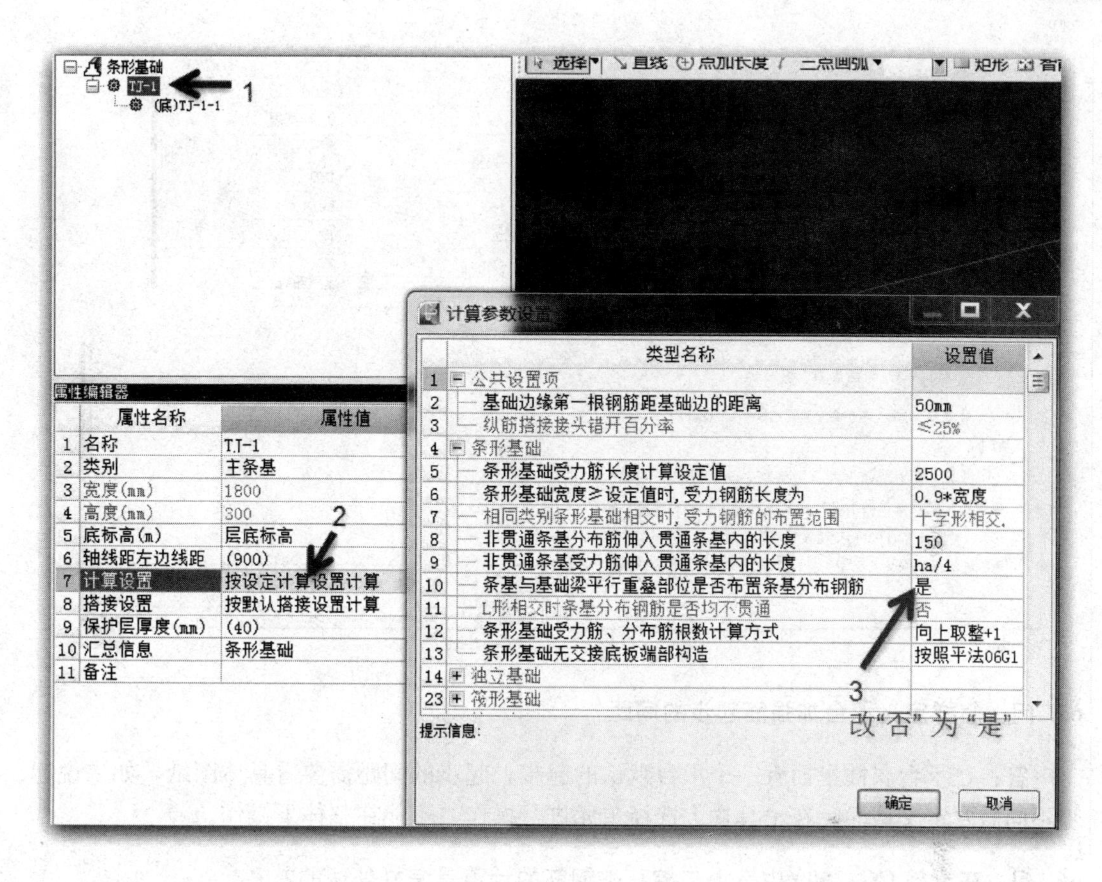

属性编辑器

	属性名称	属性值
1	名称	TJ-1
2	类别	主条基
3	宽度(mm)	1800
4	高度(mm)	300
5	底标高(m)	层底标高
6	轴线距左边线距	(900)
7	计算设置	按设定计算设置计算
8	搭接设置	按默认搭接设置计算
9	保护层厚度(mm)	(40)
10	汇总信息	条形基础
11	备注	

计算参数设置

	类型名称	设置值
1	公共设置项	
2	基础边缘第一根钢筋距基础边的距离	50mm
3	纵筋搭接接头错开百分率	≤25%
4	条形基础	
5	条形基础受力筋长度计算设定值	2500
6	条形基础宽度≥设定值时，受力钢筋长度为	0.9*宽度
7	相同类别条形基础相交时，受力钢筋的布置范围	十字形相交.
8	非贯通条基分布筋伸入贯通条基内的长度	150
9	非贯通条基受力筋伸入贯通条基内的长度	ha/4
10	条基与基础梁平行重叠部位是否布置条基分布钢筋	是
11	L形相交时条基分布钢筋是否均不贯通	否
12	条形基础受力筋、分布筋根数计算方式	向上取整+1
13	条形基础无交接底板端部构造	按照平法06G1
14	独立基础	
23	筏形基础	

提示信息：

确定 取消

图 3

插入 删除 缩尺配筋 钢筋信息 其他 关闭 单构件钢筋总重(kg)：290.735

	筋号	直径(m	级别	图	图形	计算公式	公式描述	长度(mm	根数
1*	底部受力筋.1	8	Φ	3	1720	1800-2*40+12.5*d	基础底宽-2*保护层+两倍弯钩	1820	46
2	底部受力筋.2	8	Φ	3	1760	1800-40+12.5*d	基础底宽-保护层+两倍弯钩	1860	20
3	顶部受力筋.3	8	Φ	3	1720	1800-2*40+12.5*d	基础底宽-2*保护层+两倍弯钩	1820	46
4	顶部受力筋.4	8	Φ	3	1760	1800-40+12.5*d	基础底宽-保护层+两倍弯钩	1860	20
5	底部分布筋.1	12	Φ	3	5700	9000-1800+150-1800+150+12.5*d	净长-基础底宽+计算设置中非贯通插入贯通的长度-基础底宽+计算设置中非贯通插入贯通的长度+两倍弯钩	5850	13
6	顶部分布筋.2	14	Φ	3	5700	9000-1800+150-1800+150+12.5*d	净长-基础底宽+计算设置中非贯通插入贯通的长度-基础底宽+计算设置中非贯通插入贯通的长度+两倍弯钩	5875	18
7									

修改长度

修改根数

图 4

64. 问：钢筋 GGJ2009 中条基计算规则中条形基础受力筋长度计算设定值是什么意思？

答：参照 06G101-6 中条形基础配筋可剪短 10%的规定，软件默认为 2.5m。

4	− 条形基础	
5	条形基础受力筋长度计算设定值	2500
6	条形基础宽度≥设定值时，受力钢筋长度为	0.9*宽度
7	相同类别条形基础相交时，受力钢筋的布置范围	十字形相交，纵向贯通
8	非贯通条基分布筋伸入贯通条基内的长度	150
9	非贯通条基受力筋伸入贯通条基内的长度	ha/4
10	条基与基础梁平行重叠部位是否布置条基分布钢筋	否
11	L形相交时条基分布钢筋是否均不贯通	否
12	条形基础受力筋、分布筋根数计算方式	向上取整+1

第6节 其 他

第 3.6.1 条 关于条形基础底板配筋长度可减短 10%的规定：

当条形基础底板的宽度≥2.5m 时，除条形基础端部第一根钢筋和交接部位的钢筋外，其底板受力钢筋长度可减短10%，即按长度的 0.9 倍交错设置，但非对称条形基础梁中心至基础边缘的尺寸<1.25m 时，朝该方向的钢筋长度不应减

第一部分 制图规则	第 3 章 条形基础制图规则	图集号	06G101-6
审核 陈幼璠 校对 刘其祥 设计 陈青来		页	30

65. 问：怎样定义承台加强筋起步的间距？

答：在承台属性里面有一个承台默认的起步，起步的间距需要看具体图纸，如果说起步不同需要定义截面，在工具栏上选择单元进行操作，不能在整体下操作。

66. 问：在钢筋 GGJ2009 中，人工挖孔桩钢筋的计算是怎样处理的？

答：可以导入 CAD 图，定义编辑其他钢筋见截图，也可以采用单构件参数输入法。

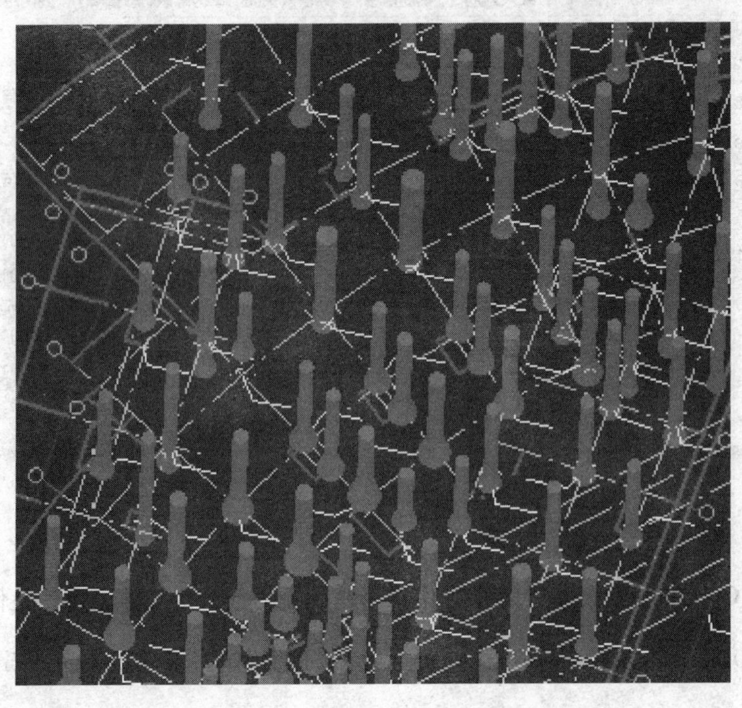

	筋号	直径(mm)	级别	图号	图形	计算公式	公式
1	桩纵筋	25	虫	1	18590	750+17840	
2	护壁纵筋	8	中	3	1300	1300+2*6.25*d	
3	桩螺旋箍筋	10	中	8	17740 1100 120 钢筋分 1 段	round(sqrt(sqr(pi*(1100+2*d))+sqr(120))*(17740+2*d)/120/1)	
4	加劲箍筋	16	虫	356	1018 160	PI *(1018+2*d)+160+2*d+2*6.9*d	
5	护壁箍筋	8	中	356	1518 240	pi*(1518+2*d)+240+2*d+2*11.9*d	

67. 问：桩基础螺旋筋加密区和普通箍筋区怎样设置？夯扩桩环箍焊接在纵筋上，需要计算环箍搭接长度吗？

答：按 A8-100/200 的格式设置箍筋的规格直径以及加密区和非加密区的钢筋间距。加密区和非加密区直接输入长度即可。可以先设置一个合适的桩参数图，在单构件中，点击构件管理，先建立一个桩的构件，然后选择参数化图形。

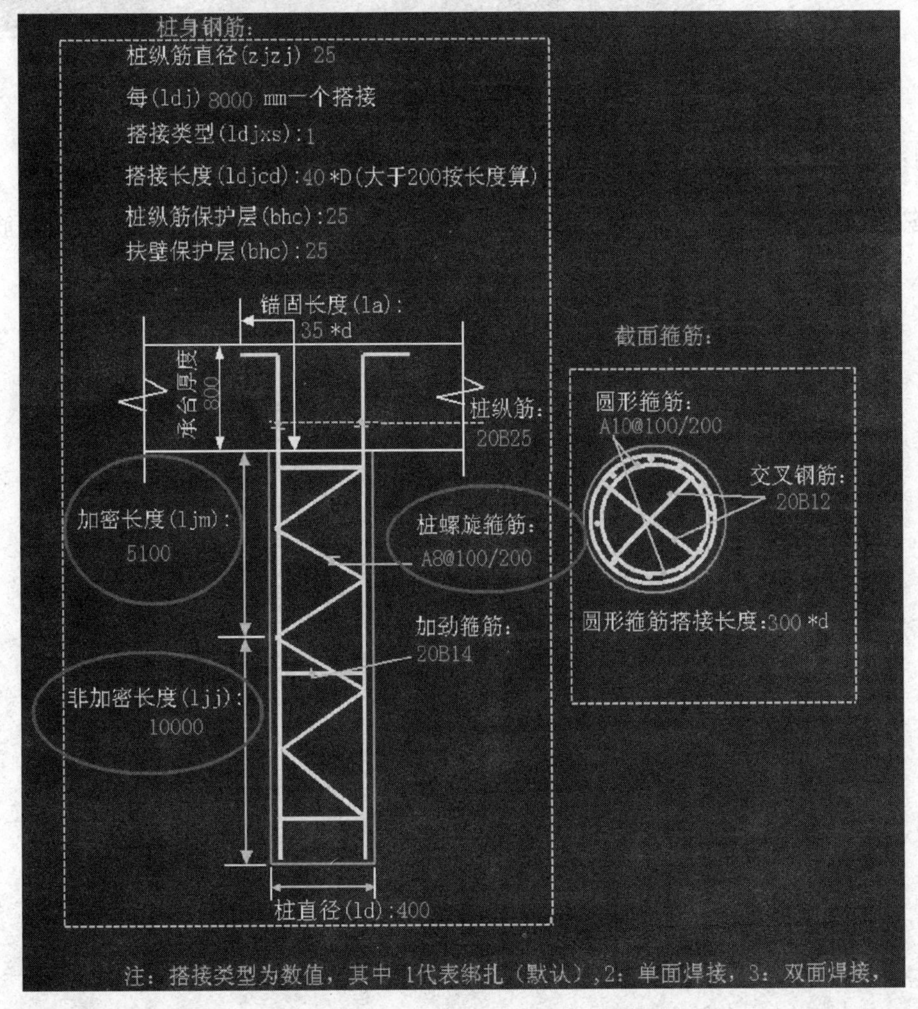

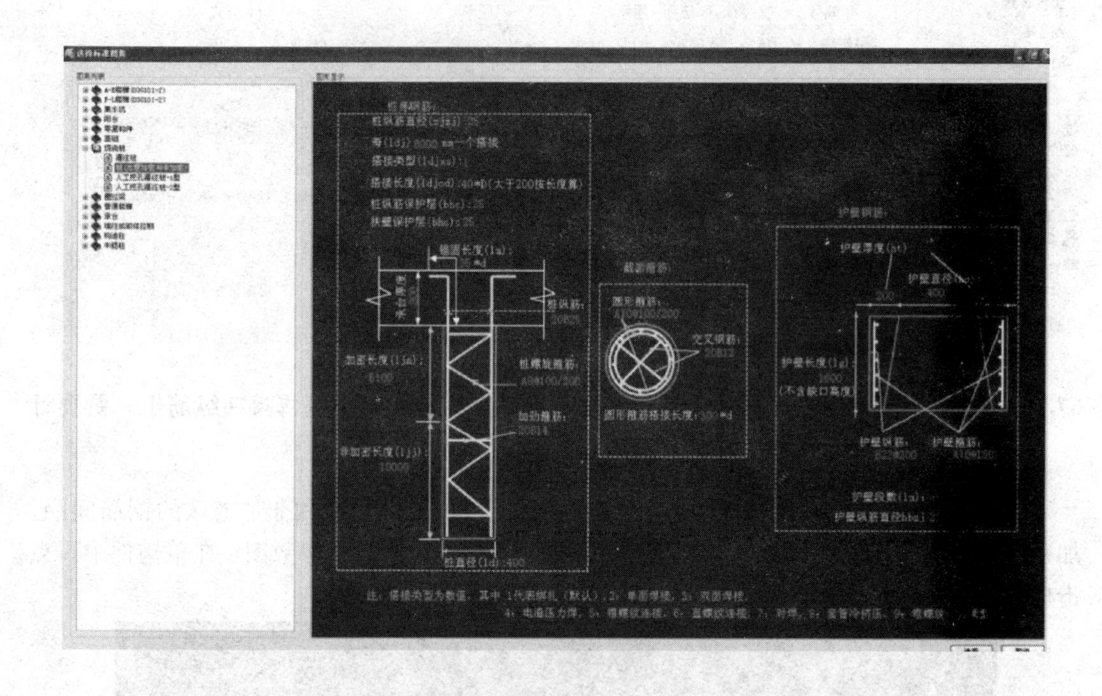

68. 问：承台的底筋与面筋不一样时怎样设置？

答：在横向受力筋处输入 B25-100/B22-100 即可，前面表示底筋，后面表示面筋。

属性编辑

	属性名称	属性值
1	名称	CT-4-1
2	长度(mm)	1000
3	宽度(mm)	1000
4	高度(mm)	500
5	相对底标高(m)	(0)
6	配筋形式	板式配筋
7	横向受力筋	B12@200/C10@200
8	纵向受力筋	
9	侧面受力筋	
10	其它钢筋	
11	承台单边加强筋	
12	加强筋起步(mm)	40
13	备注	
14	+ 锚固搭接	

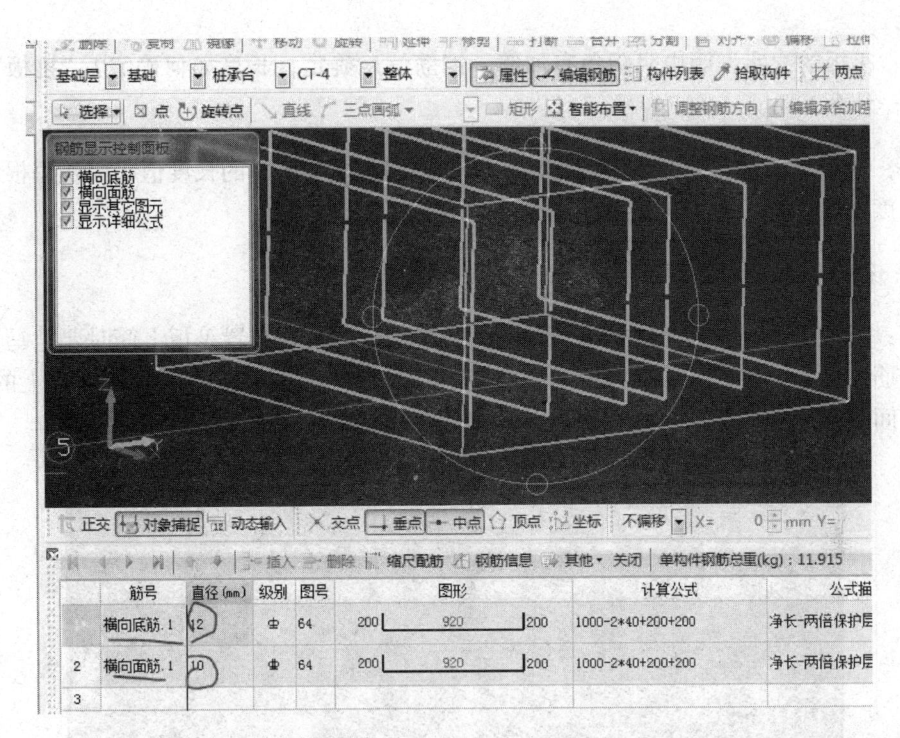

69. 问：在双柱独立基础的顶部柱间配筋中输入了数值 12B14@150/B14@150 后进行汇总计算，但计算结果中并没有这些钢筋的数值，只有底部的分布钢筋的计算结果是怎么回事？

答：在柱间配筋中输入了钢筋信息，要将柱先画好，计算汇总后就有柱间配筋的钢筋，不画柱是没有的。

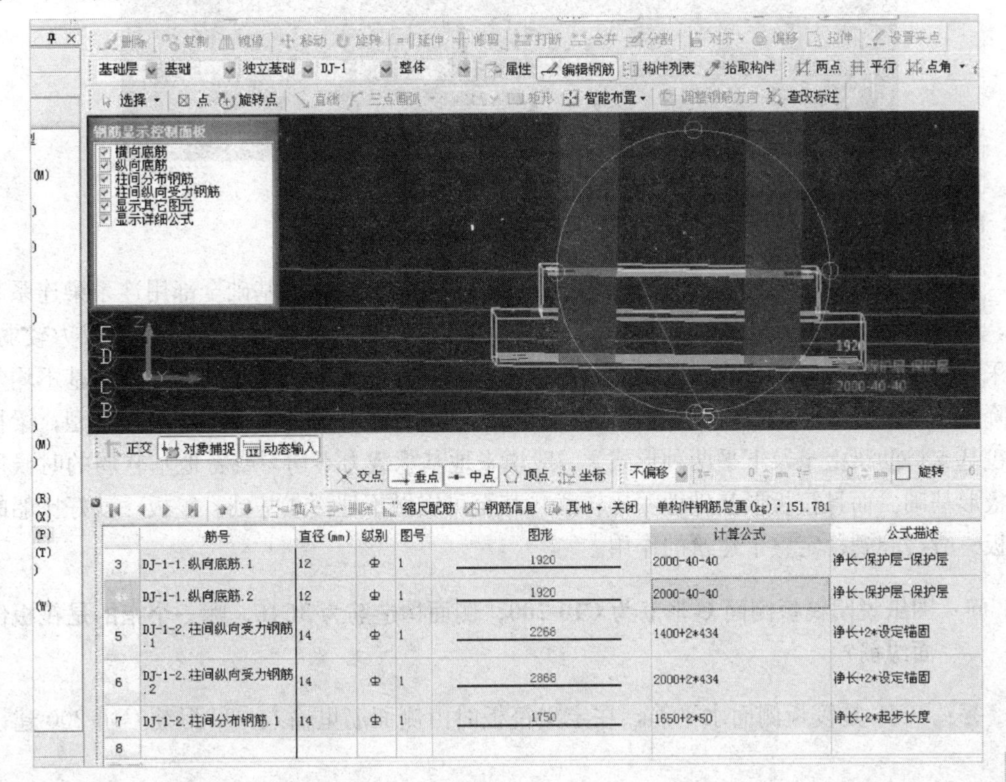

70. 问：筏板的文字说明中阴阳角有加筋，钢筋信息确定，长度如何确定？“挑板”是指什么？

答：筏板里的放射筋图纸中会给出一个伸入墙内（支座）的长度值，需要每根计算长度，长度不同。筏板里的挑板是外墙以外部分的筏板。

71. 问：筏板马凳筋该如何设置？

答：筏板里的马凳筋一般按通长的马凳来考虑，因为在布置筏板上筋时要把马凳布置好，上筋才可以布置。一般的筏板基础的施工方案里有这方面的要求。用 20 以上的主筋，每排的间距在 1500mm 左右，支腿也是这个间距。

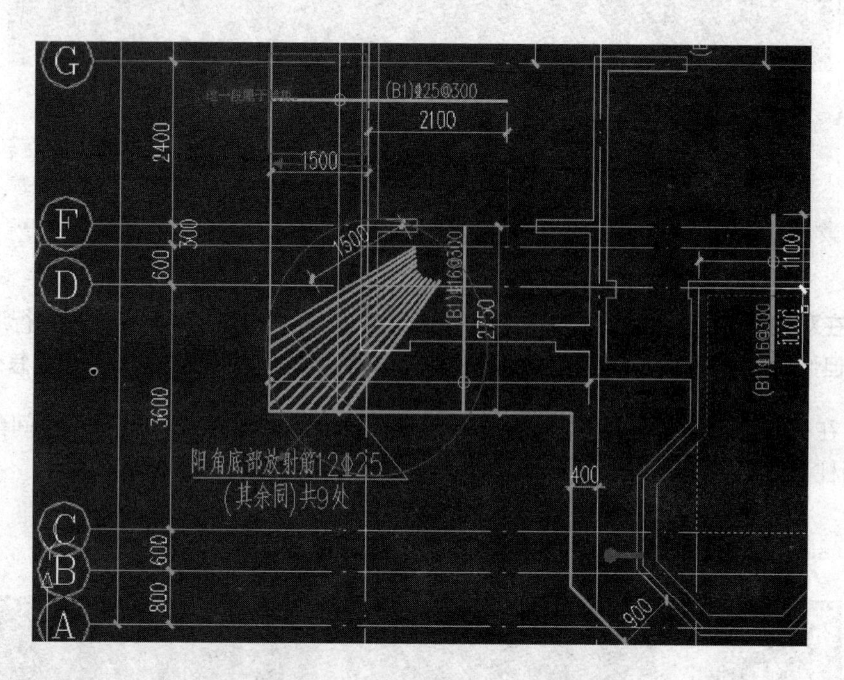

72. 问：筏板基础的具体定义是什么？

答：筏形基础又叫筏板形基础。是把柱下独立基础或者条形基础全部用连系梁连系起来，下面再整体浇筑底板。由底板、梁等整体组成。建筑物荷载较大，地基承载力较弱，常采用混凝土底板，承受建筑物荷载，形成筏基，其整体性好，能很好地抵抗地基不均匀沉降。筏板基础分为平板式筏基和梁板式筏基，平板式筏基支持局部加厚筏板类型；梁板式筏基支持肋梁上平及下平两种形式。一般说来地基承载力不均匀或者地基软弱的时候用筏板形基础。而且筏板形基础埋深比较浅，甚至可以做不埋深式基础。筏板，就好比船的底板一般，起到稳定整个建筑的作用。

73. 问：图纸说明筏板侧面 U 形筋为 C16-200，侧面构造筋为 3C16，哪一个指的是筏板侧面纵筋？

答：3C16 是筏板侧面水平筋，在定义筏板时由侧面筋里输入，U 形筋 C16-200 建议

在单构件里按筏板的周长除以间距后输入根数。

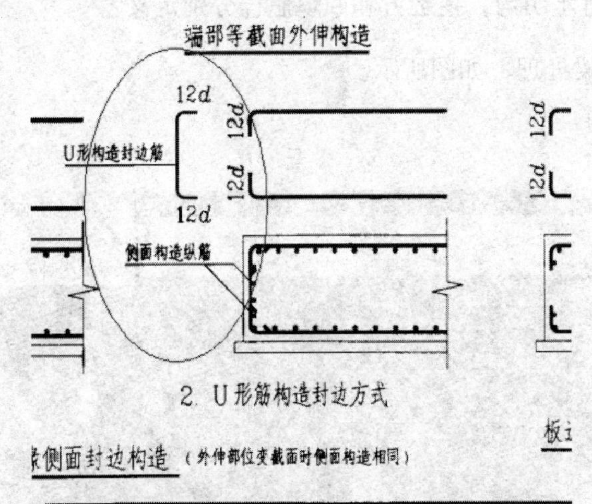

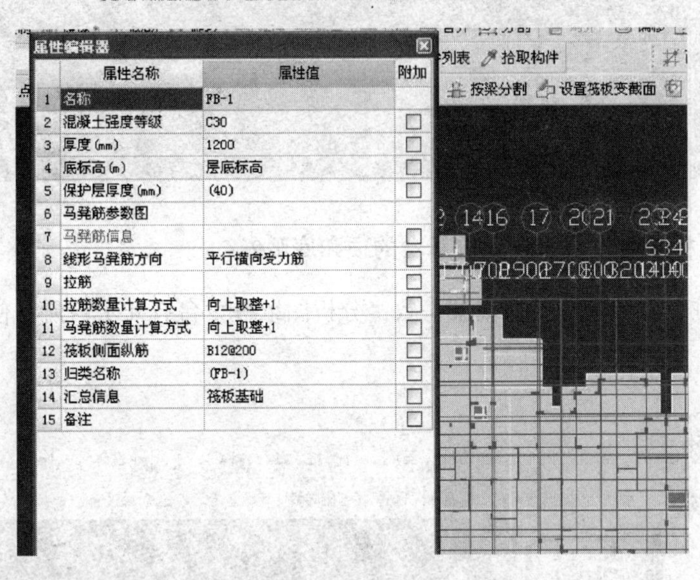

	属性名称	属性值	附加
1	名称	FB-1	
2	混凝土强度等级	C30	□
3	厚度(mm)	1200	□
4	底标高(m)	层底标高	□
5	保护层厚度(mm)	(40)	□
6	马凳筋参数图		
7	马凳筋信息		□
8	线形马凳筋方向	平行横向受力筋	□
9	拉筋		□
10	拉筋数量计算方式	向上取整+1	□
11	马凳筋数量计算方式	向上取整+1	□
12	筏板侧面纵筋	B12@200	□
13	归类名称	(FB-1)	□
14	汇总信息	筏板基础	□
15	备注		□

74. 问：基础梁翼缘钢筋怎样输入?

答：可以新建参数化柱子，总筋在上部通长筋和下部通长筋和侧面钢筋里面输入即可，箍筋可以在其他箍筋中定义。

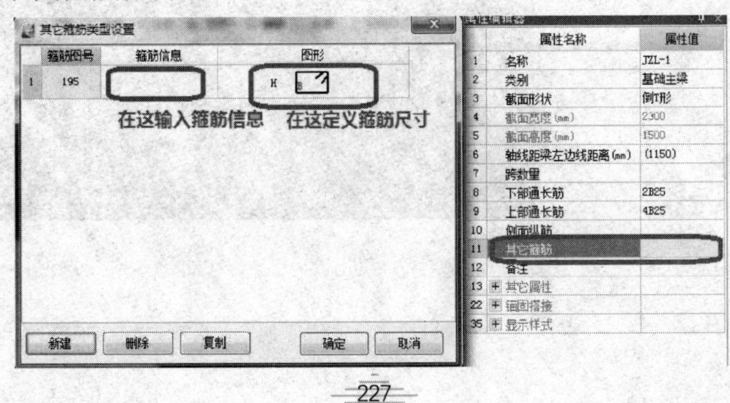

	属性名称	属性值
1	名称	JZL-1
2	类别	基础主梁
3	截面形状	倒T形
4	截面宽度(mm)	2300
5	截面高度(mm)	1500
6	轴线距梁左边线距离(mm)	(1150)
7	跨数量	
8	下部通长筋	2B25
9	上部通长筋	4B25
10	侧面纵筋	
11	其它箍筋	
12	备注	
13	+ 其它属性	
22	+ 锚固搭接	
35	+ 显示样式	

75. 问：汽车坡道的排水明沟，挖土方和回填怎样分别定义？

答：可以用异形梁处理，如图所示。

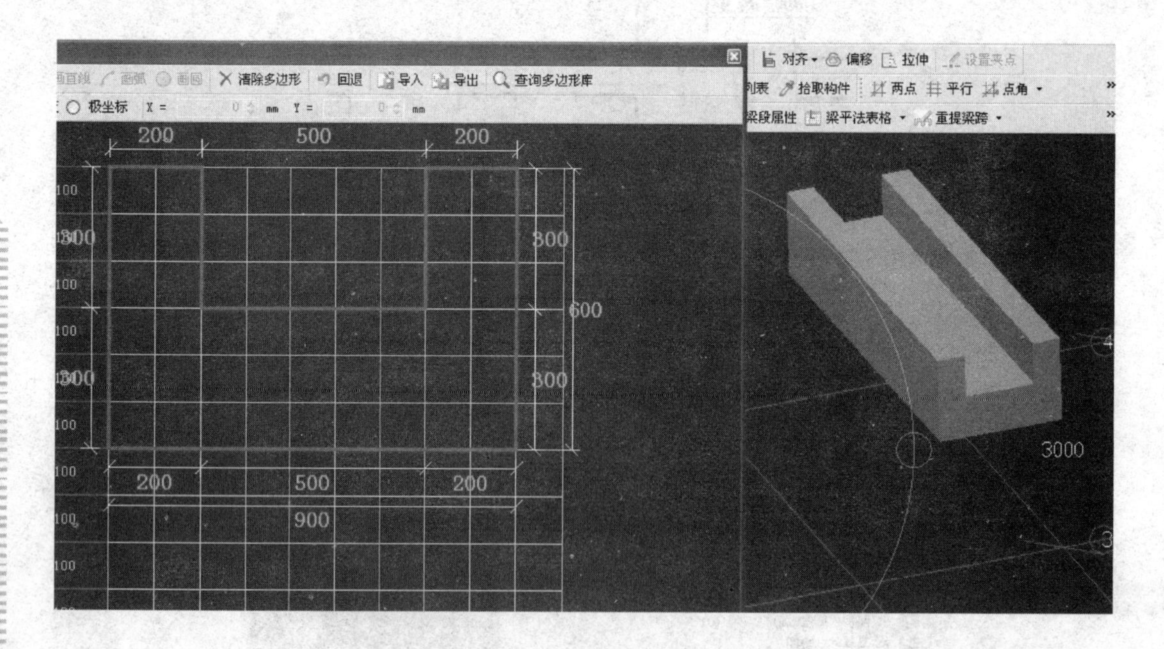

76. 问：在定义桩承台时是否建立桩承台的顶和底呢？

答：定义桩承台和定义独立基础一致：分析图纸桩承台有几个台阶，便在软件里定义几个单元。

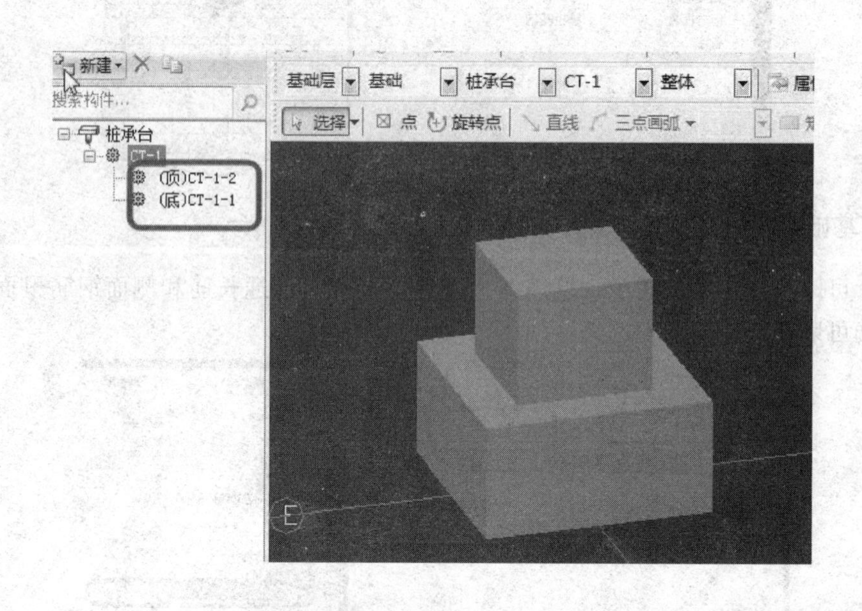

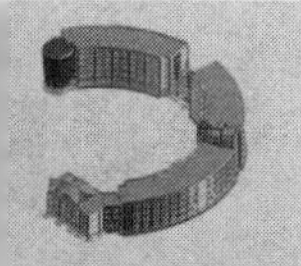

77. 问：底标高不同厚度不同的筏板基础斜坡变截面时怎样设置？

答：（1）筏板因厚度不同，导致变截面处钢筋需要特殊处理。

（2）筏板因标高不同，导致变截面处钢筋需要特殊处理。

操作可以看状态栏提示做。对于筏板变截面底筋，面筋各两种计算方法，在节点设置中可以看到，如下图1、图2所示。当遇到以下问题时，可以使用“设置筏板边坡”功能。筏板边缘不是立面垂直时，如下图3所示，钢筋需要特殊处理。设置筏板的边坡时，可以设置一个图元的所有边或者设置多边。

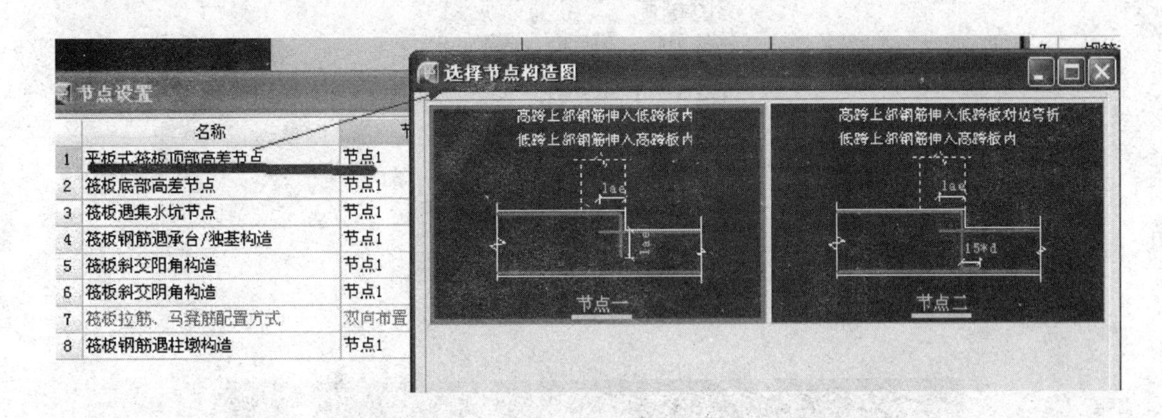

图1

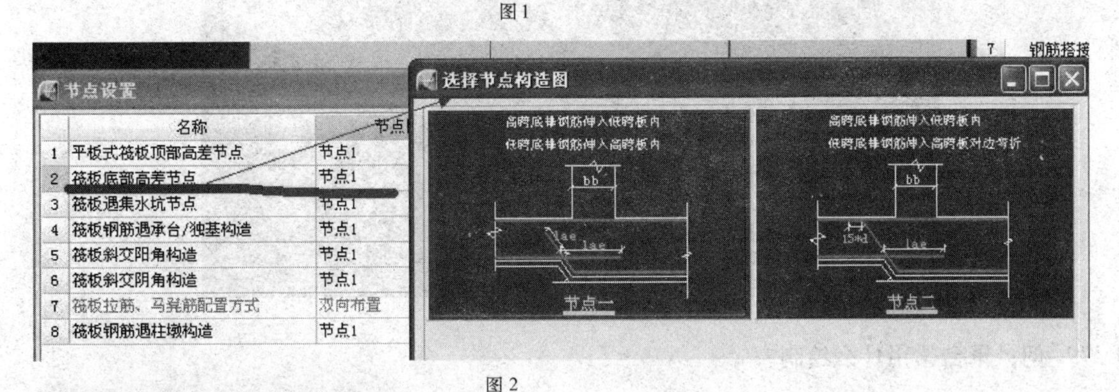

图2

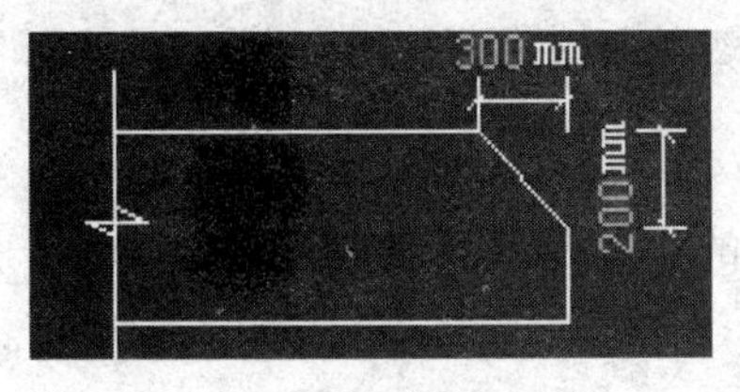

图3

78. 问：集水坑的垫层按智能布置只能画集水坑底板的垫层，而集水坑侧面的垫层无法绘制时，应怎样定义？

答：定义垫层时常用的面试垫层和集水坑柱墩垫层都可以布置上去。

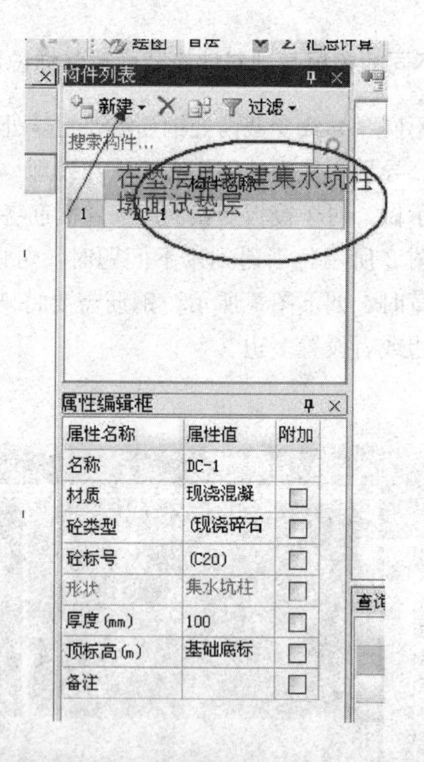

79. 问：承台梁用什么绘制？

答：承台梁起的是连接的作用，锚固形式基本同框架梁，所以在软件中是在梁的界面里定义，在属性的类别中选择基础连梁，需要调整标高。

80. 问：独立桩承台和带形桩承台有什么区别？桩承台中的钢筋是双层双向是什么意思？在软件里要怎样设置？

答：（1）主要依据承台的配筋形式，独立桩承台一般是环式或者板式的，带形桩承台一般是梁式的。

（2）板式承台双层双向配筋，用/隔开。环式就是横向、竖向与侧面都有钢筋。

（3）板式就是跟楼层板一样的双向的，或双层双向的布置。梁式就是跟楼层梁一样有上下部钢筋、箍筋和侧面筋、按照梁的配筋设置。

81. 问：柱上板带和跨中板带布筋的绘制方法是什么？

答：画板带时尺寸一定要把握准确，差一点另一个板带就会提示板带不能重叠。利用Shift＋鼠标左键正交偏移或者建立辅助轴网来定位。不管是跨中板带还是柱上板带横纵都要布置，否则会少算钢筋量。下图用车库的板带区供参考。

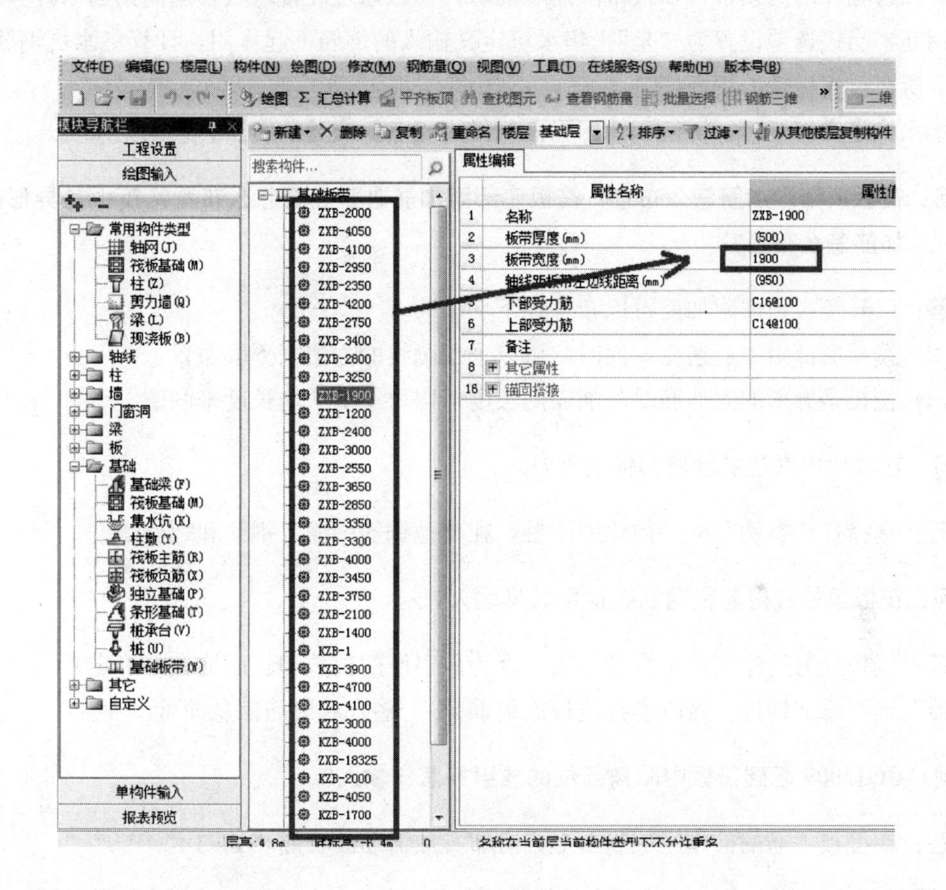

82. 问：集水坑该如何定义？

答：集水坑的建模和钢筋计算是本版新增的重要内容。集水坑模型的建立，是进行钢筋准确计算的基础。

点击“定义”按钮，进入构件定义界面，新建一个矩形的集水坑。集水坑的参数设置参照参数图。

“长度（X向）”和“宽度（Y向）”是指集水坑坑口的截面尺寸。

“坑底板厚度”是指集水坑洞口下方的底板厚度。

“坑板顶标高”是指集水坑底板的顶标高。

“放坡输入方式”有两种，“放坡角度”和“放坡底宽”。放坡角度是指集水坑底面斜坡与水平面的夹角；放坡底宽是指集水坑坡面在水平面的投影宽度。可以根据实际情况选择一种设置方式。

“X向钢筋”是指集水坑底板的横向钢筋，平行于开间轴线的方向；“Y向钢筋”是指集水坑底板的纵向钢筋，平行于进深轴线的方向；“坑壁水平筋”是指集水坑坑洞侧壁水平向的钢筋；“斜面钢筋”指集水坑底面斜坡上的水平向钢筋。

另外，在“其他属性”中有“取板带同向钢筋”的设置，如果集水坑处于板带的位置，并且跨相邻的两条板带，板带配筋不同时，可以通过设置取板带同向钢筋来计算集水坑的钢筋，当该选项设置为“是”，集水坑定义输入的钢筋不起作用，计算集水坑钢筋时，直接取所在位置板带的钢筋信息。

集水坑定义完毕后，切换到绘图界面，使用【点】或【旋转点】绘制集水坑。

83. 问：筏板顶部附加筋怎么布置？筏板底部附加筋遇变截面怎么布置？筏板是异形时附加筋怎么布置？

答：（1）筏板顶部附加筋可以布置在下部。

（2）筏板底部附加筋遇变截面时，可以采用画线的方法来分段布置。

（3）筏板是异形的附加筋时附加筋的长度可以取一个平均长度来画图。

84. 问：在软件中灌注桩钢筋如何输入？

答：选择在“类别”中参数化灌注桩，在其他钢筋中输入钢筋和螺旋箍筋。

85. 问：筏板里的放射筋在钢筋软件中怎样输入？

答：筏板放射筋建议在单构件输入（因为放射筋的根数和长度比较好确定）—“构件管理器”—“添加构件（修改名称筏板放射筋）”—输入放射筋信息即可 。

86. 问：GGJ2009基础筏板中阳角部位的放射筋怎样输入？

答：在筏板主筋的操作区域里右上方有布置放射筋的功能，如图示。

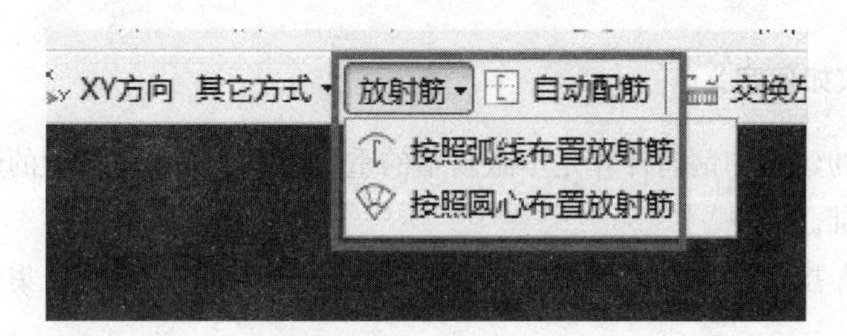

87. 问：在施工中，集水井下边的那排负筋，需要布置在哪个位置？

答：筏板负筋与集水坑要断开布置，在集水坑内的在集水坑底部布置，在集水坑斜面以上的在筏板底部布置，布置后软件会自动处理好，如下图所示。施工现场也是按水平长度布置，水平长度交到集水坑的那里就布置到那里。断开是按图集中集水坑的做法做的。

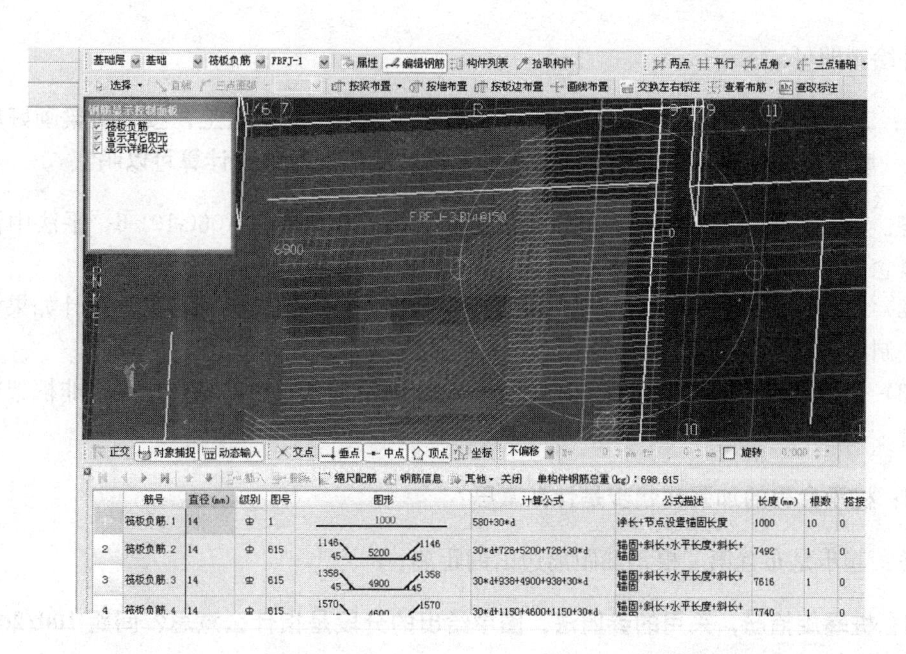

88. 问：新建一个高 50mm 的条基，直接在“底”里设置条基的高度 500mm 后，还需要建一个“顶”吗？

答：条基高 500mm，可以直接在“底”里设置条基是 500mm 高，不需要再建一个顶。如果条基单元宽度不一样，有几个单元，就设置几个单元，最上面一层为顶层。设置单元时，如果设计无钢筋，删掉默认的钢筋即可，不输入钢筋信息，就不会计算钢筋。

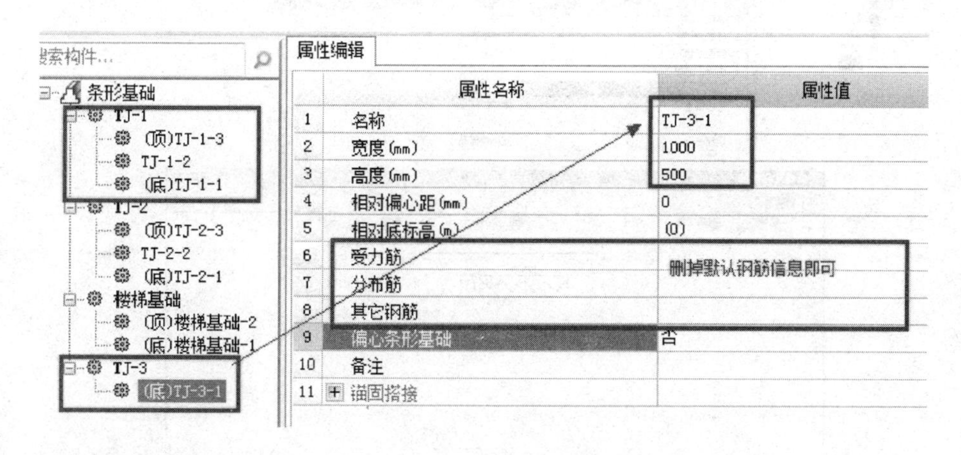

89. 问：钢筋算量软件 GGJ2009 中，不同的条形基础相交处如何绘制？

答：不同的基础按照各自的定义构件分别绘制，相交处软件会自动计算，计算结果软件在前面的设置中已经确定了计算方式，计算结果是一致的，如果更改了前面的计算设置便会改变软件默认的结果。

90. 问：筏板基础厚度很大时，腰筋及箍筋如何布置？

答：筏板基础无腰筋和箍筋，如果有的话便是筏板中的基础梁，把基础梁与筏板分开

定义并绘制即可。

91. 问：工程要求连接独立基础的底梁放在基础端柱一侧的支墩上，按一般梁画好后以支墩为支座计算可以做到吗？这种情况下地梁按非框架梁计算可以吗？

答：（1）在平法中，连接独立基础的梁是“基础连梁”，见06G101-6。平法中没有地梁的概念。

（2）设计如果采用平法制图规则，则可以套用平法基础连梁的节点。设计如果没有采用平法制图规则，那么其应自行给出节点。

（3）是否可以按非框架梁计算，需要看设计给的节点做法的要求是否与非框架梁做法相符合

92. 问：桩承台里的加强筋起步是什么意思？

答：起步是布置第一根钢筋距离边沿的距离。

93. 问：桩螺旋箍筋，采用的参照法，图中给出的分段是指什么意思？间距100/200怎样输入？

答：桩螺旋箍筋的分段是指螺旋箍筋的长度分为几段（螺旋钢筋按照1段计算，搭接一般为焊接）。间距要换算一下才能输入。

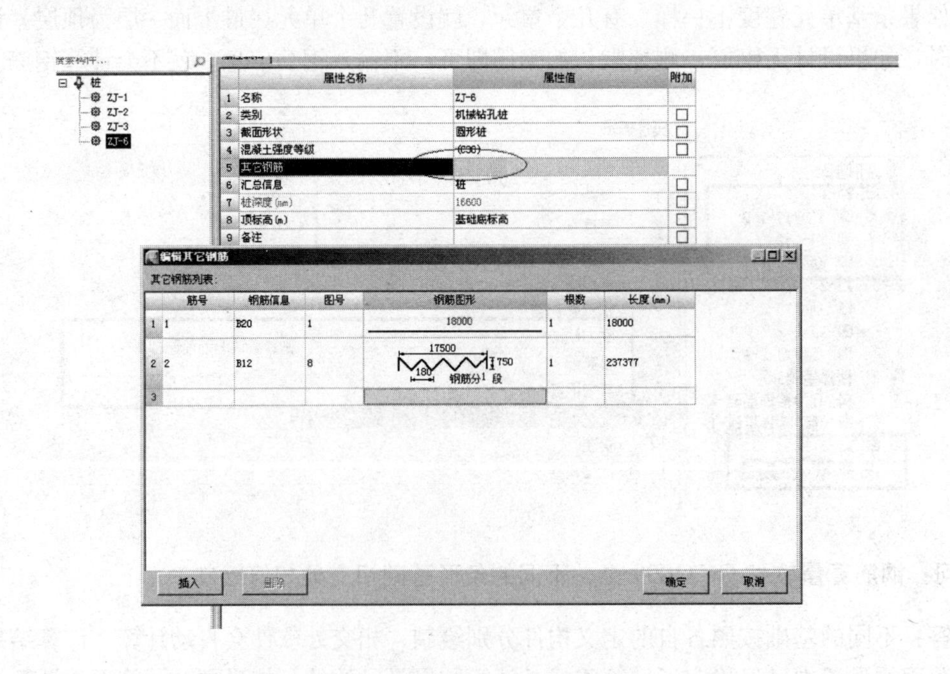

94. 问：筏板基础五层钢筋网如何布置？（中间几层的钢筋是一样的）

答：软件里提供了多种主筋的布置方法，分别可以在底层筋、中间层筋以及面筋里按图纸要求定义布置主筋。

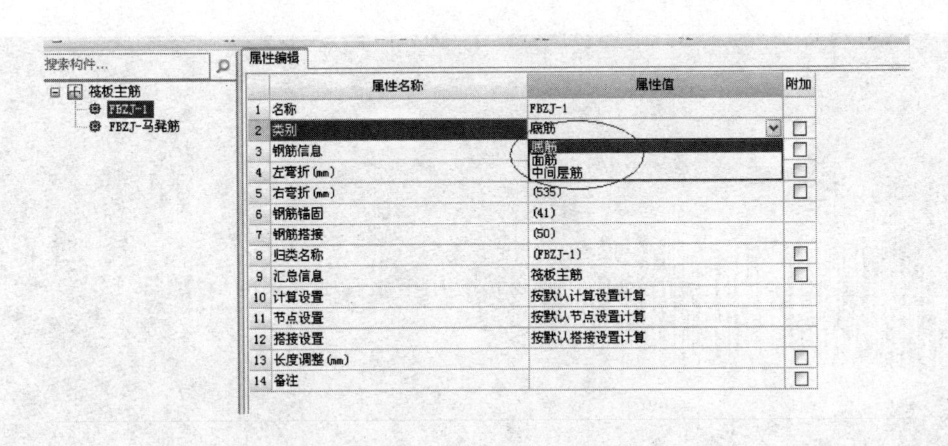

95. 问：桩承台之间的连系梁，独立基础间的连系梁，是用框架梁定义吗？只有筏板基础中的基础主、次梁才能在基础梁中定义吗？

答：（1）基础连梁系指连接独立基础、条形基础或桩承台的梁，见下附图（06G101-6图集第37页），该构件在软件中应在梁中定义，类别选择“基础连梁”即可（注意基础连梁不是框架梁）。

（2）基础梁属于条形基础或筏形基础，其是柱墙的底部支座，是基础。

第1节　基础连梁的表示方法

第5.1.1条　基础连梁系指连接独立基础、条形基础或桩基承台的梁。基础连梁的平法施工图设计，系在基础平面布置图上采用平面注写方式表达。

第5.1.2条　基础连梁编号，按表5.1.2的规定。

基础连梁编号　　表5.1.2

类　型	代号	序号	跨数、有否外伸或悬挑
基础连梁	JLL	xx	(xx)端部无外伸或无悬挑 (xxA)一端有外伸或有悬挑 (xxB)两端有外伸或有悬挑

96. 问：矩形桩承台的钢筋布置，什么情况下按梁式配筋或按板式配筋？

答：从配筋的名字就能区分：梁式配筋是指桩承台的配筋像梁的配筋一样分上部钢筋、下部钢筋和箍筋。板式配筋是指桩承台的配筋像板的配筋一样是钢筋网片，由纵横向的钢筋绑扎成钢筋网的样式。具体由设计根据受力等情况给出，软件中使用哪种形式应以具体图纸为准。

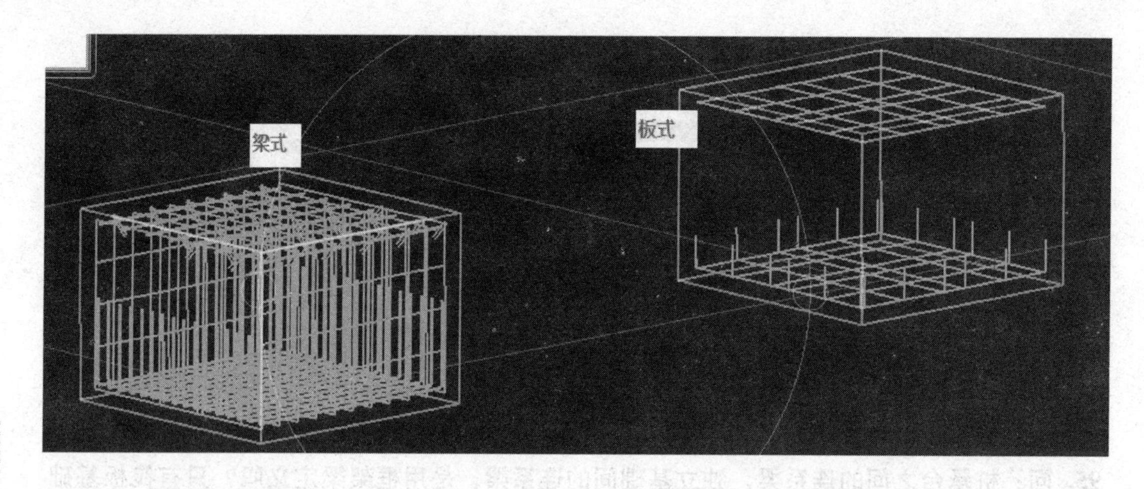

97. 问：有梁式筏板基础已经有双层双向受力筋了，图纸上仍有支座负筋，此处的负筋起什么作用？

答：此处的筏板负筋，在板底部布置，属于板局部加强一般筏板底，面筋都为双层双向的，因此不需要设置板分布筋。在定义筏板负筋时，软件中找不到筏板负筋的分布筋，筏板负筋是与筏板底筋绑在一起的，一般筏板负筋与筏板贯通筋隔一布一，见图集09G901-3第2-30页筏板负筋（非贯通筋）在X方向与Y方向布置构造。

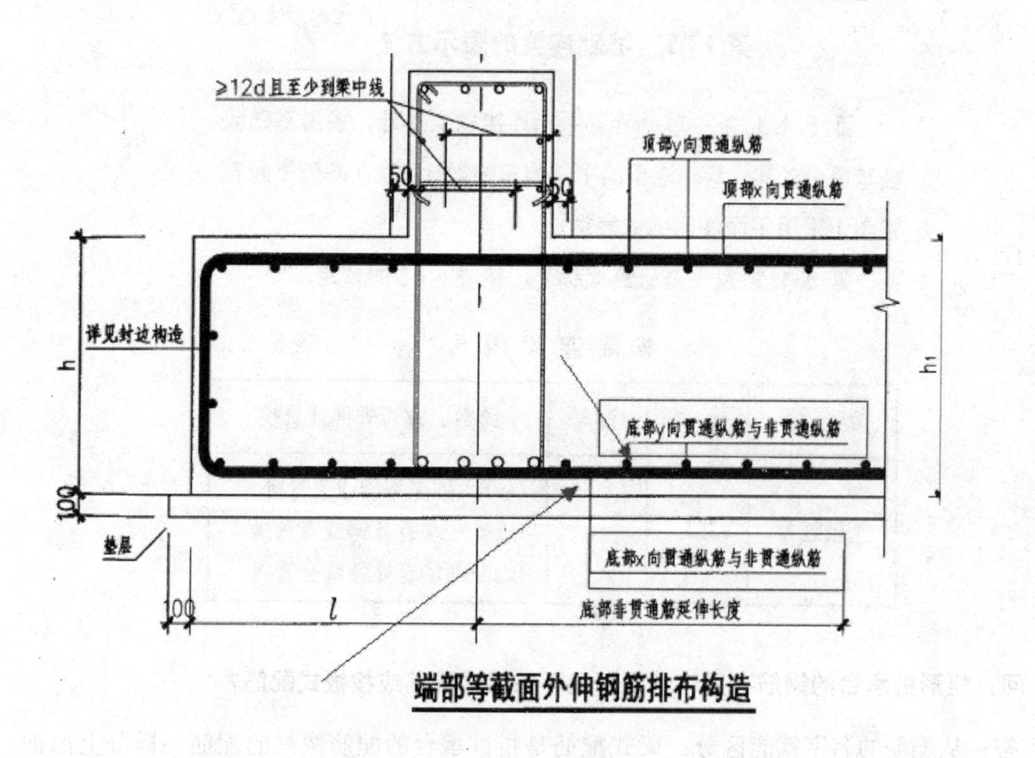

端部等截面外伸钢筋排布构造

98. 问：如何设置筏板面筋贯通承台和独立基础？

答：在独立基础和承台的属性选项中，改成“否”即可，如图所示。

	属性名称	属性值
1	名称	DJ-1
2	长度(mm)	1000
3	宽度(mm)	1000
4	高度(mm)	500
5	底标高(m)	层底标高(-0.05)
6	扣减板/筏板面筋	是
7	扣减板/筏板底筋	是
8	计算设置	按默认计算设置计
9	搭接设置	按默认搭接设置计
10	保护层厚度(mm)	(40)
11	汇总信息	独立基础
12	备注	
13	显示样式	

99. 问：桩的主筋和螺旋钢筋怎么用软件自动计算?

答：在单构件中构件管理里添加构件，选择桩，然后输入参数，并计算退出即可。

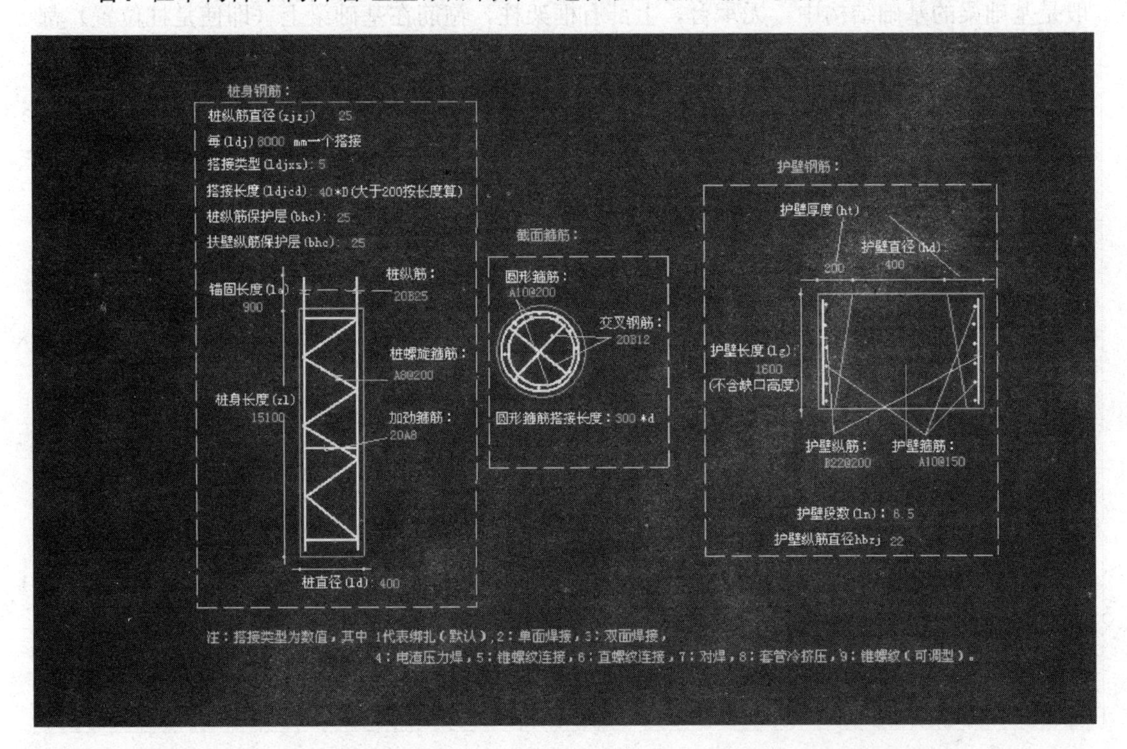

100. 问：为什么用直线画筏基的时候总是提示“所绘制的多边形不合法”?

答：筏板构件属于面式构件，只有在筏板边线能够围成一个封闭区域时才能正常地生

成筏板。绘制的时候，需要首尾相接。如果首尾不相接时，就会提示非法的。在绘制完最后一点时，可以右击，软件会自动找到第一点的位置。

101. 问：钢筋 GGJ2009 中，基础连梁在“基础梁”里定义，还是在“框架梁”里定义？

答：不能在基础梁中定义，需要在普通梁中定义布置。如图所示。

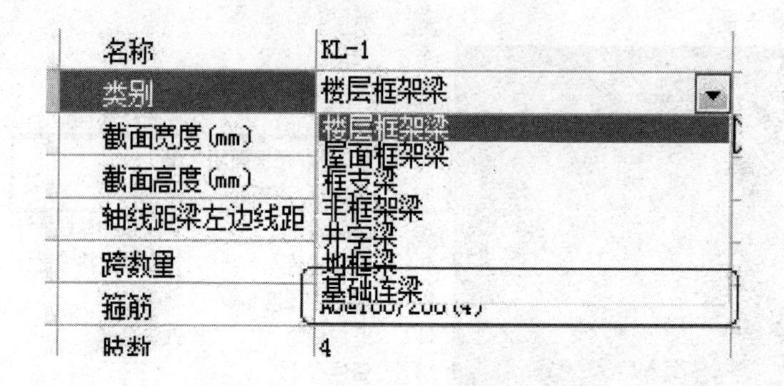

102. 问：基础梁和基础连梁在钢筋计算时有什么区别？

答：区别如下：

（1）基础梁是作为上部建筑的基础，将上部荷载传至地基，起到承重和抗弯功能。一般是基础梁的基础结构中，无承台，上部有框架柱，箍筋在基础梁上（即使是柱位置）都是满布。

（2）基础连梁是指连接独立基础、条形基础或桩基承台的梁，不承担由柱传来的荷载。

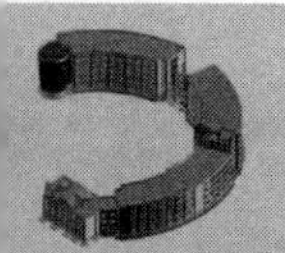

第8章

砌体结构

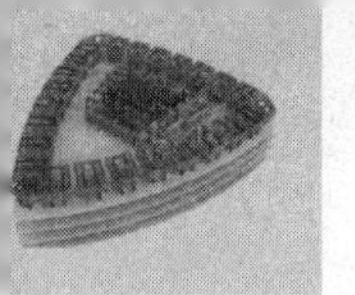

1. 问：框架梁钢筋的搭接区箍筋是需要加密的，那么在二次结构中，搭接区的箍筋是否也需要加密呢？

答：二次结构中构造柱、圈梁和现浇过梁都是采用植筋，可以在软件计算设置中设置采用植筋，软件会按植筋要求计算。按植筋要求考虑，露出的钢筋即是按抗震等级和混凝土强度等级计算出的搭接倍数。二次结构搭接部分是按非抗震要求处理，箍筋是不需要加密的。构造柱的搭接，圈梁及过梁的露出长度是按抗震等级和混凝土强度等级计算长度的。露出长度如果达不到图纸要求，可以在楼层设置下面的搭接倍数修改，或者在汇总计算完毕后在编辑钢筋内修改数据锁定构件。

13	构造柱箍筋根数计算方式	向上取整+1
14	填充墙构造柱做法	上下部均采用植筋
15	使用预埋件时构造柱端部纵筋弯折长度	10*d
16	植筋锚固深度	10*d
17	− 圈梁	
18	圈梁拉筋配置	按规范计算
19	圈梁L形相交斜加筋弯折长度	250
20	圈梁箍筋距构造柱边缘的距离	50
21	圈梁纵筋搭接接头错开百分率	50%
22	圈梁箍筋弯勾角度	135°
23	L形相交时圈梁中部钢筋是否连续通过	是
24	圈梁侧面纵筋的锚固长度	15*d
25	圈梁箍筋根数计算方式	向上取整+1
26	圈梁靠近构造柱的加密范围	0
27	圈梁箍筋的加密间距	100
28	填充墙圈梁端部连接构造	采用植筋
29	使用预埋件时圈梁端部纵筋弯折长度	10*d
30	植筋锚固深度	10*d
31	预留钢筋锚固深度	30*d
41	− 过梁	
42	过梁箍筋根数计算方式	向上取整+1
43	过梁纵筋与侧面钢筋的距离在数值范围内不计算侧面钢筋	s/2
44	过梁箍筋/拉筋弯勾角度	135°
45	过梁箍筋距构造柱边缘的距离	50
46	填充墙过梁端部连接构造	采用植筋
47	使用预埋件时过梁端部纵筋弯折长度	10*d
48	植筋锚固深度	10*d

筋号	直径(mm)	级别	图号	图形	计算公式	公式描述
全部纵筋.1	12	中	1	2100	2100	柱净高
构造柱植筋.1	12	中	1	864	62*d+10*d	搭接+植筋锚固深度
箍筋.1	8	中	195	210 210	2*((240-2*15)+(240-2*15))+2*(11.9*d)+(8*d)	

2. 问：砌体拉结筋计算长度怎样设置？

答：可以在“墙”—“砌体加筋”—“自动生成砌体加筋”设置，弹出的窗口里输入型号、长度。定义的右下角参数图也可以输入。

3. 问：基础向上即为一层，一层所有的构造柱都是从基础里生根吗？基础层里有砌体加筋吗？

答：首层构造柱必须生根到基础梁等承重基础上。从基础梁处砌筑的砖基础按规范设置马牙槎及砌体加筋。但对基础层而言，如果基础层高较小，即存在基础层砌筑的高度不

高，达不到放置加筋的情况，那么首层砖基础做好防潮层后，会继续按规范放置加筋的。总体而言，设置构造柱处必须按规范设置马牙槎和砌体加筋。

4. 问：在计算砌体加筋时加筋是植筋，如何统计出植筋的根数?

答：只要绘制上砌体加筋，在最后的报表里面有一张统计钢筋植筋的报表。

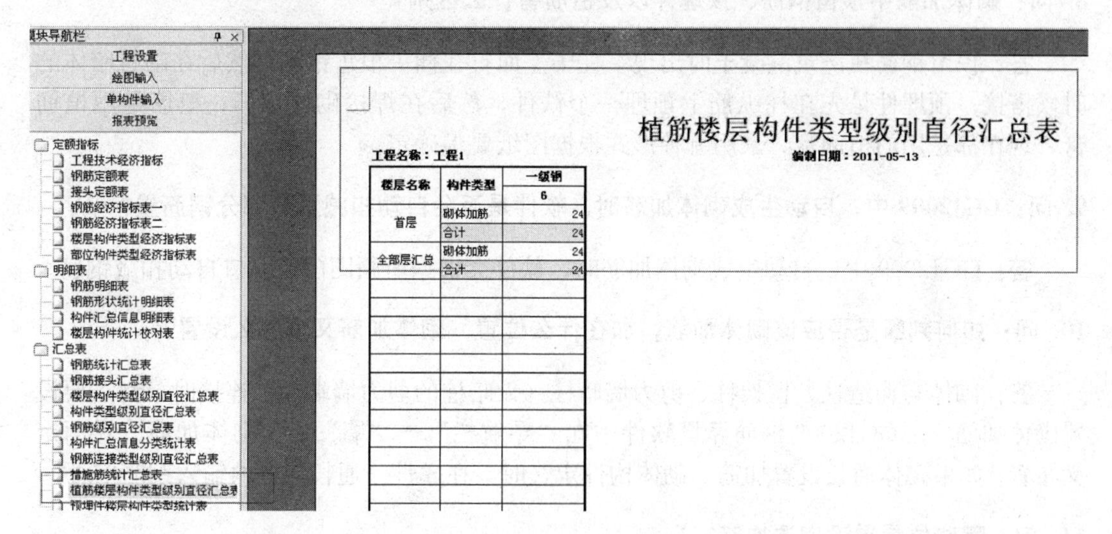

5. 问：识别墙时同时识别最大洞口宽度与识别门窗的区别是什么? 识别墙时不同时识别最大洞口宽度，而只在识别门窗时识别可以吗?

答：识别墙时同时识别最大洞口宽度与识别门窗是同样的原理，识别墙时不同时识别最大洞口宽度，而只在识别门窗时识别是不可以的，这样识别的墙是不连续的，就是说门窗洞口的上方或者下方的墙体没有识别过去。

6. 问：构造柱是先砌墙，后浇筑，砌墙时在构造柱处需要设置拉结筋吗?

答：构造柱是先砌墙，后浇筑，砌墙时在构造柱处是需要设置拉结筋的。

7. 问：约束边缘构件和构造边缘构件在软件输入中有什么区别?

答：在定义暗柱时，选择参数化暗柱的图形不同，构造边缘构件没有另加的箍筋或者是拉筋。03G101 图集把暗柱和端柱统称为“边缘构件”，又把它分为两大类：构造边缘构件和约束边缘构件，区分如下：

（1）从编号上看，构造边缘构件在编号时以字母 G 打头，如 GAZ、GDZ、GYZ、GJZ 等，约束边缘构件以 Y 打头，如 YAZ、YDZ、YYZ、YJZ 等。

（2）从图集上体会，第 49、50 页可以看出，约束边缘构件比构造边缘构件要“强”一些，主要体现在抗震作用上。所以，约束边缘构件应用在抗震等级较高（如一级）的建筑，构造边缘构件应用在抗震等级较低的建筑。

（3）从 03G101 图集中的配筋情况也可以看出构造边缘构件（如端柱）仅在矩形柱范围内布置纵筋和箍筋，类似于框架柱，当然也不能说构造边缘端柱一定没有翼缘。约束边

缘构件除端部或角部有一个阴影部分外，在阴影部分和墙身之间还有一个“虚线区域”，该区域的特点是加密拉筋或同时加密竖向分布筋。

（4）03G101 图集引用了《建筑抗震设计规范》GB 50011—2001 中关于抗震墙的抗震构造措施，可参考该规范加深理解。

8. 问：砌体加筋中预留钢筋、预埋件以及植筋有什么区别？

答：预留钢筋在浇筑混凝土时出现在柱子上面打孔插一根短钢筋，然后在砌筑墙体的时候搭接；预埋件是先在柱纵筋上预埋一个铁件，然后在焊接砌体加筋；植筋是用植筋膏，现在都是用的植筋膏。采用哪种形式根据图纸要求确定。

9. 问：GGJ2009 中，自动生成砌体加筋时，软件是否会自动扣减重叠部分钢筋量？

答：GGJ2009 中，自动生成砌体加筋时，软件会根据所画图门窗洞口自动扣减钢筋。

10. 问：如何判断是否应该砌体加筋，加在什么位置，砌体加筋又该怎么设置？

答：砌体与构造柱、框架柱、剪力墙暗柱（无暗柱的剪力墙端头）连接时，都需要设置砌体加筋。在 GGJ2009 钢筋算量软件中在“导航栏”—“墙”—“砌体加筋”界面定义布置。如果砌体通长设置加筋，砌体构件定义时，在属性—通长筋栏内输入钢筋信息。

11. 问：哪些位置需设砌体加筋？

答：砌体加筋是为了砌体与非砌体间结构整体才设置的钢筋，通长砌体与混凝土构件相交处都需要加。

12. 问：怎样才能在幕墙上开门？

答：在钢筋软件里，幕墙设计有门，只画幕墙即可，门不用定义画图布置的，这样是不影响计算钢筋的；导入算量软件后，直接手工计算后在表格里输入，同时减去相同面积的幕墙即可。或者先不要绘制门，可以将幕墙分为三段画图，将中间门位置的幕墙底标高调整到门顶标高，然后再绘制门。

13. 问：06SG614-1 砌体填充墙中的拉结钢筋在钢筋 GGJ2009 中怎样布置？

答：切换到“砌体墙”—“砌体加筋”—“定义砌体加筋”并绘制到具体位置即可，如截图所示。

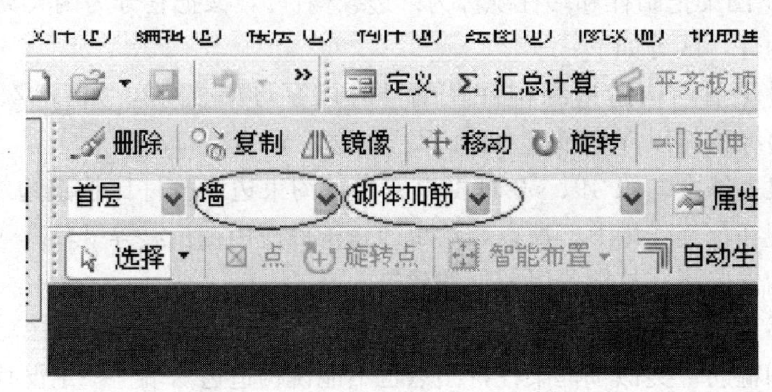

14. 问：过梁和圈梁的植筋在广联达软件中怎样计算？

答：装饰装修定额里有一个混凝土内植钢筋直径的定额，是根据植筋的直径按延长米计算的。在定额本 551 页。

15. 问：根据设计要求，钢筋工程中填充墙与填充墙、框架柱、构造柱、框架梁的连接按图集 05G701（四）的 8 度设防选用，图集要求砌体拉结筋沿墙全长贯通，但自动生成不能贯通布置，拉结筋重复的部位还重复计算了钢筋量，除了每根墙设置长度，还有什么更好更快的办法吗？

答：（1）问题症结：不能用"自动生成砌体加筋"生成，自动生成砌体加筋是解决墙体相交处砌体加筋的。（2）图集要求砌体拉结筋沿墙全长贯通，是在砌体墙定义里边，采用砌体通长筋和横向短筋来解决的。

16. 问：绘制阳台梁上的栏杆时，一般情况下都是有预埋件的，梁上放置预埋件的混凝土上反梁，应该用什么来定义呢？

答：这种情况一般都是二次结构时浇筑，定义时用梁、圈梁、压顶都可以，只是套定额时子目要准确，也有随梁一起整浇的，套项时随梁套用子目。

17. 问：当墙体长度＞5m 时，应每隔 4m 设一构造柱。纵横墙交接、转角处、一字形墙体端部设置构造柱。此处的构造柱，指的是墙体长度＞5m 时，还是所有的转角处、一字形墙端部、纵横交界处都有呢？构造柱遇到门窗洞口是否需要设置？

答：指所有的转角处、一字形墙端部和纵横交界处都要设置构造柱，墙体长度＞5m 时在中间设置构造柱。门窗洞口处是抱框，即洞口两边的小构造柱，高度同洞口高，洞口上方设置腰梁。

18. 问：什么是植筋，什么情况下定义是植筋还是预留钢筋？

答：植筋是后期电钻钻眼、钢筋沾胶植入混凝土的钢筋；构造柱及框架柱的拉结筋，现在一般采用植筋，因为其施工操作方便。框架结构中的构造柱主筋可采用植筋，也可预埋。定义时是植筋还是预留钢筋要看实际现场的情况确定。

19. 问：砖混结构中，墙体与构造柱的拉结筋怎样定义？

答：直接按设计或选用的图集，在砌体加筋中定义（如一字形、L 形、十字形、T 形等），然后画图布置即可。最新版本的钢筋算量软件还可以在砌体加筋的绘图界面，点上面"自动生成砌体加筋"，在出现的对话框中按设计输入相关的参数，并勾选整楼生成，点确定即可自动生成。

20. 问：墙体拉结筋通长设置，间距为 500mm，且该墙直接砌在板上，所以该墙下板底还需要加两根 2B12，这种情况该怎样设置？

答：通长设置的拉结筋在墙属性的砌体通长筋里输入，墙底板内增加的加强筋在墙的

编辑钢筋中添加或单构件计算。

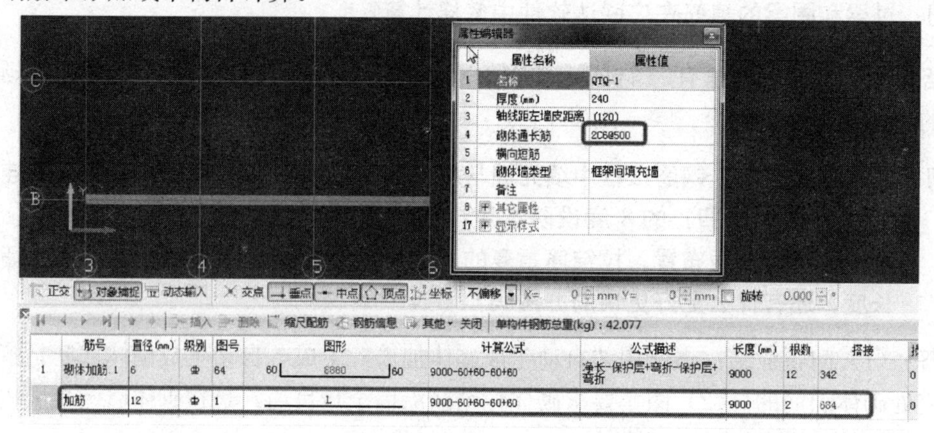

21. 问：砖结构的砌体墙为什么会有砌体通长筋和砌体短筋？

答：砌体墙是由砖砌成的，当砌体墙超过一定的高度时，必须加圈梁和构造柱等来加强整体强度，而加圈梁或是用砌体加筋都可以加强整体的强度达到抗震要求，加圈梁还是砌体加筋要根据设计要求而定，所以在砌体墙中会有砌体通长筋和砌体短筋。

22. 问：什么是砌体通长筋？

答：砌体通长筋是指拉通整跨（比如两个现浇柱之间，一个整体的内山墙等）的通长钢筋，它的分布筋为砌体短筋。

23. 问：什么是砌体加筋，什么是植筋？

答：砌体加筋是锚入混凝土柱、墙中，深入砌体一定长度，沿墙体高度按一定间距分布的钢筋。植筋就是混凝土结构完成后，需要锚入已完成混凝土结构钢筋，采用钻孔、注胶、插入钢筋等一系列过程。砌体加筋可以采用与混凝土柱、墙事先预埋施工，或者采用事后植筋施工。应该说植筋用处较多，砌体加筋中的植筋只是其中一部分。

24. 问：当砌体加筋遇到门窗洞口时该怎样处理？

答：砌体加筋遇到门窗洞口会自动断开。

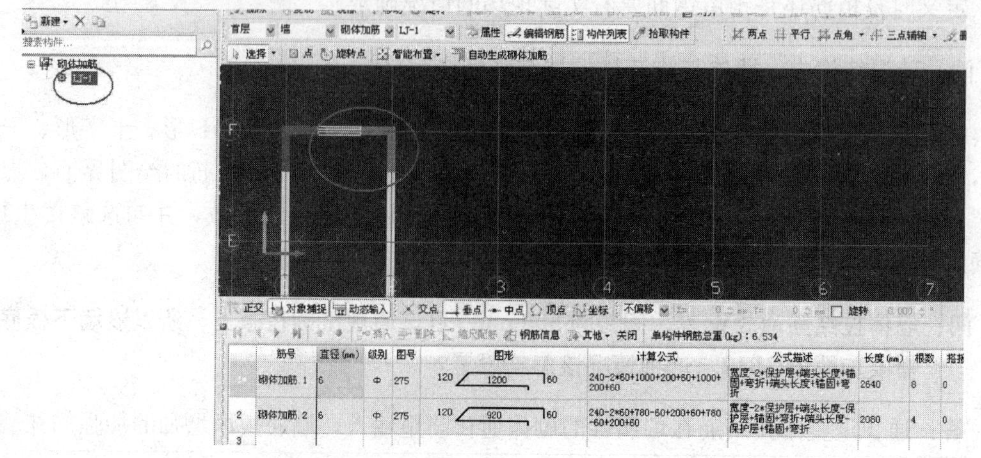

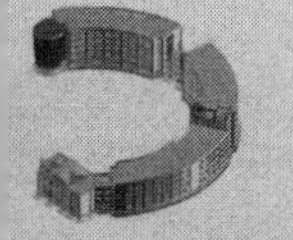

25. 问：剪力墙结构哪些位置需要砌体加筋？

答：剪力墙与砌体墙交接处，或者长度超过 5m 的墙以及柱（构造柱）与墙体交接处。这些部位一般都要进行设置砌体加筋。

26. 问：砌体加筋应如何设置？

答：自动生成砌体加筋的时候，会自动提示。

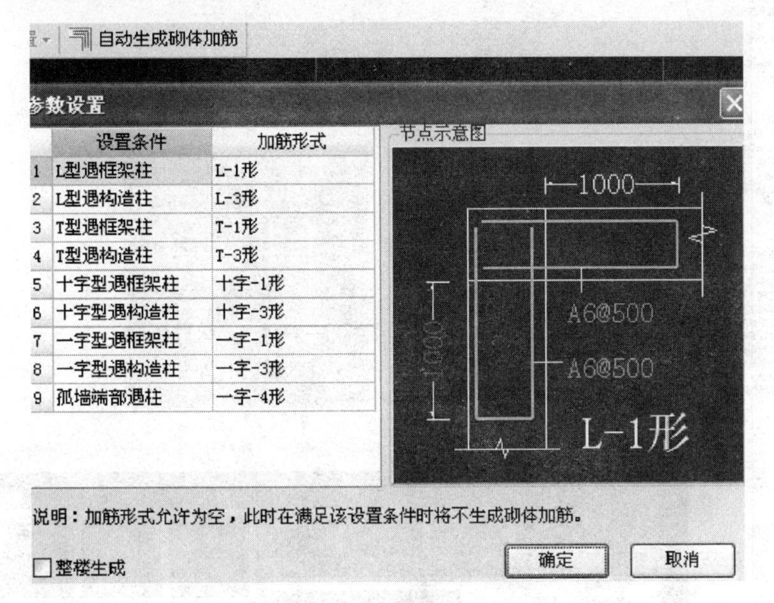

27. 问：砌体墙通长设 2A6 拉筋，怎样定义？与楼板相连处通长设 2C8 拉筋时怎样定义？

答：2A6 在单构件中定义，把墙测量后，直接加到单构件中，没有其他的办法。所提是特殊情况，不需要扣减保护层。

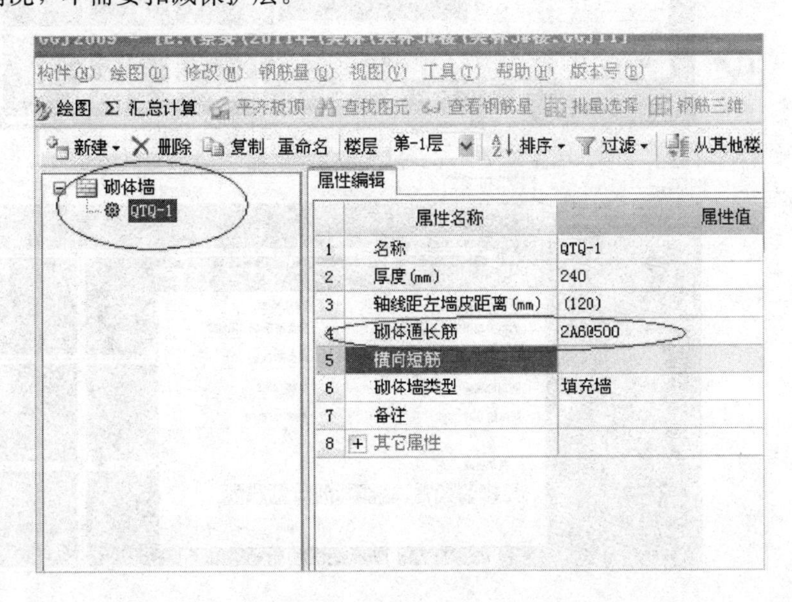

28. 问：在广联达钢筋算量中，砌体加筋、构造柱以及过梁布置的步骤是什么？

答：步骤一般为："新建构件"—"输入属性"—"绘图"（点击绘制，智能布置，自动生成）。

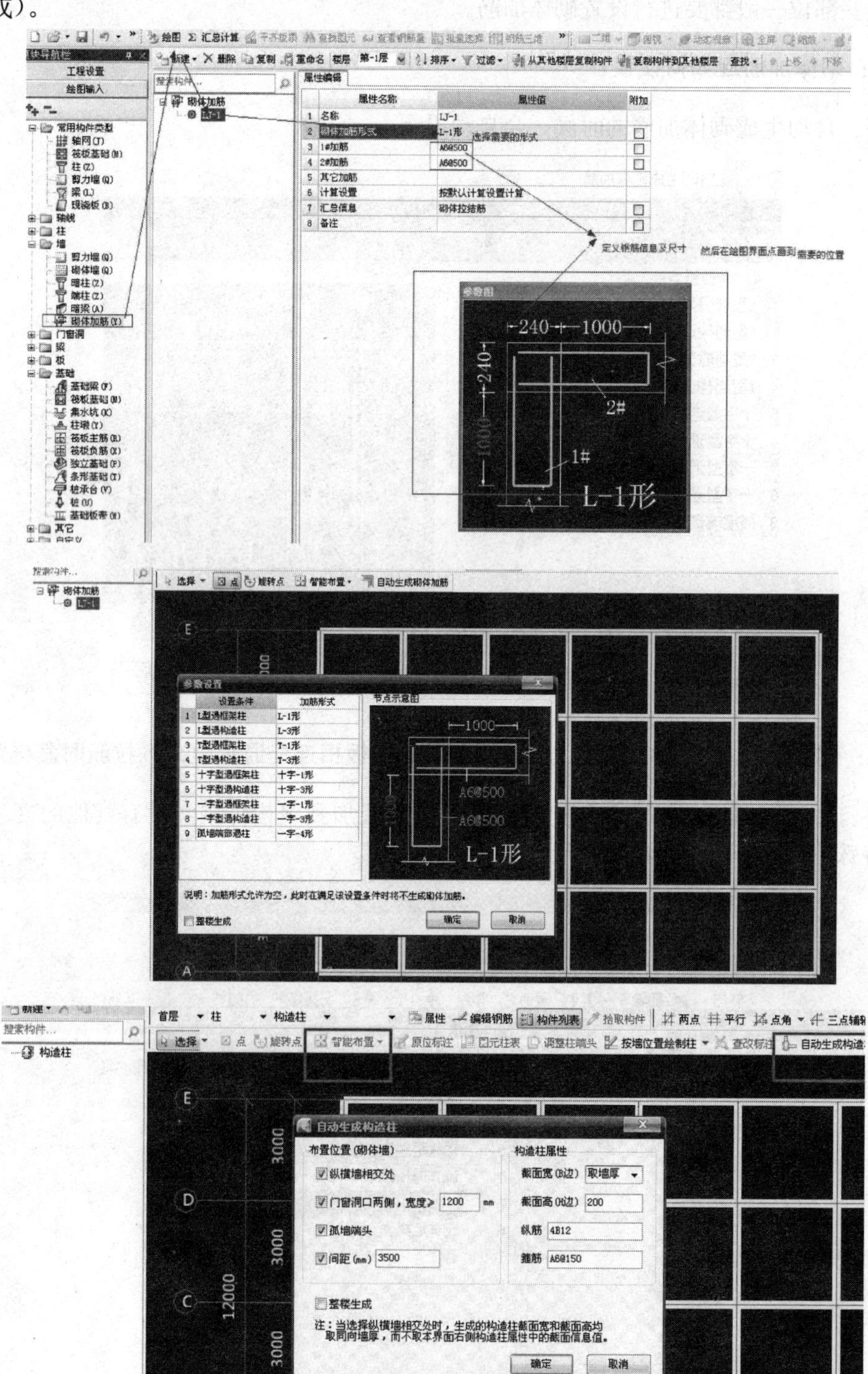

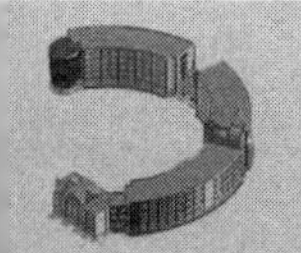

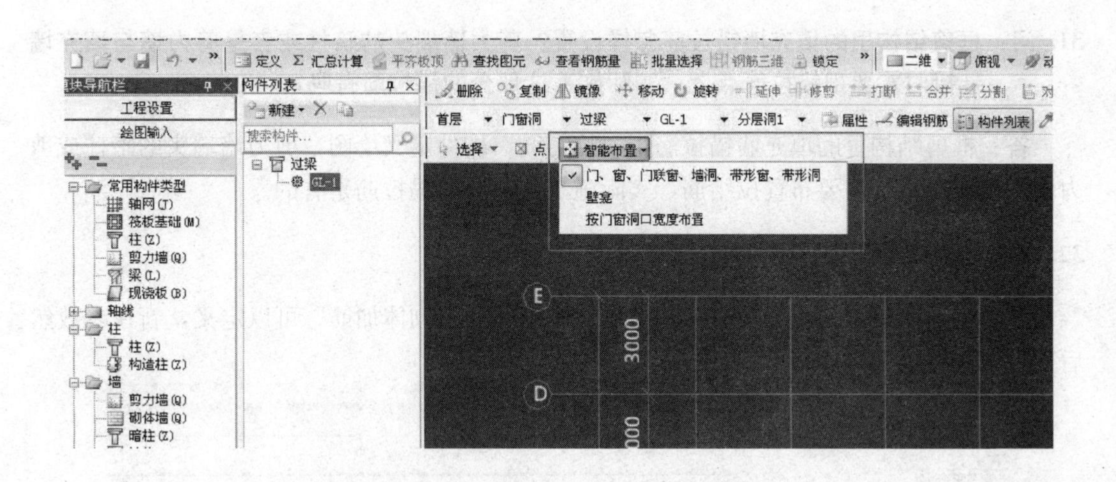

29. 问：楼层板带有什么作用？柱上板带和跨中板带有什么区别？

答：广联达钢筋软件中的板带是指板上面的局部加强带，常见于无梁楼板。柱上板带布置于柱上加强带，跨中板带布置于板中加强带，一般设计图上都有说明。

30. 问：设置完砌体加筋后，砌体加筋应该绘制在什么地方呢？

答：可以利用“自动生成砌体加筋”功能，如图示。

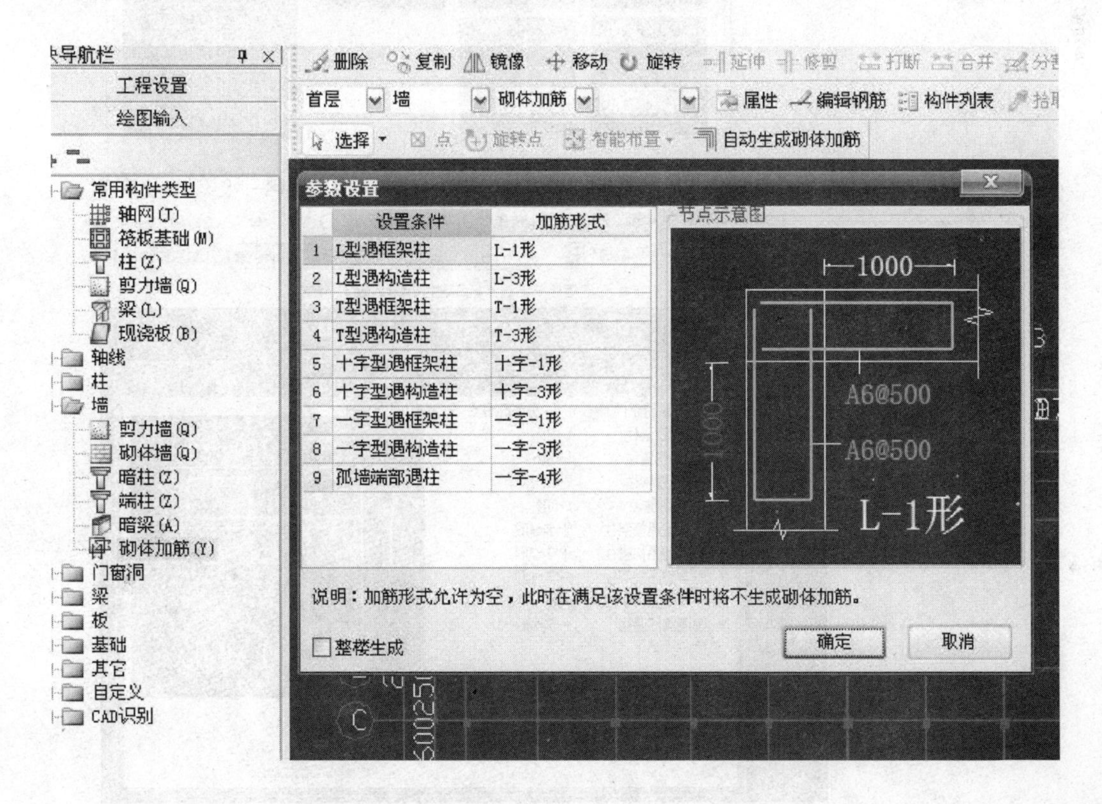

31. 问：框剪结构里的填充墙锚拉筋怎样设置？剪力墙端头的暗柱或者是剪力墙与填充墙连接时需要把锚拉筋点上，实际施工这部分的锚拉筋有吗？

答：框剪结构里的填充墙锚拉筋用“拉结筋”构件定义绘图，剪力墙端头的暗柱或剪力墙与填充墙连接需要布置拉结筋，实际施工这部分的锚拉筋是有的。

32. 问：在框架结构中，砌体墙设置中拉结筋怎样设置？

答：砌体墙拉结筋在导航栏下的“墙”类别下的“砌体加筋”可以定义，新建参数然后进行绘制即可。

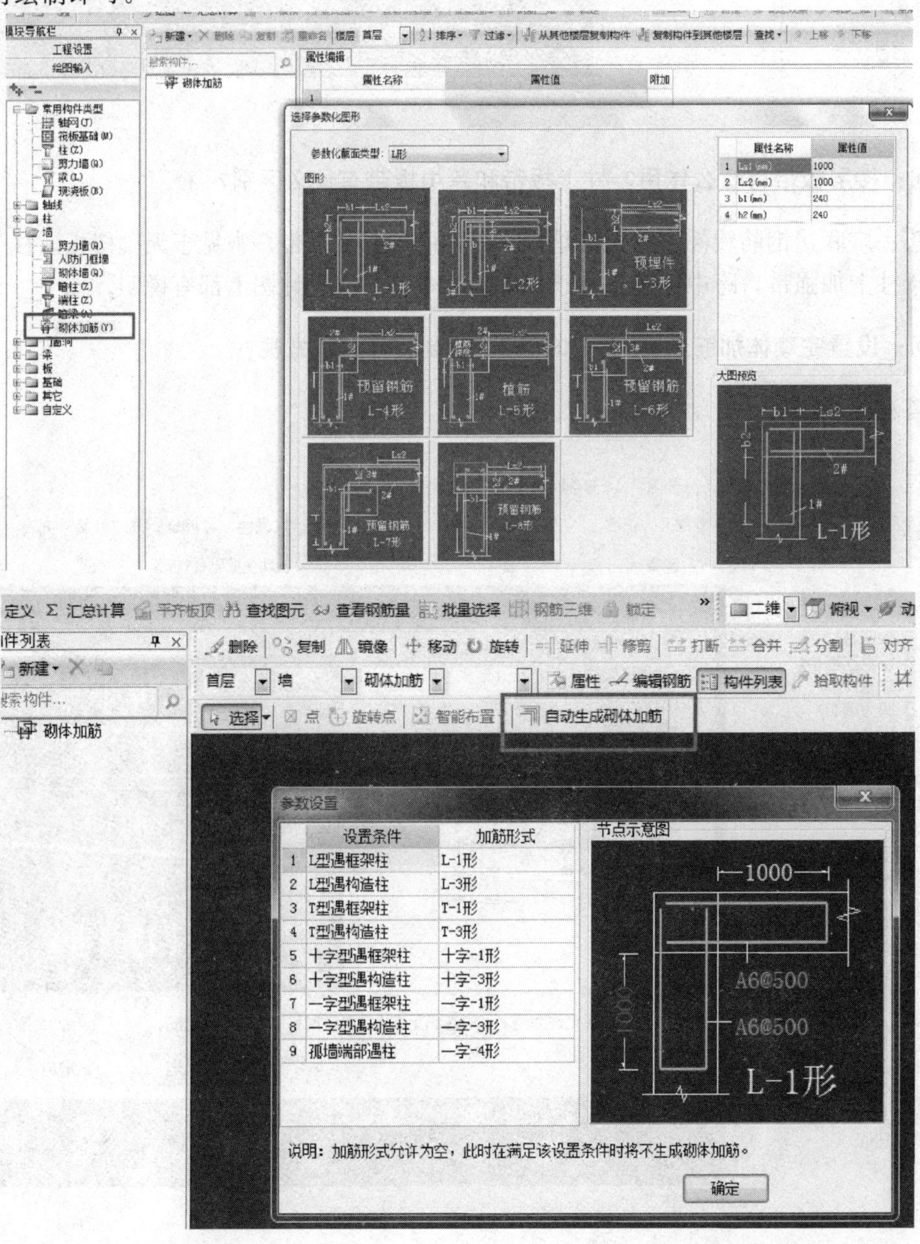

33. 问：门垛处的砌体加筋需要计算吗？

答：门垛处的砌体加筋需要计算，如果在门口处绘制了加筋，软件会自动扣减的，如有疑问，汇总计算后，点编辑钢筋菜单，再点门垛处的砌体加筋便可查看。

34. 问：如果是墙包柱，砌体加筋如何设置？

答：定义砌体加筋构件时选择柱子尺寸对应图纸合适的参数图。墙的厚度超出了柱子，超宽的部分不存在连接因素，所以只能按柱子的宽度设置。反之，如果柱子的宽度大于墙的厚度，就只能按墙的厚度计算，总之，墙柱连接，按较窄的构件定义加固筋构件。

35. 问：砌体墙应该绘制到什么位置？

答：只要绘制到和柱子相交而不凸出即可，砌体会扣减和柱子重叠部分的，最好是画到柱子中点，这样可以保证室内空间封闭，以免图形布置房间时不能布置。

36. 问：普通填充墙和女儿墙构造柱各有什么要求？雨篷、飘窗、空调板在钢筋 GGJ2009 里怎样定义？

答：关于构造柱布置的规范条文如下图。在软件中关于雨篷板、飘窗板、空调板都可以用板来画，调整标高即可。有些异形构件可以用异形栏板等代替，不规则的钢筋可以在其他钢筋里输入或在单构件里输入。

符合本规范第 5.1.35 条的规定。

5.1.24 设计要求或施工所需的洞口、管道、沟槽和预埋件等，应在砌筑时预留或预埋，不得在已经砌好的混凝土小型空心砌块砌体上剔凿打孔，不宜在已经砌好的轻骨料混凝土小型实心砌块或蒸压加气混凝土砌块砌体上剔凿打孔。如确需在实心砌块上剔凿打孔，砌体砂浆强度应超过设计值的 70%，并应用便携无齿锯、高速旋转钻等小型机具施工。

5.1.25 砌体的转角和纵横墙交界处应同时砌筑。因特殊原因不能同时砌筑及其他需留置的临时间断处，施工缝应留成斜槎，斜槎水平投影不应小于砌体高度。如留槎确有困难时，必须沿高度每 600mm 内设置 2Φ6 拉结钢筋，钢筋伸入墙内对于普通混凝土小型空心砌块和轻骨料混凝土小型砌块，每边不应小于 500mm；对于蒸压加气混凝土砌块每边不应小于 700mm。

5.1.26 砌体转角处和丁字交接处，宜采用配套砌块砌筑；当采用普通砌块砌筑时，砌体转角处应隔皮纵、横砌块相互搭砌，丁字交接处应使横墙砌块隔皮端面露头。

5.1.27 墙长超过 5m 时，应于墙中部每隔不超过 5m 设置钢筋混凝土构造柱；构造柱的截面尺寸和配筋应符合设计要求，当设计无要求时，构造柱截面最小宽度不得小于 200mm，厚度同墙厚，纵向钢筋不小于 4Φ10，顶部和底部应锚入混凝土结构中，箍筋可采用Φ6@200；砌体与构造柱的连接处应砌成马牙槎，每个马牙槎的高度不宜超过 300mm，并应沿墙高每隔 3 皮或不超过 600mm 设置 2Φ6 拉结筋，拉结筋每边伸入墙内对于普通混凝土小型空心砌块和轻骨料混凝土小型砌块，不应小于 500mm；对于蒸压加气混凝土砌块不应小于 700mm。构造柱应于砌筑完成后浇筑混凝土。

5.1.28 墙高超过 4m 时，墙体半高处应设置端部与结构构件连接且沿墙全长贯通的钢筋混凝土水平连系梁，当连系梁在门窗洞口处切断时，洞口上方过梁的截面和配筋不得低于连系梁的设计要求，连系梁与过梁水平投影处搭接长度不小于连系梁与洞口过梁的垂直距离的 2 倍，且不小于 1m，过梁两边伸入墙体不小于 500mm。连系梁的截面尺寸及配筋按设计要求，当设计无要求时，连系梁梁宽同墙厚，梁高不小于 200mm，纵筋为 4Φ12，箍筋为Φ6@200。

37. 问：窗台压顶窗台梁和混凝土板带有什么关系？

答：它们的作用是一样的，是防止窗台处裂缝设置的，如果窗台标高不一致，可以和高低圈梁连接一样连接即可。

38. 问：为什么要设置植筋呢？

答：植筋是按长度计算的，就是不方便施工但构件又难以保证质量时才设置的，就是后期再植入的意思，二次结构如图示。

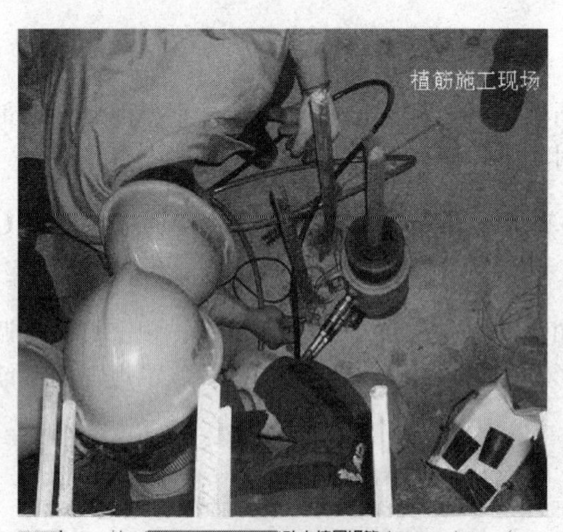

121	B1-5-13	砼内植圆钢筋⌀8	10	m	808.17
122	B1-5-14	砼内植圆钢筋⌀10	10	m	868.89
123	B1-5-15	砼内植圆钢筋⌀12	10	m	963.79
124	B1-5-16	砼内植圆钢筋⌀14	10	m	1107.88
125	B1-5-17	砼内植圆钢筋⌀16	10	m	1239.49
126	B1-5-18	砼内植圆钢筋⌀18	10	m	1445.28
127	B1-5-20	砼内植圆钢筋⌀22	10	m	2540.71
128	B1-5-21	砼内植圆钢筋⌀25	10	m	1941.63
129	B1-5-22	砼内植圆钢筋⌀30	10	m	2204.31

植筋按延长米计算

39. 问：砌体加筋沿墙通长布置该怎样绘制？

答：在定义墙体的时候，砌体墙的属性中有“通长砌体加筋”一栏，输入钢筋即可，格式：根数＋型号＋直径＋@间距。

40. 问：在框剪结构中砌块墙处的门窗上部的过梁如何快速布置？

答：可以将剪力墙处的洞口单独命名。过梁智能布置的时候，可以按 F3，只对非剪力墙的洞口进行勾选。

41. 问：在钢筋算量里画了砌体加筋，汇总计算后即与普通钢筋混在一起了，而要分别套取普通钢筋和砌体加筋两种定额，可以分开显示计算结果吗？

答：可以查看《构件类型级别汇总表》，砌体加筋在这张报表里可以单独显示出来，但在定额表里没有办法分开。

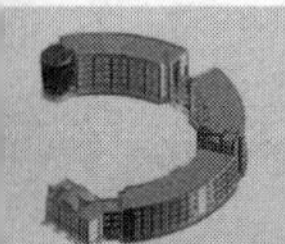

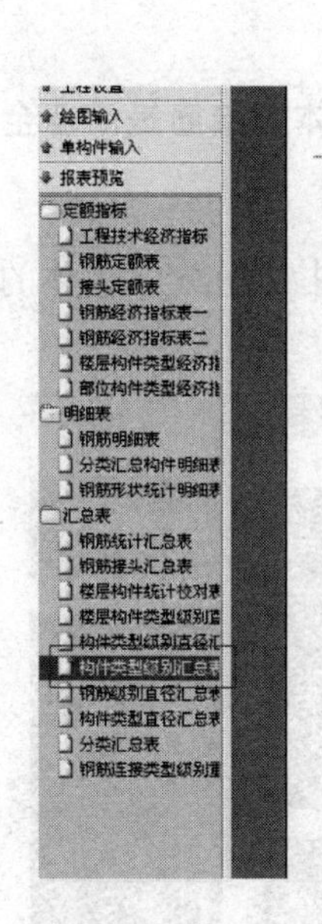

构件类型级别汇总表

项目名称：映象南湖二期 14号楼　　编制日期：2010-05-11　　单位：t

构件类型	一级钢	二级钢	三级钢	冷轧带肋钢筋
柱	24.145	7.44	25.589	
构造柱	2.58		0.355	
墙	6.63			
梁	11.061	0.112	39.417	
圈梁		1.714		
板	1.784	22.506		23.876
基础板带	1.635			
砌体加筋	3.041			
独立基础		15.327		
合计	50.877	47.099	65.361	23.876

42. 问：钢筋算量中构造柱马牙槎在哪里设置？

答：构造柱钢筋主要是纵筋和箍筋，有无马牙槎一般对钢筋量没有影响，因此钢筋软件中没有这项内容。导入图形软件后，会有相关的属性设置，保证构造柱工程量和砌体工程量的准确。

43. 问：砌体墙里带的砌体通长筋、横向短筋和砌体加筋有什么区别？

答：砌体墙里带的砌体通长筋是沿墙长方向通长布置。横向短筋是指与厚度方向平行的钢筋。而砌体加筋是在有构造柱的位置布置，一般从构造柱边伸出 1000mm。

44. 问：可以在一个工程里面同时布置墙体拉结筋和砌体加筋吗？

答：两者指的是同一个东西，都是增强墙和混凝土柱子之间的拉结力，通常是每隔 500mm 放一根。在软件中是可以布置的，砌体加筋是一个单独的构件，像绘制柱一样绘制。砌体拉筋是在墙构件中设置的。具体是否需要布置要根据工程要求。

45. 问：砌体加筋，某工程设计是通长设置，在自动生成砌体加筋中怎么操作？

答：自动生成的砌体加筋不是通长筋，是墙柱连接筋。砌体中的通长筋需要在墙的属性中设置计算。

	属性名称	属性值	附加
1	名称	QTQ-1	
2	厚度(mm)	240	☐
3	轴线距左墙皮距离(mm)	(120)	☐
4	砌体通长筋	2A6@500	☐
5	横向短筋	A6@250	☐
6	砌体墙类型	框架间填充墙	☐
7	备注		☐
8	+ 其它属性		

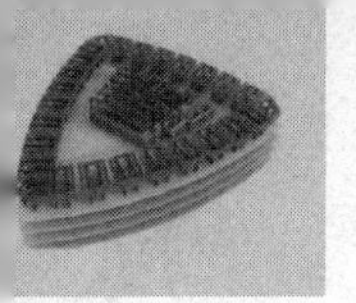

46. 问：某工程的结算，其二次结构全部采用植筋的方式，且砌体拉结筋是沿墙全长贯通的，应该在软件中如何设置计算比较精确呢？

答：定义砌体加筋的时候，选择植筋形式即可；通长的砌体拉筋在定义墙体的时候直接定义即可。

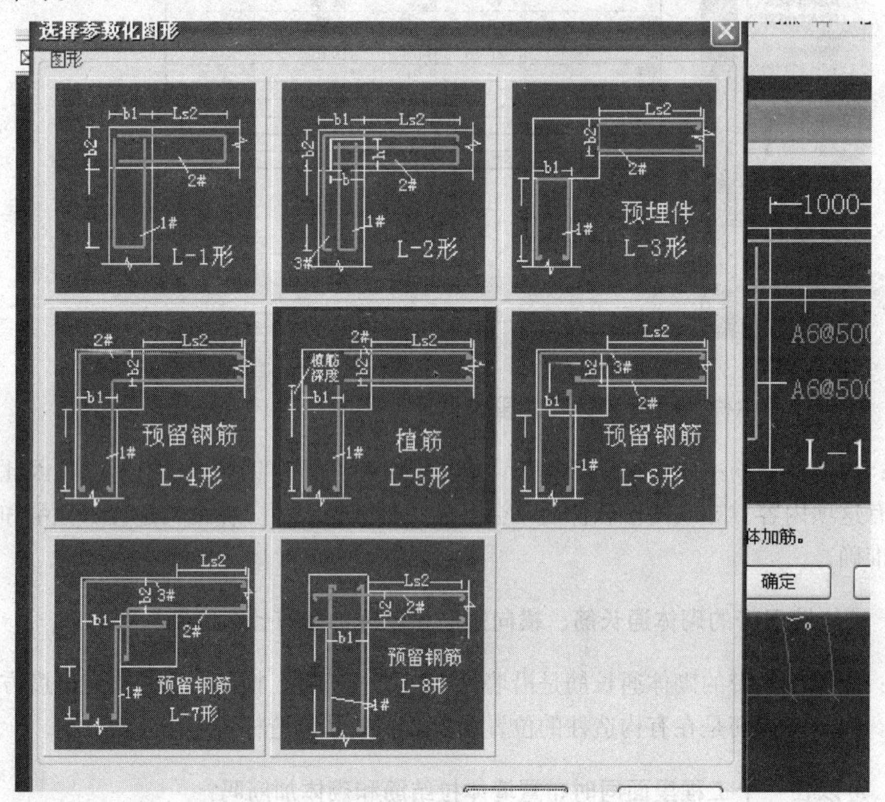

47. 问：怎样用 GGJ2009 计算二次结构（包括：过梁、窗台梁、构造柱、砌体加固筋）的净空钢筋量？

答：可以在定义这些构件时选择用植筋的方法，在定义植筋锚固长度时输入为 1mm（因不可以定义为 0），这样便可以不计算植筋的长度了。

48. 问：老虎窗怎样定义？钢筋怎样计算？

答：用剪力墙与板来定义老虎窗的墙，然后绘制板，分割板，三点定义斜板，而后再选择墙，平齐板顶，少量的复杂形状的钢筋用单构件输入。具体数据参照大样图，板只是计算的窗顶板钢筋，剪力墙计算的是侧面钢筋，计算完成后若有部分不符合大样图尺寸的，还要在编辑钢筋中修改后锁定构件。没计算的部分钢筋在单构件中补充。

49. 问：砖混结构绘制时，是先绘制圈梁还是先绘制过梁？

答：绘制时没有固定的顺序，依据个人习惯而定，只要正确设置好标高，对计算结果是没有影响的。

50. 问：砌块模数怎样确定？

答：砌块模数是由砌块的厚度确定的，即砌块的厚度加上灰缝的高度如果再乘以块数，结果要在500～600mm之间，比如结果是540mm，那拉结钢筋的间距就是2A6@540。

51. 问：框架结构里面的填充墙构造柱属于非抗震构件，那它的箍筋弯钩长度是不是应该按照非抗震5d计算呢？

答：构造柱属于非抗震构件，应该按照图集做法5d（指箍筋闭口的平直段长）。

如下图所示。

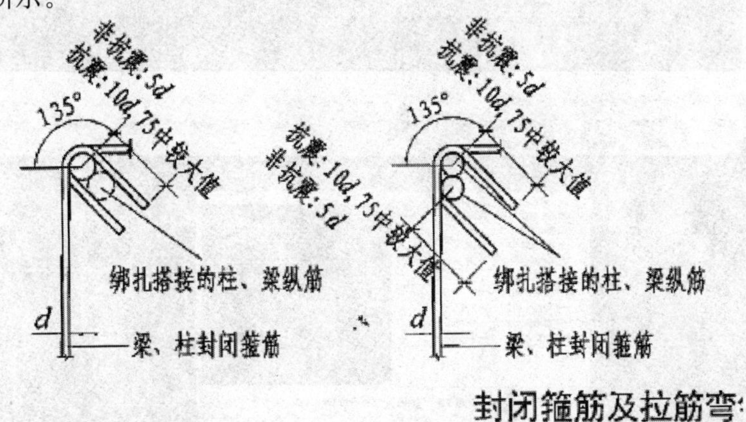

52. 问：GGJ2009中墙体钢筋全部是按通长布置的，实际工程中只有跨长1/5且不小于700mm时该如何布置？

答：自动生成砌体加筋的步骤如下：点击墙构件列表的“砌体加筋”—“自动生成砌体加筋”—选择加筋形式—点选形式（各个形式选定后）—勾选“整楼生成”—点击确定即可。

如何让软件自动计算跨长1/5且不小于700mm，只能在布置砌体加筋后手动调节砌体加筋各个方向的长度，本身自动生成砌体加筋短墙处就会出现重叠布置（点选该处加筋，修改长度即可）。需要注意的是砌体加筋遇洞口软件自动扣减，因墙体长度不够（比如1.2m长的墙两端需要布置砌体加筋时就会重叠布置）是不扣减的。

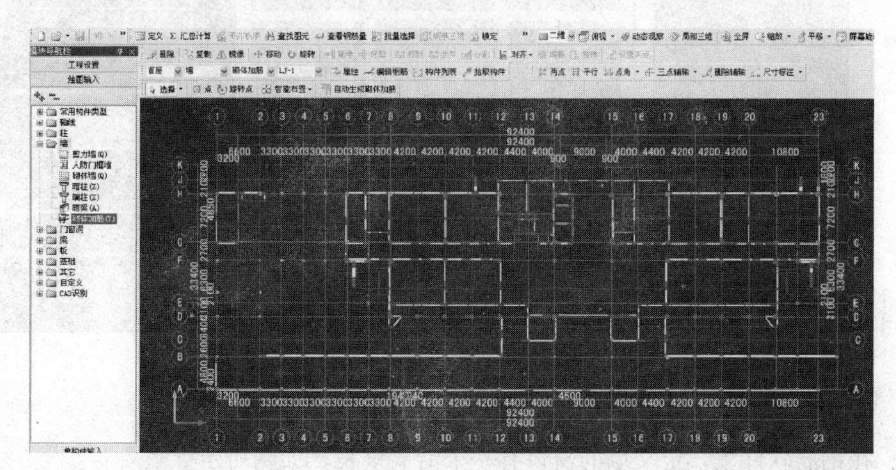

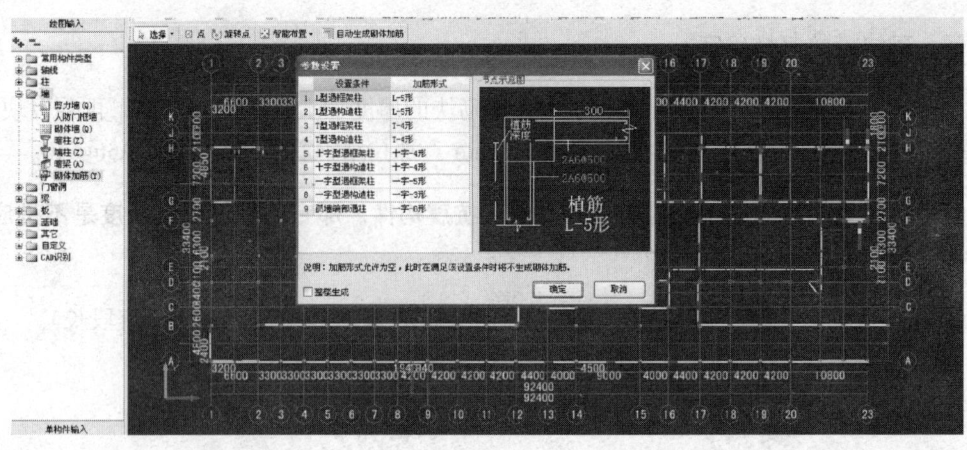

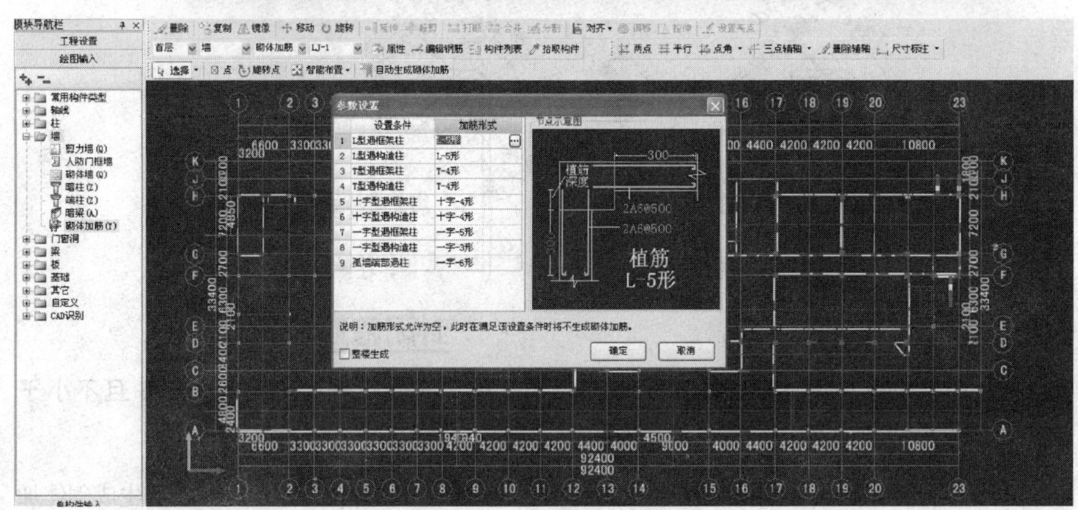

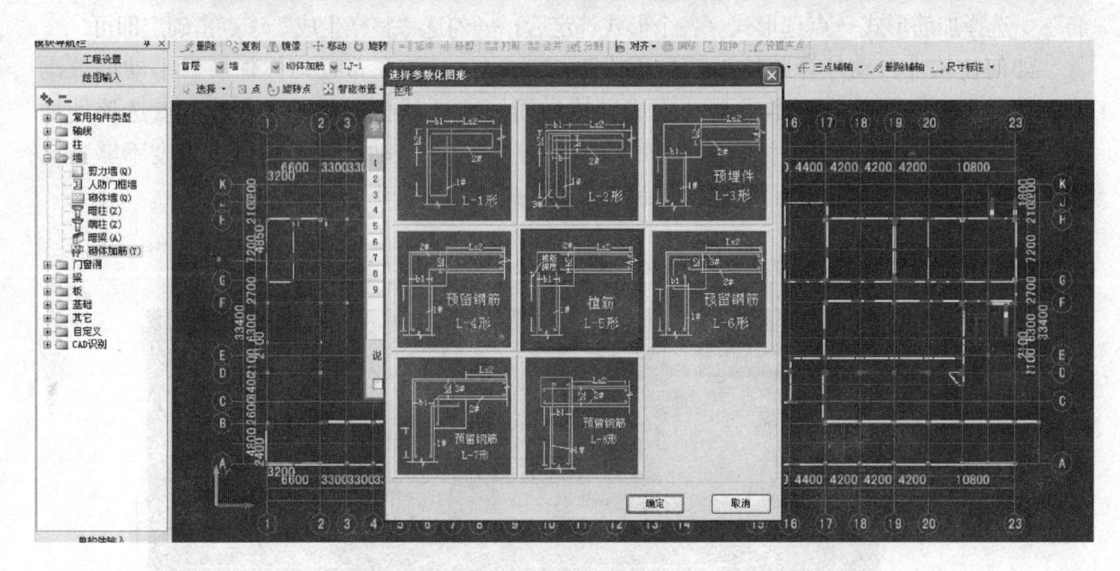

53. 问：砌体钢筋加固，怎样设置成沿墙的全长长度？

答：在钢筋软件里，定义墙的窗口有一个沿墙全长，如图所示。

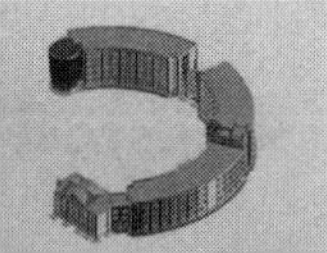

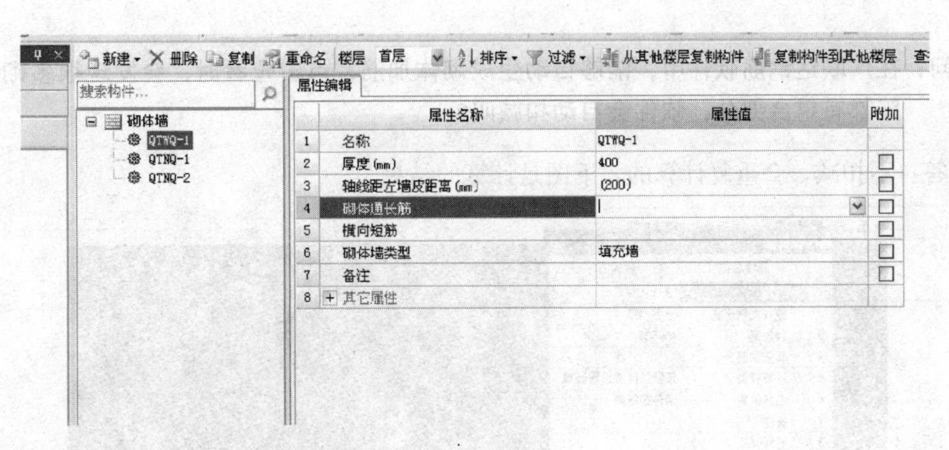

54. 问：钢筋二次结构在哪里布置？

答：二次结构是指主体钢筋混凝土结构后的砌筑工程，砌筑工程因为抗震设计要布置构造柱、过梁、窗台梁、圈梁、门槛、防水台、压顶等构件。具体布置方法详见结构说明中关于砌筑方面的说明及建筑说明中的地面防水说明。

55. 问：圈梁的加密区如何设置？

答：在计算设置里有设置项：圈梁靠近构造柱的加密范围，“圈梁箍筋的加密间距”。

56. 问：定义完墙后为什么点选无法直接拉伸，不显示角点？

答：解决的方法：(1) 查看第一张截图的选项是否一样；(2) 点击工具—“选项”—“动态输入”打上勾，如第二张截图所示。

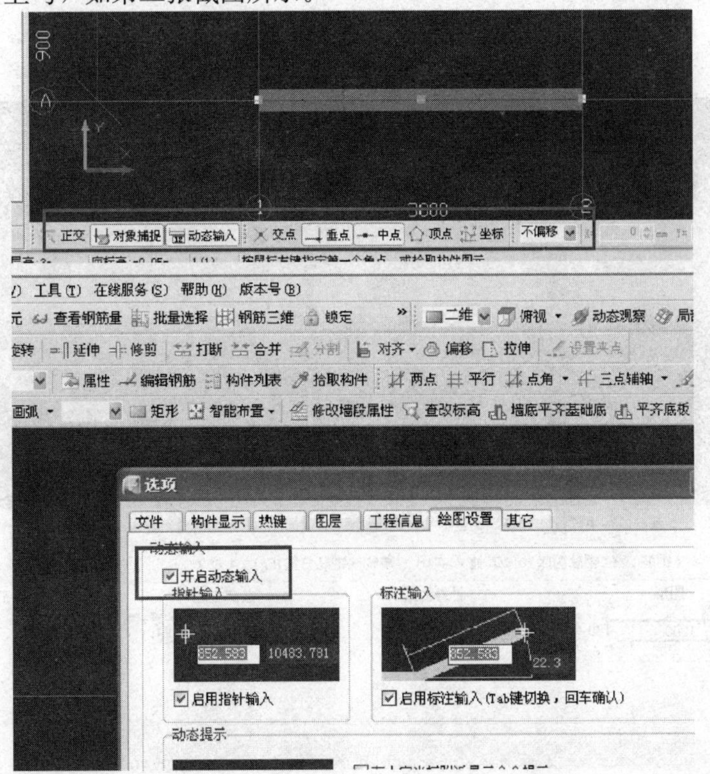

57. 问：在广联达钢筋软件中，能够自动生成砌体加筋，点击查看时，会发现很多砌体加筋都有重合部分，软件会自动扣减吗？

答：不扣减，会重复计算的，下图是计算的结果。

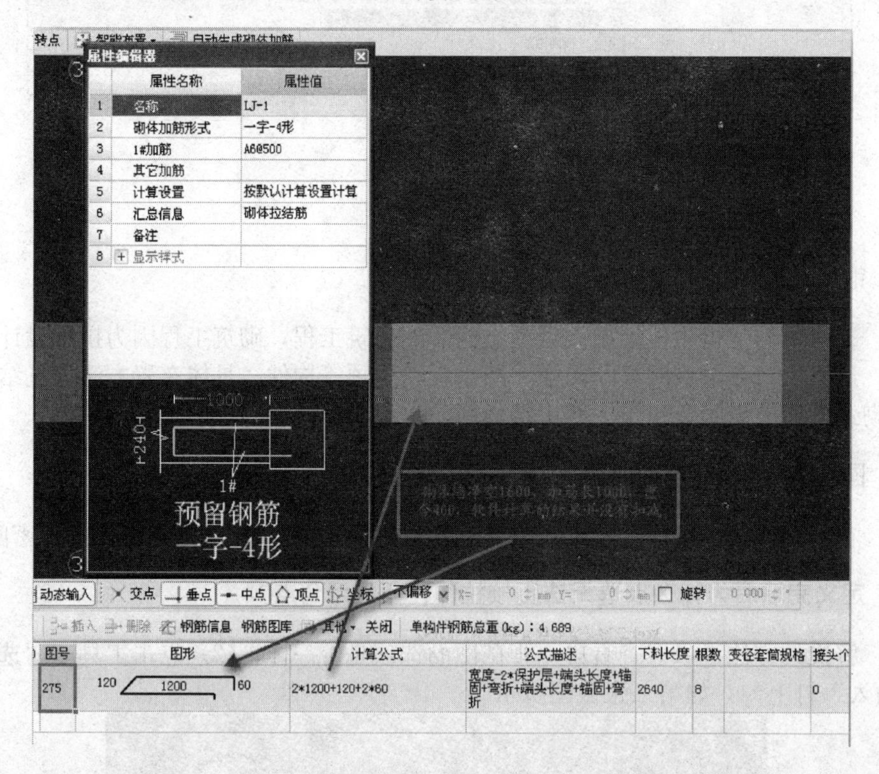

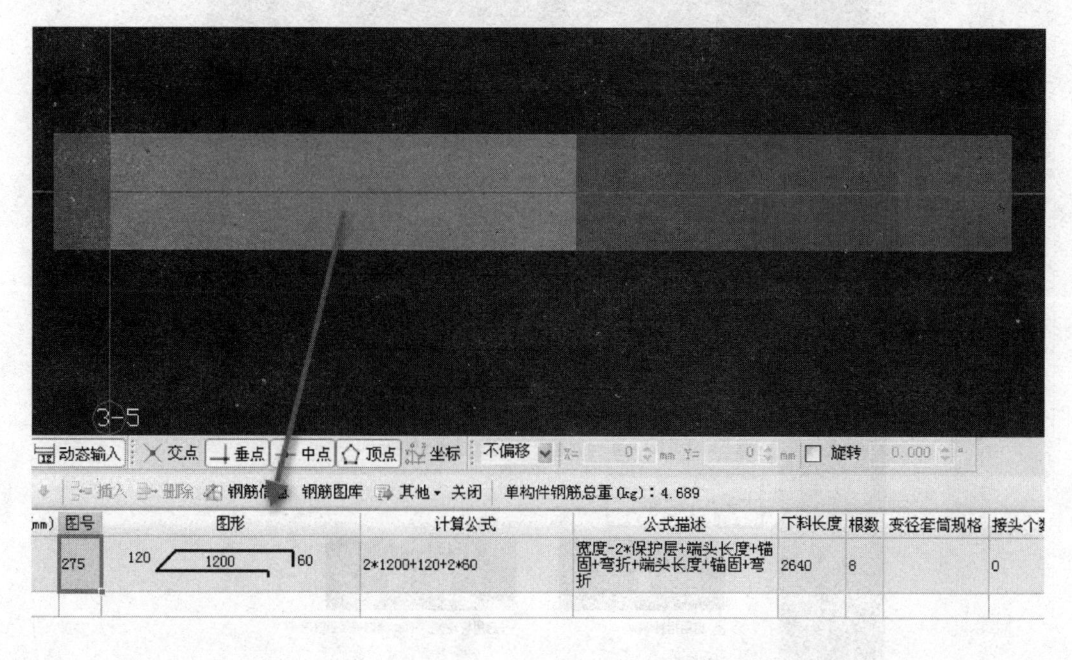

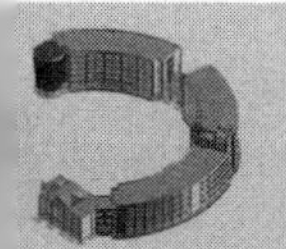

58. 问：过梁布置时，一般过梁两端伸入墙内 250mm，但有些转角处伸入墙 100mm 或 200mm 后，在图形中可看见过梁已伸出墙外，需要调整吗？

答：可以批量选择 100mm 或 200mm 的墙，统一调整或修改。

59. 问：墙体有哪些类型？

答：墙体按照结构受力情况不同，有承重墙、非承重墙之分。非承重墙包括隔墙、填充墙、幕墙。混合结构的砖砌体是有承重作用的，随意拆除会有安全隐患。填充墙砌体一般没有承重的要求，一般在拆除后对整个结构没有安全影响。凡分隔内部空间其重量由楼板或梁承受的墙称为隔墙；框架结构中填充在柱子之间的墙称框架填充墙（框架结构分全框架和半框架，全框架没有承重墙，半框架有承重墙）。而主要悬挂于外部骨架间的轻质墙称幕墙。承重墙一般是墙体承受建筑物自身的荷载和屋面等传给它的荷载。

60. 问：什么是填充墙？

答：填充墙指的是不承重的砌体结构。指先做好一次结构后的混凝土或钢结构的墙或柱，墙体只起到围护、分间或隔声保温的作用。框架间填充墙也是填充墙。框架间填充墙比框剪填充墙一般长度长，施工工艺和施工方法有区别，如需加构造柱或中间梁等。所以预算中单独分出来。

61. 问：砌体墙布置钢筋网片时，因图纸未注明压墙筋与压网片要求，按规范要求所有砌块墙每 50cm 加通长直径 4mm 压墙网片一道，2 根直径 6.5mm 压墙筋（柱植筋长度 1m），这种情况该如何布置？

答：砌体通长筋用砌体墙定义，柱植筋用砌体加筋来定义，假设直径 4mm 的钢筋网片横向间距为 250mm，则输入如下图所示。

属性编辑

	属性名称	属性值
1	名称	QTQ-1
2	厚度(mm)	240
3	轴线距左墙皮距离(mm)	(120)
4	砌体通长筋	2A6.5@500
5	横向短筋	A4@250
6	砌体墙类型	框架间填充墙
7	归类名称	(QTQ-1)
8	备注	
9	− 其它属性	
10	汇总信息	砌体通长拉结筋
11	钢筋搭接	(55)
12	计算设置	按默认计算设置计算
13	搭接设置	按默认搭接设置计算
14	起点顶标高(m)	层顶标高
15	终点顶标高(m)	层顶标高
16	起点底标高(m)	层底标高
17	终点底标高(m)	层底标高

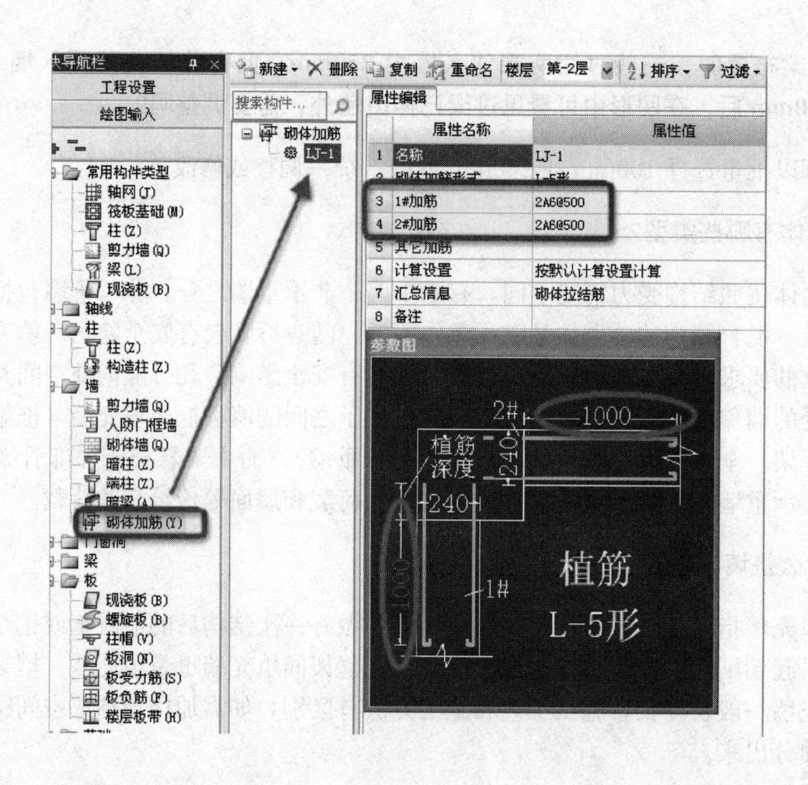

62. 问：节点怎样设置？

答：节点设置里默认的是我们常用的一些节点，一般不要改动，如果图纸有要求，可以在“工程设置”—“计算设置”—“节点设置”中去选择相应的构件，相应的节点，输入相应的参数即可。

计算设置 | 节点设置 | 箍筋设置 | 搭接设置 | 箍筋公式

⊙柱/墙柱 ○剪力墙 ○框架梁 ○非框架梁 ○板 ○基础 ○基础主梁 ○基础次梁 ○砌体结构 ○其它

	名称	节点图
1	顶层边角柱外侧纵筋	顶层边柱B
2	顶层边角柱内侧纵筋	节点1
3	顶层中柱	顶层中柱节点1
4	基础插筋	基础插筋节点1
5	梁上柱、板上柱底部构造	节点1
6	楼层变截面锚固	楼层变截面节点1
7	桩上柱插筋节点	桩上柱插筋节点1
8	剪力墙上柱锚固构造	节点1
9	芯柱钢筋底部锚固构造	节点1
10	变截面处无节点构造	节点1
11	柱顶无节点构造	节点1
12	框支柱柱顶构造	节点1
13	桩上墙柱插筋节点	桩上墙柱插筋节点1
14	墙柱纵筋插筋节点	墙柱插筋节点1
15	墙柱纵筋顶层锚固节点	墙柱顶层锚固节点1
16	墙柱纵筋楼层变截面锚固节点	墙柱楼层变截面节点1

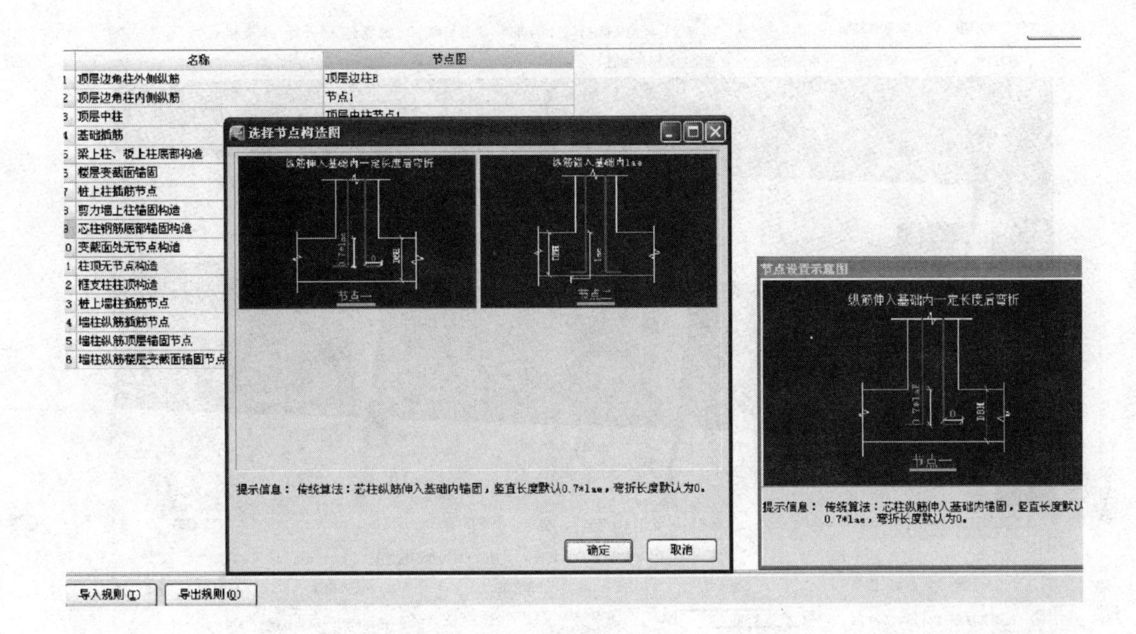

63. 问：结构说明如下："填充墙与柱和抗震墙及构造柱连接处应设拉结筋"是什么意思?

答：框架结构的建筑物，需要二次结构经常使用植筋。变更加楼梯需要增加梁板时也会使用植筋的方法。框架结构的柱与墙连接为施工方便，施工现场多采用这种方法。

填充墙与柱和抗震墙及构造柱连接处应设拉结筋。这里的拉结筋是指砌体拉结筋，不是植筋，植筋一般应用在框架柱上。

墙体设置构造柱是否需要植筋，要根据设计说明来定，构造柱一般不植筋。

64. 问：山东定额计算规则中规定："内墙抹灰从室内地面或楼面开始算"，为什么不是从建筑标高开始算呢?

答：实际施工都是从结构定义抹灰的，定义的时候把层高定义到结构板顶即可。抹灰按结构标高准确，墙底也是结构标高，结构标高和建筑标高不一样，建筑标高是指结构板上做地面或是楼面以后的标高，一般建筑标高要比结构标高高，高出地面部分。

65. 问：填充墙与柱的拉结筋包括哪些柱?

答：框架柱、构造柱、剪力墙与墙体交接的端头，暗柱属于剪力墙部分，不设置拉结筋。

66. 问：用广联达软件定义砌体加筋，遇到门窗洞口会自动扣减吗?

答：软件是自动扣减的，最好的验证方法就是在有门窗洞的地方布置一处砌体加筋，汇总计算后，点击编辑钢筋，查看钢筋数量及长度。如下图所示。

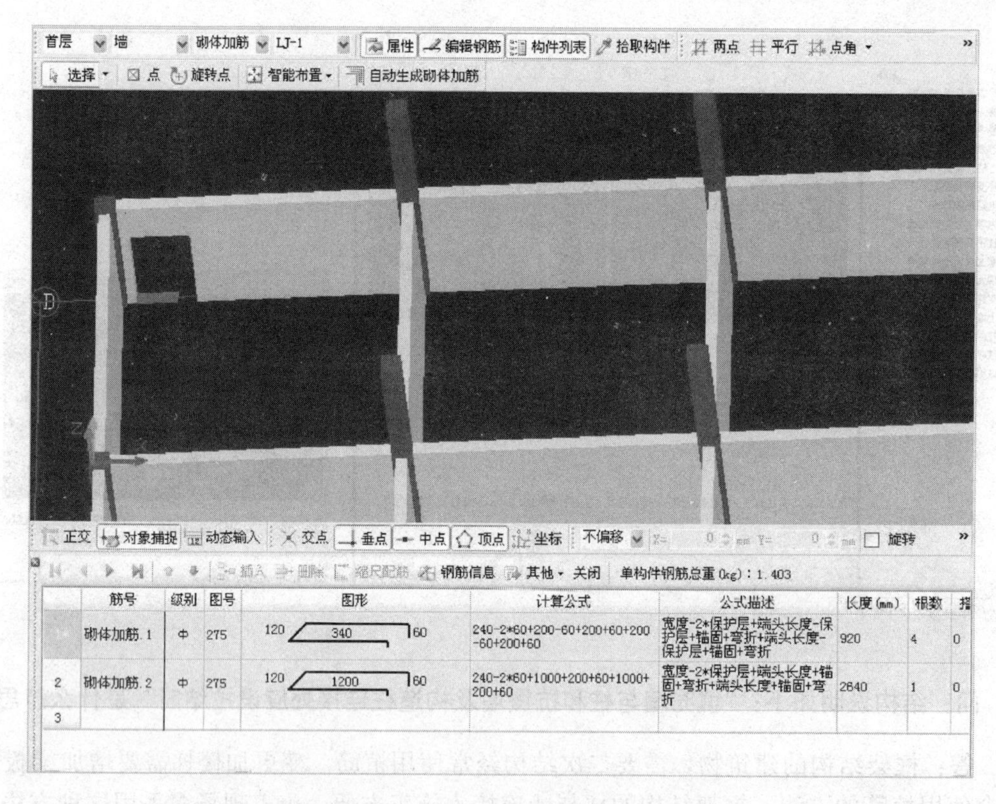

	筋号	级别	图号	图形	计算公式	公式描述	长度(mm)	根数	搭
1	砌体加筋.1	ф	275	120 340 60	240-2*60+200-60+200+60+200-60+200+60	宽度-2*保护层+端头长度-保护层+锚固+弯折+端头长度-保护层+锚固+弯折	920	4	0
2	砌体加筋.2	ф	275	120 1200 60	240-2*60+1000+200+60+1000+200+60	宽度-2*保护层+端头长度+锚固+弯折+端头长度+锚固+弯折	2640	1	0
3									

67. 问：如果工程没有构造柱或者框架柱可以生成砌体加筋吗？

答：不能自动生成。智能布置中都是遇柱时生成。

68. 问：砌体加固筋如何计算？

答：根据设计要求计算。属于砌体加筋与属于砌体通长筋时，分别有不同的计算方式。

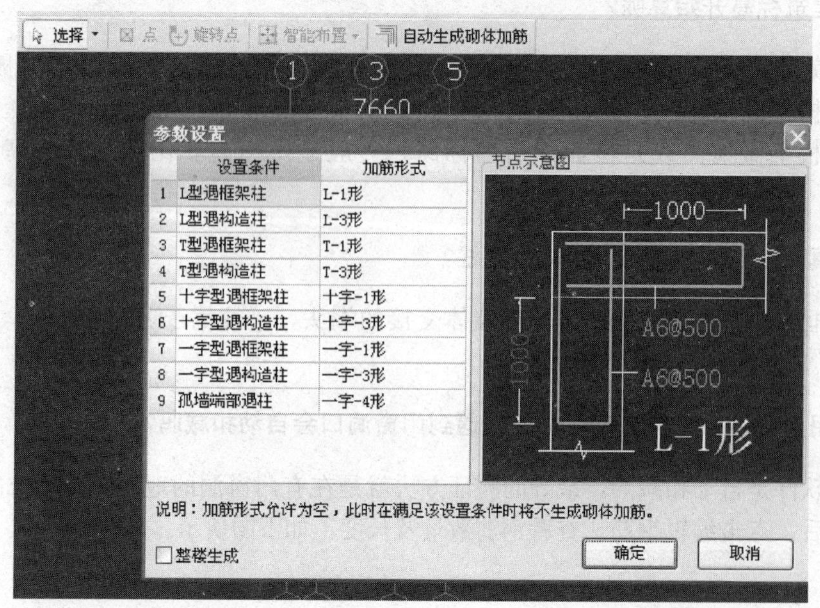

	设置条件	加筋形式
1	L型遇框架柱	L-1形
2	L型遇构造柱	L-3形
3	T型遇框架柱	T-1形
4	T型遇构造柱	T-3形
5	十字型遇框架柱	十字-1形
6	十字型遇构造柱	十字-3形
7	一字型遇框架柱	一字-1形
8	一字型遇构造柱	一字-3形
9	孤墙端部遇柱	一字-4形

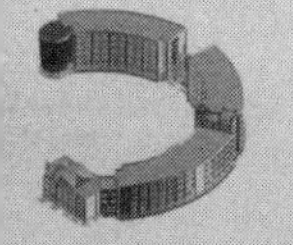

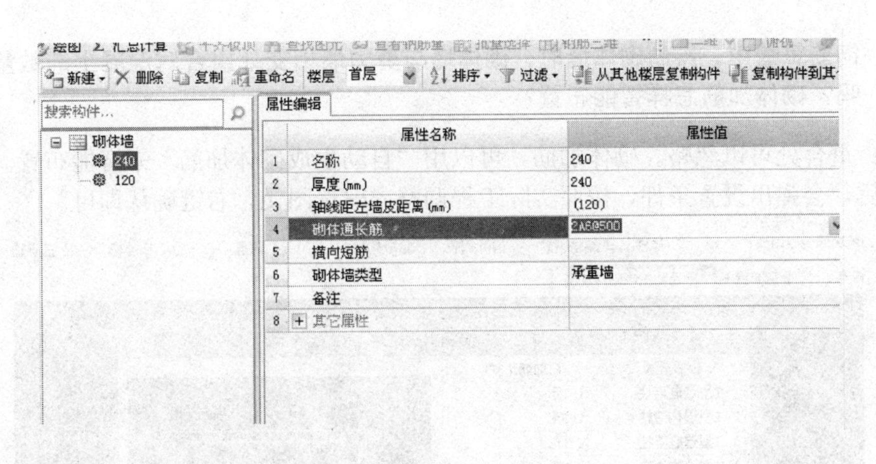

69. 问：在 GGJ2009 中砌体通长筋、砌体加筋各如何计算？

答：(1) 砌体通长筋：

砌体通长筋是每隔一定间距布置，用砂浆跟砖砌体砌筑在一起。

长度＝净长－保护层＋弯折－保护层＋弯折

根数＝（砌体净高－2＊s/2）/间距

说明：

① 计算砌体净高时按实际布置高度进行计算，实际高度指当前位置扣除梁（考虑梁的原位标注）、板、基础构件后的实际高度。当前位置存在砖墙时，则优先按砖墙的净高度计算；如当前位置无板、梁、基础、墙、柱时，则按层高计算。

② 数量算法还应根据计算设置的算法确定，计算高度还需要扣减上下的起步距离。

(2) 砌体加筋：

砌体加筋分为 L 形、T 形、十字形、一字形 4 种形式。砌体加筋的长度计算中，锚固、弯折等取软件计算设置中的值；根数计算同砌体通长筋。

① 无洞口时：

外墙拐角：外侧筋：长度＝拉筋伸入墙内长度＋砖墙厚度－bhc＋拉筋伸入墙内长度＋砖墙厚度－bhc＋2＊弯折长度 Lw

内侧筋：长度＝2＊(拉筋伸入墙内长度＋锚固长度 la＋弯折长度 Lw)＋砖墙厚度－2＊bhc

参见图集 03G363 第 10 页。

内墙拐角：长度＝2＊(拉筋伸入墙内长度＋锚固长度 La＋弯折长度 Lw)＋构造柱截面 b (h)－2＊bhc

参见图集 03G363 第 11 页。

② 有洞口时：

当砌体加筋遇洞口且洞口边无暗柱时，按钢筋伸到洞口边减保护层处理；当砌体加筋遇洞口且洞口边有构造柱时，按钢筋伸入洞口边构造柱里一个锚固长度 La 计算。

70. 问：砌体加筋都有哪些做法？

答：L 形、T 形、十字形、一字形 4 种形式均增加了植筋做法，以 L-5 植筋为例进行说明：

长度＝植筋深度＋1000＋弯折长度（植筋深度取计算设置第 40 项值）。

71. 问：钢筋算量中，绘制砌体墙时，砌体墙与剪力墙相交处重合对混凝土的数量有影响吗？砌体加筋怎样智能布置？

答：重合处可以忽略。砌体加筋，可以用“自动生成砌体加筋”来智能布置。点击这个功能后，会弹出设置条件，按照实际工程调整，框选图元，右键确认即可。

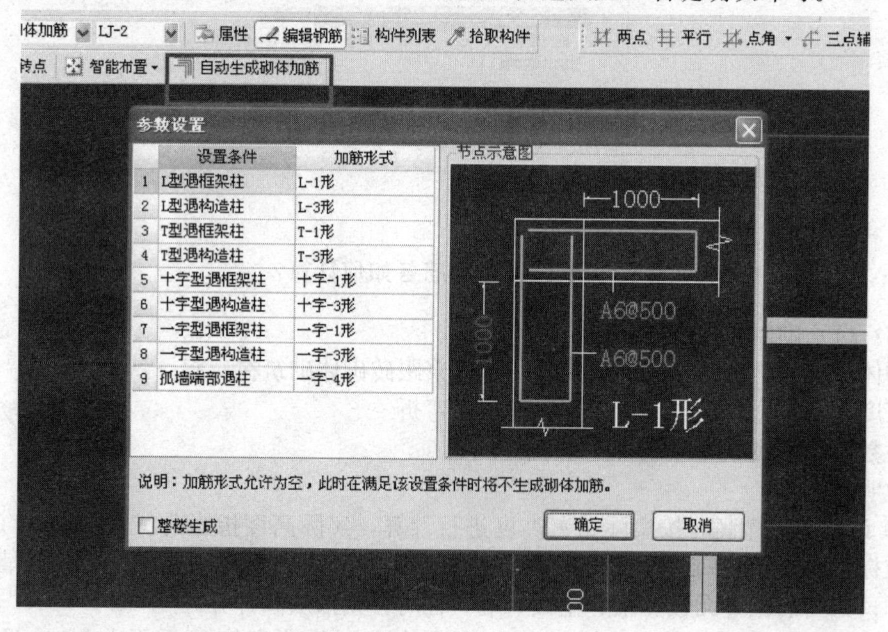

72. 问：梯形砖墙该如何绘制？

答：可以用混凝土栏板图元绘制：“建立异形栏板”—“出现多边形编辑器”—“依据图纸上的数据进编辑”—“绘制”。在该构件编辑量表内套用所需砖墙定额子目即可。在钢筋算量里面用同样的方式绘制，钢筋信息要在“其他钢筋”栏内，用单构件输入的方式进行计算输入。

73. 问：立面是圆弧形的围墙，上面有120mm厚的压顶，该用什么构件布置？

答：可以用三点画弧来解决。立面的可以直接定义异形压顶，不用借用异形梁。

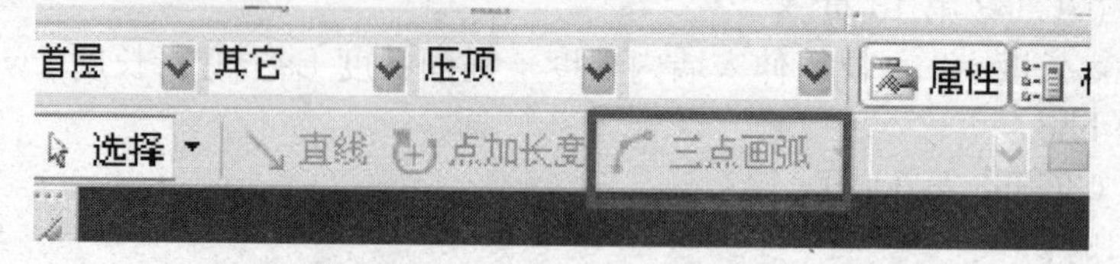

74. 问：当墙长大于5m时，墙顶与梁有拉结，填充墙体与梁、柱接缝处必须双向通长设置吗？拉结筋和钢丝网在哪里设置？

答：拉结筋是布置在墙体中间与混凝土构件进行整体刚性连接的（通常施工过程中预先预埋钢筋在混凝土柱子、剪力墙、梁，然后再浇筑混凝土）。钢丝网是墙面抹灰时，布置在砌体与柱子、框架梁、剪力墙相交接的位置，一般钢丝网宽度都在300mm。两者是不同的概念。

75. 问：独立基础底层配两排钢筋，如何定义？

答：底层配两排钢筋直接在属性第 6、7 项分别输入横向钢筋和纵向钢筋，如图 1 所示。如果基础上部和下部均有配筋时，如图 2 所示。

	属性名称	属性值	附加
1	名称	J-1-1	
2	截面长度(mm)	1400	☐
3	截面宽度(mm)	1400	☐
4	高度(mm)	500	☐
5	相对底标高(m)	(0)	☐
6	横向受力筋	C10@130	☐
7	纵向受力筋	C10@130	☐
8	短向加强筋		☐
9	顶部柱间配筋		☐
10	其它钢筋		
11	备注		☐
12	+ 锚固搭接		

只有底部有钢筋时的钢筋输入

图 1

1	名称	J-1-1	
2	截面长度(mm)	1400	☐
3	截面宽度(mm)	1400	☐
4	高度(mm)	500	☐
5	相对底标高(m)	(0)	☐
6	横向受力筋	C10@130/C12@120	☐
7	纵向受力筋	C10@130/C12@120	☐
8	短向加强筋		☐
9	顶部柱间配筋		☐
10	其它钢筋		
11	备注		☐
12	+ 锚固搭接		

如果基础底部和顶部都有钢筋配筋时的输入方法

图 2

76. 问：门带窗在钢筋算量软件中怎样定义？

答：可以用“门联窗”定义布置，如果是两边都有带窗，那么另外一边可以布置上窗。

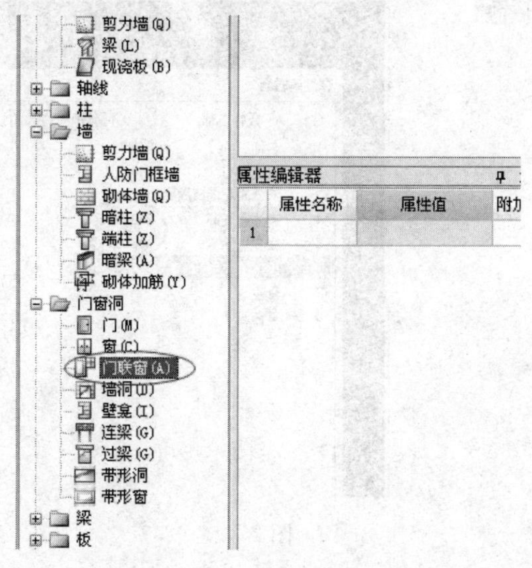

77. 问：图纸中说明“填充墙应沿框架柱全高每隔 500mm 设 2ϕ6 拉筋，拉筋深入墙内的长度 6、7 度时不小于墙长的 1/5 且不小于 700mm，8、9 度时应沿墙全长贯通。墙长大于 5m 时，墙顶与梁应有拉结，墙长超过层高 2 倍时应设置钢筋混凝土构造柱，墙高超过 4m 时，墙体半高处应设置与柱相连接且沿墙全长贯通的钢筋混凝土水平系梁”。同时还给出了填充墙与构造柱的大样，在砌体墙中布置砌体通长钢筋还需要在构造柱和填充墙相交的地方设置砌体加强筋吗？砌体墙中的横向短筋应该怎样输入？布置通长筋还需要布置加强筋吗？

答：布置好框架柱和填充墙后，点工具栏上“自动生成构造柱”，如图 1 所示，智能布置上构造柱。填充墙与构造柱、框架柱、剪力墙接触处，才需要有砌体加筋。填充墙中的通长筋中是可以设置分布筋的，如图 2 所示。布置有通长筋，还需要布置砌体加筋，两者要相互搭接。

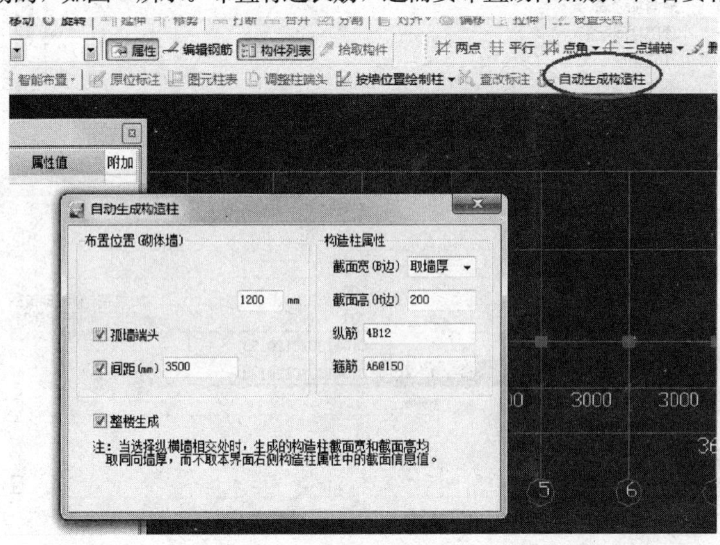

图 1

图 2

78. 问：筏板底筋四层、面筋四层时在软件中应该怎样定义？

答：新建集水坑后，可以把X向钢筋或Y向钢筋间距缩小四倍，钢筋数量是一样的。

如下图所示，筏板底筋最多布置三层，如果成倍缩短距离之后还少一根钢筋，可以手动输入。

79. 问：在钢筋软件中剪力墙是画到暗柱边，导入到图形软件中后需要把剪力墙画满暗柱吗？

答：在钢筋软件中剪力墙是要画满暗柱的。砖墙应画到剪力墙或者是暗柱的边即可。

80. 问：定义的砌体墙，没计算外墙内侧的钢丝网片工程量是怎么回事？

答：有定义的施工缝，此处的墙体影响外墙的封闭性，用虚墙将此处封闭即可。

81. 问：窗户四周突出墙面的砌体叫什么？

答：窗户四周突出墙面的砌体叫窗套。

82. 问：钢筋软件中，砌体拉结筋与通长筋的区别是什么？

答：在砌体墙里面布置的钢筋属于通长筋，在砌体墙加筋里面布置的是砌体拉结筋。

83. 问：砖混结构中的悬挑梁怎样设置跨数和支座？

答：首先，要设置支座，因为软件不会默认地把砌体墙识别为支座。“选中梁”—“设置支座”—“选中砌体墙”右键点击“是”即可。

84. 问：19层砌体加筋，切换到界面后，为什么看不到构件图元？

答：应该是构件损坏了，依次查找图元，在位置为空的部分右键删除即可。

85. 问：植筋和预留钢筋分别在什么情况下定义？

答：构造柱及框架柱的拉结筋，现在一般采用植筋，因为其施工操作方便。框架结构中的构造柱主筋可采用植筋，也可预埋。定义时是植筋还是预留钢筋要看实际现场的情况，整理相应的签证即可。

86. 问：构造柱的下部预留钢筋长度在哪里设置？

答：计算设置里，砌体结构页面，如图所示。

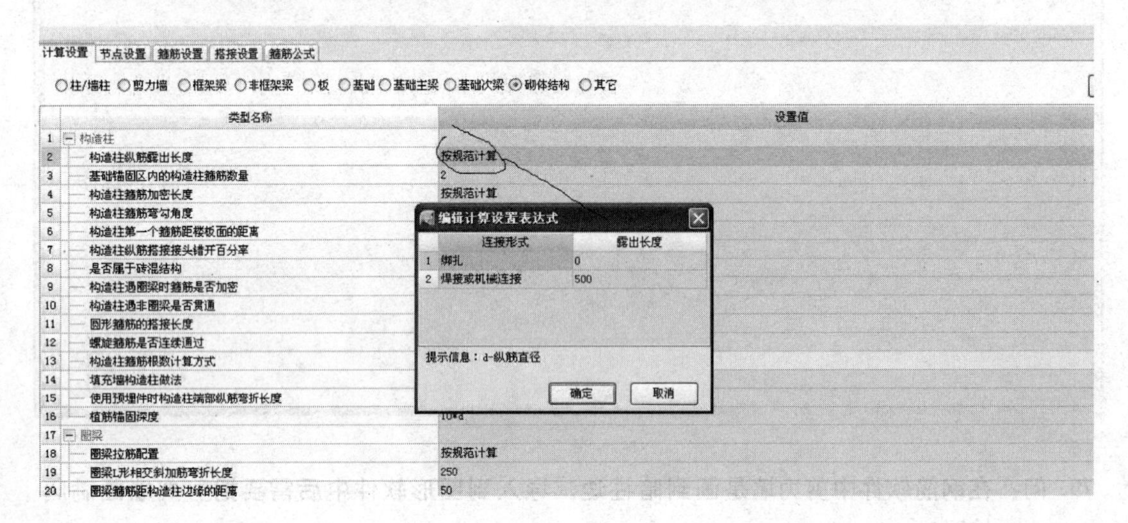

87. 问：页岩煤歼石多孔砖尺寸是多少？

答：页岩煤歼石多孔砖是以黏土、页岩、煤矸石为主要原料，经焙烧而成，它主要用于砌筑承重墙，主要规格 240＊115＊90，190＊190＊190。

88. 问：构造柱的植筋该怎样定义？

答：构造柱植筋：

“构造柱”—“定义”—“其他属性”—“填充墙构造柱做法”—“点击右侧空白处”，弹出“上下部均采用植筋”等列表—勾选确定即可。

其他的植筋，在定义砌体加筋里选择植筋类型。

89. 问：一般砌体加筋植筋的锚固长度与加气混凝土砌块砌体加筋植筋的锚固长度是否不同？

答：砌体加筋植筋的锚固长度与加气混凝土砌块砌体加筋植筋的锚固长度是相同的。直径 20mm 以下的钢筋，锚固值取 15d，直径大于 20mm 的钢筋，锚固值取 20d。

90. 问：砌体墙中定义的“砌体通长筋”，软件在计算时不扣除门窗洞口长度，应如何设置？

答：砌体加筋和砌体的通长筋在门窗口处会自动扣减洞口的长度。如果没有扣减可能

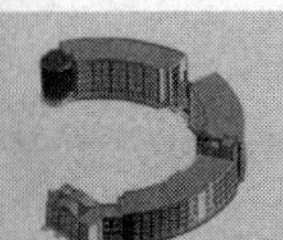

是设置的问题，可以先选择墙，然后在属性里重新输入砌体通长筋或重新布置砌体加筋。

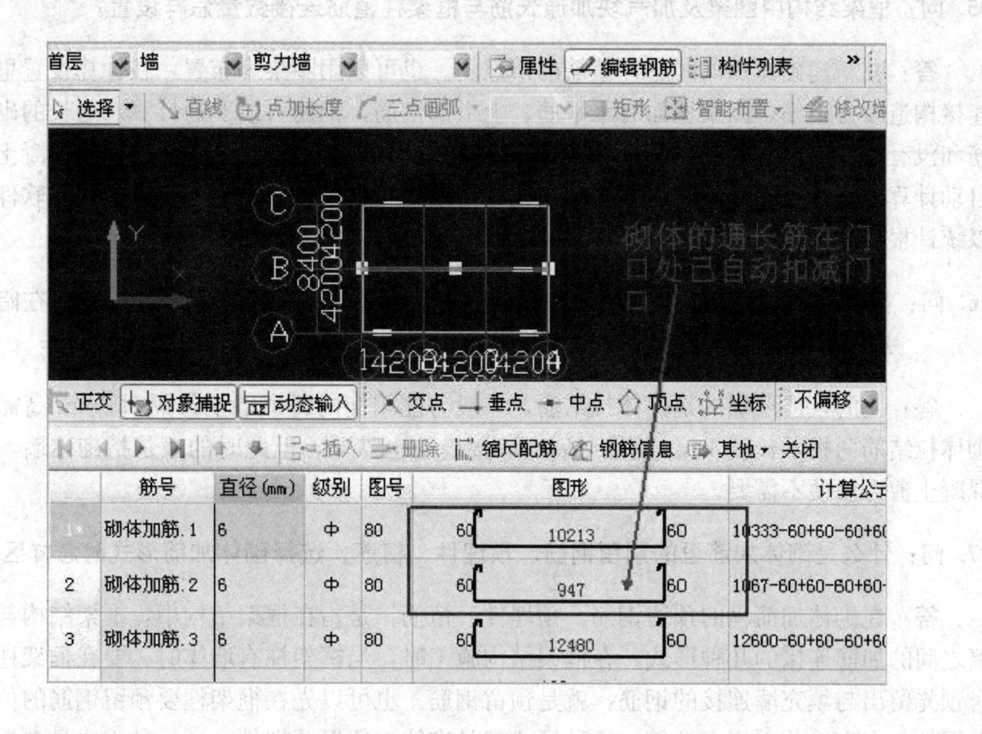

91. 问：框架结构二次砌体拉结筋是植筋还是预留钢筋？

答：框架结构二次砌体拉结筋都是植筋。因为预留钢筋模板拆除的时候容易坏，混凝土表面不美观。

92. 问：框架柱和构造柱与砌体墙体拉结筋的连接方式有什么不同？

答：框架柱砌墙体拉结筋的连接方式有预留加搭接或直接植筋。构造柱要在墙砌好后才浇筑（含砖混结构）。

93. 问：某工程女儿墙在图里分两种，一种为混凝土栏板，一种为砌体砖墙，这两种女儿墙交接处是否要设女儿墙构造柱？

答：需要依据设计图纸来确定，混凝土栏板的厚度与砌体相同时可以不用设构造柱，但混凝土栏板的厚度小于砌体时，就要布置构造柱。

94. 问：当阳台压顶在楼层底标高时该怎样绘制？女儿墙的高度包括压顶高度吗？

答：（1）可以按圈梁定义。

（2）女儿墙高度包括压顶高度；比如女儿墙是 1.5m 高（包含了压顶，压顶 100m 高），算女儿墙的高度时就是 1.4m，压顶另外算。阳台高度问题也可以按上述方法扣除压顶计算。

（3）阳台栏杆底下的混凝土基座（或要预埋栏杆的构件），可以用圈梁绘制。

95. 问：框架结构中圈梁及加气块加通长筋与框架柱植筋连接数量怎样设置?

答：在新建砌体加筋时选择植筋的节点图。也可以用圈梁来布置，在计算设置里端头连接构造改为植筋。圈梁里面有水平筋、上下部钢筋，钢筋可以变通计算，通长的砌体加筋和没有箍筋的圈梁没有大的区别，如果是算混凝土则另当别论。圈梁端头遇混凝土构件自动计算植筋，框架墙智能布置也很快速，将圈梁属性汇总信息改为砌体加筋，软件是可以统计根数的。

96. 问：框架柱两边是砌体墙时需要在框架柱与后砌墙接缝处增加水平加筋吗?在暗柱与后砌墙接缝处也需要加砌体加筋吗?

答：是的，但准确的是砌体拉结筋，一般与柱相交的每道墙上每隔 500mm 高需要加砌体拉结筋两根，长度 1m。暗柱与后砌墙接缝处也需要，但此时的墙是指砌体墙，如是混凝土剪力墙便不需要。

97. 问：什么是砌体加筋里的预留钢筋、预埋件、植筋，选择砌体加筋形式时怎样区分?

答：在砌体加筋里的预留钢筋、预埋件、植筋，是指在框架结构中，框架结构与砌体墙之间的加筋连接的几种形式，在框架结构施工时，当框架柱有墙体时，要在框架柱施工时预先留出与填充墙连接的钢筋，就是预留钢筋。也可以先在框架柱要预留钢筋的位置埋上埋件，在砌墙前再焊上拉筋，这种形式就是砌体加筋里预埋件。还一种方法是在框架施工时，不进行预留，而是在框架柱施工完成后，在砌墙前，根据需要有砌体加筋的位置打上眼，然后用化学植筋胶把钢筋粘在混凝土框架柱内起到连接砌体墙与框架柱的目的，这种施工方法即是植筋。以上几种方法，根据自己的施工方法进行灵活选择即可。

98. 问：如何调整构造柱按照每层一搭接计算?

答：软件默认构造柱是按照砌体结构考虑按直筋和预埋考虑，需要在计算设置中把“是否为砖混结构”改为“是”即可。

99. 问：钢结构厂房中的砌体墙类型怎样选择?(用的是 MU10 烧结粉煤灰砖)

答：钢筋算量软件 GGJ2009 中砌体墙类型：框架结构应该选择框架填充墙，框剪结构、剪力墙结构应该选择填充墙（需要注意的是填充墙的优先级别比较高），砖混结构应该选择承重墙。

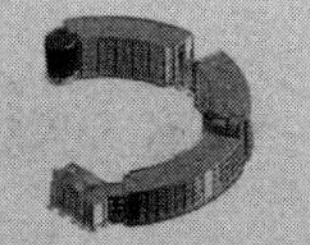

第9章

单构件输入

1. 问：电缆沟预埋钢板 2-T200（850）C，预埋钢板 2-T200（XX）C；通长预埋钢板 D40（XX）A，以上这些数字和字母表示什么意思？

答：“2”表示为 2 个，“T”表示为土建埋件，“D”表示电气埋件，“200（850)”表示宽度为 200mm，长度为 850mm，“D40 ”表示扁钢宽度为 40mm 通长铁件（延电缆沟敷设），最后“ABCDEFG”表示铁件的荷载型号，根据荷载型号选择铁件锚板的厚度和锚筋的长度。

2. 问：在单构件的输入过程中构件数量和后面的参数输入时的钢筋根数怎样填写？

排序 上移 下

名称	构件数量	预制类
	13	现浇

答：构件数量是整体构件的数量，而后面的参数是每个构件的信息。

3. 问：在钢筋软件中，单构件里的弧形钢筋里面的字母“n”表示什么意思？

答：“n”表示段数，n 的数值越大，表示这段钢筋就越短。

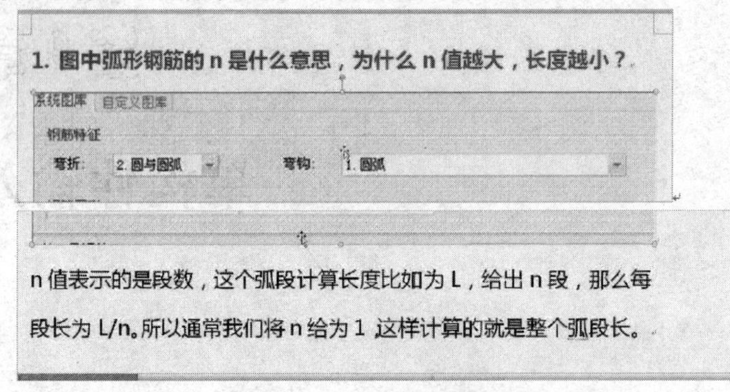

4. 问：图纸设计是 CT 型楼梯，含踏步段和高端平板，采用单构件输入平台板的钢筋需要另外计算吗？

答：没有计算平台的钢筋，上下休息平台的钢筋要在平台板中布置。

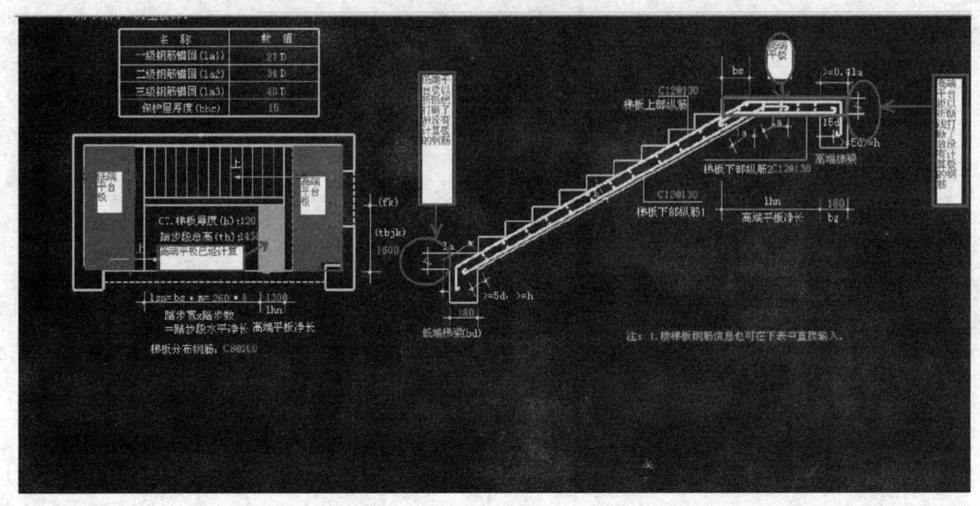

5. 问：楼梯踏步的总高怎样确定？

答：楼梯踏步的总高应该从下面楼面标高到楼梯平台（或上面楼层平面）处计算。

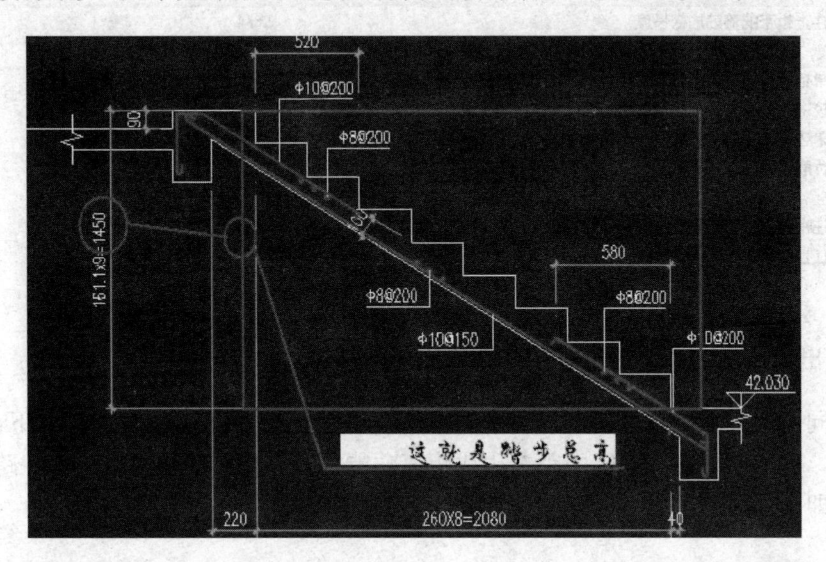

6. 问：软件中桩的定义及钢筋里加筋箍筋是怎样计算的？

答：按照设计要求计算主筋的长度（包括与上部承台的锚固长度）和根数，按照桩的直径减去设计要求的主筋的保护层就是箍筋外围的尺寸，其间距按设计要求填写，这些数据都在其他钢筋里查找，并按设计要求填写各项数据。

7. 问：钢筋算量中桩加劲箍 PI＊（668＋2＊D）＋300＋2＊D＊11.9＊D 是什么意思？

答：PI＊(668＋2＊D)＋300＋2＊D＊11.9＊D 是桩加劲箍的直径加钢筋直径的 2 倍再加搭接长度加两个弯钩长度。

8. 问：图中单边标注支座负筋标注位置、跨板受力筋标注长度位置、支座内边线、支座外边线、支座中心线、支座轴线的区别在哪里？

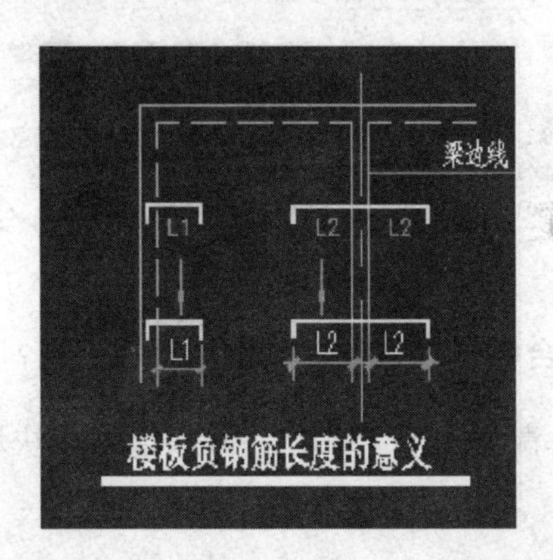

答：图中的负筋标注为两种：

（1）单边标注，在计算设置中板设置为支座内边线。

（2）双边标注，在计算设置中板计算设置为不含支座。如下图所示。

25	柱上板带的箍筋加密长度	Ln/4
26	− 负筋	
27	单标注负筋锚入支座的长度	la
28	板中间支座负筋标注是否含支座	否
29	单边标注支座负筋标注长度位置	支座内边线
30	负筋根数计算方式	向上取整+1
31	− 柱帽	
32	柱帽第一根箍筋起步	50
33	柱帽圆形箍筋的搭接长度	max(lae,300)

9. 问：梁出现错位，用什么方法在错位的地方变成一个支座点呢？

答：同一道梁在绘图界面出现两个支座肯定是错误的，正确绘制方法如下：绘制梁，设置支座，利用原位标注功能中距左边线距离功能实现，在需要偏离轴心那一跨修改距左边线距离即可。

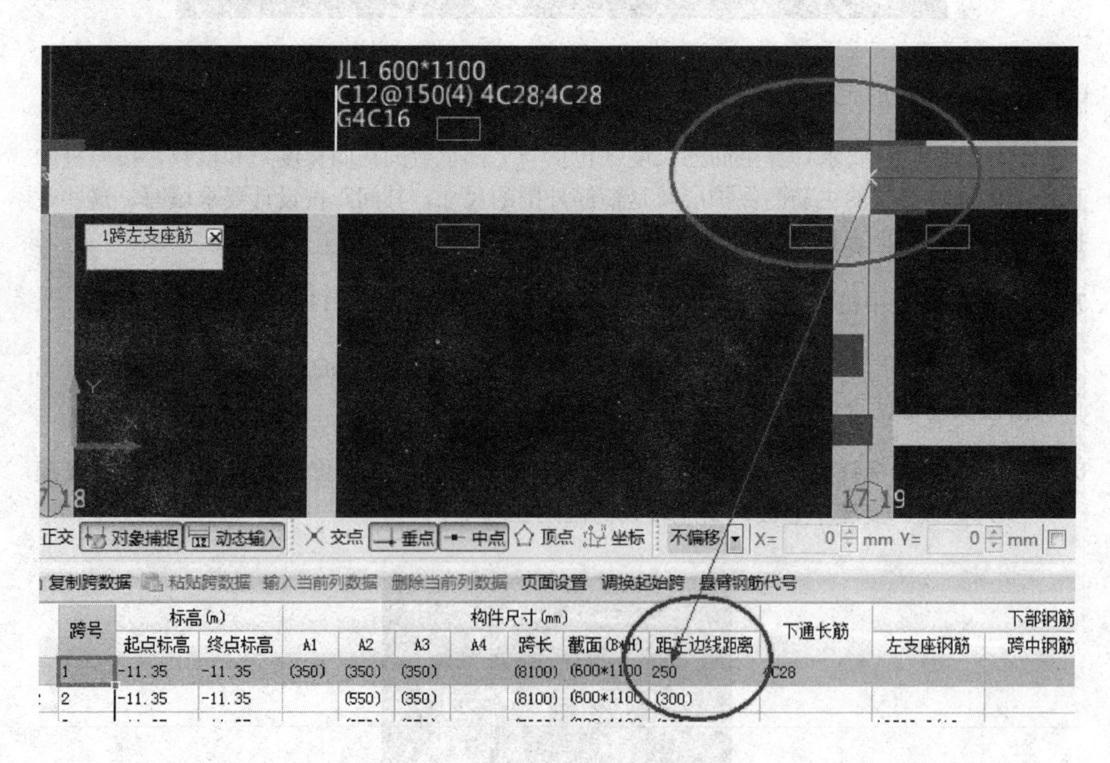

10. 问：单构件输入楼梯平台板中 A-A 和 B-B 型有什么区别？

答：一个端支座是剪力墙或者梁（B-B），另一个是砌块墙（A-A）锚固长度，计算不同。

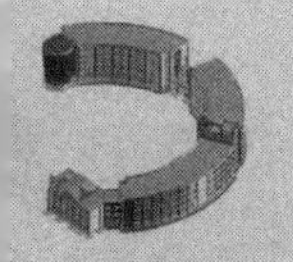

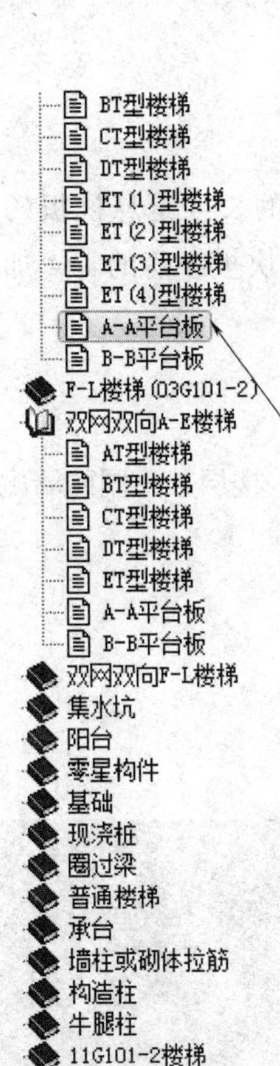

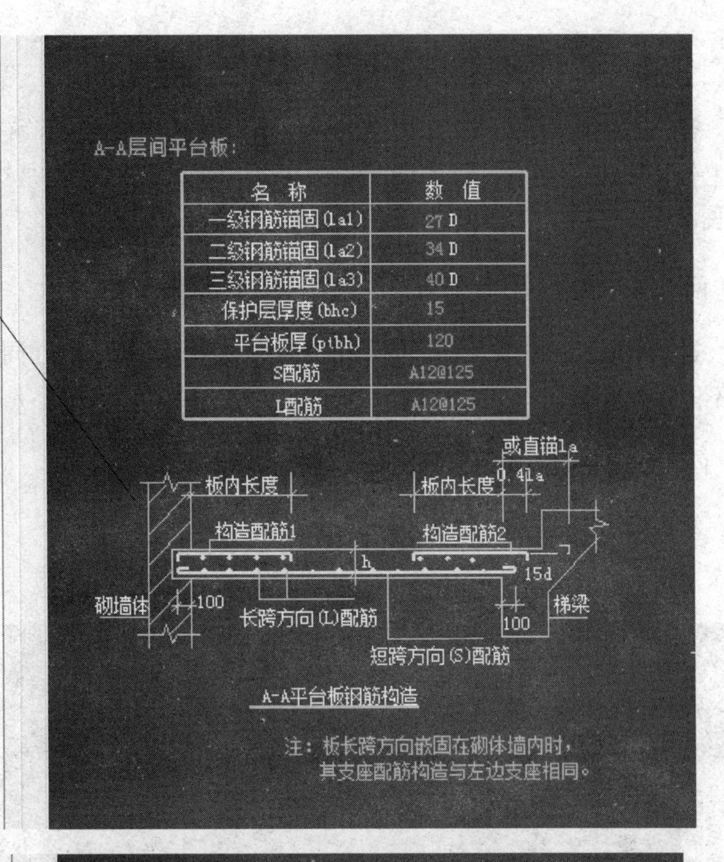

A-A层间平台板:

名 称	数 值
一级钢筋锚固(la1)	27 D
二级钢筋锚固(la2)	34 D
三级钢筋锚固(la3)	40 D
保护层厚度(bhc)	15
平台板厚(ptbh)	120
S配筋	A12@125
L配筋	A12@125

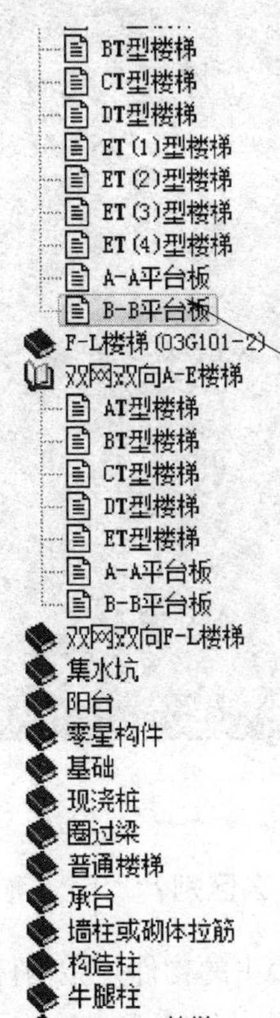

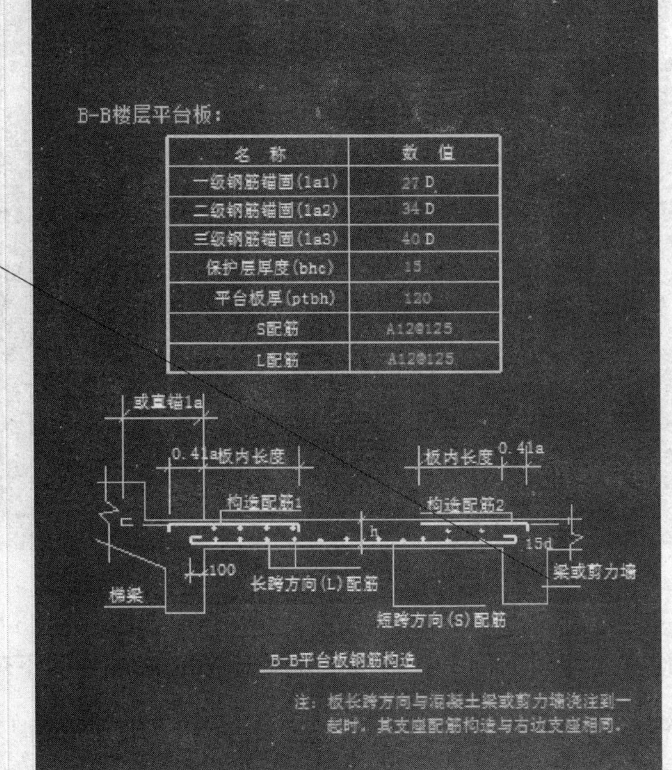

B-B楼层平台板:

名 称	数 值
一级钢筋锚固(la1)	27 D
二级钢筋锚固(la2)	34 D
三级钢筋锚固(la3)	40 D
保护层厚度(bhc)	15
平台板厚(ptbh)	120
S配筋	A12@125
L配筋	A12@125

11. 问：图纸上未标注的阳角放射筋长度怎样确定？

答：阳角放射筋一般有两种，一种是有挑出墙外的板，它的长度是悬挑板的宽度加上锚固长度。还有一种是同一块板内的阳角，它的长度是这块板净跨的1/4加上锚固长度。

12. 问：同一构件名称钢筋布置不同怎么定义属性？

答：不同楼层的墙配筋不同，可以定义相同的名称，但在同一楼层，不同的墙配筋名称不能相同。

13. 问：楼梯在钢筋中怎么输入？

答：以AT2为例，如图所示。

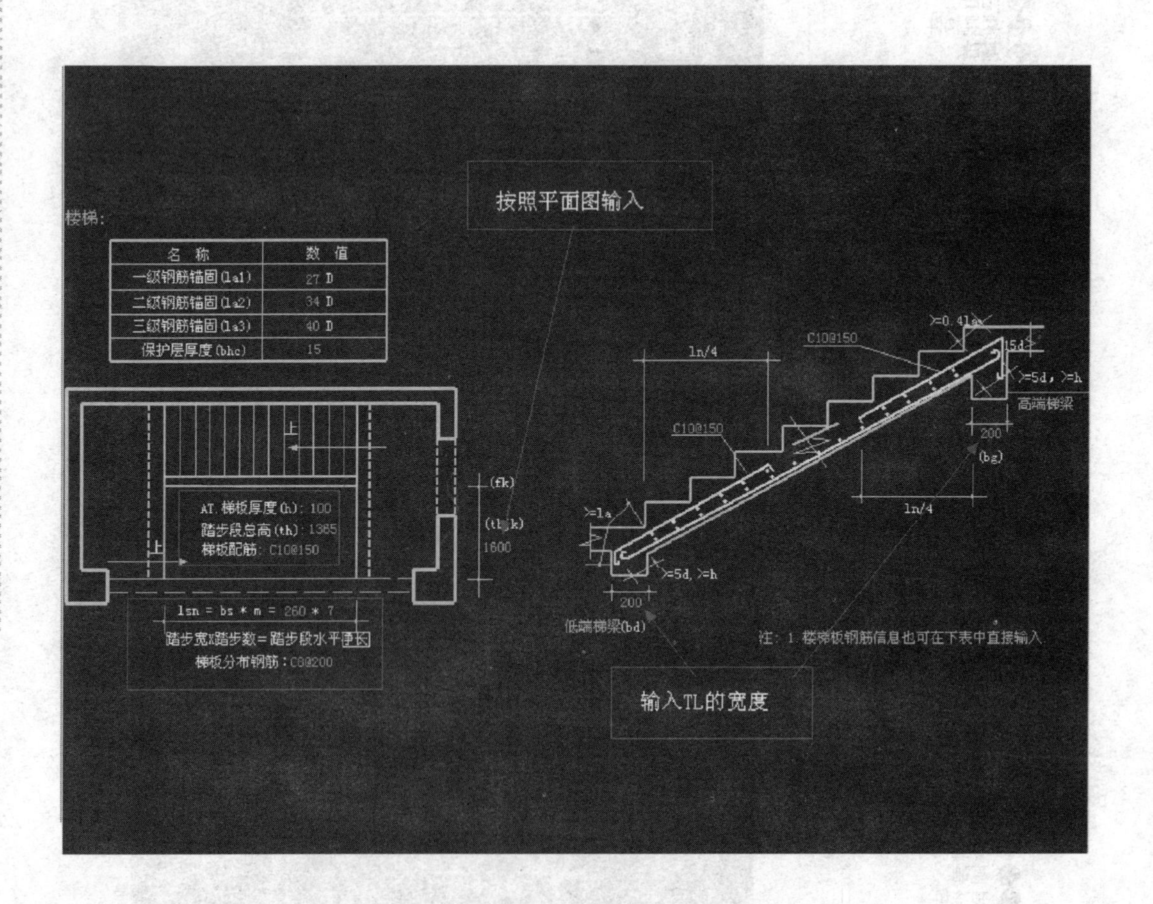

14. 问：楼梯定义在常用构件类型和定义在专用的柱墙项目下有什么区别？

答：一般是在专用的柱墙项目下定义构件，常用构件类型列表里的构件是主构件，专用项目里含有主构件和支构件以及和主构件相关联的构件。

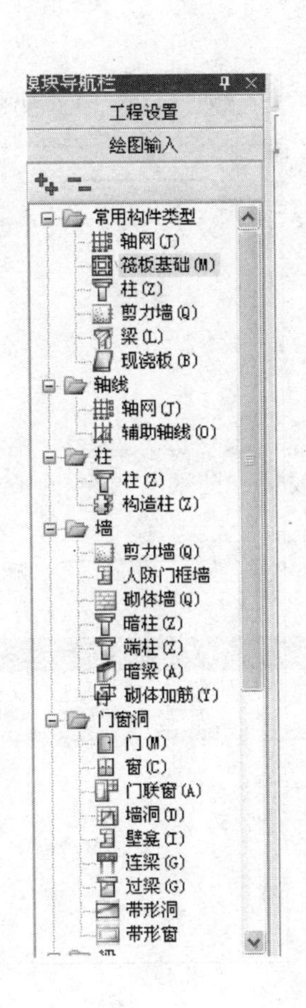

15. 问：檐沟在单构件中怎样输入？

答：檐沟可以用异形梁绘入，主要看配筋是否符合，设计者可能会做成栏板一样的配筋，那么异形梁是无法实现的，只能在单构件里输入。如果定义和梁类同钢筋的天沟可以使用异形梁来定义，多余的锚固需要加在异形梁的其他钢筋中。

如果在单构件中输入，需要先看它的配筋，比如像栏板就用栏板来做，把修改名字即可。输入立面钢筋和设计给的钢筋相符合的根数和长度即可。

16. 问：下图的转角加角筋在 GGJ2009 中怎样绘制？

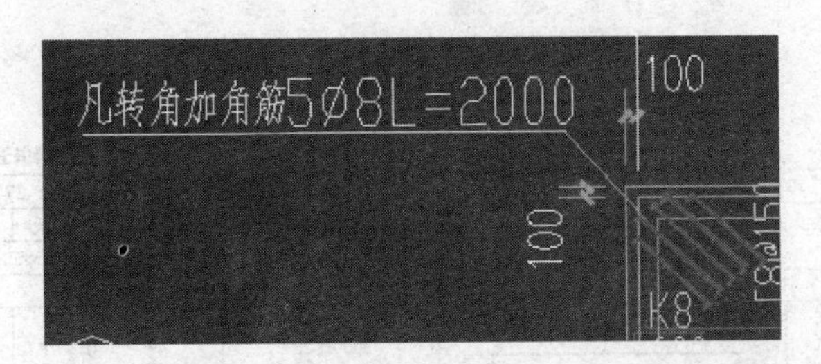

答：点击单构件—构件管理—其他—添加构件—确定—在筋号栏输入 1—直径栏选择 8—级别栏选择 HPB300—图号选择 488—在图形输入 2000—在根数栏输入 5—在构件数量里输入需要加的几个角即可。

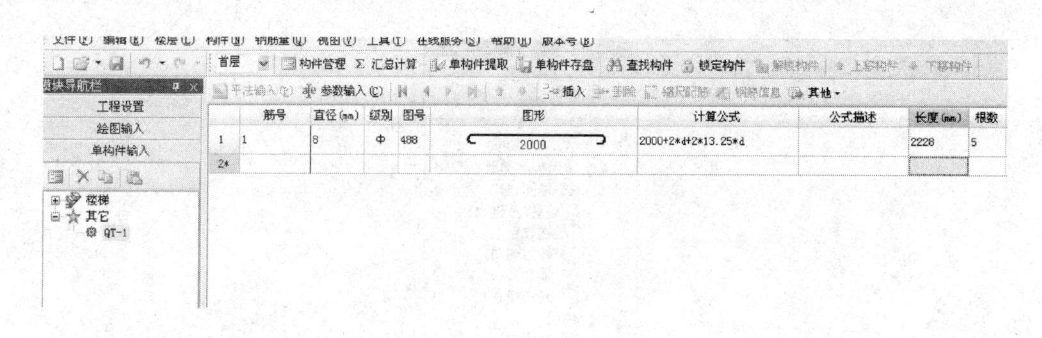

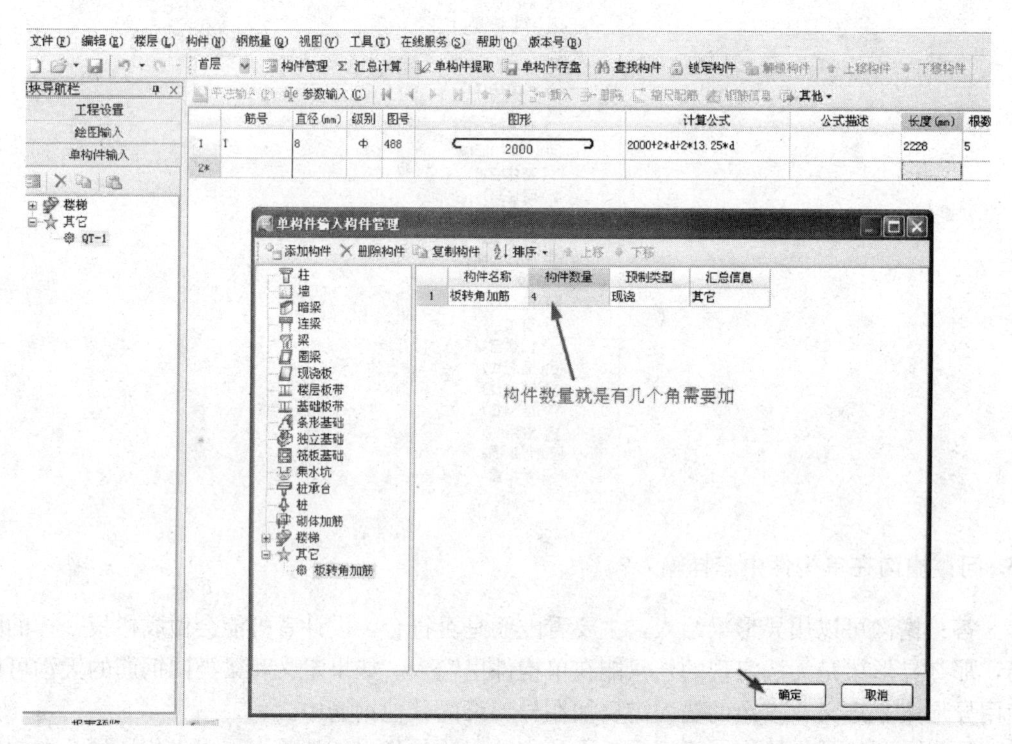

17. 问：修改构件数量影响计算结果吗？

答： 在报表里面有影响，比如在单构件输入里面新建了一个柱子，数量是 10 ，报表如下图所示。

钢筋明细表

工程名称：工程1　　　　编制日期：2012-12-21

楼层名称：首层（单构件输入）						钢筋总重：273.852Kg			
筋号	级别	直径	钢筋图形	计算公式	根数	总根数	单长m	总长m	总重kg
构件名称：KZ-1				构件数量：10	本构件钢筋重：7.385Kg				
				构件位置：		10*4			
钢筋1	Φ	14	3672	3000+672	4	40	3.672	146.88	177.725
钢筋2	Φ	8	190 190	(190+190)*2+(11.9*2+8)*d	24	240	1.014	243.36	96.127

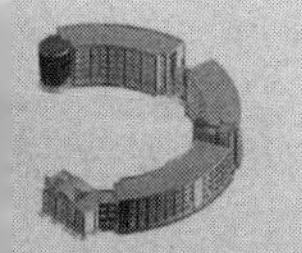

18. 问：单构件定义桩可以绘图输入吗?

答：单构件的数量，是可以输入的，搭接方式不同的需要进行修改。

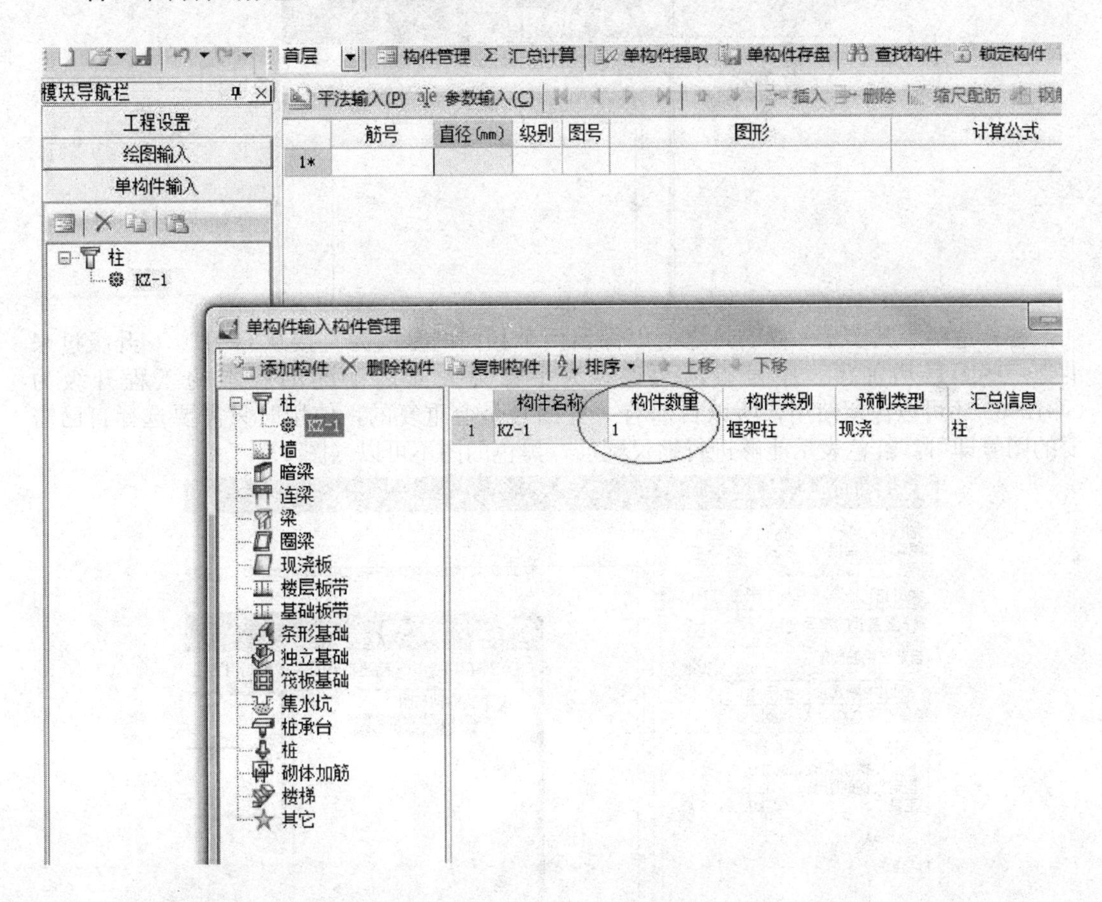

19. 问：电梯吊钩单构件系统图库中没有合适的钢筋图号选用，自定义图库是空的，自定义图库怎么使用?

答：在单构件输入，图号 350＃即是电梯吊钩，输入参数即可。

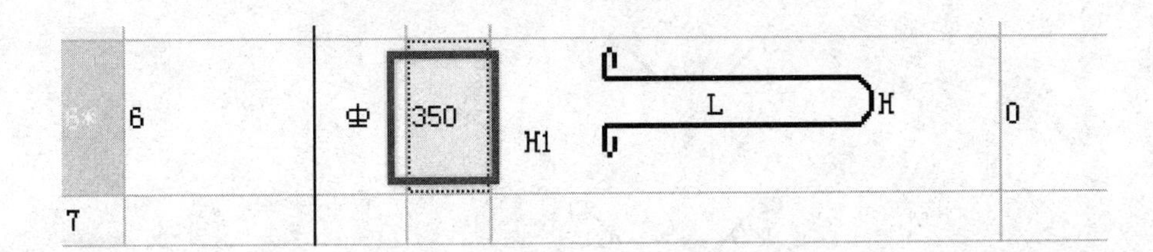

20. 问：图库里没有需要的钢筋图形，用相似的代替可以吗?

答：可以的，只要保证最终计算结果正确即可。

21. 问：图号 133 和 657 有什么不同呢？图形中红色的 L、H 有什么特别含义？

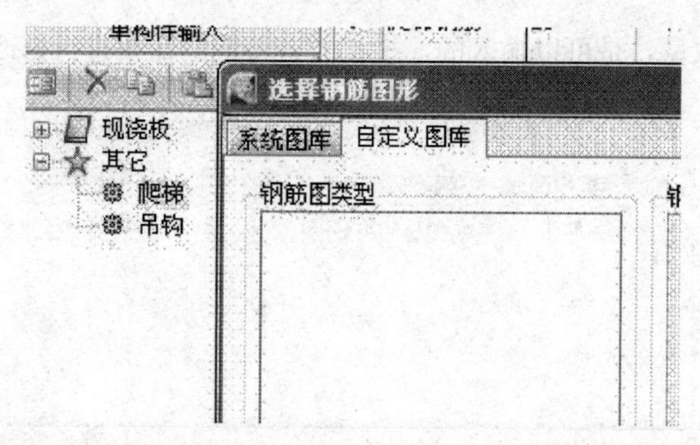

答：这两个其实是一样的，之所以保留两个相同的是因为直接从 GGJ10.0 升级过来的，一些图号增加了，序号有所更改，为了保证大家之前的旧版本的工程升级为 GGJ2009 还可以保留使用，所以目前有一些图号是会重复的，使用时只需要选择自己需要的图号即可。红色表示能够进行缩尺配筋，黑色的图不可以（图 2）。

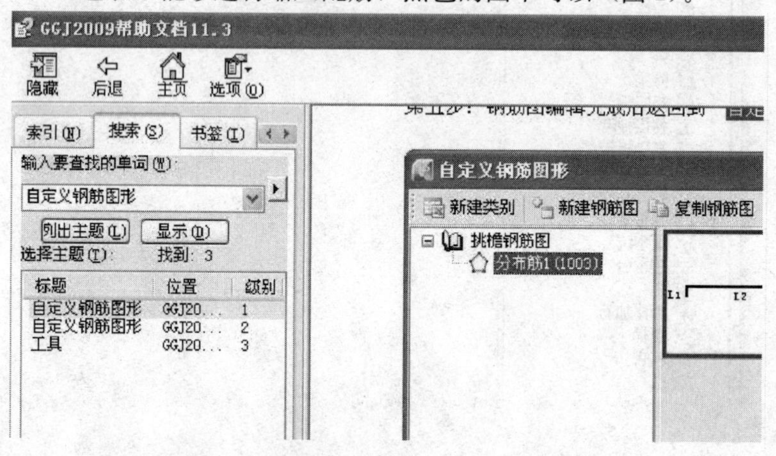

图 1

插入　删除　缩尺配筋　钢

图号	图形	计算公式
34	c1 c2 J1 L3 J2	0
57	C2 C1 J2 L J1	0
	L	0
33	C1 C2 J1 J2 L	0

图 2

22. 问：广联达钢筋算量中的梯板配筋指的是梯板下部筋吗？

答：是的，在单构件参数化楼梯里有楼梯参数，上部钢筋有索引线的索引出来，直接输入即可，所提梯板配筋是楼梯板的受力筋，即是楼梯的下部钢筋。

23. 问：楼梯的钢筋需要在单构件中布置吗？根数怎样确定？

答：是这样的，输入参数软件会自动判断长度和根数 。

模块导航栏—单构件输入—构件管理—添加构件—参数输入—选择图集—根据图纸要求输入参数—计算退出即可。

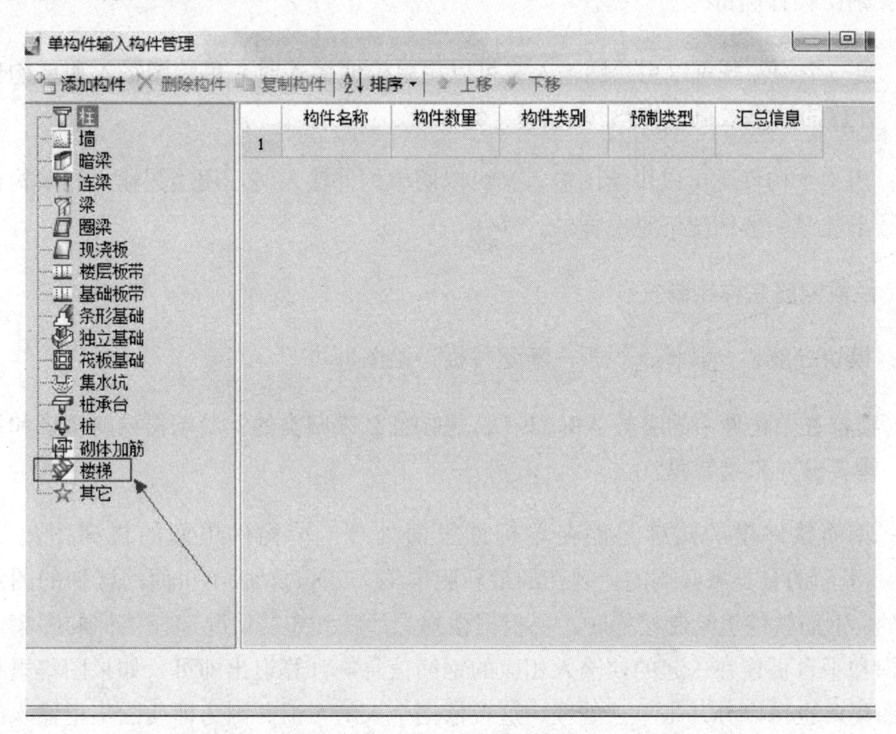

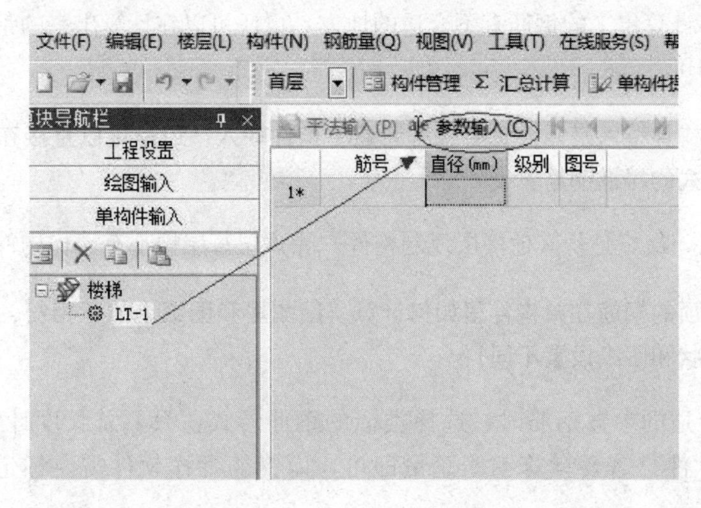

24. 问：电梯门口的牛腿梁，在图集中怎样输入长度呢？

答：牛腿梁在图集里输入不方便，可以用柱和异形梁合在一起来处理，突出的部分用异形梁来绘制，异形箍筋在其他箍筋中输入，长度方向的水平分布筋用受力筋来定义。

25. 问：雨篷图纸上有两根筋，软件内置图集里没有，该怎样处理？

答：单构件建好雨篷后设置好各个部位的参数计算退出，然后在钢筋页面手动添加两根钢筋，锁定构件即可 。

26. 问：当一个构件既可以用绘图输入又可以用单构件输入时，用绘图输入和单构件输入计算的结果数量一样吗？

答：当一个构件既可以用绘图输入又可以用单构件输入时，用绘图输入和单构件输入计算的结果数量一般情况下是一样的。

27. 问：栏板钢筋怎样绘制？

答：模块导航栏—其他—栏板—新建栏板—绘图即可。

28. 问：楼梯在单构件中的参数 A-E、F-L，是按什么来归类的？绘制楼梯时楼梯和平台板需要分开来绘制吗？

答：钢筋软件里的楼梯只能在单构件里面处理。单构件里面的楼梯图集是按照03G101-2 里面的分类来归类的，现在的最新版本 11.3.0.959 版本里面的楼梯的图集是比较完整的。钢筋软件里绘制楼梯时，要根据楼梯的形状和布筋情况选择楼梯的图集，可以选择楼梯和平台板连在一起的，输入相应的钢筋信息，计算退出即可。如果图集里找不到合适的图集，也可以分开来单独处理，这可依据个人的习惯。因为即使图集里输入的钢筋计算退出之后，计算出来的钢筋有不合适的地方，也还可以在计算出来的钢筋表里手动修改，锁定构件即可。

29. 问：楼梯单构件输入是需要每层楼都新建单构件输入，还是可以直接在一层楼中输入所有形式的楼梯钢筋？

答：均可以，最好是从其他楼层复制构件，除顶层每层楼都有楼梯构件。

30. 问：异形压顶的钢筋在单构件里如何计算（图集里和图纸上的不相符、在单构件里选择，形状和图纸设置不同）？

答：没有合适的参数钢筋时，选择类似的钢筋形式，只要总长度计算结果一样就行，钢筋算量软件只需要计算钢筋总量即可，而钢筋翻样软件需要知道钢筋的形状、位置等。

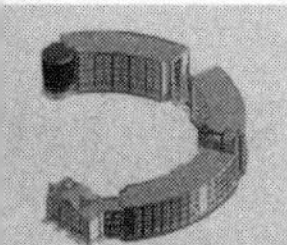

31. 问：在钢筋算量里的雨篷梁该怎样编辑绘制？

答：雨篷梁在圈梁里定义，然后在图元显示中勾选门，按门左右各出 250mm 画出（用 Shift＋左键）或正交即可。

32. 问：三跑楼梯在结构中怎样绘制？

答：在单构件输入里是一跑一跑地输入，相同的可以只输入一个构件，在定义中的构件数量里输入总个数即可。

33. 问：怎样用单构件进行栏板和阳台的输入？

答：如果用单构件进行栏板和阳台的输入，可以支持两种模式：

（1）直接输入，选择相应的筋号和相应的同一形状的图集，输入图示的参数，手动计算出具体的根数录入，软件可自动算出钢筋总量。

（2）参数输入，新建阳台或栏板构件，选择相应的参数图集，改写相应的参数如图纸所示，然后计算退出可以得出钢筋总量了。

34. 问：环形筋、加劲筋以及螺旋筋该如何区分？

答：有螺旋箍筋就不需要环形箍筋，反之亦然。加劲筋和加强箍筋是同一种箍筋，只是叫法不同，是为了保证其形状而区分的叫法。

35. 问：楼梯梁钢筋怎样绘制？

答：按照（非）框架梁绘制，注意标高即可，在原位标注输入即可。

属性编辑器

	属性名称	属性值
1	名称	LT1-2
2	类别	非框架梁
3	截面宽度(mm)	240
4	截面高度(mm)	500
5	轴线距梁左边线距	(120)
6	跨数量	1
7	箍筋	A6@200(2)
8	肢数	2
9	上部通长筋	2B22
10	下部通长筋	3B22
11	侧面纵筋	
12	拉筋	
13	其它箍筋	
14	备注	
15	－ 其它属性	
16	汇总信息	梁
17	保护层厚度(mm)	(25)
18	计算设置	按默认计算设置计算
19	节点设置	按默认节点设置计算
20	搭接设置	按默认搭接设置计算
21	起点顶标高(m)	层顶标高-1.6(1.65)
22	终点顶标高(m)	层顶标高-1.6(1.65)
23	＋ 锚固搭接	

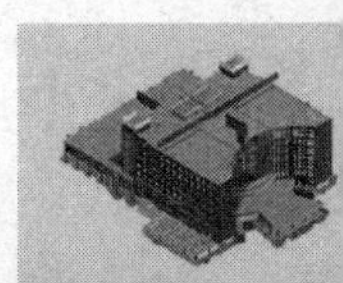

36. 问：某工程双跑楼梯有6个休息平台，在单构件中楼梯数量位置输入“2”还是“12”？

答：在钢筋算量中单构件输入中楼梯数量的设置中，应输入相同楼梯的个数，如果工程中楼梯板都是一样的，在楼梯数量位置应输入“12”（只是楼梯板，不包括平台，平台需再另建构件，平台数量应为6），这样在单构件里计算钢筋时，只输入一个梯板的钢筋就可以了，如果在单构件里输入一层（两个梯板和一个休息平台）时，在红圈位置里应输入6。

37. 问：楼梯平台板内配双层双向A8@150的钢筋，没有构造筋，如何输入钢筋信息？

答：楼梯平台板内配双层双向A8@150的钢筋可以在“单构件输入”中的楼梯中选择“双网双向”钢筋进行计算，如图所示。

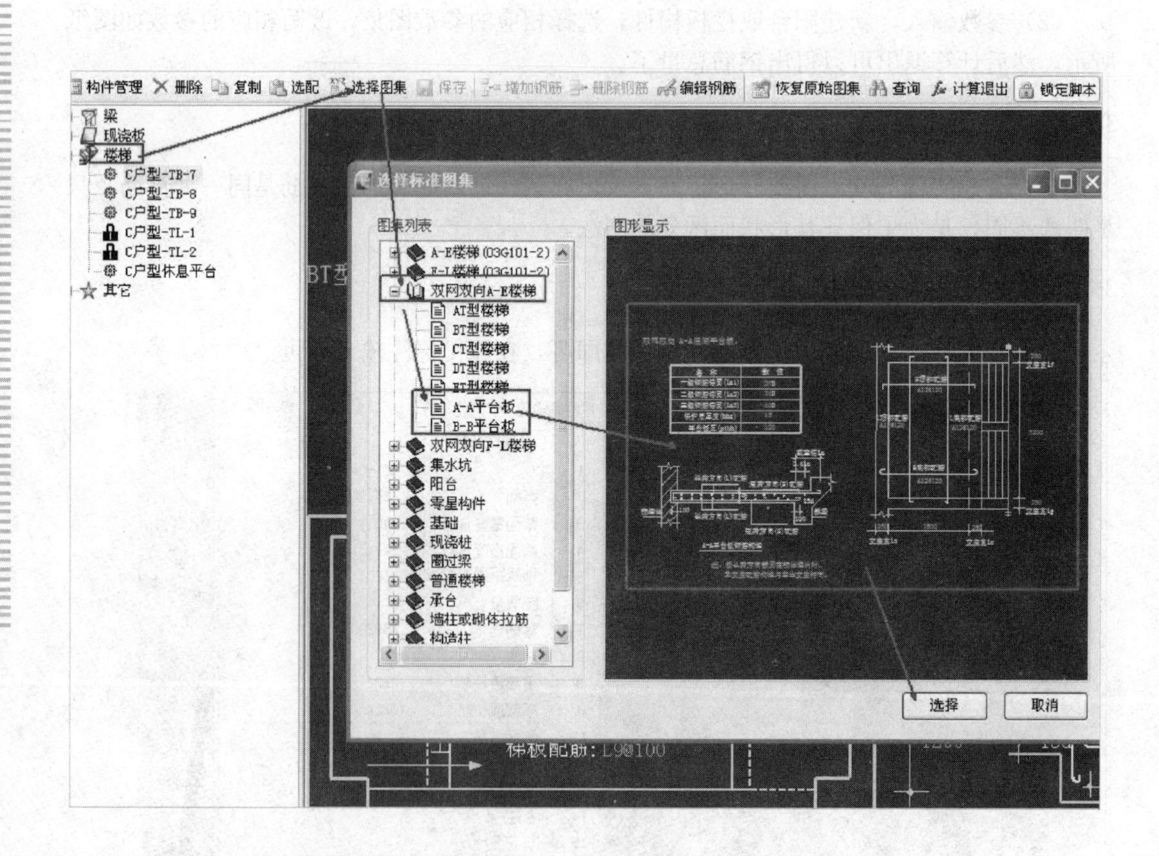

38. 问：阳台栏板在钢筋GGJ2009中如何计算钢筋？

答：点击栏板，新建异形栏板，定义网格，绘制异形栏板后点击确定，在属性中输入标高，在有栏板的位置绘制图，选择栏板构件属性编辑器，在其他钢筋中输入钢筋图形和钢筋信息即可。

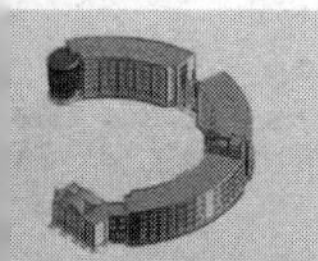

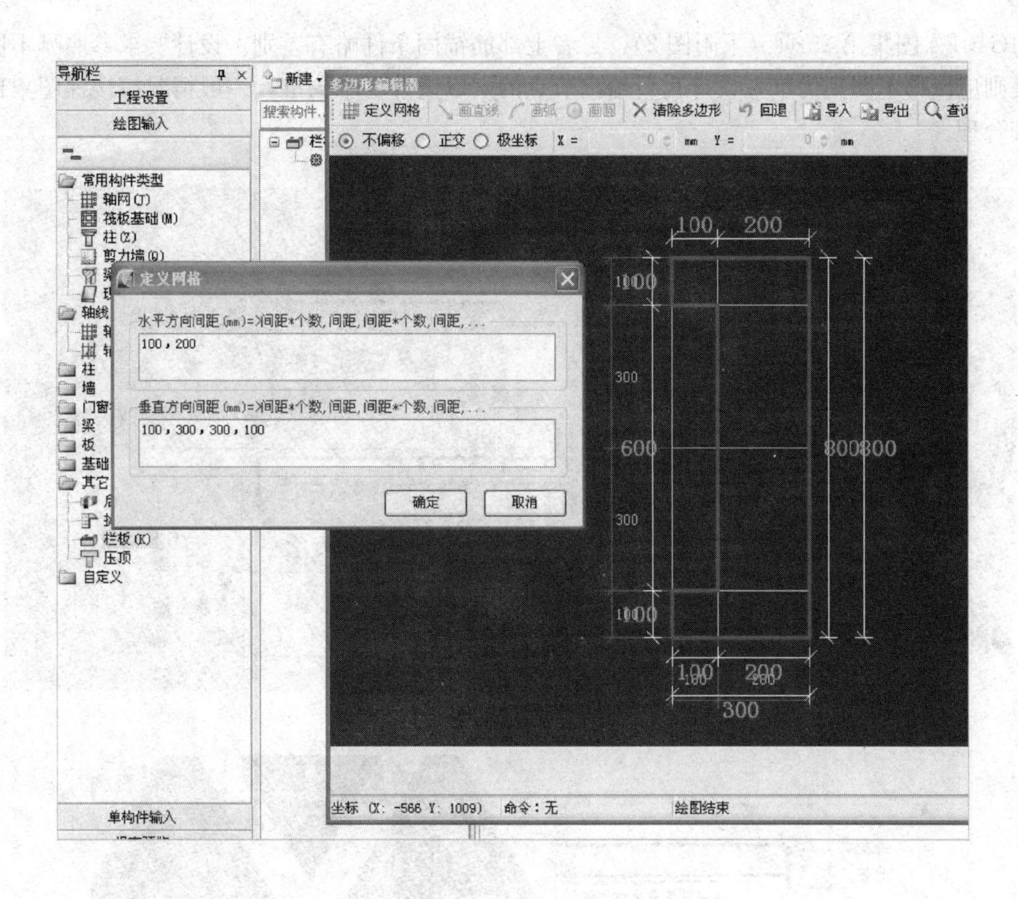

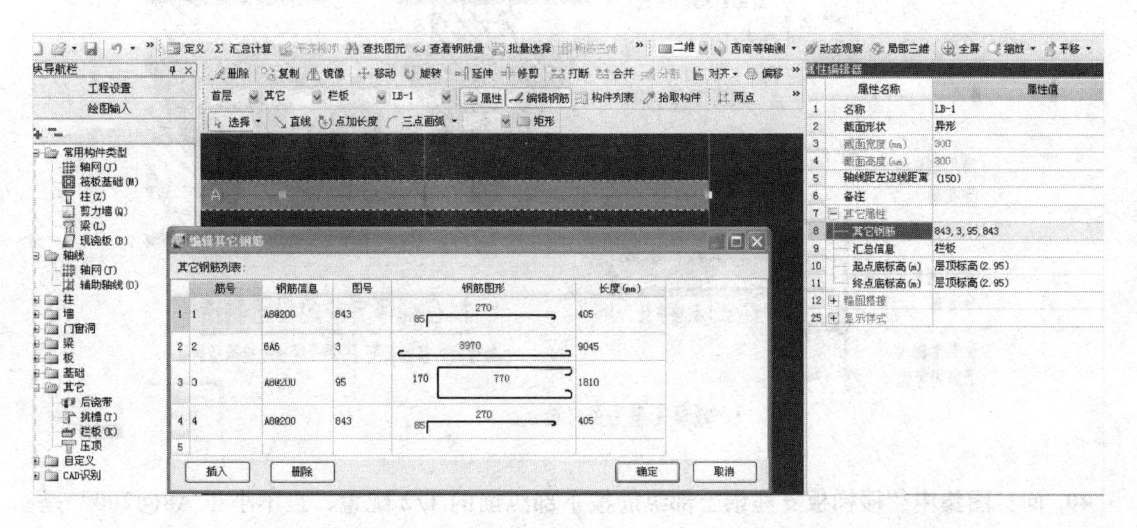

39. 问：楼梯平台板端部钢筋锚固如何计算单构件输入中楼梯平台板钢筋端部锚固 B-B 底筋 100，面筋 0.4LA+15d，如果在绘图输入里面以现浇板定义绘制后，钢筋计算是底筋大于等于 5D 且大于等于 B/2，面筋是 LA，这两种画法哪种是正确的？

答：楼梯板计算规则出自 03G101-2 图集第 47 页（下附图 1），楼板计算规则出自

04G101-4 图集第 25 页（下附图 2），二者上部筋锚固条件略有差别。设计要求参照哪本图集则应以哪本图集为准，设计自行给出节点的则以设计要求为准，一般情况按楼梯图集比较合理。

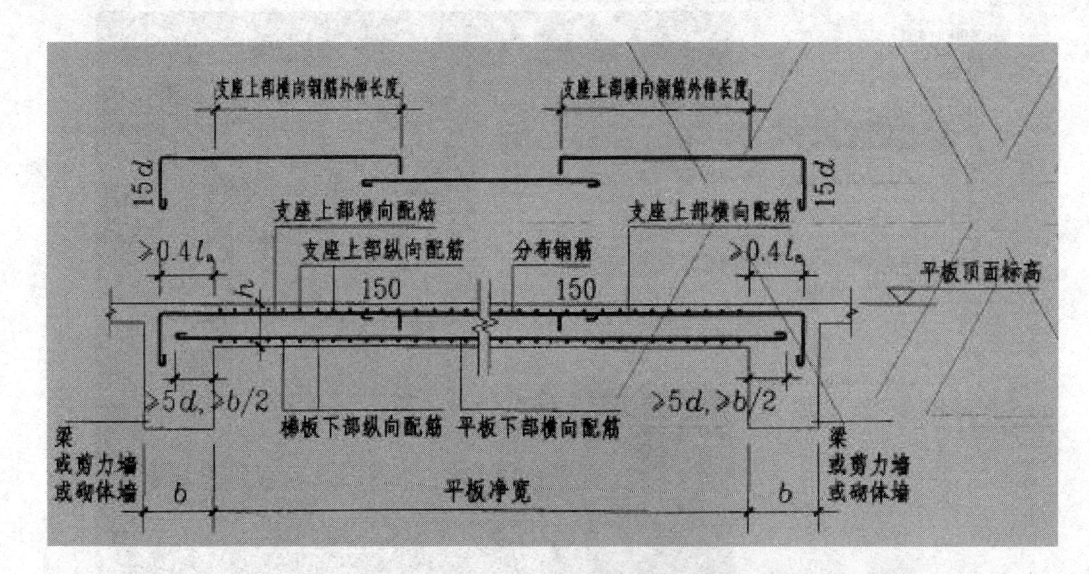

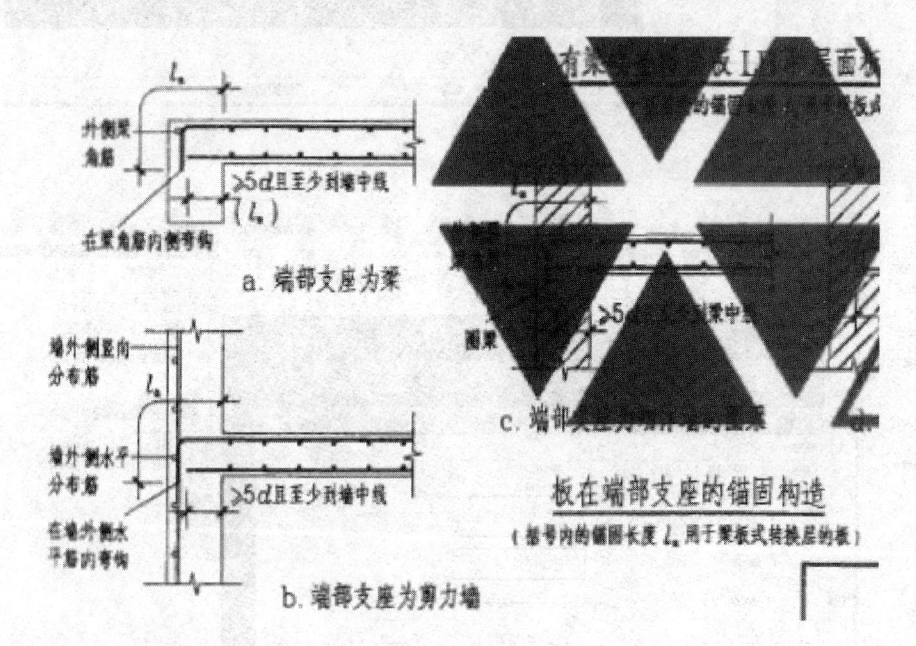

40. 问：图集中“楼梯板支座端上部纵筋按下部纵筋的 1/2 配置，且不小于 A8@200”是什么意思？

答：“梯板支座端上部纵筋按下部纵筋的 1/2 配置”是指上部纵筋的数量，比如下部纵筋为 A8@120，那么上部纵筋为 A8@240，但是“且不小于 A8@200”就是要同时满足这两个条件。比如下部纵筋为 A8@80，那么上部纵筋为 A8@160，“且不小于 A8@200”也是满足的。

41. 问：在参数输入中，楼梯踏步下面斜直段板的拉筋长度应该怎样计算?

答：如果楼梯的图集里没有输入拉筋的地方，就需要手动计算了。在楼梯计算退出后添加软件未计算出来的钢筋信息和计算式。如果图集里有表示需要计算的钢筋时，可以按照图集来计算。

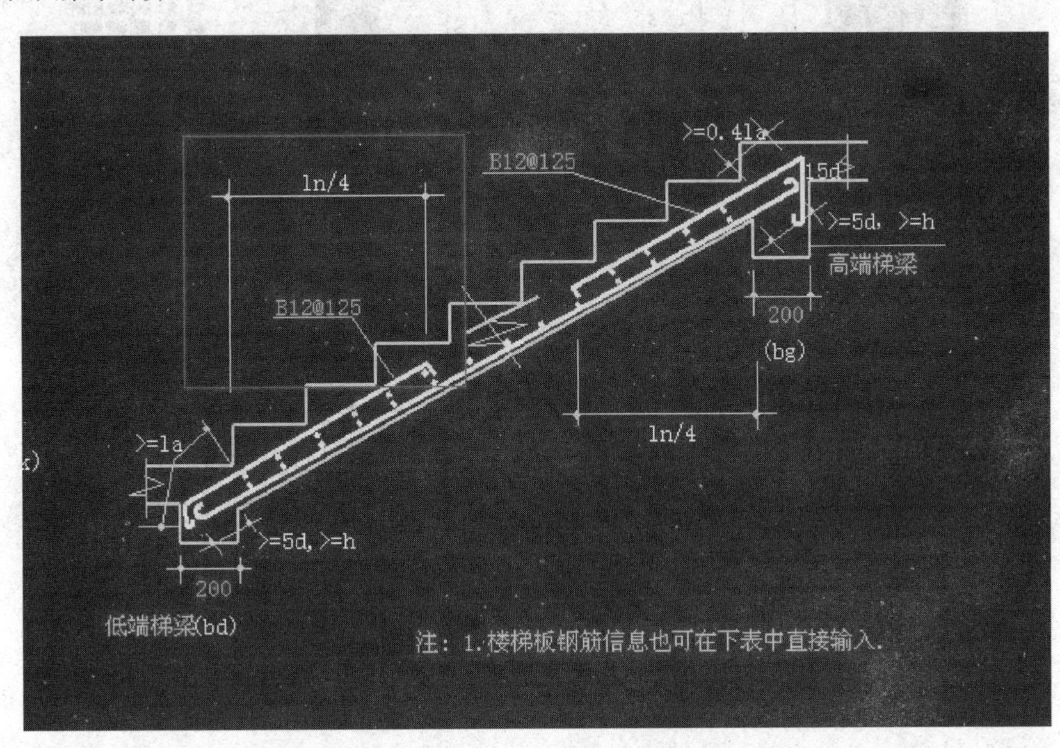

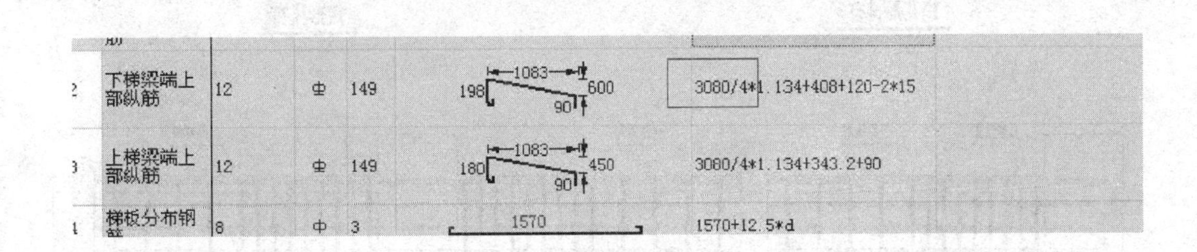

2	下梯梁端上部纵筋	12	ф	149	198 1083 600 90	3080/4*1.134+408+120-2*15
3	上梯梁端上部纵筋	12	ф	149	180 1083 450 90	3080/4*1.134+343.2+90
4	梯板分布钢筋	8	ф	3	1570	1570+12.5*d

42. 问：在单构件输入中，怎样确定墙梁拉结筋个数?

答：框架梁内拉筋的算法：拉筋的间距为非加密箍筋间距的两倍，当设有多排时一下错开设置，计算时每侧扣去 50mm 的箍筋起步尺寸/间距=向上取整后加一的算法。墙内的拉筋是按墙扣去了暗柱后的净长，减去每边一个竖筋的间距后/间距=向上取整后加一。竖向的拉筋是扣去水平筋的起步长度后/间距=向上取整后加一。

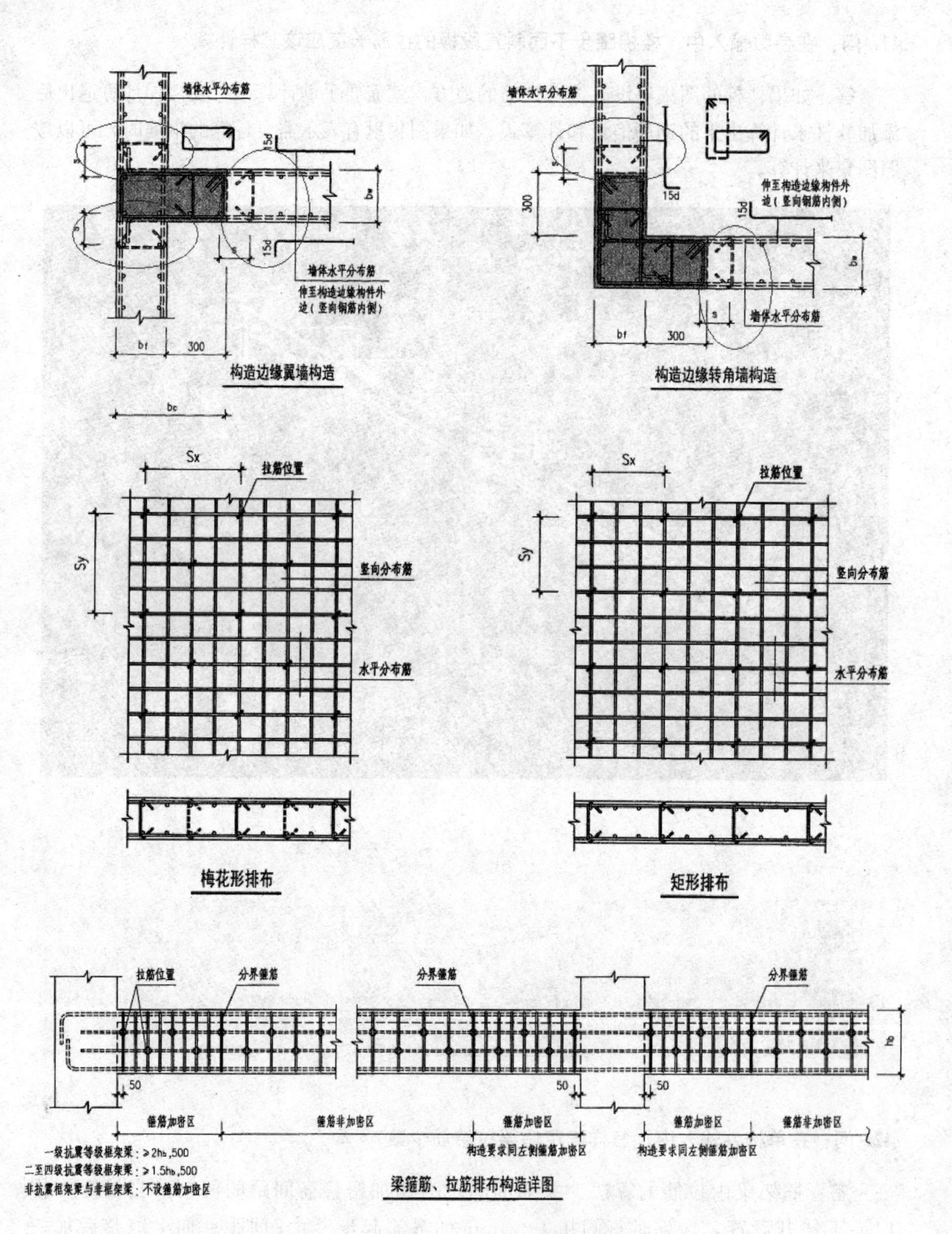

43. 问：在一层的单构件输入中输入内容后，怎么复制到其他层？

答：单构件输入没有像其他构件一样可以选择复制到其他楼层，可以利用“单构件存盘”、“单构件提取”功能实现。

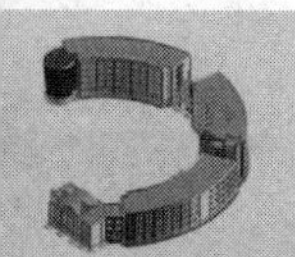

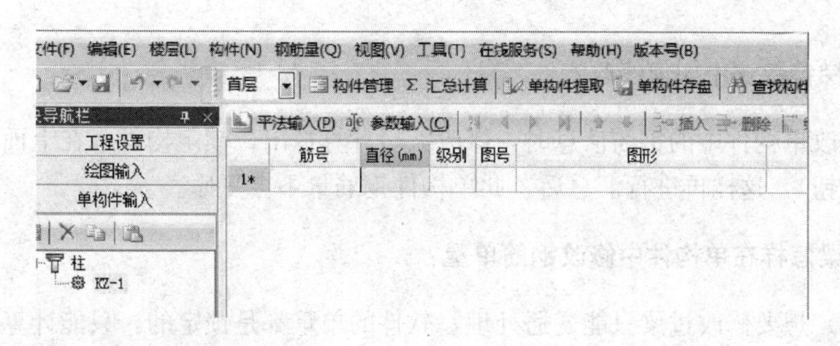

44. 问：楼梯高端平板净长怎样确定？

答："净长，净宽"都不包括梁的长度。

45. 问：TL、TZ、AT 的楼梯的绘制方法是什么？

答：TL、TZ 可以用框架梁、框架柱定义好后在绘图区中绘制，AT 在单构件中输入。

46. 问：冷拔螺旋钢筋怎样在钢筋 GGJ2009 里面如何输入？

答：钢筋信息中 A 表示一级钢、B 表示二级钢、C 表示三级钢、D 表示新三级钢、L 表示冷轧带肋、N 表示冷轧扭。冷拔螺旋钢筋，可用 L 表示。

47. 问：AE 楼梯没有标明踢板上部纵筋，但是图纸上标有上部纵筋，应该怎么处理？

答：应该按双网双向钢筋来定义，718 版本新增了一套双网双向配筋的楼梯参数图，原来的每一种楼梯参数图都对应增加了一个双网双向的，可以根据自己的需要选择。

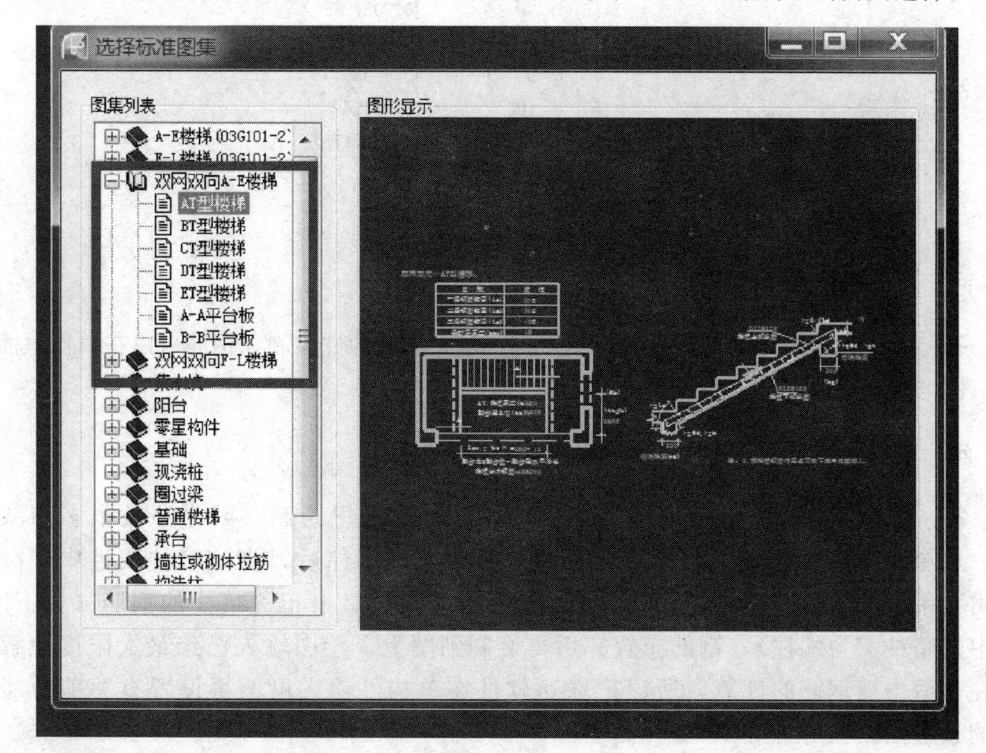

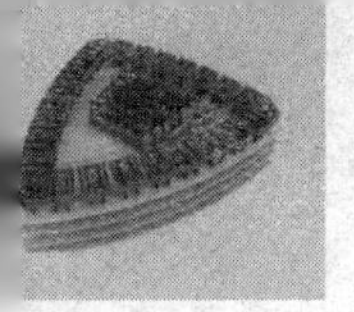

48. 问：楼梯参数法中如何修改？

答：修改单构件中的钢筋信息时，修改完后计算退出，锁定构件（在上面菜单栏中有锁定构件按钮），这样再进行汇总后，此单构件钢筋量不会复原。

49. 问：过梁怎样在单构件中修改钢筋单重？

答：（1）想要修改过梁只能变通处理，软件的单重都是锁定的，只能计算出总重后调整长度，来达到需要的总重。

（2）如果是整个工程的钢筋级别的比重都要修改，则在工程设置中的比重里面修改。

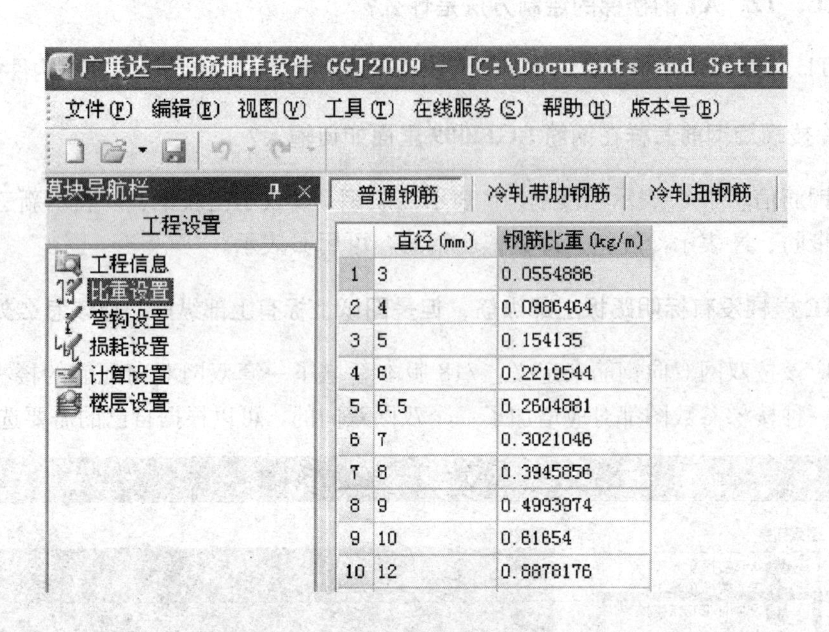

50. 问：露台栏杆大样怎样绘制？

答：可以直接在绘图输入—其他—栏板，定义栏板构件绘制，钢筋可以在属性里面输入，也可以用“自定义”里面的自定义线去绘制。

51. 问：单构件输入中，剪力墙和异形柱如何输入？

答：暗柱与剪力墙的钢筋计算，建议在绘图输入里绘制，因为涉及很多扣减关系，用单构件输入处理不容易准确计算。新建异形暗柱后，将该暗柱属性中“截面编辑”中的“否”改为“是”，就可以在截面编辑窗口中布置暗柱的钢筋（见下图，图中的暗柱实为端柱）。钢筋布置完后再绘制到图上。绘图输入已经最大限度地解决了柱、剪力墙钢筋的计算，所以广联达软件在单构件输入里不再设置有关剪力墙与柱的参数图。

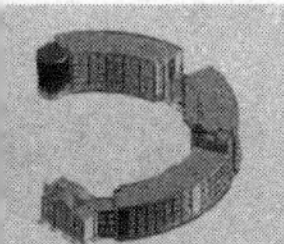

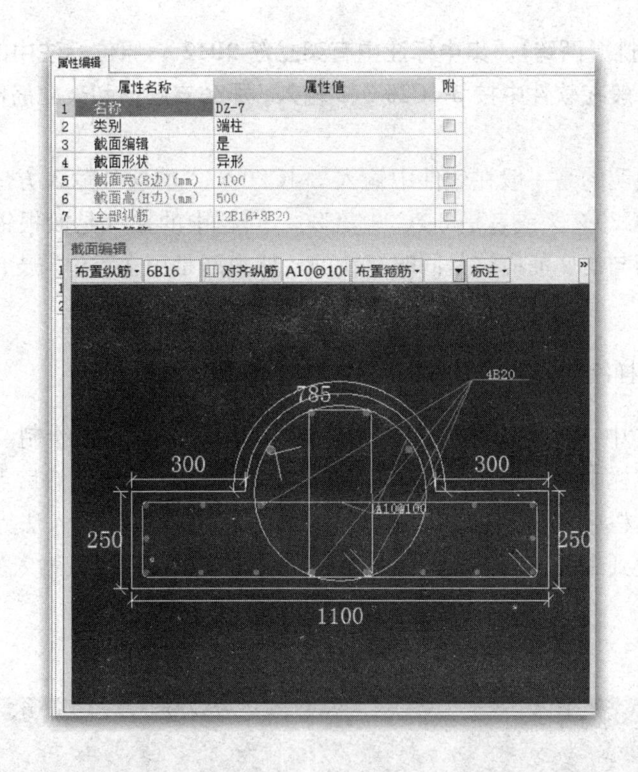

52. 问：单构件输入法和绘图输入法可以结合在同一工程中使用吗？

答：这是可以的，绘制好之后汇总计算时两者都选，它们会统计到汇总的工程量汇总表中，只是在表格中分别列在“绘图输入”和“单构件输入”。

53. 问：楼梯里的梯板厚度是指什么？

答：梯板厚度就是踏步下斜板的厚度。

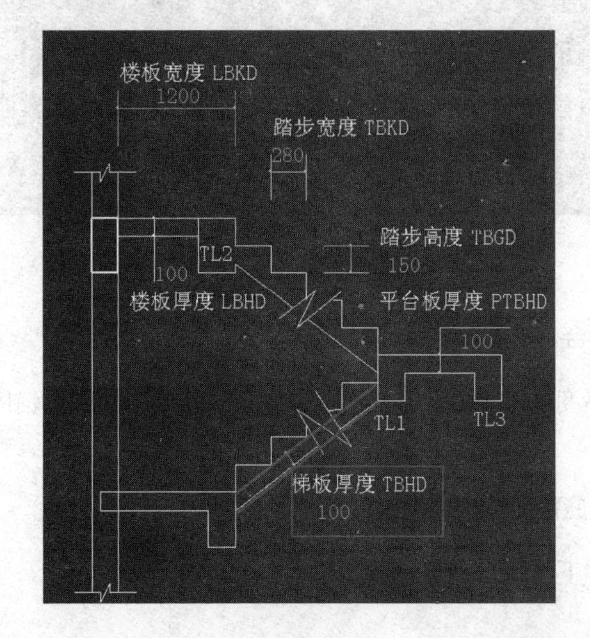

54. 问：一端有悬挑（两跨），集中标注中有架立筋 2B12 ，原位标注中的悬挑跨支座筋是 4C20 2/2 ，一般在软件中按 3-4C20 2/2 输入，那么支座筋和架立筋同时存在时如何表示？

答：首先要说明的是一般在软件中输入 3-4C20 2/2 的这种输入方法是不对的，应该是输入 3-2C20＋2C20 2/2 或者是 3-2C20/2C20。问题中的输入是四根钢筋全部输成了下弯的主筋。架力筋与支座筋应该是同时存在的，架力筋是用在跨中与支座筋按构造要求进行搭接的。

55. 问：牛腿柱怎样绘制，钢筋算量如何用单构件输入？

答：GGJ2009 中，牛腿柱直接在单构件中处理即可，不需要绘制。具体操作方法如下：点击模块导航栏中的“单构件输入”，进入单构件输入界面，然后点击构件管理，新建牛腿柱，在工具栏中左键点击“参数输入”按钮，进入参数输入法界面，然后选择图集，在图集中可找到牛腿柱的参数图，如下图所示，而后按照图纸输入牛腿柱的尺寸信息与配筋信息即可。

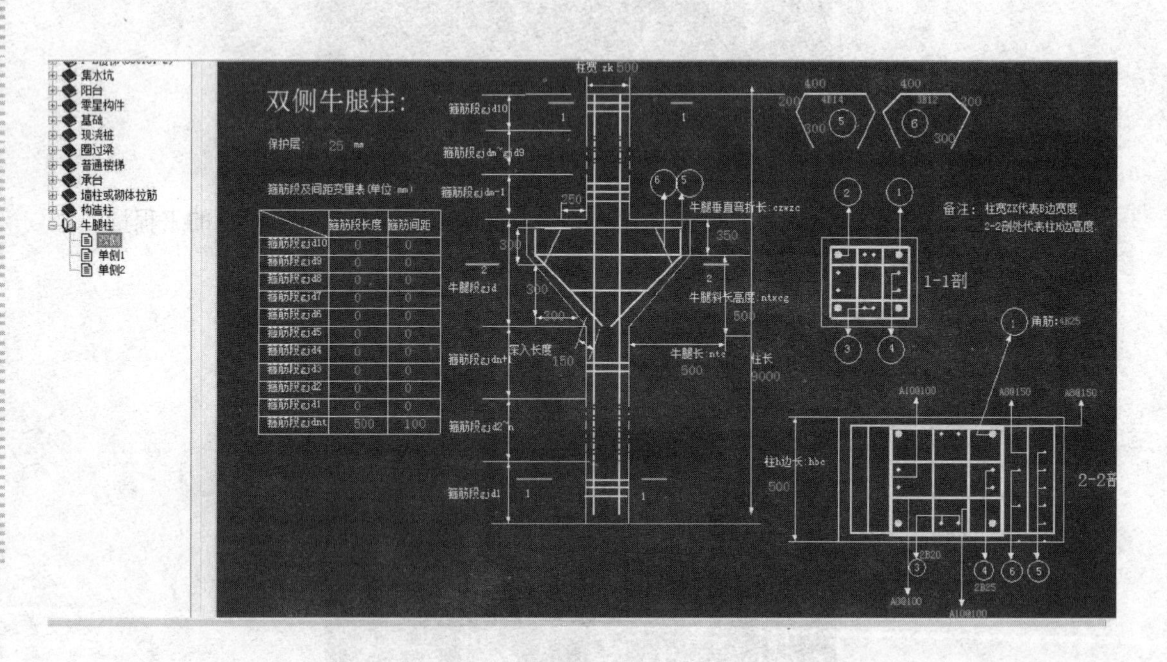

56. 问：楼梯休息平台怎样处理？

答：板按平均厚度来输入，受力钢筋可以在定义钢筋时设置其锚固长度值，直接输入就是了。

57. 问：板孔洞边上筋需要单构件输入吗？

答：输入方法如下图所示。

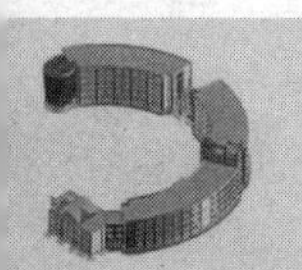

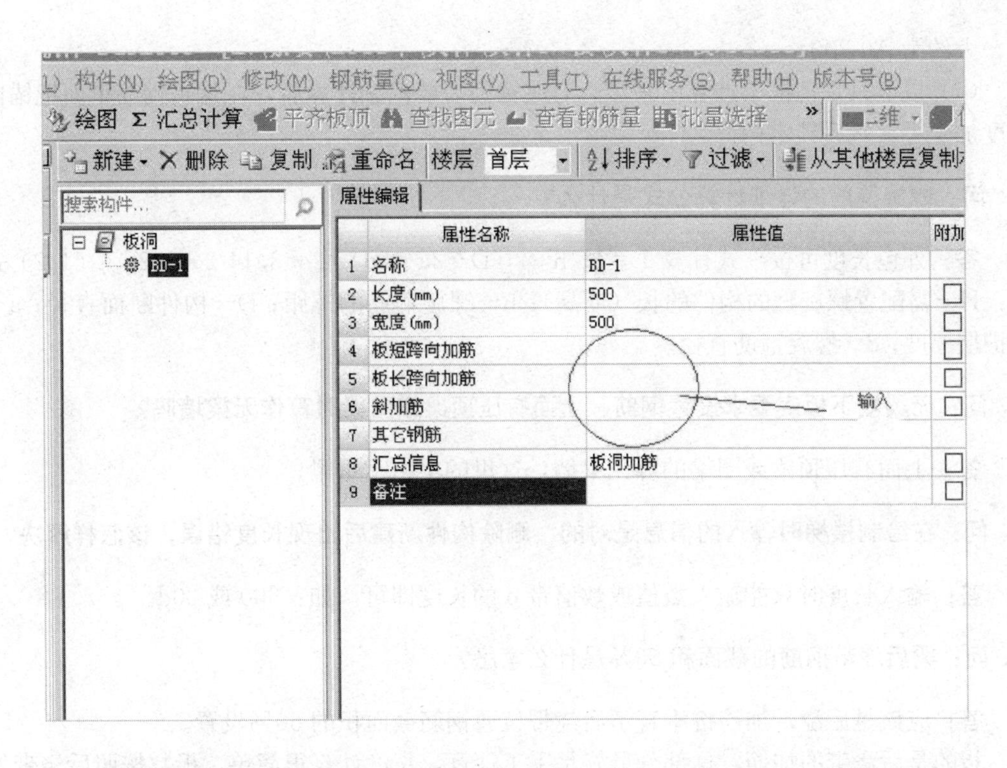

58. 问：下图中飘窗节点大样的钢筋如何快速定义？

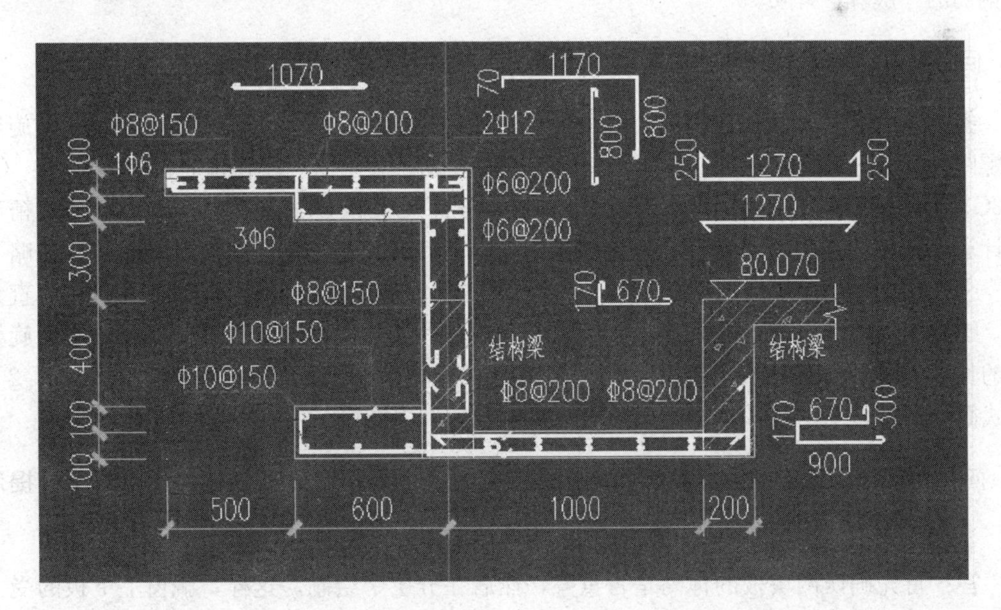

答：(1) 底板建立一个 200mm 厚的板，布置双层双向筋为 A10-150。

(2) 右边用 200mm 的剪力墙来绘制，水平筋为 (2) A6-200，垂直筋为 (2) A8-150。

(3) 顶板用 2 块板来计算钢筋，上面比较宽的用 100mm 厚板建立，X 方向面筋为 A8-150，X 方向底筋为 A8-200，Y 方向面筋底筋都为 A8-200，下面比较窄的部分用 100mm 厚板建立，只有底筋，X 方向为 A6-200，Y 方向为 3 根 A6 的，间距需要自己计

算，大约为A6-200。

(4) 以上只是把框架计算出来了，有些锚固需要汇总计算后，在编辑钢筋里面把锚固长度加上去，然后锁定构件。

59. 问：螺旋箍筋的详细计算公式是什么？

答：外包长度可按下式计算 L=H/h＊［(D－2a＋2d) ^2＊3.14^2＋h^2］^（1/2）式中：H－需配置螺旋箍的构件的长（或高）；h－螺旋箍筋的螺距；D－构件断面直径；a－保护层厚度；d－螺旋箍筋直径。

60. 问：无梁墙下板底要求设置钢筋，上面有压顶梁或圈梁时算作无梁墙吗？

答：上面有压顶梁或圈梁的算无梁墙，这里的梁指承重梁。

61. 问：在绘制楼梯时输入的信息是对的，删除构件新建后出现长度错误，该怎样解决？

答：输入长度时只能输入数值或数值带d的长度即可。如：500或30d。

62. 问：梁后浇带钢筋的截面积50%是什么意思？

答：应该是后浇带加筋按垂直于后浇带拉通钢筋截面积的50%设置。

指的是后浇带的加筋，这部分最好是手工计算，长度计算很简单，根数按照后浇带处梁钢筋的一般算法即可。

63. 问：桩基础的螺旋箍筋怎么计算工程量？

答：有一个非常简易适用的公式：L=√{S^2+[л（R－2C)］^2}/S^2 其中 S—螺旋箍筋螺距；R—桩直径；л—3.14，圆周率；C—保护层厚度；L—螺旋箍筋长度。其中：(R－2C) 为螺旋箍筋的螺旋半径，实际上是被简化了，应该是 (R－2C＋d/2)，是最精确的计算，其中d是箍筋的直径，但是由于箍筋直径d非常小，所以一般计算时可以忽略不计。这个公式实际上就是把螺旋展开成一个直角三角形，箍筋间距S为三角形一个直角边，螺旋圆周长2л（R－2C＋d/2）为三角形的另一个直角边，求斜边长（也就是螺旋箍筋的长度L)。由三角形公式C^2=A^2+B^2公式推导，L=√［S^2+（R－2C＋d）^2]，公式简化后就是L=√｛S^2+［л（R－2C)］^2｝/S^2。

64. 问：用现浇板定义飘窗的顶板和底板，定义好底板后再定义顶板软件弹出对话框提示底板和顶板不能重叠布置是怎么回事？

答：首先确认两块板的标高是否重叠，然后在分层中绘制。这样，飘窗上下板的受力筋才能布置上去。

65. 问：梯板上的钢筋信息是下部筋拉通是什么意思？上部筋的下面分布筋的分布范围怎样处理？

答：上部筋拉通是表示上部筋不是断开的是和下部筋那样通长的。上部筋的下面分布筋的分布范围也是按上部筋通长的长度布置。

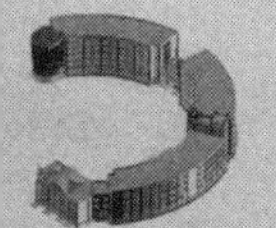

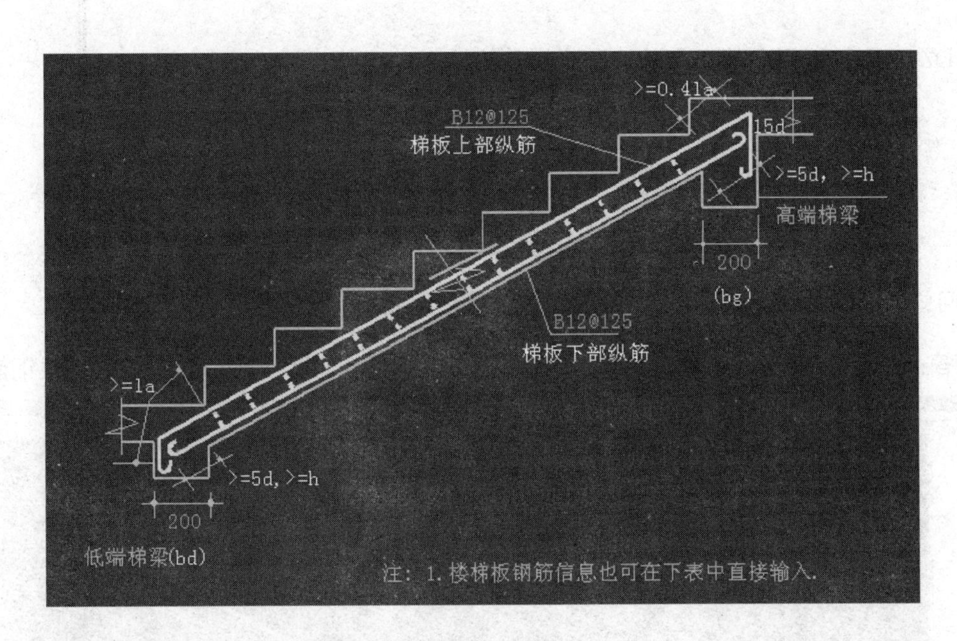

66. 问：每层的楼梯分三截，这样的楼梯怎样设置？

答：计算钢筋数量在单构件里最方便，几截都可以计算。休息平台在图上分别按梁和板绘制，按图纸要求定义它的标高，休息平台在同一层有上下重叠的分层绘制即可。

67. 问：图纸只标明了阳角 Ces C28@200，在单构件中该如何计算放射筋的长度呢？

答：悬挑板部分根据 lx 与 ly 按勾股定理计算，加上（la 与 lx、ly 中的最大值）+弯折长一保护层，然后取个整数，n 根一样长。

68. 问：空调板、阳台板反檐怎样定义？里面的纵筋怎样定义？

答：用单构件图集中的图形（带反檐的）雨篷绘制，计算钢筋。如果想要造型好看的话，可以直接异形圈梁来输入，纵筋直接均分在上下部筋里面。

69. 问：电梯基坑配筋怎样计算？

答：（1）手动计算比较麻烦，同软件计算的一样，只有中间的一段是相同尺寸的，坡上的钢筋都按照一根一个长度。

（2）建议采用软件计算，用集水坑来定义，软件计算的钢筋工程量完全正确。钢筋软件里有三维显示，钢筋多长，有几个弯折都很清楚。

70. 问：单构件计算扶壁柱钢筋时，建立扶壁柱使用哪个构件？

答：（1）平法中的扶壁柱构件实际是为了与《高规》第 7.1.7 条的扶壁柱规定相一致而设置的，扶壁柱的作用是抵抗剪力墙平面外的楼面梁传递过来的弯矩，与端柱的作用完全相同。区别仅在于：端柱一般出现在剪力墙端部，而扶壁柱出现在剪力墙中部。

（2）在软件中扶壁柱可用端柱定义和布置，二者计算规则完全相同。平法共有 10 种墙柱，见 03G101-1 图集第 12 页表 3.2.2a，按规则实际可归纳为两类：暗柱和端柱，其

中 GDZ、YDZ 和 FBZ 属于端柱，其余属于暗柱。

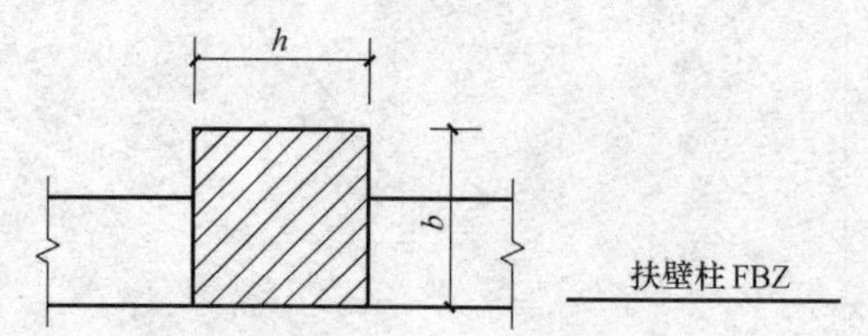

71. 问：钢筋算量中，AT 楼梯配筋的梯板配筋指什么？

答：此处的梯板配筋指的是楼梯的梯板下部受力筋，即为下图斜的最长的那根钢筋。

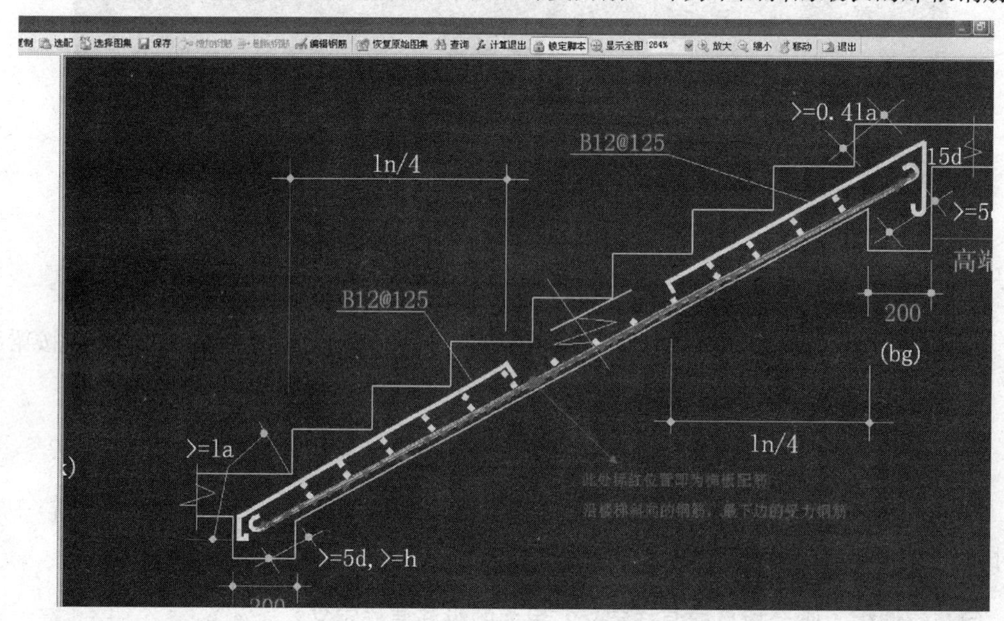

72. 问：在实践中，GGJ2009 哪些构件用单构件计算比图元计算方便？

答：楼梯、挑檐、雨篷、栏板、楼板阳角处加筋以及墙体等构件的局部加筋（特殊情况），用单构件都是比较方便的。

73. 问：软件中螺旋箍筋计算公式“SQRT(SQR(PI*(920+2*d))+SQR(200))*(6920+2*d)/200/1”是什么意思？

答：螺旋箍筋长度：L=(加密区长度/加密区间距+1)×sqrt(π×(构件直径−保护层×2+箍筋直径)^2+加密区间距^2)+(非加密区长度/非加密区间距+1)×sqrt(π×(构件直径−保护层×2+箍筋直径)^2+非加密区间距^2)+3×π×(构件直径−保护层×2+箍筋直径)+12.5×箍筋直径

SQRT 是根号=平方根号；

n—螺旋箍的圈数；

p—箍筋间距；

d—圆直径，另计搭接长度；

圈数=长度/间距。

74. 问：在单构件里定义栏板和压顶如何输入计算信息？

答： 如果用单构件进行栏板和阳台的输入，可以支持两种模式：（1）直接输入，选择相应的筋号和相应的同一形状的图集，输入图示的参数，手算出具体的根数录入，软件可自动算出钢筋总量。（2）参数输入，新建阳台或栏板构件，选择相应的参数图集，改写相应的参数如图纸所示，计算退出就可以得出钢筋总量了。

75. 问：平台板和梯梁是在绘图区绘制好还是在单构件里面定义好？

答： 将平台板和梯梁在绘图区中布置，可以用板和梁分别定义和绘制。单构件输入中也可以正确计算工程量。

76. 问：怎样绘制楼梯踏步、休息平台、梯梁和梯柱？

答：（1）楼梯踏步、休息平台可以在单构件中计算，选择参数，按设计图纸输入相应参数即可。

（2）梯梁、梯柱最好在图形中绘制，按图纸定义好标高即可，可以在分层二绘制。

（3）导入图形算量后，注意梯梁，如果当地定额楼梯按投影面积计算，梯梁不套定额即可。

77. 问：桩承台中高度走向钢筋根数 GGJ2009 是如何确定的？钢筋 GGJ 2009 单构件输入矩形桩承台（三个方向封闭），长度 1500mm，宽度 1500mm，高度 1400mm。高度走向钢筋根数计算公式【ceil((1400－2∗35－2∗300)/300)＋1】，文字理解为：桩承台高度－两个保护层－两个高度钢筋的间距/间距＋1。其中的 2∗300 软件是依据什么确定的呢？

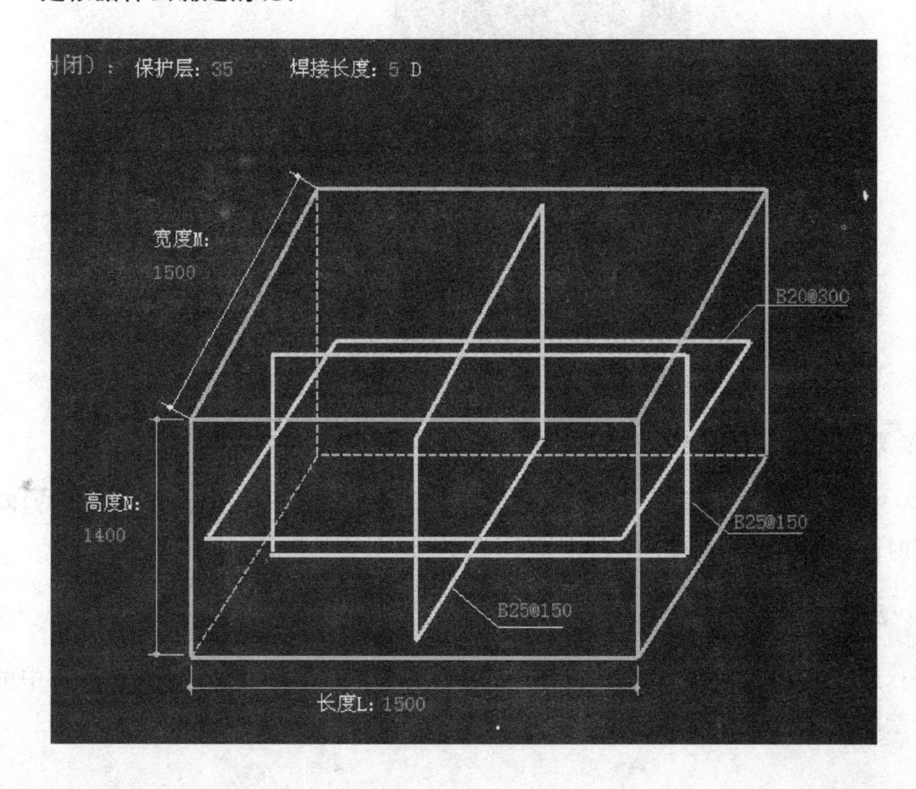

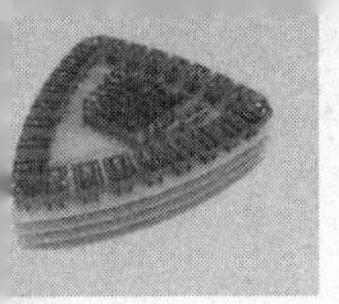

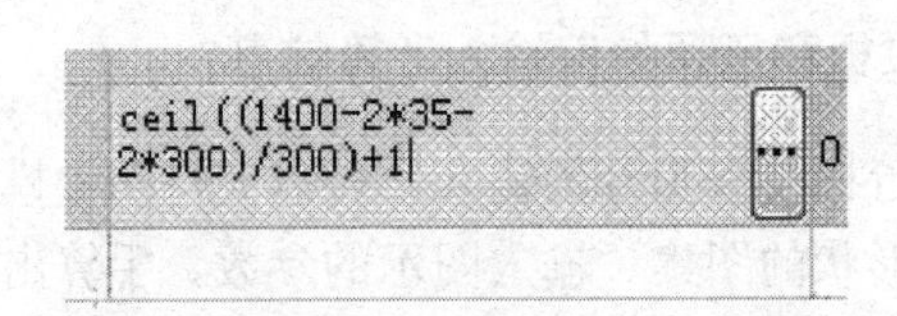

答：钢筋 GGJ2009 单构件输入矩形桩承台（三个方向封闭），高度方向钢筋的根数计算公式，其脚本（即程序）中是这样写的：CNT＝ceil((N－2*bhc－2*jj)/jj)＋1/*根数计算*/其中，CNT——根数；N——高度；bhc——保护层厚；jj——间距。的确是“文字理解为：桩承台高度－两个保护层－两个高度钢筋的间距/间距＋1”。“桩承台高度－两个保护层”，计算出来的是上、下部钢筋之间的距离。这样计算的根据可以参考一下桩承台梁式配筋侧面纵筋的布置方式，或绘图输入时，当矩形承台环式配筋信息输入格式为“数量＋级别＋直径”时，其水平筋的布置方式或施工方法，就完全明了了。见下图。下图中的 h 为上、下部钢筋之间的距离或长度。如果水平筋（腰筋或侧面受力筋）的信息格式：级别＋直径＋间距（即 C20@200 之类），则水平筋将用其间距来均分上、下部钢筋之间的长度。只有这样的计算方法——CNT＝ceil((N－2*bhc－2*jj)/jj)＋1——才能达到均分的目的。

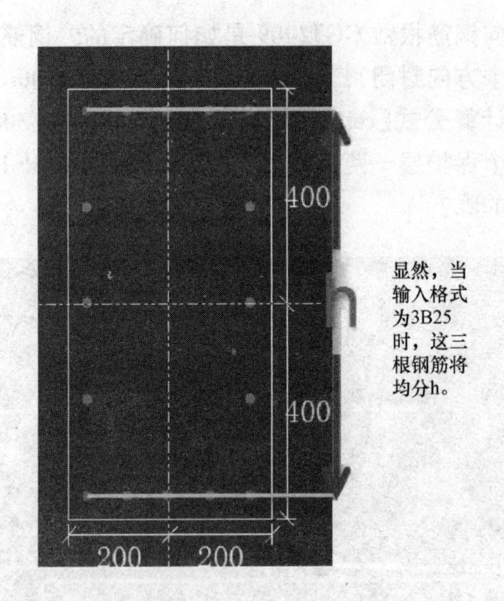

78. 问：双跑楼梯可以用 AT 型单构件定义吗？

答：选两个 AT 组合起来，再选一个平台，就是一个楼层的楼梯工程量了。双网双向即是平时说的双层双向配筋的意思。

79. 问：凸肚窗怎样绘制？

答：凸窗，在钢筋软件中在单构件输入中选择参数化图形计算，在图形软件中可以用飘窗来绘制。

80. 问：用圈梁布置压顶钢筋，压顶上部没有钢筋，下部钢筋为 3A@12；A6.5@200，输入钢筋信息后软件出现如下图提示，是怎么回事？

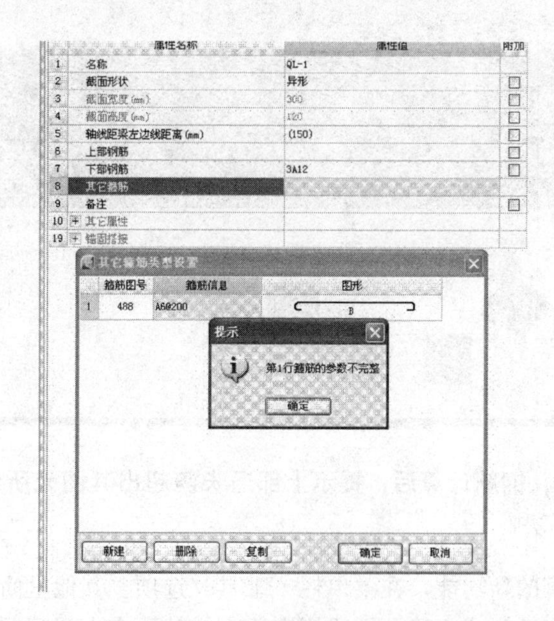

答： 箍筋 488A6@200，没有长度，必须在 B 位置输入拉筋的长度 270 即可。也可以在圈梁拉筋中直接输入 A6.5@200。

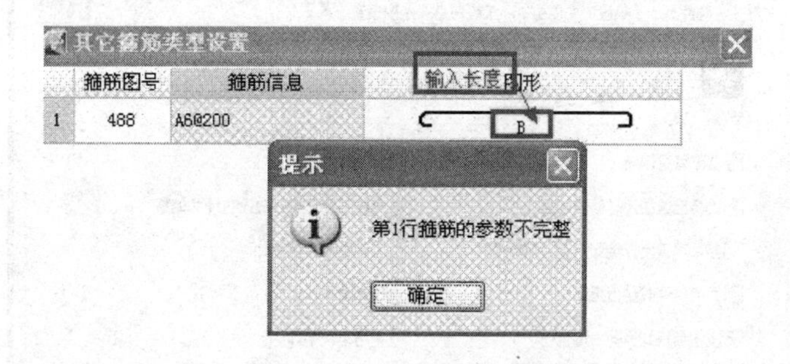

81. 问：现有一自定义钢筋图形，如何正确编辑计算公式？

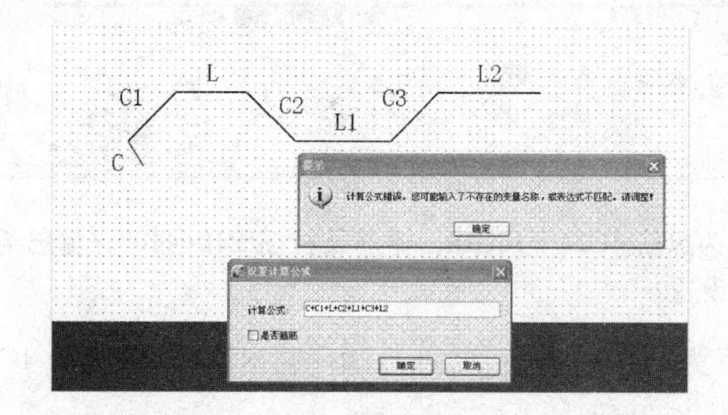

答：主要是标注的时候标注错误，如下图按 1-2-3-4-5 顺序布置钢筋，标注信息。然后再按截面形式输入计算公式即可。

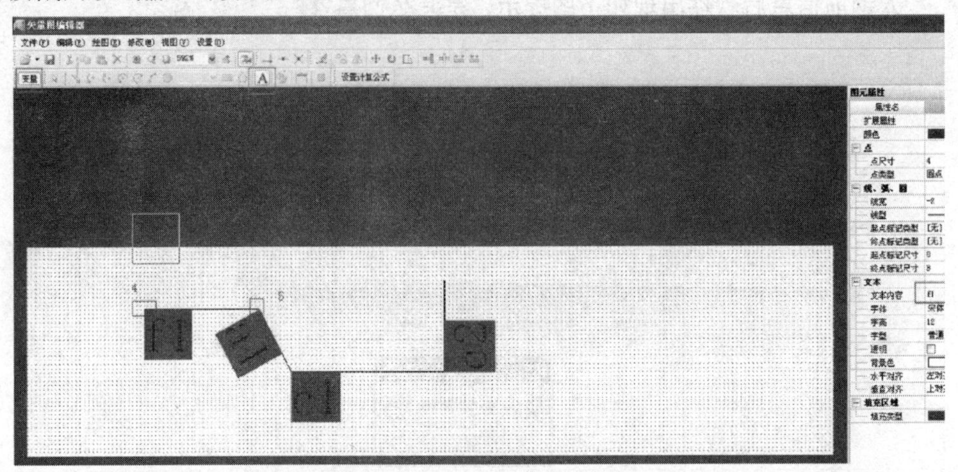

82. 问：梁高 2500mm，钢筋计算后，提示上部通长筋超出其图元所绘长度的 2 倍，这种情况该如何解决？

答：这是钢筋预警的新功能，在菜单栏—工具—选项—其他里面可以调整。
定义好钢筋后检查计算式正确，把梁锁定后汇总就不会出现问题了。

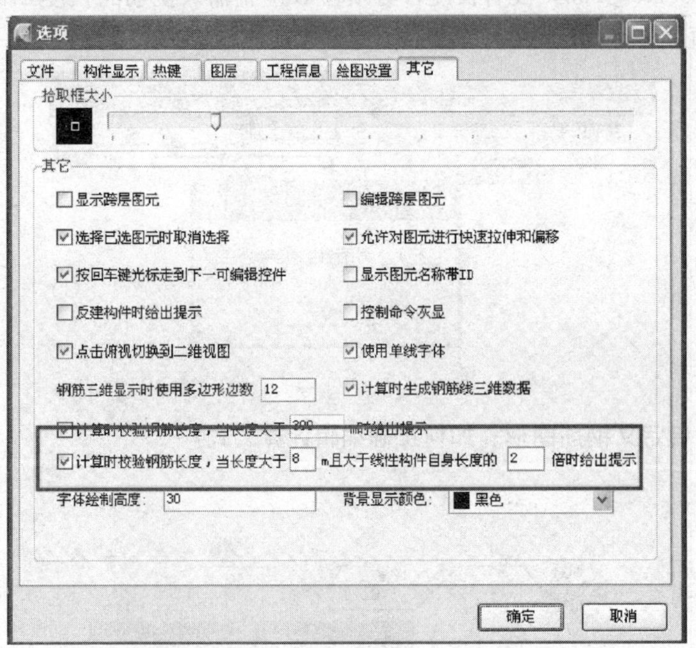

83. 问：YBZ 配筋为纵筋 4C22＋16C18，箍筋及拉筋 B10@100，箍筋为 4 个，拉筋为 2 个，如何设置？

答：角筋设置为 4C22，B 边一侧和 H 边一侧钢筋分别设置为 4C18，箍筋设置为 B10-100，肢数设为 6＊6。

84. 问：下图筏板基础的墙内侧怎样绘制？

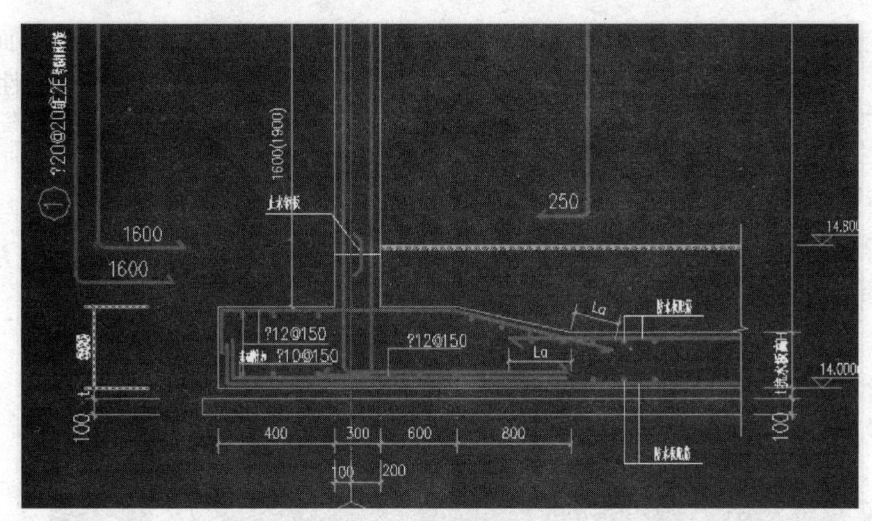

答：分别定义不同的筏板，点工具栏上“设置所有边坡”或“设置多边边坡”进行设置即可。

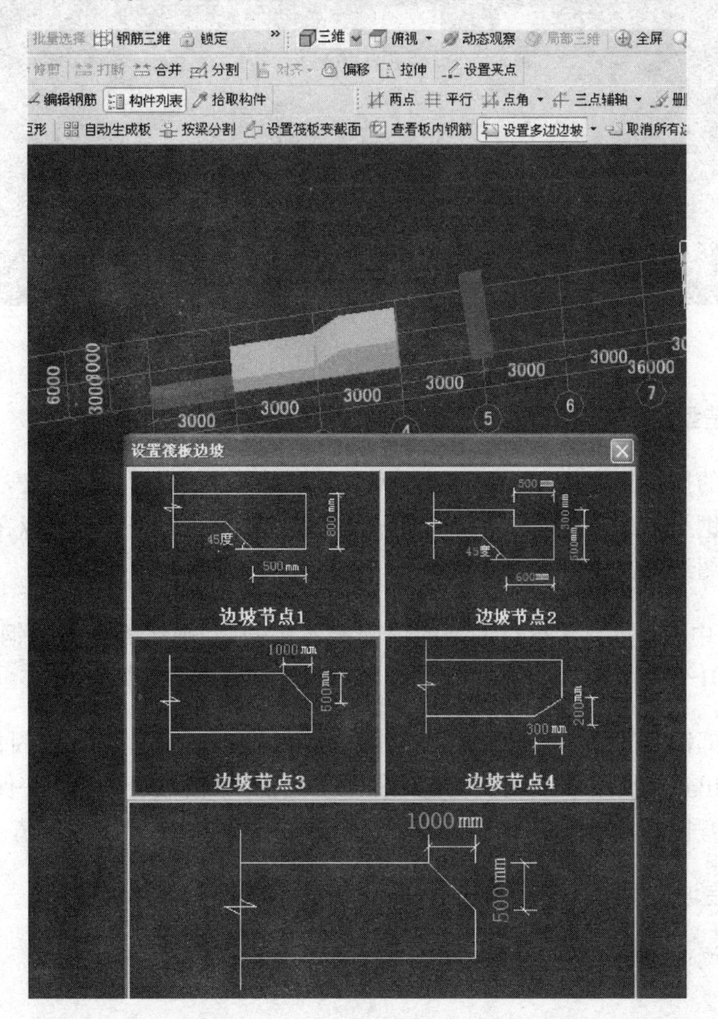

85. 问：满堂基础中出现倒梯形承台，该如何定义?

答：第一种用参数化承台设置，需要先设置上面的矩形承台，然后再编辑下面的参数化承台。第二种方法是最常用的方法，可以直接使用柱墩来设置，参数在属性中设置即可。

86. 问：怎么区分受力筋的左右标注?

答：负筋左右标注跟绘制梁图元的方向有关，下图中的箭头为绘制梁图元分方向，左右边如图所示。

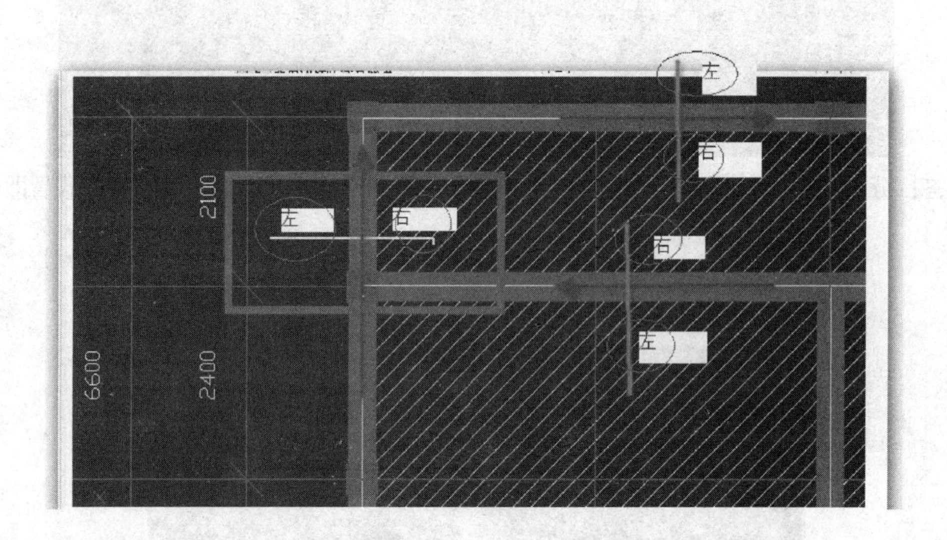

87. 问：雨篷造型、外挑异形梁、阳台造型、腰线等造型该怎么布置?

答：平面的按挑檐定义，里面的按栏板定义，也可以按异形挑檐定义，钢筋不能直接输入的在其他钢筋中或者是编辑钢筋中输入，软件中没有的钢筋图形可以在自定义钢筋图形中编辑符合图纸的钢筋图形。

88. 问：“图集中剪力墙或者梁交汇处的锚固都不相同”，那么各类各处钢筋都可以按照11G101-1 里面 53 页的受拉钢筋基本锚固长度的表格计算吗?

答：梁下部钢筋的锚固值是需要比较的：首先要算出 LaE，基本锚固长度乘以 53 页下面的系数得出，然后用 LaE 与支座宽减保护层比较，如果 LaE 大于 hc-保护层那么弯锚钢筋伸到柱边弯折 15d；如果小于直锚长度 LaE 和 hc/2＋5d，两者取大值。

89. 问：地下室坡道梁怎样定义?

答：坡道梁可以用地框梁或基础梁定义计算。

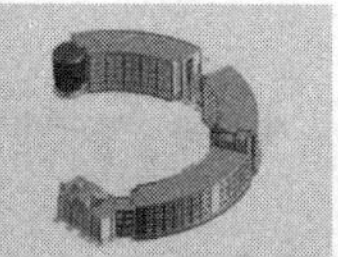

90. 问：地沟图集中给出了每个编号的钢筋尺寸，长度包含弯钩吗？

答：理论上讲图集提供的配筋尺寸可以用，但是有些图集尺寸就不可以用，需要进行修改。

例如：05S804 矩形钢筋混凝土蓄水池，17＃钢筋，可以计算出来，但是用于实际操作就有困难。

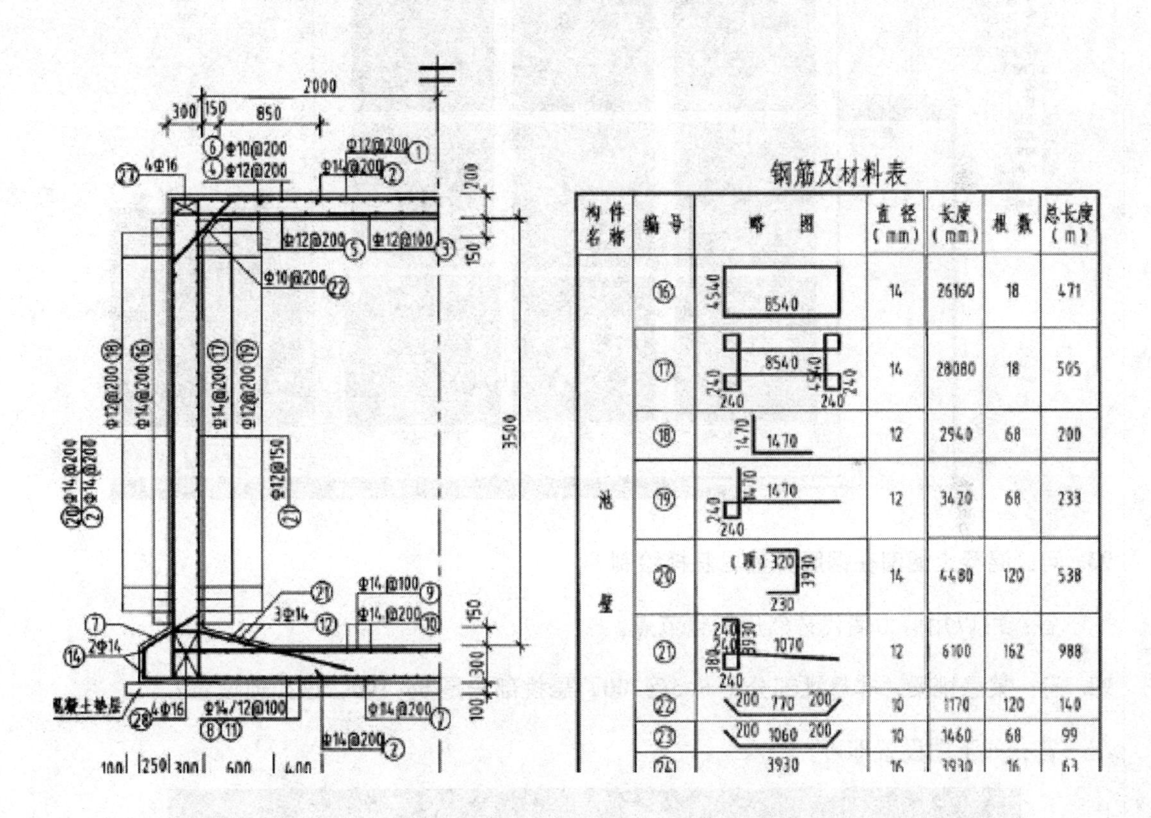

钢筋及材料表

构件名称	编号	略图	直径（mm）	长度（mm）	根数	总长度（m）
池壁	⑯	4540 8540	14	26160	18	471
	⑰	8540 4540 240 240 240 240	14	28080	18	505
	⑱	1470 1470	12	2940	68	200
	⑲	1470 1470 240 240	12	3420	68	233
	⑳	（顶）320 3930 230	14	4480	120	538
	㉑	240 240 3930 380 1070 240	12	6100	162	988
	㉒	200 770 200	10	1170	120	140
	㉓	200 1060 200	10	1460	68	99
	㉔	3930	16	3930	16	63

91. 问：在钢筋 GGJ2009 中单构件中计算长螺旋桩的螺旋箍筋，计算结果与手算的结果不一致，该怎样处理？

答：由于螺旋钢筋的长度较长，软件计算的时候增加了搭接位置的钢筋量，手算的时候可能不考虑这一块。另外，螺旋钢筋的计算公式手算要和软件计算的一致，软件是正确的。同时保护层要设置正确。

92. 问：约束边缘构造在暗柱中怎样定义？

答：参数化柱中便可以选择。

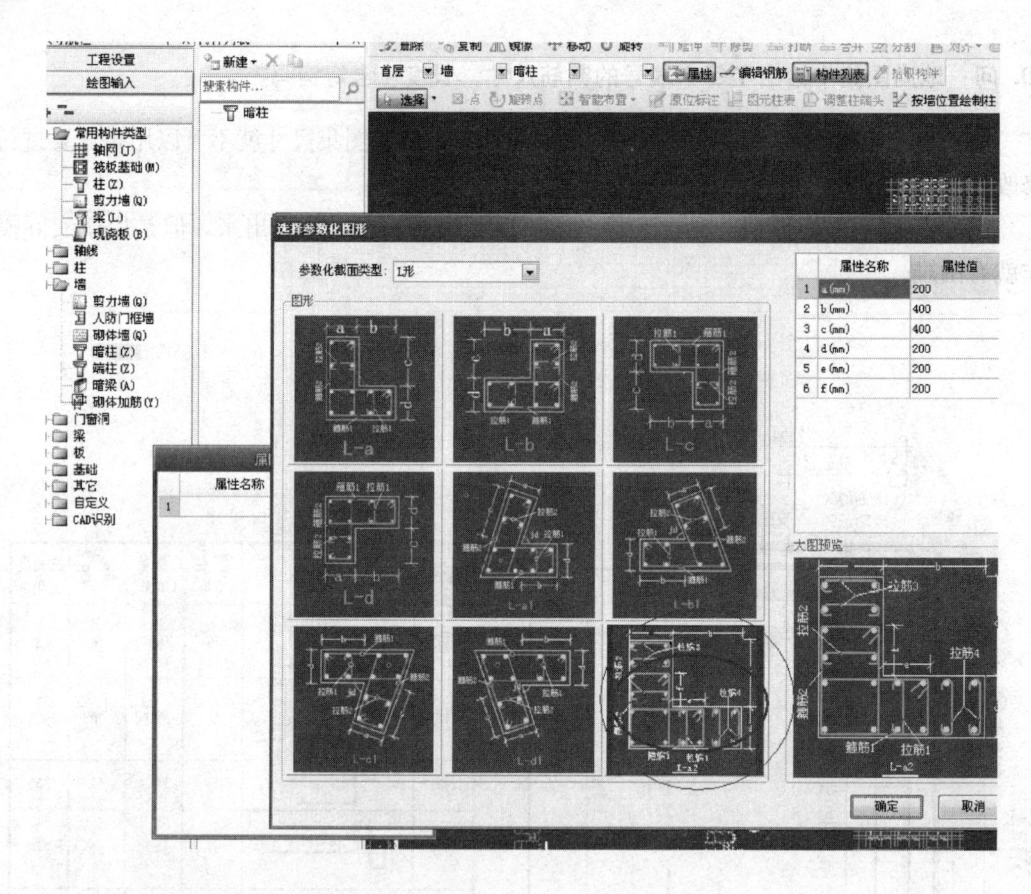

93. 问：混凝土烟囱在钢筋算量里怎样绘制?

答：可以用剪力墙代替然后调整节点。

94. 问：某悬挑梁，非悬挑部分是 6.5@200，悬挑部分是 8@100，该如何设置?

答：如下图设置即可。

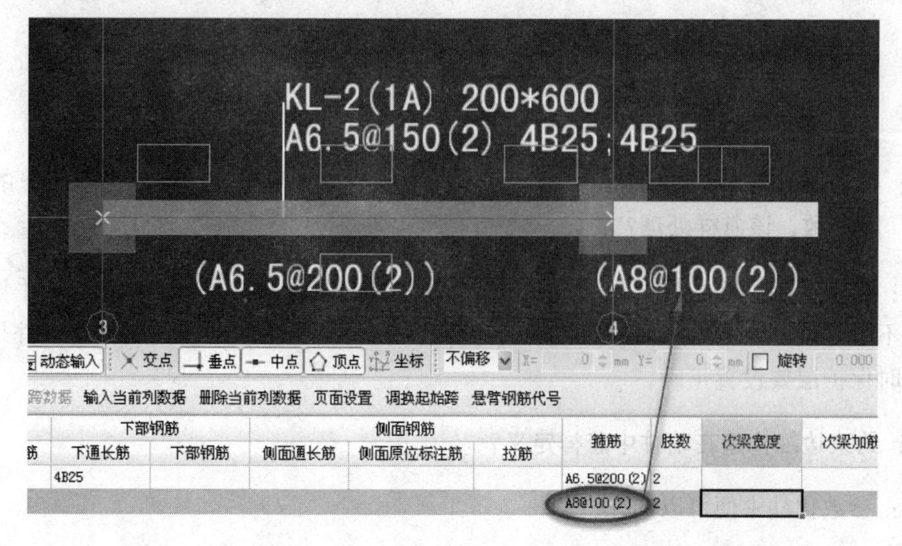

95. 问：图集上要求“梁的中间支座两边的上部纵筋相同时，可只在支座的一边标注配筋值，另一边省去不注”。某梁第二跨的左支座 3C16，那么第一跨的右支座还用输入 3C16 吗？

答：其实所谓的支座，并不是只在那个节点位置，还会延伸出一部分，所以只有当节点两边的钢筋不同时才需要两边都设置，如果相同的话，只设置右支座与只设置下一跨的左支座以及这个节点两边都设置相同钢筋时计算出的数量是一样的。

96. 问：怎样让暗柱翻转方向？

答：可以根据图片进行操作。

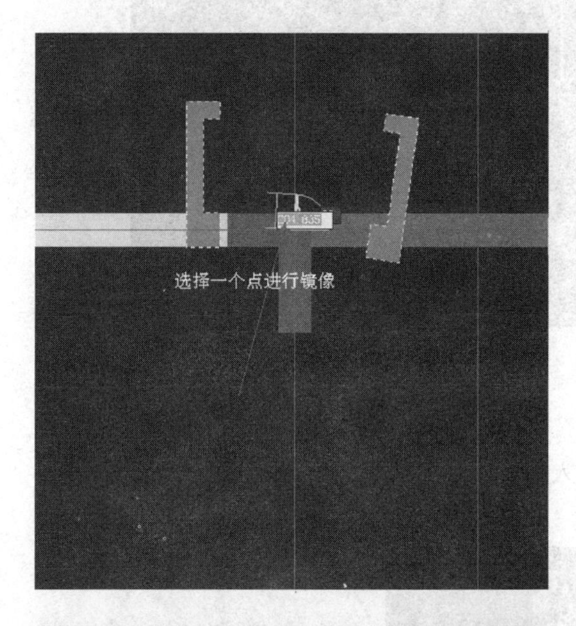

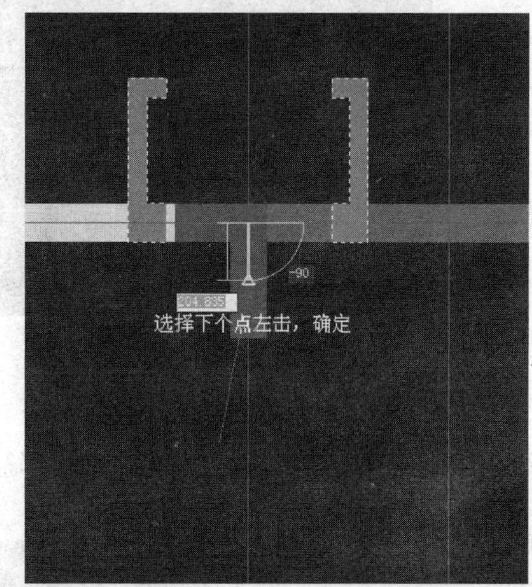

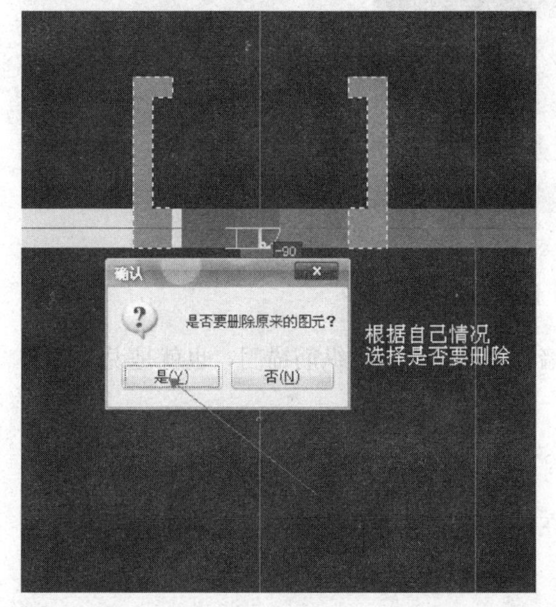

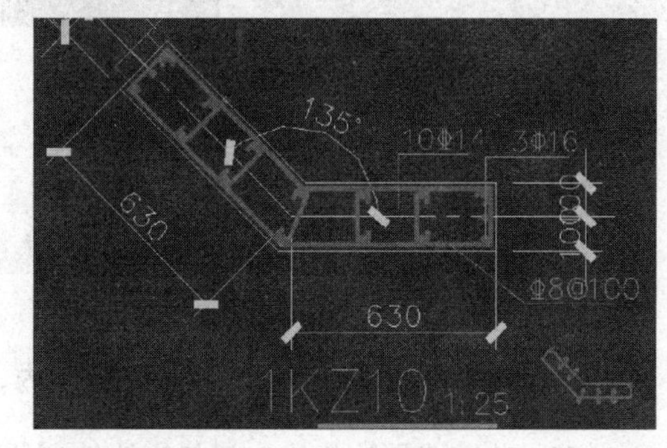

97. 问：下图这种异形箍筋怎么定义截面？

答：参照下图，用辅助轴线测量各个点的尺寸。

98. 问：次梁加筋如何输入？

答：次梁加筋在主梁的原位标注里面输入即可，如图所示。

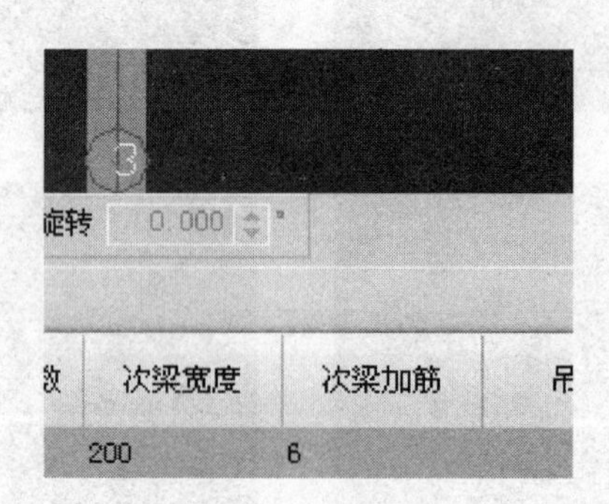

99. 问：风井的四周有预留筋伸入井壁墙内，预留筋如何定义？

答：井壁墙是从井的上部起，软件中的墙自动设置插筋或纵筋锚固，也就是说软件已自动计算了预留筋，不必再考虑定义了。

100. 问：交叉型楼梯在钢筋算量中怎样定义？

答：所谓交叉楼梯，也就是剪刀楼梯，在单构件里用 AT 型楼梯定义即可。

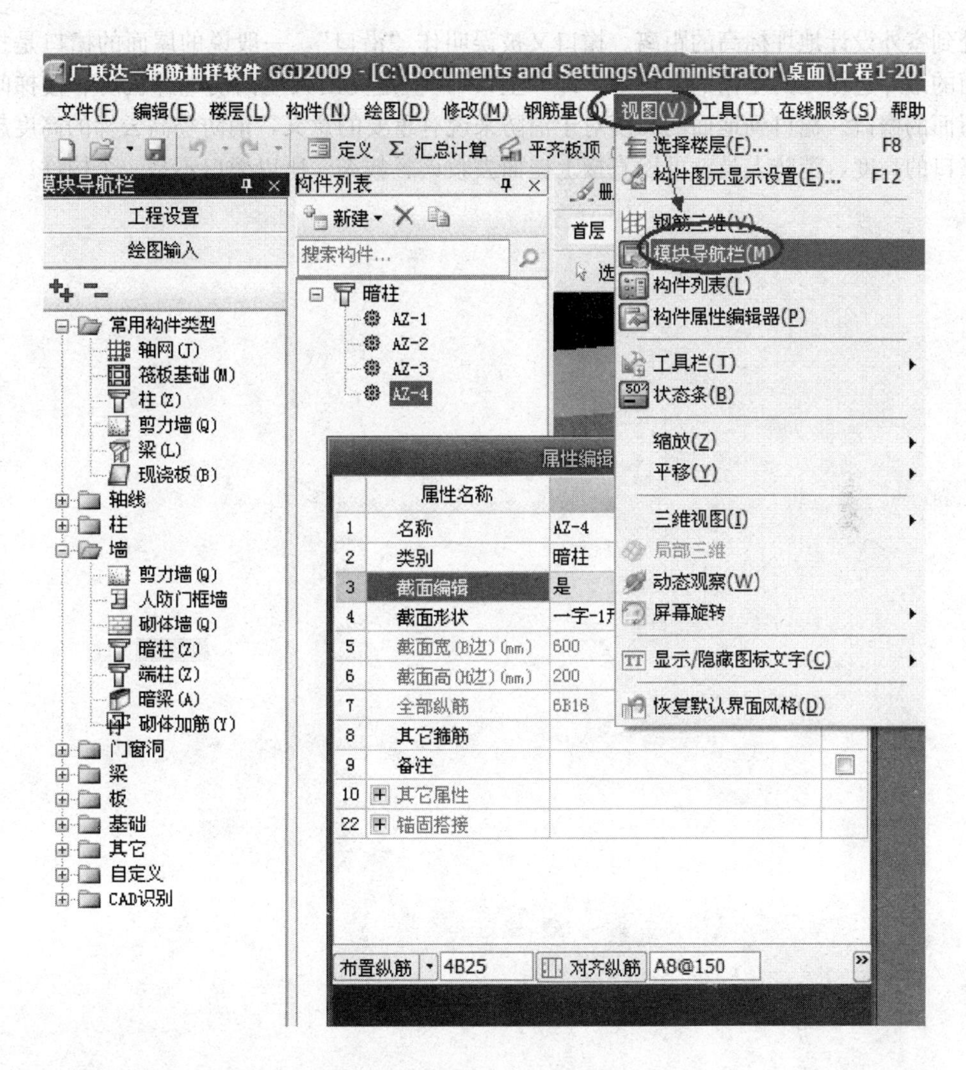

101. 问：单构件输入导航栏后不见了，在哪里可以恢复？

答：点工具栏上“视图”选择“模块导航栏”即可。

102. 问：在自定义中设定的自定义图库钢筋变量怎样设置？

答：定义变量即为定义绘制的钢筋线各段长度为变量。点击工具栏“变量”按钮，切换到定义变量状态，在图元属性编辑器“文本内容”中输入要定义的变量名称，如L1，然后点击工具栏“文字”按钮输入变量文字到图上。点击工具栏“设置计算式”按钮，输入钢筋长度计算式，比如上图钢筋长度计算式为：L1＋L2＋L3。检查确认无误后点击“文件”→“退出”保存并退出矢量图编辑器。设置好自定义钢筋后在异形梁的编辑钢筋里面插入一行，图号选择里面可以选择刚设置的自定义钢筋。

103. 问：檐口该怎样正确定义？

答：檐口是指结构外墙体和屋面结构板交界处的屋面结构板顶，檐口高度就是檐口标

高处到室外设计地坪标高的距离。檐口又被误叫作“沿口”，一般说的屋面的檐口是指大屋面的最外边缘处的屋檐的上边缘，即“上口”，不是突出大屋面的电梯机房、楼梯间的小屋面的檐口。檐口到地面的高度对于消防来说有重要的意义，消防登高云梯的高度超过了檐口的高度，消防人员就可以直接上屋面去救火、救人。所以檐口不是一个构件。

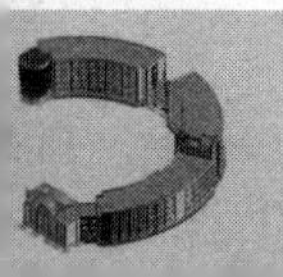

第 10 章

CAD 导入

1. 问：CAD 图中的柱标识、柱边线以及柱钢筋线全部在一个图层，识别柱大样时该怎样提取各个线？

答：分别点选，然后识别。比如：点击“提取柱边线”，点选每一根柱边线，全部选中所有的柱边线后点鼠标右键提取即可。

2. 问：使用 CAD 识图时，自动识别梁原位标注，发现有部分梁的原位标注还是粉色是怎么回事？

答：CAD 图纸如果画得不规范，自动识别是会出现错误的，可以点选识别梁，梁全部识别后，再自动识别原位标注，没有识别正确的需要手动补上。

3. 问：广联达钢筋算量 GGJ2009 中如何识别 CAD 中钢筋受力筋和负筋？

答：(1) 导入板受力筋

① 提取钢筋线

第一步：点击导航栏“CAD 识别”下的“识别受力筋”；

第二步：点击工具条“提取钢筋线”；

第三步：利用“选择相同图层的 CAD 图元”或“选择相同颜色的 CAD 图元”的功能选中需要提取的钢筋线 CAD 图元，点击鼠标右键确认选择。

② 提取钢筋标注

第一步：点击工具条“提取钢筋标注”；

第二步：利用“选择相同图层的 CAD 图元”或“选择相同颜色的 CAD 图元”的功能选中需要提取的钢筋标注 CAD 图元，点击鼠标右键确认选择。

③ 识别受力钢筋

“识别受力筋”功能可以将提取的钢筋线和钢筋标注识别为受力筋，其操作前提是已经提取了钢筋线和钢筋标注，并完成了绘制板的操作。

操作方法：

点击工具条上的“识别受力筋”按钮，打开“受力筋信息”窗口，输入钢筋名称即可，依次可识别其他的受力筋。

(2) 识别板负筋

提取钢筋线

第一步：在 CAD 草图中导入 CAD 图，CAD 图中需包括可用于识别的板负筋（如果已经导入了 CAD 图则此步可省略）；

第二步：点击导航栏“CAD 识别”下的“识别负筋”；

第三步：点击工具条中的“提取钢筋线”；

第四步：利用“选择相同图层的 CAD 图元”或“选择相同颜色的 CAD 图元”的功能选中需要提取的钢筋；

第五步：点击工具条中的“提取钢筋标注”；

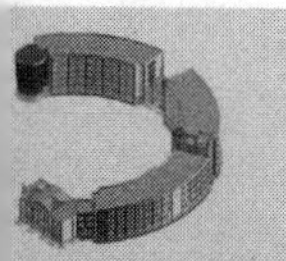

第六步：选择需要提取的钢筋标注CAD图元，右键确认；

第七步：点击工具条上的“识别负筋”按钮，打开“负筋信息”窗口，输入负筋名称即可，依次可识别其他的受力筋。

4. 问：用CAD导图后发现标注上的字体变大了，该怎样调整？

答：“工具栏”—“工具”—“选项”—“其他”—“使用单线字体”—方框中的勾取消即可。

5. 问：柱与柱表的识别顺序是怎样的？

答：先识别柱表，再识别柱。识别柱以后，才能查看立体图。

6. 问：专业的软件是在CAD的平台上建立的，如天正建筑有专门的墙、梁、板构件，而钢筋软件只能识别CAD的格式，怎样才能做到格式的转换？

答：第一步，打开天正软件。这里以天正7.5为例，其他版本的方法是一样的。

第二步，点击左侧工具条上的“文件布局”→“批量转旧”。（这里不需要打开CAD图纸）。

第三步，选择要转换的CAD图纸。

第四步，选择转换后的图纸保存路径，这里一般选择桌面即可。

第五步，此时并没有开始转换，查看最下方的命令框内，要求选择转换的版本。

默认是天正3格式，所以可以直接点击回车。如果默认的不是天正3，那么，输入一个3，再点回车。

第六步，再看命令框内，又有一个提示，询问是否给文件名增加一个后缀，默认增加，直接点回车即可。

第七步，其实第六步后就开始转换了，稍等片刻后，可以去选择转换后图纸保存路径查看一下。转换的图纸已经在那里了。

7. 问：为什么CAD导图柱表识别不全？

答：识别柱表，是在CAD草图中识别，其方法就是单击识别柱表，把柱表框选起来，右键确认，然后单击柱表最上一行中每列空白格，选上与柱表相同的标注，这样操作完成后，按软件提示的操作，把不需要柱标的一行删除，单击确定，单击生成构件即可。

8. 问：在CAD2007版本的图中，轴线标识是齐全的，导入钢筋软件后，有部分轴线标识却不能显示是怎么回事？

答：天正CAD图纸在导入软件时会出现以下问题：（1）导入后一片空白，什么也没有导入进来。（2）导入后丢一部分东西。原因：天正CAD图纸是经过了天正加密的，如果在一台只安装了AutoCAD软件的电脑上打开这些图纸，也是会出现以上问题。

下面的解决方法可以100%的实现天正CAD图导入软件中：

由于天正4及以后的天正版本，对图纸进行了加密，但是天正3却没有对图纸进行加密，所以我们只需要将天正CAD图纸转换为天正3版本即可。高版本天正CAD图转换

为天正3方法：第一步，打开天正软件。这里以天正7.5为例，其他版本的方法是一样的。第二步，点击左侧工具条上的“文件布局”→“批量转旧”（这里不需要打开CAD图纸）。第三步，选择需要转换的CAD图纸。第四步，选择转换后的图纸保存路径，这里一般选择桌面即可。第五步，此时并没有开始转换，查看最下方的命令框内，要求选择转换的版本。默认是天正3格式，所以可以直接点击回车。如果默认的不是天正3，那么，输入一个3，再点回车。第六步，再看命令框内，会有一个提示，询问是否给文件名增加一个后缀，默认增加，直接点回车就行了。第七步，选择转换后图纸保存路径查看，图纸已经转换好了。把转换为天正3格式的CAD图纸导入软件，就不会再出现所提的问题了。

9. 问：CAD导入独立基础的钢筋如何操作？怎样导入才能加快速度？

答：软件的导独基图主要是模型，钢筋需要自己定义。

10. 问：为什么用广联达钢筋算量软件打开导入的CAD图显示不全呢？

答：首先，用CAD打开电子图，看看CAD是不是能完全显示，如果能完全显示，就全选整个电子图，点击右侧编辑栏（竖向的），下面的分解按钮（比较靠下），分解完成后，选择轴线标识是不是已完全分解（圆是圆，数字是数字，能分开就分解彻底了）。再导入到软件中，便能显示了。

11. 问：（1）把图纸导入软件以后，只需要更改图元构件列表的信息就可以吗？（2）某工程有地下室，地上三层为裙楼，上面有十二层的主楼，每层楼都有kz1、kz3、kz6等柱图元，像这样标准层从五层开始，是否可以把柱图元名称都更改成和楼层、栋号一样的名称？（3）如此复杂的图纸该如何建立轴网？

答：（1）把图纸导入软件以后，需要利用CAD识别功能，进行对构件的识别与修改。

（2）建议地下室与主楼分开定义，每层楼都有kz1、kz3、kz6等柱图元，看图纸配筋信息是否一样，如果一样识别一次即可，其他楼层可直接复制。

（3）复杂轴网利用轴网拼接功能，选择设置插入点即可。

12. 问：按照步骤识别完梁时，有一些梁识别不了，该怎样解决？

答：按照步骤识别完梁后，一些梁识别不了，可能是由于图纸本身原因，手动绘制补上即可。

13. 问：四棱锥台形独立基础，为什么CAD导图自动识别后的是矩形独立基础呢？

答：软件的CAD识别功能还不是很完善，一般只能识别常规的图形。四棱锥台形独立基础中棱边角是识别不了的，只能识别成矩形。四棱锥条基还是手动定义布置的好，比识别快准。定义参数化条基选择四棱锥输入图纸中相应参数。

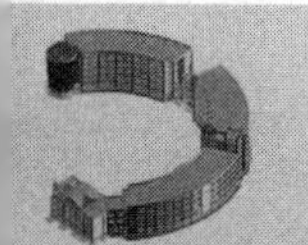

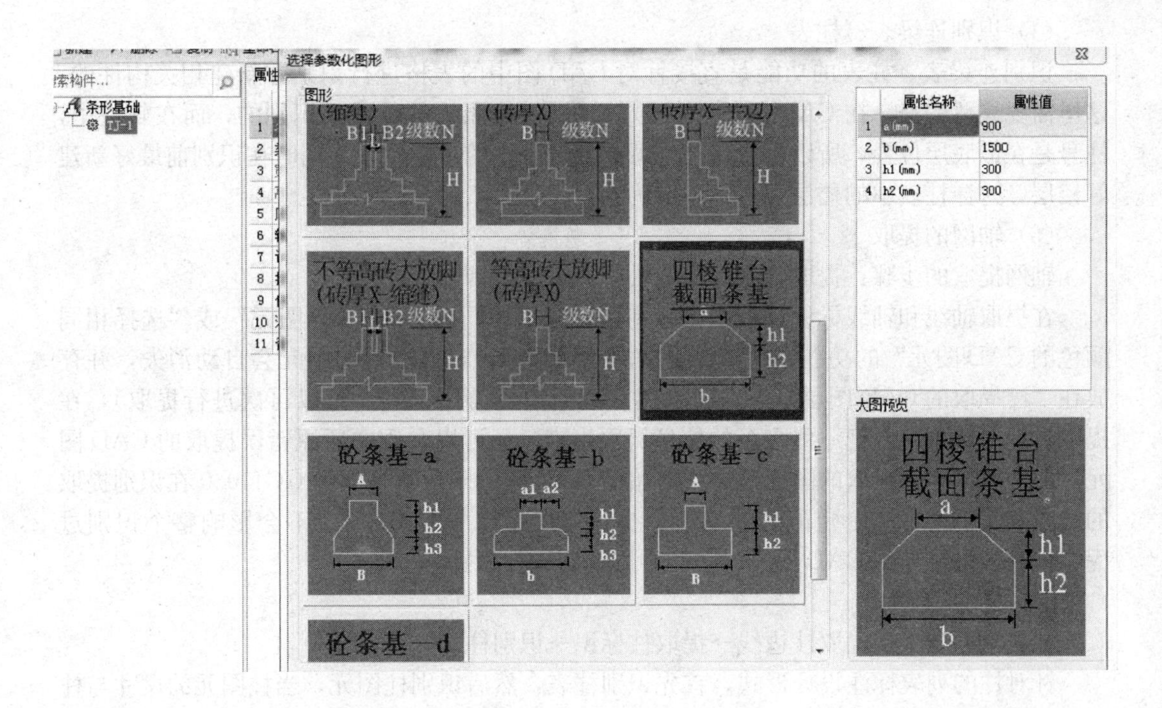

14. 问：导入 CAD 电子图的一般步骤是什么？

答：导入 CAD 电子图的一般步骤是：①导入 CAD 文件；②提取构件的边线和标识；③识别为 GGJ10.0 构件图元。

识别构件的正确操作流程为：①先识别垂直构件（如：柱、墙）；②识别水平构件（如：主梁、次梁）。

导入 CAD 电子图是分构件导入的，目前可以导入和识别的有：轴网、柱、墙、门窗洞、梁、柱表、连梁表。

导入 CAD 电子图的整体流程：

（1）图形的分解

大多数设计院设计的图纸并不是一层保存一个 *.DWG 文件，而是把所有图均保存在一个 CAD 文件中，因此在导入前需要使用“CAD 图形调整工具”来将其拆分为单张图纸再逐一导入。同时图纸的规范性是影响 CAD 导入的主要因素，为此还可以通过“CAD 图形调整工具”的功能来对 CAD 图形的字体、内容等进行编辑和修改。

（2）导入 CAD 图形

将之前分解好的图形进行导入（分解后的图形文件为 *.GVD 格式），也可以直接将 *.DWG 图形文件导入到 GGJ10.0 软件中。这里需要注意的是再次导入一个 CAD 图形文件时，之前导入的 CAD 图形文件将被清除。

（3）转换 CAD 钢筋级别符号

很多 CAD 图纸中，我们会发现钢筋的级别标注都不太规范，或者跟软件中能识别的符号不一致（例：%%130，%%131，%%132），为此在识别构件之前我们首先要用“转换 CAD 钢筋级别符号”的功能将钢筋级别转换为软件可以识别的符号。

(4) 识别连梁表、柱表

识别连梁表、柱表的功能是直接针对CAD图中的表格进行识别并新建相关构件的。这里需要注意的是，在CAD图纸中柱号的识别是按照柱的位置来识别的，而在软件中，柱号是在最底层位置，所以需要将柱号调整到软件中的对应位置。同时在识别前最好新建好楼层，这样柱表中的楼层编号才不会为空。

(5) 轴网的提取

轴网提取的步骤：提取轴线→提取轴线标识→识别轴线。

在提取轴线和轴线标识过程中可以利用“选择相同图层的CAD图元”或“选择相同颜色的CAD图元”的功能选中需要提取的轴线和标识，提取后的图元会自动消失，并存放在“已提取的CAD图层”中（如果还有其他图元需要识别，可以再次进行提取），在提取过程中若不小心把一些多余的信息提取出来，还可以利用“还原错误提取的CAD图元”的功能将错误提取的图元还原到原始的CAD图层中。这是因为GGJ10.0在识别提取的线段和文字时带有一定的容错功能，少量错误提取的CAD图元不会影响整个识别过程，但是如果错误的CAD图元过多则会影响到构件识别。

(6) 柱的识别

柱提取的步骤：提取柱边线→提取柱标识→识别柱。

针对柱的列表标注设计形式，首先识别柱表，然后识别柱图元，当柱图元的尺寸与柱表的尺寸有差异时，取柱表生成构件的尺寸；对于柱的截面标注设计方式，按其截面标注的钢筋信息进行识别。

柱的识别方法可分为三种：

① 自动识别：根据柱边线寻找最近的柱标识进行自动识别。

② 点选识别：一般用于识别单个的柱子，建议在点选识别柱之前按F7调出“设置CAD图层显示状态窗口”，将提取的柱边线和柱标识显示，将CAD原始图层隐藏，这样更便于查看。

③ 框选识别：框选识别柱一般用于同时识别位置相近的几个柱子。

15. 问：天正软件图形导出命令不显示是怎么回事？

答：输入txdc命令，如果提示命令无效，有可能是CAD中毒了，建议重装。也有可能是图纸转化格式的问题：首先用修复打开文件，打开“工具”的“块编辑”就可看到类似“TCH-PR”的块，那就是TCH-PROTECT-ENTITY锁住的东西，可以编辑。复制即可（注意：必须用“修复”打开文件）。

16. 问：某图纸比例是1∶100，在导入CAD图进行设置时为什么不能显示比例格式应为“x∶y”，其中“x，y”是正整数吗？

答：在CAD草图工具栏，点击“设置比例”，提示用鼠标选择两点，软件自动量出距离，并弹出对话框，如果量出距离与实际距离不符，则在对话框中输入两点间实际尺寸，如4800，点击“确定”，软件即可自动调整比例。

17. 问：钢筋算量时，导入CAD图形后，钢筋级别符号为方框，无法转换是怎么回事？

答：这种情况是CAD软件中没有设计所用的字体造成的。广联达服务新干线建筑家

园论坛 CAD 板块有比较全的字体库，下载之后，放在 fonts 文件下即可，或者先将 CAD 图在天正里用批量转旧转换成 t3 格式再次导入。

18. 问：CAD2010 导入图纸显示为空白是怎么回事？

答：使用 CAD2010 打开后另存为 04 格式，再次导入即可。

19. 问：点选识别梁时，点击梁的集中标注，信息框消失了，在梁的定义中查看也无法定义该怎样解决？

答：点选梁的集中标注，然后点击识别梁的原位标注，然后点击识别梁。信息框消失了可以在 CAD 图层中把已提取的 CAD 图层打勾，就显示出来了。

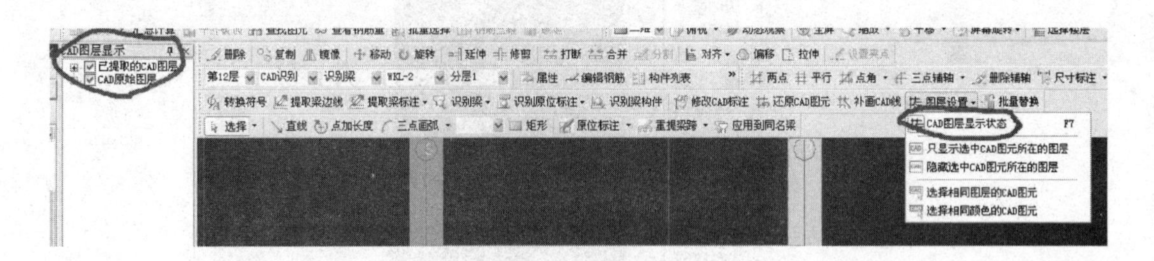

20. 问：柱子平面图和柱子配筋详图不在一张 CAD 图纸上，柱子应该怎样识别？柱子配筋详图应怎样识别？

答：建议先导入柱子配筋详图，用识别柱大样功能识别好柱，相当于先建立柱构件，再导入柱子平面图，用识别柱功能，这里主要是识别相对应的柱子，然后将这些柱子定位到图中。

21. 问：板负筋型号很多，有简单而又准确的识别方法吗？

答：识别板钢筋有两种方法：一种是受力筋和负筋分别识别；另一种方法是在识别受力筋界面，点击提取钢筋线，把受力筋和负筋的钢筋线提取过来，再点击提取钢筋标注，把受力筋和负筋标注同时提取过来。自动识别板钢筋—提取支座线—选择梁线，提取过来—自动识别板钢筋，检查无误后确定，即可。

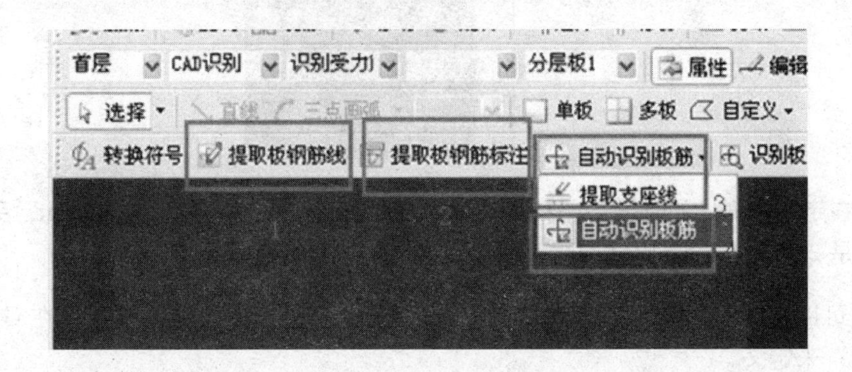

22. 问：CAD导图中导入的CAD图没有轴号和轴距是怎么回事?

答：可能是CAD图纸是天正的图纸，可以用天正打开然后批量转旧功能导出天正3的图纸解决。

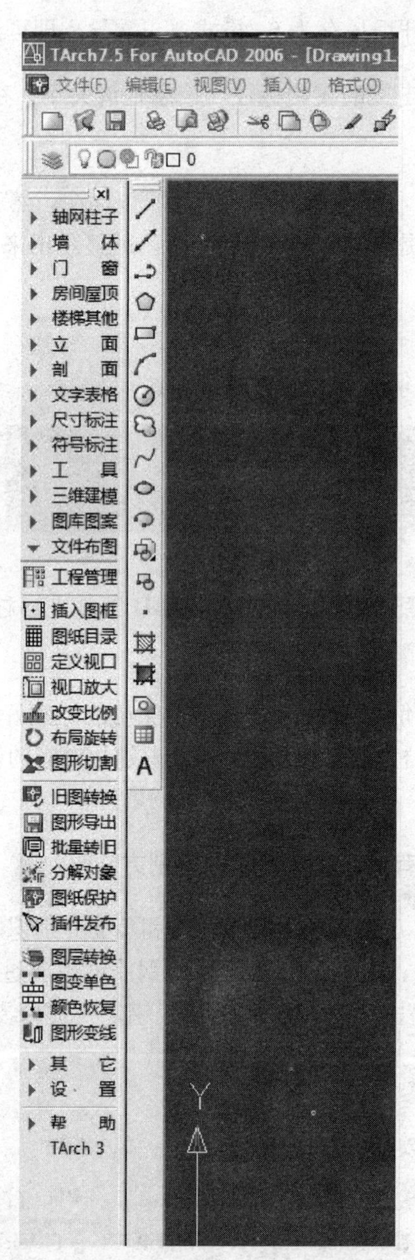

23. 问：在定义异形柱的时候，在CAD草图中设置好比例，一条边是300mm，另一条边是250mm，设置比例后这两条边都会是同一个数值，是怎么回事?

答：可以用“定义网格”来定义，也可“从CAD选择截面图”或者“在CAD中绘制截面图”来定义。

24. 问：CAD 图导入广联达软件时，为什么原 CAD 图里填充的东西没有了？

答：用 CAD 打开图纸，在下面的命令栏输入大写 X，回车，选中图层块即可将填充块分解或者转换成天正 3 格式，导入软件即可正常显示了。

25. 问：怎样导入暗柱？

答：CAD 识别导入暗柱对图纸有一定的要求，现在的图纸大都是暗柱和剪力墙共用边线，所以在导入墙柱平面图后对识别暗柱不准确，把剪力墙也识别成暗柱。

软件为了解决这种墙柱共线的问题，采取了一些措施，例如生成柱边线，补画 CAD 边线等等。

下面解决墙柱共线的问题：

（1）导入暗柱的前提是要先识别柱大样，这个应该不是什么问题，对于不规范的图纸最好用点选识别，这样准确率高点，对于识别不准的需要在截面编辑中手动修改。

（2）识别完柱大样之后，导入墙柱平面图，导入之后先定位 CAD 草图。

（3）点击识别墙，提取混凝土边线，然后再点击识别柱，提取柱边线，再提取柱标识，提取完成之后，接下来点击生成柱边线（点选或自动生成柱边线）。

（4）生成柱边线成功之后，再点击自动生成柱。

对于比较规范的图纸，可以直接利用识别柱的方法来识别。

下图为识别柱大样步骤示意图。

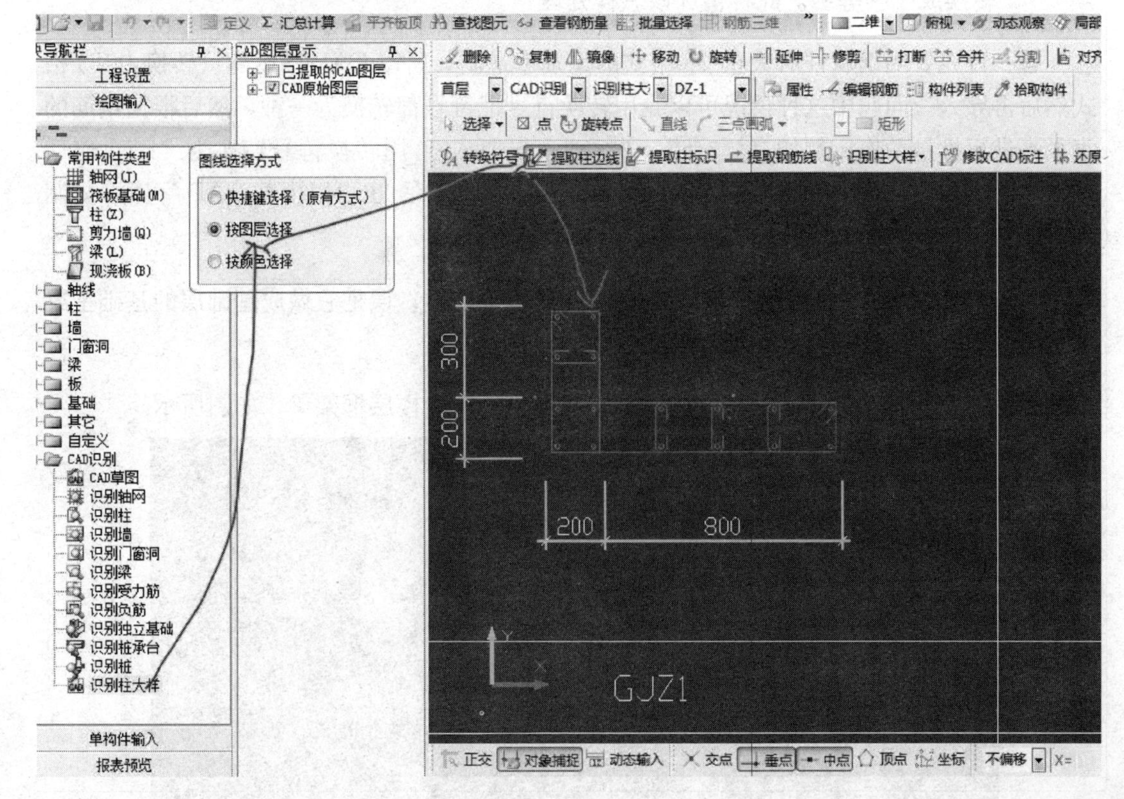

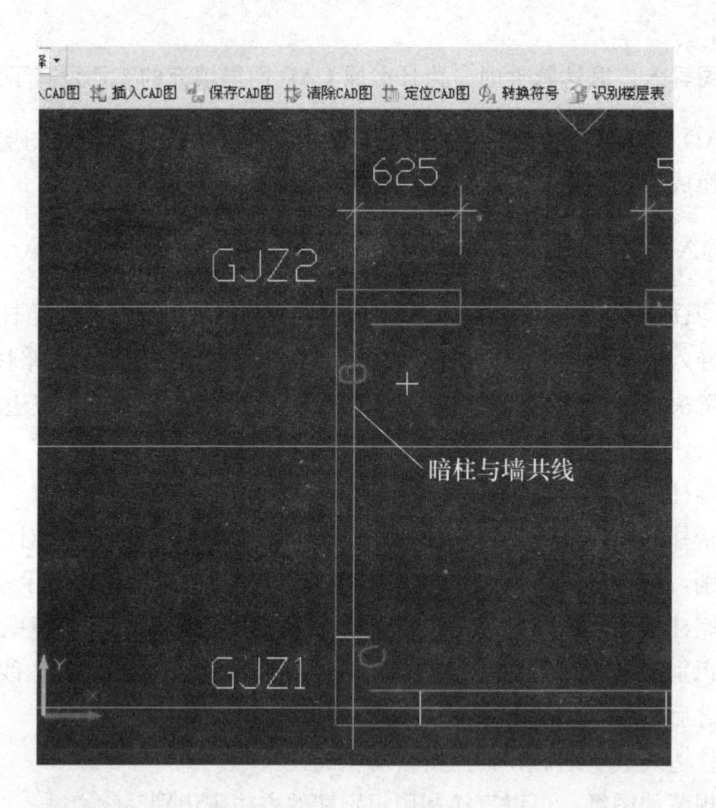

26. 问：导入CAD图后钢筋符号全部变成了"?"，转换符号，会把所有钢筋符号（?）都转换成一种等级。此种情况该怎样处理?

答：首先要明确软件对天正T3格式的识别率最高，所以CAD图纸建议转换为T3格式然后再导入。问题中这种情况可以先用转换符号把符号都转换为一种，然后根据钢筋的直径来进行批量替换。例如有"？6"、"？8"，先把"?"用转换符号转换为"B"，然后再把"B6、B8"分别用批量替换的功能替换为"A6、A8"。也可以下载CAD字库，复制到CAD文件夹下"Fonts"，将字符从CAD中识别出来。

27. 问：梁原位标注识别错位，本来为±0.00结构板的梁，误把它做成基础层的基础主梁及次梁，这种情况该怎样处理?

答：可以利用构件转换的功能将识别的基础梁转换为楼层框架梁，如图所示。

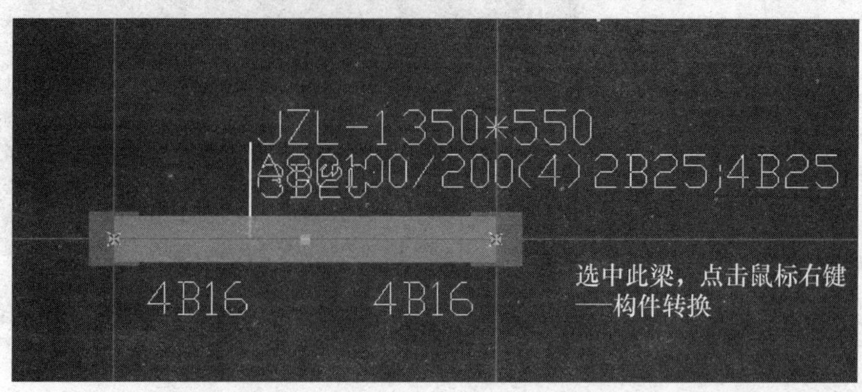

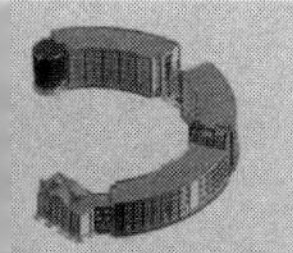

28. 问：WIN7 导入 CAD2008 图无响应是怎么回事?

答：把图纸按层分开，或者把硬件加速调成“无”即可。

29. 问：CAD 导图识别后，暗柱的名称标注后面都加了－1 是怎么回事?

答：这是因为在暗柱的定义界面已经有这个名称的柱子，可以在柱子的定义界面检查修改。

30. 问：CAD 图导入钢筋算量软件中，CAD 图层显示状态栏不见了是怎么回事?

答：在 CAD 草图界面点击“F7”，或在视图中点击“恢复默认视图”即可。

31. 问：钢筋 GGJ2009 如何识别门窗表?

答：CAD 草图—导入 CAD 图—总说明—打开—确定比例—识别门窗表—拉框选择—呈蓝色即选中—右键确认—点门窗编号—高度和宽度—确定—清除 CAD 草图。

32. 问：导入的 CAD 图基础构件是虚线，不能识别，怎样补画成封闭图形?

答：可以在导入基础的界面，工具栏上选择补画 CAD 线，直接补画即可。

33. 问：(1) 梁原位标注如何识别? 在导图后点了梁原位标注识别，虽然识别了，但发现还需要对梁原位标注是怎么回事? (2) 梁原位标注在图纸中有省略，在广联达算量软件中输入也可以省略吗? (3) 梁原位标注因梁的跨度很小，如何区别是跨中还是边跨?

答：(1) 需要核对和检查，发现错误后修正。

(2) 梁原位标注在图纸中有省略，在广联达算量软件中输入不可省略。

(3) 多数在边跨，少数在跨中。为了准确，可以咨询设计，在边跨和在跨中出入不大。

34. 问：把 CAD 图导入广联达软件后，为什么标注都变成了乱码呢?

答：出现这种情况是因为 CAD 里的字体库太少了，不能识别，可以下载一个字体库放在 CAD 安装盘的 fonts 文件夹里，或者在 CAD 中将不能识别的字体用其他字体进行匹配后再导入。

35. 问：导入 CAD 后为什么定位就找不到 CAD 图了?

答：在定位之前必须先有轴网，定位时由选择 CAD 中某一交点定位到软件中已有的某一轴线交点，在定位过程中可以滑动鼠标滚轮来找到已经绘制的轴网交点。

(1) 在 AutoCAD 中图纸显示完全正常，但是 CAD 图纸导入软件后看不见，说明在图纸周围有零碎的无用图元。用 CAD 或天正打开图纸，按大写字母 Z 键—回车—A 键—回车后全屏显示，找到零碎图元然后删除，保存删除后的图纸，重复大写字母 Z—回车—A—回车，使整个图纸显示在窗口的中央，再次保存，然后再导入软件。

(2) CAD 图纸导入软件不显示或显示不全，有可能是因为设计人员采用天正建筑或天正结构或天正给水排水制图软件绘制的图纸。解决办法是：用天正打开图纸，从左侧中文菜单栏的“文件布图”下采用“图形导出”或“批量转旧”功能将图纸保存为“＊＊＊＊_t3. dwg”格式的文件后再导入软件即可显示完整的 CAD 图元。

删除零碎图元

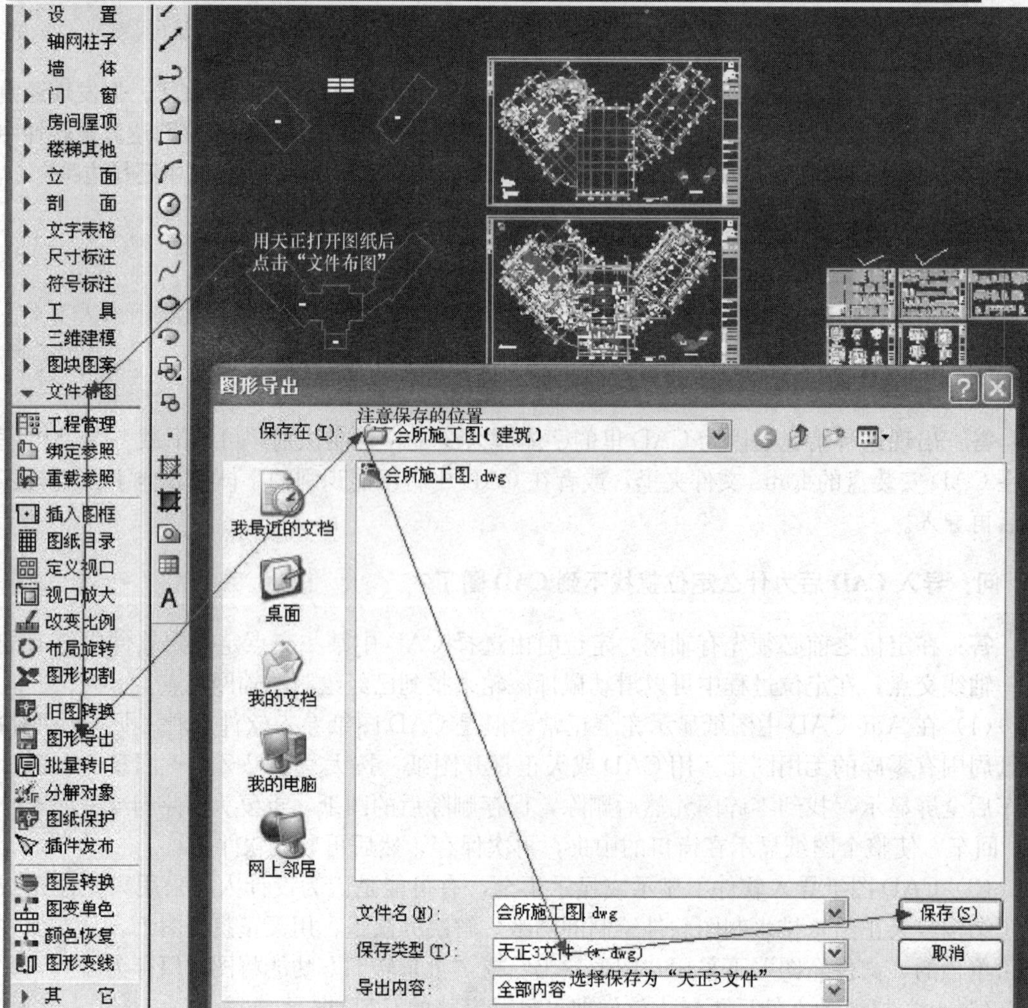
用天正打开图纸后
点击"文件布图"
注意保存的位置
图形导出
保存在(I):
会所施工图(建筑)
会所施工图.dwg
我最近的文档
桌面
我的文档
我的电脑
网上邻居
文件名(N):
会所施工图.dwg
保存类型(T):
天正3文件(*.dwg)
导出内容:
全部内容
选择保存为"天正3文件"
保存(S)
取消
设 置
轴网柱子
墙 体
门 窗
房间屋顶
楼梯其他
立 面
剖 面
文字表格
尺寸标注
符号标注
工 具
三维建模
图块图案
文件布图
工程管理
绑定参照
重载参照
插入图框
图纸目录
定义视口
视口放大
改变比例
布局旋转
图形切割
旧图转换
图形导出
批量转旧
分解对象
图纸保护
插件发布
图层转换
图变单色
颜色恢复
图形变线
其 它

36. 问：CAD原图中有尺寸为什么导入钢筋图形后无法显示尺寸？

答：CAD原图中有尺寸但是导入钢筋图形后不显示尺寸，这还是CAD原图问题，这种情况还是要自己重新建轴网。

37. 问：在做“提取独立基础标识”时，图纸的标注和轴线在同一图层，同时被识别了，该怎样修改？

答：像这种情况改变不了，一起提取了也没关系的，如果是基础，识别过来之后轴网是不会被识别的。

38. 问：先识别柱还是先识别柱大样？

答：先识别柱大样，识别柱大样就是建立构件的过程，然后再识别柱子。

39. 问：筏板基础怎样用CAD导入？

答：导入CAD图，绘制筏板，然后导入筏板钢筋。见GGJ2009帮助所示。

二、识别筏板主筋、筏板负筋

识别筏板主筋的操作步骤与识别板受力筋完全一致，只是在原来的基础上，增加了构件类别选项，若是针对筏板钢筋进行识别，则在构件类别中选择“筏板”即可。

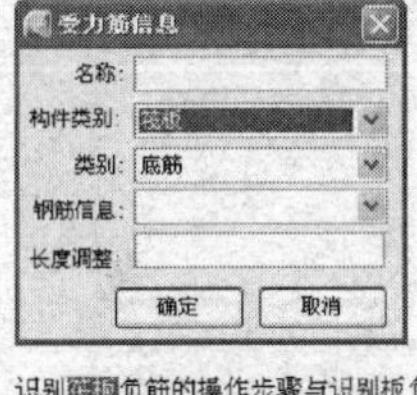

识别筏板负筋的操作步骤与识别板负筋完全一致，也是增加了构件类别选项，可以选择“板”或“筏板”。

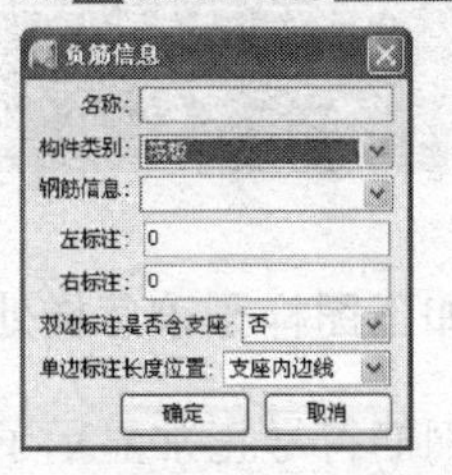

三、识别跨板受力筋、弧边识别跨板受力筋、圆心识别跨板受力筋

对于图纸中跨板受力筋，新版本中可以直接识别。具体操作请查阅“识别跨板受力筋”。

同时，识别放射筋中增加了“弧边识别跨板受力筋”和“圆心识别跨板受力筋”两个功能。操作方式与“弧边识别板放射筋”和“圆心识别板放射筋”一致。

40. 问：下图的柱子该怎样导图？

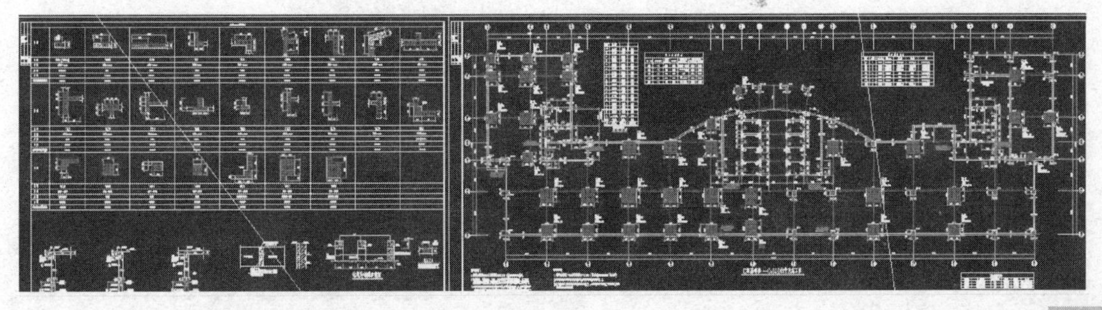

答：图上的是柱大样，需要先到识别柱大样的界面识别柱大样，然后导入柱子的平面图，再识别柱。识别柱大样的时候用点选识别，一个一个进行识别，并点开属性进行核对，只有柱大样识别正确了，柱子才能识别正确。

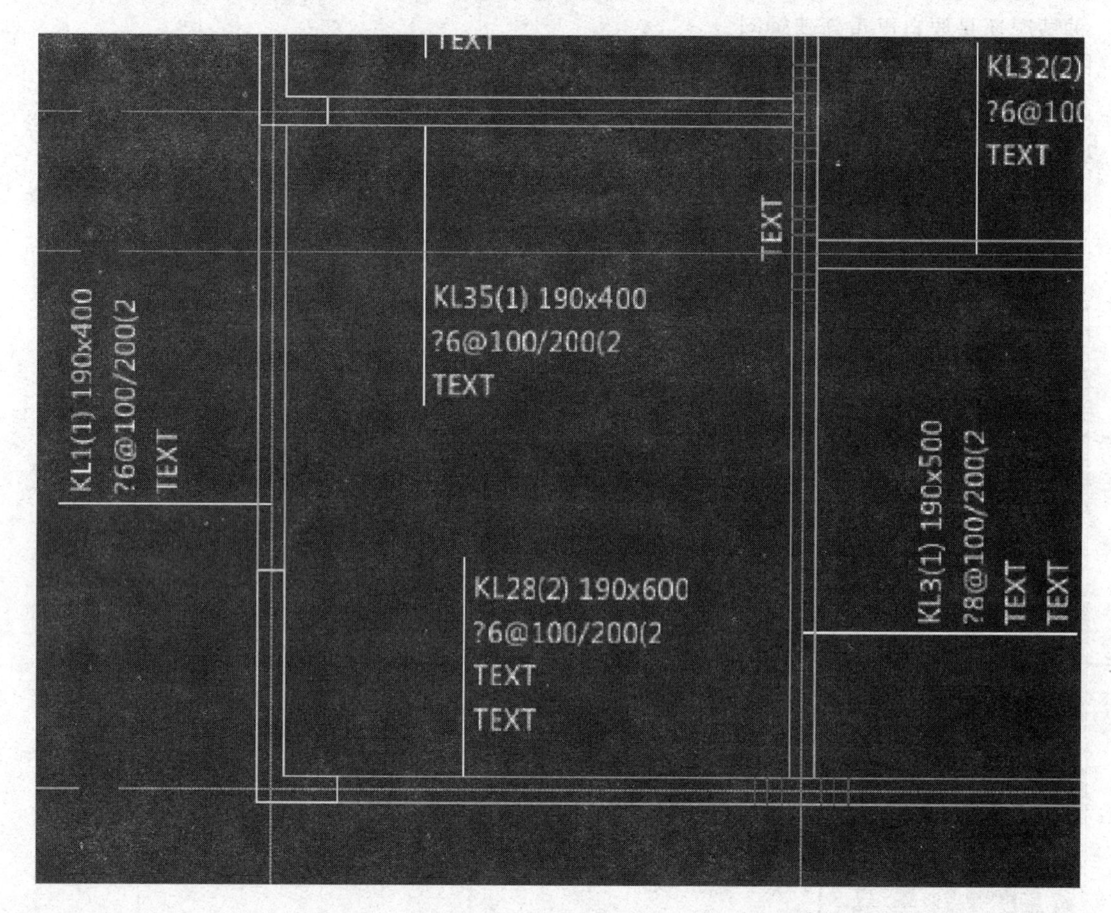

41. 问：CAD图形导入广联达钢筋软件时，钢筋集中标注变成了如下图样子该怎样处理？

答：把大字体复制到CAD（附图）目录下，即可在CAD下钢筋符号正常显示了。如果想钢筋软件下显示正确的话，可以尝试导图后转换钢筋符号，图层“TEXT”不需要管，假设是钢筋信息的话，说明设计不规范，在CAD视图下拉“查找”弹出对话框内填写“TEXT”，点击右边“整个图纸”，修改方框内输入准确钢筋信息即可。

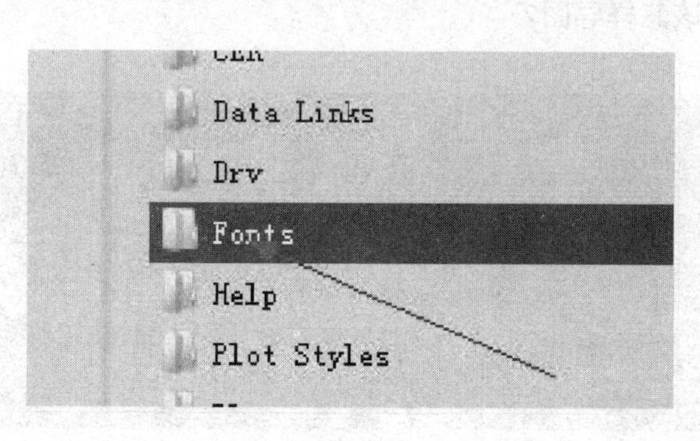

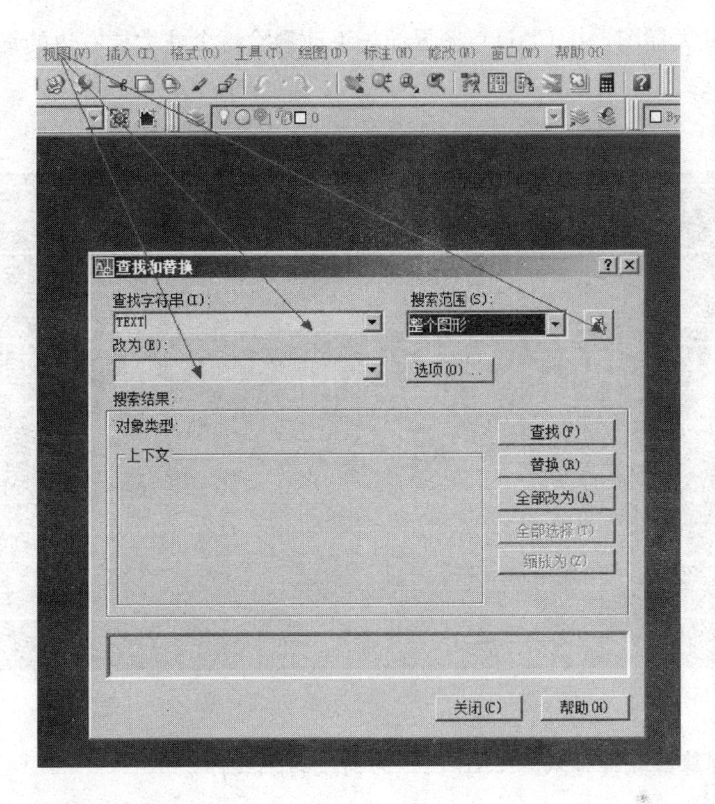

42. 问：识别柱大样的步骤是什么？

答：识别柱大样—识别柱边线—点击柱边线—图层选择—右键—提取柱标识—点一下柱标识—图层选择—右键—提取钢筋线—按图层选择—右键—识别柱大样—点选识别柱大样—确定即可。

43. 问：下图的柱表用广联达钢筋软件怎样识别？

[illegible]	500×500	500×500	500×500	500×800
[illegible]	KZ1			
[illegible]	[illegible]~3.950	3.950~11.950	11.950~16.000	[illegible]~3.950
[illegible]	12Φ20	12Φ20	12Φ18	14Φ22
[illegible]	Φ10@100	Φ8@100	Φ8@100/100	Φ10@100

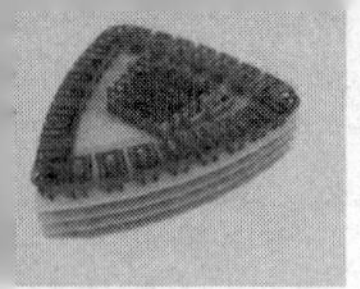

答：导入柱大样图，在 CAD 草图界面先手动删除每个柱大样右边的钢筋图形，然后再识别即可。

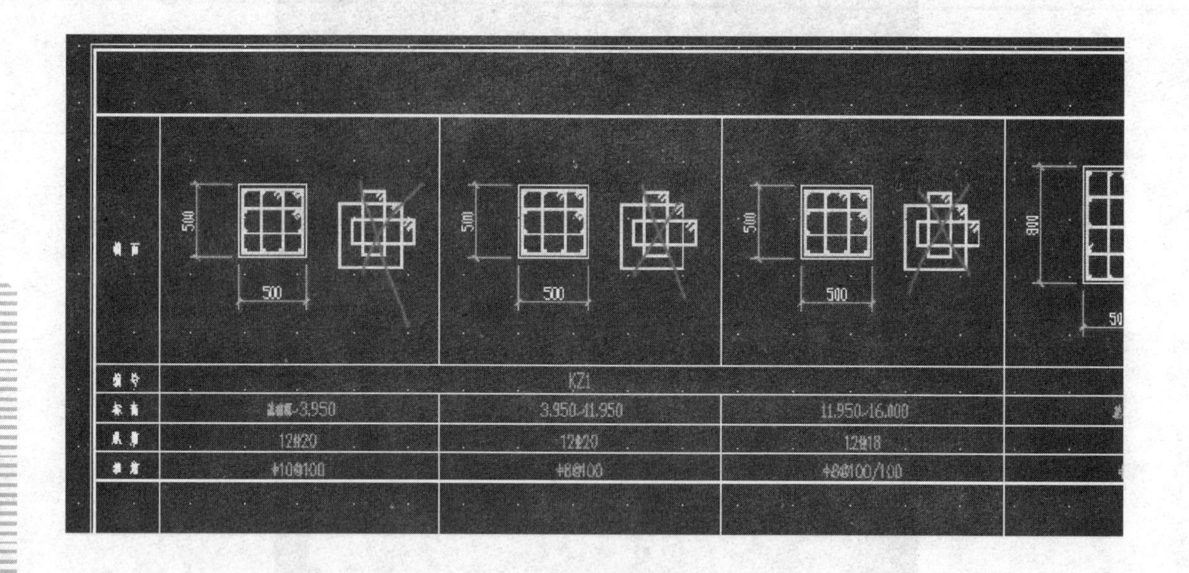

44. 问：用钢筋算量软件导入的 CAD 图，为何没有轴线标识？

答：出现这种情况是 CAD 版本太高的原因。可以通过以下方式解决：将图纸用天正打开将图纸转化为 t3 格式，或者在 CAD 里将图纸另存为低版本，打开另存为的图纸用 W 命令将图纸一张一张地单独保存，再将单独保存的图纸用 X 命令将图纸分解，保存后再导入到软件中（此方法常用）。

45. 问：用中望 CAD2007 专业版打开建筑图无墙轮廓线，怎样识别 CAD 图？

答：中望的 CAD 不能直接导入到软件中，软件目前只支持天正的和 AutoCAD 图。

46. 问：CAD 图文件太大，用导图的方法，无法显示全图，无法导入，应该如何解决？

答：先把 CAD 分成需要的各个部分分解开来，转成低版本的 CAD，需要哪张图，再分别导入即可。

47. 问：图为框架-剪力墙结构，次梁在图纸上已经绘制好，但没有标识，图中未注明附加箍筋均为次梁两侧各 3 个，间距 50mm，箍筋的直径、肢数同主梁，这种情况下怎样识别次梁加筋？

答：如果在主梁的原位标注中的次梁加筋直接输入根数 6，汇总之后这 6 根箍筋的量就加到了主梁的箍筋的根数中了，如果想单独列出次梁加筋的量，就需要在主梁的原位标注中的次梁加筋直接输入“数量＋级别＋直径”的形式，例如 6A10，那么汇总之后在编辑钢筋中就有次梁加筋的列项了。

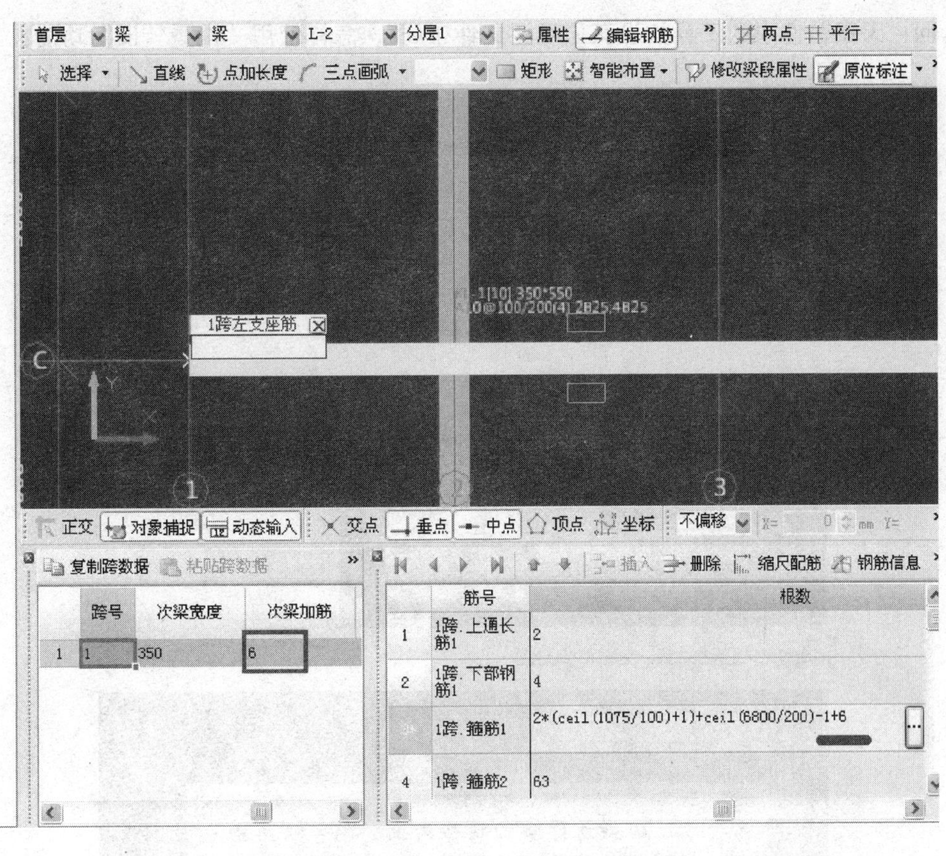

首层 梁 梁 L-2 分层1 属性 编辑钢筋 两点 平行
选择 直线 点加长度 三点画弧 矩形 智能布置 修改梁段属性 原位标注
1跨左支座筋
正交 对象捕捉 动态输入 交点 垂点 中点 顶点 坐标 不偏移
复制跨数据 粘贴跨数据
跨号 次梁宽度 次梁加筋
1 1 350 6
插入 删除 缩尺配筋 钢筋信息
筋号 根数
1 1跨.上通长筋1 2
2 1跨.下部钢筋1 4
1跨.箍筋1 2*(ceil(1075/100)+1)+ceil(6800/200)-1+6
4 1跨.箍筋2 63

始图层

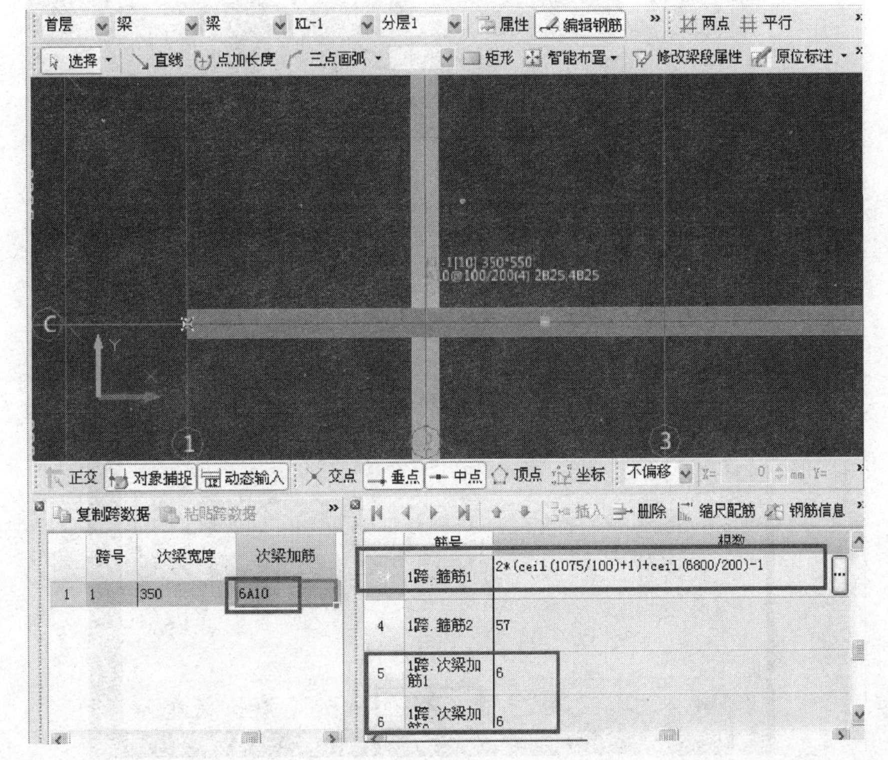

首层 梁 梁 KL-1 分层1 属性 编辑钢筋 两点 平行
选择 直线 点加长度 三点画弧 矩形 智能布置 修改梁段属性 原位标注
正交 对象捕捉 动态输入 交点 垂点 中点 顶点 坐标 不偏移
复制跨数据 粘贴跨数据
跨号 次梁宽度 次梁加筋
1 1 350 6A10
插入 删除 缩尺配筋 钢筋信息
筋号 根数
1跨.箍筋1 2*(ceil(1075/100)+1)+ceil(6800/200)-1
4 1跨.箍筋2 57
5 1跨.次梁加筋1 6
6 1跨.次梁加 6

48. 问：天正软件中的工具栏没有显示“文件布局”，怎样使用“批量转旧”功能？

答： 如下图所示。

1是你的天正软件版本过低，已过试用期，侧边栏就会消失，

解决这问题的方法就是：现在天正的最新版是8.5，到天正官网下载正版的软件。

2是由于你的不慎操作，致使侧边栏消失，这种问题的解决办法如下：

使用快捷键ctrl +，如果还不行，就按照下图操作。

单击软件的银白色区域，选择TCH、点击自定义工具栏。

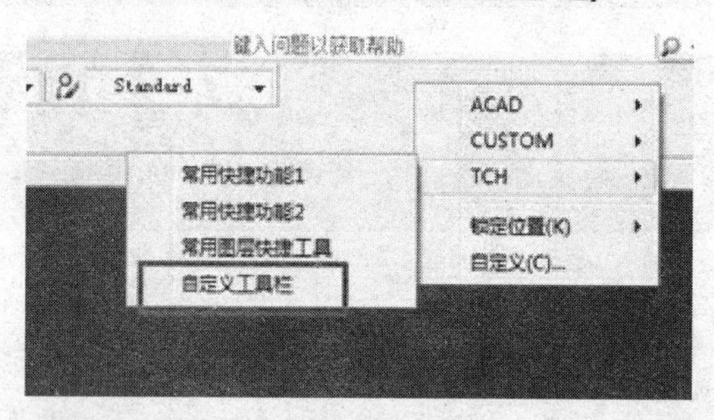

点击自定义工具栏的第一个图标“自定义”

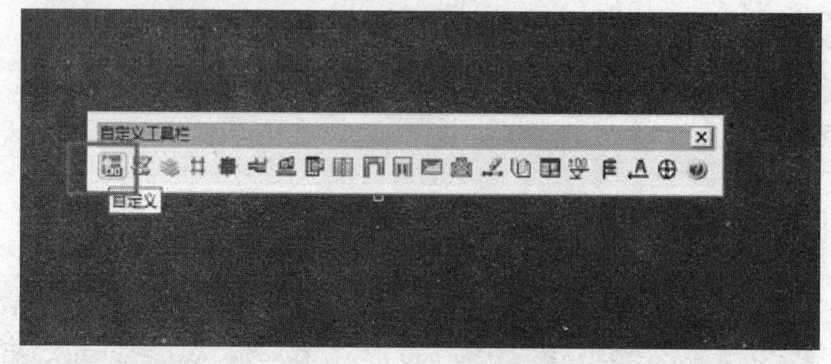

点击显示天正屏幕菜单。

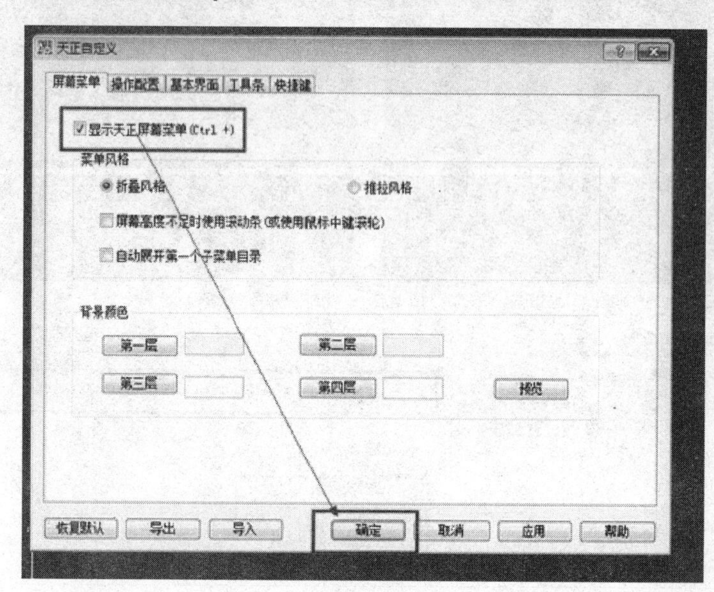

49. 问：CAD 导图是所有图都导入同一工程文件还是每张图分别导入不同的工程文件？

答：把一整张 CAD 图分成很多张单图（只有一层的柱或者梁等），然后在同一个工程不同的楼层中导入相应楼层的单图，然后识别即可。

50. 问：在导 CAD 的时候，为什么轴网的标示导不出来呢？

答：用天正软件打开这张图，分解 4 次，然后用“txdc”功能导出为 2004 版本的，再次导入软件即可。

51. 问：在 CAD 中能正常显示钢筋符号，导入钢筋软件后就全部变成汉字，该怎样处理？

答：导致这个问题的原因是钢筋软件版本低的缘故，只要把 2166 版的钢筋软件升级为 2167 版即可。

52. 问：GGJ2009 中可以快速识别板受力筋和负筋吗？

答：可以的。在识别负筋之前还原 CAD 图，然后在识别受力筋界面识别负筋（自动识别），在弹出来的对话框中，根据图纸上的要求改即可。

53. 问：如何把导入的轴网保存下来？

答：导入以后，点击保存按钮。只要保存了，关掉软件再打开轴网还存在。不是点保存 CAD 图，是点屏上方的“保存”按钮。

54. 问：天正 CAD 分解图像时，提示选择对象，拉框选择时没有反应，应该如何分解对象？

答：将 CAD 的图层解锁之后再分解没有数字，有可能是图纸轴号太复杂，或者是没有提取轴号。

55. 问：导入 CAD 图纸后看不到图，或者图很小，是怎么回事？

答：软件根据电脑中的 CAD 字体调解导入的图纸字体。

如果想变成正常的字体，在工具—选项—其他—使用单线字体勾去掉即可。

56. 问：在钢筋软件里，桩和钢筋需要识别吗？

答：桩是在单构件里建立的，不需要绘制在图上。钢筋在单构件输入，不需要识别桩。

57. 问：用 GGJ2009 导图，只有一层存在的柱子为什么导出来后每一层都显示？

答：导图步骤不对，轴网只需导入一次就可以。不用每层导入，这就是造成后来导入的柱子每层都有的缘故。

58. 问：导图时发现导错了，如何让原来的CAD图纸图元恢复？

答：利用还原CAD图元即可。

59. 问：钢筋GGJ2009中柱大样识别后钢筋配置跟图纸不一样，需要手工修改吗？

答：在目前的版本里，当箍筋的种类超过3类时，软件就识别不了，所以还要进行手工修改。

60. 问：CAD导图时提取的钢筋线、标识以及支座线，只识别了少部分，是什么原因？

答：（1）重新导入图纸，取支座线时不要提到梁或墙边线，没有支座线的钢筋不能被识别。

（2）如果确信操作无误，将没有识别的进行"点选识别"。

（3）若还是不能识别，就是CAD图的问题，只能自己定义绘制了。

61. 问：暗柱详图与剪力墙平面图绘制在一张图上时该怎样转化？

答：导入广联达钢筋算量软件后，柱和墙单独提取即可。

62. 问：识别栏中楼层识别和设置比例的功能都没有，是什么原因？

答：若是刚安装，可能是软件问题，可以请广联达工作人员上门处理；或者是电脑存在病毒，杀毒后再尝试该命令。

63. 问：CAD导图时，板能导入吗？

答：板要自己手动绘制，不可以导入。

64. 问：梁跨校核提取的跨数与属性中的不一样时，修改属性中的还是梁中的数值？

答：若是按照设计图纸定义的该梁跨数，就必须更改已经绘图输入中的梁的跨数，可以通过"重提梁跨"功能实现。

65. 问：为什么在识别门窗洞的时候有些识别不过来？

答：门窗是依附构件，必须先识别墙体然后再识别门窗。识别的流程：先识别门窗表后识别门窗洞。（1）点击CAD图→识别门窗表；（2）在导入的CAD图纸中，拉框选择门窗表中带有门窗名称和门窗尺寸的内容，其他内容不要选择；（3）点击右键，弹出"选择对应列"的界面，在每列的顶部选择相对应的内容，如果识别到了多余的信息，可以点击删除列按钮来删除；（4）点击确定按钮，完成操作，在构件管理中可以看到识别的信息；（5）由于门窗是墙的附属构件，所以在识别门窗构件前需要进行墙体的识别，具体步骤参见墙识别；（6）点击绘图工具栏的"提取CAD门窗标识"，利用"选择相同图层的CAD图元"或"选择相同颜色的CAD图元"的功能选中需要提取的门窗标识，提取后的图元会自动消失，并存放在"已提取的CAD图层"中（如果还有其他图元需要识别，可以再次进行提取）；（7）门窗洞口的识别有四种识别方法，以自动识别为例，点击绘图工

具栏下的“自动识别CAD门窗”，选择“自动识别窗”，完成操作。

66. 问：为什原来导入的CAD图都不能完整地显示出来，需要每次打开广联达软件都要再导一次CAD图，有什么方法可以解决呢？

答：每次在导图的时候，都会出现一个CADI的文件，是导入CAD图生成的，所以不要删掉，每次打开图形或钢筋的时候都会提示是否导入CAD图。还可以关注一下图层：钢筋内按“F10”，图形内按“F6”，全部选择，就会出现全图了。

每次你在导图的时候，都会出现一个CADI的文件，这个就是你导CAD图进去生成的，所以不要删掉，每次你打开图形或钢筋的时候都会提示你是否导入CAD图的

67. 问：CAD图导入识别后桩和柱错位了该怎么办？

答：一般桩和柱的CAD图都是分开的，不会在一张图纸中，因此在导入CAD的时候需要分开导入。

如果导入完柱的CAD后再次打开桩的CAD时需要“重新定位”即把桩CAD的图纸中1轴与A轴的交点与已经导入柱的1轴与A轴的交点重合，这样就不会错位。

如果已经错位了，就把其中一个构件的所有图元全部选中，执行“移动”命令，与另外一个构件重合即可。

68. 问：CAD导入时，一层中的CAD梁、柱、板都不在一张图纸上时，该怎样导入？

答：（1）如果一层中的CAD梁、柱、板都不在一张图纸上，是需要一张张导入的；也可以将其合并到一张CAD中，再行导入；（2）导入软件时，先将CAD中不同构件建好图层，以免导入后，广联达软件将一些构件识别错误。

69. 问：CAD图用CAD2004打开后，什么也看不到，导入软件后，还是什么也看不到，该怎样解决？

答：假如图纸无法在预览窗格显示的话就无法导入了。在导入界面可以查看是否能选

择空间，如果不能选择空间并且预览窗口只有“视口外区域”的话那很可能此图纸是经设计院加密过的，可以解密后再尝试导入。另外2010版的CAD图暂不支持导入，新版图也会出现此情况。假若有预览的话导入看不见很可能是有极远点，删除极远点再点“全屏”即可。

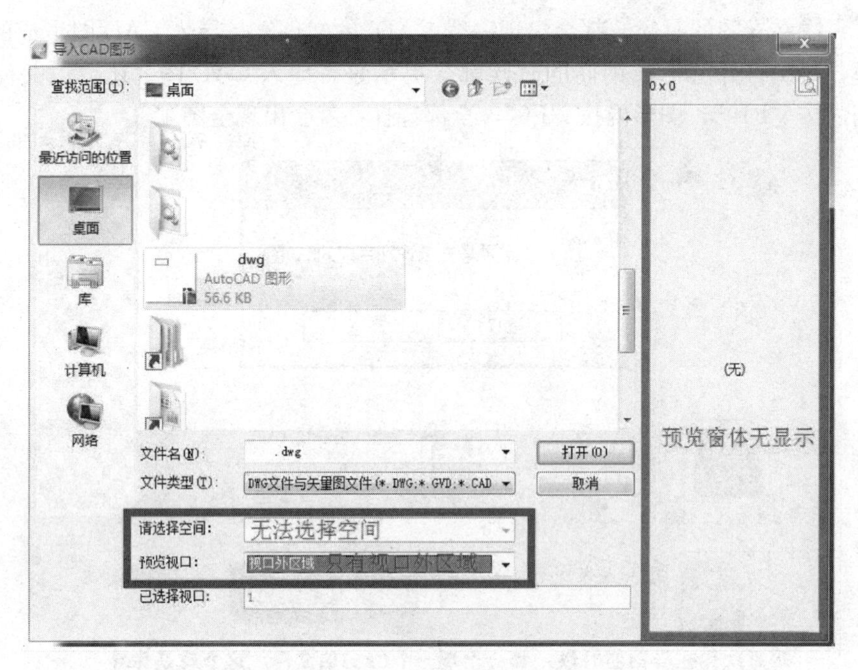

70. 问：CAD图上和导过来的负筋不一致怎样解决？

答：出现这个问题，是因为广联达软件显示单边负筋只显示到支座中心轴线，绘制好

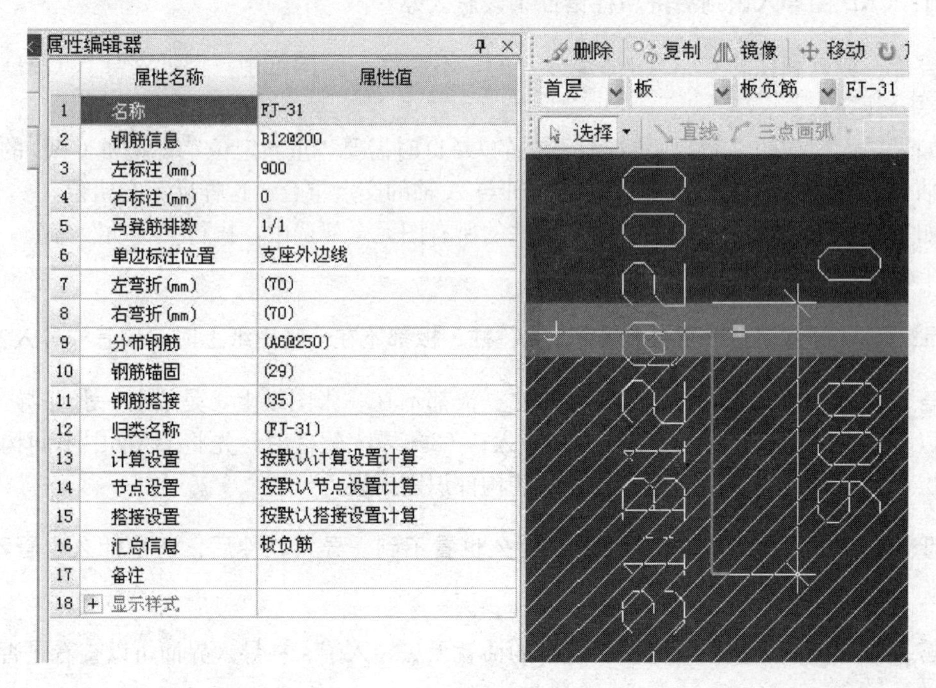

	属性名称	属性值
1	名称	FJ-31
2	钢筋信息	B12@200
3	左标注(mm)	900
4	右标注(mm)	0
5	马凳筋排数	1/1
6	单边标注位置	支座外边线
7	左弯折(mm)	(70)
8	右弯折(mm)	(70)
9	分布钢筋	(A6@250)
10	钢筋锚固	(29)
11	钢筋搭接	(35)
12	归类名称	(FJ-31)
13	计算设置	按默认计算设置计算
14	节点设置	按默认节点设置计算
15	搭接设置	按默认搭接设置计算
16	汇总信息	板负筋
17	备注	
18	+ 显示样式	

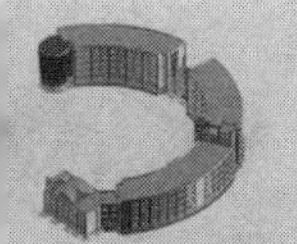

负筋以后，可以点击查看尺寸标注是否是从支座外边线标注的。

71. 问：图纸里，短肢剪力墙被识别成柱了，这种情况该怎样处理？

答：这种情况只能重新定义构件，重新绘制，不能将短肢剪力墙当成柱。

72. 问：CAD 导图 GGJ2009 剪力墙暗柱、端柱、转角柱，识别墙时为什么识别不过来？

答：CAD 导图 GGJ2009 剪力墙暗柱、端柱和转角柱，不用在识别墙时识别，在识别柱时识别即可。

73. 问：广联达钢筋算量怎样导入图形算量？

答：如下图所示点击软件左上角的“文件”选择“导入图形工程”即可。

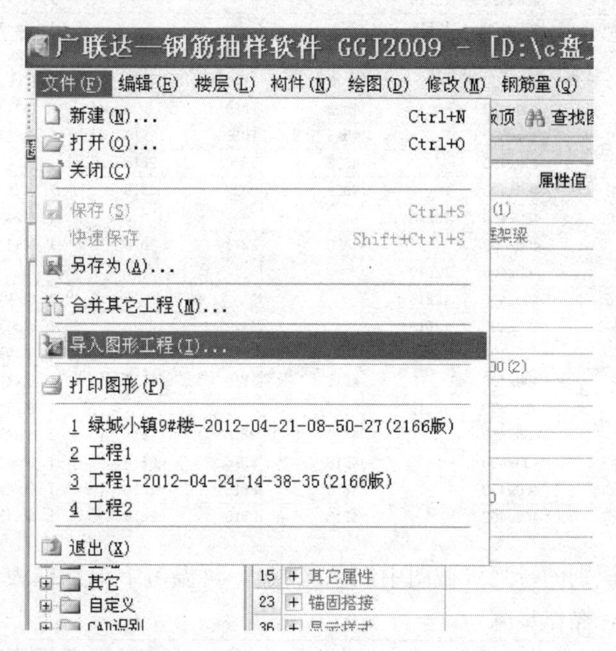

74. 问：在识别过来的柱的属性中，为什么不显示箍筋和拉筋的信息？而且截面宽，截面高和全部纵筋是灰显的？

答：目前软件只能识别柱，对于柱内的钢筋，需要在柱的大样图中进行识别。也可以先识别柱，柱的截面已识别后，自己定义钢筋。

75. 问：自动识别门窗洞后发生偏移，与洞口位置不吻合，使用“移动”，提示“没有父图元”，使用“点选”，也提示“没有父图元”，使用“精确布置”，提示“所给尺寸已出界，自动修正”，这些情况如何处理？

答：（1）首先确定一下识别之前，CAD 草图是否定位好。

（2）门窗表识别的尺寸是否正确。

（3）门窗的最大洞口宽度给的必须是最大的门窗的宽度。提示没有父图元说明识别的时候，墙面没有识别好。

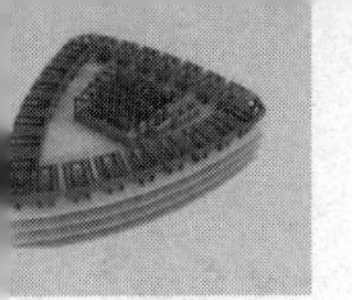

76. 问：钢筋 GGJ2009 中导入的地梁没有标注也没有梁表，只在整个图形的侧面有一个剖面图上标注钢筋，该怎样识别？

答：这种情况就需要重新新建定义。

77. 问：柱表识别为什么提示属性值错误？

柱号	标高(m)	b*h(圆柱直	全部纵筋	角筋	B边一侧中部	H边一侧中部	箍筋类型号	箍筋
柱 号	标　高	b*h	全部纵筋	角筋	B边一侧中	H边一侧中	箍　筋|类型	箍筋
KZ1	0~8.900	400x400		4B18	2B16	2B16	1 (4x4)	A8@100/200
	8.900~32.900	400x400		4B18	2B16	2B16	1 (4x4)	A8@100/200
KZ2	0~5.900	450x450	12B16				1 (4x4)	A10@100/200
	5.900~17.900	400x400	12B16				1 (4x4)	A10@100/200
	17.900~32.900	400x400	12B16				1 (4x4)	A8@100/200
KZ3	0~8.900	350x850		4B22	1B20	4B18	3 (3x6)	A8@100
	8.900~32.900	350x850		4B20	1B20	4B16	3 (3x6)	A8@100
KZ4	0~8.900	300x600		4B22	1B18	3B22	2 (3x4)	A10@100/200
	8.900~32.900	300x600		4B18	1B16	2B16	2 (3x4)	A8@100/200
KZ5	0~5.900	450x450		4B22	3B20	2B18	1 (4x4)	A10@100/200
	5.900~17.900	400x400		4B22	2B20	2B18	1 (4x4)	A10@100/200
	17.900~32.900	400x400	12B16				1 (4x4)	A8@100/200
KZ6	0~2.900	450x450		4B20	2B18	2B18	1 (4x4)	A10@100/200
	2.900~8.900	400x400	12B18					A10@100/200
	8.900~17.900	400x400	12B16				1 (4x4)	A10@100/200
	17.900~32.900	400x400	12B16				1 (4x4)	A8@100/200
KZ7	0~32.950	400x400	12B16				1 (4x4)	A8@100/200
	32.950~34	400x400		4B16	1B16	2B16	4 (4x4)	A8@100/200
KZ8	0~5.900	350x350	12B16				1 (4x4)	A8@100/200
KZ9	0~2.900	450x450		4B18	2B18	2B18	1 (4x4)	A10@100/200
	2.900~17.900	400x400		4B18	2B16	2B16	1 (4x4)	A10@100/200
	17.900~32.900	400x400		4B18	2B16	2B16	1 (4x4)	A8@100/200
	32.900~34	400x400		4B18	2B16	2B16	1 (4x4)	A8@100

答：删除无法识别的行列（截图中红色区域），再温习下识别柱表步骤，其中第四步就提到柱表的识别，操作步骤：

（1）在 CAD 草图中导入 CAD 图，CAD 图中需包括可以用于识别的柱表（如果已经导入了 CAD 图则此步可省略）；

（2）点击导航条“CAD 识别”->“CAD 草图”；在识别柱表前，需要进行“符号转换”；

（3）点击绘图工具栏“识别柱表”；

（4）拉框选择柱表中的数据，如下图所示黄色虚线框为框选的柱表范围，按右键确认选择；

（5）弹出“识别柱表—选择对应列”窗口，使用“删除行”和“删除列”功能删除无用的行和列；

（相关操作：删除行：删除识别柱表中无用的行，如上图中的第二行、第三行；删除列：删除识别柱表中无用的列，如上图中的最后一列）

（6）在第一行的空白行中点击鼠标，从下拉框内选择列对应关系；对应完后如下图所示；

（7）点击“确定”按钮即可将“选择对应列”窗口中的柱信息识别到软件的柱表中并给出提示。

柱号	标高(m)	b*h(圆柱直	全部纵筋	角筋	B边一侧中部	H边一侧中部	箍筋类型号	箍筋
柱 号	[illegible]	[illegible]	[illegible]	[illegible]	[illegible]	[illegible]	箍 筋|类型	[illegible]
KZ1	0~8.900	400x400		4B18	2B16	2B16	1 (4x4)	A8@100/200
	8.900~32.900	400x400		4B18	2B16	2B16	1 (4x4)	A8@100/200
KZ2	0~5.900	450x450	12B16				1 (4x4)	A10@100/200
	5.900~17.900	400x400	12B16				1 (4x4)	A10@100/200
	17.900~32.900	400x400	12B16				1 (4x4)	A8@100/200
KZ3	0~8.900	350x850		4B22	1B20	4B18	3 (3x6)	A8@100
	8.900~32.900	350x850		4B20	1B20	4B16	3 (3x6)	A8@100
KZ4	0~8.900	300x600		4B22	1B18	3B22	2 (3x4)	A10@100/200
	8.900~32.900	300x600		4B18	1B16	2B16	2 (3x4)	A8@100/200
KZ5	0~5.900	450x450		4B22	3B20	2B18	1 (4x4)	A10@100/200
	5.900~17.900	400x400		4B22	2B20	2B18	1 (4x4)	A10@100/200
	17.900~32.900	400x400	12B16				1 (4x4)	A8@100/200
KZ6	0~2.900	450x450		4B20	2B18	2B18	1 (4x4)	A10@100/200
	2.900~8.900	400x400	12B18					A10@100/200

78. 问：钢筋 GGJ2009 中，板是蜂巢芯板，梁如图所示，如何识别梁？

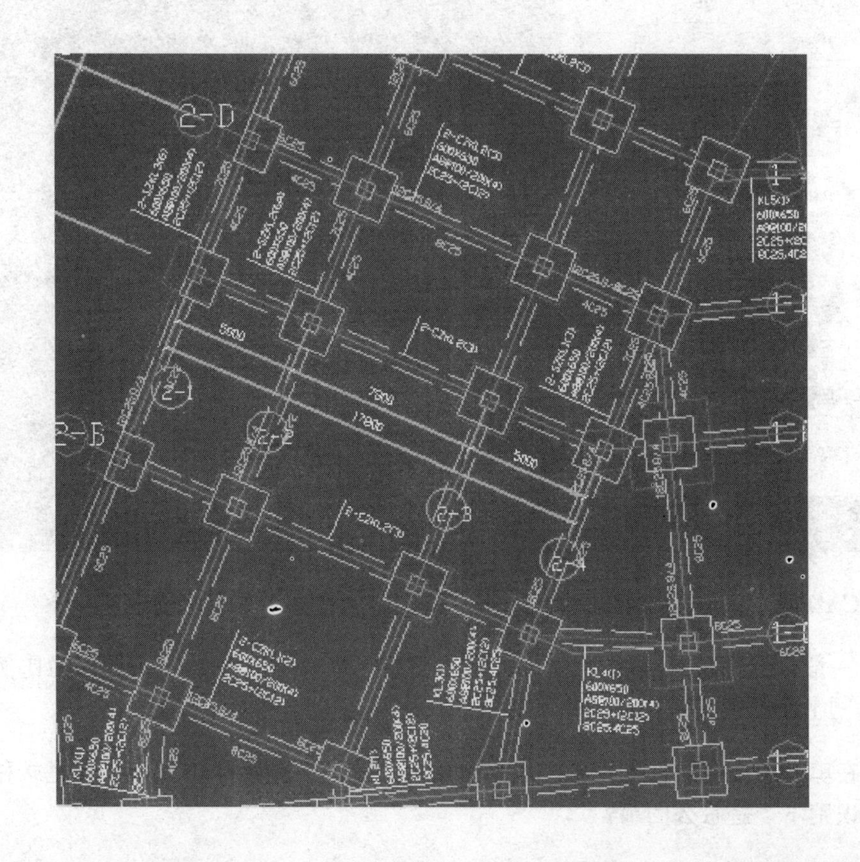

答：按照导梁的步骤操作即可。定位好图纸后到识别梁的截面，选择梁边线，梁标注再识别即可，如果有原位标注需要点选识别。

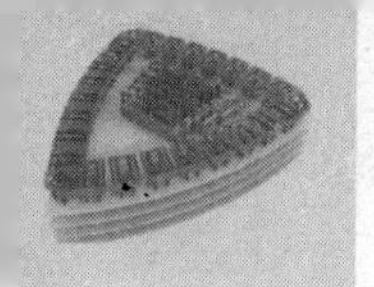

79. 问：下载了个字体库，解压后，把文件拖到C盘中的Fonts文件夹中，为什么打开图纸时还是没识别出钢筋符号呢？

答：出现这种情况主要的原因是保存路径不对，需要找到CAD程序安装的路径，在安装CAD软件时如果没有更改路径的话，它默认的路径是安装在C盘中的Programfiles文件夹下的CAD文件夹中的Fonts，把字体文件复制到这个路径的Fonts文件中即可。如果还不行的话，把图纸导到广联达软件中，图纸中的问号可以自动转换成相应的钢筋的级别。

如果只有一处没有识别的话，选中问号的钢筋符号，点击对象特性，不断修改文字的样式，直到字体显示出来。

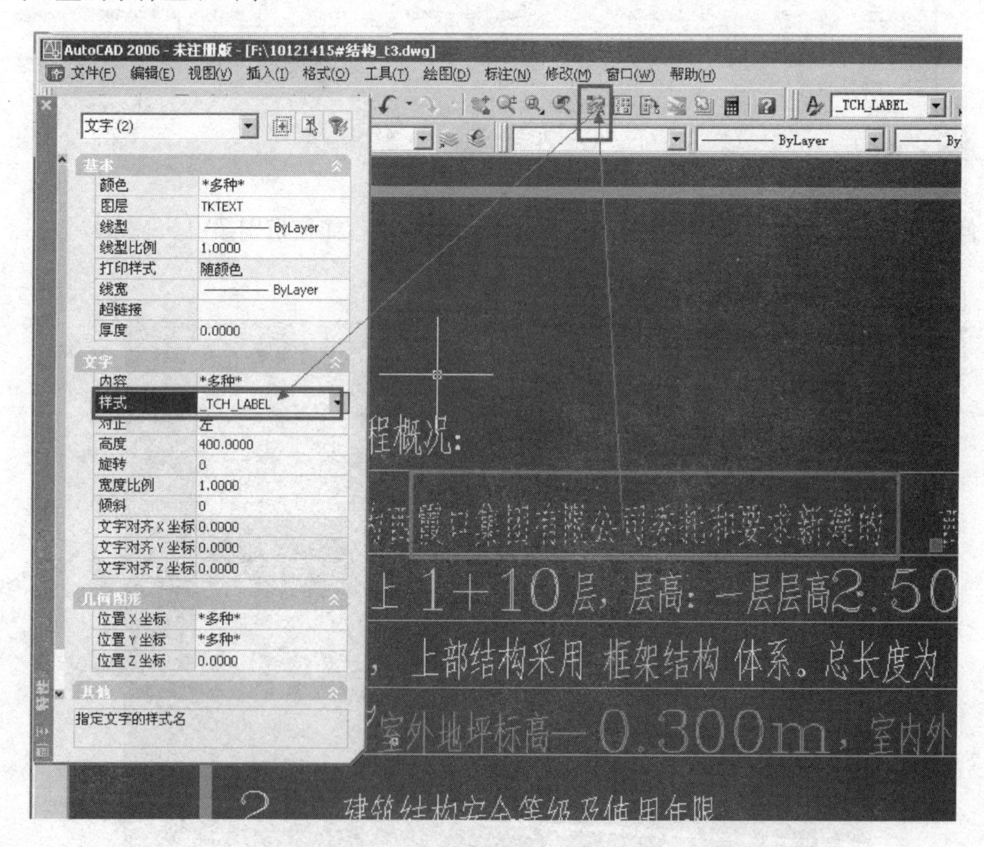

80. 问：CAD导入，导入之后让输入比例。这个比例是多少？怎么看啊？

答：一般图纸都是默认的1∶1，如果图纸不规范，可以测量一下具体的比例，1∶1的含义是图上距离∶实际距离，输入测量的数据和图上的尺寸即可。

81. 问：在剪力墙结构的住宅楼中，导入首层剪力墙图，轴线能够识别，但是端柱和暗柱识别不了是怎么回事？

答：这种情况应该是CAD图中的暗柱边线和剪力墙的边线是一条线，这时需要用到软件的另一个功能——生成柱边线。

操作步骤：

第一步，提取墙边线；

第二步，进入“识别柱”，点击“生成柱边线”；

第三步，用鼠标左键点击在要生成柱边线的封闭区域内，则自动生成柱边线。

然后再识别暗柱和端柱。

82. 问：CAD 图导入钢筋 GGJ2009，%形式的文字怎样转换？

答：软件有一个功能是转换符号，如图所示。选择%的形式的文字转换即可。也可以手动输入。%%130：Ⅰ级钢筋，%%131：Ⅱ级钢筋，%%132：Ⅲ级钢筋。

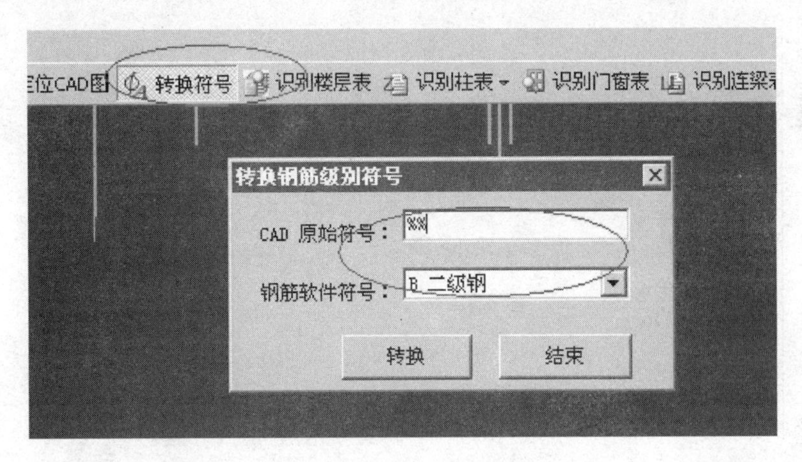

83. 问：在实际 CAD 导入图形过程中，提供的图纸在一个模型中，在提取轴线后发现所有的楼层都提取了，这种情况该怎样解决？

答：有两种方法：第一种方法在 CAD 里面用“W”命令分别把图纸一张一张地单独分解出来。第二种方法可以把图纸导入到软件后在草图界面拉框选择你要使用的图形后用“导出选中 CAD 图形”命令将图纸一张一张地分解。一般情况下选用第一种方法，有利于导入到软件后图形能显示全面。

84. 问：CAD 的钢筋符号与广联达钢筋软件里的钢筋符号如何对应？

答：在导图的时候第一步点击右上角的“钢筋符号转换”功能即可。

85. 问：导入 CAD 图，选定广东柱表后，识别时，如 CAD 图：层次一列：H0/；1+－0.00/4500；24500/800. 出现提示：“层次有误”，应如何处理？

答：修改柱表，然后重新导入即可。

86. 问：两道梁在同一轴线上，但是标高不一样，在梁识别时，怎么才能识别下面的那道梁呢？

答：这样的情况用分层处理，注意要去修改标高，不多的话还是绘制的比较方便，识别比较麻烦。

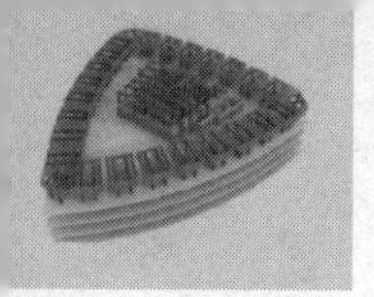

87. 问：剪力墙结构的高层导入CAD图的构件导入顺序是什么？

答：可以按下列顺序进行导入：暗柱—剪力墙—梁—板。采用这样的顺序，是因为先导暗柱，则墙识别的时候可以伸到暗柱内。暗柱和剪力墙是梁的锚固构件，梁是板上钢筋的锚固构件。这样可以正确识别构件的支座。

一般独基无异形的，可以先定义好，再导图，软件就自动绘制上去了；如果有异形的，建议直接导图，把模型导过来，然后再来配筋。

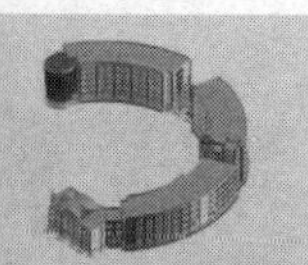

第11章

报表

1. 问：汇总计算全部楼层钢筋量后，只想统计首层钢筋量，有什么快速方法吗？

答：在报表的左上角有设置报表范围。

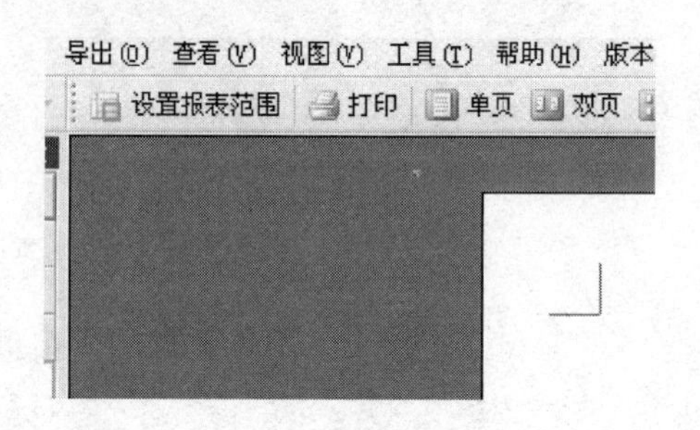

2. 问：GGJ2009 钢筋软件报表中的钢筋重量包括损耗吗？

答：GGJ2009 钢筋软件报表中的钢筋重量是否包括损耗，取决于建立工程时，在第一项中，是否选择了计算损耗，如选择计算损耗，在报表即有损耗。

3. 问：砌体钢筋、预制钢筋、铁件如何绘制或设置才能在报表中看到分类汇总？

答：在构件属性—汇总信息—输入相关信息即可。

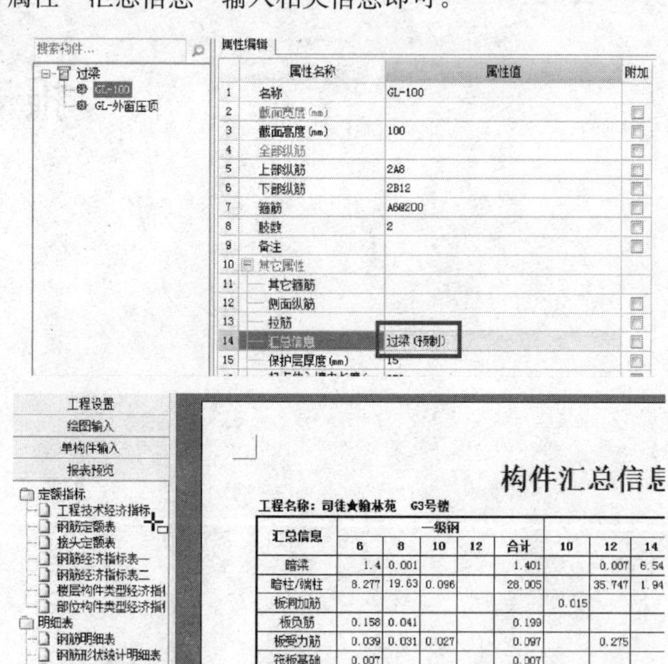

构件汇总信息

工程名称：司徒★翰林苑 G3号楼

汇总信息	一级钢							
	6	8	10	12	合计	10	12	14
暗梁	1.4	0.001			1.401		0.007	6.54
暗柱/端柱	8.277	19.63	0.096		28.005		35.747	1.94
板洞加筋						0.015		
板负筋	0.158	0.041			0.199			
板受力筋	0.039	0.031	0.027		0.097		0.275	
筏板基础	0.007				0.007			
筏板主筋							0.192	
过梁	0.019	0.007			0.027		0.015	
过梁(预制)	0.035	0.036			0.071		0.077	
剪力墙	1.104	32.22			33.325			
梁	7.725	11.84	0.176	0.015	19.764	1.8	11.328	5.42
楼层板带		0.028			0.028		0.069	
楼梯	0.466	0.562	0.586		1.613			
其它	0.004				0.004		0.036	
砌体拉结筋	0.156				0.156			
圈梁	0.031				0.031		0.093	
现浇板	0.786	1.611			2.397		0.027	
柱	0.844				0.844		0.994	1.18
桩承台		2.849	0.455		3.304		2.845	0.93
合计	21.048	68.86	1.34	0.015	91.27	1.815	51.706	16.0

4. 问：为什么报表中有植筋报表，但是汇总后没有具体根数呢？

答：在计算设置—砌体结构—填充墙构造柱做法—选择“上下部均采用植筋”—汇总计算—查看报表即可。

植筋楼层构件类型级别直径汇总表

工程名称：工程2　　编制日期：2011-10-27　　单位：个

楼层名称	构件类型	HRB335 12
首层	构造柱	288
	合计	288
第2层	构造柱	288
	合计	288
全部层汇总	构造柱	576
	合计	576

5. 问：梁的拉筋是三级钢时，在哪里修改？

答：可以在梁属性中修改拉筋，也可以在计算设置框架梁与非框架梁中拉筋配置修改，修改后重新计算就会变化。

6	跨数量	1
7	箍筋	C10@100/200(2)
8	肢数	2
9	上部通长筋	2C16
10	下部通长筋	4C20
11	侧面纵筋	G4C12
12	拉筋	C6
13	其它箍筋	
14	备注	

17	侧面构造筋的搭接长度	15*d
18	侧面通长筋遇支座做法	遇支座连续通过
19	梁侧面原位标注筋做法	遇支座断开
20	吊筋锚固长度	20*d
21	吊筋弯折角度	按规范计算
22	箍筋/拉筋	
23	次梁两侧共增加箍筋数量	6
24	起始箍筋距支座边的距离	50
25	框架梁箍筋加密长度	按规范计算
26	框支梁箍筋加密长度	max(0.2*Ln,1.5
27	框架梁箍筋、拉筋根数计算方式	向上取整+1
28	箍筋弯勾角度	135°
29	加腋梁箍筋加密起始位置	加腋端部
30	拉筋配置	按规范计算

编辑计算设置表达式

	宽度	拉筋信息
1	ha>350	A8
2	ha<=350	C6

提示信息：ha-梁宽度，

确定　取消

6. 问：墙上的约束边缘需要建立吗？

答：带约束边缘的暗柱软件已提供，不需要单独定义，带约束边缘的暗柱在软件提供的参数里面的最后。

7. 问：钢筋定额报表里怎样能把二级钢和三级钢分开来设置？

答：如果报表类别选错了，钢筋定额表就有可能不能区分二级钢和三级钢，比如选择内蒙（2009），便不能区分；而选择内蒙（2009）-按直径细分，便能分开绘总。

13	建筑面积(平方米)	
14	工程设置	
15	损耗模板	不计算损耗
16	报表类别	内蒙(2009)-按直径细分
17	计算规则	
18	汇总方式	
19	编制信息	
20	建设单位	
21	设计单位	
22	施工单位	
23	编制单位	
24	编制日期	
25	编制人	
26	编制人证号	
27	审核人	

新疆(乌鲁木齐2003)
新疆(2010)
宁夏(2000)
宁夏(2008)
宁夏(2008)-按直径细分
内蒙(2004)
内蒙(2009)
内蒙(2009)-按直径细分
青海(2004)
重庆(1999)
重庆(2008)

8. 问：现浇结构，筏板桩基，有一个地下室，地下室上面有一个 1.8m 高的夹层，地上有 24 层，再加一个电梯机房层，使用 GGJ2009 钢筋算量算出这个工程钢筋量是 616.5t，建筑面积是 8919.8m²，夹层没有计算建筑面积，算出的钢筋量正确吗？

答：基本正确，这种结构的楼层钢筋量 60～70kg/m² 是正常现象。

9. 问：钢筋算量里，汇总计算后为什么没有钢筋接头的数量？

答：可以打开汇总界面中的"钢筋接头"相应的表格查看。

10. 问：在广联达钢筋和图形的软件设置中哪些设置是能够影响算量结果的？

答：报表类别对数量没有影响，有影响的是计算设置与绘图的准确性等。

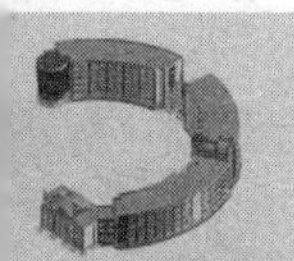

11. 问：钢筋算量软件中，所有构件输入完毕，汇总保存后，如果想查看某一楼层的钢筋定额汇总表，应如何操作？

答：通过设置报表范围实现即可。

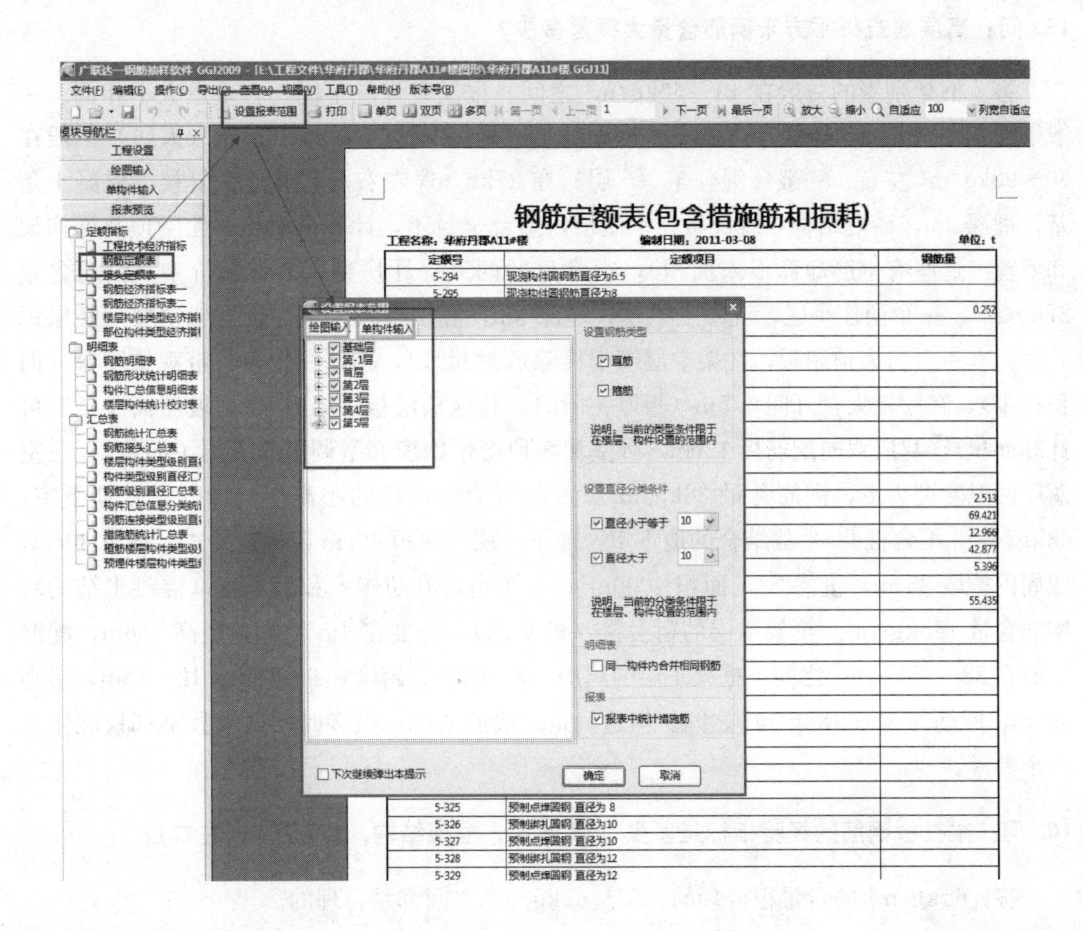

12. 问：在筏板基础中输入了马凳筋，汇总计算后查看工程经济技术指标里措施筋却显示为零是怎么回事？

答：在定义筏板时，定义马凳筋就会有的。在报表中的“显示”设置中，把措施筋勾选，即可显示出马凳筋工程量。版本 2167 已经修改了报表中工程技术经济指标表统计出错的问题，可以在网上下载。

13. 问：为什么在报表预览中，措施筋统计汇总表里面什么都没有呢？措施筋在哪里输入？

答：目前软件的措施筋指的是马凳筋，需要在定义板的时候定义马凳筋，汇总才会有这项。

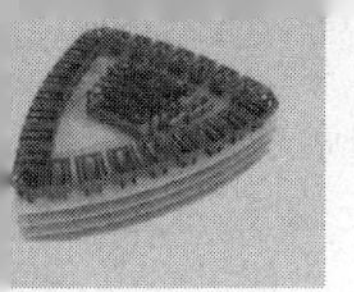

14. 问：在工程技术经济指标里，单方钢筋含量为什么会低呢？

答：软件里的单方含量是根据钢筋实体总重/建筑面积得来的，所以需要检查下是否哪里漏算了，少算了，或者建筑面积输入是否正确。

15. 问：高层建筑每平方米钢筋含量大概是多少？

答：框架别墅的一般在40～50kg/m^{2}之间，根据设计院不同，含量也大不相同。一般框架住宅（6层）45kg/m^{2}左右，框架住宅（12层左右）带地下车库（人防）一般在80～90kg/m^{2}左右。一般砖混住宅（6层）在27kg/m^{2}左右。某拆迁恢复楼，混凝土条基，埋深2m，砖混结构，现浇板，平屋顶，阳台全封闭，计算全面积，无层顶装饰构架和飘窗（这些有钢筋却算不来面积），很常见的两室一厅房型，节省造价型，钢筋含量27kg/m^2。一个商住小区，混凝土条基，埋深3m，底层楼板大多为现浇架空层（底层每套房内有一个房为预制板，在架空层模板拆除后封起来），构造柱较多，带观景阳台（面积折半），客厅较大，开间4.5m（板厚12cm），其他楼层板10cm，屋面坡屋面（42%可计算面积），双层双向配筋板12cm，卧室和客顶窗带飘窗和空调板（算不了面积）。三室两厅两卫套型为主，钢筋含量36kg/m^2。短肢剪力墙结构的小高层（12F），带地下室，68kg/m^2［不含桩］。平战结合的地下室，地下一层，底板40cm筏板有梁式，顶板30cm，四周围护墙35cm，抗渗S8，面积4000m^2，有车道，有防爆室和消毒室（混凝土结构），钢筋含量185kg/m^2. 框架4层的宿舍楼（桩基础），跨度在4m*9m，层高3.6m，配筋一般在38～45kg/m^{2}之间。框架4层的厂房（桩基础），跨度在9～12m*12～15m，层高3.6m，配筋在42～48kg/m^{2}之间。但这只是一般的情况，很多时候这个数字都只能作为一个参考。

16. 问：梁柱板钢筋的经验指标是多少（18层楼，框架结构，1.7万m^{2}左右）？

答：60kg/m^{2}的含量很合理的，57～62kg/m^{2}之间都是合理的。

17. 问：一栋框架结构的宿舍楼，设防烈度7度，2类场地，5层，无地下室，包括桩承台钢筋，单方钢筋含量在60kg正常吗？

答：多层框架宿舍楼45～60kgm^{2}都是正常范围。

18. 问：钢筋算量中，钢筋的接头个数是怎样考虑的？直螺纹、锥螺纹、电渣焊、气压焊、电弧焊、绑扎各是怎样考虑的？

答：首先确定尺寸。(1) 当钢筋为绑扎搭接时，直钢筋绑扎搭接的接头个数为：钢筋布置长度/(单根钢筋的长度－搭接长度)－1，当尾数有小数的时候应在其整数的基础上加1。(2) 当钢筋为电渣压力焊接头时，直钢筋的接头个数为：钢筋布置长度/单根钢筋的长度－1，当尾数有小数的时候应在其整数的基础上加1。如图1：一个需要布置27m长钢筋的构件，单根钢筋长为9m。在绑扎搭接接头搭接长度为1m的情况下需要的接头个数

是：[27/(9－1)－1]＝2.375＞2 应向上取整，所以应该用 3 个接头。2.375 意思是需要超过 2 个以上的接头，即 3 根以上 9m 的钢筋才能搭接出符合要求长度的钢筋，第 4 根钢筋的长度是：27－3*(9－1)＝3m。所以，采用绑扎接头的 4 根钢筋下料长度分别是：9m、9m、9m、3m，钢筋总长度为：27＋3＊1.0＝30m。如图 2：当构件中 27m 钢筋采用电渣压力焊的时候，搭接接头的个数是：27/9－1＝2 个，所用的三根钢筋长度分别是 9m、9m、9m，钢筋总长度为：9＊3＝27m。

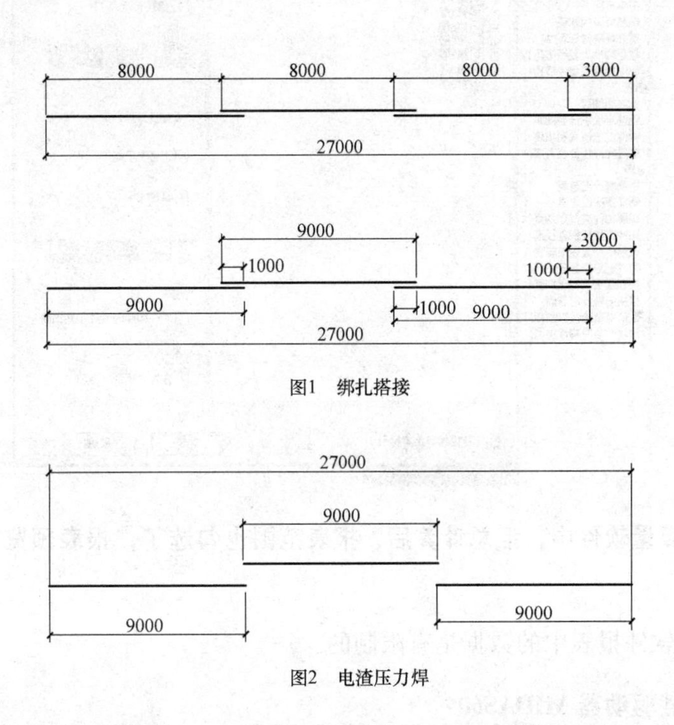

图1　绑扎搭接

图2　电渣压力焊

19. 问：在报表里的钢筋明细表，K85【24876】.1，8 号筋；钢筋图形 1090＋90＋36＊d；代表什么意思？

答：【24876】是这个板筋的图元 ID 号，这一根钢筋是一端锚固，一端弯折，1090 是净长，90 是弯折的长度，另一端的弯折 123，就是锚固端的 36d 处的支座宽度以外的长度。

20. 问：钢筋报表中的措施钢筋量是指哪部分钢筋量？

答：钢筋 GGJ2009 软件里，措施筋除包括板、筏板中的马凳钢筋外，还包括在单构件里直接输入钢筋归类选择为措施筋的；软件中马凳钢筋默认的钢筋归类就是措施筋。报表中有 3 张表是可以体现的：工程技术经济指标表中会看到实体钢筋总重和措施钢筋总重；措施筋统计汇总表；钢筋定额表中可以含措施钢筋。

21. 问：在报表中如何能把箍筋的量单独汇总出来？

答：在报表预览中的“设置报表范围”进行相应的选择。

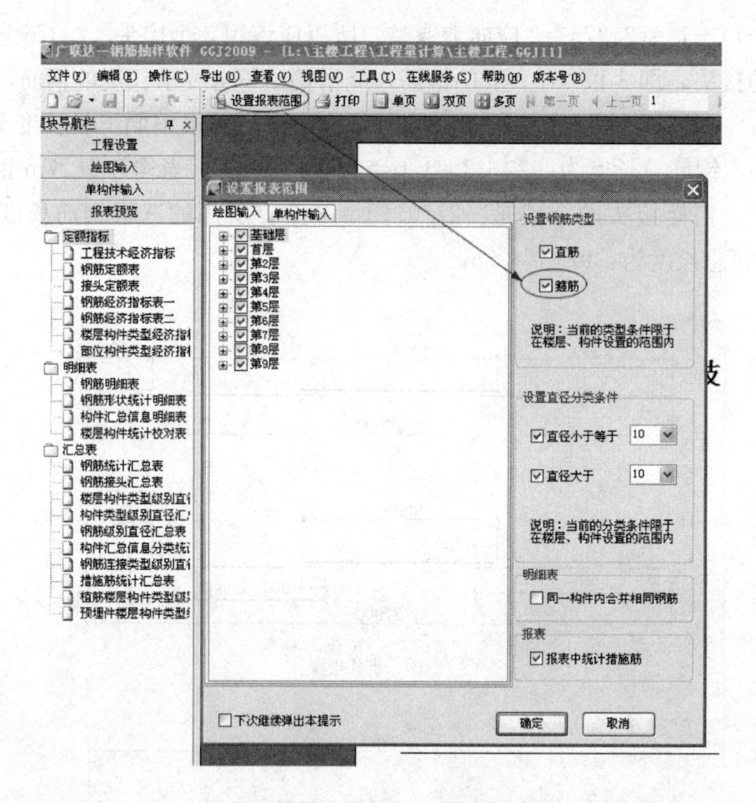

22. 问：在钢筋算量软件中，汇总计算后，报表范围也勾选了，报表预览中为什么没有数据显示?

答：学习版软件报表中的数据是有限制的。

23. 问：怎样下载驱动器 MIDAS60?

答：在服务新干线上下载一个广联达加密锁驱动程序，文件夹里面就有了该驱动，选中右键运行即可。

名称	修改日期
BDE501.exe	2011-8-8 8:47
DAO35.exe	2011-8-8 8:47
GSCInst.exe	2011-8-3 14:4
MDAC27.exe	2011-8-8 8:47
MFC62.exe	2011-8-8 8:47
MIDAS60.exe	2011-8-8 8:44
VB6RTL.exe	2011-8-8 8:47

24. 问：在钢筋绘图输入中，有基础层＋负一层＋负二层＋1－4层，在楼层构件类型级别直径汇总表中，为什么只统计了基础层和首层的钢筋量？

答：首先检查一下，汇总计算的时候是否将这几个楼层都勾选上了，再在报表中检查一下，设置报表范围中是否将这个楼层都勾上了。

25. 问：钢筋的量度差值表的内容是什么？

答：单个弯钩的“弯钩增加长度”可见下附表，其中Lp是“平直段长度”（“弯钩增加长度”＝“量度差值”＋“平直段长度”，因此表中不考虑“平直段长度”即是“量度差值”），D为弯心直径，d为被弯曲钢筋直径（出处可见《建筑施工计算手册》第558页，如下附图，也可自行推导，二者的结果是一致的）。

弯钩角度 α	180°	135°	90°
弯钩增长公式 Lz	1.071D+0.571d+Lp	0.678D+0.178d+Lp	0.285D-0.215d+Lp

三种弯钩增加的长度 l_z 可按下式计算：

半圆弯钩 $$l_z = 1.071D + 0.571d + l_p \quad (9\text{-}20)$$

直弯钩 $$l_z = 0.285D - 0.215d + l_p \quad (9\text{-}21)$$

斜弯钩 $$l_z = 0.678D + 0.178d + l_p \quad (9\text{-}22)$$

式中 D——圆弧弯曲直径，对Ⅰ级钢筋取 $2.5d$；Ⅱ级钢筋取 $4d$；Ⅲ级钢筋取 $5d$；

d——钢筋直径；

l_p——弯钩的平直部分长度。

26. 问：报表中的构件个数和图中不一样，例如图纸中KZ2是10个，钢筋明细表为什么就是7个呢？

答：汇总计算后构件梁都变红色是没有进行原位标注，也就是没有计算汇总，所以和图上的数量不一致，原位标注后再计算汇总，数值就一样了。

27. 问：怎样从报表反查钢筋？

答：在钢筋GGJ2009软件中，暂时没有直接从报表反查的功能。

对量和软件出量的方式有很多种，可以灵活使用。

如果感觉钢筋定额工程量有的直径有问题，可以在绘图区域用查看钢筋量命令，分构件类别去核对算量部分构件的计算是否正确。

第12章

其他

1. 问：预算的流程是什么?

答：一般是先钢筋再图形最后导入计价，也依个人习惯而定。钢筋只计算钢筋，柱（框架柱、框支柱、构造柱等)、梁（有梁板、单梁、过梁、圈梁)、板（有梁板、平板)、墙（暗柱，暗梁、剪力墙、挡水墙)，还有一些零星构件（栏板、砌体加筋、压顶、挑檐、空调板等)。图形中计算的是混凝土和装修、土方等量。

单构件一般是输入构件属性里不好输入的钢筋信息，或是绘制不出来的构件，例如楼梯的钢筋就要在单构件里选择内置的图集自动计算就可以了。导入图形后就是把钢筋里没画的构件补充上，把画好的构件套上相应的定额子目或清单子目。然后汇总后就可以导入计价软件计价了，计价的零星费用各地要求不完全一样，还是建议参考本地的计价办法。

2. 问：枚举值 1 不存在，是什么原因?

答：如果打开工程报错，打开软件没有问题，可以采取以下方式处理：(1) 确认一下工程的版本号是不是比电脑上安装的软件的版本号高。如果工程是用 11.3.0.959 版本做的工程，而电脑上安装的版本比 11.3.0.959 版本低的话，打开可能也会报这样的错，需要安装 11.3.0.959 版本的软件，在服务新干线上有这个软件程序，可以下载。(2) 如果电脑上安装的软件版本号和做工程所用的版本号一样的话，那可能是工程数据遭到破坏，可以把工程放到其他电脑上打开查看。

3. 问：复合箍筋中内箍宽度如何确定?

答：可以参看软件里的计算规则，手动计算也是一样的。

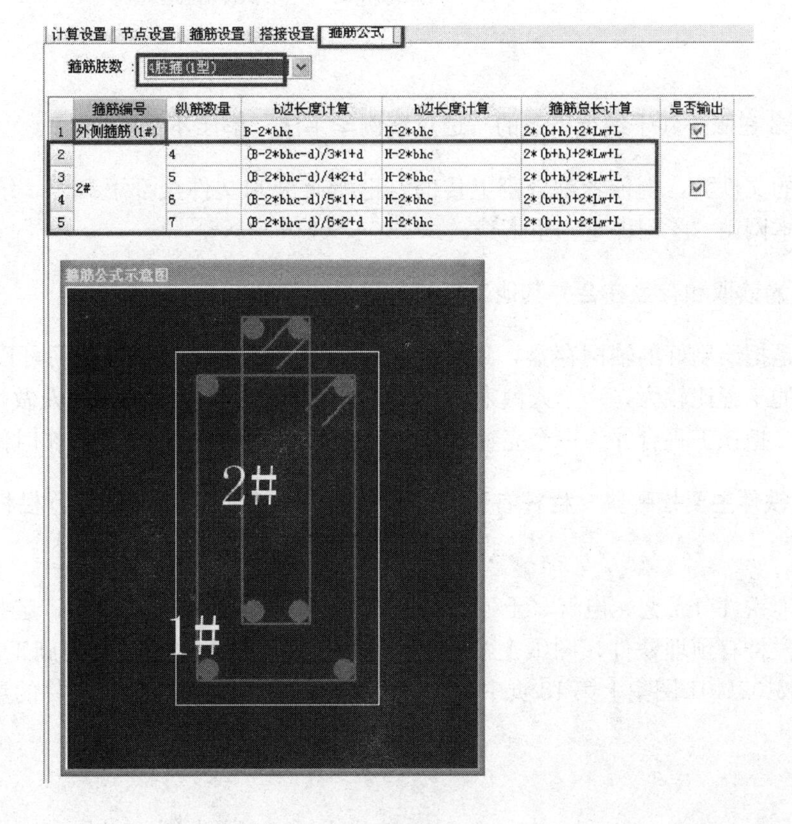

	箍筋编号	纵筋数量	b边长度计算	h边长度计算	箍筋总长计算	是否输出
1	外侧箍筋(1#)		B-2*bhc	H-2*bhc	2*(b+h)+2*Lw+L	☑
2	2#	4	(B-2*bhc-d)/3*1+d	H-2*bhc	2*(b+h)+2*Lw+L	☑
3		5	(B-2*bhc-d)/4*2+d	H-2*bhc	2*(b+h)+2*Lw+L	
4		6	(B-2*bhc-d)/5*1+d	H-2*bhc	2*(b+h)+2*Lw+L	
5		7	(B-2*bhc-d)/6*2+d	H-2*bhc	2*(b+h)+2*Lw+L	

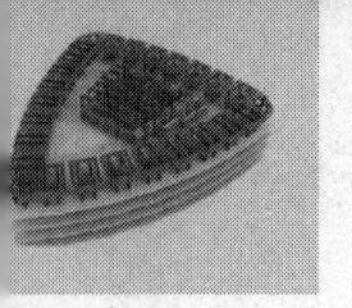

4. 问：剪力墙间的连梁 300＊1000，侧面的交叉斜筋可以绘制吗？

答：在连梁的属性中有暗撑的属性，把暗撑边长和暗撑钢筋给出即可。

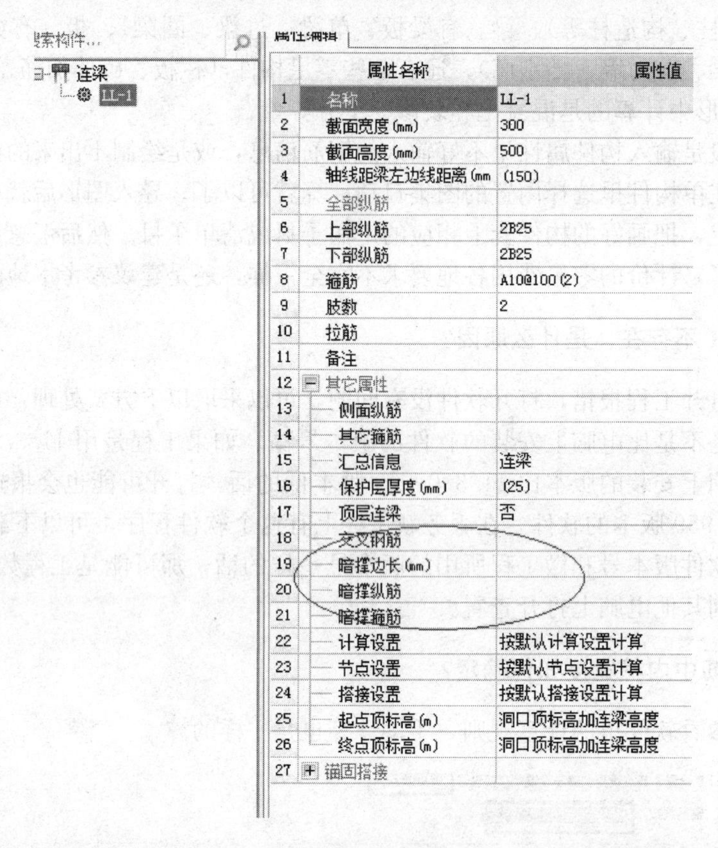

	属性名称	属性值
1	名称	LL-1
2	截面宽度(mm)	300
3	截面高度(mm)	500
4	轴线距梁左边线距离(mm	(150)
5	全部纵筋	
6	上部纵筋	2B25
7	下部纵筋	2B25
8	箍筋	A10@100(2)
9	肢数	2
10	拉筋	
11	备注	
12	其它属性	
13	侧面纵筋	
14	其它箍筋	
15	汇总信息	连梁
16	保护层厚度(mm)	(25)
17	顶层连梁	否
18	交叉钢筋	
19	暗撑边长(mm)	
20	暗撑纵筋	
21	暗撑箍筋	
22	计算设置	按默认计算设置计算
23	节点设置	按默认节点设置计算
24	搭接设置	按默认搭接设置计算
25	起点顶标高(m)	洞口顶标高加连梁高度
26	终点顶标高(m)	洞口顶标高加连梁高度
27	锚固搭接	

5. 问：为什么在服务新干线上下载的“透过案例学平法”解压不了呢？

答：有的文件大，上传者是分割上传的，把所有分割文件全部下载全，统一解压即可。或者在本网站“学习课堂”里下载。

6. 问：轴网的读取和存盘在合并其他工程的应用是怎样的？

答：就是把绘制好的轴网存盘，到其他工程里面遇到相同或类似轴网可以读取调用的。比如做的工程比较大，一个人做来不及，那么基础和主体分别由两个人做，做好之后用合并功能，把该工程合并为一个完整的工程。这个功能主要用来分工协作时使用。

7. 问：预埋铁件主要指哪些？栏杆有预埋铁件吗？如果有应该如何计算？栏杆单个铁件重量是多少？

答：预埋铁件分工艺、电气、土建等，将铁件固定好后再浇筑混凝土，这些都属于预埋铁件。钢栏杆有预埋铁件，图纸上没有标注的但标注了按 02J401 图集施工的钢栏杆，其预埋件可按 02J401 图集上第 18 页中的 M-1 栏杆埋件计算，M-1 栏杆埋件的重量每块为 1.069kg。

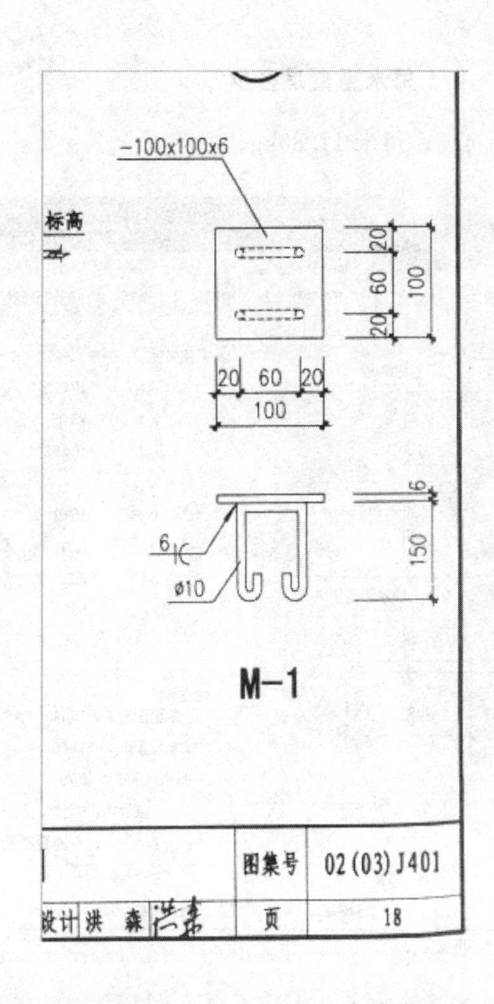

8. 问：地下室基础未注明抗震等级时，是否按非抗震考虑？

答：所有的基础都是不抗震的，除非设计注明了几级抗震。

9. 问：出现以下提示是怎么回事？

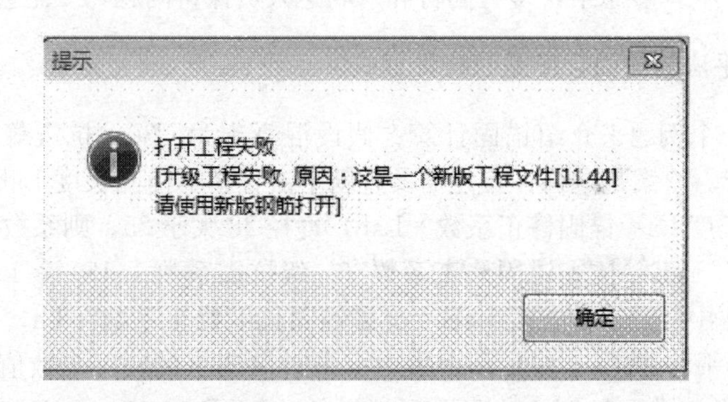

答：这个提示是所用软件版本低了，需要升级软件才能打开，现在最新的版本是11.3.1.1000，可以在服务新干线进行下载。

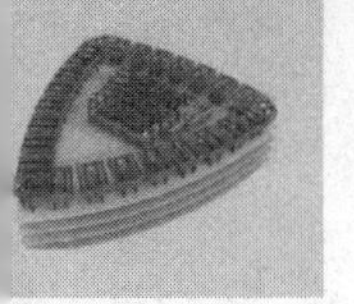

10. 问：H200 * 100 * 3.2 * 4.5 每米重量是多少？

答 H200 * 100 * 3.2 * 4.5，每米 11.86kg。

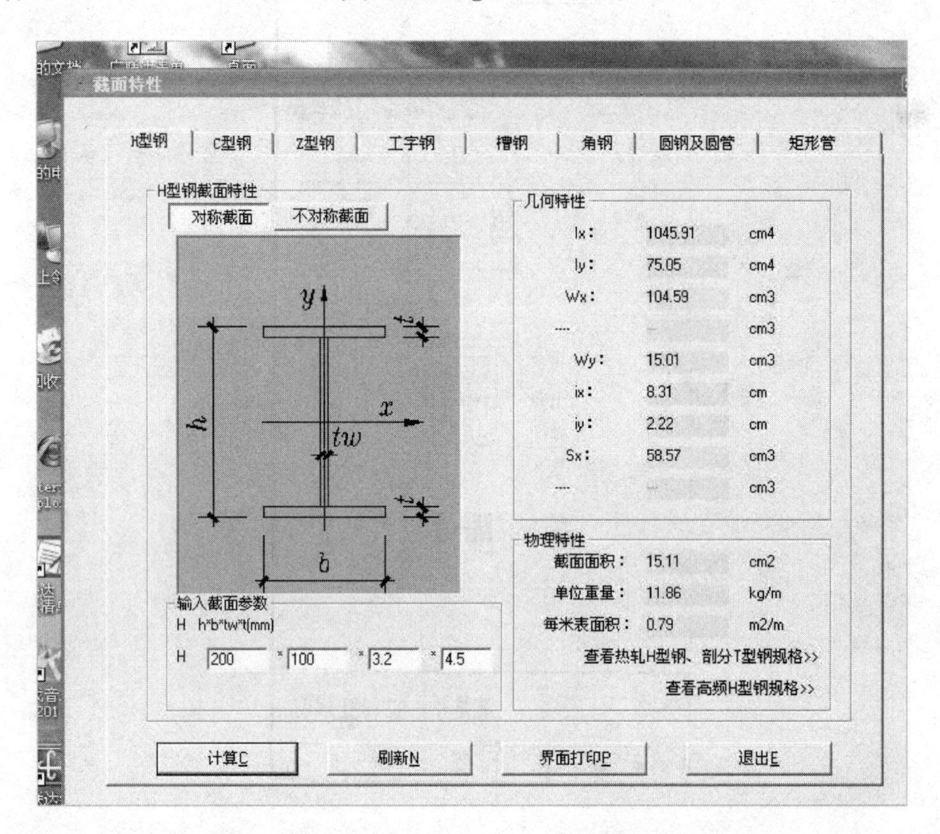

11. 问：怎么才能快速学好并精通软件？

答：（1）首先看视频帮助，初步了解基本命令。（2）拿图纸练习，遇到不会的，记录下来，多和广联达人员和同行交流，多参加广联达培训。（3）特殊部位要手工算量与图纸比较，加深印象。（4）复杂图纸，造形的练习。（5）图纸详细阅读，节点理解准确，图集熟练。（6）多做工程，多总结，多与同行和广联达人员探讨问题，一定会不断进步的。

12. 问：11G101 平法的锚固长度是怎样计算的？

答：下面以一个例题来介绍锚固计算：假设混凝土为 C30，抗震等级二级，钢筋为 HRB335，直径 28。答案是这样：首先需要查新平法，基本锚固长度 Lab 是 29d，然后计算非抗震的锚固长度 La＝锚固修正系数 * Lab，直径 28 大于 25，则系数为 1.1，La＝1.1 * 29d＝32d，那么 LaE＝抗震锚固修正系数（二级抗震系数 1.15） * La，LaE＝1.15 * 32d＝37d。新平法中抗震锚固长度 LaE＝抗震锚固长度修正系数 * La，La＝锚固长度修正系数 * Lab，新平法中 La、LaE 是由表中 Lab 计算出来的，这个数值和表中给出的抗震一、二、三级基本锚固长度 LabE 是不一样的，LabE 和 La、LaE 的确定没有关系，LabE 是抗震等级的基本锚固长度，如下面图片中，若是二级抗震，就得用 LabE，而不是 Lab。

13. 问：圆形构件钢筋缩尺计算公式是什么？

答：配筋为双数的计算公式如图 1 所示；配筋为单数的计算公式如图 2 所示。

1. 对称排列计算：

公式：总长=2*a*$\left[\sqrt{n^2-1^2}+\cdots\cdots+\sqrt{n^2-(2k-1)^2}\right]$

符号解释：a 为钢筋间距、n 为列数、k为计算的项数=$\frac{n}{2}$。

下图直径为 1200，钢筋间距为 200

n=1200/200=6　　　k=6/2=3（需要列三个根式）

总长为=2*0.2*$\left[\sqrt{6^2-1^2}+\sqrt{6^2-3^2}+\sqrt{6^2-5^2}\right]$=5.772

CAD 量取准确数值：

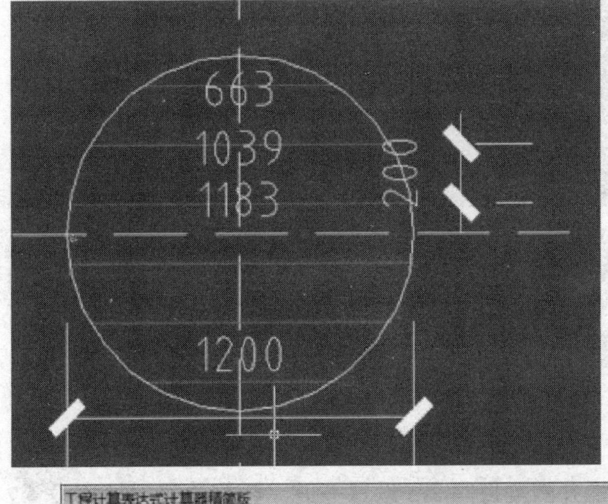

总长=

工程计算表达式计算器精简版

2*(663+1039+1183) = 5770

误差为 2mm。

图 1

2. 非对称排列计算：

公式：总长=$2*a*\left[\sqrt{n^2-2^2}+\cdots\cdots+\sqrt{n^2-4k^2}\right]+D$

符号解释：a为钢筋间距、n为列数、k为计算的项数=$\frac{n-1}{2}$。

下图直径为 1300，钢筋间距为 150

n=1300/150=8.67~9 根　　　　k=（9-1）/2=4（需要列四个根式）

总长为=$2*0.15*\left[\sqrt{8.67^2-2^2}+\sqrt{8.67^2-4^2}+\sqrt{8.67^2-6^2}+\sqrt{8.67^2-8^2}\right]+1.3=9.019$

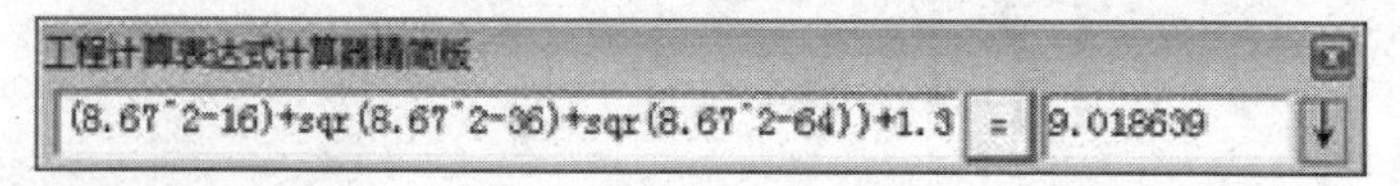

CAD 量取准确数值：

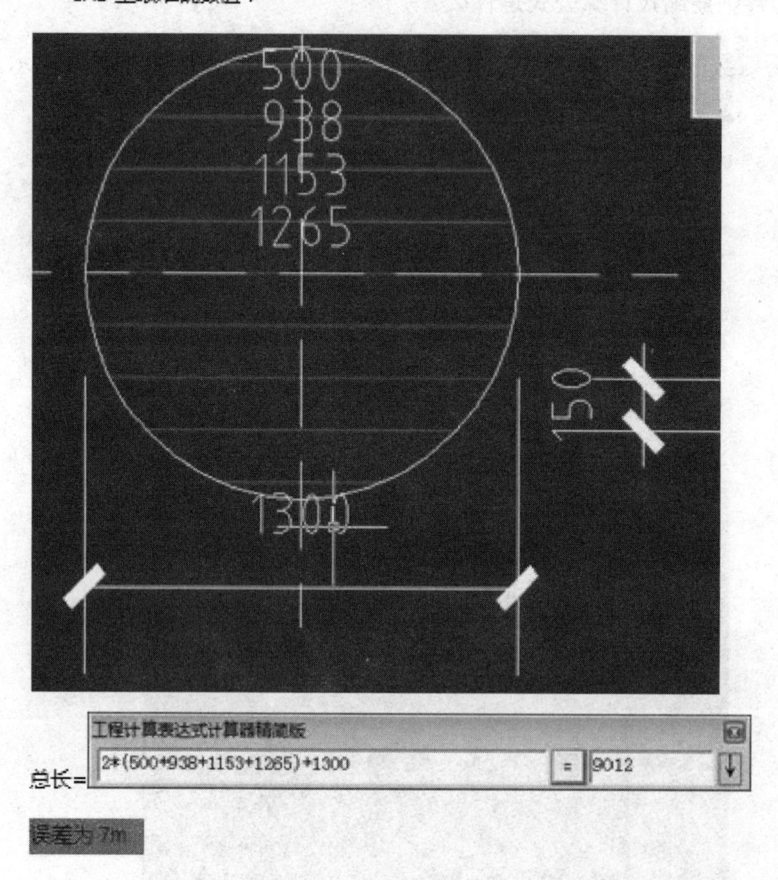

图 2

14. 问：图纸说明电梯井圈梁每隔 2m 设置一道，钢筋算量时如何设置？

答：在“分层”中进行圈梁的绘图输入即可。有多少道圈梁，就分几个分层进行输入。

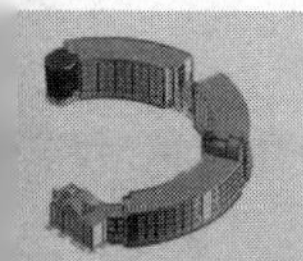

15. 问：挡烟垂壁如何计算?

答：挡烟垂壁以定额为准：按照面积计算。如果信息价是以米为单位时应该进行换算。

16. 问：03G101 规则绘制的钢筋能否转化为 11G101 规则的钢筋?

答：用 03G101 规则绘制的钢筋不能转化为 11G101 规则。

17. 问：新增钢筋的直径符号分别怎样表示?

答：		
热轧光圆钢筋	HPB300	A
普通热轧带肋钢筋	HRB335	B
细晶粒热轧带肋钢筋	HRBF335	BF
普通热轧带肋钢筋	HRB400	C
细晶粒热轧带肋钢筋	HRBF400	CF
余热处理带肋钢筋	RRB400	D
普通热轧带肋钢筋	HRB500	E
细晶粒热轧带肋钢筋	HRBF500	EF

18. 问：焊接的单面焊 5D、双面 10D 需要计算吗？电渣压力焊的损耗要计算吗?

答：焊接的单面焊 5D、双面 10D、电渣压力焊的损耗都不用计算，定额子目已经综合考虑了；计算的接头个数，汇总计算以后，点选钢筋接头汇总表查看即可。

19. 问：在 GGJ2009 里如何将标准层拆分为单个楼层?

答：点击绘图界面楼层下拉菜单中即有拆分工具。

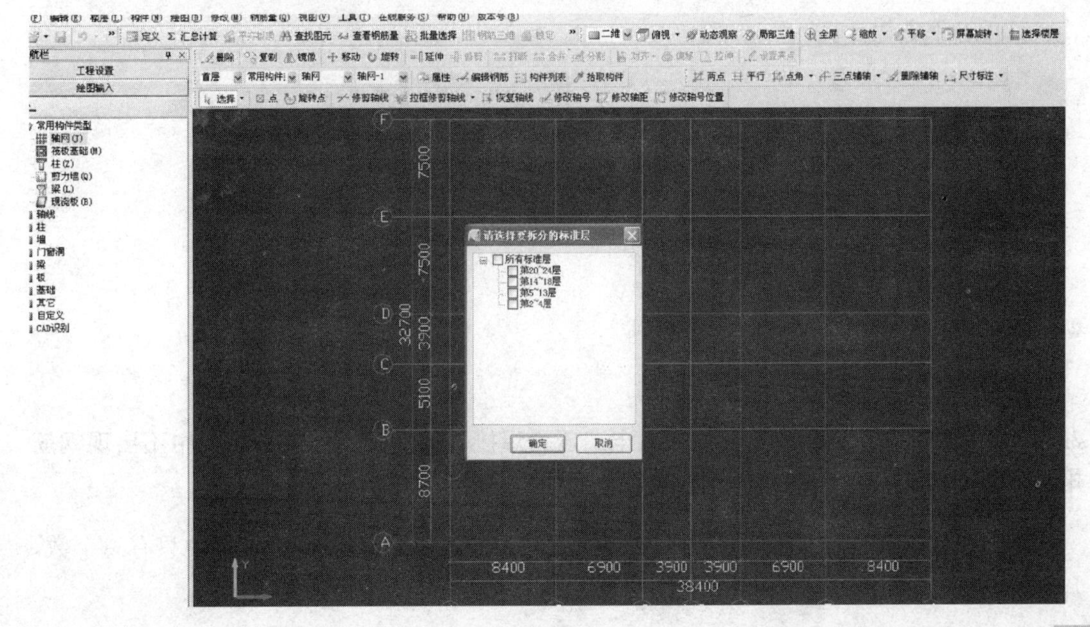

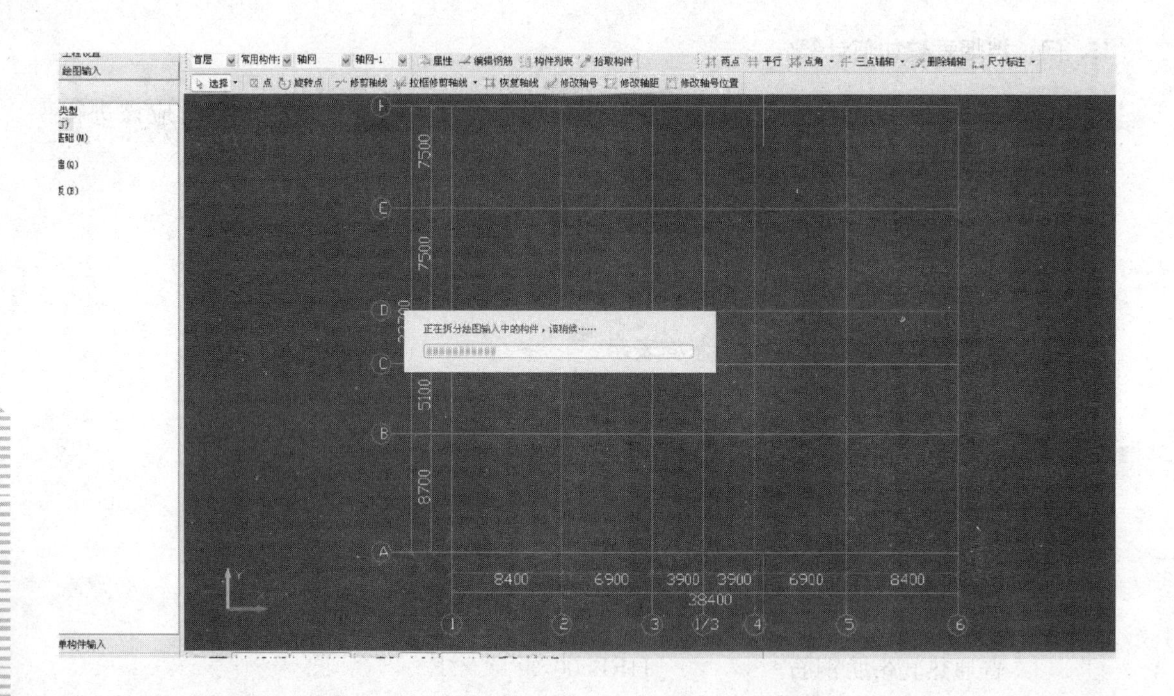

20. 问：钢筋算量的备份文件在哪里寻找？

答：在备份文件夹里可以找备份文件。在安装路径下名为“Backup”的文件夹中。

21. 问：钢筋编辑里面经常可以看见 Ceil 和 Sqrt 等单词，分别表示什么意思？

答：

ceil 向正无穷取整，cell 创建元胞数组

abbr. 开平方根（squareroot）

SQRT 平方根计算

math. sqrt 开平方

SQRT：X 求平方根

sqrt（x）平方根函数

SQRTSquareroot 平方根

SQRT（value）求这个数的平方根

sqrt，sqrtl 计算平方根

sqrt-srand 播下随机数发生器种子

Sqrt. Ej. Pin 方顶针

22. 问：为什么在剪力墙垂直筋中设置电渣压力焊接，但是在钢筋接头定额中不出现钢筋电渣压力焊接头呢？

答：可以设置电渣压力焊接的钢筋规格区间为 12～16。钢筋接头定额中只有总个数，详细规格要在钢筋接头汇总表中查看。

23. 问：汇总计算时提示图元线段非法，是怎么回事？

答：检查一下线段是否有问题，如果没有问题，便是版本的问题，或者是程序的问题了。卸载干净，重新下载，安装即可。

24. 问：光标不见了怎样调试出来？

答：CAD里的工具选项的显示里有“十字光标”显示大小等，多点开几项，就可以修改了。

25. 问：地下车库里，钢筋混凝土地面，里面含有一层钢筋网片，该怎样计算？

答：可以再新建一块地下车库的板，布置一层双向钢筋网。如果知道车库板面积，按每平方米钢筋含量来计算也是很准确的。

26. 问：带形窗和带形洞有什么区别？

答：在钢筋中没有区别，在绘制方面：带形窗不依附于墙，而带形洞必须绘制在墙上，是墙的附属图元；但将钢筋工程导入图形软件后，就需要分别套取定额了。